29 867

TRAITÉ DU TRAVAIL
DES LAINES PEIGNÉES

PARIS. — TYPOGRAPHIE A. HENNUYER, RUE DU BOULEVARD, 7.

TRAITÉ DU TRAVAIL
DES LAINES PEIGNÉES

DE L'ALPAGA — DU POIL DE CHÈVRE
DU CACHEMIRE, ETC.

NOTIONS HISTORIQUES — ÉPURATION
PRÉPARATIONS — PEIGNAGE
FILATURE — RETORDAGE ET MOULINAGE DES FILS
TISSAGE ET APPRÊTS
DES ÉTOFFES UNIES ET FAÇONNÉES
ÉTABLISSEMENT D'UNE USINE ET DES PRIX DE REVIENT.

PAR M. ALCAN

INGÉNIEUR

Professeur de filature et de tissage au Conservatoire national des arts et métiers
ancien Président de la Société des ingénieurs civils de France
Membre du Comité consultatif des arts et manufactures
du Conseil de la Société d'encouragement
pour l'industrie nationale, et des principales Sociétés scientifiques et industrielles, etc.

« Les manufactures des étoffes de laine
« forment en France, après l'agriculture, à
« laquelle elles sont étroitement liées, la
« branche d'industrie la plus intéressante. »
CHAPTAL.

PARIS
LIBRAIRIE POLYTECHNIQUE
J. BAUDRY, LIBRAIRE-ÉDITEUR
RUE DES SAINTS-PÈRES, 15
LIÉGE, MÊME MAISON

1873

TRAITÉ DU TRAVAIL

DES LAINES PEIGNÉES

DE L'ALPAGA — DU POIL DE CHÈVRE
DU CACHEMIRE, ETC.

NOTIONS HISTORIQUES — ÉPURATION
PRÉPARATIONS — PEIGNAGE
FILATURE — RETORDAGE ET MOULINAGE DES FILS
TISSAGE ET APPRÊTS
DES ÉTOFFES UNIES ET FAÇONNÉES
ÉTABLISSEMENT D'UNE USINE ET DES PRIX DE REVIENT.

PAR M. ALCAN

INGÉNIEUR

Professeur de filature et de tissage au Conservatoire national des arts et métiers
ancien Président de la Société des ingénieurs civils de France
Membre du Comité consultatif des arts et manufactures
du Conseil de la Société d'encouragement
pour l'industrie nationale, et des principales Sociétés scientifiques et industrielles, etc.

« Les manufactures des étoffes de laine
« forment en France, après l'agriculture, à
« laquelle elles sont étroitement liées, la
« branche d'industrie la plus intéressante. »
CHAPTAL.

PARIS
LIBRAIRIE POLYTECHNIQUE
J. BAUDRY, LIBRAIRE-ÉDITEUR
RUE DES SAINTS-PÈRES, 15
LIÉGE, MÊME MAISON

1873

PARIS. — TYPOGRAPHIE A. HENNUYER, RUE DU BOULEVARD, 7.

PRÉFACE

L'ouvrage que nous publions sur la spécialité des tissus ras en laine forme la suite de nos Traités ayant pour titre général : *Fabrication des étoffes*. Ces études des transformations de produits similaires, obtenus par des machines et des procédés différents, présentent des points connexes et se prêtent un mutuel secours; le plan qui leur sert de base permet de faire ressortir les caractères communs aux produits et les causes des modifications apportées aux moyens. La comparaison des procédés usités dans l'industrie des lainages ras et des lainages drapés, par exemple, montre l'importance de ces modifications. Le domaine des deux grandes spécialités est d'ailleurs nettement limité, celui de la laine cardée comprend surtout les tissus épais et chauds à contexture foulée et drapée pour vêtements d'hommes, celui de la laine peignée renferme les étoffes légères, non feutrées, destinées en majeure partie à la consommation féminine. Ces deux branches essentielles se relient par des produits intermédiaires qui trouvent leur description dans l'un ou l'autre des ouvrages auxquels leur caractère dominant les rattache. Sans les malheurs qui ont affligé la

France, cet ouvrage aurait suivi de plus près le *Traité de la laine cardée et de la draperie*, publié en 1866. Nous n'aurions même pas eu le courage de reprendre notre travail si l'industrie de la laine peignée ne nous était restée, à quelques regrettables exceptions près, dans toute son intégrité. C'est en visitant, depuis les événements, les principaux centres manufacturiers de la Marne, du Nord, de l'Aisne, de la Somme, de l'Oise, du Pas-de-Calais, etc., en constatant la puissance, l'activité, l'intelligente direction de ces fabriques et les progrès qui y sont réalisés journellement, que nous nous sommes senti réconforté et stimulé de nouveau. Pour poser les bases et formuler les règles de la science technique, il faut suivre les opérations pratiques dans leurs détails, les comparer dans leurs applications et se rendre compte des causes déterminantes de tels ou tels errements. Nous devons des remerciments aux industriels qui ont bien voulu nous faciliter cette tâche en nous ouvrant leurs usines et en mettant à notre disposition les documents dont nous avions besoin. Nous citerons, entre autres, MM. Villeminot-Huart, Rogelet et C°, Pierrard-Parpaite et fils, Wagner et Marsan, Fassin, Margottin, de Reims; Seydoux et Siéber, du Cateau; Boca-Wulveryck, Hurstel frères, de Saint-Quentin; Lefèvre-Ducateau, Amédée Prouvost, Vinchon, Cordonnier, de Roubaix; Ponche et Levasseur, Leclerc, d'Amiens; Stehelin et C°, Henri Gand, de notre regrettée Alsace, et un grand nombre de fabricants de Paris dont les établissements sont dans le Nord, tels que MM. Lebourgeois, Frédéric Dreyfous, Boutard et Lassalle.

Nous devons également remercier l'intelligent personnel dirigeant des manufactures de Bohain, Origny, Busigny, Ribemont, etc., MM. Ernest Alliot, Souvraz, Boulet, Millet, Caron, Bouvier, Gadel, Pellerin, qui nous ont fourni de très-intéressants renseignements sur les industries diverses qui comprennent entre autres la fabrication des châles, des gazes, des barèges, des grenadines, des tapis, des velours de laine. La variété même de ces produits témoigne une fois de plus de la nécessité d'un plan qui évite toute confusion. Celui que nous avons adopté permet de décrire et de comparer méthodiquement les nombreux procédés de chaque spécialité, et de discuter les perfectionnements dont ils sont susceptibles. Nous signalerons, à la suite de l'introduction où sont résumées l'histoire des progrès techniques et la monographie des tissus ras, *les observations sur l'influence des eaux suivant leur composition ; les moyens d'en constater la qualité ; les procédés d'épuration ; les méthodes suivies dans le peignage ; les modifications à apporter aux préparations et aux assortiments de la filature ; les divers métiers à filer et leurs applications les plus avantageuses ; les considérations spéciales au retordage et aux apprêts des fils ; la description des opérations préparatoires du tissage et des métiers ordinaires à boîtes multiples et à faire les façonnés ; le chapitre concernant les dérivés des armures fondamentales ; la partie traitant de la fabrication des châles ; les notions générales sur les principes des apprêts ; les devis qui suivent chaque section, pour fixer le lecteur sur les questions économiques du peignage, de la filature et du tis-*

age; enfin, comme résumé, l'aménagement d'une usine complète prenant la laine à l'état brut et la rendant en tissus fabriqués, avec les prix de revient par broche à filer et par métier à tisser.

Si, comme nous nous le sommes proposé, ce travail contribue à économiser aux manufacturiers et aux ingénieurs du temps et des recherches et facilite l'étude de l'une de nos plus brillantes spécialités à nos jeunes aspirants industriels, nous nous trouverons amplement récompensé de nos efforts.

MICHEL ALCAN.

Juin 1873.

DIVISION DE L'OUVRAGE

PREMIÈRE PARTIE.

Notions historiques.

CHAPITRE   I. — De l'ancienneté des lainages ras.

  —   II. — Étoffes rases et sèches d'autrefois.

  —   III. — Étoffes rases et sèches du domaine actuel.

  —   IV. — Progrès réalisés depuis la fin du dernier siècle.

DEUXIÈME PARTIE.

Peignage.

CHAPITRE   V. — Préparations du premier degré. — Considérations générales.

  —   VI. — Des eaux, de la nécessité de les essayer et des moyens de les épurer.

  —   VII. — Graissage. — Démêlage et cardage. — Défeutrage et étirage avant peignage.

CHAPITRE   VIII. — Description des peigneuses (divers systèmes). — Du
                        lissage des rubans. — Prix de revient du travail.

TROISIÈME PARTIE.

Filature.

CHAPITRE   IX. — Préparations du deuxième degré avant filage.
                        — Considérations générales.

    —   X. — *Filage*. — Métiers continus, mule-jenny self-
                        acting.

    —   XI. — Rapport entre les numéros des préparations et ceux
                        des fils, composition des assortiments.

    —   XII. — Traitements spéciaux intermédiaires. — Condi-
                        tionnement. — Laboratoire d'essais.

            XIII. — Apprêts des fils. — Dévrillage. — Retordage.

            XIV. — Moulinage. — Guipage. — Tressage. — Fri-
                        sage, etc.

             XV. — Etablissement d'une filature. — Prix de revient du
                        travail.

QUATRIÈME PARTIE.

Tissage.

CHAPITRE   XVI. — Considérations générales. — Principes fondamen-
                        taux des tissus unis, à armures et de leurs
                        dérivés.

    —   XVII. — Velours et autres étoffes à poil droit et frisé.

    —   XVIII. — Du tissage des façonnés en général.

             XIX. — Matériel et outillage du travail automatique. —
                        Prix de revient.

CINQUIÈME PARTIE.

Apprêts et blanchiment des lainages.

CHAPITRE   XX. — Considérations sur les apprêts des tissus en raison de leur nature et de leurs caractères. — Description des méthodes, des procédés, des appareils et des machines employés dans les divers cas.

—   XXI. — Ensemble d'une usine comprenant le dégraissage, le peignage, la filature, le tissage et les apprêts.

DES LAINES PEIGNÉES

NOTIONS HISTORIQUES

CHAPITRE I.

DE L'ANCIENNETÉ DES LAINAGES RAS.

Le grand nombre de types parfaitement caractérisés dont l'industrie s'est trouvée en possession lors de l'abolition de l'ancien régime, les obstacles que rencontrait la propagation des procédés et des résultats nouveaux pendant plus de trois siècles qu'avait duré la réglementation, et la perfection relative des nombreux tissus divers de la spécialité témoignent évidemment de l'ancienneté de l'industrie qui leur avait donné naissance. Des noms, des étymologies et certains caractères de tissus prouvent à leur tour l'influence des événements politiques et sociaux, les produits des pays lointains, et surtout ceux de l'Orient, étant venus à la suite de ces événements se mettre à la disposition de l'industrie occidentale, dont ils stimulèrent les recherches. La liberté du travail trouva donc à son avénement un domaine déjà riche et des moyens d'exécution résultant de l'expérience accumulée pendant plusieurs siècles. Nous étant occupés ailleurs de l'histoire du progrès des lainages en général[1], nous nous bornerons ici à quelques aperçus pour démontrer que les lainages ras sont au moins aussi anciens que ceux dans lesquels le foulage intervient. Nous citerons notamment certains passages de la Bible, qui ne peuvent se rapporter qu'aux articles dont nous nous occupons :

« Qu'un tissu mixte (*schdatnéz*) ne couvre point ton corps[2]. »

« Ne t'habille pas d'une étoffe mixte mélangée de laine et de lin[3]. »

Sans nous arrêter aux causes diversement interprétées de ces prescriptions dont nous avons dit un mot ailleurs[4], nous ferons remarquer que l'étoffe lin et laine défendue devait être exécutée avec des fils de laine assez solides pour être entrelacés au tissage avec des fils de lin et produire un article appartenant à la classe des produits ras en laine, que les Hébreux devaient avoir empruntés aux Égyptiens[5].

« Les Égyptiens, dit Hérodote, portaient des tuniques de lin frangées par le bas, qu'ils appelaient καλάσιρις, sur lesquelles ils passaient d'autres vêtements de laine, qu'ils étaient obligés d'ôter quand ils entraient dans les temples ; ç'aurait été un crime d'y entrer avec un habit de laine[6] »

1. Voir le *Traité du travail de la laine cardée et de la draperie*, par M^{el} Alcan, chez Baudry, 15, rue des Saints-Pères.

2. Lévitique, XIX, ỹ 19.

3. Deutéronome, chap. XXII, ỹ 10.

4. *Traité du travail de la laine cardée.*

5. L'un des plus savants traducteurs de la Bible, M. le professeur Wogue, fait remarquer que le mot hébreu *schdatnéz* est d'une forme qui trahit une origine étrangère, origine égyptienne. Aussi, en s'en servant dans le Lévitique, Moïse ne le traduit pas, parce qu'alors il s'adressait à des Égyptiens, auxquels la signification du mot devait être connue. Mais plus tard, dans le passage du Deutéronome précédemment cité, le législateur définit lui-même la signification du mot *schdatnéz* par mi-partie de laine et de lin.

6. Montfaucon, *l'Antiquité expliquée*, chap. XIII.

Cette répulsion des plus anciens peuples pour les vêtements religieux en laine mérite d'être signalée ; la laine est, en effet, également exclue des habits des prêtres hébreux.

S'il est bien souvent question de la forme des costumes dans les livres profanes et religieux de l'antiquité, ces mêmes documents donnent malheureusement peu de détails sur la nature des étoffes et les moyens en usage pour les exécuter. Ils se bornent en général à citer la quenouille et le fuseau, comme le fait Salomon en parlant des occupations des femmes d'Israël. On trouve aussi des mentions de cet outillage primitif dans Hérodote, Pline, Homère, Ammien Marcellin, etc. ; mais, comme le fait encore remarquer Montfaucon dans son ouvrage publié en 1719 de *l'antiquité expliquée*, sur le peu de monuments qui nous restent des anciens tisserands, il n'est pas aisé de se former une idée distincte de la manière dont ils faisaient leurs draps et leurs toiles. S'il faut s'en rapporter aux figures qui nous restent du quatrième au cinquième siècle, on travaillait cet art avec beaucoup de simplicité. Nous y voyons des femmes qui filent, d'autres qui repassent les toiles ; ceux qui faisaient le drap ou la toile se tenaient debout. Dans l'ancien Virgile du Vatican du quatrième siècle, on voit une femme qui est debout ; au lieu de navette, elle se sert d'une longue baguette. Je laisse aux experts dans l'art à raisonner sur cette manière de travailler à la toile ou à la draperie. » (Chap. viii.)

Cette description et les figures qui l'accompagnent (pl. CXCV) indiquent l'exécution d'un travail à la façon des premiers hauts lissiers. Les artisans se tenaient debout devant leur métier à tapisseries pour serrer les séries de duites partielles, désignées depuis sous le nom de *passées ;* ils se servaient d'une baguette ou espèce de peigne d'ivoire analogue à ceux dont font usage les tapissiers pour fixer la trame dans la chaîne. Est-ce à dire que le métier à basses lisses avec la chaîne horizontale n'était pas connu dès la plus haute antiquité dans quelque autre partie du monde, et notamment dans l'Inde ? Le procédé généralement en usage chez les Indiens, et dont l'origine n'est pas déterminée, rentre au contraire dans le système dit *à basses lisses*, dont la plupart des organes ressemblent à ceux des métiers à la main en usage dans nos campagnes. La forme de l'ustensile à insérer la trame n'est cependant pas celle des navettes à tisser ordinaires, mais plutôt celle de la navette dont on se sert pour faire le filet. Elle est passée d'une lisière à l'autre à bras tendu ; deux personnes, un homme et un enfant, un tisserand et un *lanceur*, sont nécessaires dans le cas de l'exécution de grandes largeurs. C'est par ces métiers que les Indiens ont produit de tout temps leurs belles mousselines, leurs tapis harmonieux et les châles si recherchés de leur fabrication. Or, si l'on s'en rapporte aux voyageurs qui ont exploré ces contrées, il serait aussi impossible de déterminer l'origine de ces métiers que celle du métier à hautes lisses, connu sans contredit des Egyptiens. Les premiers paraissaient d'ailleurs déjà très-répandus du temps de Virgile : « Les cultivateurs fabricants, dit-il, s'occupent à monter pendant les jours de pluie les lisses sur les chaînes [1]. »

Quant à la spécification précise des genres de produits auxquels ces métiers étaient appliqués, elle laisse à désirer, comme nous l'avons déjà remarqué, les détails techniques faisant en général défaut dans les écrits anciens. C'est à peine si jusqu'au dernier siècle on trouve de temps à autre quelques mentions vagues et isolées des arts utiles. Ceux des écrivains qui comprenaient la valeur et l'intérêt du sujet n'étaient pas toujours initiés à ses détails, et ceux qui l'étaient n'avaient pas en général les connaissances suffisantes pour décrire clairement les moyens dont ils faisaient usage. Le plus important travail de ce genre qui ait paru jusqu'ici, la grande *Encyclopédie* de Dide-

---

1. *Géorgiques*, liv., I, vers 285.

rot et d'Alembert, justifie cette remarque ; malgré l'intérêt et le caractère monumental de cette publication, on sent une lacune à la lecture des articles techniques. L'écrivain rend minutieusement et avec détails les moyens et les procédés employés et la manière de s'en servir ; surannés ou en progrès, les errements suivis sont indiqués sans la moindre observation ; les efforts faits antérieurement pour améliorer l'outillage et créer des méthodes rationnelles dans les travaux de certaines spécialités sont passés sous silence ; ceux de Vaucanson, entre autres, n'ont même pas profité à la célèbre publication des encyclopédistes du dix-huitième siècle. Les auteurs s'y bornent à reproduire, en général fidèlement, des procédés qui leur sont indiqués par les praticiens. Si les discussions sur la valeur des moyens en usage et l'indication de leur degré de perfectibilité font généralement défaut, il faut l'attribuer à la faible part qu'avaient alors les sciences appliquées à l'industrie et aux arts.

Quelles que soient les causes qui nous privent actuellement des données suffisantes pour déterminer exactement la succession des moyens employés par nos devanciers des temps anciens, et pour établir d'une façon plus précise les produits qu'ils en obtenaient, il y a cependant des points hors de doute ; le rôle capital qui a incombé en tout temps à la laine, à partir du moment où l'homme commença à se vêtir autrement qu'avec des peaux, est incontestable. Si on ne peut établir suffisamment la part relative prise dès le commencement par les produits foulés et ras, il faut cependant admettre que les lainages fins, légers et lisses, ainsi que les tapis et tapisseries en fil de laine, par leur remarquable affinité pour les couleurs, devaient jouer un grand rôle dans les climats chauds de l'Orient, qui furent évidemment le berceau des arts textiles. Ce fait est d'ailleurs confirmé par les mentions succinctes des documents religieux ou profanes correspondant à diverses époques, depuis les temps fabuleux jusqu'à nos jours.

Les extraits de l'Ancien Testament sur les tissus mélangés, déjà cités ; la mention du filage du poil de chèvre ; la description des ornements du temple, des tentures et tapis façonnés en fils retors et en fils métalliques, démontrent évidemment l'emploi des produits que nous nommons aujourd'hui *articles ras*. Il est incontestable qu'une partie de ces articles nous viennent des Indiens et des Arabes, par qui les Grecs furent initiés à certaines industries, à la suite des guerres d'Alexandre le Grand. Le vainqueur de l'Asie dut évidemment rapporter des étoffes et des moyens originaires de ces contrées, selon les remarques faites par Hérodote.

SUR LES LAINAGES EN GÉNÉRAL. — Nous avons déjà démontré ailleurs[1] que les Scythes construisaient leurs tentes en feutre. Les Babyloniens de la même époque se couvraient de tuniques en étoffe légère exécutée en fils de laine, constituant évidemment des tissus ras. Leur confection paraissait donc déjà bien connue il y a plus de vingt-trois siècles. Depuis lors, presque toutes les relations historiques retraçant les grandes époques de l'humanité offrent quelques passages qui attestent l'existence du travail dont nous nous occupons.

Le nom générique d'*estames*, donné à une grande partie des tissus ras, a le mot latin *stamen* pour étymologie. Les Romains en produisaient et en usaient beaucoup, venant surtout des villes de l'Orient célèbres par leurs manufactures de tissus, telles que Constantinople, Bagdad et Damas. Le nom d'une branche entière d'étoffes, les damassés, doit être emprunté à cette ville sarrasine, fameuse pendant le moyen âge. Les écrivains qui ont retracé les époques des croisades reconnaissent, pour la plupart, l'immense influence qu'elles ont eue en Europe sur les progrès des arts et sur ceux de la fabrication des tissus en particulier. Les peuples fastueux,

---

1. *Traité du travail de la laine cardée.*

comme les Romains; délicats, artistes et policés, comme les Grecs, devaient attacher non moins d'importance à l'élève des troupeaux que les patriarches et les peuples pasteurs. L'empreinte d'une brebis gravée sur la monnaie romaine de Numa, les progrès de la race ovine confiés aux censeurs en Italie, et le titre d'*Ovinus* accordé à ceux qui apportaient quelque amélioration aux toisons, prouvent le grand intérêt des anciens Romains pour tout ce qui touchait à la production des laines. Celle des Gaules était non moins vantée par Pline et Varron. Il est vrai que les laines italiennes et gauloises étaient indistinctement appliquées aux vêtements souples et drapés de la belle saison, et aux habillements plus justes au corps et plus chauds pour l'hiver, c'est-à-dire aux tissus ras et foulés.

Les diverses contrées de l'Italie faisaient autrefois un grand commerce de lainages de toute sorte; Milan, Florence, Gênes, Venise, Padoue, Pavie, Mounza, etc., étaient surtout renommées pour leurs belles étoffes de laine et de soie. Plusieurs tissus types, manufacturés plus tard dans le reste de l'Europe, ont emprunté leurs noms aux articles de ces pays qu'on cherchait à imiter : les taffetas *florence*, en soie, les genres mélangés laine et soie dits *vénitiens*, les *poults de soie*, de *Padoue Seyes*, entre autres, sont dans ce cas. Le trafic considérable de ces contrées avait lieu non-seulement avec le Levant, mais avec le monde entier.

Dès le dixième siècle, les populations flamandes étaient également arrivées à une prospérité remarquable, due en grande partie à l'industrie textile et surtout à la manufacture des lainages de toutes espèces; entre autres, aux tissus ras en laine. Ici encore les noms de certaines étoffes ou de catégories d'étoffes peuvent servir parfois comme un indice de leur origine et de leur ancienneté, que leurs étymologies indiquent les caractères des produits ou les lieux de leur provenance. La qualification d'*estame*, déjà mentionnée, est dans le premier cas;

les *damas* de laine ou façonnés, chaîne et trame en un fil ras
de même couleur, les droguets de *Drogheta*, à deux chaînes,
laine peignée et à petits effets de trame, et tant d'autres que
nous pourrions citer, sont dans le second cas.

Les tapis veloutés et les tapisseries rases, spécialement
mentionnés dans l'histoire depuis les temps les plus anciens,
offrent des exemples nombreux et importants de la transformation de la laine peignée et des fils lisses en laine. Les Romains et les Grecs faisaient venir leurs tapis et tentures de
l'Asie, lorsqu'ils n'entraient pas pour une partie du tribut
payé au vainqueur. Les *picturæ textilis* servaient de tentures
à leur monuments, et plus tard à ceux des Turcs de Constantinople, bien avant que les chrétiens en ornassent leurs
églises. Seulement les tapisseries et les tapis des Grecs leur venaient, comme on l'a vu plus haut, des villes fameuses de l'O-
rient, tandis que les étoffes du même genre, moins parfaites
sans doute, dont les rois mérovingiens ornaient leurs palais,
et les évêques les édifices religieux, étaient fabriquées sur les
lieux mêmes, dans des ateliers qui formaient en quelque sorte
des annexes aux édifices à la décoration desquels ils devaient
servir. Les fabriques proprement dites, telles que nous les connaissons actuellement, sont moins anciennes chez nous : la
création de celles d'Aubusson, qui paraissent avoir été les premières de ce genre, sont du temps de Charles Martel. Les débris
de l'armée des Maures et des Sarrasins défaite par lui se composaient en partie d'artisans de différents métiers, et surtout
de tisserands, qui trouvèrent un refuge dans les montagnes de
la Creuse ; de là les premiers ateliers à faire les tapis et les tapisseries et tentures, à Aubusson et à Felletin. Les produits
de ces contrées étaient plus délicats et plus parfaits, mais moins
éclatants et moins variés en couleurs, peut-être, que ceux
des établissements d'Arras, de Poitiers et des Flandres, dont
les articles étaient fort répandus vers le dixième siècle.

L'une des conséquences inattendues des croisades, on le sait, fut l'importation en Europe des tissus et des moyens techniques de l'Orient. Ces faits sont trop connus pour que nous ayons à y insister autrement que pour mentionner la large part faite dans ce mouvement aux lainages ras, dont la production continua à se développer en Occident, dans les Flandres et la Champagne, au midi et au nord de l'Europe, chez les Italiens et les Flamands. Plus tard, les persécutions du gouvernement espagnol, en 1556, firent passer une foule de tisserands flamands en Angleterre ; celle-ci, malgré son grand commerce de laine, ne transformait cependant pas encore la matière première. On voit figurer, parmi les plus anciennes villes où le travail de la laine fut importé par les Flamands, celle de *Worstead*, près Norwich ; on sait que *worsted* est encore le nom générique donné en Angleterre aux produits peignés ras en général.

La Saint-Barthélemi et la révocation de l'édit de Nantes sont venues à leur tour aider au développement et au progrès industriel de l'Angleterre et de l'Allemagne. Nos malheureux compatriotes fugitifs ont largement payé l'hospitalité de leur coreligionnaires en contribuant à fonder dans leur pays des industries qui y étaient inconnues jusqu'alors, et en y perfectionnant un certain nombre qui y débutaient à peine.

Si la force des choses et les malheurs des temps nous ont rendus les initiateurs de nos voisins d'outre-Manche pour un nombre important de spécialités, et si nous avons ainsi contribué à leur prospérité, nous leur devons, à notre tour, la connaissance et l'application de certains progrès. Le plus considérable de tous est, sans contredit, la substitution du travail automatique au travail à la main. Cette substitution avait cependant été tentée antérieurement en France, dans diverses directions : par de Gennesau, au dix-septième siècle, pour le tissage ; par Vaucanson, en 1745, dans la transformation des fils de soie et le tissage façonné. Malgré les moyens remarquables et pratiques par lesquels les problèmes abordés par ces inventeurs avaient été réalisés, leurs solutions restèrent à l'état d'essais. C'est aux industriels anglais qu'on doit les premières applications de l'automatisation en général, et particulièrement du travail des lainages. Nous donnons plus loin l'indication des principales étapes suivies dans cette voie tant en Angleterre qu'en France, après avoir établi le bilan de l'ancien régime industriel sous l'empire des corporations, des maîtrises et des jurandes. L'examen de ces nombreuses variétés de lainages ras, dont les caractères sont définis avec le soin qu'on apportait alors aux plus petits détails, offre non-seulement un intérêt de curiosité historique, mais des renseignements précieux, dans certains cas, sur la propriété du domaine public, où il devient possible de puiser des éléments et parfois des inspirations pour la création d'articles nouveaux ; les produits de fantaisie n'étant souvent que le résultat de la modification de l'un des éléments d'un tissu connu, ou même le rajeunissement d'un ancien article remis en circulation par les caprices de la mode.

Il nous paraît rationnel et élémentaire de mettre sous les yeux du lecteur une espèce d'inventaire des matériaux dans lesquels l'industriel a le droit de puiser comme dans son propre fonds. Notre but est de lui restituer une propriété dont il n'a pas toujours suffisamment conscience.

CHAPITRE II.

Si nous nous en rapportons au *Dictionnaire du commerce* de Savary, publié en 1748, et à l'ouvrage de Roland de la Platière sur *l'Art du fabricant d'étoffes en laines rases et sèches*, de 1780, ces articles étaient alors rangés en deux grandes classes basées sur le mode d'entrelacement des fils au tissage : en étoffes *à pas simple* et *à pas croisé ;* celles-ci étaient ensuite divisées en espèces et en genres.

La première classe comprenait les *camelots* de toutes sortes, les *bouracans*, les *étamines*, les *tamises*, les *duray*, etc. [1]

La seconde classe embrassait les tissus croisés en général, et par conséquent toutes les espèces de *serges : de Blicourt*, de *Gévaudan*, de *Rome*, de *Minorque;* des *prunelles*, des *calamandes unies*, *rayées et à côtes*, les *basins*, les *turquoises*, les *grains d'orge*, les *silésies*, les *marlboroughs*, etc.

Les nombreuses variétés résultant de ces types principaux provenaient des modifications apportées aux caractères des éléments constituants. Ainsi, par exemple, on distinguait dans les étoffes à pas simples de la première classe : les étoffes qui grainent par la trame, telles que les *camelots* [2], celles dont le grain résulte des fils de la chaîne, telles que les

---

1. On faisait comme on fait encore des étamines ou estamines, en soie et en laine ; ces dernières se fabriquaient principalement à Reims en fils secs dégraissés en branche. Les articles en soie servaient à faire des voiles; Lyon était le centre de cette production. Le Nord s'est approprié cette fabrication sur une large échelle.

2. L'étymologie de ce nom doit venir du poil de chameau, dont on a fait de tout temps des tissus, surtout en Arabie et dans l'Orient. Plus tard,

bouracans et toute espèce de tissus *bouracanés*. Les étamines grainent plus ou moins dans l'une ou l'autre direction, ou dans les deux à la fois ; les tamises, les duray, etc., sont sans grain et doivent être aplaties à la surface par la pression aux apprêts.

Chacune de ces divisions présentait encore des espèces en raison de la nature des matières. On distinguait, par exemple, les camelots ordinaires en mi-soie ; on les caractérisait aussi selon leurs origines et les lieux de leur fabrication ordinaire. De là les dénominations de *camelot laine* d'Amiens, d'Arras, de Lille, de Saxe, de Gœttingen, de Berlin, d'Angleterre, etc. ; de *camelot poil* d'Amiens, de Lintz, de Bruxelles, de Hollande, etc.

Certains de ces camelots étaient teints en fils ; la chaîne se composait en fils doublés, triplés et retordus, et la trame en fils simples. D'autres, comme les camelots moirés, ne différaient des précédents que par un gros fil de trame simple. Le camelot d'Allemagne, rayé ou à carreaux, était tramé en fils doubles, triples et quadruples ; il était en général à surface lisse, à grain écrasé comme le crépon, et recevait un apprêt luisant.

Les beaux camelots de Lintz étaient exécutés en fils de même titre, en chaîne et trame.

Les camelots bouracanés avaient la chaîne en fils doubles ou multiples, mais non retordus ; la trame triplée était, au contraire, retordue. L'article était en général teint en pièce.

Le camelot *mi-soie*, ou *camelot fleuri*, dit aussi *droguet façonné d'Amiens*, avait, comme son nom l'indique, une chaîne

le nom de *camelot* prit de l'extension et fut attribué à d'autres tissus ; même en soie ; mais l'habit de saint Louis était en pur camelot, poil de chèvre. Ménage pense que *camelot* vient du mot *zambelot*, mot levantin désignant une étoffe en poil se tirant de certaines chèvres de Turquie. Un auteur moderne, M. Hecquet-Boucrand, le fait dériver du latin *camelus*, venu lui-même de l'hébreu *gâmâl*, chameau ; enfin Bochart prétend que *zambelot* vient du mot arabe *yiamat*, chameau.

soie en organsin doublé ; la trame en laine était un fil simple ou double très-tors. La chaîne du camelot poil était en fils désignés aujourd'hui sous le nom de *chaîne laine*, c'est-à-dire formée de la réunion d'un fil en laine et l'autre en soie, et tramé en deux, trois ou quatre fils de poil de chèvre réunis. Dans le camelot Bruxelles, la trame restait la même que dans le précédent, mais la chaîne se composait d'un fil multiple en soie sans mélange. Les droguets de Reims étaient des camelots à deux chaînes en fil très-fin ; l'une d'elles concourait à l'exécution du fond et l'autre à celle du façonné. L'article camelot était l'un de ceux où l'industrie française avait le plus de succès ; on en faisait de toutes les couleurs, teints en fils ou en pièces : il y en avait de rayés, de jaspés, de gaufrés, etc.

Ceux fabriqués en Angleterre et dans les Flandres, très-étroits, légers, portaient des noms divers. Les Flamands, qui en vendaient beaucoup aux Espagnols, les désignaient sous les différents noms de *lamparillas*, *non-pareille*, *polimitte*, *polemit* ou *polomitte*, *picotte* ou *gueuse*, *quinette* ou *guinette*, etc.

Les camelots étaient employés pour vêtements destinés aux deux sexes, pour rideaux de lit, pour ameublements, chasubles, etc.

Le *bouracan*, ou *baracon*, ou *bougran* [1], ne différait du camelot que par son grain plus saillant, provenant de la chaîne en fils multiples, deux ou trois réunis et parfois assemblés avec un fil de chanvre, tandis que la trame était formée d'un fil fin, simple et retors. Il y en avait de blancs et de teints en laine de diverses couleurs. Pour serrer la tissure et accentuer le grain, on avait recours : 1° à deux coups de battant sur la même duite ; le premier était donné à pas ouvert et le second à pas clos. On faisait bouillir les pièces après le tissage, puis on les

---

1. Ce nom, qu'il ne faut pas confondre avec celui du *bougran* en toile gommée pour doublure de vêtement, vient de *Boukhara*, ville de Tartarie.

calendrait ; elles devenaient alors très-propres aux vêtements extérieurs, tels que manteaux, surtouts, etc. Ils servaient pour se garantir contre la pluie : c'étaient les waterproofs du temps.

Les *étamines* ou *estamines*, toujours à pas simple, étaient, au contraire des étoffes très-légères, tantôt en laine chaîne et trame, et tantôt en chaîne soie et trame laine ; Amiens était surtout alors, comme aujourd'hui, le siége de la fabrication de ces articles mélangés légers. Reims, le Mans, Bruxelles produisaient plus particulièrement les tissus pure laine, teints, rayés ou à carreaux. Les étamines virées faisaient partie des mélangées. Elles étaient composées de deux fils, l'un en soie et l'autre en laine, teints en couleurs différentes et retordus ensemble.

Les *crépons*, façon d'Alençon, avaient également une chaîne en fils multiples, laine et soie, de nuances différentes, avec une trame de même couleur que celle de la laine de la chaîne.

Les *crépons de Zurich*, ou *burail*, étaient en pure laine d'une chaîne plus torse que la trame ; ce qui détermine l'ondulation ou la crépure. Cet article était employé principalement pour soutanes et robes de palais.

Les *étamines glacées* étaient formées d'un fil de soie à quatre bouts retordus ensemble, formant un titre de 30 deniers. Ces fils, teints après le retordage, étaient tramés en laine peignée teinte en poil.

La *tamise* offrait à sa surface un certain brillant et était cependant en fils de chaîne simples énergiquement tordus au moulin après le filage ; ceux de la trame l'étaient un peu moins. L'apprêt par la pression et la chaleur aplatissait le grain et donnait un certain lustre à cette étoffe.

Les *bayettes* ou *baguettes*, autrefois un article riche des Flandres et d'Angleterre, où on les fabrique encore sur une assez grande échelle pour la consommation de l'Amérique du Sud et des colonies espagnoles, sont également des tissus de laine non croisés et fort lâches de texture. Ils étaient tirés à poil sur l'une des surfaces pour en former une espèce de flanelle ; on en confectionnait parfois avec des chaînes en fils de lin ; l'industrie flamande en faisait autrefois un grand commerce, et les livrait aux Espagnols et aux Portugais sous le nom de *baetas*. Depuis, l'Angleterre et le midi de la France se sont également emparés de la fabrication de cet article.

La *castalogne* ou *castelogne*, produit d'origine espagnole, fabriqué à Barcelone, est un tissu fin en pure laine, spécialement destiné aux couvertures de lit.

SERGES. — Cette dénomination appartient à un grand nombre de lainages à entrelacement croisé spécial, et est appliquée à l'une des armures fondamentales du tissage. Son nom viendrait, d'après Furetière, du mot *serica*, qui, dans la basse latinité, désignait une sorte de vêtement de laine. Ne pouvant mentionner la quantité innombrable de serges, nous en indiquerons ` ` principales.

Les ` `*d'Aumale et de Blicourt* présentaient une différence notable de tension entre la chaîne et la trame ; celle-ci était presque ouverte. Les diverses variétés ne différaient entre elles que par les dimensions et les réductions plus ou moins élevées qui les composaient. Les *serges d'Aumale* étaient bien de vrais tissus ras qui servaient pour doublures, rideaux et garnitures de meubles. Les *serges de Reims*, au contraire, recevaient un léger foulage qui les rendait plus propres à absorber l'humidité de la peau sous la forme de vêtements auxquels elles étaient destinées. La *serge de Rome* formait la plus belle qualité des serges de Reims. Celle dite *de Minorque*, contrairement aux précédentes, tissée à trois lames, était faite avec l'armure désignée sous le nom de 1 les 3, et présentait par conséquent un envers, tandis que les précédentes se réalisaient par l'entrelacement croisé à quatre lames, dit *armure casimir*, *batavia*, ou simplement *croisée*.

La *calmande* était un satin de laine à trois lames, tantôt teinte en pièces, tantôt en fils pour exécuter des rayures, des effets à côtes, etc. Roubaix produisait surtout cet article.

La *prunelle* se distinguait des précédentes variétés par une chaîne en fils multiples très-fins réunis par une forte torsion, et par la trame en soie de deux à cinq bouts virés ou diverses couleurs. Les soies employées étaient grèges, décrousées ou teintes, suivant le genre et la qualité du produit auquel elles étaient destinées.

Le *tissu silésie* comprenait en général des articles à grain d'orge et autres petits effets formés tant par les armures que par l'opposition des couleurs de la chaîne et de la trame.

L'article *marlborough* était le tissu à l'armure la plus compliquée, réclamant par conséquent le plus de lames et de variétés dans le remettage ; les fils en laine, de la chaîne et de la trame de cet article façonné, étaient fortement apprêtés.

Les *anascotes* formaient une variété des sergés très-ras, imitant les tissus de ce genre qui se fabriquaient à Leyde, à Bruges et à Ascott, dans les Pays-Bas, à Ypres, et aux environs des Flandres françaises.

Les *belinges* étaient une sorte de tiretaine grossière, chaîne en fil de lin et tramée laine. Le principal lieu de fabrication était Amiens et ses environs.

Nous pourrions prolonger cette nomenclature des anciens tissus si nous voulions tenir compte de toutes les variétés résultant de certaines modifications dans la nature ou la qualité des matières, ou dans les modes d'entrelacement ou des apprêts ; mais nous pensons en avoir dit assez pour qu'on puisse se faire une idée nette sur l'étendue du domaine ancien des étoffes rases. Beaucoup d'entre elles sont restées à peu près les mêmes et n'ont fait que changer de nom ; d'autres se sont plus ou moins modifiées dans leur constitution et forment actuellement certains genres de fond ; ainsi les étamines et les tamises à pas simple, c'est-à-dire à armure fond de toile, sont devenues nos flanelles lisses en général, comprenant aussi bien les bolivars en chaîne et trame cardées que les flanelles ordinaires en chaîne lisse et trame cardée. Les diverses serges tissées à quatre lames avec l'armure batavia ont comme successeurs les mérinos dans leurs diverses qualités et réductions. Entre le cachemire ou mérinos croisé actuel et les serges à trois lames d'autrefois, il y a également grande analogie, sinon identité, de même qu'entre les mérinos doubles ou draps d'été et les fortes serges croisées du dernier siècle. L'étamine brochée nous a valu le stoff, l'étamine glacée, le chaly. Le barége d'aujourd'hui n'est qu'une gaze d'autrefois, exécutée avec des fils de laine très-tordus, etc., etc.

C'est surtout à la réglementation et notamment aux ordonnances de la fin du quatorzième siècle et du commencement du quinzième qui régissaient les manufactures de draps et de serges, très-développées dès cette époque, dans les diverses localités déjà désignées, que nous devons de pouvoir constater avec précision les caractères des tissus anciens.

En remontant dans l'histoire, les classifications détaillées manquent, comme nous l'avons déjà fait remarquer ; mais on peut, au moyen de certains rapprochements, se convaincre bientôt que deux grandes catégories de lainage ras et foulés existaient dès la plus haute antiquité.

CHAPITRE III.

CATÉGORIES D'ARTICLES FAISANT PARTIE DU DOMAINE ACTUEL DES LAINAGES RAS.

Les nombreuses variétés de lainages ras ont toutes un caractère fondamental commun, déterminé par la contexture de l'étoffe résultant de l'entrelacement des fils au tissage. Quelles que soient les modifications apportées par le genre de laine employé ou l'application des apprêts au produit, il n'en conserve pas moins une apparence particulière due à l'évolution des fils qui le forment. Ce caractère persiste dans les tissus écrus, blanchis, teints en pièce, ou en fils de couleurs diverses, de surfaces lisses ou à grain, mates ou brillantes, souples ou carteuses. Les articles de cette grande spécialité se distinguent donc nettement des feutres et des lainages foulés de toutes sortes, dans lesquels la propriété feutrante des laines et les apprêts divers qui en sont la conséquence font diminuer le tissu et en augmentent l'épaisseur en raison de sa contraction superficielle. De là la possibilité de le garnir de duvet ou de poil de manière à faire disparaître les fils au point d'en cacher complétement les traces dans l'étoffe.

Les produits des deux grandes branches ayant la laine pour matière première, diffèrent par conséquent au moins autant entre eux que s'ils avaient des fibres de natures diverses pour base.

Les tissus ras de toutes natures présentent au contraire une grande analogie de contexture, sinon de propriétés ; leur similitude n'est cependant pas assez grande pour qu'on les puisse confondre. Les différences d'aspect suffisent, en effet, pour distinguer entre elles les étoffes rases en laine, les cotonnades, les toiles et les soieries, obtenues par un mode de tissage identique. Il est presque impossible de confondre, par exemple, les mousselines de laine, de coton, la batiste et le taffetas ; leur toucher et leurs apparences diverses provenant exclusivement de la nature de leurs substances, servent suffisamment à les caractériser. L'éclat et le brillant de la soie, l'effet particulièrement lisse et sans reflet des toileries ; la souplesse, le moelleux et une transparence relative des cotonnades ; enfin, la surface nette d'un toucher rêche et d'une opacité spéciale des lainages à filaments longs, suffisent pour constater leurs différentes natures, même à l'état écru. Les épurations, la teinture et les apprêts, qui développent et mettent de plus en plus en évidence les caractères propres des matières filamenteuses, ne font en général qu'augmenter les effets distinctifs des articles de chaque spécialité lorsqu'ils ne renferment qu'une seule substance.

Souvent, on le sait, les produits ras sont au contraire le résultat de la réunion de fibres ou de fils de diverses origines. La catégorie des tissus mélangés prend actuellement une place importante dans la grande spécialité des étoffes lisses. Les genres qu'elle embrasse sont les plus susceptibles de produire des articles dits de *fantaisie* ou *nouveautés*. Les tissus mélangés peuvent résulter de deux manières différentes de procéder : du mélange des matières dans les fils, tel que du coton et de la laine, dit *fil mérinos*, ou de la laine et de la soie, ou de la laine longue et du poil de chèvre, ou encore de la laine, de la soie et de différents poils, désignés parfois sous le nom de *mixture*, etc., et servant à faire des étoffes où ces fils entrent généralement à l'état de trame. Les articles ainsi mélangés, quoique exécutés sur une certaine échelle à Paris, en Picardie, à Roubaix et en Angleterre, sont cependant loin d'avoir l'importance des tissus mixtes obtenus par des fils purs de natures différentes pour la chaîne et la trame, dans lesquels la première est en fils simples ou retors, en laine, en coton ou en soie; la seconde, tantôt en fil d'alpaga, en poil de chèvre ou en autres substances.

La série des articles en alpaga, dont les *orléans* offrent les types principaux, et ceux dits *mohair* ou *poil de chèvre*, sont également faciles à caractériser et à distinguer de ceux en matières pures ci-dessus énoncés; ceux dont l'alpaga forme une partie de la tissure offrent une douceur au toucher et un éclat que ne donne pas la laine; le poil de chèvre, également brillant, présente au contraire un toucher rêche et un produit en général plus carteux[1]. Le duvet du cachemire et les produits dans lesquels il entre sont surtout remarquables par une souplesse toute particulière ; on les dirait enduits d'une couche de stéatite tant leur surface est moelleuse et glissante à la main.

Lorsque le mélange est le résultat de fils composés de fibres ou de filaments de diverses natures, il n'est pas toujours facile de les reconnaître, et surtout d'apprécier à leur seule inspection, leur proportion dans le produit. Cette constatation exacte pouvant parfois avoir de l'intérêt, il faut alors recourir aux moyens physiques ou chimiques que nous avons indiqués en détail ailleurs[2].

Pour se faire une idée exacte de l'étendue de la spécialité des produits ras dans lesquels la laine et les poils dominent, et des nombreux besoins et caprices auxquels ils sont susceptibles de satisfaire, il suffit d'ajouter aux éléments distinctifs des catégories fondamentales précitées, ceux par lesquels on arrive à modifier les apparences des tissus en général, indépendamment de la nature des matières qui les constituent.

Ces modifications peuvent résulter de la teinture, de l'impression, suivant leur application aux fibres, aux fils ou à l'étoffe ; des caractères de fils employés aux deux systèmes fonda-

---

1. Nous devons faire remarquer que ce caractère du poil de chèvre n'est pas absolu, il n'est complétement exact que pour la plupart des brins de cette matière employés par l'industrie européenne, attendu qu'il existe en Asie Mineure des espèces de chèvres dont le poil est au moins aussi soyeux, aussi souple et aussi brillant que ceux des plus belles toisons d'Alpaga. La province d'Angora est surtout célèbre pour la beauté des dépouilles de ses chèvres. Il paraît y avoir autant de différence de qualités entre le poil de chèvre de cette localité et celui du reste de l'Asie Mineure, qu'entre les laines les plus belles et les plus communes de nos contrées. Ce sont surtout les toisons de chèvres ordinaires de l'Asie et d'autres pays que nos manufactures transforment. La plus belle matière d'Angora est en général employée sur les lieux, à faire une espèce de camelot, et à tricoter des gants, des mitaines, etc.

2. Voir le *Traité du travail des laines cardées*, etc.

mentaux d'une étoffe (chaîne et trame), qui peuvent être simples ou multiples et retors, pour l'un ou l'autre des deux systèmes ou pour les deux à la fois. Le rapport entre le nombre des fils des deux séries, les réductions par unité de surface peuvent également varier; enfin, le mode d'entre-croisement des deux systèmes est susceptible d'un certain nombre de combinaisons, même dans la classe la plus élémentaire des tissus unis. Chacune de ces modifications en quelque sorte classiques, peut à son tour rendre des effets différents, soit par suite de la nature des matières ou de légers changements apportés à certains des éléments constitutifs, tels que le mode de préparation de la substance, le degré d'apprêt des fils de l'un ou de l'autre des deux systèmes. Des traitements analogues appliqués aux tissus faits concourent également à la variété des effets.

L'ensemble de ces moyens constitue une source féconde, où la spécialité des tissus ras sait constamment puiser pour diversifier ses produits, de manière à donner leurs *physionomies* particulières aux articles nouveaux de chaque saison, de les rendre propres à flatter le goût et à satisfaire aux besoins des consommateurs des contrées diverses auxquelles ils sont destinés.

C'est grâce aux efforts constants faits dans cette direction et aux progrès économiques, que les tissus ras en laine se développent au point de pouvoir dans certaines circonstances satisfaire à la plupart des besoins vestimentaires, même à ceux qui ont ordinairement les autres substances pour bases. Leur substitution à une notable quantité de cotonnades, pendant la dernière crise américaine, en offre un exemple mémorable.

DES PRINCIPALES LAINES EMPLOYÉES POUR LES TISSUS RAS [1]. — Nous avons donné ailleurs en détail les caractères des laines en

_____

1 Voir *Traité du travail des laines cardées*, t. I, chap. v.

général et nous en avons indiqué les classifications et destinations principales; nous nous bornerons à rappeler ici que, pour le travail des tissus ras dont les fibres sont toujours peignées, on emploie exclusivement les brins lisses, courts ou longs, plus ou moins fins. Les toisons de la Bourgogne, de la Brie, en France; de Port-Philippe, de Sydney en Australie, offrent les types les plus employés de la première catégorie de ces laines destinées aux étoffes souples. L'Angleterre, l'Ecosse surtout, la Hollande et une partie de l'Amérique du Sud, les Indes, la Syrie élèvent principalement les troupeaux à laine longue destinée aux articles brillants plus ou moins carteux. En mélangeant ou en combinant sous différentes formes et à diverses périodes des transformations, les fibres de chacune de ces deux grandes catégories avec des substances premières ou des fils d'autres natures, mentionnés précédemment, on arrive aux variétés infinies dans lesquelles excelle principalement l'industrie de Paris, de la Picardie et du nord de la France.

Les énoncer toutes serait impossible et fastidieux, surtout en présence de certaines dénominations fantaisistes ou insignifiantes. Les caractériser par leurs modes d'entre-croisements ou armures serait long et insuffisant pour se faire une idée de l'ensemble de leur composition et de leurs propriétés. Nous aurons d'ailleurs l'occasion de préciser fréquemment dans le courant de ce travail les procédés de tissage appliqués aux articles qui empruntent leur apparence particulière à ces moyens. Il suffit, quant à présent, pour donner une idée de l'ensemble des variétés qui constituent ce grand domaine des tissus ras en laine pure, ou en étoffe où la laine domine et se trouve mélangée à d'autres textiles, de les grouper par catégories, basées sur les matières dont elles sont composées et sur une certaine analogie dans leurs propriétés distinctives. Nous arrivons ainsi à réunir dans une seule et même classe tous les articles pure laine ras et souples, qu'ils soient tissés, à fond de toile, sergés, croisés ou en satin, ou par des modifications ou dérivés de ces armures. Ces divers modes d'évolution des fils des deux séries (chaîne et trame), tout en apportant certains changements dans les apparences, laissent néanmoins dominer tous les éléments prépondérants et caractéristiques résultant des matières qui les composent, et des traitements analogues ou similaires qu'ils ont subi dans leurs transformations. Envisagés de cette façon, les produits des tissus ras actuels en général peuvent se grouper en un certain nombre de catégories distinctes comprenant :

1° Les tissus lisses et à grain plus ou moins souples au toucher ;

2° Les tissus mats carteux et rêches au toucher ;

3° Les articles brillants et carteux ;

4° Les étoffes à poil couché ;

5° Les velours à poil debout ;

6° Les tissus mélangés de toutes sortes ;

7° Les châles lisses, rayés, façonnés, brochés et spoulinés ;

8° Les tapis ras et à poil frisé ou coupé, imprimés en fil ou pièces, résultant des effets de chaînes ou de trames, ou des deux à la fois, et les tapisseries ;

9° Les bonneteries et autres articles unis et façonnés en mailles élastiques ;

10° Les tulles, dentelles, filets et autres produits unis et façonnés à mailles fixes ;

11° Les tissus ras en laine, crin, poil, crin végétal, destinés à divers usages dans les arts ;

12° Les articles très-ordinaires participant de la spécialité des lainages ras par l'apparence et de la draperie par l'emploi des fils cardés.

Les développements qui suivent feront saisir l'étendue plus

ou moins considérable et les nombreuses variétés de chacun de ces groupes.

I. Les principaux types de la première catégorie sont les mousselines de laine, les mérinos, les cachemires d'Ecosse, les flanelles lisses et croisées, les bolivards, les tartans, tartanelles ou flanelles à carreaux, les stoffs teints en pièces, les étamines pour voiles et pavillons, la napolitaine, le barége ancien pure laine, le chambord, les satins de Chine, les satins damassés, etc. [1].

Ces divers articles ne diffèrent entre eux que par des armures, des variétés de laines et quelques modifications d'apprêts. Tantôt la chaîne et la trame sont en laine mérinos peignée, comme pour la mousseline, le cachemire et le mérinos, qui ne diffèrent que par les qualités et les finesses de fils employés et leur mode d'entre-croisement ; fond de toile pour la première, sergé pour le deuxième et batavia pour le troisième.

Tantôt la matière, au lieu d'être peignée, est cardée, et le tissu légèrement foulé et tiré à poil : le bolivard, par exemple, se distingue par cette composition des flanelles lisses en peignée ; la flanelle croisée se fait en cardée et en peignée. La napolitaine est un article en toile cardée non foulée et teinte en pièce. La laine peignée forme au contraire les étamines ; de même que le ba-

1. A défaut de toutes les étymologies, citons-en quelques-unes des moins fantaisistes : toile, vient de *telu* ; flanelle, de *flamineum*, sorte de toile de laine ; mousseline, de mousse ou de *mossul* ; étamine, de *stamen*, chaîne dont les fils sont généralement très-tordus et qui le sont également pour la trame dans certains genres ; mérinos tire son nom de la nature de la matière. Les *popelines*, annoncées anglaises plus loin, sont les *papelines* importées à Avignon par les artisans italiens, du temps de la possession de cette ville par la papauté ; serge vient de *sariga*, vêtement de laine ; molleton, *serge moelleuse*, *Batavia*, d'une ville de l'Inde d'où nous sont venus les premiers tissus de cette armure ; satin, de l'italien *zatino vaso*, uni, lisse ; *Barége*, de la localité des Pyrénées où se tissaient certains articles pour voiles et coiffures, imités plus tard à Paris et dans le Nord ; velours de *velvet*, ours.

rége, dont le caractère distinctif est le pas de gaze avec une chaîne en fils retors.

Le *chambord* se fait en diverses armures et diverses torsions pour la chaîne, etc., etc.

Mais quelles que soient les modifications apportées aux articles d'une catégorie, ils ont toujours, sinon les apparences du moins les caractères communs à tous ; ils sont composés exclusivement en laine pour la chaîne et la trame, se drapent dans les mêmes conditions, sont souples à la main et au toucher, et conservent un certain grain caractéristique pour chaque espèce, qu'ils soient écrus, blanchis, tissés en fils teints, imprimés ou en pièces.

II. Les tissus ras, mats ou opaques et rêches au toucher, de la seconde catégorie, sont surtout caractérisés par un grain spécial très-prononcé, provenant de la torsion des fils et de leur apprêt particulier, soit avant le tissage, soit après la pièce terminée. Les *grenadines*, *florentines*, *byzantines* en fils retors, tissées en pas de gaze, en armure croisée ou pas de toile, sont des types de cette série, d'ailleurs peu variée, quoique d'une production considérable.

III. La grande spécialité des tissus en laines longues, en fils plus ou moins tordus, forme la troisième catégorie, celle des étoffes brillantes et d'un toucher quelque peu carteux ; les *popelines*, les *reps*, les *lastings* et leurs dérivés, offrent des types bien caractérisés de ces articles usités pour robes, vêtements, rideaux et tissus d'ameublements. On les reconnaît facilement à leur épaisseur, leur force au toucher ; aux sillons cannelés parallèles, formés par la prédominance ou la saillie des fils, tantôt de la chaîne sur la trame, tantôt de celle-ci sur la première, et, en tous cas, à la netteté que donnent les fils gazés et l'éclat particulier provenant de la laine longue qui les compose.

IV. La quatrième catégorie, comprenant les tissus à poil ou à duvet couché, ne peut se confondre avec aucune autre. Elle embrasse diverses variétés, telles que les molletons, les couvertures tirées à poil par l'effilochage de la surface des fils laineux et duveteux, les pannes et les peluches préparées d'une façon analogue, ou par le moyen des fers et le coupage des fils au tissage, mais dont la surface duveteuse a une direction plus ou moins inclinée, si elle n'est formée par les filaments tout à fait couchés.

V. Le cinquième groupe des velours de laine en général, est exclusivement exécuté au tissage par l'insertion des fers et la section des boucles au rabot; il a toujours le poil ou le duvet debout, perpendiculaire à la pièce du fond. On ne peut donc pas le confondre avec les variétés précédentes qui sont d'une valeur moindre.

VI. La sixième série, qui renferme les tissus mélangés, est infinie dans ses variétés. Ses articles ont tantôt le coton, la soie, le lin pour chaîne, et la laine, l'alpaga, le poil de chèvre ou de chameau pour trame; les alpagas, les orléans, les cobourgs, qui sont des alpagas façonnés, sont dans le premier cas, c'est-à-dire toujours tramés par l'alpaga; les mohairs sont tramés poil de chèvre, et les camelots ou camelets, en fils de poil de chameau ou même en laine.

Les six groupes qui précèdent constituent surtout les catégories des articles unis ou armurés, qui se distinguent soit par la nature des matières qui les composent, soit par des modifications de caractère de ces mêmes matières; telles que le dégré et le sens de la torsion des fils, par exemple; soit par les combinaisons diverses des entre-croisements dits *armures*, soit enfin par l'application de l'une de ces modifications ou de plusieurs réunies. Il est évident, en effet, que l'apparence d'un produit exécuté dans des conditions identiques, variera suivant qu'il sera tramé en laine, en poil de chèvre, en cachemire ou en alpaga. On aura dans ces différents cas des *alépines*, du *bombasin*, des *reps*, des *baréges*, des *chalys*, des *prunelles*, de la *tire-*

taine, du *droguet*, des *algériennes*, des ponchas, des *alpagas*, des *orléans*, des mohairs. Ces articles varieront également de valeur pour la même trame, selon que la chaîne sera en fils de coton, de lin, de bourre de soie, de chape, de grége ou d'organsin, etc. Les effets et les prix différeront encore, en raison des finesses, des réductions et des genres de matières et d'apprêts des fils, c'est-à-dire selon qu'on emploiera des laines à brins courts cardés, ou intermédiaires mérinos peignés, ou des fibres longues brillantes pour trames, et des chaînes en coton ordinaire ou glacé d'un apprêt roide ou moelleux, etc., ou des fils de lin d'un apprêt nouveau, qu'on peut comparer à la soie par le brillant et à la laine floche par leur contexture, chacun de ces éléments pouvant intervenir d'une façon différente dans la même armure, ou réaliser des armures et des combinaisons d'armures. La *balsorine*, par exemple, tient du barége par un entre-croisement à pas de gaze qui alterne avec un pas de toile ordinaire. Des bandes satin sur une étoffe fond toile, ou tout autre composé et groupements d'armures, ou dérivés d'armures rentrent également dans cette catégorie des effets combinés. L'imagination du spécialiste les conçoit aisément, il est vrai, mais il lui est difficile de se prononcer sur leur avantage, sans échantillonner, c'est-à-dire sans exécuter matériellement en petit, un spécimen d'articles qui est la réalisation du même thème exécuté par des variations différentes.

VII. Les châles, écharpes et autres articles rayés, façonnés, brochés ou spoulinés, dits *châles français*, dont les belles qualités ont une *chaîne en laine*, avec une *âme* en soie, et la trame en cachemire ou en laine fine, tandis que les produits ordinaires ont la laine commune pour chaîne et trame. Cette grande spécialité comprend entre autres les *châles-tapis* lisses et *croisés*, le *châle indien* à raies sans brides, façonné par effet de chaîne, et dont l'exécution est décrite plus loin. Ces articles ne peuvent être confondus avec aucun autre.

VIII. Les tapis ras ou veloutés et les tapisseries forment une spécialité aussi importante par sa dest'nation que par la variété de ses moyens. Ces produits comprennent les articles communs obtenus à la main mèche à mèche pour *descentes de lit*, les *moquettes* ou façonnés par effets de chaîne au Jacquard, les tapis *genre anglais*, à fils imprimés avant leur tissage, les *articles imprimés en pièces* pour tentures et ameublements, le *genre mosaïque*, obtenu par la juxtaposition des mèches diversement colorées, les produits *chenille*, réalisés par deux tissages, le premier pour préparer des trames façonnées veloutées, et le second pour entrelacer celles-ci avec la chaîne en fil ; enfin, la *tapisserie* à la main, élevée par le travail des Gobelins à la hauteur d'un véritable art. Chacune de ces branches principales pourrait se subdiviser en variétés suivant les changements et les modifications des matières ou des moyens mis en œuvre.

IX. Les étoffes à mailles unies ou façonnées, caractérisées tant par la torsion particulière des fils, que par leurs entrelacements spéciaux, comprennent différentes grandes spécialités qui peuvent à leur tour se classer d'après trois types principaux : la *bonneterie* formée par des tricots à mailles élastiques, les *filets* ou tissus réticulaires à mailles fixes et nouées, les dentelles, également à mailles fixes, mais réalisées avec des fils d'une torsion très-élevée, et d'un entre-croisement spécial.

Chacune de ces variétés offre à son tour des articles unis ou façonnés qui peuvent être modifiés non-seulement par l'emploi de différentes matières, mais par des variations dans les figures des réseaux, indépendamment des moyens d'ornementation ordinaires par lesquels on obtient le genre façonné en général.

X. Les tissus de cette classe se différencient parfaitement des précédentes et des suivantes par la dénomination et la destination de ses articles ; les passements et la passementerie destinés à l'ornementation des tissus pour vêtements et ameublements et à la confection des insignes militaires, ecclésiastiques, etc., ont en général une contexture toute spéciale. Ce caractère est la conséquence d'un travail d'entrelacements de fils ou de rubans multiples, plus souvent tressés que tissés, tantôt sur eux-mêmes et tantôt sur d'autres substances servant de support et d'âme. Les ouvrages résultant de cette spécialité forment parfois des ornements flottants, comme les ganses, les glands, etc., et parfois des garnitures appliquées sur les étoffes d'ameublements et de carrosserie.

XI. Cette classe comprend certains articles appliqués aux arts divers, tels que les toiles à tamiser en crin ou en fils métalliques, les étoffes pour cartouches, les *mailla-fils* en fils retors, soit en crin, soit en laine, servant d'enveloppes aux matières grasses ou plastiques soumises à la pression des pompes hydrauliques.

XII. Cette catégorie est caractérisée surtout par la fabrication des articles spéciaux en gros fils de laine cardée seulement pour en faire des tissus croisés, les limousines offrent le type le plus saillant de ce groupe.

PRINCIPAUX CENTRES DE FABRICATION. — Les spécialités que nous venons d'énoncer en termes généraux, sans être actuellement délimitées d'une façon absolue dans leur fabrication, correspondent cependant à des localités bien distinctes.

Le premier groupe, désigné sous le nom générique d'*articles souples* en pure laine, a son plus ancien et plus important centre à Reims et dans ses environs. Les importants établissements du Cateau, de Saint-Quentin et autres fabriques de la Picardie, telles que Fresnois, Bohain, Origny, prennent néanmoins une part assez large dans la production des mêmes variétés, dont le mérinos, les flanelles et quelques tissus plus légers sont les types principaux.

Roubaix, Paris, Amiens et la Picardie sont les plus grands siéges des deux catégories suivantes, comprises sous les dénominations de *tissus carteux* et d'*articles mélangés*.

La fabrication des beaux châles façonnés a toujours son centre principal à Paris, où elle a pris naissance, et presque tous ses ateliers en Picardie. Nîmes et le Midi en fabriquent également, mais généralement plus communs et en matières mélangées, telles que soie et laine.

La spécialité des tapis est disséminée dans un grand nombre de localités, eu égard au chiffre relativement restreint de sa production. Aubusson et Felletin, dont elle forme la principale industrie, en sont le plus ancien centre; Paris, Beauvais, Tours, Tourcoing, etc., se partagent avec la Creuse la confection des nombreuses variétés auxquelles cette branche de la fabrication donne lieu. Saint-Flour, dans le Cantal, commence également à faire de la moquette commune.

La bonneterie et les tissus à mailles en général ont des lieux de production plus disséminés encore : il s'en produit dans plus de cent endroits différents; mais la Picardie et la Champagne, Amiens, Troyes et leurs environs forment les centres les plus importants. Paris, la Beauce, la Normandie viennent ensuite; c'est à Paris surtout que se créent les nombreux articles de nouveautés, tant en mailles élastiques qu'en mailles fixes, pour coiffures, cravates, cache-nez, etc., et c'est principalement en Picardie et en Champagne, siége de la grande fabrication destinée à la consommation courante, que les moyens se perfectionnent chaque jour.

La passementerie de laine en général, qui se fait un peu partout, à Saint-Quentin, à Nancy, à Tours, à Saint-Etienne, dans le Nord, etc., a son siége principal à Paris, tant pour la fabrication des articles courants consommés pour les ameublements et les garnitures de voitures, que pour les produits variés destinés à l'ornementation des vêtements de femmes.

CHAPITRE IV.

PROGRÈS RÉALISÉS DANS LES TRANSFORMATIONS AUTOMATIQUES DES TISSUS RAS DEPUIS LA FIN DU DERNIER SIÈCLE.

Le 22 messidor an IX (1801), Chaptal, alors ministre de l'intérieur, publia un programme de prix proposés pour *le perfectionnement des machines à ouvrir, carder, peigner et filer la laine.*

Après quelques considérations générales sur l'usage des machines, le ministre ajoute : « Mais de tous les arts qui réclament l'emploi des machines, il n'en est pas qui appelle plus spécialement la sollicitude du gouvernement que celui qui a pour objet la manutention et la transformation des laines.

« Les manufactures des étoffes de laine forment en France, après l'agriculture, à laquelle elles sont étroitement liées, la branche d'industrie la plus intéressante. »

Chaptal relate ensuite les tentatives antérieures faites pour arriver à la filature mécanique de la laine. Nous les résumons:

En 1780, sur le rapport de Rolland de la Platière, alors inspecteur des manufactures, le gouvernement accorda 3 000 livres de gratification au sieur Price, apprêteur anglais établi à Rouen, pour l'invention d'une mécanique propre à la filature de la laine peignée, du lin et du chanvre. Cette machine, dont le modèle existe au Conservatoire des arts et métiers, consiste principalement dans une grande roue horizontale qui communique le mouvement à plusieurs fuseaux de rouets à filer, de manière à dispenser la fileuse du mouvement du pied[1].

---

1. Nous ferons remarquer cette préoccupation des inconvénients résultant du travail au pied pour les femmes; elle se reproduit à l'occasion de l'emploi des machines à coudre.

En 1783, Quatremère-Disjonval, fabricant de draps à Châteauroux, annonça qu'il se servait avec succès des cardes à coton pour travailler la laine.

En 1787, Georges Garnett, mécanicien anglais, après avoir établi à Sens et à Rouen des machines à filer le coton, est parvenu, dit-il, à filer la laine peignée sans huile.

On cite encore comme s'étant plus particulièrement occupé de la laine peignée, sous l'ancien gouvernement, Dumaurey, à Incarville, près Louviers ; Grangier frères, d'Annonay, etc. Sous la République (an II), le citoyen Tremel fut récompensé pour avoir perfectionné des rouets à broches multiples, imaginés antérieurement par un sieur Barneville.

A partir de cette époque, les essais, qui se poursuivirent d'une manière continue dans les premières années de la République, eurent surtout en France le travail de la laine cardée pour objet. L'Angleterre seule avait dès lors fait quelques progrès dans le peignage; les moyens nouveaux furent publiés dans un recueil anglais intitulé : *Répertoire des arts et manufactures.*

Chaptal ajoute : « Pour éviter des tâtonnements ruineux et marquer aux artistes le vrai point de départ, on a fait décrire et graver avec soin par M. Molard les machines connues jusqu'alors et le gouvernement a proposé un premier prix de 40 000 livres pour celui qui sera jugé avoir perfectionné ces machines d'une manière très-avantageuse au commerce, et un second de 20 000 francs pour celui qui aura le mieux mérité de l'art après le premier. »

Ces machines à perfectionner, dont l'industrie était alors en possession depuis plus ou moins de temps, comprenaient : 1° des manéges à faire tourner les machines à carder; 2° une machine à battre la laine et le coton, dont le modèle existe dans les galeries du Conservatoire des arts et métiers; 3° une machine à ouvrir la laine, sans exposer l'ouvrier aux mauvais effets de la poussière résultant du travail à la main ; 4° un pot à peigne, chauffé au charbon de terre.

Et aux dates suivantes :

1790. Une machine à peigner la laine, par Edmond Cartriwgt, perfectionnée en 1792.

1793. Une machine à peigner et préparer la laine, le coton, la soie, le poil de chameau, de chèvre, etc., inventée par Henri Wright et Jean Hawksley, de Nottingham, et patentée le 8 juin 1793.

1797. Des perfectionnements aux machines à peigner la laine, la soie, le lin, le chanvre, le coton, le poil de chameau, par Jean Hawksley, patenté le 4 juillet 1797.

Les machines à peigner comprises dans cette nomenclature offrent encore un certain intérêt, tant sous le rapport de l'histoire technologique que par les dispositions relativement rationnelles de ces premiers moyens mécaniques. Il est par conséquent convenable de les produire d'après le document officiel que nous venons de citer. Le lecteur assistera de cette façon à la naissance des procédés originaux qui ont contribué à transformer l'une de nos industries les plus remarquables.

Nous avons réuni à cet effet les différentes peigneuses imaginées dans les dix dernières années du siècle passé. Jusqu'alors les moyens de transformations avaient lieu exclusivement à la main, et se bornaient à quelques manipulations à peu près identiques en France et en Angleterre, comme le fait remarquer M. Holker, inspecteur général des manufactures étrangères. Après avoir décrit le désuintage et le dégraissage, qui ne diffèrent des opérations actuelles que par les moyens mécaniques substitués aux manipulations à la main, cet auteur ajoute : « La façon de peigner des Anglais est la même que la nôtre, avec la différence que leurs peignes sont plus fins, et ils font plus souvent peigner deux fois, afin d'avoir un fil plus net. »

Quant au graissage, « les Anglais préfèrent à l'huile le beurre le plus vieux, le plus rance et le plus salé [1]. »

Tel était l'état des choses lorsqu'on imagina les premières peigneuses mécaniques dont il vient d'être question.

Avant de décrire les machines d'Edmond Cartriwgt, qui furent patentées en Angleterre en 1790, nous croyons devoir reproduire les considérations générales présentées par l'auteur en tête du mémoire descriptif d'un brevet de perfectionnement demandé en 1772 :

« Cette machine est, suivant moi, la première de cette espèce qui ait existé, du moins il n'est pas venu encore à ma connaissance qu'il y ait eu de la laine peignée par d'autres procédés que ceux qui se pratiquent à la main, opération fatigante et dispendieuse.

« Pour apprécier les avantages de cette invention dans les manufactures de laine, il suffira d'exposer : 1° que le pays produit plus de 84 millions de livres de laine ; 2° que les frais de peignage s'élèvent annuellement à la somme de 800 000 livres ou 1 million sterling, et qu'il y a environ cinquante mille individus employés à ce travail. Le corps des peigneurs a conçu quelques inquiétudes au sujet de cette invention. Des pétitions furent présentées au Parlement pour obtenir une loi qui en défendrait l'usage. Les amis des pétitionnaires présentèrent à la Chambre des communes un bill qui fut rejeté à une grande majorité. Si le principe de ce bill eût été admis, il n'y avait plus de progrès à espérer pour les manufactures. L'humanité dont il s'agissait de défendre la cause dans cette circonstance, n'avait aucun motif de s'alarmer, puisqu'il est de fait que les nouvelles inventions et perfectionnements, quels qu'ils soient,

---

1. *Mémoire instructif sur la fabrique, les apprêts, dégraissage et blanchissage des bayettes et autres lainages anglais*, par le sieur Holker, inspecteur général des manufactures étrangères. Paris, à l'imprimerie royale, 1764.

ne sont adoptés ou introduits que par degrés, de manière qu'ils n'affectent qu'imperceptiblement ceux qu'ils concernent...

« La laine destinée à des ouvrages fins est soumise à trois opérations ; deux lui suffisent lorsqu'on l'emploie à des étoffes grossières ; la première opération ouvre la laine et l'unit sous la forme de couches grossières, qu'on nomme *barres ;* mais elle ne la nettoie pas. Le nettoiement est l'objet de la seconde opération, ainsi que la troisième lorsque cela est nécessaire.

« Trois machines séparées forment un assortiment au moyen duquel un homme et dix enfants peuvent peigner 240 livres de laine (poids anglais) en douze heures.

« Comme on n'emploie ni feu, ni huile, le prix employé à l'achat de ces matières, et même du combustible seul, suffit pour payer les gages du surveillant et des dix enfants ; ainsi le manufacturier économise la totalité de la somme qu'il dépensait pour peigner la même quantité de laine par l'ancien procédé.

« Dans les premiers temps où cette machine a été mise en activité, elle faisait plus de déchet ou de peignons que le meilleur peignage à la main ; mais dans l'état de perfection où elle se trouve actuellement, il s'en fait beaucoup moins que par le peignage à la main.

« Les avantages de cette machine consistent non-seulement dans l'économie de la main-d'œuvre, mais encore dans la beauté et la finesse du fil pour chaîne qu'on peut se procurer par ce moyen, et que l'on emploie de préférence avec le plus grand succès dans la fabrication des étoffes et de la bonneterie superfine, etc.

« MM. Davidson et Hawksley sont parvenus, au moyen de ma machine, à filer sur leurs moulins des environs de Nottingham du fil pour chaîne d'une qualité telle qu'on n'avait jamais osé l'espérer des moulins à filer.

« Ma machine est déjà en usage dans plusieurs autres

moulins à filer, et il est probable qu'au renouvellement de la paix et au rétablissement du commerce, elle sera généralement adoptée. »

Les chiffres de ce document indiquent sans doute les quantités totales consommées dans le Royaume-Uni, pour les différentes spécialités, à la fin du siècle dernier. Si on admet une proportion de 50 pour 100, ou environ 20 millions de kilogrammes pour la laine peignée, pour laquelle le prix du peignage représentait une dépense de 900 000 livres sterling, ou 22 500 000 francs environ, on trouve que le peignage coûtait un peu plus de 1 franc le kilogramme, et que la journée de salaire était en moyenne de 1 fr. 50. Quoique le prix du peignage ait sensiblement baissé, celui de la main-d'œuvre a plus que doublé. Les prévisions de l'auteur se sont par conséquent pleinement réalisées, tant au point de vue économique que sous le rapport de la perfection ; le travail automatique ayant permis non-seulement de décupler le rendement et de le centupler même par l'emploi de certains systèmes, comme nous le verrons, mais encore d'atteindre une perfection dans les résultats à laquelle il était impossible de prétendre d'une façon régulière au moyen du peignage à la main. Est-il nécessaire d'ajouter que sans l'intervention du travail automatique, la production restait limitée à une quantité de 1 kilogramme environ par jour et par peigneur, ce qui nécessiterait une grande partie de la population de la France et de l'Angleterre, rien que pour y peigner les quantités de laines qui y sont actuellement transformées aux peigneuses automatiques. Si Edmond Cartriwgt, dans le mémoire précédemment cité, s'est un peu abusé sur les perfections de sa machine ; si, comme la plupart des inventeurs, il en a parlé avec des sentiments trop paternels, il n'en a pas été de même lorsqu'il a dit « que les inventions et les perfectionnements, quels qu'ils soient, ne sont adoptés que par degrés. » Et s'il avait pu prévoir qu'un demi-siècle après qu'il avait imaginé ses machines on peignerait encore une certaine proportion de laine à la main, il aurait pu ajouter que les inventions, même les plus avantageuses, ne se propagent qu'avec beaucoup de lenteur.

Aux causes générales qui s'opposent presque toujours à l'adoption des moyens nouveaux, il y avait à ajouter, dans le cas qui nous occupe, la difficulté particulière du problème ; sa solution avait à tenir compte de conditions de détail d'une délicatesse extrême dont on ne s'est rendu compte que beaucoup trop tard, et si l'Angleterre est le berceau du travail automatique, l'honneur d'avoir résolu rationnellement et pratiquement la grande question du peignage mécanique appartient à la France. Cependant pour faire la part de chacun dans l'œuvre commune, mettons tout d'abord en présence le système séculaire du peignage à la main et la première machine anglaise.

PEIGNAGE A LA MAIN. — Les trois figures A A′A″ (pl. I) indiquent les trois temps du peignage et les trois manipulations effectuées par le peigneur.

La figure A montre un peigne P placé convenablement sur un support S garni ou alimenté successivement par le passage d'un faisceau de laine F dans les dents du peigne. Cette action est pratiquée par un premier mouvement de haut en bas, et un second mouvement horizontal à travers les dents, exécuté par la main qui saisit le paquet de laine à travailler. A chaque mouvement le peigne retient une certaine proportion de fibres, l'opération se continue, de la même manière, jusqu'à ce que toute la hauteur des broches ou aiguilles en soit garnie. L'outil se trouve alors alimenté ou *chargé*, de là le nom de *chargement* donné à ce premier temps du travail. Cette opération s'exécute naturellement avec une grande rapidité, le faisceau est donc lancé vivement et retiré de même entre les dents, ce qui fait boucler une des extrémités des brins les plus longs autour des aiguilles, tandis que la réunion des extrémités opposées forme la frange *f*, indiquée par la figure. Une partie des filaments les plus longs est donc fixée en un point par un rebouclement, tandis que les plus courts ne sont retenus que parce qu'ils adhèrent simplement à la masse. Cette manière spéciale de fournir les filaments à l'outil est assez bien caractérisée par le mot de *fouettage*.

La position A' montre l'exécution du peignage proprement dit. L'ouvrier est muni, à cet effet, d'un second peigne P', qu'il introduit dans la frange de laine du peigne P, jusqu'au contact des dents des deux outils; le peigne mobile, tenu à la main, est alors convenablement retiré à travers la masse des fibres, et en emporte naturellement les parties courtes qui ne sont retenues que par l'effet de l'adhérence. Celles-ci et les boutons entraînés par le peigne mobile, dit *peigne travailleur*, constituent ce qu'on nomme la *blousse*; on l'enlève à la main, du peigne, d'une manière quelconque.

Enfin la position A″ donne la dernière partie de l'opération nommée *étirage* ou plutôt *retirage*, ou *étironnage*; elle consiste à retirer directement à la main, avec soin, la masse des fibres restée flottante dans laquelle les dents du peigne mobile ont exercé leur action. Ce produit se compose de faisceaux peignés, désignés sous le nom de *cœur*. Ces faisceaux sont disposés à part et réunis par petites poignées destinées à former ultérieurement un ruban continu par des moyens actuellement automatiques et décrits plus loin.

Ajoutons que pour faciliter la pénétration des filaments tassés et leur glissement, on a eu soin de les graisser au préalable d'une certaine proportion de substance grasse; huile d'olive ou beurre rance, et de chauffer les dents des peignes. Sans ces deux conditions, le travail serait presque impossible, et ne pourrait en tous cas s'exécuter que lentement; autrement la proportion des brins naturellement courts, ou brisés par l'action des outils, augmenterait notablement.

Malgré ces précautions, le travail à la main présentait des

inconvénients réels ; le fouettage, par cela même qu'il produisait le bouclage autour des broches ou dents, nécessitait dans la manipulation un effort assez considérable pour retirer les fibres. Cette résistance occasionnait des ruptures, diminuait la proportion des brins peignés, et augmentait celle de la blousse. Il est d'ailleurs impossible, par ce mode d'opérer, de peigner avec une égale perfection toute la longueur des mèches, attendu que les extrémités fixées par le rebouclement autour des dents ne sont pas accessibles aux aiguilles du peigne travailleur ; la partie libre de la frange peut donc seule être bien épurée, l'autre ne l'est qu'imparfaitement lors du retirage, dont les conséquences désavantageuses viennent d'être signalées. Aussi fallait-il une longue expérience aux peigneurs pour acquérir une certaine habileté. De plus, ils ne pouvaient opérer que dans des conditions hygiéniques déplorables, le chauffage des peignes se pratiquait dans des fourneaux plus ou moins bien clos, laissant toujours dégager des quantités notables d'acide et d'oxyde carbonique dans les ateliers. Ce n'est donc pas sans raison que le métier de peigneur était considéré comme l'un des plus insalubres.

Tel était l'état des choses auquel Edmond Cartriwgt a cherché le premier à remédier. Examinons donc sa machine perfectionnée telle qu'il l'a décrite dans sa patente.

Peigneuse d'Edmond Cartriwgt (fig. 1re, pl. I). — A est un tube par lequel la matière à peigner passe sous la forme de nappe ou barre, légèrement tordue, au moyen de cylindres débitants (alimentaires x,x). B est une roue fixée sur l'axe d'une manivelle placée en travers du châssis, *lasher* ou *chargeuse*. C est une roue conduite par la roue B, dont l'axe porte à son extrémité opposée un pignon p qui mène la roue R fixée sur l'axe d'un des rouleaux alimentaires directs x' x' de la peigneuse.

Nota. Quand on veut réunir deux ou plusieurs rubans, on

place les pots qui les contiennent sous une table au-dessous du chargeur représenté en D. Cette table, par un mouvement lent de rotation, réunit les rubans par un léger tordage à mesure qu'ils montent pour les guider entre la paire de cylindres x, x. P est un peigne circulaire porté par un châssis, et agissant à la partie supérieure de la table du peigne P' par le moyen de deux manivelles M, M. Les dents du peigne circulaire horizontal P' ont leurs pointes dirigées tout autour de la circonférence intérieure vers le centre. Cette table est portée sur une plate-forme ronde, et tourne par un engrenage comme la tête d'un moulin à vent. ab sont les cylindres d'étirage; $c\,d$, rouleaux conducteurs, faisant fonction de lamineurs. Sous la table se trouvent deux autres rouleaux pour enlever le retiron (blousse) hors du peigne.

Quoique Cartriwgt réalisât le travail en deux reprises, la machine de la première préparation ne diffère cependant pas assez de la précédente pour qu'il soit nécessaire d'en faire une description spéciale.

Pour ne pas compliquer la figure, on a omis les détails concernant les transmissions de mouvement, n'offrant rien de particulier.

On cherchait surtout alors à imiter l'action de la main, ce qui aggravait encore les inconvénients du fouettage en raison de l'épaisseur des rubans alimentaires, plus ou moins tordus et enchevêtrés, et de la vitesse des organes. La suppression du graissage de la laine et du chauffage des aiguilles rendait d'ailleurs le travail difficile, et nécessitait des efforts considérables pour faire passer la matière à travers les dents au chargement et à l'étirage. Les efforts de tiraillements sur les fibres et leurs fâcheux effets augmentaient dans des proportions telles, que les ruptures, la blousse et les déchets étaient bien supérieurs à ceux du peignage à la main.

PEIGNEUSE DE MM. HENRI WRIGHT ET JEAN HAWKSLEY, PATEN-

TÉE LE 8 JUIN 1793 [1]. — Les auteurs donnent deux dispositions, la première est indiquée avec ses détails figures 2 à 5,
et la seconde figure 6.

A (fig. 2) est un arbre vertical tournant environ quarante
fois à la minute. B, B, deux roues d'angle d'un nombre égal de
dents. C, pignon de 9 dents. D, roue de 71, commandant
l'arbre des engrenages ou lanterne E et F. (Ces deux roues
haussent et baissent suivant la longueur de la laine.)

La roue de 41 dents engrène la roue H de 32, qui communique le mouvement à la roue peigneuse I, dont chaque bras
est armé d'un peigne à trois rangées de broches. K, cylindre
peignant, avec trois rangées de dents placées horizontalement
comme dans le dessin ou perpendiculairement.

L, roue de 144 dents. M, pignon de 16. O, vis sans fin, menant
la roue N, fixée à l'extrémité inférieure d'un arbre vertical qui,
au moyen d'un pignon S, communique le mouvement aux cylindres cannelés A, A portés par le bâti (fig. 3). P, P, deux roues
égales, servant à faire tourner les cannelés Q, Q qui retirent la
laine du peigne cylindrique K ; R, R, deux rouleaux conduisant
la laine dans les pots.

La figure 3 représente le bâti fournisseur de la laine à peigner ; BB, rouleaux de la toile sans fin pour amener la laine
aux cylindres A, A.

F, F, F, poulies pour donner le mouvement au moyen de
cordes ou courroies aux axes de la toile B, B.

Figure 4. Volant à brosse et à rouleaux pressés par des ressorts en spirale, dont l'objet est d'approcher la laine des dents
du peigne cylindrique K (fig. 2). Ce volant est placé au-dessus
des cylindres cannelés Q, Q, et reçoit un mouvement proportionnel avec celui des cylindres.

---

1. Nous conservons pour ces descriptions, comme nous l'avons fait pour
les précédentes, les légendes originales des inventeurs.

Figure 5. Brosse circulaire placée près du dos du peigne K (fig. 2). Cette brosse tournant avec beaucoup de vitesse, sert à retirer le peignon des dents du peigne ; elle est à son tour débarrassée de la laine, dont elle se remplit à mesure qu'elle tourne, au moyen d'un peigne à un seul rang de dents, fixé à la distance convenable à cet effet.

La figure 6 représente une autre machine propre à dégrossir et même à finir le peignage de la laine par les mêmes auteurs.

A sont des peignes disposés en ligne droite, et formant trois divisions ou compartiments A, B, C, maintenus dans une rainure à queue d'aronde, et réunis bout à bout par les crochets D, D, que l'on ôte pour séparer le premier compartiment du second, aussitôt que dans son mouvement il a dépassé les rouleaux délivrants E, E, et qu'il est débarrassé de la laine. F crémaillère conduite très-lentement par le pignon G. Deux paires de rouleaux conducteurs remplissant les mêmes fonctions que les rouleaux RR (fig. 2) sont placés en face des cylindres EE.

H indique les trois compartiments de peignes à trois rangs de dents. Ces trois compartiments A, B, C reçoivent une action lente de A en C ; et lorsque la division de droite a parcouru un espace égal à sa longueur, il faut : 1° décrocher la division de gauche ; 2° la débarrasser de son peignon ; 3° la faire passer à l'autre extrémité de la machine, soit en la faisant glisser sur le plan incliné I ou autrement ; 4° la placer sur la machine à peigner dans la partie A qui se trouve vide dans ce moment. En opérant ainsi on aura une barre (ruban) non interrompue.

K est une roue à peigne semblable à celle de la figure 2. Elle tourne avec la même vitesse. Le fournisseur de laine est le même que celui de la figure 3.

Commandes. — L, roue de 144 dents. M, pignon de 16. NN, deux roues égales. P, P, également d'un même nombre de dents. Les dents horizontales peuvent aussi être placées verticalement.

Ce système ne diffère sensiblement que par ses dispositions de celui de Cartriwgt et pèche également par son principe, qui occasionne les inconvénients du fouettage, et l'inégalité d'action sur les deux extrémités des mèches.

PERFECTIONNEMENT APPORTÉS AUX MACHINES A PEIGNER PATENTÉES PAR JEAN HAWKSLEY, le 4 juillet 1797. — L'inventeur spécifie sa patente de la manière suivante : « Pour les perfectionnements et additions faits aux machines à peigner la laine, la soie, le lin, le chanvre, le coton, le poil de chameau. Les moyens consistent principalement dans un pot, tournant sur un pivot, destiné à chauffer les peignes, afin de rendre l'opération du peignage de la laine plus facile,; dans un chargeur ou moyen propre à placer la laine ou autres matières sur la machine à peigner et dans des étuis ou fourreaux destinés à recevoir les manches des peignes, à laine, etc., et à les maintenir dans leur position respective sur la machine à peigner pendant l'opération. »

Cette énonciation prouve évidemment qu'on avait compris la difficulté d'opérer sur la laine avec les machines dont il vient d'être question, sans chauffer les peignes par un fourneau quelconque ; on avait sans doute de nouveau recours à la lubrification de la matière animale avant de la travailler. Les dispositions et modifications annoncées par le titre ci-dessus sont représentées figures 7 et 8.

Machine à peigner patentée en 1793 (fig. 7). Afin de faire bien comprendre la disposition des fourreaux F en métal, destinés à recevoir les manches des peignes, prêts à recevoir la laine qui se peigne par un mouvement continuel, la partie opposée G est garnie de peignes placés chacun dans leur compartiment ou étui. A cette disposition venaient s'ajouter les cylindres cannelés, décrits précédemment dans la patente dont Hawksley était l'un des inventeurs.

La figure 8 donne le plan chargeur mentionné dans le titre.

Il est destiné à remplacer la roue chargeuse I indiquée dans la figure 2, et celle K (fig. 6).

Il est un arbre qui traverse la roue immobile I autour de laquelle tourne la roue K. L, L, deux chatnons accouplant les axes qu'ils embrassent et placés à droite et à gauche des roues d'engrenage. M, roue fixée sur son axe. N, autre roue fixée sur son axe. O, roue intermédiaire. V, pignon menant W, faisant tourner les cylindres cannelés R. P, P, les mèches passant dans l'intérieur du tube Q et attirées par les cylindres R.

INTERVENTION ACTIVE DE L'INDUSTRIE FRANÇAISE DANS LE TRAVAIL AUTOMATIQUE DES PRODUITS PEIGNÉS.

TERNAUX, LA SOCIÉTÉ D'ENCOURAGEMENT POUR L'INDUSTRIE NATIONALE, DEMAUREY, BOBO, VILLEMINOT ET AUTRES.

On signale à Reims, l'année 1804 [1], comme le point de départ de la fabrication du mérinos. La première pièce fut tissée à l'établissement dit le *Mont-Dieu*, avec une trame en fil lisse tordu, employé ordinairement à la chaîne et était destinée à faire des châles. Cette étoffe, dont les deux systèmes de fils, chaîne et trame, étaient également peignés, constituait un article nouveau par l'armure croisée et avait exclusivement les châles en vue, si on s'en rapporte au brevet d'invention pris, en date du 4 décembre 1804, par MM. Jobert-Lucas et Cᵉ, de la maison Ternaux, le titre de ce brevet le désignant, pour une fabrication de châles imitant le cachemire.

Mais on était loin encore de l'emploi des fils produits automatiquement; ils étaient filés au contraire au petit rouet ou au fuseau. Le nom de *mérinos* donné plus tard à cet article lui vient de la laine d'Espagne, qu'on employait alors

---

1. Voir une note de M. C. Poulain à la Société industrielle de cette ville.

de préférence et sur une grande échelle pour le peigné. La mode s'empara bientôt de ce produit pour en faire un article de luxe pour divers usages, et surtout pour robes.

La Société d'encouragement pour l'industrie nationale, qui comptait M. Ternaux au nombre des membres de son conseil d'administration, comprit dès 1807 l'intérêt qu'il y avait à venir en aide à la spécialité du peignage, en stimulant le progrès mécanique dans cette direction. Elle proposa deux prix dans l'une de ses séances annuelles de 1808, l'un pour les meilleures machines à peigner la laine, et l'autre pour un métier propre à la filer. M. Ternaux augmenta quelque temps après la valeur des prix proposés par la Société. Après des remises successives du concours, le prix de 3000 francs fut accordé, en 1812, à M. Dumaurey, et le second, en 1815, à M. Dobo.

Le principe de peignage adopté par M. Dumaurey offrait de l'analogie avec celui sur lequel repose l'invention de Philippe de Girard pour le lin. Malgré le succès des moyens de Dumaurey à leur origine, ils ne paraissent pas avoir eu une application pratique sérieuse, quant au genre de machines dont ils se composaient; mais il n'en fut pas de même quant au mode d'opérer et à la méthode de transformation. Dumaurey poursuivit en effet le système fécond de la division du travail dans les préparations. L'opération du peignage était exécutée progressivement, son assortiment était composé de trois machines : la première ouvrait la laine, la seconde peignait, et la troisième rubannait la matière en la triant par longueurs de filaments. Les blousses étaient séparées de la partie peignée sous forme de rouleau continu ou bobine. Lorsque les machines de Dumaurey furent abandonnées, non-seulement on continua la division du travail, mais on l'augmenta sensiblement en multipliant les préparations.

L'invention de Dobo fut plus heureuse, la filature mécanique de la laine peignée date réellement de l'emploi de ses procédés et de ses machines ; lui aussi comprit l'avantage du fractionnement du travail en transformations progressives. De plus, il modifia tellement les machines à étirer et les appropria si convenablement au traitement des fibres plus ou moins longues et lisses, qu'il en fit une véritable invention. On lui doit l'exécution des premiers bobinoirs, améliorés plus tard par d'autres et surtout par M. Villeminot, dont nous signalons les services plus loin ; le peigne hérisson si efficace, emprunté par Laurent, quant au principe, à la filature du lin, inventée par de Girard, fut exécuté, si nous ne nous trompons, et appliqué pour la première fois dans les ateliers et sous la direction de l'habile mécanicien Dobo.

Quoi qu'il en soit, il est juste d'accorder à chacun sa part dans la création de cette belle spécialité de la fabrication du mérinos et de ses similaires. Aux manufacturiers revient l'honneur d'avoir exécuté un article de fond, nouveau par la combinaison d'éléments connus ; aux arts mécaniques, celui de la création d'un outillage qui a permis de réunir la perfection à l'économie, et enfin à la Société d'encouragement d'avoir, dans cette circonstance comme dans tant d'autres, efficacement rempli la mission de stimuler le progrès, à laquelle elle s'est dévouée depuis sa fondation. On remarquera que c'est surtout depuis le rétablissement de la paix, à partir de 1815, que le mouvement industriel se manifesta d'une manière particulière. De cette époque date par exemple la préparation au peignage par l'emploi préliminaire de la carde ; le brevet pris le 20 novembre 1814, par Rawle, de Rouen, pour une machine à peigner la laine, était réellement une carde à peine modifiée, de manière à livrer un ruban continu, caractérisant plutôt un appareil préparatoire qu'une véritable peigneuse.

Une première machine pour laquelle Collier, dont le nom est bien connu dans l'industrie de la laine, s'est fait breveter dans la même année, sortait des errements précédents, en ce sens qu'au lieu d'une carde ordinaire c'était un grand tambour armé de dents ou d'aiguilles qui était seul chargé des fonctions du peignage. La force centrifuge développée par cet organe principal chassait les plus gros brins vers la circonférence, où ils étaient reçus par une brosse, tandis que les plus fins restaient au fond des dents ; les fibres qu'on pouvait trier et séparer de cette façon étaient détachées à l'aide d'un peigne. Les brevets de M. Chauvelot, de Dijon, pris en 1815 et en 1816, par M. Rusby, avaient le même objet que les précédents et reposaient sur les mêmes bases : au lieu de machines à peigner, c'étaient à peine des appareils préparatoires dont l'originalité consistait surtout dans la transformation de la masse des fibres en ruban.

Les brevets pris, en 1825 et 1826, par MM. Paturle et Seydoux, sous le titre de : *Procédé propre à préparer les laines, soies et autres substances animales fibreuses pouvant remplacer l'opération du peignage*, consistaient dans l'usage de trois cardes successives ; les deux premières à chapeaux fixes ou tournants ; la troisième, qui transformait la nappe en un ruban par les dispositions actuellement bien connues, était alimentée par la seconde, et celle-ci par la première.

Vers la même époque (1826), on importa d'Angleterre un système de cardage, à la sortie duquel les cylindres étireurs fonctionnant dans un vase d'eau y faisaient passer le ruban. Celui-ci, humide, se rendait ensuite entre des rouleaux chauffés ; cette pression à chaud devait sécher et défeutrer la laine, de manière à pouvoir la livrer au filage dans cet état.

Un brevet Lenoble de la même année (1826) abandonnait le passage dans l'eau, mais conservait les cylindres lamineurs creux chauffés à la vapeur et placés à la suite d'une carde ordinaire. Le même auteur avait imaginé un système de peignage sans blousse, c'est-à-dire encore un cardage modifié dans certains de ses organes.

Enfin, c'est encore en 1820 que l'on voit apparaître une peigneuse réellement originale et qui a eu une application assez étendue : nous voulons parler de la machine de M. Godard, d'Amiens, plus connue sous le nom de son constructeur et perfectionneur, M. Collier. Nous n'avons pas à décrire ce système ici, l'ayant déjà fait ailleurs [1].

Quoique cette machine renferme des dispositions ingénieuses et quelle ait rendu des services dans le travail de certaines laines ordinaires, elle n'a jamais pu se généraliser. Rappelons seulement que, bien que les dents fixées aux roues peigneuses fussent chauffées par une circulation de vapeur dans leurs jantes creuses, et la laine graissée avant d'être soumise à la machine, le résultat n'en laissait pas moins à désirer ; les inconvénients signalés dans les précédents moyens automatiques subsistaient toujours en grande partie. Malgré ses défauts, le système Godard-Collier a prévalu sur les autres tentatives analogues précédemment indiquées.

Le succès partiel de cette invention stimula les recherches en vue de son amélioration. On comprit surtout dès l'origine la nécessité de faire précéder l'opération du peignage proprement dite, par des transformations préparatoires dans le but de ménager la laine et de faciliter l'action des organes peigneurs. M. Boucher, de Paris, prit en 1829 un brevet pour une machine à peigner composée d'un grand tambour armé de distance en distance de peignes mobiles. Ceux-ci, garnis de laine, recevaient l'action de peignes horizontaux qui, en s'engageant dans les mèches par un mouvement de translation, effectuaient le travail. La matière, avant d'être confiée à cette machine, recevait

---

1. Voir *Essai sur les industries textiles*, par Michel Alcan. Paris, 1847, chez Mathias, éditeur ; Lacroix, successeur.

une préparation de dressage sur un grand tambour nappeur.

Tous les systèmes proposés depuis lors, et entre autres ceux de MM. Arrawsmith et Forster, de Graville, de M. Harding, de Tourcoing (1836), de M. Vayson (1837), de M. Dieudonné, de Rethel, de M. Romagny, de M. Cokerill (1840), de M. Bruneau aîné (1842), de M. Griollet (1843); celui de Lister de la même année, de M. Saulnier, de Paris (1844), et de plusieurs autres que nous pourrions citer, se font surtout remarquer par des moyens propres à diviser le travail en opérations préparatoires et en peignage proprement dit. Quant à celui-ci, les uns cherchaient principalement à perfectionner la peigneuse Godard par l'addition de chargeuses alimentaires et d'organes étironneurs perfectionnés; d'autres se servaient toujours de la carde comme organe principal, en se contentant de lui livrer la matière favorablement disposée et de l'en retirer avec soin sous une forme plus convenable. Enfin, un certain nombre de chercheurs, la plupart même de ceux que nous venons de citer, pensaient ne pouvoir mieux faire que de créer des machines imitant servilement le mode d'action du peignage à la main. On remarque dans cette dernière voie une série de combinaisons très-ingénieuses qui n'ont cependant pu se faire sérieusement adopter; on leur reprochait une partie des inconvénients résultant du travail à la main, surtout lorsqu'il n'était pas exercé par un peigneur exceptionnellement habile. Les diverses machines proposées faisaient davantage, il est vrai, mais sans offrir une supériorité marquée sur la peigneuse automatique perfectionnée de Godard-Collier, déjà appliquée au travail courant des laines ordinaires. Il n'y avait pas d'intérêt réel à supprimer celles qui avaient coûté fort cher pour des appareils qui ne les valaient pas.

Tel était l'état des choses, lorsqu'en 1845, Josué Heilmann créa le système qui porte son nom et qui fut exécuté et exploité par la maison Nicolas Schlumberger. L'emploi de ce système produisit une véritable révolution dans la spécialité, et ouvrit une phase nouvelle de progrès dans l'industrie du peignage en général.

POINT DE DÉPART DU SYSTÈME NOUVEAU DE PEIGNAGE. — La date du brevet Heilmann est le 17 décembre 1845. Des centaines de brevets pris depuis lors pour le même objet, et les machines nouvelles qui se sont fait adopter, n'ont cependant rien fait perdre au principe imaginé par l'inventeur. Sa machine, même telle qu'il l'a imaginée il y a plus de vingt-six ans, est encore préférée à toute autre par certains très-habiles manufacturiers que nous pourrions citer. Nul système n'épure mieux et ne peigne plus parfaitement. Cette perfection même atténue naturellement la production. Le peu de rendement relatif, une certaine complication dans les transmissions de mouvements, et leur action un peu saccadée, sont les seuls reproches que l'on puisse adresser à cette belle invention. On peut les citer sans craindre d'en amoindrir la valeur et les services.

Si, comme la plupart des inventions à leur apparition, celle de Heilmann a d'abord passé presque inaperçue, et si elle a eu à lutter dans les premières années contre la routine et bientôt contre la contrefaçon, la durée de ses épreuves a été relativement courte, puisque dès l'Exposition universelle de 1855, sa valeur et sa portée industrielle ont pu être appréciées par les services considérables qu'elle avait déjà rendus non-seulement à la France, mais à la plupart des pays manufacturiers du monde. La peigneuse nouvelle était dès lors appliquée à toutes les matières filamenteuses, aussi bien à des substances qui n'avaient jamais pu être traitées par le peignage, comme le coton, qu'aux laines. Aussi fut-elle l'objet de deux rapports lors de ce concours international. Elle remporta en outre le prix d'Argenteuil l'année suivante. Ce prix, distribué par la Société d'encouragement pour l'industrie nationale tous les cinq ans seulement, et dont la valeur (12000 francs) indique l'importance, a été institué par son auteur pour récompenser l'invention la plus méritoire.

Les trois rapports envisageant les services de différents genres rendus par les travaux de Heilmann, nous croyons devoir reproduire un extrait de celui concernant la laine peignée que nous avons eu l'honneur de faire en qualité de rapporteur de la septième classe, et qui, adopté par les membres du jury, est devenu l'expression de la pensée des hommes les plus autorisés et les plus compétents en pareille matière[1].

Ce rapport rappelant d'ailleurs l'origine relativement récente de la filature de la laine peignée, trouve naturellement sa place ici.

« ...... Les premières tentatives faites pour filer la laine peignée à la mécanique datent de 1816.

« Ces essais restèrent sans succès signalés, jusque vers 1821, époque à laquelle Laurent eut l'idée de se servir du peigne cylindrique ou manchon circulaire armé d'aiguilles pour faciliter et régulariser les étirages. Ce peigne, dont l'avantage fut bientôt constaté, fut successivement perfectionné dans ses détails par un mécanicien de Paris, Declanlieu, et un filateur de Reims, M. Bruneaux. On reprit alors l'idée de faire les préparations à chaud et de tortillonner les mèches à une certaine période du travail qui avait été proposée antérieurement par Dobo. Cette belle industrie fit un nouveau pas vers 1837, grâce à l'exécution des ingénieuses machines à défeutrer et à réunir de M. Villeminot, qui aujourd'hui encore occupe une honorable position dans son industrie comme filateur et comme constructeur, et dont l'absence presque complète à l'Exposi-

---

1. On trouvera le rapport que nous avons fait à la Société d'encouragement sur la même invention, dans les Bulletins publiés par cette Société, et dans notre *Traité du travail de la laine cardée*, chez Baudry, rue des Saints-Pères, 15.

tion est regrettable. C'est seulement en 1842 qu'on tenta à Reims le peignage mécanique au moyen de la machine inventée par Godard, d'Amiens, et exploitée sous le nom de son constructeur Joh Collier. La laine soumise à la peigneuse n'était pas suffisamment préparée; il en résultait des ruptures fréquentes, une grande quantité de blousses, de déchets, et le peu de cœur qu'on en obtenait était bouchonneux et impur; le moyen d'enlever le produit était vicieux. On perfectionna peu à peu cette première machine, sans pouvoir l'amener à des résultats tout à fait satisfaisants.

« On en était à se demander si jamais une machine pourrait remplir les conditions délicates du peignage de la laine, qu'une main habile pouvait à peine satisfaire, lorsqu'en 1845 Josué Heilmann fit breveter sa peigneuse complétement automatique. La manière dont le problème fut posé par le célèbre ingénieur est aussi remarquable que les divers moyens pour le réaliser. Le premier il généralisa et rendit la solution indépendante de la nature des fibres à traiter. Le premier encore il songea à faire subir à la mèche un peignage distinct par chacune de ses extrémités. Les moyens ingénieux imaginés pour diviser cette mèche, pour la travailler à fond, en agissant en quelque sorte sur les fibres isolées, et de façon à pouvoir se passer désormais de l'intervention de la chaleur pour réunir ensuite les mèches peignées et les transformer en un ruban continu, ont déjà été décrits d'une façon assez claire par nos honorables collègues des précédentes sous-commissions pour nous dispenser d'y revenir.

« Disons seulement que si le problème fut posé et résolu dès 1845, il fallait encore le mener à bien au point de vue de l'exécution. Il suffit d'avoir sérieusement examiné cette machine pour comprendre que sa construction ne souffrait pas de médiocrité, son succès dépendait désormais de l'exactitude de la réalisation matérielle. Si l'on ne savait déjà comment

MM. Nicolas Schlumberger se sont acquittés de cette partie délicate de la tâche, on pourrait s'en assurer par les peigneuses que nous avons sous les yeux, et qui font leurs preuves dans l'industrie depuis 1849. Le succès presque sans précédent de ces machines a stimulé de nouvelles recherches et a fait surgir bientôt de nombreux essais nouveaux plus ou moins heureux ; mais jusqu'ici, ou les résultats en sont moins parfaits et moins généraux, ou les moyens participent de ceux de Heilmann. »

Cependant les procédés, les moyens et les machines de la filature de la laine peignée, en général, se perfectionnèrent rapidement ; chaque exposition depuis 1843 en témoigne.

En 1851 ils étaient arrivés à un degré tel, qu'ils paraissaient avoir atteint leur limite ; néanmoins l'Exposition de 1855 nous offre de nouveaux progrès importants à signaler. Ces améliorations ne consistent que dans des modifications, il est vrai, mais elles sont telles qu'elles ont la valeur d'inventions de premier ordre.

Ces perfectionnements ayant été en progressant depuis lors, se trouvent naturellement compris dans l'ensemble des descriptions et études qui vont suivre, et qui embrassent l'industrie complète des tissus, résumés dans le chapitre suivant.

Progrès réalisés dans les machines préparatoires et dans la composition de l'assortiment. — Pour ne pas scinder la revue des progrès principaux apportés à la spécialité du peignage jusqu'au moment de l'invention de Heilmann, nous avons dû laisser un instant de côté les perfectionnements des machines préparatoires, dont les transformations suivent le peignage. Ces machines prennent les rubans plus ou moins gros, disposés dans des pots ou des bobines, pour les livrer au métier à filer en mèches d'un titre déterminé à priori pour chaque cas ou chaque numéro de fils. Malgré toute la perfection du peignage, il serait néanmoins impossible d'arriver à un résultat parfait, si les

préparations intermédiaires entre le peignage et le filage n'é-
taient organisées avec une précision mathématique.

Les difficultés les plus graves rencontrées par la filature de
la laine peignée à ses débuts se manifestèrent surtout dans cette
partie du travail ; on s'était tout d'abord borné à traiter les rubans
de la laine peignée par les moyens usités pour le coton. Dobo,
mécanicien déjà mentionné, dont le nom est bien connu dans
la spécialité, apporta les premières modifications ingénieuses
et rationnelles aux étirages de la laine peignée, en imaginant
le principe de l'appareil connu actuellement sous le nom de *Bobinoir frotteur*. Il exécuta pour la première fois, de 1810 à 1812,
un assortiment pour l'établissement de Bazancourt appartenant à
Ternaux et à Jobert Lucas, de Bazancourt. C'était en quelque
sorte le système d'étirage employé au coton avec addition des frotteurs aux derniers passages, pour donner aux mèches de laine la
cohésion imprimée au coton par la torsion du banc à broches,
torsion que le système français s'est toujours refusé avec raison d'appliquer à la laine mérinos. Cette manière d'opérer fut
insuffisante ; quelque courts et lisses que soient en effet les
brins de la laine, même lubrifiés, ils sont toujours sensiblement
plus longs et plus rugueux à leur surface que les filaments du
coton. De là des difficultés de les faire glisser parallèlement
entre eux pendant les étirages réitérés, nécessaires pour les
amener au degré d'affinage exigé par le filage. Les résultats
étaient bien peu réguliers et les accidents, connus sous les noms
de *barbes*, *coupures*, étaient fréquents.

C'est à Laurent, inspiré sans doute des travaux de de Girard,
comme nous le verrons plus loin, et à Declanlieu, que revient
l'honneur d'avoir remédié à cet inconvénient, en imaginant le
peigne cylindrique, c'est-à-dire un petit cylindre à aiguilles
convenablement disposées entre les organes étireurs à mouvement différentiel. Cet auxiliaire plus ou moins modifié dans
ses dimensions et dispositions, dont on commença à se servir

pratiquement vers 1819, n'a plus cessé d'être en usage. C'est le point de départ de la nouvelle phase si prospère dans laquelle entra la spécialité de la laine peignée. Les organes trouvés isolément étaient loin cependant de rendre tout d'abord les services qu'on en a obtenus depuis ; il fallait étudier les moyens dans leurs formes et détails, les transmissions, les réglages, et les approprier avec précision aux fonctions dont ils sont chargés. Ces différents points ont été réalisés avec une rare intelligence et une connaissance approfondie de la matière par un industriel aussi habile constructeur que savant technologue, M. Villeminot-Huart ; il est parvenu le premier à fournir des assortiments pour la laine peignée, ne laissant presque plus rien à désirer, aussi parfaits par conséquent que ceux dont le coton était en possession depuis des années.

Malgré le degré de perfection auquel ces machines étaient arrivées, M. Villeminot ne continua pas moins à les améliorer dans leurs éléments, détails et exécution jusqu'en 1844. Le degré de précision et les avantages des produits de ce constructeur furent tels, qu'ils ne subirent aucune modification sérieuse depuis lors. Ils sont restés ce qu'ils sont encore dans les établissements les mieux montés. Les descriptions que nous en donnons plus loin serviront à démontrer la vérité de cette appréciation. Quant aux métiers à filer et entre autres aux self-actings perfectionnés également en partie par M. Villeminot, ils profitèrent d'ailleurs des améliorations successives dont ils furent l'objet pour la filature en général, indépendamment de la nature de la matière à traiter ; sauf les dimensions, ils sont en effet à peu près identiques pour le coton et la laine peignée. D'autres industriels encore se distinguèrent dans la même direction, entre autres M. Bruneau, de Rethel; M. Vigoureux, de Reims : ce dernier imagina plus tard les bobinoirs à mèches multiples. Les maisons Schlumberger, Kœchlin, Stehelin Grünn, Muller, Gand, de notre si regrettée Alsace, prirent aussi une sérieuse part à ce mouvement dans la construction du matériel de la filature de la laine peignée. Mais ces premiers succès ne suffirent pas à M. Villeminot, il voulut réaliser par lui-même les avantages dont ses machines étaient susceptibles ; il créa avec M. Rogelet une vaste usine complète, comprenant le peignage, la filature et le tissage des lainages ras, aussi remarquable par son installation et son organisation que par la valeur de ses produits.

La libéralité avec laquelle les gérants de cette maison en font les honneurs aux visiteurs compétents, et les enseignements que ces derniers peuvent puiser dans un établissement où toutes les idées rationnelles nouvelles sont expérimentées et mises en pratique s'il y a lieu, méritent une mention spéciale.

Les progrès qui se sont succédé dans la filature depuis une trentaine d'années sont d'ailleurs difficiles à suivre pas à pas ; nous chercherons à donner une idée de leur étendue par quelques documents numériques et statistiques.

Vers 1830, le mode de filage ancien n'avait pas encore entièrement disparu, c'est à peine si on comptait alors 230 000 broches, toutes alimentées par du peigné à la main, auquel les produits du peignage mécanique, malgré les tentatives antérieures dont il est question plus loin, ne commencèrent à se substituer pratiquement que vers 1849. Quant à la filature mécanique, l'élan étant donné, elle continua à se propager au point qu'en 1844, lors d'une exposition nationale, le nombre de broches avait plus que doublé ; en 1850 il s'éleva à *un million* et atteignit environ 1 800 000 à l'Exposition de 1867. Depuis lors, malgré nos désastres, un assez grand nombre d'usines ont encore été élevées.

L'industrie de la laine peignée se trouvant surtout répandue dans les départements du Nord, de la Marne, de la Somme, des Ardennes et de l'Aisne, n'a pas été amoindrie sensiblement. Le développement pris par la spécialité dans ces départements a maintenu son importance en France, malgré les beaux établissements qui nous ont été enlevés avec l'Alsace.

Les usines pour le peignage prennent chaque jour plus d'extension ; tous les systèmes décrits plus loin y trouvent actuellement leur application. Ils ont contribué chacun pour sa part à la perfection des résultats, et surtout au progrès économique qui, en moins de vingt ans, a fait baisser le prix du peignage de 2 à 1 franc et au-dessous par kilogramme d'une laine donnée. Les transformations préparatoires ont été assez sérieusement améliorées pour avoir concouru également aux progrès successifs pouvant se résumer par les quelques faits suivants : à l'origine de l'emploi des métiers à filer, ils se composaient de moins de 150 broches ; la vitesse de la broche atteignait à peine 2500 tours, et fournissait des trames du numéro 60, et de la chaîne 35 ; ces fils irréguliers coûtaient encore de 50 à 70 francs le kilogramme, vers 1828. Aujourd'hui les self-actings comportent jusqu'à 1000 broches (lorsque l'emplacement le permet), tournant à 6000 tours, pouvant produire, avec une régularité irréprochable, des fils du numéro 150 et plus, avec un abaissement de prix des cinq sixièmes aux six septièmes. Quant au personnel ouvrier, il a été réduit de moitié malgré l'augmentation des préparations ; on compte à peine neuf personnes actuellement par 1000 broches, tandis qu'il en fallait au moins vingt vers 1830, et sans remonter si haut pour démontrer la marche progressive de la spécialité, il suffit de dire que le filage qui, en 1862, revenait encore à 5 fr. 75 les 1000 échées de 700 mètres du numéro 114 en trame, et 5 fr. 25 pour la chaîne 80, coûte à peine 2 fr. 85 et 2 fr. 35 aujourd'hui, malgré une augmentation de salaire de 20 pour 100 au moins. Les progrès réalisés dans le tissage, et entre autres la substitution du travail automatique à celui de la main, sont dus en partie aux perfectionnements apportés aux qualités des fils par suite des améliorations dont les machines à filer ont été l'objet, et en partie à des moyens nouveaux ou à des combinaisons nouvelles de moyens connus pour arriver à créer des articles spéciaux. Il a suffi de produire des fils réguliers assez résistants et d'employer des procédés d'encollage rationnels, pour pouvoir appliquer à la laine les métiers mécaniques à peu près identiques à ceux dont on se sert pour le coton depuis des années.

Cette nécessité de faire précéder l'emploi du métier mécanique par une bonne exécution des fils explique l'application relativement récente du tissage automatique à la laine peignée. Les premières tentatives remontent à peine à trente ans; elles eurent lieu à Reims chez MM. Groutelle. Les perfectionnements apportés aux machines à encoller par M. Henri Gand d'une part, M. Fassin de l'autre, décrits plus loin, contribuèrent puissamment à substituer progressivement le tissage mécanique au travail à la main. Ce sont encore de ces machines à préparer les fils dont on se sert presque exclusivement. Avec de bons fils tels qu'on les fait généralement, un peu sous-filés de quelques numéros, encollés avec soin, on peut actuellement tisser mécaniquement toutes espèces d'étoffes; les unies surtout sont exécutées avec avantage, malgré la supériorité des fils, indispensable aux machines. Il n'y a plus là qu'une question de convenance locale et de genre de travail; il est évident que l'application du tissage automatique est surtout avantageuse aux produits courants fondamentaux, et aux tissus dont la chaîne est en fils particulièrement résistants, dont on exécute des masses suivies. Elle offre au contraire peu d'avantage aux nouveautés réclamant certaines précautions spéciales, et des changements de montage à chaque saison. Le tissage automatique s'est surtout propagé d'après ces errements depuis une dizaine d'années dans le Nord, à Roubaix, à Saint-Quentin, à Amiens et à Reims. Ce dernier grand centre manufacturier qui faisait fonctionner 2500 métiers à peine en 1862, en possède 10000 aujourd'hui; un nombre bien plus considérable fonctionne, par conséquent, encore à la main. Le tissage se partage, en effet, par portions inégales entre les métiers mécaniques et les métiers à la main; ces derniers paraissent dominer encore la production des lainages purs en chaîne et trame.

Les mélangés à chaîne solide, tels que les chaînes coton, peuvent toujours se faire avec avantage aux métiers mécaniques; en Angleterre, on ne les fait plus autrement. Roubaix et certaines autres localités françaises marchent sous ce rapport sur les traces de l'industrie anglaise.

Dans la création des articles nouveaux, ce sont au contraire nos industriels qui devancent et dépassent ceux de toutes les autres contrées, la spécialité des lainages ras proprement dits en offre des exemples nombreux. Quelques types fondamentaux importants et principalement en tissus mélangés, sont dus, il est vrai, à l'industrie anglaise : tels sont surtout les alpagas, les mohairs, les camelots, sur la création desquels nous donnons plus loin quelques détails. Un certain nombre d'articles d'exportation pour l'extrême Orient rentrent également en très-grande partie dans la catégorie des produits anglais. Aussi avons-nous vu figurer aux expositions des tissus spéciaux sous les noms les plus divers : les *china figures*, façonnés en chaîne coton, trame laine longue , les *spanish stripes*, les *ladies cloth*, les *medium* et le *broath cloth*, qui sont des lainages légers à peine foulés ; le *long-ell*, espèce de serge en laine peignée, fil retors pour chaîne, et trame, laine cardée, armure batavia. Les *camblet* ou camelots de diverses qualités, l'*ever lasting*, ou satin en laine peignée chaîne et trame, le *bombazette*, en laine anglaise, chaîne et trame, tissé lisse en une toile de laine très-légère. Les *buntings* ou *étamines*, ou pavillon en laine, etc. Une fois un certain nombre de types adoptés par les Orientaux, loin d'avoir à les faire varier, il faut s'efforcer à continuer à les exécuter dans des conditions identiques.

Chez nous, au contraire, la variété et la nouveauté sont souvent des conditions de succès ; aussi les dépenses pour l'échantillonnage occasionnées par les essais et les recherches d'articles nouveaux montent-elles souvent à des chiffres très-élevés dans les frais généraux d'une maison. Il serait impossible de fixer la quantité innombrable de variétés créées et mises en circulation dans le monde entier par l'industrie française depuis un demi-siècle surtout. Il serait plus difficile encore d'assigner à chacun sa part dans ce grand travail d'ensemble. Cependant il est des noms devenus des gloires industrielles, par l'importance et les services rendus : il est donc au moins juste de les mentionner. Les uns ont entièrement disparu par suite de circonstances diverses ; les autres, au contraire, sont encore au premier rang par leur importance et leur honorabilité. Au nombre des premiers, on ne saurait oublier les fameuses maisons Ternaux et Jobert Lucas, déjà nommées, Richard Lenoir, qui travaillait la laine aussi bien que le coton ; Depouilly, de Paris, qui imagina une innombrable variété de nouveautés et fut le créateur de l'article imprimé sur chaîne ; Dufour, de Saint-Quentin ; Egly Roux, Théophile Jourdan, Croco, Aubert, etc., dont les produits figurèrent avec éclat aux premières expositions industrielles.

Au premier rang, parmi les seconds, on compte la maison Seydoux-Sieber, les dignes continuateurs de Paturle Lupin, MM. Lefèvre du Cateau, Delattre, De Fourment, Villeminot Rogelet, Henri Gand, Schwartztrapp, Vinchon, Cordonnier, Bernouville, Larsonnier, Vatin, Bulteau frères, Rodier, Julien, Lagache et tant d'autres. Quant à la fabrication des châles façonnés, elle forme une branche industrielle particulièrement intéressante au point de vue des moyens ; aussi lui consacrons-nous plus loin une notice historique. Les opérations telles qu'elles sont d'ailleurs pratiquées pour les diverses classes et variétés, le sont toujours d'après la division suivante :

DIVISION DU TRAVAIL

DANS LA FABRICATION DES TISSUS RAS.

Le travail, tel qu'il est pratiqué dans l'industrie de la laine peignée, se divise en spécialités distinctes, lors même qu'elles sont pratiquées dans un seul et même établissement. Ces spécialités sont :

1° Le peignage ;

2° La filature ;

3° Le retordage, s'il y a lieu ;

4° Le tissage uni ;

5° La teinture et les apprêts, lorsque la matière première ou les fils n'ont pas été teints au préalable.

Chacune de ces branches comprend un plus ou moins grand nombre d'opérations distinctes, et des répétitions des mêmes opérations qui doivent être réglées en raison des produits à réaliser.

La spécialité du peignage comprend :

1° Le triage ;

2° Le battage, s'il y a lieu ;

3° Le désuintage, le dégraissage et le lavage, et l'égratonnage au besoin ;

4° Le séchage ;

5° Le graissage ;

6° Le démêlage aux cardes ou autrement, par des machines spéciales ;

7° Les préparations avant peignage ;

8° Le peignage ;

9° Les préparations après peignage ;

10° Le lissage avant ou après le peignage.

La spécialité de la filature embrasse :

1° Les défeutrages, laminages et étirages, semblables et successifs ;

2° Les étirages et bobinages plus ou moins nombreux ;

3° Le filage ;

4° Le dévidage ;

5° Les doublages, s'il y a lieu ;

6° Le retordage et le moulinage, suivant la destination des fils.

Le tissage comprend les opérations suivantes :

1° Le dévidage ;

2° L'ourdissage ;

3° L'encollage ;

4° Le remettage ;

5° Le montage et l'armure des métiers ;

6° Le tissage proprement dit ou exécution des divers entrelacements, classés plus loin.

Les apprêts embrassent :

1° L'épeutissage ou épuration mécanique ;

2° La réception et la marque ;

3° La vérification ;

4° Le rentrayage ;

5° La mise en rouleau ;

6° Le dégraissage et l'épuration chimique ;

7° Le fixage du grain et l'assouplissage ;

8° La teinture en pièce ;

9° Le séchage avec et sans tension ;

10° Une série de pressages gradués à sec ou humides, à chaud et à froid, pour obtenir l'apparence recherchée.

GROUPEMENT GÉNÉRAL DES TRANSFORMATIONS, EN CINQ SECTIONS

COMMUNES AU TRAVAIL DE TOUTES LES SUBSTANCES TEXTILES. —Pour
faciliter l'enseignement, nous avons adopté depuis longtemps
une classification simple de toutes les opérations précédemment annoncées, ayant l'avantage d'être d'une application
générale et par conséquent indépendante de la nature des
substances transformées. Nous ne nous arrêtons pour le moment qu'aux transformations dans le but d'amener graduellement la matière brute à l'état de fils parfaits, réservant les
divisions relatives au tissage comme introduction naturelle à
cette seconde partie du livre.

La FILATURE se subdivise ainsi :

1° Préparations du premier degré, première période ;

2° Préparations du premier degré, deuxième période ;

3° Préparations du deuxième degré, première période ;

4° Préparations du deuxième degré, deuxième période ;

5° Filage ;

6° Apprêt des fils.

Les premières préparations à leur premier degré embrassent
le classement et l'épuration des matières brutes ; le triage, le
dégraissage, l'épuration, le blanchiment, etc., font par conséquent partie de cette section.

La seconde partie du premier degré des préparations renferme
les transformations chargées de disposer la matière le mieux
possible pour atteindre en quelque sorte isolément les fibres de
la masse, de manière à leur restituer leurs propriétés naturelles et à développer certaines qualités inhérentes à leur constitution ; le cardage nettoie et divise les mèches, commence à
les disposer dans l'état le plus convenable ; le défeutrage les
désagrége, les dresse et les réunit dans une masse d'une forme
déterminée ; le peignage les trie par longueur, les parallélise
en mèches de volumes égaux et constitue, en les soudant méthodiquement, d'une part des rubans homogènes, constitués
des fibres épurées les plus longues, et de l'autre une masse

hétérogène de brins courts, boutonneux. Les transformations qui suivent et complètent les opérations du peignage ont en vue la formation des rubans plus solides, plus stables, avec des filaments mieux fixés. Toutes ces opérations, en un mot, ayant surtout pour but d'atteindre les éléments pour les disposer le mieux possible dans une masse homogène, rentrent naturellement dans les préparations du premier degré.

Celles du second se proposent principalement le façonnage et l'affinage progressifs des résultats plus ou moins réguliers fournis par les précédentes, afin de les amener graduellement à l'état de fil ébauché. Ces préparations comprennent, pendant la première période, l'action de l'étirage et du laminage qui l'accompagnent toujours ; dans la seconde, il faut, pour continuer la même transformation, recourir à un moyen auxiliaire pour consolider le produit affiné par la première.

Le nom de *filage* reste réservé à l'opération qui, tout en continuant les transformations par l'étirage, forme le fil en fixant ses fibres par la torsion.

Enfin les apprêts comprennent la réunion de plusieurs fils simples, de même ou de différentes couleurs, et leur fixation par un retordage plus ou moins énergique, ou encore le recouvrement d'un ou de plusieurs fils par un ou plusieurs autres fils, le gazage, le lustrage, le blanchiment, etc., de certains de ces produits.

CHAPITRE V.

PRÉPARATION DU PREMIER DEGRÉ, PREMIÈRE PÉRIODE.

CONSIDÉRATIONS PRÉLIMINAIRES.

L'épuration complète de la laine, le désuintage, le dégraissage et le lavage ont de tout temps précédé le peignage. Celui-ci est impossible sur des brins chargés de corps étrangers qui font partie constituante de la substance filamenteuse, ou qui s'y trouvent plus ou moins intimement mélangés par accident. Le suint naturel, la poussière et parfois une proportion notable de paille, de chardons, de terre[1], tiennent aux laines brutes.

Le suint, qui forme la plus forte proportion de ces corps étrangers, recouvre le tube laineux plus ou moins régulièrement comme un vernis naturel, et ne peut en être séparé complétement que par une opération chimique ; une action mécanique, des battages suffisent pour le débarrasser des matières telles que la poussière, la terre, le sable, qui y sont mélangées et retenues entre les fibres rugueuses grasses et tassées. Enfin les chardons, les pailles, etc., des laines de certaines provenances, et entre autres de l'Amérique du Sud, des États barbaresques, du Levant, etc., peuvent être enlevés soit par une opération mécanique, soit par des traitements chimiques.

L'ordre dans lequel ces opérations sont généralement pratiquées est le suivant : 1° désuintage et dégraissage ; 2° battage ; 3° échardonnage, si cette opération est exécutée à la machine. Lorsqu'au contraire la matière végétale incorporée à la laine en est enlevée chimiquement, le dégraissage et l'échardonnage se font simultanément, comme nous le verrons plus loin. Parfois aussi l'ordre des opérations ci-dessus est interverti ; on fait précéder les premiers traitements chimiques de la laine brute par l'action mécanique, le désuintage suit alors le battage. Nous examinerons les motifs de l'un et l'autre mode d'agir.

Lorsque le peignage se pratiquait à la main, les opérations

---

1. Voir, pour la constitution et les détails des divers états dans lesquels la matière première se présente, le *Traité général du travail des laines cardées,* chez Baudry, 15, rue des Saints-Pères.

préparatoires se bornaient à l'épuration de la laine; une fois dégraissée, l'ouvrier la disposait et la graissait pour la traiter aux peignes.

Dès les premiers essais de peignage automatique, on a senti la nécessité de disposer convenablement les mèches en rubans pour les soumettre aux machines, et à mesure qu'on a progressé dans cette direction, l'importance des préparations préliminaires s'est fait sentir de plus en plus. C'est ainsi qu'après le dégraissage et avant le peignage, on a été amené au démêlage de la masse, pratiqué soit par des machines particulières, soit par des cardes spécialement réglées, de manière à défeutrer les brins pour en constituer un ruban homogène par des étirages successifs pratiqués méthodiquement.

Dans certains cas, les rubans ainsi obtenus sont dégraissés à leur tour pour en extraire la matière grasse introduite pour faciliter le travail préalable ; souvent aussi le dégraissage proprement dit, et une espèce d'apprêt, nommé *lissage*, ne sont pratiqués sur les rubans qu'après peignage.

Ainsi, dans l'état actuel des choses, que la laine soit peignée en gras ou dégraissée, elle subit d'abord une série d'opérations, et passe successivement sur quatre ou cinq machines avant d'être soumise à la peigneuse. Celle-ci, quelle que soit la perfection de son fonctionnement ne donnerait que des résultats imparfaits, si elle ne recevait la matière bien préparée par les transformations antérieures.

La spécialité du peignage comprend donc actuellement un assez grand nombre d'opérations constituant une industrie à part, lors même que le filateur peigne lui-même sa laine. Dans certains centres manufacturiers, tels que Reims et Roubaix, par exemple, il s'est formé des établissements d'une grande importance qui peignent à façon. Certaines de ces maisons travaillent de 12 à 20 000 kilogrammes de laine par jour, si nous sommes bien renseignés, et doublent en ce moment l'importance de leur exploitation.

Examinons les opérations d'un atelier de peignage dans l'ordre de leur exécution, telles que nous les avons énumérées précédemment.

§ 1. — Triage.

Nous avons insisté ailleurs[1] sur la variété infinie de caractères que présentent les laines, sous le rapport du volume, de la longueur, de la finesse et de la forme plate, ondulée ou frisée des brins. Il n'en est pas de même pour la couleur, les toisons épurées sont généralement blanches, les brunes et les noires sont relativement en petite quantité et moins estimées. Les caractères et les propriétés des laines varient, comme on sait, avec les races, les contrées, les climats, les soins donnés aux troupeaux; leurs qualités changent souvent dans une même toison, et suivant la partie du corps de l'animal à laquelle elle correspond.

Nous ne faisons que rappeler ces détails traités dans l'ouvrage précité avec l'étendue qu'ils méritent; ce que nous en disons aujourd'hui n'a pour but que de faire ressortir l'importance du triage et l'expérience particulière que doit posséder le personnel qui en est chargé.

TRAITEMENT PRÉLIMINAIRE POUR FACILITER LE TRIAGE. — Lorsqu'il s'agit de la laine exotique arrivant en balles, fortement comprimée après lavage à dos, il est bon de faciliter la division et la désagrégation des mèches, une température de 65 à 70 degrés centigrades suffit à cet effet. Un mode quelconque de chauffage peut convenir, on cherche naturellement le plus économique. On expose d'ordinaire la laine sur des

1. *Traité du travail des laines cardées*, t. I, chap. v.

claies dans un séchoir à la vapeur ou à la chaleur perdue du fourneau et de la cheminée, on la laisse exposée jusqu'à ce qu'on trouve facile la séparation des mèches et des brins.

DES CARACTÈRES SUR LESQUELS REPOSE L'OPÉRATION DU TRIAGE. — La grande masse des laines traitées en France ayant d'autant plus de valeur que les brins en sont plus fins, toutes choses égales d'ailleurs, on a, en général, pris avec raison ce caractère pour point de départ du triage [1]; on cherche à classer, soit la **masse des balles**, soit les **toisons**, en un certain nombre de parties ou catégories réunissant chacune des mèches composées de brins d'égale finesse, sans se préoccuper de la régularité du volume.

On suppose alors que les laines d'une même finesse sont également d'un volume de brin semblable, et par conséquent, d'une même longueur, ce qui est loin d'être exact d'une façon absolue. Il est vrai que plus les qualités sont belles, plus les toisons sont perfectionnées, plus les brins qui les cnostituent offrent de ressemblance dans leurs caractères. Ainsi, par exemple, dans les laines extrafines de Saxe, dans celles des troupeaux de Rambouillet, dont les dépouilles sont recherchées pour les plus beaux lainages drapés, il y a une uniformité, sinon parfaite, du moins très-remarquable, non-seulement dans la finesse et la longueur, mais encore dans le nombre des frisures ou spires naturelles des filaments. Il en est généralement de même pour les caractères dans les plus belles toisons de la laine longue anglaise à brins lisses et brillants. Cependant, si on examine ces matières avec soin, et qu'on détermine la longueur, les finesses et la force d'une même mèche avec une certaine précision en se servant d'instruments spéciaux, on

---

1. Dans les contrées où la laine longue forme la base de certaines spécialités, comme en Angleterre par exemple, le triage s'effectue en général en raison des longueurs des filaments.

constate facilement des différences notables, les écarts deviennent de plus en plus considérables avec la diminution de la qualité, quelles que soient d'ailleurs les catégories auxquelles elles appartiennent. L'opération du triage manufacturier demande donc des connaissances et une grande habileté, surtout de la part du chef trieur.

Les personnes, hommes ou femmes, chargées du travail du triage sous la direction de ce chef, ont pour tâche de réunir les mèches provenant des mêmes parties du corps de la bête, et de faire depuis six jusqu'à douze lots classés par qualités, basées sur autant de catégories de finesses. Ces qualités sont en général désignées par les dénominations de *supra*, de *prime* ou d'*extrafine*, *superfine*, *fine*, *demi-fine*, *moyenne*, *commune* et *grosse*, *crottins* et *pailleux*. Dans certains établissements, après les deux premières qualités, on classe la matière par les chiffres de 0 à 9, les plus élevés correspondent aux plus belles qualités. Les brins les plus fins, dont les limites de finesse extrême varient avec les provenances, sont naturellement destinés aux plus belles qualités de fils. Ainsi, les laines les plus chères d'Algérie, par exemple, ont à peine la finesse des plus grosses d'Allemagne, l'Australie donne presque toutes les qualités, si ce n'est l'extra de la Saxe et de la Silésie. Les laines de la Champagne, de la Bourgogne et de certaines contrées du Nord sont de finesse moyenne, et très-recherchées pour leurs propriétés et surtout pour leur ténacité.

Afin de bien faire saisir l'importance du classement et ses conséquences pratiques, nous rapporterons un tableau que nous devons à l'obligeance de nos industriels les plus compétents, sur la finesse des fils correspondant à chacun des numéros du triage.

Numéros de triage.	Numéros des fils.		
	Chaîne.		Trame.
Supra	100 mil. au kil.		155 mil. au kil.
Prime	80 —		135 —
1	72 —		124 —
2	66 —		106 —
3	62 —		96 —
4	58 —		88 —
5	54 —		80 —
6	50 —		75 —
7	» —		70 —
8	» —		60 —
9	» —		46 —

Dans d'autres maisons, les qualités sont numérotées contrairement à l'indication du tableau, c'est-à-dire que le numéro 1 correspond à la plus basse et le 9 à la meilleure qualité.

Exemple.

Nos 1 en laine du pays. Pour	de la trame nos 80		Chaîne.
2 —	—	90	—
3 —	—	100	—
4 —	—	110	—
5 —	—	120	—
1, 2 et 3 d'Australie	—	105	Chaîne 78 et 80.
4 —	—	120	Chaîne 82 et 82.
5 —	—	130	—
6 —	—	140	—
7 —	—	150	Chaîne 80 et 84.

REMARQUES. — 1° Lorsqu'on fait des mélanges, c'est ordinairement avec un tiers à un quart de laine de Champagne et le reste en laine d'Australie ;

2° Les numéros ci-dessus supposent des fils destinés au tissage automatique. Si, au contraire, on les réservait au tissage à bras, on pourrait augmenter les finesses de dix numéros, parce que le travail fatigue moins les fils.

Le triage ne peut se faire sans déchet, il varie nécessairement avec les soins donnés à l'élevage, à la tonte et à l'emballage de la laine. M. Leroux, dans son *Traité de la filature de la laine*, donne différents résultats de triage, démontrant que les laines de Picardie et de Normandie fournissent à peu près les mêmes proportions pour chaque qualité, savoir pour la laine de :

	Picardie.	Normandie lavée.	Algérie lavée [1].
Superfine	3	3,5	1
Fine	10	12	8
Demi-fine	40	42	35
Moyenne.........	30	28	30
Grosse...	10	8,2	12
1re qualité abats..	0,5	0,4	1
2e qualité abats..	1	0,8	2
Pailleux.	3	3,4 (supergrosse)	6
Crottins	0,5	0,4	»
Perte et déchet ..	2	1,7	5 (chardons et sables)
	100,0	100,0	100

La comparaison de ces tableaux démontre l'infériorité des laines d'Algérie sous le rapport de la finesse et des soins de la récolte ; le déchet qu'elles donnent est presque le double de celui accusé par nos bonnes laines indigènes, puisque celles-ci donnent de 13 à 15,5 pour 100 de qualité superfine et fine, tandis que celle de notre colonie n'en fournit que 9.

Pour la demi-fine et la moyenne, il y a une différence de 5 pour 100 en faveur de la première, cet écart se retrouve en

1. Afin de mieux fixer la valeur de ces classifications et dénominations, il est bon de chiffrer les dimensions des fibres correspondantes, leurs finesses et leur longueur.

	Longueur moyenne de fibres.	Finesse.
Laine superfine............	0m,004	0mm,020
— fine	0 ,055	0 ,025
— demi-fine	0 ,065	0 ,035
— moyenne.............	0 ,085	0 ,042
— grosse...............	0 ,120)	
— commune	0 ,155)	0 ,06

plus sur les qualités communes, c'est-à-dire que là où la proportion des différentes catégories inférieures est de 23 pour 100 pour l'Algérie, elle n'est que de 14 à 15 pour 100 sur celle des contrées françaises indigènes.

Il est évident que plus l'amélioration générale des toisons progresse et plus la finesse et l'homogénéité de qualité augmentent. L'appropriation de la matière première se conforme ici aux errements suivis dans les filatures de toutes espèces de substances ; on choisit naturellement les tubes de laines qui ont le plus de ténuité pour obtenir les numéros de fil les plus élevés; nous avons donné, page 255, tome Ier du *Traité des laines cardées*, un tableau indiquant la finesse des brins d'un grand nombre de provenances. Ce tableau, avec les maxima, minima et les moyennes, démontre qu'il y a des finesses en fractions de millimètre, depuis $0^{mm},0132$ jusqu'à $0^{mm},105$. La moyenne des brins les plus fins du commerce est de $0^{mm},015$. Cette qualité, indépendamment de sa provenance, est en général employée à faire des fils du numéro 100 à 200. Au-dessous de ce titre jusqu'au numéro 70, ce sont des fibres de $0^{mm},02$ à $0^{mm},025$, qui sont employées depuis les numéros les plus bas jusqu'au numéro 60. On a des laines dont les brins ont de $0^{mm},025$ à $0^{mm},04$, et même à $0^{mm},05$ et $0^{mm},06$. On trouvera dans le même tableau les mesures de longueurs correspondantes des fibres, non-seulement pour les diverses laines, mais encore pour les autres substances animales employées dans la manufacture des tissus.

Il est à peine nécessaire d'ajouter que ces données sur les qualités des laines et leurs emplois ne sont fournies qu'à titre de renseignements et non comme la base d'une règle absolue, celle-ci est variable sous plus d'un rapport.

En effet, la laine d'une provenance déterminée, encore inférieure aujourd'hui, peut être assez promptement améliorée, de même que les belles races dégénèrent souvent. Les laines d'Australie, et surtout celles de l'Amérique du Sud, ont été constamment en se perfectionnant, tant dans leurs qualités intimes que sous le rapport des soins apportés à leur récolte et premier lavage. Celles de certaines autres contrées, au contraire, comme l'Espagne, ont diminué de valeur. D'ailleurs, ce n'est pas seulement par la mensuration précise des fibres que la pratique apprécie la qualité de la substance et en détermine le meilleur emploi ; c'est aussi à l'apparence au toucher que le connaisseur expérimenté se rend compte de la ténacité, de l'élasticité du nerf et de la douceur de la matière. Les fonctions du directeur préposé à cette p préciation sont importantes et appellent toute l'attention des chefs, aussi les bonnes maisons font-elles trier avec le plus grand soin. Pour obtenir l'attention désirable, elles payent les trieurs et les trieuses à la journée, et préfèrent en général les hommes, malgré le salaire plus élevé qu'on est obligé de leur donner ; uniquement parce qu'ils trient, sinon plus, mais mieux. Une personne peut faire, en moyenne, de 80 à 85 kilogrammes de laine d'Australie environ par jour. Si on suppose la journée de l'homme à 3^{fr},50 et celle de la femme 1^{fr},75, ce serait donc une dépense moyenne de 2^{fr},62 pour 85 kilogrammes, ou de 0^{fr},031 par kilogramme. Le traitement du chef trieur est en plus en moyenne de 10 à 11 francs par jour ; plus 10^{fr},50 pour le directeur du triage, répartis sur 600 kilogrammes, ou 0^{fr},07 ; c'est donc 0^{fr},048 pour la totalité.

Ce travail du triage se pratique sur des claies disposées de manière à recevoir un jour convenable, chacune de ces claies sur lesquelles la laine est étendue est, en général, desservie par deux trieurs. Transversalement à ces espèces de tables sont disposés les casiers destinés à recevoir les mèches de laine dans leurs compartiments respectifs, numérotés au besoin pour éviter les erreurs et le mélange des qualités.

Le triage se fait, toutes choses égales d'ailleurs, non-seulement en raison de la destination des numéros des fils, mais des

genres de fils à produire, c'est-à-dire en vue de la chaîne et de
la trame ; dans le premier cas, on cherche à combiner la longueur à la finesse des fibres destinées à faire jusqu'à trois
qualités de chaînes, dans le second, on se borne à considérer
la finesse.

Dans un sujet comme celui-ci, les exemples frappant davantage que les raisonnements, nous ne craignons pas de les multiplier ; nous donnons ici le triage tel que nous l'avons vu faire
sur deux lots de laine, l'un de la Champagne et l'autre de trois
cent quarante-quatre balles d'Australie (Port-Philippe) lavées
à dos.

On se rendra ainsi compte de la valeur relative de la matière
première de ces deux provenances, que nous considérons
comme des types généraux auxquels la plupart des laines consommées pour la fabrication des tissus ras peuvent se rapporter.

Laine de Champagne. Lot n° ...[1].

Qualités, nos 4, 5, 6 du triage (pour chaîne 2e qualité)..		19 506k,50
—	3 du triage (pour chaîne 3e qualité).....	10 252 ,50
—	5 du triage (pour trame).............	4 761 ,00
—	4.................................	16 143 ,00
—	3.................................	12272 ,00
—	2.................................	12 443 ,00
—	1.................................	9 516 ,50
—	0.................................	103 ,00
Pailleux 1re qualité..........................		6 767 ,00
— 2e qualité..........................		2 802 ,50
Abats 1re qualité		2 684 ,50
— 2e qualité...........................		856 ,00
Têtards....................................		461 ,50
Noirs.....................................		296 ,00
Agneaux...................................		96 ,00
Pailles...................................		316 ,50
Ficelles...................................		933 ,00
Total......................		100 772k,90

[1]. D'après ce système de classement, les numéros les plus élevés correspondent aux plus belles qualités.

Triage de 344 balles (Port-Philippe).

Qualités n°° 7 et 8 (pour chaîne 1re qualité).....,		5 969k,50
—	4, 5 et 6 (pour chaîne 2e qualité)...	23 035 ,00
—	7 (pour trame).........................	545 ,50
—	6	2 165 ,50
—	5	4 100 ,00
—	4	3 476 ,00
—	1, 2, 3.................................	4 849 ,00
Pailleux 1re qualité........................		5 ,50
Abats 1re et 2e qualité.....................		12 ,50
Noirs..		1 ,00
Ficelles...		2 ,50
Total........................		44 208k,50

Ces deux tableaux démontrent que les laines pour chaînes, qui doivent réunir la longueur et la finesse des brins, ne se trouvent pas dans toutes les catégories, surtout lorsqu'il s'agit des numéros de fils les plus élevés.

TRIAGE DES TOISONS D'ALPACA [1].—Lorsqu'on opère sur le poil d'alpaca, de lama, etc., on trie la masse, non-seulement en

[1]. Les tissus tramés en fils de la laine d'alpaca et dont la chaîne est en coton, en laine, ou en soie, suivant la qualité des produits, ont reçu le nom générique d'*orléans*, probablement à cause de leur première destination vers 1836, les étoffes de ce genre ayant été fabriquées sur la demande des consommateurs de la Nouvelle-Orléans. Nous croyons cette version plus exacte que celle qui attribue ce nom à la présence du fils aîné du roi Louis-Philippe en Angleterre, au moment de la création de cet article. La connaissance des toisons de l'alpaca et de leur emploi pour faire des fils et des tissus remonte à plusieurs siècles, les Espagnols constatèrent la fabrication de ce genre en 1525, lors de la conquête du Pérou. Entre autres usages, les Péruviens se servaient d'étoffe en alpaga pour ensevelir les morts. Peu de temps après, en 1597, Joseph Acosta publia un ouvrage sur l'*Histoire naturelle et morale des Indes tant orientales qu'occidentales, qui fut traduit en français par Robert Regnault, Cauxois,* dans lequel il est question des tissus en fil de laine de la vigogne et du pacos; or l'alpaca n'est autre que le pacos apprivoisé. Voici un extrait de ce curieux ouvrage qui remonte *à deux cent soixante-douze ans :*

« Entre autres choses remarquables du Pérou et des Indes sont les

raison des finesses, mais aussi des couleurs ; en alpaca blanc, gris, marron, noir et mélangé. La longueur des brins varie de $0^m,10$ à $0^m,20$; elle n'atteint pas sa longueur maxima parce que la tonte a lieu avant l'entière croissance de la toison ; ces brins peuvent atteindre de $0^m,10$ à $0^m,16$. Pour donner une idée

vigognes et les moutons du pays ou *pacos*. Les vigognes sont sauvages et les pacos apprivoisés. Les pacos portent la laine et les vigognes sont à poils ras et de peu de laine ; aussi sont-ils meilleurs pour la charge. Ils sont de diverses couleurs : blancs, noirs, brun-meslés... Le principal profit qu'ils apportent est leur laine pour faire des draps. Les Indiens emploient la laine à faire des étoffes ; l'une qui est grossière et commune qu'ils appellent *hanasca*, et l'autre fine et délicate qu'ils appellent *cumbi*. De ce cumbi, ils font des tapis de table, des couvertures et autres ouvrages exquis qui sont d'une longue durée, et ont un assez beau lustre comme des mi-soyes, et ce qu'ils ont de singulier c'est leur façon de tisser la laine, d'autant qu'ils font à deux faces tous les ouvrages qu'ils veulent, sans que l'on voye aucun bout, ny finit en tout une pièce.

« L'Ingua, roy du Pérou, avait de grands maîtres ouvriers à faire ce cumbi... Ils teignent cette laine de diverses couleurs très-fines avec plusieurs sortes d'herbes.

« ... Le bestail qui porte cette laine se plaît à un air froid et meurt dans la chaleur... »

On a également trouvé dans de très-anciens tombeaux péruviens des tissus d'alpaca qui avaient servi à envelopper les morts.

Trois siècles se sont donc écoulés avant que l'on ait songé à utiliser dans nos contrées les dépouilles de l'*alpaca*. Cette industrie, créée en Angleterre, ne date en effet, considérée au point de vue pratique, que de 1840.

Mais les premières tentatives remontent à quelques années plus tôt ; en 1832, la maison Garnett de Bradfort fit un essai sans succès, l'étoffe ne fut pas goûtée.

Néanmoins des négociants de Liverpool comprenant l'importance de cette matière, firent acheter par leurs agents au Pérou tout ce qu'on en trouva ; on commença à la filer à Bradfort et à en faire des damassés, chaîne laine peignée, et trame façonnée alpaca. Cet article ne fut que passager.

En 1836, *Titus Salt* étudie techniquement la matière et en fait une véritable industrie courante.

En 1839, il l'avait amenée à l'état industriel et donna à l'article le nom d'*orléans*.

Depuis lors jusqu'à ce jour, M. Titus Salt est resté à la tête de la spé-

des variations de finesses d'une même partie, nous rapportons ici le triage tel qu'il a été pratiqué dans une des premières maisons anglaises. Sur deux cent quarante balles qui, au poids moyen de 36 kilogrammes, représentent un lot de 8 800 kilogrammes, on a fait :

Peigné extrafin......................	534
— supérieur......................	1 486
— fin......................	2 700
— moyen	1 150
— gros	200
— blouse fine......................	400
— moyenne......................	1 050
— commune......................	193
— abats courts......................	405
— déchets à carder......................	300
	8 448
Evaporation......................	352
	8 800

La toison du lama a de l'analogie par les caractères de ses fibres avec celle de l'alpaca. On peut considérer son poil comme de l'alpaca commun, à filaments courts, d'une bien moindre valeur ; aussi ne se sert-on de la dépouille de lama que pour falsifier l'alpaca en faisant des mélanges des deux substances.

cialité et l'a constamment développée. On aura une idée de l'importance de l'usine qu'il a fondée près de Bradfort, et qui porte, ainsi que la commune à laquelle elle a donné lieu, le nom de *Saltaire*, par les chiffres suivants :

Il y a une dizaine d'années, lorsque nous avons visité la manufacture, elle couvrait 5 hectares de surface, construite entièrement en pierre et fer. Le mobilier industriel se composait de 60 000 broches, de 1 200 métiers à tisser automatiques, la plus grande partie à navettes multiples. L'établissement est desservi par plusieurs machines à vapeur représentant la force d'au moins 1 250 chevaux ; l'usine transforme tous les jours environ 3 000 pièces de tissus orléans et mohair unis et façonnés de tous genres. On estime à 12 millions de francs la valeur des immeubles.

La vigogne a des brins plus courts encore, mais ils sont d'une finesse extrême, et particulièrement recherchés pour la chapellerie et la bonneterie, à cause des propriétés que leur donnent leurs deux caractères fondamentaux. On s'en sert avantageusement en la mélangeant à d'autres poils.

Le cachemire est le duvet de la chèvre du Thibet, venant de la vallée de Cachemire, en Russie par caravane. C'est le commerce russe qui le vend à l'industrie française — Moscou et Macarief sont les principales places de ce commerce. La France est presque la seule à transformer cette matière, quoique sur une échelle assez restreinte. Bien que cette substance n'ait pas ses brins chargés de suint comme la laine, elle est mélangée à tant d'impuretés accidentelles qu'elle perd environ 50 pour 100, qui se répartissent de la manière suivante :

Au battage et premières préparations chimiques......	30 p. 100
Au savonnage qui remplace le dégraissage ordinaire..	10 —
Aux transformations de la filature................	10 —

Le cachemire se présente sous trois couleurs naturelles : le gris, le roux et le blanc. L'absence de toute aspérité à la surface des brins leur donne une grande douceur au toucher. On trie cette matière par longueur, comme la laine longue ; les filaments les plus longs sont traités par le peigne. La blouse et les courts passent, comme toujours, à la carde. Les fils de la première provenance sont réservés à la fabrication des châles, des écharpes, cache-nez, et de quelques tissus pour robes ; ceux de la seconde sont employés quelquefois purs, mais presque toujours mélangés à la laine pour faire des tissus feutrés et drapés.

Les caractères les plus remarquables du duvet du cachemire consistent dans la douceur au toucher, déjà mentionnée, qui rend par conséquent l'agrégation plus difficile aux transformations. Pour faciliter ces préparations, on cherche à donner momentanément du *rêche*, comme on dit, à ses fibres; on les épure à cet effet de préférence au sel de soude avant de les soumettre à une machine à battre pour en extraire les jarres ou poils durs qu'elle contient en quantité. Ce traitement est suivi d'un passage à une espèce de loup formé d'un cylindre garni d'aiguilles ou dents droites et pointues[1].

L'action de cette machine a pour but d'épurer la matière mécaniquement, de la transformer en nappe, après en avoir extrait les boutons de galle de grosseurs variables et en quantités plus ou moins considérables qui adhèrent aux brins. La carde en forme ensuite un ruban destiné, comme à l'ordinaire, à être soumis au peignage par les procédés mécaniques appliqués à la laine elle-même.

Le poil de chameau et de dromadaire, venant de la Perse, de l'Arabie, d'Egypte, de Syrie et d'Afrique, peut être considéré sous le rapport des caractères de ses brins, de sa constitution et de sa destination, comme une espèce de cachemire commun. Cependant certaines parties de la toison offrent des duvets d'une finesse extrême, mais dans une si faible proportion, qu'on les laisse dans la masse employée à des articles ordinaires; on en fait généralement des tapis communs, des lisières, etc. Cependant, si on trie avec soin la partie fine, elle peut donner des étoffes remarquables par leur délicatesse et leur durée. Le traitement manufacturier de la matière est le même que celui du cachemire.

Le poil de chèvre, ou mohair des Anglais, provenant de la chèvre angora de l'Asie Mineure, a des brins dont les caractères diffèrent tout à fait de ceux du cachemire et du chameau. Ce poil est long, blanc, soyeux, ondulé, mais rêche au toucher. Les marchés de Constantinople et de Smyrne, qui le vendent

---

1. Voir la description de cette machine dans l'*Essai sur l'industrie des matières textiles*, par Michel Alcan.

aux Anglais lorsque ceux-ci ne le font pas venir directement des Indes, le reçoivent de la Turquie, de l'Egypte, de l'Asie, etc. Les balles, très-mélangées, nécessitent un bon triage.

TRIAGE D'UNE PARTIE DE POIL DE CHÈVRE. — On fait en général sept catégories dans la masse, en raison des qualités de fils qu'elle peut donner.

Sur 100 kilogrammes, après épurage on obtiendra les rendements suivants :

Qualités n°ˢ 1 et 2 donnant du fil du n° 50 à 60 [1]....	2ᵏ,000
— 3 —	38 à 40.....	6 ,000
— 4 —	34 à 36.....	15 ,500
— 5 —	30 à 32.....	22 ,000
— 6 —	24 à 28.....	17 ,000
— 7 gris et courts	24 à 30.....	37 ,500
Total..........................	100ᵏ,000

DES DEUX SYSTÈMES DE TRIAGES. — Il peut arriver qu'à longueur égale, les fibres aient des finesses différentes, et qu'à égale finesse leurs longueurs varient. Les deux éléments devraient toujours être pris en considération, puisqu'ils interviennent tous deux comme nous l'avons déjà indiqué ; il n'en est cependant pas ainsi. On prend, comme on l'a vu, l'un ou l'autre élément, la finesse ou la longueur. Ce dernier mode, quoique moins répandu en France, nous paraît préférable au premier, attendu que ce qu'il importe surtout dans le travail automatique, c'est de traiter simultanément, autant que possible, des filaments de même longueur. Si les deux conditions peuvent être réunies, cela ne vaudra que mieux ; mais toutes les fois qu'il faudra opter, il y a deux motifs pour pré-

---

[1]. Le poil de chèvre ne se filant qu'en Angleterre, le numérotage ci-dessus indique le titrage anglais. En divisant ces chiffres par 1,25, on aura le numéro français au kilogramme et au kilomètre, ainsi du n° 50 anglais est du $\frac{50}{1,25} = 40$ ou 40 000 mètres au kilogramme.

férer la méthode que nous indiquons : elle est plus certaine, attendu qu'il est plus facile d'apprécier les longueurs que les finesses, et elle est plus efficace. Il y a moins d'inconvénient, en effet, à transformer ensemble des brins de finesses variables que de longueurs diverses, les *coupures*, trop fréquentes et si fâcheuses, n'étant souvent que la conséquence du travail de matières composées de laines dont les mèches diffèrent de longueur.

DES CONSÉQUENCES DE LA SUPPRESSION DU TRIAGE. — Depuis quelque temps les industriels de quelques localités qui produisent des articles communs, sous la pression des faits économiques et pour arriver à diminuer les dépenses autant que possible, ont cru pouvoir abandonner, au moins pour certains produits, la pratique, si sage et si rationnelle, du triage. Ils font en conséquence diriger les balles du marché aux laines chez le peigneur à façon; celui-ci est alors obligé d'agir sur une masse hétérogène composée de filaments de volumes variables.

Il est évident que, quel que soit, dans ce cas, le réglage de la machine à peigner, on rencontrera des inconvénients réels.

Si les garnitures et les écartements des organes destinés à enlever le cœur sont disposés en raison des plus longs brins, il en résultera une proportion anormale de blousse, et par conséquent un rapport peu avantageux entre les deux produits.

Si, au contraire, on se base sur les longueurs intermédiaires de la masse pour régler les machines, la partie peignée (le cœur) sera mélangée de brins de longueurs variables, et la perfection du travail en souffrira.

Pour obvier autant que possible à ces deux écueils, des peigneurs ingénieux ont imaginé le moyen suivant. Ils opèrent deux peignages successifs et font d'abord passer la laine à une machine susceptible de bien peigner les longs brins; la blousse qui en résulte est par conséquent formée des filaments de longueurs intermédiaires et courts, soumis à leur tour au peignage ; on obtient ainsi deux rubans peignés, le premier formé de brins plus longs que le second ; on les réunit ensuite en un, sous la forme de pelote ou de bobine.

Cette manière d'opérer donne évidemment une proportion relativement avantageuse de produit peigné (cœur) ; mais ce cœur sera, on le conçoit, un mélange de fibres de longueurs différentes.

Le produit est tolérable cependant pour des articles commmuns de certaines spécialités, pour la bonneterie ordinaire, par exemple ; mais ce ne sont pas là des errements à propager pour nos beaux produits ras, tels que les mérinos, si justement recherchés sur tous les marchés étrangers. Aussi n'avons-nous pas vu pratiquer cette méthode à Reims, où l'on est si jaloux d'arriver avant tout à des résultats parfaits.

Les laines triées sont emmagasinées en parties ou lots par numéros d'ordre, destinés à être chargés pour l'établissement de peignage où sont successivement pratiquées les opérations que nous avons à décrire.

§ 2. — Épuration de la laine à peigner.

Dans le chapitre III, tome Ier, du *Traité du travail des laines cardées*, ayant pour titre : *Désuintage, dégraissage et lavage*, nous avons examiné les conditions à observer pour exécuter ces opérations indépendamment des destinations spéciales des matières premières. L'ensemble des divers moyens mécaniques en usage pour dégraisser, laver et sécher la laine à brins courts, y est décrit en détail. Nous n'avons donc à examiner ici que les opérations et les appareils exclusivement employés pour l'épuration des substances animales lisses qui doivent être traitées par le peignage et dont nous n'avons pas parlé encore.

BATTAGE ET SES CONSÉQUENCES. — Une première question à décider se présente tout d'abord : Doit-on ouvrir ou battre mécaniquement la laine à peigne, comme on le fait généralement pour la laine à carde? Cette opération, si on y soumet la matière, doit-elle être pratiquée à l'état brut avant ou après le dégraissage, ou bien enfin doit-elle être appliquée une fois avant et une seconde fois après l'épuration?

Le battage consiste en général, comme on le sait, à soumettre la laine mélangée d'impuretés à l'action d'appareils mécaniques.

Autrefois, et dans quelques cas encore, ce sont des baguettes manœuvrées à la main ou mécaniquement qui agissent sur la laine étalée sur une claie. Les corps étrangers plus ou moins lourds tombent à travers les mailles, les filaments agités s'ouvrent et se développent, la masse se gonfle et gagne en volume. Ce sont autant de petits ressorts dont on a mis l'élasticité naturelle en liberté et en évidence. Contrairement à ce qu'on suppose, cette dernière propriété, considérée comme inhérente à la fibre, ne peut rien gagner et peut être amoindrie et même détruite par l'action du battage si elle était trop forte et dépassait certaine limite. Ce cas d'amoindrissement des qualités de la matière se présente plus souvent qu'on ne le suppose, lorsque surtout, en vue d'économiser les frais de l'opération, on se sert d'une batteuse automatique, dont les avantages consistent essentiellement dans l'énergie et la rapidité des chocs imprimés presque toujours par de longues dents métalliques ou en bois, fixées sur la circonférence d'un tambour cylindrique ou conique [1].

---

1. Voir, pour les différents systèmes de batteuses, la description et les dessins du *Traité général du travail des laines cardées*.

Cette opération du battage aux machines, qui a toujours lieu sur les fibres courtes, mises en œuvre dans la filature de la laine cardée, où la matière passe directement de la carde au métier à filer, n'a pu être évitée jusqu'à présent. D'ailleurs, la petite longueur des filaments et le nombre restreint de transformations de ce genre de filature atténuent, s'ils ne les font entièrement disparaître, les inconvénients les plus directs du battage mécanique.

Quoique les caractères de la substance et les conditions de son travail ne soient plus les mêmes pour les laines à peigne, toujours plus longues et soumises à un nombre d'opérations triple de celles pratiquées pour la laine courte vrillée, il y a cependant des partisans du battage de la laine destinée aux produits ras. Mais les opinions diffèrent parmi ceux-ci sur la période la plus convenable de l'application de ce travail ; les uns battent avant le dégraissage, les autres après, quelques-uns pensent que l'action doit être pratiquée avant et après l'épuration de la substance au dégraissage.

Pour le battage préalable, on invoque les avantages suivants :

1° N'avoir pas besoin de sécher la laine, l'ayant naturellement séchée à l'état brut ;

2° Une économie de savon, la laine étant purgée de la poussière qui neutralise une partie de l'ingrédient dégraisseur ;

3° Laisser la matière à son état naturel pour la soumettre aux transformations, rendues parfois difficiles lorsqu'on lui fait subir un battage qui peut enchevêtrer les brins et les mèches, les cordeler, si après l'opération le séchage est incomplet ;

4° Le battage préalable enlevant certains corps étrangers qui peuvent rendre le dégraissage moins parfait, contribue à faire obtenir une laine plus blanche.

Les partisans du battage après le dégraissage, qui ne

voient dans l'opération que la faculté de désagréger la masse, présentent en faveur de cette méthode les avantages résultant du désuintage et de l'épuration chimique, d'entraîner une partie notable des corps durs étrangers, qui se déposent naturellement au fond des vases ou bacs, et d'avancer d'autant la besogne.

Enfin, pour profiter des conséquences supposées aux deux méthodes, certains industriels recommandent deux battages, l'un avant et l'autre après le dégraissage.

Imparfaitement convaincu par les raisons mises en avant en faveur de ces actions mécaniques, contraires à la théorie, selon nous, pour ce qui concerne le traitement à faire subir aux substances textiles destinées au peignage, nous avons cherché à nous rendre compte, par l'expérience et les faits pratiques, de l'efficacité des opérations en question. La plupart des praticiens éclairés que nous avons consultés cherchent à les supprimer autant que possible. Ils pensent qu'on doit les éviter en général, et sauf quelques cas exceptionnels où la matière est particulièrement chargée de corps durs, trop adhérents pour en être débarrassée au triage, ou ultérieurement, à un cardage parfaitement approprié. Alors, malgré les inconvénients dont il a été question ci-dessus, la méthode du battage après dégraissage est préférable à deux applications, l'une avant et l'autre après l'épuration.

L'un des industriels avec lesquels nous nous sommes entretenu à ce sujet, M. Boca, de la maison Wulverick-Boca, a basé son opinion sur des expériences précises, faites avec tout le soin que les anciens élèves de nos grandes écoles savent apporter à ces sortes d'observations. Nous devons le tableau suivant à son obligeance :

Expériences de battage faites sur un lot de laine de 8 000 kilogrammes, qualité 'reme 47/94 coupé en 4 parties égales.

	Sans battage.	Avec battage après dégraissage.	Avec battage avant dégraissage.	Avec battage avant et après dégraissage.
Cœur.................	55.475	53.078	52.997	51.764
Blousse	10.400	10.238	9.883	9.342
Dessous de cardes.......	3.270	2.720	3.050	3.120
Fond de bain...........	0.100	0.097	0.108	0.110
Egratronnages.........	0.375	0.180	0.136	0.105
Debourrures	0.350	0.384	0.382	0.473
Duvets blancs..........	0.900	0.730	1.151	0.689 ⎫
Duvets noirs	0.650	0.384	0.273	0.368 ⎭[1]
Poussières de 1er battage.	»	»	2.183	2.315
Jarres de 1er battage ...	»	»	0.710	0.842
Poussières de 2e battage..	»	0.941	»	0.421
Jarres de 2e battage	»	0.249	»	0.210
Evaporation...........	28.580	30.179	29.146	30.619
	100.000	100.000	100.000	100.000

REMARQUE SUR LE TABLEAU. — Les résultats consignés dans ce tableau offrent un intérêt réel; ils éclairent la question par des faits et paraissent démontrer les avantages de la suppression du battage considéré isolément. En effet, ce qu'on recherche, toutes choses égales d'ailleurs, c'est de ménager le plus possible les fibres, de façon à obtenir : 1° la plus grande proportion de produits, c'est-à-dire de matière filamenteuse utilisable ; 2° une proportion maxima des brins longs peignés ou cœur. Or, il suffit de jeter un coup d'œil sur les deux colonnes de chiffres concernant le cœur et la blousse pour se convaincre de la supériorité de rendement, résultant de l'absence du battage. On voit que ce rendement baisse à mesure que le battage augmente, et suivant qu'il est appliqué avant ou après

1. Cette différence du duvet de la peigneuse provient de l'application de l'appareil ventilateur ; le duvet blanc est la matière courte pure séparée des impuretés qui la souillent d'ordinaire ; le duvet noir constitue le déchet inférieur, composé de fibrilles de pailles, etc.

le dégraissage. Non-seulement ce fait est mis hors de doute, mais le tableau fournit encore les moyens d'en expliquer les causes : par les proportions de débourrures, notablement plus élevées pour les laines battues que pour celles qui ne le sont pas. Cela n'indique-t-il pas que le battage fait passer, en les brisant, une partie des filaments à l'état de fibrilles inemployables, qui constituent les débourrures? Mais, dira-t-on, la laine non battue était-elle aussi bien conditionnée, le peigné était-il aussi pur? Si l'habileté de l'expérimentateur ne nous donnait ici toute garantie à cet égard, les éléments du tableau suffiraient encore pour nous fixer. Les matières étrangères de la laine non battue se retrouvent dans le *dessous des cardes*, dans les *fonds de bains* et dans l'*égratronnage*; ces trois sortes de déchets sont supérieurs ici à ceux donnés par les laines battues, et sauf l'égratronnage appliqué exceptionnellement à certaines laines, ces déchets sont extraits par des moyens ménageant les caractères et l'intégrité des filaments. Quant à la perte finale, désignée à tort sous le nom d'*évaporation*, elle est encore plus faible lorsqu'on supprime complétement le battage, et si on bat, il vaut mieux battre avant qu'après le dégraissage, le cas le plus défavorable étant celui des deux battages.

Si nous comparons maintenant les deux produits principaux, le cœur et la blousse, la différence entre la laine non battue et celle qui l'a été deux fois est, pour le cœur, 55,475—51,764 ou 3,711, et en blousse 10,40—8,942 ou 1,458, ce qui est énorme, si l'on considère qu'il s'agit de produits d'une grande valeur, variant nécessairement en raison de la qualité des laines. On pourrait encore ajouter que les résidus inférieurs recueillis, et dont on tire un certain profit, sont en faveur de la suppression du battage (voir les chiffres du tableau concernant les duvets). Enfin le point de savoir si, lorsqu'on croit devoir battre, il vaut mieux le faire avant qu'après le dégraissage, paraît également résolu par les indications du tableau ; les résultats viennent à l'appui du raisonnement démontrant que le battage après l'épuration a des inconvénients graves.

RÉSERVES ET CONCLUSIONS CONCERNANT LE BATTAGE. Si on avait fait des expériences analogues à celles consignées dans le tableau sur les diverses sortes de laines du commerce, si on avait comparé les chiffres obtenus, et si tous avaient été également concluants, on pourrait se prononcer d'une façon absolue sur la pratique du battage et en recommander le rejet, mais il n'en est pas encore ainsi. Nous ne pouvons considérer les résultats fournis par l'expérimentation que comme des indications dignes d'être considérées et renouvelées, non-seulement sur diverses sortes de laines, mais aussi en appréciant la valeur comparative des déchets dans le cas du battage et du non battage. Il est évident, par exemple, que, dans ce dernier cas, les blousses seront plus sales, auront moins de valeur que dans le premier. Comme, toutes choses égales d'ailleurs, l'industriel ne peut se guider que par son intérêt, si l'état dans lequel des déchets non battus se présentent devait amoindrir leur valeur au point de lui faire perdre en argent une somme qui compenserait les avantages obtenus par la suppression du battage, il serait obligé de renoncer à ces avantages et à la méthode qui les lui procure.

CONCLUSIONS. — Théoriquement, le battage paraît une opération condamnable; mais de fait, on ne saurait s'en passer sans inconvénient, si la matière est notablement chargée d'impuretés, telles que terre, paille et autres corps étrangers. Les inconvénients les plus saillants consistent dans une dépense plus forte pour l'épuration, des difficultés pour l'obtenir parfaite, et un amoindrissement sensible dans la valeur des déchets utilisables.

Afin de pouvoir concilier les avantages qu'il y a à ne pas battre avec ceux du battage, il faut rechercher des moyens moins brutaux que ceux des batteurs à laine généralement usités ; nous devons donc, en outre des différents systèmes mentionnés dans notre précédent *Traité sur le travail des laines cardées*, indiquer celui qui nous a paru donner les meilleurs résultats et que nous n'avions pas vu appliquer alors.

BATTEUR A COTON APPLIQUÉ A LA LAINE. — Si l'état de la laine est tel qu'on juge le battage indispensable, nous donnerions la préférence à un batteur à coton réduit à sa plus simple expression, c'est-à-dire composé seulement d'une toile sans fin, d'une paire de cylindres à grosses cannelures et d'un seul frappeur [1], placé en avant d'un long conduit incliné dans lequel les fibres ouvertes sont chassées pendant que les corps durs et les pailles tombent sous la machine. Pour que celle-ci donne de bons résultats, il suffit de ne pas trop serrer le cylindre supérieur de l'appareil alimentaire, et de ne pas trop approcher la règle du frappeur des cylindres. L'action de la force centrifuge du frappeur produit alors l'effet d'un ventilateur qui ouvre et nettoie parfaitement la laine, sans la briser comme le font les machines à dents. Nous recommandons ce système emprunté à la filature du coton à cause de l'excellent effet que nous en avons pu constater dans une filature de laine dirigée par des industriels très-expérimentés.

§ 3. — Dégraissage.

Nous n'avons pas à insister de nouveau sur l'importance d'un dégraissage parfait, nous l'avons fait déjà (voir le *Traité général du travail des laines cardées*) ; nous n'avons pas non plus à revenir en détail sur les moyens à peu près identiques pour les

---

1. Voir *Traité de la filature du coton*, par Michel Alcan, chez Baudry, libraire, 15, rue des Saints-Pères.

laines cardées et peignées. Les ingrédients employés et la manière de conduire l'opération ont d'ailleurs peu varié et se font de la même façon depuis un temps immémorial. Il y a plus de cent ans, en 1764, l'inspecteur général des manufactures étrangères indiquait la manière d'opérer, en deux paragraphes, sous les titres *Du dégraissage de la laine cardée. — De la laine peignée.* Les opérations pour les deux sortes de laine consistant, alors comme aujourd'hui, en une même manière de procéder au point de départ, nous reproduisons les deux descriptions :

« Du dégraissage. — *De la laine cardée.* — La laine, après avoir été triée avec soin, est dégraissée dans un bain composé les trois quarts d'eau et l'autre quart d'urine un peu plus que tiède ; l'urine la plus fermentée est la meilleure.

« Quand la laine a séjourné dans ce bain assez longtemps pour que la graisse soit fondue, ce qu'on reconnaît quand elle n'est plus grasse au toucher, on la remue fortement avec un râble de bois, après quoi on l'en retire ; on la laisse égoutter, et ensuite on la lave dans l'eau courante et on la fait sécher à l'ombre pour lui conserver sa douceur, car l'ardeur du soleil la rendrait dure ; enfin, on la bat sur la claie et on lui donne tous les autres apprêts d'usage.

« *De la laine peignée.* — Après ces opérations, on passe la laine dans une eau de savon. Pour cet effet, on prend une demi-livre de savon blanc ordinaire, qu'on dissout dans de l'eau au degré de chaleur que la main peut supporter ; on met dans ce bain 20 livres de laine ; on remue beaucoup la laine dans cette eau pendant environ un quart d'heure jusqu'à ce qu'on sente que la laine est dégagée de sa graisse ; on retire la laine ; on la tord pour en faire sortir l'eau de savon dont elle s'est chargée ; on jette l'eau de savon dans laquelle la laine a été lavée, et on remet les 20 livres de laine dans l'autre bain, composé de la même quantité d'eau et de 1 livre de savon ; on y remue de nouveau la laine comme dans le premier bain ; on la retire, ensuite on la

tord et on la fait sécher à l'ombre ; on ne jette point l'eau de ce
second bain ; elle sert de premier bain à 20 autres livres de
laine ; et pour donner le second bain à ces nouvelles 20 livres, on
dissout 1 livre de savon dans une quantité d'eau suffisante, qui
sert ensuite de premier bain pour un troisième lot de 20 livres,
et ainsi de suite. Cette opération adoucit la laine et la rend plus
facile à peigner, ce que l'on peut exécuter au sortir du bain[1] »

Il y a évidemment une légère obscurité dans le commencement du paragraphe qui précède concernant la laine peignée.
L'auteur, en disant *après ces opérations*, a sans doute voulu
dire après le désuintage, tel qu'il est pratiqué pour la laine
cardée et avant le séchage ; on traite à la dissolution savonneuse la laine destinée au peignage. L'auteur, ne s'occupant
que d'une sorte de produits pour laquelle on employait en général les mêmes laines, indique une proportion constante de
savon ; tout le monde sait aujourd'hui, et on savait probablement autrefois aussi, que, pour une même qualité de savon, la
quantité doit être d'autant plus élevée que la laine est plus fine
de brins, attendu qu'elle est en général d'autant plus chargée
de corps étrangers que ses brins sont plus nombreux par unité
de surface.

Les proportions de savon indiquées par Holker étaient de
1 livre et demie pour 20 livres de laine, ou 7,5 pour 100 du poids
de la laine brute, à peu près la même quantité qu'on dit employer
aujourd'hui pour les laines les plus communes. Cette proportion
s'élève progressivement en raison des qualités de la matière
première ; les diverses catégories de laines fines nécessitent de
12 à 13 pour 100, les communes de 9 à 11 kilogrammes, et
les intermédiaires de 11 à 12 kilogrammes. Nous donnons plus
loin les chiffres précis.

---

1. *Mémoire instructif sur la fabrique, les apprêts, dégraissage et blanchissage des bayettes et autres lainages anglais,* par le sieur Holker. Paris,
imprimerie royale, MDCCLXIV.

On conçoit d'ailleurs qu'en pareille matière on ne puisse donner que des renseignements par à peu près. Les proportions d'une même substance, d'un même savon, peuvent en effet varier, non-seulement avec le genre de laine, mais avec son âge ; la même laine sera plus facile à dégraisser immédiatement, ou peu après la tonte, que si le dégraissage n'a lieu que l'année suivante, non-seulement parce que le brin poreux est plus intimement pénétré par le suint après un certain séjour, mais encore parce que l'influence de l'air et des conditions atmosphériques peut avoir une certaine action sur les corps étrangers qui enrobent les tubes et rendre ces substances moins solubles en les oxygénant. L'influence de l'oxygène de l'air sur la laine qui n'est pas complétement dégraissée, se fait surtout sentir sur celle qui a subi un dégraissage partiel ou lavage à dos. Elle est alors plus difficile à épurer que les laines en suint, par suite de l'action atmosphérique, qui fait passer certaines substances enveloppant les brins à l'état presque insoluble.

COMPARAISON ENTRE LE MODE ANCIEN ET LE MODE ACTUEL DE DÉGRAISSAGE. — On aura remarqué dans la description de la manière de procéder d'autrefois que le dégraissage se faisait en plusieurs bains comme aujourd'hui, avec cette différence que le second était plus concentré et renfermait le double du savon contenu dans le premier. On procède actuellement avec raison d'une manière inverse. Si, par exemple, on a employé 9 kilogrammes de savon dans le premier bain, on en emploiera 1 à 2 dans le second, attendu que la quantité d'impuretés à enlever va en diminuant à mesure que l'opération avance. Quant à la température de la dissolution, on l'élève en général proportionnellement à la difficulté que présente la nature de la laine ; elle est naturellement plus élevée pour les laines fines que pour les communes. Elle dépasse néanmoins rarement 45 à 50 degrés centigrades pour celles-ci, tandis qu'elle peut atteindre jusqu'à 55 degrés, et pour les laines de belle qualité, il y aurait inconvénient à élever davantage cette dernière température, on durcirait les brins et on amoindrirait la valeur de la matière première. On doit aussi éviter les vases et les outils en cuivre, la laine la plus pure pouvant contenir des traces de soufre, il en résulterait des réactions susceptibles de causer des troubles dans la teinture et la pureté des produits.

MÉTHODES DE DÉGRAISSAGE USITÉES. — Réduit actuellement aux moyens les plus élémentaires, l'appareil à dégraisser se compose d'un bac rectangulaire d'un volume convenable, proportionnel à la quantité de laine à traiter ; ce bac reçoit le liquide dégraisseur dans lequel la laine est immergée. Au bout du bac, du côté opposé à celui où l'on introduit la matière, se trouve ce qu'on nomme *la presse*, ou espèce de calandre composée de deux cylindres superposés ; l'inférieur est ordinairement en fonte, et le supérieur, qui presse énergiquement sur le précédent, est garni de filasse en cordage, ou mieux encore, de tresses en fils de laine, qu'on change lorsqu'ils sont trop durs. Ce point est important si l'on considère que l'entretien de la garniture peut s'élever de 1 000 à 1 200 francs pour un dégraissage de 300 000 kilogrammes environ par an. En avant de cette paire de cylindres, et par conséquent au-dessus d'une partie du bac, se trouve une toile sans fin sur laquelle les ouvriers, après avoir agité la laine avec des fourches, se servent de la matière pour la déposer sur la toile alimentaire de la presse cylindrique chargée d'en exprimer la plus forte partie d'humidité. Lorsqu'un appareil ne se compose que d'un bac, on réitère trois à quatre fois la même opération, suivant que la laine a déjà reçu un lavage à dos ou qu'elle est en suint.

Dans ce dernier cas, on commence par immerger les toisons dans de l'eau pure tiède pendant plus ou moins longtemps. Bien des dégraisseurs se bornent à un trempage de vingt minutes, le suint lui-même sert alors de corps dégraisseur, mais lorsque la laine a déjà subi un lavage à dos ou un degré quelconque d'épuration, comme cela se présente dans la plupart des cas, trois passages suffisent. Les proportions de savon pouvant varier, comme nous l'avons vu, suivant la nature des laines, nous n'indiquerons pour le moment que des limites pour chaque passage au bain avec l'emploi du système simple auquel nous faisons allusion.

Au 1ᵉʳ bain........ 12 à 19 pour 100 du poids dégraissé.
Au 2ᵉ bain........ 2 à 2,5   —
Au 3ᵉ bain........ 1 à 1,5   —

Chaque bac est desservi par deux hommes, qui peuvent dégraisser de 350 à 400 kilogrammes de laine lavée à dos, par jour et par appareil.

Depuis quelque temps on emploie des appareils à dégraisser beaucoup plus puissants, réunissant de trois à quatre bacs méthodiquement disposés pour rendre l'opération plus continue et plus économique. Nous allons décrire l'un des plus complets, celui de MM. Pierrard et Parpaite, qui a figuré à l'exposition universelle de 1867.

Les figures 1 et 2, planche II, montrent l'appareil complet ; la première est une élévation longitudinale, la partie d'avant en section, et la seconde, un plan général vu en dessus.

Les figures 3 à 4 sont des détails des divers organes que les vues d'ensemble ne laissent pas voir suffisamment.

Agencement général. — L'appareil se compose de trois parties semblables comprenant chacune un bassin et une paire de rouleaux. Elles sont installées les unes à la suite des autres, en étage, et c'est par la plus basse que la laine entre dans la machine pour sortir par la plus élevée.

Le trempage se fait dans le bassin à double compartiment AA' ; pendant que la laine trempe dans un des compartiments, l'ouvrier remue une autre portion de laine dans l'autre, et la charge avec une fourche sous le premier dégraissoir. Dans ce but, il place la laine sur le tablier sans fin *a*, qui l'introduit entre le rouleau comprimeur B et le rouleau inférieur C.

La laine quitte ces rouleaux après avoir subi un dégraissage partiel, et tombe, conduite par le tablier *a'*, dans le deuxième bassin à simple compartiment D, où le deuxième ouvrier reproduit sur elle la même manutention que la précédente. Jetée ensuite sur le tablier *d*, elle passe entre les rouleaux F et G, et sort de cette deuxième presse sur le tablier *d'*, d'où elle retombe dans le troisième bassin H.

L'ouvrier la porte enfin sur le tablier *h*, qui la conduit entre les deux rouleaux I et J ; la laine en sort exprimée au maximum, est ouverte par le ventilateur K, et tombe sur la table inclinée *k*, pour être, après, soumise soit à l'appareil sécheur qui se trouve placé immédiatement à la suite de la machine, soit dans un séchoir.

La superposition des bassins permet de les vider l'un dans l'autre par les tuyaux de communication *l*, *l'*, de façon que le bassin finisseur, qui reçoit l'eau renouvelée (avec le savon, le carbonate de soude ou autre ingrédient pour la composition des bains à dégraisser), alimente le deuxième bassin, et que celui-ci alimente, à son tour, un des compartiments du bassin double. Les conduits verticaux *l''*, aboutissant au fond des bassins, servent à évacuer directement les eaux boueuses provenant des dépôts et autres qui se forment, et descendent par les ouvertures du double fond. Cette disposition est bien indiquée sur les figures 1 et 9, si ce n'est pourtant pour les tuyaux de communication *l* et *l'*, qui doivent se trouver un peu au-dessus du double fond, afin d'éviter toute introduction d'eau vaseuse d'un bassin dans l'autre; quant au nettoyage, il s'effectue par des lavages avec de l'eau propre qui s'écoule avec les dépôts, comme il vient d'être dit, par les tuyaux verticaux *l''*.

Les deux bassins surélevés sont entourés de galeries E, E', auxquelles donnent accès deux escaliers *e*, *e'*, de sorte que les ouvriers ont toute facilité pour circuler pendant le travail d'agitation qu'ils impriment à la laine.

Quant à la commande de l'appareil, elle a lieu séparément pour chaque paire de rouleaux, comme on peut s'en rendre compte par la vue d'ensemble des figures 1 et 4 et le détail du tendeur et de son support, figure 5. On voit qu'elle est transmise par une courroie F' arrivant à la poulie motrice P guidée par des tendeurs f f', qui sont articulés sur des supports à coulisse f', permettant de tendre plus ou moins la courroie. Ces supports sont eux-mêmes mobiles sur une tige ronde F² fixée sur le bâti de la machine, ce qui rend la transmission dépendante de celle-ci, en évitant toute complication sur l'arbre de couche.

ORGANES. — Le rouleau inférieur J a son axe monté à poste fixe dans les paliers, tandis que le rouleau supérieur qui produit la compression est mobile et peut osciller verticalement dans des coulisses pratiquées à l'intérieur des montants latéraux du bâti de chaque dégraissoir.

Les deux rouleaux sont creux en fonte. Le rouleau supérieur, pourvu de rebords ou joues latérales, est seul revêtu d'une garniture. Dans certains systèmes, il est entraîné par la simple friction à sa circonférence du rouleau inférieur ; dans d'autres, il est astreint à se mouvoir d'une manière uniforme par l'action d'une transmission d'engrenages. Entre ces deux dispositions, MM. Pierrard en ont adopté une qui joue un rôle intermédiaire, c'est-à-dire qui laisse l'entraînement automatique par friction s'effectuer de lui-même, en y suppléant, dans le cas où il devient insuffisant, par une commande forcée de roues dentées.

Cette disposition, qui a pour conséquences plus de régularité dans la marche du rouleau, moins de fatigue pour la laine et la garniture, est réalisée par l'application d'une roue à rochet et des cliquets qui transportent au rouleau supérieur la commande par engrenages, lorsqu'il résiste à la friction par suite d'un obstacle momentané, provenant, par exemple, d'une trop grande quantité de laine en passage dans le dégraissoir, ou encore d'une pression trop considérable. A cet effet, sur l'arbre D du rouleau S inférieur est calée une roue dentée L, qui engrène avec une roue dentée L' montée folle sur l'arbre i du rouleau supérieur I. Les roues L et L' sont formées avec de longues dentures, permettant un jeu tel, qu'elles ne cessent pas d'être en prise, lorsque la roue L' se soulève entraînée dans les oscillations verticales du rouleau compresseur. A côté de cette roue est fixée à demeure, sur l'arbre i, une roue à rochet M sur les dents de laquelle chevauchent des cliquets m portés par la roue d'engrenage L', ainsi que le montre bien le détail, figure 3, planche II. Ces cliquets, poussés contre les dents du rochet par de petits ressorts m', restent en place ou se soulèvent, lorsque le rouleau est entraîné avec la même vitesse ou plus rapidement que la roue L'.

Mais aussitôt que, pour une cause quelconque, le rouleau comprimeur tend à rester en arrière, les cliquets qui se déplacent avec la roue d'engrenage poussent le rochet, et, par suite, font tourner ledit rouleau ; de cette façon, le rouleau qui tourne par friction est soutenu à chaque instant dans sa marche, et conserve le mouvement nécessaire au passage régulier de la laine.

Pour chercher à diminuer les frais d'entretien et d'usure provenant des pressions, on a substitué au levier rigide, qui constitue le point de départ de la transmission au contre-poids, un levier élastique formé d'un ressort à lames de voiture, semblable à celui employé dans les foulons cylindriques. Ce nouvel organe, dont un seul point de suspension est fixe, remplit une double fonction, intermédiaire entre le rouleau supérieur, qui tend à l'attirer dans son soulèvement pendant le passage de la laine, et le contre-poids qui tend, au contraire, à l'abaisser ; il agit, d'une part, comme levier en transmettant aux cylindres leurs efforts respectifs, et d'autre part, comme ressort, en modérant et régularisant ces efforts contre lesquels il réagit en vertu de son élasticité.

Les figures 1 et 2 montrent clairement l'ensemble de l'appareil à contre-poids ainsi que l'agencement des rouleaux.

L'arbre du cylindre inférieur J tourne dans de larges paliers *i'*, venus de fonte avec les flasques verticales du bâti, et celui du cylindre supérieur I repose, par ses tourillons, dans **des bagues et coussinets ajustés à frottement doux dans des rainures ménagées à cet effet dans l'épaisseur des montants.** Des chapiteaux s'appuient sur les tourillons de l'arbre *i* du rouleau supérieur ; les oreilles de ces chapeaux sont traversées par des tirants en fer, maintenus à la partie supérieure par des écrous qui sont isolés par des bagues à couteau s'appuyant sur les oreilles ; de cette façon, les tirants peuvent dévier de leur position d'équerre à l'axe du cylindre, sans entraîner les chapeaux.

Ces tirants sont reliés par le bas à des brides en fer, sur lesquelles viennent s'attacher des tringles articulées ; l'extrémité inférieure de ces tringles est terminée par une partie carrée taraudée à l'extrémité pour recevoir un écrou, ce qui permet d'adapter les étriers O et de les régler à des hauteurs égales et déterminées par un diviseur tracé sur la partie carrée des tirants.

Ce sont ces étriers, adaptés à l'extrémité du système de suspension, qui reçoivent les *leviers-ressorts* O', dont la tige ou goupille, reliant les lames, est terminée par une tête à pivot rond *o*, reposant librement dans la crapaudine du fond de l'étrier.

Ces ressorts, analogues à ceux des wagons et calculés d'après les efforts à transmettre, sont suspendus à leurs extrémités aux chappes articulées. Les unes sont traversées par une des entretoises reliant les bâtis formant le point d'appui fixe des *leviers-ressorts*. Les autres, au contraire, peuvent articuler de droite et de gauche autour de leur centre d'oscillation *r* ; elles sont portées par des leviers R, qui ont leur point d'appui sur une des entretoises *q'* des bâtis, et sont reliées à leurs extrémités libres par l'arbre transversal *r'*. C'est sur ce dernier que viennent s'appuyer les leviers R' portant les contre-poids R' et tournant autour de leur point d'attache sur une entretoise.

Ainsi, chaque ressort O', à une extrémité, tourne librement autour de son centre d'articulation avec une chappe, et à l'autre extrémité, la seconde chappe est parfaitement libre d'osciller autour de son axe de suspension *r*, pour soulever les leviers R, et par suite, ceux R'. Il en résulte que, lorsqu'il y a équilibre sur le *levier-ressort* outre la tension qui le soulève et la pression qui l'abaisse, pression équivalente au rapport des leviers multipliés par le poids, si l'on passe de la matière entre les cylindres, l'étrier O tendra à soulever le *levier-ressort* ; mais celui-ci, étant flexible, réagit comme ressort sous la puissance de traction qui lui est imprimée, et fait osciller la chappe Q' de gauche à droite en ne produisant pas d'effet sur les leviers.

Le poids ne subit alors aucun soubresaut comme dans les *leviers-rigides*, et, par conséquent, la garniture est préservée de tout choc.

Un arbre à excentrique, commandé par une manivelle, permet de soulever le levier du contre-poids et d'en interrompre l'action.

L'introduction de ce *levier-ressort*, dans l'appareil à contre-poids, fournit au rouleau supérieur une suspension flexible dont la tension se règle et se délimite d'elle-même.

Cette disposition se distingue nettement de celles dans lesquelles on a essayé d'employer des ressorts qui sont bandés par des vis de pression d'une manière invariable et qui n'agissent que par leur élasticité. Ici, au contraire, le ressort est libre ; il peut déployer, suivant le besoin, une grande puissance de flexion, modérée au moment voulu par l'action du contre-poids, qui agit à l'instar du contre-poids des soupapes de sûreté.

Si, par suite d'un travail irrégulier dans l'engagement de la laine entre les cylindres, ou par tout autre accident, il s'introduit un corps dur sous la garniture, le rouleau supérieur se soulèvera dans des limites plus grandes; mais aussitôt le ressort, ayant réagi dans toute l'étendue de son élasticité, transmet l'excédant de traction aux leviers, qui soulèvent alors le contre-poids.

Le ressort se trouve ainsi soustrait aux causes de rupture qui se présentent si fréquemment pour les ressorts fixes, et, par suite, pour les cylindres et leurs axes, et il n'y a plus à craindre l'arrachement de la garniture.

Quant aux organes de transmission, courroies, poulies, engrenages, l'inspection des figures peut suffire à en faire comprendre l'arrangement et le mode d'action. Faisons remarquer, cependant, que le mouvement est transmis à chacun des rouleaux supérieurs par un arbre spécial dont les paliers sont supportés par les bâtis de chaque dégraissoir. Cet arbre porte à l'une de ses extrémités la poulie motrice P et la poulie folle P′, et à l'autre, le pignon $t′$, qui engrène avec la grande roue T calée sur l'axe du rouleau inférieur.

Cette disposition est commune aux trois dégraissoirs; seulement, pour les deux premiers, le mouvement est transmis au rouleau supérieur par les roues L et L′, montées du même côté que la grande roue T, ainsi qu'on peut le voir sur les figures 1 et 2, planche II; mais pour le dégraissoir finisseur, les deux roues L et L′ sont reportées à l'autre extrémité de l'axe, afin de laisser, du côté de la roue T, la place nécessaire aux poulies T′ et $t′$, qui, par l'arbre supérieur u et les poulies U et $u′$, donnent le mouvement au ventilateur K.

Dans les deux premiers dégraissoirs, les tabliers sont actionnés par deux petits pignons *v* commandés au moyen de deux intermédiaires par la roue V, calée à l'extrémité de l'arbre du rouleau inférieur. Quant au tablier *A* du finisseur, son mouvement lui est communiqué directement de l'arbre moteur *t* par les pignons *v'* et la roue V'.

Réglage de la machine. — Montage des leviers-ressorts. — Garnissage des rouleaux. — Le point essentiel est de bien régler les tirants qui soutiennent les étriers des ressorts, afin que ceux-ci, également serrés, produisent bien la même tension, sous peine d'avoir une pression inégale sur la garniture, et d'exposer cette dernière à une usure rapide.

On opère de la manière suivante :

Lorsque le dégraissoir est monté complétement avec les ressorts et le cylindre supérieur non garni, on laisse, au moyen de cales en fer, un intervalle de 0^m,020 entre les deux cylindres; puis on serre les écrous des tiges au sommet des étriers, jusqu'à ce que les leviers-ressorts O' soient sur le point de se lever. Les entretoises transversales étant bien horizontales, on est sûr que les deux tirants sont tendus également et à la même hauteur, et on trace de chaque côté un trait sur la tige carrée qui prolonge le tirant *n'*, dans l'étrier O. On met alors le premier poids sur chacun des leviers R'; on fait lever ces derniers jusqu'à 0^m,02 au-dessus de l'entretoise, et on trace deux autres traits qui doivent être équidistants des premiers. En continuant de la sorte d'une manière progressive avec des poids de plus en plus lourds, on arrive à avoir sur chaque tige filetée *n'*, une série de traits correspondant à diverses positions d'équilibre des leviers, sans qu'il y ait torsion dans aucune des pièces d'assemblage. Les intervalles des traits sont ensuite divisés en parties égales, ce qui donne une échelle de divisions permettant, lorsqu'on fonctionnera avec la garniture, de donner aux deux ressorts des tensions égales et déterminées.

Les précautions que nous venons de signaler sont indispensables pour profiter des avantages économiques que ce système offre sous le rapport de la durée de la garniture.

Nous terminerons en indiquant le moyen pratique recommandé par MM. Pierrard-Parpaite pour obtenir une bonne garniture.

On dévide 9 à 12 kilogrammes de laine longue dans trois seaux, et au moment de s'en servir on y verse de l'eau de savon pour les humecter. L'ouvrier chargé de la conduite de l'appareil, après avoir préalablement graissé le rouleau supérieur avec du suif pour atténuer l'effet de la rouille, se place devant ce rouleau et applique à sa périphérie un des rubans en commençant par la droite, il donne alors le mouvement à la machine, et les cylindres attirent naturellement le ruban, qu'ils conduisent uniformément de droite à gauche et de gauche à droite pour obtenir une répartition satisfaisante et le jeu voulu au fond des dents de l'engrenage. Afin de faciliter ce travail, un second ouvrier se tient à distance du premier, et lui délivre, au fur et à mesure de l'enroulement, le ruban qu'il tire du seau.

Une précaution indispensable pour avoir un bon garnissage, c'est de bien régler la pression, qui est, nous le répétons, la base du perfectionnement important de cette machine.

La tension des ressorts étant bien réglée, avant de commencer à garnir, on augmente peu à peu les poids pendant l'enroulement progressif du ruban, et lorsque la garniture est faite, on complète la charge de façon à faire presque toucher l'entretoise transversale par les deux leviers. On laisse tourner le dégraissoir pendant deux heures en versant de l'eau de savon sur la garniture pour la feutrer. On prend ensuite de la ficelle qu'on attache par-dessus la laine, en l'enroulant depuis l'une des joues du cylindre jusqu'à l'autre; quelques minutes de marche suffisent pour que la ficelle serre bien la garniture en s'incorporant avec elle.

Ces préparatifs terminés, on peut commencer à dégraisser avec l'appareil. Pendant le travail, on a soin de vérifier la tension égale des ressorts ; de cette façon, la garniture se feutre sans se détériorer, et, lorsqu'au bout de quelques semaines elle s'est légèrement tassée, on remet quelques tours de rubans pour la maintenir à peu près à une épaisseur constante.

Un train de dégraissoir comme celui qui vient d'être décrit peut servir au traitement de 1 200 kilogrammes en moyenne par jour. Cette quantité est en général répartie en un nombre de neuf à onze charges, variant dans des limites rarement au-dessous de 90 kilomètres et au-dessus de 125 kilogrammes. Le nombre d'ouvriers nécessaires à ce travail est de six à sept par train.

Pour ne pas perdre de temps pendant les vidanges du bac inférieur lorsque le bain est saturé, on a soin de diviser ce bac, comme nous l'avons vu, en deux compartiments par une cloison au milieu, afin de préparer un bain pur pendant que son voisin se sature. On arrive ainsi à rendre l'opération continue, puisque le second bac sert aussitôt que le premier est mis en vidange.

PROPORTIONS MOYENNES ENTRE LA CONSOMMATION DU SAVON ET LE POIDS DE LA LAINE. — La laine est apportée aux dégraissoirs dans des corbeilles d'un volume déterminé dont on fait la tare, et le savon y est introduit par des vases d'une capacité constante correspondant à un poids connu de savon dissous pour faciliter la manipulation. On traite plus ou moins de corbeilles à la fois suivant l'état de la laine ; on en mettra par exemple quatre mesures d'un poids total de 23 à 24 kilogrammes nets si la laine a déjà subi un lavage, et on n'en emploiera que trois pour la laine en suint. Voici quelques exemples pratiques de divers lots traités avec les quantités de savon aux différents bains :

88^k,50 de laine en suint de la *Nouvelle-Zélande*.

Numéros des bains.	Poids de savon et de potasse.	Température des bains.	Proportion de savon pour 100 de laine brute.
1	8^k + 0^k,500 de potasse.	55°	
2	4^k	45°	12^k,43
3	4^k	42°	

On préfère généralement la potasse à la soude, parce qu'elle est effloresoente, dessèche moins et conserve plus de douceur à la laine.

92 kilogrammes de laine de Champagne lavée à dos.

Numéros des bains.	Quantités de savon.	Température.	Proportion de savon pour 100 de laine brute.
1	8^k + 0^k,500 de potasse.	55°	
2	4^k	45°	10^k,87
3	4^k	42°	

126 kilogrammes du Port Philippe en suint de deuxième qualité.

Numéros des bains.	Quantités de savon.	Température.	Proportion de savon pour 100 de laine brute.
1	8^k + 0^k,500 de potasse.	55°	
2	4^k	45°	7^k,93
3	4^k	42°	

En résumé, on fait de neuf à onze charges par jour de 125 kilogrammes de laine en moyenne. On compte un peu plus d'ordinaire, puisqu'on admet qu'un train de dégraissoir comme celui décrit peut faire en moyenne 1200 kilogrammes. Le nombre d'ouvriers est généralement de treize pour deux trains, donc six et demi par train.

Quant au calcul de la consommation du savon dans chaque cas, par rapport à la laine dégraissée, il se fait par une simple règle de proportion. Si, par exemple, la laine brute, réclame 10^k,87, rend 50 pour 100 épurée à fond, le rapport de la laine avant et après l'opération sera :: 50 : 100, ou comme 1 : 2. Donc on aura la proportion suivante: $10^k,87 : 100 :: x : 200 = 21^k,74$, x étant le poids du savon cherché par rapport à la matière complétement dégraissée. En généralisant et désignant par r la quantité de savon par 100 kilogrammes bruts et r' le poids brut nécessaire à fournir 100 kilogrammes lavés à fond, on aura $r : 100 :: x : r'$.

Quant à la quantité dont une laine tombe, elle est naturellement variable, suivant les finesses, les origines et les races ; mais on peut admettre, sans trop s'écarter de la vérité, un rendement moyen de 60 pour 100 pour les laines souples les plus employées pour les tissus ras de France, c'est-à-dire sur un déchet avant peignage de 40 pour 100 environ.

DÉGRAISSAGE PAR L'EMPLOI DES HYDROCARBURES, DU SULFURE DE CARBONE, DE L'ESSENCE DE TÉRÉBENTHINE ET DU VERRE SOLUBLE. — L'action du sulfure de carbone et des divers hydrocarbures sur les substances grasses y a fait songer depuis des années comme agents dégraisseurs dans certains cas. On a d'abord proposé le sulfure de carbone gazeux, puis liquide, pour extraire la matière grasse des déchets des filatures de laine dits *débourrures* ou *débourrages*, et tellement imprégnés de substances grasses qu'ils en contiennent environ un tiers de leur poids. De grandes dépenses et de nombreux essais pratiques faits dans certains centres manufacturiers, et entre autres à Elbeuf, à Beauvais, etc., n'ont pu réussir, malgré toutes les connaissances et l'habileté des industriels qui avaient fondé ces usines. A Elbeuf notamment, elles ont pris feu deux fois. Le danger de ces sortes d'établissements, démontré par ces deux sinistres en quelques années, joint à l'action des vapeurs de ces corps volatils sur l'économie animale et à certaines chances commerciales défavorables, a fait bientôt renoncer à cette exploitation, à laquelle on n'avait songé que pour les déchets, afin de retirer le liquide gras plus ou moins pur sous sa forme primitive. Pour le désuintage et le dégraissage des laines brutes en toisons, l'application de ces corps nouveaux a d'autant moins de raison d'être qu'ils se trouvent en présence de moyens simples, économiques, tant sous le rapport de l'épuration du produit principal que sous celui de l'utilisation des résidus. Cependant on a proposé depuis quelque temps l'application des vapeurs de la distillation du pétrole, telles que le naphte, la benzine, la benzole, dont on fait passer la vapeur à travers la laine à dégraisser. La vapeur et la substance grasse se déposent sous la forme liquide au fond d'un condenseur. En évaporant ce liquide, l'hydrocarbure s'en dégage, et est recueilli dans un vase pendant que le corps gras reste au fond du condenseur. Nous n'avons pas à discuter ces genres de procédés au point de vue de leurs avantages pécuniers, les données anciennes quant à leur application au dégraissage de la laine neuve leur sont défavorables.

Nous nous bornerons à une observation technique : nous avons expérimenté, il y a des années, l'essence de térébenthine pour désuinter et dégraisser les toisons. Les brins ainsi épurés, comparés à ceux dégraissés au savon ou à la potasse, paraissaient constamment plus rêches, moins souples et moins doux au toucher. L'emploi des hydrocarbures produit le même effet ; cela tient, selon nous, à ce que, quelque bien dégraissée que soit une laine par le procédé en usage, elle retient toujours encore une certaine quantité de substance grasse à l'état plus ou moins latent, comme l'a démontré M. Chevreul. Cette quantité est variable avec l'origine des laines, elle donne une certaine onctuosité et un moelleux favorable au résultat. Or les ingrédients tels que les hydrocarbures semblent atteindre cette substance grasse particulière, dessécher les brins, et les rendre cassants. Il y a donc lieu de ne pas perdre de vue ce fait, dans toutes espèces de nouveaux modes de dégraissage.

DÉGRAISSAGE AU VERRE SOLUBLE. — Les chimistes désignent sous ce nom un composé de sable, de potasse, c'est-à-dire renfermant une partie seulement des corps constituant les différentes sortes de verres en usage. On rend le composé ci-dessus soluble en l'immergeant dans l'eau bouillante.

On peut substituer le verre soluble au savon pour le dégraissage et le lavage des laines. 40 parties d'eau chaude de 30 à 37 degrés centigrades et 1 partie de verre soluble constituent, d'après MM. Bard et C°, de Worms, un bain efficace et économique pour opérer le lavage et le blanchiment de la laine. L'immersion et l'agitation de la laine dans le liquide pendant quelques minutes suffisent au dégraissage. On n'a plus alors qu'à laver par l'un des moyens quelconques en usage.

Pour agir plus sûrement, on divise l'opération en deux, c'est-à-dire qu'on passe successivement la laine dans deux bains : 1° on la fait tremper pendant dix minutes dans un bain de 30 degrés centigrades, renfermant 40 parties d'eau pour 1 de verre soluble ; 2° dans un second bain de 80 parties d'eau à 37 degrés centigrades et 1 partie de verre soluble ; puis on lave comme à l'ordinaire. Ce procédé, qui en définitive ne consiste que dans la substitution des alcalis au savon, conservera-t-il autant de douceur à la laine? Là paraît être le point important à déterminer.

OBSERVATION SUR LA DISPOSITION DES BACS SUPERPOSÉS COMPARÉE A CELLE DES BASSINS POSÉS AU MÊME NIVEAU. — La disposition des bacs étagés ou placés dans un même plan horizontal de manière à embrasser une surface rectangulaire, n'a pas d'influence particulière sur la perfection des résultats, si l'eau est pure et suffisamment abondante, le savon ou les alcalis de bonne qualité, le lavage assez complet et exécuté à fond. Il n'y a de différence entre les deux systèmes que dans les conditions économiques. Les partisans de la position des bains au même niveau la préfèrent, disent-ils, parce qu'elle permet de réaliser une économie de temps, de savon et de chauffage, par les motifs suivants : le travail peut s'exécuter sans aucune espèce d'in-

terruption pour opérer les vidanges[1]. Supposons par exemple
qu'on emploie trois bassins ou bacs A, B, C; on commencera
à immerger la laine brute la plus chargée dans le bassin A, de
là on la passera dans le second B, d'où elle est amenée au dernier C, s'il n'y en a que trois. On recommence sur une seconde
partie de la même manière, et bientôt l'eau du bac A sera la
plus chargée. Le liquide étant saturé on le fait écouler pour le
renouveler. On opérera ensuite en commençant par le bassin B,
puis on fait passer la laine de celui-ci eu C, pour finir en A.
Lorsque le bain de B sera saturé à son tour, on commencera
par le bassin C, pour aller de C en A, et de celui-ci en B. On
obtient ainsi un roulement méthodique et continu, sans aucun
temps d'arrêt ni d'alternative de température dans les bains.
Par la superposition des bassines, au contraire, le liquide du
dernier bac passe constamment à celui du milieu, et de celui-ci
au premier. C'est par conséquent toujours celui-ci qui est le plus
chargé, et qu'il faut constamment vider. Cette disposition des
trois bacs dans un même plan horizontal ne modifie d'ailleurs
en rien les appareils proprement dits que nous avons décrits,
ni ceux que nous allons décrire. Il n'y a de changements que
dans quelques transmissions de mouvements accessoires.

DÉGRAISSEUSE ET LAVEUSE DE M. CHAUDET. — Ce système est,
comme le précédent, à presses ou à cylindres presseurs étagés P, P', P". La figure 1, pl. III, est une disposition verticale, et
la figure 2 un plan horizontal. Il consiste en trois répétitions 1,
2 et 3 des mêmes éléments disposés à la suite les uns des autres
pour faciliter la transmission des bains comme dans la dégraisseuse de MM. Pierrard. Chacun des groupes semblables se compose d'un bac en tôle de 7^m,25 de longueur sur 1^m,30 de largeur et 0^m,80 de hauteur. Ces caisses ont un double fond percé

---

1. Nous avons vu précédemment qu'on peut atteindre ce but avec les
bacs superposés.

de trous. Dans chacune d'elles sont disposées quatre fourches ou râteaux doubles F, F', F″, F‴ (fig. 1 et 2). Ses fourches plongent d'une certaine quantité dans le bain, comme le montre la coupe verticale de la partie nº 2. Elles sont douées d'un mouvement de va-et-vient, imitant l'action des bâtons manœuvrés à la main. A la suite de chaque série de fourches se trouve un mécanisme extracteur E pour enlever automatiquement la laine et la transmettre aux rouleaux presseurs P, P', P″. Ce mécanisme extracteur ayant déjà été décrit, nous n'avons pas à y revenir. Nous nous bornerons à donner la description générale de l'ensemble des transmissions.

TRANSMISSION DES MOUVEMENTS. — Chaque appareil reçoit son impulsion spéciale par une courroie O passant sur la poulie O' des cylindres presseurs, les rapports sont calculés de façon à imprimer dix révolutions aux cylindres, et par conséquent à la poulie O'. Ordinairement la poulie O fait quatre-vingts à cent tours; il y aura donc un rapport inverse entre les deux diamètres des poulies. C'est la poulie O' qui, par une courroie, transmet le mouvement à l'extracteur E par la poulie O″. Enfin les fourches sont animées par la rotation des poulies P, P', P″, P‴ sur lesquelles passe la courroie de la poulie O″.

ALIMENTATION. — L'eau de savon des bacs 1, 2, 3 chauffée de 45 à 55 degrés par la vapeur arrivant dans le double fond O, l'assortiment des trois appareils mis en mouvement, une personne alimente de laine le bac inférieur en y introduisant environ 12 kilogrammes de laine en suint déposés sur le tablier sans fin A. Celui-ci livre la laine au bain du premier bac nº 1, où les fourches doubles F la font avancer lentement vers l'extracteur E, qui vient la puiser dans le bac et la déposer sur la toile sans fin au tablier voyageur V de la presse P, d'où elle s'échappe pour se rendre dans le second bac par le tablier V'. Dans le second compartiment les choses se passant identiquement comme dans le premier, les fibres se dépouillent de plus en plus de leurs impuretés. Elles doivent être complétement débarrassées à la sortie du troisième bac, et après avoir parcouru une étendue de 21 à 22 mètres de bain et subi les trois essorages par la pression des trois paires de rouleaux successifs, le tout comme dans le dégraissage précédemment décrit. Seulement ici le mouvement et le lavage de la laine ont lieu automatiquement. Nous n'avons pas par conséquent à insister davantage sur cette disposition.

Nous donnerons plus loin les productions et prix de revient de ce système en établissant le devis d'un peignage.

Dégraissage et lavage partiellement automatiques. — Les figures 3 et 4 offrent les vues d'une disposition plus simple dans ses éléments, mais nécessitant le concours d'un homme pour ramasser la laine ouverte par la double fourche et la faire passer sur le tablier voyageur. La figure 3 est un profil vertical de l'appareil, et la figure 4 une vue de face de la presse et de ses transmissions telles que nous les avons vues fonctionner à Roubaix, et que les construisent MM. Skeen et Devolley. On remarque dans cette disposition une partie des éléments de la précédente. B, bac à eau de savon ; F, fourche double ; P, presse ; V, tablier voyageur. Ici encore les cylindres presseurs sont commandés directement par deux roues d'engrenage R, R' à dents profondes ; ces roues sont fixées sur les axes des cylindres P, P' ; l'axe de ce dernier peut monter et descendre dans une coulisse du bâti, suivant que la masse de matière qui passera tangentiellement entre les deux rouleaux sera plus ou moins forte. La roue à rochet V est établie ici et fonctionne comme dans le dégraissoir Pierrard. A la sortie de la presse, la laine est amenée par une chaîne sans fin H au ventilateur V', qui la désagrége et la projette sur le sol ou dans un espace réservé à cet effet.

Commande générale. — Il suffit de jeter un coup d'œil sur les figures 3 et 4 pour remarquer les poulies motrices fixe et

folle O, O', recevant l'action par la courroie X venant de la poulie Y de l'arbre de couche ; une seconde courroie X, partant
d'une poulie Y, du même arbre A, transmet le mouvement aux
fourches F par l'intermédiaire des pignons P P' et l'espèce de
bielle L, qui a son point d'attache au montant M.

Quant aux poulies O et O', elles impriment ou suspendent
l'action des rouleaux presseurs P, P' et aux chaînes sans fin V
et H. A cet effet, on voit sur l'arbre I de ces poulies et à l'extrémité opposée du côté où elles sont fixées, les deux pignons
et roue droite 1 et 2. L'axe de cette dernière se trouve sur
l'arbre du cylindre P, dont l'autre bout reçoit la roue R, commandant R' et le rochet au besoin. Les engrenages étroits 3
et 4 indiquent les transmissions de la chaîne du rouleau con-
ducteur a de la chaîne sans fin v. T est un volant régulateur
du mouvement ; N est la poignée de la fourche de débrayage Z,
qui n'offre rien de particulier ; K, l, est un système d'encliquetage dans le but de régler la pression.

CHAPITRE VI.

DES EAUX, DE LA NÉCESSITÉ DE S'ASSURER DE LEUR DEGRÉ DE PURETÉ ET DES MOYENS DE LES ÉPURER.

Nous avons vu que les opérations du dégraissage consomment
des quantités considérables d'eau. Elles varient nécessairement
avec l'état de la laine pour un résultat également parfait. Nous
ne pensons pas faire d'erreur en estimant en moyenne à 4 mètres cubes d'eau pure le volume nécessaire à 100 kilogrammes
de laine dégraissée à fond. Or les filatures qui transforment
jusqu'à 1 000 kilogrammes de fils par jour ne sont pas rares, et
il y a plusieurs établissements de peignages publics à façon

qui dégraissent jusqu'à 20 000 kilogrammes par jour. La consommation d'eau est par conséquent énorme, et la pureté en a un intérêt particulier ; la quantité de savon consommée étant, toutes choses égales d'ailleurs, d'autant plus considérable que l'eau est moins pure.

Tout le monde sait en effet que la composition chimique des eaux peut varier à l'infini, suivant les sources dont elles proviennent, les voisinages où elles se trouvent, la nature des sols qu'elles parcourent et les matières qui peuvent s'y mélanger accidentellement. Les analyses de ces eaux sont souvent longues et difficiles, les ouvrages et les mémoires de chimie en donnent des exemples nombreux. Heureusement que dans la plupart des cas industriels, et pour celui qui nous occupe, des moyens d'essai simples peuvent suffire. Il s'agit en effet de connaître le degré de pureté de l'eau, si elle a la propriété de dissoudre le savon, c'est-à-dire si elle est *douce*. Il faut s'assurer, à cet effet, si avec le savon elle produit la dissolution mousseuse, qu'elle ne donnerait pas si elle était notablement chargée de sels terreux à bases de chaux ou de magnésie, de chlorures, ou si elle contenait des acides sulfurique ou carbonique en excès qui troublent le plus souvent les propriétés dissolvantes du liquide. Le moyen le plus simple, le plus à la portée de tout le monde, pour vérifier la pureté de l'eau, et qui est loin d'être aussi propagé qu'il devrait l'être dans les usines, consiste dans l'usage de la méthode hydrotimétrique de MM. Boutron et F. Rondet. Ce procédé repose sur la propriété que possède le savon de faire mousser l'eau pure, et de ne produire la mousse dans les eaux contenant des corps dont il vient d'être question, qu'autant que les substances étrangères ont été neutralisées par une proportion suffisante de savon. Ainsi donc, suivant qu'un volume déterminé d'eau aura besoin de plus ou moins de savon pour devenir mousseuse, elle sera plus ou moins pure. Mais, comme pour arriver à la constatation précise de ce degré de pureté des eaux on ne peut opérer par tâtonnement, les chimistes susnommés ont proposé le moyen suivant : on a, d'une part, une dissolution alcoolique de savon préparée et titrée à l'avance [1] et une burette graduée pour la recevoir, et de l'autre, un flacon d'essais pour pouvoir mesurer la dose sur laquelle on opère.

Supposons au flacon un certain volume d'eau pure, il suffira alors d'y ajouter une très-petite quantité de la liqueur titrée et d'agiter pour déterminer la formation d'une couche de mousse de quelques millimètres ; cette couche persistera à la surface de l'eau pendant un temps notable, plusieurs minutes, si l'eau est pure ; contient-elle, au contraire, des sels étrangers, il se formera d'abord un précipité, et la mousse ne s'obtiendra qu'avec une quantité bien plus grande de liqueur titrée. C'est cette proportion accusée par les divisions de la burette qui donne le degré hydrotimétrique indiquant la propriété di vante de l'eau pour le savon. La pureté de l'eau d'une m. source étant variable avec les époques, il est bon de renouveler tous les matins l'essai des eaux à employer. L'opération étant simple et prompte, elle n'entraîne à aucune dépense. La dureté de l'eau peut provenir de plusieurs causes ; la plus générale réside dans la présence de carbonates terreux. Le moyen le plus économique de neutraliser ces corps, de les faire précipiter rapidement en une nuit au plus, est de traiter l'eau par un lait de chaux. Pour agir efficacement, il faut un excès de chaux ; mais, comme cet excès a l'inconvénient de durcir l'eau et même de pouvoir produire certains accidents ultérieurs, il est bon d'opérer en deux fois : sur les deux tiers aux trois quarts du volume d'eau à épurer, on traite avec un excès de chaux. La masse ainsi épurée, on ajoute le troisième

---

1. On peut faire préparer cette dissolution à l'avance dans un laboratoire de chimie.

tiers ou le quart restant d'eau, l'excès de chaux se trouve alors utilisé et neutralisé en même temps.

Nous avons vu traiter ainsi des eaux de manière à ne marquer que 2 degrés à l'hydrotimètre, lorsqu'elles donnaient 31 à 32 degrés avant l'épuration. Malheureusement, la chaux ne peut servir, comme nous venons de le dire, que contre certaines impuretés qui se décèlent en moussant lorsqu'on y verse un acide, et dont le dépôt obtenu par l'évaporation est soluble dans l'acide chlorhydrique. Pour celles-là, le procédé est si efficace, que l'eau épurée prend la teinte bleue des eaux les plus pures. Mais pour celles qui contiennent en même temps de la magnésie, on se sert d'alcalis, de carbonate de soude, de potasse ou d'ammoniaque anhydre et 3 grammes de silice par gramme de magnésie, il se forme alors des silicates et carbonates terreux comme précipités qui se séparent en vingt-quatre heures, et laissent les eaux limpides et légèrement alcalines. Quant au sulfate de chaux, si les eaux en contenaient, on peut les en débarrasser par un filtrage sur une couche d'oxalate de chaux ; il en faut peu, si on a soin de débarrasser d'abord l'eau des autres corps étrangers, le procédé revient bon marché.

Nous avons pensé devoir nous arrêter sur cette question à cause de son importance tant sur la perfection du dégraissage que pour son influence sur les quantités de savon consommées. Pour en fournir la preuve, nous donnons les expériences suivantes de MM. Bocca-Wulverick, manufacturiers, sur la consommation des savons, de diverses eaux plus ou moins pures Voici les chiffres :

Provenance.	Poids de savon de Marseille neutralisé par mètre cube.	Poids de savon mou de potasse neutralisé par mètre cube.
1° Eau de Seine............	2k,300	3k,335
2° Eau du puits artésien de M. Wulverick, à Saint-Quentin	3 ,700	5 ,365
3° Eau des puits de la Comédie à Saint-Quentin.......	11 ,200	16 ,240

Si donc un établissement avait à sa disposition des eaux marquant 17 degrés à l'hydrotimètre, comme celles du numéro 2 du tableau, et qu'on en consommât 30 mètres cubes par jour, elles neutraliseraient, si elles n'étaient épurées, l'action de 5ᵏ,355 × 30 = 160ᵏ,950 de savon mou de potasse par jour, et par an 48285 kilogrammes, représentant à 0 fr. 50 une perte annuelle de 24142 fr. 50, sans compter les entraves au travail, les accidents de fabrication et les imperfections des produits, qui souvent n'ont d'autre cause qu'un dégraissage imparfait résultant souvent d'une eau impure et de lavages insuffisants.

§ 2. — Séchage.

A la sortie des ateliers de dégraissage, les laines sont portées à l'air libre si le temps le permet, ou dans l'un des systèmes de séchoirs déjà décrits dans le *Traité général du travail des laines cardées*, ou dans celui que nous indiquons plus loin. Le mode de séchage de la laine cardée et peignée ne change en rien, et les considérations présentées déjà à ce sujet à l'occasion des transformations de l'une sont applicables à l'autre. Il n'y a de différence que dans le degré de siccité. Lorsque le battage ne doit pas suivre le séchage, la laine à peigne doit être retirée du séchoir avec 5 à 10 pour 100 d'humidité; si, au contraire, on lui faisait subir l'action du battage après le dégraissage, il serait nécessaire de la sécher aussi complétement que la laine courte destinée aux fils pour étoffes foulées et qui jusqu'ici sont toujours passées par les machines à battre et quelquefois aux égra-tronneuses automatiques (voir la description de ces deux sortes de machines dans le *Traité du travail des laines cardées*, t. I).

Passons à la description d'un séchoir dont nous n'avons pas donné la disposition et qui paraît avantageux sous bien des rapports.

Disposition d'un séchoir a air forcé avec ventilateur. —
La disposition évidemment la plus économique et qui par ce
motif se propage de plus en plus, consiste dans l'usage d'un
ventilateur à six ailes, qui se recouvrent les unes les autres,
placé à l'extrémité du séchoir et tournant avec une grande
rapidité (neuf cents tours à la minute). Le local est disposé de
façon à ce que cet appel énergique force l'air, modérément
chauffé de 30 à 40 degrés, ou même à la température atmosphérique s'il est sec, de traverser la laine à sécher. Malgré la
simplicité d'un tel établissement, nous croyons cependant
devoir indiquer par une figure les moyens que nous avons vu
employer pour des quantités considérables de laine à sécher.

La figure 1, pl. IV, est un plan, et la figure 2 une coupe
verticale d'un séchoir de ce genre. Pour mieux assurer l'action
du courant d'air, la salle du séchoir est partagée en deux par
un mur de refend R. Le séchoir forme ainsi trois chambres
disposées à la suite les unes des autres et communiquant ensemble par des portes. Chaque chambre a une surface plus ou
moins grande, en raison des quantités qu'elles doivent contenir. Pour 250 kilogrammes, la superficie est de 30 mètres
carrés. La laine est placée sur le tablier t en toile métallique.
Lorsqu'on sèche à l'air chaud, on place à l'entrée de la pièce,
du côté A, une série de tubes c, c. Ce calorifère, chauffé à la
vapeur ou autrement, est disposé au-dessus de la prise d'air O
de l'entrée. Par suite de la disposition du ventilateur HU, placé
à l'extrémité opposée et mû par une des poulies P, P' fixe et
folle, l'air destiné au séchage est forcé de suivre la direction
indiquée par les flèches, et par conséquent de traverser les
couches de laine A, A, placées en une épaisseur plus ou moins
grande sur des claies ou baguettes t, t. Lorsque l'air s'est ainsi
saturé d'humidité, le courant le dirige dans la chambre O',
d'où il est expulsé par l'ouverture O', O' de sortie. Un coup
d'œil suffit pour comprendre cette disposition si simple.

La quantité de laine séchée avec ce séchoir dépend évidemment, d'abord, comme pour tous les modes de séchage, du degré d'humidité de la laine, de la température du séchoir, de l'épaisseur des couches de la matière à sécher, des dimensions et de la vitesse de rotation des hélices du ventilateur.

Voici quelques données pratiques nécessaires à la détermination d'un séchoir de ce genre :

Quantité d'humidité enlevée par l'air à diverses températures.

1 kilogramme d'air à 10° enlève	9 grammes d'humidité.
— 20° —	17 —
— 30° —	31 —
— 40° —	51 —
— 50° —	78 —
— 60° —	122 —

Mais la température du séchoir ne doit jamais dépasser 40 degrés.

Or les quantités d'eau à évaporer peuvent varier pour un même poids de laine, suivant qu'on la porte au séchoir à la sortie des presses ; la proportion peut alors être évaluée à 40 pour 100 ; mais, si on la passait dans l'hydro-extracteur, il ne resterait plus qu'une proportion de 15 à 18 pour 100 d'humidité, c'est-à-dire la proportion qu'on leur laisse d'habitude pour commencer le cardage.

Voici maintenant quelques résultats pratiques sur les quantités d'air déplacées avec des ventilateurs de diverses dimensions.

Une hélice de 1^m,20 de diamètre, à six ailes se recouvrant les unes les autres, tournant avec une vitesse de huit cent cinquante à neuf cents tours à la minute, peut déplacer 1100 mètres cubes d'air dans le même temps ; mais pratiquement, et à cause de la résistance opposée à son passage par les fibres, on ne doit compter que sur 500 mètres au maximum. Cette quantité réduite est loin de donner pratiquement aux produits séchés le résultat du calcul théorique donné ailleurs [1].

Voici du reste des chiffres concernant les quantités de laines séchées à la sortie des presses, avec une proportion d'eau telle que la fournit l'atelier de dégraissage :

Avec un ventilateur d'un diamètre de 0^m,80 pour une surface de 20 mètres, en douze heures, 500 kilogrammes ;

Avec un ventilateur d'un diamètre de 1 mètre pour une surface de 30 mètres, en douze heures, 800 kilogrammes ;

Avec un ventilateur d'un diamètre de 1^m,20 pour une surface de 40 mètres, en douze heures, 1 000 kilogrammes.

Ces chiffres ne concernent que les séchoirs à un tablier ayant chacun les dimensions ci-dessus.

Mais un séchoir à 2 tabliers, représentant 80 mètres, on séchera 2 000 kilogrammes de laine. Ce mode de séchage a surtout l'avantage de ménager, comme l'air libre, la douceur de la matière, tout en produisant beaucoup plus régulièrement.

§ 2. — Utilisation des résidus du dégraissage.

Les eaux du dégraissage des laines contiennent en général de la potasse combinée au suint, du carbonate de soude, de l'ammoniaque, lorsqu'on a employé une certaine proportion d'urine, des matières organiques du suint, des matières organiques azotées sans caractères définis, des matières terreuses telles que de la silice, de la chaux, de la magnésie. Ces eaux ont en moyenne une densité de 1 degré et demi Baumé.

Cette composition peut varier suivant les ingrédients employés au dégraissage et pour les proportions en raison des laines ; mais, quelle qu'elle soit, on arrive actuellement à en

1. Voir le *Traité du travail des laines cardées.*

tirer parti lorsqu'on opère sur des quantités notables. Il y a différents procédés. Tantôt on utilise ces résidus pour en faire du gaz d'éclairage et tantôt on en extrait des sels alcalins, d'autres fois on les traite de manière à recueillir séparément les matières grasses et les substances terreuses. Autrefois et encore aujourd'hui dans certaines localités, les eaux qui s'écoulent du dégraissage ont pour conséquence de troubler la pureté de celles dans lesquelles elles vont se rendre, aussi a-t-on cherché depuis longtemps des moyens pour éviter cet inconvénient et pour tirer profit en même temps des déchets gênants et insalubres. L'un des plus anciens procédés mis en usage consiste dans l'extraction du gaz pour l'éclairage, dit *gaz au suinter*.

PRODUCTION DU SUINTER. — Les eaux les plus chargées, celles du dernier compartiment, du bac inférieur dans le système à étages, sont vidées par un robinet dans un tuyau qui conduit le liquide gras dans une gafre placée à l'extérieur des ateliers. Des pompes élèvent ces eaux dans des bassins en bois placés à une certaine hauteur. Une fois ces bassins suffisamment remplis, on y fait écouler une pâte de chaux préalablement éteinte dans des cuves placées au-dessus des bassins; on forme ainsi un savon double de potasse et de chaux qui vient se déposer au fond du vase. On décante dans une vaste citerne non maçonnée, creusée dans le sol, et on facilite l'écoulement de l'excédant d'eau; cette précaution, jointe à l'absorption de l'eau par la surface terreuse de ce grand trou, transforme bientôt les résidus en une masse pâteuse; on la fait sécher en l'étendant soit sur la terre, soit dans des magasins, suivant l'état de l'atmosphère. On obtient ainsi le suinter ou matière à distiller, comme la houille, pour obtenir le gaz éclairant. Ce gaz est plus pur, mais moins éclairant que celui extrait du charbon de terre. Cette circonstance, jointe à la nécessité d'immenses emplacements et des frais de manipulation, a empêché la propagation de ce procédé. Nous ne connaissons qu'une ou deux usines, situées exceptionnellement en France, qui continuent à faire du suinter.

PRODUCTION DU CARBONATE DE POTASSE. — Un système qui a au contraire pris une grande extension dans ces derniers temps est celui pour lequel MM. Maumené et Rogelet se sont fait breveter. Le procédé consiste dans la calcination dans un four du résidu préalablement évaporé, afin d'en faire disparaître les matières organiques; on obtient ainsi un carbonate de potasse d'une pureté exceptionnelle. Si on veut utiliser également les corps gras liquides, on traite au préalable le résidu par du sucrate de chaux (mélasse) pour former un savon calcaire et du sucrate de potasse; on peut se servir directement du premier ou le décomposer par un acide pour en retirer la graisse, et on évapore le second pour en obtenir la potasse.

TRAITEMENT DES RÉSIDUS PAR L'ACIDE SULFUREUX. — M. Chaudet, fabricant de produits chimiques à Rouen, se propose de traiter les liquides résultant du dégraissage par l'acide sulfureux gazeux. A cet effet, on reçoit les eaux grasses dans de grands bassins en maçonnerie; on y fait barboter l'acide gazeux venant dans des cornues où l'on brûle le soufre. Une fois que le liquide gras devient acide, on arrête l'opération et on laisse reposer pendant vingt-quatre heures. Après ce repos, on constate trois couches, composées chacune d'un produit différent : la couche supérieure du bassin est formée d'une graisse impure; celle qui repose sur le fond est de la matière terreuse liquide mélangée à une certaine proportion de graisse; la partie claire intermédiaire contient du sulfate de soude, de potasse et d'ammoniaque en dissolution. On concentre ces dissolutions par l'évaporation dans des appareils employés d'ordinaire à cet effet, puis on incinère les sulfates dans un four à réverbère ou autre, on les fait cristalliser à nouveau et on en fait ensuite la séparation par les procédés en usage dans les sucreries pour séparer la partie cristallisable de celle qui ne l'est pas.

Les couches de graisses et de terres mélangées sont traitées à leur tour par la dessiccation et le pressage à chaud dans des sacs pour séparer les acides gras des tourteaux : les premiers ont leur emploi bien connu et les seconds peuvent servir d'engrais.

D'après une analyse faite par M. Albert Thomas, chef du laboratoire de chimie de la Chambre syndicale de Roubaix, les résidus évaporés à siccité donneraient 6 pour 100 du poids des eaux, et ces 6 pour 100 ont la composition suivante :

Eau hygroscopique........................	15,30
Matières grasses..........................	44,80
Acide sulfurique anhydre.................	6,90
Potasse, soude, ammoniaque, terre, etc.....	31,50
Azote.................................	1,50
	100,00

On peut estimer la valeur de ce produit, au minimum, de 12 à 13 francs, dont il faut déduire les frais que l'auteur estime à 5 fr. 90, soit 6 francs. Le bénéfice serait par conséquent $12^f,50 - 6 = 6^f,50$.

Or nous avons dit précédemment que, pour dégraisser 1500 kilogrammes de laine par jour, il fallait en moyenne dix charges ; à chaque charge, on a l'une des cuves saturée de résidus, ou 4 mètres cubes, ce qui fait un volume de 40 mètres cubes ou au moins 40 000 kilogrammes, dont les 6 pour 100 après évaporation représentent 2 400 kilogrammes pouvant donner, d'après les chiffres ci-dessus, un produit net de $2\,400 \times 6,50 = 166$ francs, et par kilogramme de laine traitée $\frac{156}{1500} = 0^f,10$.

Nous avons fait ces calculs en nous basant sur les éléments auxquels nous avons le plus de confiance, en nous imposant l'obligation de compter un maximum de dépenses et un minimum de recettes. Cependant il en résulte qu'on peut tirer actuellement de l'utilisation des résidus une recette dépassant le chiffre des dépenses occasionnées par le dégraissage.

ECHARDONNAGE OU ÉGRATRONNAGE ET ÉPAILLAGE MÉCANIQUE ET CHIMIQUE DE LA LAINE. — On sait que les laines en toisons se trouvent plus ou moins souillées de matières végétales provenant des litières et des pâturages. De toutes les ordures de ce genre, les gratrons sont surtout à signaler par les inconvénients graves que leur présence occasionne ; les pailles et autres mélanges adhèrent peu et tombent facilement par le traitement aux machines ordinaires de la filature, et surtout au battage et au cardage ; mais le gratron, ainsi nommé, dit Olivier de Serres, parce que, *par son âpreté, il s'attache aux habillements de ceux qui l'approchent*, fait corps avec les brins de la laine et résiste aux traitements ordinaires. La présence de cette plante dans les laines d'Amérique, notamment de Buenos-Ayres et de Montevideo, en avait rendu l'emploi à peu près impossible jusqu'à l'apparition des premières machines *échardonneuses* ou *égratronneuses*. L'industrie recourait vainement au travail à bas prix des prisons, la main-d'œuvre était encore trop élevée et la production d'une lenteur qui la rendait presque insignifiante. On avait alors recours aux ouvrières des fabriques ; il y en avait un assez grand nombre employé à cette besogne jusqu'en 1847, époque à laquelle les premières machines à égratronner, d'origine américaine, furent introduites et perfectionnées par MM. Houget, de Verviers. Cette application, comme tant d'autres du même genre, rencontra une résistance énergique parmi les classes ouvrières ; elle causa une émeute de femmes à Elbeuf. L'échardonnage automatique, un instant compromis par ce fait, se propagea néanmoins même au profit de ceux qui s'étaient le plus opposés à son usage. On ne pourrait plus s'en passer.

Ayant décrit les systèmes de machines les plus perfectionnées[1], nous nous bornerons à mentionner les quatre modes d'égratronnage en présence. L'égratronnage mécanique comprend :

1° Le travail spécial de l'égratronnage lorsque les laines sont chargées de chardons. Cette application a lieu d'ordinaire par le marchand de laine, en dehors de la fabrique, comme elle se pratique cependant parfois par le fabricant avant le graissage ; il est convenable de la mentionner : nonobstant cette préparation spéciale, il y a un échardonnage exécuté à la carde par des organes échardonneurs placés à l'entrée des machines ; ces organes ont pour but de compléter simultanément l'échardonnage et le cardage lorsque la matière ne contient pas trop de gratrons, ou de finir le travail déjà commencé par les machines spéciales sur les toisons très-chargées de ce végétal. On reproche aux égratronneuses mécaniques en général de fatiguer et d'énerver les fibres au détriment de la finesse et de la qualité du fil.

2° On substitue depuis quelque temps un traitement chimique à l'action mécanique. Dans ce cas, le dégraissage de la laine brute et son échardonnage ont lieu en même temps, en donnant au bain dégraisseur la propriété d'attaquer les substances organiques végétales. L'opération, délicate dans son exécution, est fort simple d'ailleurs : c'est l'application d'un procédé en usage depuis longtemps pour l'effilochage, lorsqu'il s'agit de séparer la laine du coton ou du fil dans les chiffons à régénérer (voir la description de ce procédé, t. I, p. 163, du *Travail des laines cardées*). Le procédé, consistant dans l'immersion de la laine à échardonner dans un bain acide, de préférence d'acide sulfurique, de concentration et de température variables, n'offre rien de bien particulier. L'explication de ce qui se passe alors est également fort simple : l'acide détériore la sub-

---

1. *Traité du travail des laines cardées,* t. I, p. 380 et suiv.

stance végétale, de manière que, soumise à une température de 60 à 75 degrés, la cellulose des gratrons, paille, etc., se carbonise et tombe en poussière au battage et au cardage, etc.

3° Enfin, depuis quelque temps, M. Frexon, concessionnaire du brevet Lamothe et Faille, propage l'application de l'épaillage chimique à l'étoffe tissée soit avant ou après le foulage des articles drapés, ou des apprêts s'il s'agit des lainages ras. Par ce dernier mode d'opérer, on est arrivé à supprimer d'un seul coup les traitements de l'épaillage de la matière à l'état filamenteux et à atténuer considérablement l'épincetage ou époutillage de l'étoffe, si on ne le supprime complétement.

Ce mode d'opérer vient, il est vrai, augmenter le nombre des traitements rangés dans la catégorie des apprêts, mais il supprime : 1° l'épaillage et l'égratronnage de la substance en fibres avant le filage ; 2° l'opération si lente, trop coûteuse et plus ou moins parfaite de l'épimetage ou époutillage à la main ; 3° les filaments et brins de la matière n'étant plus exposés isolément à l'action du bain acide et ne pouvant plus se durcir par une épuration insuffisante.

Deux points sont en effet particulièrement à considérer dans ces opérations, le lavage et le séchage carbonisateur : le premier nécessite des soins tout particuliers pour enlever jusqu'à la dernière trace d'acide du premier bain ; les reproches que nous avons entendu faire souvent à l'égratronnage chimique consistaient dans l'altération des nuances des laines ainsi traitées et l'oxydation des garnitures de cardes, ces inconvénients venaient surtout de ce que, malgré les apparences, la matière renfermait encore des traces suffisantes d'acide pour occasionner des accidents. Ces traces, sans inconvénient et à peine sensibles dans un moment donné, peuvent devenir la source de désordres graves dans d'autres. Supposez que telle laine est employée pour un tissu à chaîne coton, par exemple ; si dans l'une de ses transformations on élève la température de l'étoffe, comme cela est nécessaire pour les apprêts, l'action de l'acide se fera bientôt sentir sur la substance végétale qu'il a la propriété de détériorer et même de détruire; et si le coton est teint, la matière colorante pourra en être altérée dès qu'un peu d'humidité du tissu permettra à l'acide de faire sentir l'effet de sa présence. Le séchage à la température voulue pour terminer l'effet destructeur de l'acide sur la substance végétale réclame également des conditions particulières, attendu que, si la température n'était pas assez élevée, elle ne détruirait pas suffisamment les matières végétales; et si elle l'était trop et trop prolongée, la laine en souffrirait.

La comparaison de ces différents modes d'opérer nous permet de dire : l'égratronnage chimique est évidemment séduisant, au point de vue surtout de la manière d'opérer ; il est rationnel de se débarrasser en une fois de tous les corps étrangers que contient la laine, et de lui enlever simultanément son suint naturel, ses corps gras et ses matières mélangées accidentellement. D'un autre côté, l'égratronnage chimique, même parfaitement exécuté, de manière à faire disparaître les traces d'acide, enlevées par des bains calcaires, savonneux ou émulsifs, laisse encore aux brins une certaine contraction provenant de l'action momentanée de l'acide qui donne un toucher rêche et peu favorable à la matière; souvent aussi la laine est cardée par suite du lavage qu'on lui a fait subir; cet état emmêlé et presque feutré des fibres augmente les chances de déchets aux opérations ultérieures. Ces inconvénients sont évités, ainsi que nous venons de le voir, par l'épaillage en pièces.

MODE D'OPÉRER DE L'ÉPAILLAGE EN PIÈCES. — Pour se mettre à l'abri de toutes espèces d'inconvénients signalés précédemment par la pratique, et que la théorie pouvait supposer *à priori*, en présence des agents en contact des substances

dont il s'agit, on est arrivé à opérer de la manière suivante,
d'ailleurs indiquée dans divers brevets, en vue tant du traitement des fibres que des pièces :

1° On imprègne et fait passer la pièce pendant vingt minutes environ dans un bassin dit *préservateur*, composé d'une
dissolution d'alun dans une proportion variable d'environ 5 à
10 kilogrammes d'alun, dans 3 000 litres chauffés à 60 degrés;
puis on passe la pièce dans un bain de savon d'oléine pour former de l'alcali d'alumine[1] ;

2° Passage de la pièce dans un bain d'acide sulfurique à dosage variable, mais 4 degrés au pèse-acide et un passage
pendant dix minutes dans un bain à la température ordinaire
suffisent ;

3° Essorage dans un hydro-extracteur quelconque pour hâter
le séchage par l'expulsion d'une grande partie de l'eau. La durée
peut varier de quinze à vingt minutes pour un tissu de 30 à
40 kilogrammes, auquel nous faisons allusion dans cette description ;

4° Pour le séchage de la pièce et la carbonisation de la
matière végétale un passage rapide de la pièce (6 à 8 mètres
à la minute) dans un séchoir où l'air est porté de 100 à
115 degrés centigrades carbonise toutes les parties végétales,
qui apparaissent alors par des traces noires plus ou moins volumineuses. Cette haute température n'est sans inconvénient
sensible sur le lainage qu'à cause du peu de temps qu'il y
séjourne et surtout parce qu'il est préservé par l'humidité contenue dans l'étoffe, qui sort du séchoir à peine l'évaporation
terminée ;

5° Immersion dans un bain préservateur consistant dans le

---

1. Ce point n'est indispensable que lorsqu'on opère sur une étoffe
blanche destinée à être teinte, en couleur claire ou bleue, afin d'empêcher
le virage des nuances. Cet effet aurait lieu par l'action du bain suivant de
l'opération.

lavage de la pièce en la faisant passer dans une dissolution alcaline ;

6° Épuration complète par un dernier lavage à l'eau de chaux ;

7° Enfin, on fait essorer et sécher comme à l'ordinaire.

REMARQUES SUR LES APPAREILS ET MOYENS EMPLOYÉS DANS L'ÉPAILLAGE CHIMIQUE EN PIÈCES. — Pour faire pénétrer les tissus des bains qui viennent d'être mentionnés, on emploie des appareils composés comme les dégraissoirs en général, par conséquent du bac à liquide, au-dessus duquel sont placés les cylindres lamineurs ou presseurs, entre lesquels la pièce imprégnée passe pour être débarrassée de son excès de dissolution, acide ou alcali, suivant la période de l'opération. La machine à laquelle nous faisons allusion est bien connue ; nous la retrouverons plus loin en parlant de l'application des apprêts. On s'en sert indifféremment dans les diverses industries des textiles pour opérer des lavages, seulement elle change de nom avec les spécialités. Dans l'industrie du coton on la désigne sous le nom de *machine à foularder*, dans celle des lainages elle porte le nom de *dégraisseuse* ou *presse à dégraisser*. La disposition, le volume des organes et le degré de pression varient seulement suivant que ce genre d'appareil est employé pour épurer la matière première, les fils ou les pièces.

CARBONISATEUR. — Le carbonisateur diffère des séchoirs ordinaires par le degré de température. Nous avons vu qu'il est toujours avantageux de ne pas trop élever la température des textiles laineux afin de ne pas durcir les filaments. Pour effectuer la carbonisation, au contraire, il est nécessaire d'atteindre au moins 90 degrés centigrades pendant un laps de temps relativement court, il est vrai : car, si l'action se prolongeait après la carbonisation et l'enlevage complet de l'humidité préservatrice, la laine et les lainages durciraient. Pour opérer, on se sert en général de l'un quelconque des appareils mécaniques à ramer en usage, et décrits dans le *Traité du travail de la laine cardée*.

On renferme alors cet appareil dans une chambre fermée de toutes parts et n'ayant d'ouverture que pour laisser entrer et sortir les pièces. On en coud ordinairement un certain nombre bout à bout ; c'est dans l'intérieur de cette chambre chaude, le plus près possible de la pièce, qu'on fait dégager un courant d'air chaud, de vapeur surchauffée, etc., obtenu par un foyer spécial dont la construction n'offre rien de particulier.

CHAPITRE VII.

PRÉPARATION DU PREMIER DEGRÉ, DEUXIÈME PÉRIODE.
AVANT-PEIGNAGE. — GRAISSAGE. — DÉMÊLAGE OU CARDAGE.
DÉFEUTRAGE. — PEIGNAGE.
DÉGRAISSAGE. — LISSAGE. — CONDITIONNEMENT.

PRÉPARATIONS DU PREMIER DEGRÉ, DEUXIÈME PÉRIODE, AVANT-PEIGNAGE. — Les opérations décrites jusqu'ici ont exclusivement l'épuration de la matière pour but. Celles que nous abordons sont des auxiliaires du peignage et sont exécutées en vue de faciliter son action et d'arriver plus sûrement à la perfection du résultat.

La série des traitements comprend communément :

1° Un graissage pour donner aux brins le plus de flexibilité possible afin de faciliter leur glissement et de diminuer les causes de rupture pendant le travail ;

2° Un cardage ou démêlage, dans le but de transformer la masse plus ou moins compacte, composée de filaments noués et enchevêtrés en une nappe veule, sans boutons ni ruptures de fibres, soit en ruban régulier ;

3° Un défeutrage ou dressage et désagrégation des fibres

entre un jeu d'aiguilles, dans le but de commencer à les paralléliser dans le produit;

4° Un étirage proprement dit, afin de parfaire l'effet de l'opération précédente;

5° Un dégraissage, lissage, pour dégraisser, épurer et lustrer les fibres du ruban [1];

6° Le peignage, qui fractionne les rubans préparés en mèches pour les traiter isolément d'abord, de façon à dénouer complétement, à paralléliser et à réunir les brins de même longueur pour en former des mèches épurées, et les assembler de nouveau en ruban continu. Ainsi, la matière préparée avant peignage sous la forme de ruban composé de brins de volumes variés, est divisée et triée par la machine à peigner de manière à donner deux qualités de matières : d'une part, le produit épuré; de l'autre, les éléments hétérogènes et les fibres rejetées du résultat *faute de taille*. Le premier, composé des fibres de même longueur, est la partie la plus estimée; il a reçu le nom de *cœur*; l'autre, constituant les résidus du peignage, et renfermant les brins les plus courts mélangés aux débris étrangers, celui de *blousses ;*

7° Enfin l'opération du peignage est suivie d'un nouveau traitement aux machines à étirer, afin de compléter les apparences du produit; aussi ce traitement n'est-il mis au nombre des transformations du peignage que par les peigneurs à façon. Lorsque le peigneur file lui-même, ce nouvel étirage peut être considéré comme compris dans le travail de la filature.

Nous allons décrire chacune des transformations dans l'ordre de leur exécution.

---

1. Nous verrons bientôt que cette opération se pratique dans certains cas après celle du peignage.

§ 1. — Graissage.

Après avoir complétement débarrassé la laine des impuretés et des corps gras étrangers naturels qui en recouvrent les brins, on la lubrifie d'une certaine proportion de matière onctueuse afin de faciliter une partie des transformations mécaniques ultérieures. On a parfois, comme nous l'avons déjà vu ailleurs, en parlant du travail des laines cardées, cherché à se passer de ce graissage ; on s'est demandé si on ne pourrait pas s'en dispenser en laissant dans la laine une portion de la substance grasse qu'elle contient à l'état brut.

Il n'est pas impossible de travailler la laine sans y introduire de l'huile ; lorsqu'il s'agit de la peigner, on peut, en la laissant moite, la passer aux machines préparatoires et aux peigneuses. Mais les expériences réitérées de temps à autre depuis un siècle au moins, démontrent que les opérations présentent alors certaines difficultés ; qu'une même laine non graissée ne donne en général pas la même finesse ni la même quantité de fil que si elle avait été huilée convenablement au préalable. Ainsi, la matière grasse facilite les opérations, diminue la proportion du déchet et permet d'obtenir toute la longueur que comporte la qualité de la matière. La laine est la seule substance, ou presque la seule qui ait besoin d'être graissée pour faciliter la filature [1]. L'étude des caractères des brins isolés et de leur conformation (voir planche III de l'atlas du *Traité des laines cardées*) démontre l'utilité de ce graissage et son efficacité pour déterminer le glissement et atténuer l'effet des rugosités des fibres ; en adoucir les frottements afin de diminuer le nombre des ruptures et

---

1. Le jute fait exception parmi les substances végétales ; on le lubrifie d'une certaine proportion d'huile de poisson pour en faciliter le cardage et le filage.

la quantité de déchet. Le graissage a donc ici le même effet que quand il est appliqué aux corps frottants en général. Cependant, il est des maisons jouissant d'une grande réputation, dont les produits sont très-estimés, qui ne graissent pas la laine. Il est vrai que nous ne connaissons que deux établissements dans ce cas, et après avoir vu travailler la matière et cherché à nous rendre compte de ce mode d'agir, nous avons la conviction que les usines auxquelles nous faisons allusion ne travailleraient pas moins bien, au contraire, et faciliteraient notablement la première opération préparatoire, en graissant dans les conditions générales.

Le graissage n'a pas seulement pour résultat l'*adoucissage* du frottement de la surface rugueuse des brins', mais il les nourrit parfois, comme on dit. Il y a, en effet, des laines sèches et rêches dont les fibres parcheminées en apparence peuvent absorber la matière grasse à l'état latent ; cette assimilation contribue à leur donner la flexibilité recherchée. Ce fait paraît démontré par la quantité de corps gras que retiennent ces sortes de laines au dégraissage. Ainsi par exemple, quoique les toisons de Sydney et de Port-Philippe soient originaires d'Australie, elles présentent parfois dans leur nature une différence sensible. La première est beaucoup moins élastique, moins flexible et moins propre à l'étirage que la seconde. Si on les graisse au même taux, la quantité de matière grasse restituée après le dégraissage sera notablement différente : la laine de Port-Philippe, de qualité normale, rendra toute la substance onctueuse dont on l'a imprégnée, tandis que la laine dite *sèche* n'en restituera qu'une faible portion : elle se sera assimilé et incorporé le reste par une sorte d'imbibition capillaire. Il serait donc difficile de travailler convenablement sans huile, les laines présentant les caractères de celles de Sydney.

Quant à utiliser une certaine portion des corps onctueux naturels qui enrobent les tubes de la laine, il n'y a pas à y songer, la composition complexe de ces corps et la difficulté qu'en présenterait l'extraction ultérieure s'y opposent ; la combinaison particulière des différents éléments du suint, son impureté, l'absence de la fluidité recherchée dans les huiles à graisser, ne permettraient pas d'étirer les filaments et de dégraisser la matière avec assez de perfection. La pratique du désuintage et de l'épuration préalable complète est donc rationnelle, et la lubrifaction immédiatement après ne l'est pas moins. Reste à rechercher les matières qui paraissent les plus propres à cet effet.

CHOIX DES MATIÈRES GRASSES POUR LA LUBRIFACTION DES LAINES. — Le but et la nécessité du graissage étant démontrés par le besoin de rendre les filaments plus glissants et d'en augmenter la flexibilité, il est évident que, toutes choses égales d'ailleurs, l'huile la plus fluide et la meilleure marché devra être préférée, si toutefois elle offre en même temps des caractères tels qu'elle soit d'un enlevage facile. La matière grasse ne séjournant que temporairement dans le produit, il faut que le dégraissage se fasse aisément, quelle que soit la période des transformations à laquelle on le pratique. Cette dernière condition, celle de la facilité du dégraissage, est importante, elle doit tout d'abord faire exclure les corps gras susceptibles de se modifier à l'air par l'absoption de l'oxygène, tels que les huiles de lin dites *siccatives*. Elles sont susceptibles de se concréter, d'épaissir, d'adhérer d'une certaine façon à la substance filamenteuse animale, et de déterminer, entre autres, l'accident de fabrique connu sous le nom d'*enguichage* ou d'*encuichage*. Elles s'attachent aux fibres d'une manière particulière, les collent et les soudent parfois d'une façon si intime, qu'il en résulte des difficultés sérieuses, telles que des irrégularités dans le dégraissage et un déchet considérable ; aussi les liquides huileux de cette nature sont-ils entièrement rejetés. L'huile de colza, l'huile d'arachide, moins dangereuses, peuvent également causer des

accidents et des troubles dans les transformations et les résultats, surtout si, comme cela n'arrive que trop souvent pour
toutes les huiles, elles se trouvent falsifiées par des mélanges
inconnus. Le beurre frais ou rance, autrefois employé de préférence, est aujourd'hui à peu près complétement abandonné.
Il n'a plus les conditions d'emploi voulues ; il n'est pas assez
fluide, il est trop *figeable*, trop cher, et ne s'enlève pas toujours
avec la facilité désirée.

Restent donc en présence les deux huiles généralement employées, l'huile d'olive, et l'oléine (acide oléique).

L'oléine pure, limpide et bien préparée, est généralement
employée, et sera sous peu exclusivement en usage dans toutes
les contrées manufacturières de la France et de l'étranger pour
le travail des laines cardées. Ce qui fait rechercher cette matière, c'est sa fluidité normale, son bon marché relatif, sa composition chimique, qui la met à l'abri de tout accident produit par l'oxygénation et l'échauffement, et *surtout la facilité de
sa saponification*, et par conséquent de son enlevage au dégraissage.

Cette propriété toute particulière, constatée par les chimistes,
a trouvé les applications les plus avantageuses en pratique. Elle
a permis d'opérer le dégraissage des fils et des étoffes avec une
précision, une rapidité et une économie impossibles à réaliser
avec toute autre huile. A peine une dissolution convenable de
cristaux de soude est-elle en présence de l'oléine épurée dont le
produit, ruban, fil ou tissu, est imprégné, que la saponification
a lieu ; il en résulte instantanément, d'une part un dégraissage parfait, et de l'autre une eau savonneuse qui sert à terminer l'opération. On économise ainsi le savon, si longtemps
indispensable dans ces opérations ; on pourrait s'en passer
pour la laine peignée (au lissage) comme pour le dégraissage
du cardé, mais, par une anomalie telle qu'on en rencontre souvent en pratique même chez les industriels les plus intelligents,

qui ne peuvent pas toujours suivre eux-mêmes tous les détails des opérations, l'oléine n'est encore que rarement appliquée au graissage de la laine peignée. Ce qui a pu contribuer à maintenir cet état de choses, c'est le peu de précaution apportée au traitement et à l'épuration de la plupart des oléines du commerce qui ont besoin de recevoir des soins lorsqu'elles sont destinées au graissage, et le préjugé grossier qui consiste à dire que l'oléine *n'est pas saponifiable*. Les deux seuls auteurs qui se soient occupés du travail de la laine peignée répètent cette erreur dans les mêmes termes.

Nous verrons, au contraire, en traitant du lissage, la facilité avec laquelle l'opération se réalise lorsqu'on graisse à l'oléine, et les avantages pratiques que présente ce graissage, précisément à cause de sa propriété saponifiable.

DE LA GLYCÉRINE ET DE QUELQUES AUTRES SUBSTANCES GRAISSANTES. — Parmi les substances nouvelles dont on s'est préoccupé comme propres au graissage, et que nous avons nous-même essayées dès 1864, doit figurer la glycérine, qui, malgré son apparence onctueuse, n'est cependant pas un corps gras proprement dit; elle a plutôt certaines analogies avec les corps sucrés et salés. Elle est comme eux très-hygrométrique et peut s'enlever par des lavages à l'eau pure. Quoi qu'il en soit, les essais de graissage des laines faits avec cette matière pure ou mélangée à d'autres, n'ont pas réussi. Lorsque la glycérine est concentrée, elle est relativement chère, devient collante, et contrarie les glissements aux étirages au lieu de les faciliter; peu concentrée, il en résulte une oxydation des garnitures et un déchet notable dans le rendement, par suite de l'évaporation de la partie aqueuse.

La glycérine a de plus la propriété de surcharger la laine dans des conditions particulières, et de pouvoir en augmenter le poids, sans que l'apparence de la matière laineuse change. Elle peut en conséquence conserver cette addition de substance jusqu'aux opérations d'épuration ultérieure, de lavages pratiqués à la teinture ou au décatissage.

Ainsi la glycérine pourrait devenir un élément de fraude entre les mains du peigneur à façon peu loyal, sans présenter, selon nous, les avantages qu'on attribue à cette substance comme matière lubrifiante. Nous venons, au contraire, d'indiquer les inconvénients qu'elle peut présenter comme succédanée des huiles, surtout de l'oléine ; ces inconvénients sont cependant moins sensibles pour les fils peignés ne demandant qu'une proportion très-faible d'huile, que pour les produits cardés, graissés en moyenne au quart du poids de la matière première.

ÉMULSIONS. — Quelquefois on mélange directement une eau de savon avec l'huile, 100 litres de liquide savonneux contenant 12 à 15 kilogrammes de savon mou, et 100 litres d'huile formant 200 litres d'émulsion. On a parfois le tort de mélanger l'huile d'olive à l'oléine. L'avantage de ces émulsions et compositions analogues n'est qu'apparent ; l'économie qui en résulte sur l'emploi de l'oléine pure se trouve à peu près compensée par la nécessité de consommer un volume plus considérable, par l'irrégularité du travail de la filature, et par un déchet de laine souvent plus élevé que si on avait employé la matière grasse pure.

On a également proposé depuis longtemps divers autres liquides onctueux, et entre autres l'eau de *guimauve* concentrée, une *émulsion de graine de lin*, de l'*eau de savon pure*, du *lait*, l'*eau de saponaire*, etc., et des mélanges de certaines de ces matières entre elles. De nombreux brevets et patentes sont souvent demandés dans cette voie tant en France qu'à l'étranger. Mais, après examen, on reconnaît que les prétendues compositions nouvelles rentrent dans l'une des catégories de matières déjà proposées, dont l'antériorité est incontestable, ou présentent l'un des inconvénients précédemment signalés, et constatés lors de leurs essais.

PROPORTIONS DU GRAISSAGE. — Les motifs précédemment exposés pour expliquer les causes pour lesquelles les quantités de savon employées au dégraissage doivent varier en raison inverse de la finesse des brins, sont également applicables au graissage; dont les quantités pour la laine peignée peuvent varier de 2 et demi à 4 pour 100 du poids de la matière filamenteuse. La moindre proportion convient aux laines grosses et communes, et la plus forte aux plus fines. Pour une même laine, le graissage doit également varier selon la période à laquelle le dégraissage doit se faire; il sera un peu plus fort, toutes choses égales d'ailleurs, pour une laine peignée en gras, que si on la dégraissait avant peignage. On force également un peu la dose lorsque la laine doit rester quelque temps sans être dégraissée. Enfin la nature de la laine, comme nous l'avons déjà fait remarquer, doit également influencer la proportion du graissage. Il est évident qu'une laine sèche à brins parchemineux exige une proportion de lubrifaction plus forte que si elle a des filaments doux, souples et moelleux.

REMARQUE. — On sait que, pour les produits cardés, c'est une proportion de 15 à 25 pour 100 d'huile qu'on introduit dans la laine. Cette différence entre le taux du graissage dans les deux spécialités s'explique par celle des caractères des brins. Les nombreux vrillements si prononcés, et les aspérités des tubes courts et fins, qui rendent la laine à carde particulièrement rebelle aux transformations, ont besoin, pour être atténués et neutralisés, d'une plus grande proportion de substance onctueuse que les brins relativement droits, lisses et nets dont se sert l'industrie du peigne.

APPAREILS A GRAISSER. — La manière d'introduire le liquide graisseux dans la laine est fort simple, elle avait lieu naguère encore d'une façon primitive. La laine est étendue par couches de peu d'épaisseur dans un espace réservé à cet effet; chaque couche est lubrifiée à la main par un arrosoir contenant l'huile.

Lorsqu'un certain nombre de lits de laine ainsi superposés a reçu la matière grasse, on mélange la masse avec une fourche afin de mêler davantage et plus intimement la graisse aux fibres. Malgré ces précautions, la lubrifaction laisse à désirer sous le rapport de l'égale répartition, et nécessite par conséquent un excès de substance grasse. Pour éviter cet inconvénient, on s'est ingénié à trouver des moyens automatiques propres à répandre méthodiquement l'huile sur les fibres avant leur entrée à la première machine. Les appareils divers imaginés pour cela sont disposés pour la plupart de manière : 1° à répandre le liquide sous une pression constante, et uniformément sur toute la largeur de la nappe de laine alimentaire ; 2° à faire varier la quantité de liquide fournie dans l'unité de temps lorsqu'on change de partie de laine, et les proportions du graissage conformément aux finesses des brins. Les constructeurs de tous les pays ont compris la nécessité et les avantages de ces petits mécanismes. Les constructeurs français, anglais, allemands et belges en avaient à la dernière exposition. Ces appareils fonctionnent actuellement dans toutes les filatures bien organisées pour la laine cardée. Celles de la laine peignée, consommant moins d'huile, n'ont pas été aussi empressées à se les approprier ; mais comme ils leur sont également utiles, et qu'ils peuvent être appliqués sans aucun changement, nous engageons les industriels à étudier et à comparer ces différents mécanismes additionnels dans notre *Traité du travail des laines cardées* et dans nos *Etudes sur l'exposition de 1867* [1].

§ 2. — Démêlage et cardage.

Le démêlage a le triple but de développer les fibres, de les redresser, d'en compléter l'épuration, en continuant à les sé-

[1]. Chez Baudry, libraire.

parer des substances étrangères formées de corps durs, poussières, etc., qui adhèrent encore mécaniquement aux brins; enfin de transformer la masse composée de filaments sans direction déterminée, et sans cohésion entre eux, en une nappe ou en un ruban solide formé par la juxtaposition régulièrement graduée des filaments.

Divers moyens rationnels susceptibles de réaliser ces résultats en ménageant la laine sont convenables. Nous avons vu que Heilmann avait imaginé à cet effet une machine ingénieuse, bien moins répandue cependant que sa peigneuse. M. Poupillier en a également construit une, employée indistinctement pour la laine et le coton; nous avons dû la décrire à ce titre dans notre *Traité de la filature du coton.*

MM. Paturle, Lupin, Seydoux et Sieber se sont également fait breveter autrefois pour une machine à démêler, qui a quelque analogie avec les cardes à chapeaux. Plusieurs industriels et inventeurs anglais et français ont successivement imaginé des machines à cet effet. Nous pouvons citer entre autres la machine *Chastellux*, de 1846; celle de M. Crétinier, de la même année; le démêloir étireur à développements progressifs de M. Pierrard-Parpaite, breveté en 1852, et qu'on a vu figurer à l'exposition de 1855; la machine préparatoire de M. Rawson, de 1852, etc. Malgré tous les efforts tentés pour créer des machines spéciales en vue de ce premier traitement, aucune ne s'est fait adopter sérieusement, on préfère en général la carde. On est donc revenu presque partout au moyen qui n'était employé qu'exceptionnellement il y a vingt-cinq ans; ce revirement est surtout la conséquence d'une connaissance plus approfondie de la carde et de l'appréciation plus exacte des résultats qu'on en peut tirer, en en modifiant les réglages et certains autres détails que nous allons indiquer.

Le chapitre du cardage et la description des machines à car-

der du *Traité général du travail des laines* donnent les explications concernant les détails du sujet qui suit [1].

DE LA CARDE. —La constitution de la carde dans ses organes
essentiels est la même pour la laine peignée que pour la laine
cardée.

Pour l'une et l'autre on emploie des cardes simples ou
doubles, avec ou sans avant-train, munies ou non d'un organe échardonneur ; certaines parties peuvent également être
chauffées, comme on l'a parfois tenté ; le réglage seulement,
c'est-à-dire l'écartement à observer entre la position des organes, la finesse ou les numéros des garnitures, et le rapport entre leurs vitesses relatives diffèrent dans ces machines.
La distance des cylindres entre eux, devant être en rapport
avec la longueur des fibres traitées, est plus grande pour la
laine peignée que pour la laine cardée. Les vitesses relatives,
au contraire, sont en général un peu moindres dans la machine
à démêler que dans la carde à laine, courte et vrillée, chargée
de remplacer le travail des étirages des préparations du peignage de la laine lisse.

On désigne sous le nom de *carde simple* la disposition ordinaire et ancienne dont la largeur ou l'arasement ne dépasse
pas 1 mètre. Lorsqu'elle atteint au contraire de 1^m,20 à 1^m,36,
elle appartient à la *carde double*. On donne également cette
dénomination dans la filature des laines aux cardes à *avant-
train*, ayant deux séries d'organes groupées l'une après l'autre
sur le même bâti ; la première a un nombre d'organes moindres
et de plus petit diamètre que la seconde. Ce sont en réalité
deux cardes, une petite et une grande, qui travaillent la matière

---

1. Nos lecteurs voudront bien nous excuser des fréquents renvois que
nous sommes obligé de faire à nos ouvrages précédents, en se rappelant
que sans ce moyen il eût fallu développer ce traité nouveau outre mesure,
et nous livrer à des répétitions qui ne sont déjà que trop difficiles à éviter
dans des publications de ce genre.

d'une façon continue et progressive. On a essayé quelquefois de chauffer la laine pendant le cardage, par l'introduction de la vapeur dans l'intérieur des organes de l'avant-train. Cet auxiliaire ayant l'inconvénient de nécessiter du stuphen-box et de laisser néanmoins perdre beaucoup de vapeur dans l'atmosphère et d'oxyder les garnitures, on y a généralement renoncé.

Les garnitures sont, comme on sait, des surfaces flexibles implantées d'aiguilles ou pointes en fer ou fil d'acier.

Les surfaces sont des bandes en cuir, en caoutchouc et même en laine tissée et feutrée, de largeur variable, dont nous donnons les dimensions plus loin. Le caoutchouc est généralement préféré; cependant, si cette matière a l'avantage d'être élastique, d'offrir une épaisseur plus égale que le cuir, elle a l'inconvénient d'être plus influençable à l'humidité. Pour corriger ce défaut, on emploie du caoutchouc vulcanisé. Mais les garnitures de ce genre durent moins, les aiguilles, même étamées se brisent à leurs points de contact avec la surface qui leur sert de base. On a pensé qu'il pouvait y avoir là une action sur les pointes métalliques par le corps sulfureux employé à la vulcanisation. Cette cause paraît d'autant plus probable, que les aiguilles dont il s'agit ont parfois une très-grande finesse, surtout pour les derniers organes de la carde. Les nombres de ces aiguilles varient en effet de 2 600 à 4 600 par décimètre carré de surface. Leur réduction est indiquée plus loin par séries, de finesses variables.

DES FONCTIONS DES DIVERS ORGANES DE LA CARDE. — Les cardes d'un système quelconque se composent toujours de quatre parties essentielles :

1° Des organes qui concourent à l'alimentation ;

2° Des organes d'épuration ;

3° Des organes travailleurs ;

4° Des organes délivreurs du produit cardé.

ORGANES ALIMENTAIRES. — Ils comprennent une toile sans fin, suivie d'une paire de cylindres d'égal diamètre dont l'inférieur est communément cannelé et le supérieur lisse servant à presser et à entraîner la matière ; à la suite de cette paire de cylindres et dans le même plan se trouve en général un rouleau d'un plus grand diamètre garni de rubans de carde, et destiné à prendre les fibres aux organes alimentaires pour les transmettre aux suivants. Cette toile sans fin est depuis quelque temps précédée d'un appareil chargeur automatique qui lui apporte la laine ; c'est au-dessus de cette partie de la machine que se place d'ordinaire l'appareil graisseur.

Les ORGANES D'ÉPURATION, ou échardonneurs, se composent encore d'une paire de rouleaux superposés, mais de diamètres différents et d'une forme extérieure particulière. Le cylindre inférieur reçoit à sa circonférence une garniture à pointes de diamant. Le supérieur, d'un tiers moins gros, est en fer, à cannelures analogues à celles d'une râpe. Les chardons qui adhèrent encore à la laine en sont extraits à leur passage entre ces deux cylindres, si leurs mouvements et espacements sont convenablement réglés. Lorsque la matière ne contient pas de ces corps étrangers ou qu'elle doit subir l'égratronnage après le tissage, on peut supprimer cet organe, qui fatigue et brise parfois les brins ; les laines passent alors directement dans les cardes ordinaires avec ou sans avant-train, des alimentaires aux organes suivants.

GRAND TAMBOUR, ORGANES TRAVAILLEURS ET DÉBOURREURS.—Ces organes se composent d'un grand tambour d'un diamètre qui varie de 1 mètre à 1^m,10 et jusqu'à 1^m,36, suivant le modèle adopté. Autour de celui-ci, à sa demi-circonférence supérieure, se trouvent un certain nombre de cylindres de diamètres moindres. Ils sont groupés par paire ; il y en a quatre qui ont la même fonction, consistant à prendre les brins par partie au gros cylindre, et à les lui restituer. Cet échange ou transport

de la matière du gros cylindre à un premier cylindre plus petit, dit *travailleur*, et l'enlèvement des fibres par un second
dit *débourreur* ou *balayeur*, pour les fournir de nouveau au
gros tambour, réalisent l'effet du cardage proprement dit.

Il est bien entendu que, pour atteindre le résultat, il faut que
les divers organes soient revêtus des rubans d'aiguilles dits
garnitures, d'une finesse et d'une direction convenables, que
ces organes soient suffisamment rapprochés, que leurs vitesses
relatives soient calculées de manière à ce que les fibres dans
leur transport de l'un à l'autre entre le grand tambour et les
travailleurs successifs se redressent, se rangent progressivement, et ne puissent se tasser et bourrer. Quant aux balayeurs,
dépouilleurs ou débourreurs [1], ils doivent assurer le transport et
le parfait nettoyage des organes ; on atteint le but en leur donnant une rapidité bien plus grande qu'aux cylindres qu'ils dépouillent.

ORGANES DÉLIVREURS. — Enfin, à la suite des parties précédentes, se trouve placé un nouveau grand cylindre d'un diamètre
intermédiaire entre celui des travailleurs et du tambour principal qui amène la masse des fibres du fond des aiguilles vers les
pointes ; à la suite se trouve le cylindre peigneur à aiguilles
presque droites. Ce caractère, joint à la vitesse donnée à ce dernier, dit *volant*, lui permet d'appeler la couche travaillée, presque entièrement sur l'extrémité des pointes de la garniture,
d'où elle est enlevée sous forme de nappe veule et transparente.
Le peigne, espèce de lame de scie à mouvements oscillatoires
de va-et-vient rapides, est chargé de détacher la nappe du peigneur et de la transformer en ruban en lui faisant traverser un
entonnoir, où elle se moule et s'arrondit pour être enroulée
sous sa nouvelle forme autour d'un axe et constituer une

1. Ce sont les différents noms donnés au même organe suivant les
localités.

bobine. Afin que le ruban s'envide de la façon la plus propre
à son développement aux machines suivantes, l'axe de cette
bobine reçoit par un chariot un mouvement de va-et-vient
horizontal, qui, combiné à celui de rotation, détermine l'enroulement en hélices régulières. Voici d'ailleurs l'ensemble
de la disposition d'une carde à avant-train la plus usitée [1].

RÉALISATION DES FONCTIONS DE LA CARDE. — Les fonctions
telles qu'elles viennent d'être décrites sont exécutées par les
organes représentés en coupe par un plan vertical (fig. 1,
pl. V), abstraction faite des transmissions de mouvement.

1° *Appareil alimentaire.* — La laine à traiter est placée sur
la toile sans fin B, qui l'amène aux cylindres alimentaires ou
presseurs e, c; ceux-ci la livrent à un cylindre plus grand D,
qui, on ne sait pourquoi, a reçu dans les ateliers le nom ori-
ginal de *roule-ta-bosse.*

2° *Organes égratronneurs.* — Tangentiellement à la partie
supérieure de ce cylindre se trouve le petit cylindre E, cannelé
par des cannelures biseautées chargées de séparer les corps
durs ou gratrons des fibres flexibles et de rejeter les premiers
dans l'auge z disposée à cet effet. L'organe échardonneur est
ajusté de façon à pouvoir être enlevé lorsque la pureté des
laines n'a pas besoin de cet auxiliaire ou même lorsque l'épaillage chimique se fait à une période plus avancée des transformations par le procédé précédemment indiqué. Pour que cette
partie des fonctions de la carde se réalise convenablement, il
faut, entre autres conditions, que la couche étalée sur la toile
sans fin ne soit pas trop épaisse et demeure constamment la
même. Nous donnons plus loin le moyen d'atteindre ce *desideratum.*

3° *Partie travaillante.* — Une série de travailleurs F et de dé-

---

1. Voir, pour tous les détails du sujet, le *Traité général du travail des
laines cardées.*

bourreurs ou balayeurs I sont placés autour de la partie supérieure d'un premier tambour à cardes G. Le nombre de ces
organes (débourreurs et travailleurs) peut varier; il est ordinairement de trois et parfois de cinq, comme dans la carde complète;
ils constituent l'*avant-train*. A la suite de ces organes cardeurs
se trouve le petit volant J, destiné à amener les fibres travaillées vers l'extrémité des pointes de la garniture du tambour G
pour en faciliter l'enlevage au peigneur cylindrique K; celui-ci
livre la nappe de filaments ainsi préparée à la carde à grand
tambour G', qui ne diffère du groupe d'organes précédent
que par le nombre et les dimensions de ceux de ce second ensemble, dont les lettres F', I', J', K' indiquent des organes à
fonctions identiques.

4° *Appareil délivreur.* — A la suite du second peigneur K' se
trouvent les éléments destinés à transformer la nappe en rubans
et à l'enrouler en bobines. Ce sont : le peigne P, qui a un
mouvement de va-et-vient; un premier entonnoir e; les rouleaux de pression R; le second entonnoir L; et enfin la bobine N
avec ses transmissions ordinaires.

Effets apparents de la matière cardée. — On est frappé de
la différence d'aspect que présente la laine à l'entrée et à la
sortie de la carde. Les mèches livrées par la toile sans fin,
séparées, irrégulières, opaques, dentelées, à brins bouclés et
boutonneux, ont à la sortie la forme d'un ruban mince,
homogène, continu et transparent, composé de fibres relativement droites. Toute la masse s'est affinée de manière à
transformer l'unité de poids en des longueurs considérables par l'allongement en moyenne dans des rapports de
1 à 60. On obtient autant que possible le dressage, le dé-
nouage et l'échelonnement des fibres en agissant sur la masse
divisée en petits faisceaux et par le passage réitéré de ceux-ci
entre les séries d'organes travailleurs, dont la dernière restitue les brins dressés et épurés par partie de couche mince

à l'organe principal, au grand tambour. Dans sa rotation, ce dernier l'offre à son tour aux organes délivreurs chargés de détacher délicatement le produit et de le recueillir sous la forme la plus propre à être transformée aux opérations ultérieures.

Ces effets, la division de la masse, l'action réitérée sur chaque faisceau de fibres et l'allongement du tout par le glissement, sont les résultats des rapports de vitesse entre les organes, de la direction de leurs mouvements respectifs et de l'espace laissé entre leurs garnitures. Ce dernier élément doit se régler pour certains organes sur le plus ou moins de longueur des filaments. On cherche, en général, à rapprocher les garnitures le plus possible, en évitant cependant le contact; il doit aussi y avoir un peu plus d'espace entre le grand tambour et les premiers cylindres travailleurs et nettoyeurs qu'entre les dernières séries de ceux-ci et le grand tambour. Nous donnons d'ailleurs un tableau détaillé des distances à observer. Le sens des mouvements est précisé par les flèches de la figure 1; il indique que les travailleurs et débourreurs, dont la direction est identique, ont un mouvement opposé à celui du grand tambour. Quant à l'inclinaison des aiguilles, elle est la même pour les travailleurs et le grand tambour, tandis qu'elle est opposée dans ce dernier et les balayeurs ou débourreurs, et opposée aussi dans les travailleurs et nettoyeurs. Ces données, avec les vitesses de chaque organe indiquées dans le tableau suivant, nous permettront de bien préciser le mode d'action de la carde. Il suffira de préciser celle de l'une de ces séries C, F, I, la manière d'opérer des autres étant semblable, et n'ayant d'autre but que de répéter la même action sur des garnitures plus fines, de plus en plus rapprochées de celles du grand tambour, afin d'arriver progressivement au résultat sans trop fatiguer la matière. Pour s'expliquer le mode d'action des trois cylindres, il est indispensable de ne pas perdre de vue : 1° les directions de leur mouvement, indiquées par des flèches ; 2° que la direction des aiguilles est opposée dans le grand tambour B' et le cylindre F', qu'elle est au contraire la même dans le balayeur et le grand tambour ; 3° que le volant a pour but d'appeler vers les pointes les fibres travaillées et logées au fond de la garniture du grand tambour. Il résulte en résumé de ces dispositions et combinaisons que le roule-tabosse, désigné également sous le nom de *briseur* D, prend avec une vitesse modérée la laine aux organes alimentaires B et C, pour la faire passer sous l'égratronneur E s'il y a lieu, et la fournir ensuite au dépouilleur ou débourreur I ; celui-ci la livre au tambour G, qui la rend au travailleur F, pour la céder à son tour au balayeur I son voisin, qui restitue ce dernier au tambour G. Ces échanges réitérés ont lieu un nombre de fois égal à celui des séries des travailleurs et balayeurs. Dans le modèle de carde à avant-train (fig. 1, pl. V), le cardage a en quelque sorte lieu deux fois, d'abord sur l'avant-train par deux jeux d'organes F et I, disposés autour du premier tambour. A la sortie de cette première partie, la matière est transportée par l'organe intermédiaire K aux suivants, composés de quatre séries de travailleurs et de balayeurs groupés autour du second grand tambour G'. Les effets réalisés sur la première partie sont répétés ici, abstraction faite de l'alimentation et du dépouillement. Le travail consiste donc dans le cheminement des fibres ou brins d'une même mèche un plus ou moins grand nombre de fois entre des surfaces d'aiguilles de plus en plus fines, et avec des vitesses relatives telles, que la masse se divise pendant l'action travaillante et se reconstitue après son épuration et le parallélisage de ses fibres. La ténuité et la réduction des garnitures doivent donc également varier en raison des laines traitées et par conséquent des numéros des fils ; les indications suivantes peuvent servir de base à ce sujet.

Tableau des assortiments de numéros des garnitures généralement adoptés suivant les organes.

DÉSIGNATION des cardes.	NUMÉROS des fils.	ORGANES				TAMBOUR.	VOLANT.	PEIGNEURS.
		Alimentaires.			Travailleurs.			
Extrafine......	210	n°ˢ 18	n°ˢ 20	n°ˢ 26	n°ˢ 28	n°ˢ 26	n°ˢ 30	n°ˢ 30
Surfine........	170	16	18	24	26	25	28	28
Fine..........	130	16	18	22	24	22	26	26
Demi-fine....	85	16	18	20	22	20	24	24
Moyenne.....	40	16	18	18	20	18	22	22
Grosse........	20	14	16	16	18	16	20	20
Commune.....	10	14	16	14	16	14	18	18

Le tableau ci-dessus consigne les garnitures de la première carde de l'assortiment ; pour la seconde, lorsqu'on en emploie deux, ce qui est rare dans le travail de la laine peignée, la finesse s'élève de deux numéros pour la garniture de chaque organe, c'est-à-dire, au lieu des numéros 18, 16, etc., on emploiera des 20, 18, et ainsi de suite.

Le numérotage des garnitures est celui des fils métalliques en général, qui s'élève avec la finesse. Quant aux espacements ou réductions par unité de surface, ils sont un peu plus grands pour les peigneurs, les travailleurs et le volant que pour le gros tambour ; ils comprennent pour celui-ci par centimètre carré, 28 dents ou aiguilles pour le numéro 18, et 50 pour le numéro 28 ; et pour les autres, 30 dents pour le numéro 18 et 60 pour le numéro 28.

Les numéros intermédiaires varient dans la même proportion, comme nous le verrons dans le tableau suivant (n° 2).

Ainsi que nous l'avons déjà dit, les cardes n'ayant pas toutes le même nombre d'organes ni les mêmes dimensions, nous donnons les tableaux de trois sortes que nous avons vu employer pour les préparations du peignage ; deux de ces cardes sont à avant-train et la troisième est une carde ordinaire réduite à sa plus simple expression.

Nous conserverons les mêmes dénominations pour les mêmes organes dans chacune de ces cardes.

Le tableau n° 1 donne la disposition (fig. 1, pl. V); celui n° 2 en est une autre fréquemment employée en Champagne; le numéro 3 est une carde simple, c'est-à-dire avec un jeu d'organes d'une largeur de 1^m,12 d'arasement. Ce système, exclusivement en usage autrefois, l'est encore un peu partout. Le chauffage, très-rationnel et efficace en principe, est cependant généralement abandonné par suite des inconvénients déjà indiqués.

Tableau des dimensions, vitesses et développements des organes de la carde à avant-train (largeur, 1^m,12).

Organes.	Diamètres avec garnitures.	Nombre de tours à la minute.	Développements à la minute.
Alimentaires.	0^m,055	1,17	0^m,202
Entrée c,c'.	0 ,070	1,00	0 ,210
Egratronneur E.	0 ,010	7,00	2 ,198
Intermédiaire D.	0 ,130	84,00	19 ,100
Cylindre d'avant-train G..	0 ,024	67,00	131 ,320
Nettoyeur ou balayeur I...	0 ,130	158,00	64 ,780
Travailleurs F.	0 ,210	9,56	6 ,950
1er intermédiaire K.	0 ,300	170,00	160 ,000
Grand tambour G'	1 ,220	100,00	383 ,270
4 balayeurs I'.	0 ,100	347,82	109 ,220
4 travailleurs F'.	0 ,210	8,64	5 ,900
Volant J'	0 ,350	444,00	550 ,890
Peigneur cylindrique K'...	0 ,618	6,80	13 ,000
Nombre de coups de peigne; } détacheur P . . . . }	»	450,00	»

Carde modèle n° 2. (Largeur de l'arasement, 1ᵐ,20.)

ORGANES.	DIAMÈTRES avec garnitures.	NOMBRE DE TOURS à la minute.	DÉVELOPPEMENT à la minute.	GARNITURE pour des lames pour fil 80 ch. et 115 tram.		... par cylindre.
				N° DU FIL.	LARGEUR du ruban.	
			mètres.			mètres.
Alimentaires.........	0,034	2,15	0,23	18	0,023	5,08
Entrée.............	0,034	2,15	0,23	22	0,045	2,82
Cylindre briseur roule-la-bosse.....	0,29	84,47	76,87	4 en courses pointes	0,025	43,68
1ᵉʳ grand cylindre d'avant-train.....	0,50	84,92	157,34	20	0,045	49,37
1ᵉʳ balayeur.........	0,11	263,54	90,92	14	0,025	16,68
Travailleur.........	0,19	11,68	7,33	20	0,045	49,37
2ᵉ balayeur.........	0,09	364,00	102,65	22	0,045	7,51
Cylindre intermédiaire............	0,41	216,56	292,35	20	0,045	34,51
Grand tambour......	1,20	125,40	484,11	24	0,057	79,31
Travailleur.........	0,19	19,36	12,75	24	0,045	15,90
Balayeur ou nettoyeur	0,09	430,29	148,45	24	0,045	7,51
Volant.............	0,506	561,77	627,49	24	0,045	25,50
Peigneur..........	0,59	9,10	17,426	26	0,045	49,37

Les écartements admis en général pour les cardes sont les suivants : 0ᵐ,001 entre le tambour et le balayeur et entre celui-ci et le dernier travailleur.

Quant aux écartements entre le travailleur et le grand tambour, ils vont en diminuant du premier à l'entrée, au dernier près du volant, c'est-à-dire que si celui-ci, le dernier, a 0ᵐ,001 d'écartement, celui qui le précède vers l'entrée a 0ᵐ,0012

L'intermédiaire K, parfois désigné sous le nom de *communicateur*, est éloigné de 1 millimètre des tambours, entre lesquels il tourne. Le volant est, comme on le voit, encore plus rapproché ; il tourne au contact du tambour. Cette circonstance, jointe à sa vitesse de rotation indiquée dans le tableau, dit assez la précision avec laquelle ces organes doivent être montés et tournés. Il en est de même du peigne à mouvement de va-et-vient qui touche le peigneur. Quant à celui-ci, il est ordinairement écarté de trois quarts de millimètre du grand tambour.

Tableau d'une carde n° 3, sans grand-train et d'un arasement de 1ᵐ,12.

Organes.	Diamètres.	Nombre de tours par minute.	Développements.
Alimentaires	0ᵐ,055	1	0ᵐ,173
Grand tambour,....	1 ,200	100	377 ,000
Travailleur	0 ,180	7	3 ,956
Balayeurs.........	0 ,100	330	103 ,620
Volant	0 ,300	520	490 ,004
Cylindre peigneur .	0 ,500	7	10 ,090
Peigne va-et-vient .	0 ,035 de course.	500 mouvements.	17 ,500

REMARQUES SUR LE PRINCIPE DU TRAVAIL DE LA CARDE. — Les chiffres des colonnes du tableau donnent le développement et font saisir la cause du fractionnement et de la division de la masse précitées. On y remarque, par exemple dans celle du premier tableau, qu'une partie de 0ᵐ,20 fournie pour la toile sans fin s'étend sur une surface de 39ᵐ,51 sur le roule-ta-bosse, auquel elle est enlevée pour subir un nouvel échelonnement et division sur 131 mètres. Ainsi affinée, la couche est prise et condensée de nouveau sur une étendue de 6ᵐ,95, pour de là être reprise par la deuxième partie de la carde, qui se distingue seulement par ses dimensions et un plus grand nombre d'organes.

L'échange des fibres a lieu, d'une part, par la projection déterminée d'une partie d'entre elles par la force centrifuge des cylindres de révolution, et de l'autre par l'attraction résultant des extrémités d'aiguilles dans le sens où l'entraînement doit s'effectuer. Le partage de ces fibres entre les organes dure tout le temps qu'une partie d'entre elles insuffisamment préparée se relève partiellement pour donner prise aux aiguilles de la garniture des travailleurs correspondants. Mais une fois que la succession des passages des filaments entre les pointes les a égalisés suffisamment pour les paralléliser, ils ne se redressent plus, et restent naturellement rangés entre les racines des garnitures du grand tambour, qui dans son trajet vient les présenter successivement à l'action des aiguilles du volant, puis du peigneur, et enfin à celle du peigne à mouvements alternatifs.

Un résultat parfait, c'est-à-dire un ruban homogène composé de fibres sans coupures ni boutons, est presque toujours la réalisation du bon état des garnitures, d'un réglage rationnel, c'est-à-dire de rapports de vitesse et d'écartements convenables entre les organes, et surtout d'une alimentation régulière et constante en proportion avec les volumes et les vitesses des éléments de la carde. Si la quantité passée dans l'unité de temps varie, il est évident que le résultat sera irrégulier ; si elle est trop forte, la masse sera insuffisamment transformée ; trop faible, le travail sera onéreux.

Les résultats fournis par le cardage courant vont nous édifier plus complétement à cet égard.

PRODUCTION PRATIQUE DES CARDES.—Le rendement ou production, c'est-à-dire le poids de laine qu'une carde travaille dans l'unité de temps peut varier conformément à ce qui précède ; il dépend, en effet, des caractères et de la pureté de la laine, de la perfection du résultat, de la vitesse et des dimensions des organes, du genre de produits à réaliser, chaîne ou trame. Ce rendement est en général moindre pour les matières fines que pour les communes, il faut moins de temps pour faire passer un poids égal, si la perfection du résultat n'est pas indispensable ; enfin la production est naturellement en raison de la surface travaillante et de son développement par unité de temps. D'après ces données, on est *à priori* conduit à adopter des cardes ayant la plus grande largeur et tournant avec la plus grande vitesse. On serait donc disposé à donner, toutes choses égales d'ailleurs, la préférence au type n° 2, dont le grand tambour a un développement de 484^m,11 à la minute. Avec les vitesses de ce modèle, on produit moyennement un poids de 5 kilogrammes au moins à l'heure si on carde de la laine française, et 4ᵏ,50 en laine d'Australie.

QUESTION DES DÉCHETS. — Le choix du type à adopter serait donc facile, s'il n'était rationnel de faire intervenir un élément que les tableaux précédents ne peuvent mentionner. Nous voulons parler des déchets qui se produisent inévitablement pendant le cardage. La matière de ce résidu du cardage est de deux sortes : elle se compose de *duvet* et de *balayures*. La première, la principale en poids et en valeur, est formée de brins courts, extraits des fibres en masse; le prix en varie avec celui de la matière d'où elle provient. Si c'est de la laine courante d'Australie pour fil de chaîne n° 80 et trame 112 à 115, par exemple, ce déchet peut se revendre de 1 fr. 35 à 1 fr. 46 le kilogramme. Quant au résidu dit *balayures,* ce n'est que de la poussière et des corps durs sans valeur.

Il est impossible de carder sans produire une certaine quantité de ces déchets, la proportion en peut varier en raison de la perfection du réglage et de la vitesse des organes. Si le premier n'est pas ce qu'il doit être, ou si la seconde dépasse une limite déterminée expérimentalement, une certaine partie des brins peut être hachée, passer dans le duvet et produire une perte qui pourrait être évitée. Nous nous sommes procuré des résultats pratiques pouvant démontrer ce fait. On a cherché les rendements en laine bien cardée et en déchet pour une même matière soumise à des vitesses différentes. Comme les vitesses relatives des organes sont en raison du grand tambour, nous nous bornerons à indiquer les résultats par rapport au développement dans l'unité de temps de ce principal organe.

Productions et déchets de la carde avec des vitesses différentes.

DÉVELOPPEMENT à la minute DU GRAND TAMBOUR.	LAINE CARDÉE PAR HEURE.	DÉCHETS.		TOTAL DU DÉCHET p. 100.
		DEVET.	BALAYURES.	
mètres.	kilog.	kilog.	kilog.	
1° 280	3,54	0,100	0,0125	3,16
2° 383	4,35	0,187	0,0125	4,62
3° 430	5,27	0,212	0,0300	5,05

Il résulte de ce tableau que la production ainsi que les déchets augmentent avec la vitesse, toutes choses égales d'ailleurs. Or, pour déterminer la vitesse la plus convenable, il n'y a qu'à comparer les avantages de l'élévation de la production avec la perte occasionnée par l'augmentation des déchets.

On parviendra à se rendre compte de l'allure la plus avantageuse de ces trois cardes en calculant, d'une part, le chiffre représenté par leurs productions respectives, et de l'autre, la perte résultant des déchets , en se basant sur les prix de revient, et en comptant 0 fr. 15 pour le kilogramme de cardage en un passage, 7 francs pour le prix de la laine travaillée, et 1 fr. 35 en moyenne pour les déchets; avec ces éléments et le tableau précédent nous composerons le suivant.

Expériences.	Production par carde pendant 11 heures effectives.	Valeur du cardage pendant 11 heures.	Valeur des déchets.	Perte par suite du prix des déchets et celui de la laine.
N° 1.	38k,940	5f,840	1f,48	6f,21
N° 2.	47 ,850	7 ,175	2 ,78	11 ,58
N° 3.	54 ,000	8 ,700	3 ,14	13 ,15

Ainsi, en ne tenant compte que des rendements, on trouve, en accélérant la vitesse indiquée, entre les expériences numéro 1 et numéro 2 une augmentation de recette pour le cardage de

7 fr. 175 — 5 fr. 84 = 1 fr. 33, tandis que la perte par les déchets est de 11 fr. 58 — 6 fr. 21 = 5 fr. 30 ; en élevant encore la vitesse, en la portant d'un développement de 383 à 436, l'augmentation de recette est de 8 fr. 70 — 7 fr. 17 = 1 fr. 53 ; la différence des pertes pour les déchets n'est donc plus que de 1 fr. 60, l'écart de vitesse se rapprochant.

Il est évident que le cardage convenable ne peut avoir lieu sans produire un déchet normal qui paraît être compris entre 3 et 4 pour 100 du poids de la laine mise en travail et correspondant de 2 à 2 et demi pour 100 de sa valeur. Ces proportions inévitables augmentent dans un certain rapport avec l'accélération de vitesse de la carde. Il est donc convenable de ne pas dépasser une certaine limite, non-seulement par suite du désavantage direct que les tableaux précédents font ressortir, mais à cause de deux autres conséquences encore dont il est bon de dire un mot. Nous voulons parler de l'influence du cardage : 1° sur la qualité et les apparences du résultat, qui devient duveteux par une trop grande vitesse ; 2° sur les proportions de *cœur* et de *blousse* au peignage. Si nous reprenons les chiffres des tableaux précédents, et que nous soumettions à une peigneuse automatique la laine des expériences 2 et 3, dont les déchets ne présentent pas un écart sensible comme perte calculée, les rendements au peignage différeront, néanmoins, le cardage obtenu avec la moindre vitesse donnera constamment une plus forte proportion de cœur, évidemment parce qu'il aura produit et entraîné moins de brins courts par l'action de la force centrifuge, et que ces sortes de fibres sont rejetées par la machine dans la *blousse*. D'après ces considérations, il est bon, pour ne pas faire trop de déchets et de blousse, et pour atteindre un rendement convenable, d'adopter la vitesse intermédiaire. Le développement de 383 mètres à la minute paraît tout concilier.

Points qui distinguent le démêlage aux cardes du cardage proprement dit. — Considérées au point de vue des organes garnitures et des dispositions, les cardes que nous venons d'indiquer ne diffèrent pas essentiellement de celles en usage pour le cardage en général; seulement, dans le travail de la laine à brins courts et vrillés, et pour la laine à peigne non graissée, il y a d'ordinaire trois passages successifs et parfois quatre, c'est-à-dire que l'assortiment se compose de trois, et quelquefois, rarement cependant, de quatre cardes pour les laines fines destinées aux lainages foulés. Pour le démêlage ou cardage préparatoire de la laine peignée, on se borne à un seul passage.

Le réglage diffère également; il est établi de telle sorte dans les préparations de la laine peignée qu'il ne produise qu'une épuration mécanique et un simple dressage des brins. Dans le travail de l'article cardé qui ne reçoit pas d'autres préparations avant le filage, l'étirage proprement dit incombe aux cardes; de là des différences essentielles à signaler.

Elles ressortent de la comparaison entre les résultats successifs obtenus aux trois cardes de l'assortiment pour les fils cardés, et ceux des trois tableaux qui précèdent, concernant le cardage comme préparation du peignage. Or, si on se reporte aux données du premier cas, indiquées t. I, p. 414, du *Traité du travail de la laine cardée*, on a pour l'étirage de la première carde de l'assortiment ou carde briseuse, 1 : 66; pour celui de la seconde ou repasseuse 1 : 88; et pour la troisième, la finisseuse, ou continue, donnant un fil ébauché 1 : 1200, c'est ce dernier produit transformé directement en mèche qui passe sans autres préparations, de la carde aux métiers à filer.

Dans le cardage qui précède le peignage, on trouve d'après le calcul que, dans la machine à avant-train modèle n° 1, l'étirage est $\frac{12}{0,20} = 65$; pour la machine à avant-train modèle n° 2, $\frac{17,43}{0,23} = 75,6$; et pour la machine sans avant-train, modèle n° 3, $\frac{10,997}{0,75} = 65,58$, c'est-à-dire que, si on compare ces étirages d'une part à celui de la carde finisseuse du cardé, de l'autre aux nombreux étirages des préparations de la laine peignée, consistant en dix à quinze passages, on demeurera convaincu que le travail de la carde se borne ici à un démêlage et à une espèce de dressage.

NUMÉRO DU RUBAN CARDÉ. — Quant au degré relatif d'affinage de la carde, on le constate par titre ou numéro du ruban cardé, au moyen des chiffres des tableaux précédents. Soient en moyenne un développement de 13 mètres de ruban à la minute, ou 780 mètres à l'heure, et une production de $4^k,500$. Le numéro sera par conséquent $\frac{780}{4,50} = 0,17$, théorique; il est de fait pratiquement de 0,14 à 0,15, un peu plus ou moins, en raison du développement du peigneur et de la production en poids de la carde.

Quel que soit d'ailleurs le titre du produit, il est important qu'il soit uniforme et aussi homogène que possible, attendu que l'homogénéité des préparations à toutes les périodes est une des conditions essentielles de la perfection des résultats. La carde surtout, prenant la matière en masse, nécessite des soins spéciaux d'alimentation, pour la faire passer uniformément, de manière à ce que toutes les parties soient soumises également à l'action de tous les organes. Il faut, à cet effet, que la distribution de la laine soit aussi égale que possible sur la toile sans fin. Cette condition est d'une réalisation assez difficile lorsqu'elle dépend de l'attention et de l'habileté des ouvrières, en général chargées de ces fonctions. Aussi a-t-on cherché à y substituer un moyen automatique. On atteint le but par le mécanisme suivant :

APPAREIL ALIMENTAIRE DE M. BOLETTE.—On trouvera, pl. XVI de l'atlas de notre ouvrage sur la laine cardée, l'appareil de ce nom. Il est aussi ingénieux qu'efficace et peu coûteux. Le mécanisme, construit par la maison Mercier, de Louviers, est jusqu'ici plus apprécié dans la spécialité du cardé que de la laine peignée, où il commence cependant à se propager. L'avantage de son emploi consiste non-seulement dans la régularité de l'alimentation, mais aussi dans ses résultats économiques; son adjonction permet de supprimer deux ouvrières sur trois, dans la plupart des cas, et d'économiser la différence entre le salaire de deux femmes et la somme représentant l'intérêt et l'amortissement de la dépense à faire.

Or, le salaire de 300 j. pour 3 ouvrières ou 900 j. à 1f,75 = 1575f,00
L'achat de l'appareil étant de 700f,00 représentant
.pour intérêt et amortissement 105f,00 à 15 pour 100.
Donc la dépense annuelle ne sera plus que 105 + 525
marchant avec 1 femme . . . . = 630, 00
_____
Bénéfice en argent, non compris l'amélioration du travail = 945f,00

Ce qui représente une économie de $\frac{946}{3}$ ou 315 francs par carde et par an.

Cette économie peut se réaliser sur toutes les espèces de cardes existantes auxquelles l'appareil peut être adjoint sans frais. Il nous paraît particulièrement avantageux lorsque des carderies travaillent la nuit, pendant laquelle il est impossible aux ouvrières de faire autant et d'aussi bonne besogne que le jour.

NAPPEUSE POUPILLIER, exécutée par la maison Schlumberger. —Dans beaucoup d'établissements, le démêlage et la transformation en ruban ont lieu actuellement sur la machine dite *poupillier*, du nom de l'inventeur qui avait pensé en faire une peigneuse. MM. Schlumberger l'ont exécutée et appropriée au démêlage à la place de la carde dans le travail des laines et du coton. Ayant déjà décrit cette machine sous le nom de *machine à démêler*, p. 397 de notre *Traité du travail du coton*, nos lecteurs voudront bien s'y reporter.

AIGUISAGE DES CARDES. — Rappelons, pour ne pas laisser de lacune, que l'aiguisage même des cardes neuves est une opération plus indispensable encore que celle du repassage

d'une lame neuve à laquelle il est nécessaire d'enlever le morfil
pour la faire couper. En effet, ici ce sont des milliers de pointes
qui doivent opérer simultanément et avec une ardeur égale.
On arrive à ce résultat par l'aiguisage préalable des garnitures neuves et l'aiguisage ultérieur lorsqu'elles sont partiellement usées. Nous n'entrerons pas dans la description de
l'opération et des appareils employés, ils sont décrits p. 428,
t. I, du *Traité du travail de la laine cardée*. Les moyens étant
identiques et indépendants de la nature des filaments traités et
de la forme des aiguilles. Les aiguilles des garnitures généralement employées sont en fil de fer rond, cylindriques, terminées
en pointe. Nous dirons cependant quelques mots d'un nouveau
genre de garnitures à l'essai en ce moment.

MODIFICATION DE LA FORME DES AIGUILLES DES GARNITURES
DE CARDES. — Depuis quelque temps on exécute et emploie en
Angleterre, et on essaye également en France des garnitures
qui se distinguent par la forme des aiguilles ; elles sont aplaties au lieu d'être rondes. Le fil cylindrique est par conséquent
laminé avant d'être découpé et bouté ; on obtient ainsi des aiguilles sous forme de lames très-minces de même section sur
toute la hauteur. Elles sont implantées dans la surface qui leur
sert de base, de manière à présenter le plus petit côté au sens
du cardage. On a imaginé cette modification pour obtenir
des pointes aussi fines que possible, présentant une action
égale sur les diverses faces, pour donner plus de solidité et de
durée aux garnitures, et enfin pour arriver à un cardage constamment plus parfait par suite de la facilité de maintenir les
garnitures dans un état convenable de pureté, l'espacement
plus grand entre les aiguilles rendant l'enlevage des impuretés plus sûr.

On pourrait d'un autre côté profiter de l'amincissement des
aiguilles pour en implanter un plus grand nombre dans l'unité
de surface, et augmenter ainsi l'action de la carde. Si, comme

les premiers essais pratiques le font supposer, on ne rencontre
pas d'inconvénient sérieux à l'emploi de ce nouveau système
de garnitures, sa propagation constituera un progrès.

§ 2. — Défeutrage, laminage, avant-peignage.

CONSIDÉRATIONS PRÉLIMINAIRES. — Les rubans obtenus aux
préparations précédentes, traités même avec le plus grand soin,
sont composés de fibres plus ou moins croisées entre elles, enchevêtrées et tassées de façon à déterminer un certain degré
de cohésion et de feutrage. De là le nom de *défeutrage* donné
à l'origine du travail de la laine peignée, à la première opération, ayant pour but de faire disparaître cet effet et de désagréger les brins des rubans de volumes relativement considérables. Les préparations qui précèdent le peignage doivent en
outre disposer la matière de manière à ce que l'opération ne
soit plus qu'une épuration mécanique et une espèce de triage
mathématique, afin d'obtenir des produits continus formés
par des mèches constituées avec des fibres d'égale longueur
et complétement débarrassées de boutons, de nœuds ou autres
irrégularités.

Les traitements préliminaires, dits *préparations avant peignage*, auxquels incombent ces fonctions épuratrices et régula-
trices, reposent en principe sur l'application de glissements
méthodiques et progressifs imprimés dans le même sens à une
masse de fibres, de manière à les forcer à cheminer parallèlement entre elles et à former des rubans de volumes et de titres
déterminés *à priori*.

Le passage de ces masses ou rubans entre deux, ou un plus
grand nombre de paires de cylindres lamineurs, tournant avec
des vitesses angulaires allant en s'accélérant dans une certaine
limite de la première à la dernière paire, détermine les glisse-

~~ments, le redressement des brins et le changement de volume~~
de leur masse. Si, pour simplifier, on suppose deux paires de
cylindres seulement, et à la seconde, un développement double
de celui de la première, les brins d'un ruban qui y sera engagé
se déplaceront de proche en proche dans le même rapport, en
glissant de manière à avancer et à s'échelonner par juxtaposition. Si on suppose une longueur moyenne de 0^m,06 par
exemple aux filaments du ruban engagé entre les cylindres et les rapports de vitesses de 1 : 2 indiqués ci-dessus,
c'est-à-dire que l'organe de sortie fournisse dans l'unité de
temps une longueur double de celle développée par les cylindres d'entrée, chacune des fibres cheminera évidemment d'une
certaine quantité, de manière à ce que la somme de leurs
déplacements soit égale à ce rapport des vitesses qui les sol-
licitent; si toutefois le ruban est constitué de façon à obéir à
l'impulsion qui lui est donnée sans se désagréger ni se déformer. Il est évident, dans ce cas, que 1 mètre de ruban à l'entrée des premiers cylindres en aura 2 à la sortie des derniers.
Or le volume étant représenté par l, s, l étant la longueur et s
la section, l ne peut devenir 2 l, sans que s devienne $\frac{s}{2}$;
si donc on répète l'opération sur le même ruban avec les
mêmes vitesses, l deviendra au second passage $l+2+2$, et s
sera $\frac{s}{2 \times 2}$ ou $4\,l+\frac{s}{4}$. Si au contraire on augmente du double le
nombre n de fibres ou la section du ruban, $2\,l+\frac{s}{2}$ deviendra
$2l+\frac{2s}{2+2}=\frac{4ls}{4}$ ou $l\,s$, c'est-à-dire que malgré deux étirages successifs les dimensions du ruban n'auront pas varié. C'est sur
ces principes élémentaires que repose la théorie des préparations aux étirages. Ils démontrent la facilité avec laquelle on
peut à volonté faire glisser les filaments entre eux, diminuer,
allonger, et par conséquent, affiner leurs produits, et trans-
~~former des masses ou nappes en rubans et en mèches arrondies.~~
Ils démontrent également qu'on peut à volonté déterminer les

déplacements des filaments sans que les dimensions ou volume de leur produit changent, en faisant intervenir de nouvelles fibres à chaque passage; ce sont ces additions qui ont reçu le nom de *doublages*. Au commencement des transformations on doit chercher tout d'abord à opérer le redressement et le parallélisage des fibres, les doublages compensent ou à peu près les quantités d'allongement résultant du rapport de vitesse des organes auxquels elles sont soumises; mais dans les préparations après peignage, on fait prédominer dans une certaine limite la quantité d'affinage sur les doublages résultant de l'addition de la substance nouvelle. Des applications nous démontrent plus loin comment on peut par ces données arriver avec précision à transformer un ruban ou une masse d'un titre connu en un numéro déterminé de mèche ou de préparation quelconque.

DE LA DISPOSITION PRATIQUE ET DE LA COMBINAISON DES ORGANES CHARGÉS DE RÉALISER LA SÉPARATION PAR LE GLISSEMENT DES FIBRES. — Pour que les résultats se produisent avec toute la précision désirable et conformément aux calculs, il est essentiel que les masses filamenteuses introduites entre les cylindres de rotation se meuvent avec la vitesse intégrale de ces organes. Il faut par conséquent que la substance textile puisse être entraînée régulièrement dans le mouvement et se dégager de même des corps tournants au moment voulu. La disposition pratique bien connue est fort simple; on la verra du reste représentée par ses éléments, fig. 2, pl. V.

Réduite à ses organes essentiels, elle se compose de la répétition de couples de cylindres lamineurs à rotation continue. Chacun de ces couples est formé : 1° d'un cylindre inférieur métallique, cannelé, doué d'un mouvement direct, qui lui est imprimé d'une manière quelconque, en général par une roue droite; 2° d'un cylindre B dit *de pression*, parce qu'il est placé tangentiellement sur le premier, contre lequel il appuie par un système

de levier à poids ou par un ressort, ou bien encore par une vis
agissant sur des chapeaux à tourillons dont les dispositions variables sont étudiées plus loin ; ce cylindre est également en métal,
mais garni à sa circonférence d'un manchon ou enveloppe élastique en drap, flanelle, peau, caoutchouc, etc., afin d'imprimer
une adhérence en quelque sorte douce et flexible au produit plus
ou moins délicat entraîné entre les deux organes cylindriques.
Ces rouleaux presseurs reçoivent généralement, en outre de la
garniture, des appendices formés par un morceau rectangulaire
de parchemin fixé seulement dans une rainure suivant une
génératrice du cylindre ; les autres contours de ce rectangle
flexible étant libres, il remplit les fonctions d'une espèce d'aile
droite de ventilateur, cet appendice est souvent désigné sous le
nom de *papillon*. Il joue en quelque sorte le rôle d'un plumeau
épousseteur ; les brins de laine, naturellement gras ou artificiellement graissés, saliraient et mettraient bientôt la surface
du cylindre supérieur hors d'état de fonctionner, si ces papillons
ne venaient s'interposer dans le mouvement entre la partie
grasse et la garniture ; ils la préservent comme les housses
protègent les meubles. Il est rationnel de proportionner la force
de ces parchemins à la masse de matière sur laquelle ils doivent
agir, c'est-à-dire de diminuer leur épaisseur pour augmenter
leur flexibilité à mesure que le traitement avance et que les
rubans s'affinent.

Mode d'adhérence entre les cylindres. — Pour que le
cylindre supérieur soit entraîné librement par l'inférieur et
reçoive un égal mouvement angulaire, ils sont plus ou moins
serrés l'un contre l'autre, comme nous l'avons indiqué précédemment. Quel que soit le système de pression adopté, il doit
être tel, qu'on puisse le modifier en raison des caractères des
fibres et de la masse à traiter. Le produit doit toujours pouvoir
être entraîné régulièrement et sans effort, de manière à rendre
insensible l'écart entre le résultat pratique et le résultat calculé.

Si l'adhérence était insuffisante, la matière pourrait ne pas suivre les cylindres, passer avec une tension insuffisante qui permettrait le vrillage, ou être attirée irrégulièrement et s'arrêter, s'accumuler entre les organes; si au contraire la pression dépassait une certaine limite, il en résulterait non-seulement une dépense inutile de force motrice, une usure anormale des organes et de leurs points d'appui, mais encore des effets fâcheux sur la matière en travail. Les accidents trop fréquents désignés sous le nom de *coupures* sont le plus souvent la conséquence d'une pression devenue momentanément trop forte par suite d'une variation dans le volume de la substance soumise à l'action.

Sans déterminer *à priori* les quantités absolues de pression pour les différents cas, on peut néanmoins dès à présent indiquer les règles auxquelles elles sont soumises, sauf à donner plus loin des nombres comme types. Il est évident que cette pression doit être proportionnelle à la masse et à la longueur des fibres, et en raison inverse de leur finesse, de la propriété glissante, ou netteté de la surface; ces pressions doivent donc varier avec la grosseur et les caractères de la laine. Pour une même laine, elles diminuent sur les organes à partir de l'entrée des machines, c'est-à-dire qu'elles sont supérieures sur les premiers, et dans l'ensemble de l'assortiment elles iront en s'amoindrissant à mesure que le travail avance et que le numéro de la préparation s'élève.

L'écartement entre les organes, les rapports de leurs vitesses, l'interposition d'un peigne hérisson doivent également être réglés sur des principes déterminés pouvant servir de guide dans les divers cas pratiques à réaliser aux différentes périodes du travail; il est donc convenable de poser les bases sur lesquelles reposent les éléments qui concourent aux machines préparatoires en général.

DE L'ÉCARTEMENT ENTRE LES CYLINDRES LAMINEURS. — Trop

rapprochés entre eux, d'une distance moindre que celle des fibres les plus courtes, celles-ci pourraient se trouver engagées en même temps à leurs deux extrémités opposées et subir une traction susceptible de les fatiguer, de les briser et, en tous cas, d'opposer une certaine résistance à leur mouvement ; trop écartés au contraire, les cylindres étireurs pourront laisser entre eux des distances telles que les filaments ne soient plus assez régulièrement dirigés entre les organes. On évite ces deux inconvénients en basant l'écartement des organes sur la plus grande longueur des filaments à traiter, c'est-à-dire sur la distance mesurée d'axe en axe entre les cylindres ; elle dépassera légèrement la longueur des brins, et augmentera dans une certaine proportion, assez faible, en raison de la masse.

Il est bon d'ailleurs que les parties traitées se composent autant que possible, même dans les mélanges, de brins de même longueur. Si on traite ensemble, par exemple, de la laine nerveuse de France avec de la laine plus fine et plus tendre d'Australie, il faudra rechercher des mèches de même hauteur. Les chiffres des écartements à observer dans les différents cas sont indiqués plus loin.

Du rapport des vitesses entre les organes étireurs. — Si la vitesse angulaire des deux paires de cylindres était la même, les rubans en action ne subiraient aucun changement sensible ; si au contraire la vitesse différait assez pour que leur rapport dépassât une certaine limite, la matière serait alors soumise à un effet assez énergique pour altérer son élasticité et sa ténacité, et déterminer une solution de continuité du produit, ou tout au moins donner lieu à un frottement qui développera une quantité telle d'électricité, que le travail deviendra difficile. Des rapports de vitesses compris entre ces deux limites extrêmes détermineront au contraire les redressements et les échelonnements réguliers cherchés. La quantité de filaments, aussi bien que leur longueur, doit avoir une influence sur le réglage et la détermination de ces éléments. Supposons un exemple pour fixer les idées à ce sujet : soit un ruban de 1 mètre de longueur, de cinq mille brins de section de 0^m,06 de longueur chacun, soumis entre les deux paires de cylindres successives, dont le rapport de vitesse est 1 : 5 ; le ruban, après son passage, se sera allongé de 5 mètres ; chacun des filaments de la masse se sera donc déplacé de $\frac{5}{5\,000} = 0^m,001$; chacun d'eux, au lieu de rester bout à bout, se sera ainsi avancé de 0,001 en se superposant dans la masse et en se juxtaposant par échelonnement sur son voisin, de 0^m,004. Mais si, au lieu de cinq mille brins de 0^m,06, on n'en suppose que 100 de 0^m,002, la quantité de glissement serait $\frac{5}{100} = 0^m,005$; mais, comme les fibres n'ont que 0^m,002, elles ne se superposeraient plus ; des solutions de continuité se produiront par conséquent entre elles, la formation du ruban continu deviendra impossible ; si, au contraire, on admet 0^m,007 de longueur aux fibres, au lieu de 0^m,002, elles resteront encore superposées de 0^m,002 après l'étirage. Ce résultat ne changera pas non plus avec des brins de 0^m,002 si leur nombre, toutes choses égales, augmente ; en en supposant, par exemple, deux mille au lieu de cent, le déplacement de ces brins ne sera plus que de $\frac{5\,000}{2\,000}$ ou 0,0025.

Nous ne citons ces chiffres imaginaires que pour bien faire saisir les relations qui existent entre les rapports des organes étireurs, la longueur des fibres et les quantités soumises à leur action.

DE LA DISPOSITION DES FILAMENTS DANS UNE MASSE ÉTIRÉE. —
Pour qu'une préparation présente les caractères de l'homogénéité parfaite, il faudrait qu'en examinant (fig. A, pl. V) une

fraction quelconque d'un ruban, les fibres se soient déplacées d'une quantité égale, de manière à ce que, si on projette leurs extrémités sur un plan normal a, b, les espaces qui les séparent, indiqués par les lignes horizontales ponctuées, soient équidistants, proportionnels au rapport des vitesses des organes et en raison inverse du nombre des fibres sur lesquelles ils opèrent. Or, moins ces écarts entre les extrémités seront sensibles, plus le déplacement de chaque élément sera réduit et plus il y aura de chances d'homogénéité du produit.

Cette homogénéité peut-elle être absolue dans la pratique? Il suffit de se pénétrer des diverses conditions à réaliser pour comprendre que ce résultat est presque impossible. En effet, pour qu'il y ait équidistance entre les fibres à leurs deux extrémités opposées, il faudrait : 1° que tous les filaments aient la même longueur; autrement, s'ils sont de longueurs différentes, comme ils cheminent d'une quantité égale, il y en aura nécessairement qui dépasseront les autres d'une certaine longueur, et la frange inférieure de la mèche présentera alors les inégalités qu'on remarque en a', b'; 2° que les fibres aient toutes une même faculté de glissement, c'est-à-dire qu'elles soient d'une même finesse, d'une égale netteté à la surface, toutes aussi peu vrillées que possible, etc., conditions également impossibles à rencontrer avec une précision mathématique. Si ces considérations ne suffisaient pas à notre hypothèse, nous pourrions en ajouter d'autres, telles que les divers degrés de pression et de tension qui, par des causes diverses, peuvent se présenter dans le travail, déterminer des irrégularités et s'opposer à l'homogénéité du produit, si désirable à obtenir. Mais, si on ne peut y arriver d'une manière absolue, on cherche à approcher à un certain degré de la perfection par des artifices pratiques résultant de l'application de certains éléments dont il est indispensable de dire un mot.

MOYENS PRATIQUES POUR ATTEINDRE L'HOMOGÉNÉITÉ DES PRO-
DUITS DANS LES ÉTIRAGES. — Pour compenser autant que possible les irrégularités inévitables dont nous venons de parler,
le moyen le plus sûr est de les répartir sur le plus grand
nombre de rubans et par conséquent sur le plus de filaments
possibles. Les *doublages* déjà mentionnés, en multipliant les
éléments en action, augmentent le nombre des moyens régulateurs dans le déplacement des fibres, de façon que, si, à une
première opération, une fibre longue se trouve à côté d'une
courte, ou une vrillée à côté d'une lisse, le contraire se réalise dans l'opération suivante; la probabilité de l'homogénéité gagne donc en raison du nombre des passages successifs
appliqués à un même produit. Cependant, si ce nombre était
trop multiplié et déterminé sans discernement, la matière
pourrait être fatiguée et le travail occasionner un surcroît de
dépenses résultant de la complication du matériel et du personnel.

Le nombre des machines est généralement proportionnel à
celui des opérations ou des passages à faire subir à la matière
dans ses transformations. Ainsi, cette question des étirages et des préparations, si simple en apparence, si facile à
exposer en théorie, se complique et devient d'une solution délicate lorsqu'on veut la creuser pratiquement et déterminer un
assortiment normal; nous y revenons plus loin en parlant des
opérations préparatoires de la filature. Nous verrons que, dans
ce cas comme dans beaucoup d'autres, les extrêmes sont à
éviter; la vérité paraît être comprise entre les deux systèmes
les plus opposés, qui semblent cependant avoir chacun leurs
partisans.

Résumons seulement pour le moment quelques règles généralement admises comme conséquences des considérations qui
précèdent et qui sont applicables aux opérations, indépendamment de leur nombre et de leur groupement.

1° *Les vitesses des étirages doivent être raisonnées d'après les caractères, les volumes et les quantités de matière sur lesquelles on opère;*

2° *Avec un même écart de vitesses entre les organes, la préparation peut également bien se faire pour des fibres de diverses dimensions, si, pour chaque série d'une même longueur, on proportionne la masse en raison inverse des longueurs, de manière à ce que leur quantité de déplacement diminue avec leur dimension;*

3° *La quantité d'étirage, toutes choses égales d'ailleurs, doit être proportionnelle à la longueur moyenne des fibres élémentaires composant la substance et à la masse des filaments sur laquelle on opère, et en raison inverse de leur grosseur;* c'est-à-dire que la différence de vitesse entre les cylindres fournisseurs (première paire) et les délivreurs (dernière paire) peut être d'autant plus grande que les brins sont plus longs et que le ruban traité est plus gros pour une même matière. Ce rapport va en diminuant avec la grosseur des filaments.

4° *La pression des cylindres est en raison directe de la masse de fibres à traiter et en raison inverse de leur finesse.* Un gros ruban exige une action plus énergique qu'un fin, et à grosseur égale il en faudra moins pour la matière fine, glissante et flexible, que pour les filaments plus forts et moins malléables.

Ces mêmes éléments servent encore à régler les distances entre les organes étireurs : *elles doivent être proportionnelles à la longueur des fibres et de l'épaisseur des rubans.* Donc pour une même masse de fibres, l'écartement sera proportionnel à leur longueur et augmentera dans une certaine limite avec la quantité.

DE LA NÉCESSITÉ D'UN ORGANE A AIGUILLES OU PEIGNE DANS LES PRÉPARATIONS DE LA LAINE PEIGNÉE. — Les quelques considérations qui précèdent sont applicables aux étirages de toutes espèces de matières textiles, indépendamment de leur nature ; mais toutes n'offrent pas les mêmes caractères et la même facilité au glissement. Nous avons déjà fait remarquer la différence, sous ce rapport, entre les fibres élémentaires [1]. Celles de la laine sont de toutes les plus rebelles à cette action fondamentale de la filature ; leur tendance à se vriller, les aspérités ou rugosités de leur surface, en un mot leur propension naturelle à se feutrer, même parfaitement dégraissées, lorsqu'elles sont pressées les unes contre les autres, offrent des difficultés sérieuses aux étirages. Ces difficultés pouvaient passer inaperçues dans le filage à la main, les doigts opérant lentement, efficacement sur des faisceaux très-réduits, mais elles sont considérables dès qu'il s'agit de soumettre des quantités de nappes épaisses aux machines de la filature automatique ; il a donc fallu trouver un moyen pour neutraliser ces obstacles. Le travail mécanique de la laine peignée n'a véritablement progressé qu'après la solution de ce problème, dont l'honneur revient, comme nous l'avons vu, à un inventeur nommé *Laurent*, qui serait mort dans le besoin, si quelques industriels reconnaissants ne lui étaient venus en aide vers la fin de sa carrière.

PRINCIPE DE L'ÉTIRAGE A PEIGNE. — Le moyen imaginé par Laurent, mécanicien à Paris, signalé dans son brevet en date du 30 mai 1821, consiste dans l'interposition d'un rouleau ou manchon armé d'aiguilles plus ou moins fortes, entre les paires de cylindres destinées à effectuer l'étirage.

Pour rendre cette disposition aussi claire que possible, supposons (fig. 2, pl. V) un étirage exécuté avec trois couples de cylindres g, h, c, avec leurs rouleaux de pression B, C, D. L'inventeur eut l'idée de placer entre ces couples

---

1. Voir chap. v, t. I, du *Traité du travail des laines cardées*. Librairie Baudry.

un cylindre i', armé d'aiguilles ayant une certaine inclinaison par rapport au rayon. Ce *peigne circulaire* est disposé dans le banc à étirer de façon à ce que le ruban soit obligé de cheminer tendu entre les aiguilles de la demi-circonférence supérieure.

L'ensemble de l'appareil, ainsi établi, a reçu le nom de *défeutreuse*, à cause de sa fonction essentielle, consistant à désagréger les fibres, à les empêcher de se tasser et de se feutrer, à en faciliter le glissement régulier et à les développer, les redresser de plus en plus.

Ce qui caractérise donc ce système d'étirage, c'est le concours des aiguilles tournantes du peigne, s'engageant dans la matière et s'en dégageant de même; ces aiguilles forment un certain angle avec le rayon et sont inclinées dans le sens opposé à la direction du ruban; celui-ci, pour être entraîné dans les conditions voulues de tension, doit embrasser un arc plus ou moins grand de la circonférence du peigne défeutreur, afin de recevoir un tirage d'autant plus énergique que la masse de fibres est plus forte. Il faut donc avoir à sa disposition le moyen de faire varier et de régler cette tension; le déplacement à volonté du peigne dans le sens vertical réalise cette condition. On a également le moyen ordinaire du changement de pignon pour accélérer ou retarder la vitesse des peignes. Dans tous les cas, et quel que soit le mode employé pour faire passer les fibres entre les aiguilles, il peut avoir une certaine influence soit sur la régularité du produit, soit sur sa ténacité. En effet, la solidarité de marche entre les filaments et la rotation des aiguilles forçant le ruban d'embrasser une grande partie de la circonférence du peigne, il en résultera une traction proportionnelle sur les brins à chacun de leurs nombreux passages; si, au contraire, le ruban est dirigé dans un plan horizontal perpendiculaire au plan tangent de la génératrice du peigne, l'espace occupé par la matière en prise pourra devenir d'autant plus insuffisant que la forme même du peigne l'empêche de guider le ruban jusqu'au contact des cylindres entre lesquels il doit passer; cet inconvénient sera d'autant plus grave que la fibre sera plus grande et la quantité d'étirage plus considérable. Afin de pouvoir augmenter sensiblement cette proportion et maintenir le ruban de la façon voulue, on a eu l'idée de juxtaposer une espèce de cylindre cannelé, dont les cannelures venaient engrener en quelque sorte avec les aiguilles du peigne. Le moyen est ingénieux, mais délicat; il n'a pu se répandre dans la pratique, quoique nous. l'ayons vu fonctionner chez quelques industriels.

Cependant le peigne cylindrique à aiguilles a été pendant longtemps exclusivement en usage pour le travail de la laine peignée. Il est simple, suffisamment efficace et si bien approprié aux filaments courts de la laine mérinos fine qui alimentait en majeure partie nos usines pendant bien des années, qu'on n'a pas songé à en critiquer l'emploi jusqu'à présent. Mais avec les exigences croissantes de l'industrie et les recherches incessantes faites en vue de perfectionner tous les détails des machines, les inconvénients du peigne cylindrique signalés ci-dessus n'ont pu échapper aux praticiens, surtout lorsqu'il s'est agi des transformations des laines à filaments longs. Il en est résulté une modification dans la forme des peignes des machines préparatoires pour le travail de ces sortes de laines. On a substitué aux peignes cylindriques des aiguilles implantées verticalement dans des règles plates horizontales s'avançant parallèlement à elles-mêmes, de façon à ce que les filaments qui y sont engagés y soient entraînés suivant le sens du mouvement des aiguilles dans un plan allant des cylindres alimentaires aux étireurs.

Ce système de peignes a exactement les mêmes fonctions que celui à hérisson tournant autour de son axe. La série de

règles ou barrettes à aiguilles se meut et se déplace simultanément dans des conditions de précision particulières; l'exécution n'en doit par conséquent rien laisser à désirer. On comprendra la valeur de ces observations après l'analyse et la
description du *gills-box*[1], nom anglais donné aux étirages
avec peignes à mouvement rectiligne horizontal dont le principe est emprunté à la mémorable invention française de la
filature du lin, faite par Philippe de Girard, en 1810.

Ainsi, les préparations de la laine peignée à filaments
lisses disposent actuellement de deux sortes de machines ou
bancs d'étirages chargés d'opérer et de maintenir en même
temps la division des filaments. Dans les unes, c'est un peigne
cylindrique armé d'aiguilles ou un hérisson tournant autour
de son axe qui dirige le ruban; dans les autres, les aiguilles
sont disposées sur des règles horizontales juxtaposées pour
transporter la matière parallèlement à elle-même.

Les deux systèmes sont plus ou moins employés, suivant les
cas que nous examinerons après avoir décrit un type de chacun
d'eux. Cependant, avant de les exposer dans l'ordre de l'ancienneté de leur usage, nous croyons devoir faire une remarque
sur la valeur relative des deux sortes de peignes.

COMPARAISON ENTRE LES PROPRIÉTÉS DES PEIGNES CYLINDRIQUES
ET DES GILLS A MOUVEMENT RECTILIGNE. — Dans le premier système à *hérisson*, comme nous l'avons vu, la masse des fibres
de la préparation, pour être convenablement dirigée, doit
embrasser une portion de cercle du manchon des aiguilles et
former une courbe convexe entre celles-ci. Il en résulte inévitablement une différence de vitesse dans le cheminement des
brins : ceux de la surface ou de la courbe du plus grand rayon

---

1. *Gills* veut dire *branchies* en anglais; le nom de la machine vient
sans doute d'une certaine analogie de forme entre l'ensemble des aiguilles
qui, dans leur marche, rappellent en quelque sorte les appendices d'un
poisson en mouvement.

sont évidemment entraînés plus vite que ceux de la couche inférieure en contact avec la racine des aiguilles ; de là des frottements d'autant plus inégaux et un aspect relativement plus brouillé que la masse traitée est plus forte. L'effet est donc surtout sensible aux premiers passages, tandis qu'avec les peignes des gills-box bien réglés, le glissement ayant lieu suivant un plan horizontal avec une égale vitesse dans toute l'épaisseur de la masse, celle-ci est dirigée avec une grande précision entre les cylindres. Aussi les rubans qui en sortent sont-ils d'une netteté remarquable, et n'offrent-ils jamais l'aspect brouillé appréciable aux premiers passages des bancs à peignes circulaires, surtout lorsqu'ils sont à double étirage comme ceux des défeutreurs doubles que nous allons décrire.

DÉFEUTREUR DOUBLE (pl. V, fig. 9 et 10). — Les rubans produits par la carde viennent se placer en avant de la machine. On en dispose un certain nombre ; le plan figure 9 en indique quatre. Il y a donc un même nombre de bobines déroulant leurs rubans simples ou doublés entre la paire de cylindres b, c, réunis par un mode de pression déjà ancien; le poids d est suspendu à une tige recourbée à la partie du cylindre supérieur. Cette disposition a été modifiée, comme nous le verrons plus loin. C'est en sortant de ces cylindres lamineurs que les rubans passent sur les peignes f, garnis d'aiguilles plus ou moins fines, plus ou moins nombreuses, en raison du volume de la matière. Il y a pour la même surface moins de pointes pour les fibres grosses et aux premiers passages, que pour les laines fines et pour les passages suivants. La rotation de ces peignes cylindriques dirige les fibres avec une certaine tension. Elles arrivent ainsi à la seconde paire de cylindres i, h, dont la vitesse angulaire augmente par rapport à celle de la première paire de manière à réaliser un degré d'étirage déterminé à l'avance, qui dresse forcément les brins; malgré ce degré d'étirage, il n'y a pas allongement du produit si, comme nous l'avons vu, le nombre de rubans réunis compense la différence de développement entre la seconde et la première paire. Ici, où la figure représente quatre bobines, le titre par unité de longueur restera le même si l'étirage est également d'un à quatre. Lorsque la machine est un défeutreur simple, les rubans, à la sortie de la paire de cylindres h, i, sont réunis dans un pot et plus généralement en une bobine horizontale. De là, le nom de *bobinoir*, donné actuellement à ces machines préparatoires ; les rubans à la sortie de la seconde paire de cylindres se rendent sur une surface quelconque, une table m, qui leur sert de point d'appui, pour de là se réunir dans une nouvelle paire de cylindres étireurs n, o, puis sur un second peigne cylindrique p, et entre une seconde paire de cylindres q, r. Ce dernier groupe d'éléments est la répétition exacte du premier ; quant à ses fonctions, si la quantité d'étirage est de 4, par exemple, à chaque élément, on aura par conséquent 4×4, ou un étirage de 16 pour le ruban amené dans l'entonnoir x, par les rouleaux d'appel y, z, pour se rendre sur le récepteur. C'est généralement une bobine à mouvement de va-et-vient, munie quelquefois d'un doigt presseur à ressort pour faire des canelles à rubans serrés. Ce détail ne diffère pas sensiblement dans les gills-box.

TRANSMISSION DE MOUVEMENT. — L'action du moteur se transmet au moyen d'une courroie, passant sur l'une des deux poulies a a', solidaire avec l'arbre b' ; l'autre poulie est folle, comme dans toutes les commandes de ce genre, afin d'opérer à volonté l'embrayage et le débrayage. A l'extrémité de l'arbre b', est ajustée une roue d' qui engrène avec la roue e' fixée sur un canon de l'arbre du cylindre i'. Sur cet arbre le pignon f', par l'intermédiaire g' commandant la roue h', fait tourner les cannelés b. Sur l'axe de ces derniers, on a placé à chacune des extrémités les pignons i', destinés à communiquer le mouvement à la fois aux deux bouts de l'arbre des peignes, par l'intermédiaire des roues j' et k', fixées aux deux extrémités de cet arbre.

Le mouvement se transmet à la seconde partie de la machine de la manière suivante : sur l'arbre a' des poulies motrices, près de celles-ci, est placée une roue l, qui commande m', ajustée à demeure sur l'arbre des cannelés n. Cette barre porte à son extrémité un pignon n', qui, au moyen de l'intermédiaire o', transmet le mouvement à o'', calée sur l'arbre du peigne p. Derrière la roue m', et sur le même arbre, s'en trouve une autre q, destinée à donner le mouvement à l'intermédiaire q'', qui le transmet ensuite au pignon s, monté sur l'arbre du cannelé q; à l'autre bout de cet arbre se fixe la poulie t'. Une courroie embrassant celle-ci et une autre poulie u', solidaire avec le cylindre d'appel inférieur y, lui donne ainsi le mouvement.

ÉTIRAGES AVEC PEIGNES A BARRETTES, DITS GILLS-BOX. — *Organes fondamentaux du système.* — Les figures 3, 4, 5, 6, 7 et 8 donnent les pièces isolées concourant aux peignes et à leur transmission de mouvement. La figure 3 donne une seule barrette B, de face, dans sa position dans la machine vue debout. Le détail (fig. 4) est une projection horizontale de la même barrette, avec l'indication des aiguilles a par des points noirs. Les échancrures ee et les amincissements $e'e'$ sont réservés dans le but de les engager plus facilement à leurs extrémités dans les filets des vis qui les supportent.

La figure 5 représente une section verticale de profil du peigne composé de la série des barrettes B, qui le compose. Elles sont disposées sur deux étages ou deux rangs superposés. Les extrémités amincies de chacune d'elles, e', sont supportées par des filets de vis. Il y a donc de chaque côté de la machine des vis, v, v' superposées, comme l'indiquent les figures 7 et 8. La première montre seulement le profil des deux vis telles qu'on le voit d'un côté de la machine; la seconde est une section verticale perpendiculaire à la précédente et garnie de la barrette. Elle fait voir clairement les quatre vis avec leurs deux rangs superposés de barrettes B et leurs gills *aa*.

POURQUOI CES DEUX ÉTAGES SUPERPOSÉS DE RÈGLES A AIGUILLES? —La description suivante nous rendra compte de la nécessité de cette disposition. Soit (fig. 5) en *v* l'arbre dont une extrémité est filetée; deux arbres semblables, disposés de chaque côté de la machine (fig. 5, 6 et 8), reçoivent dans leurs filets respectifs les extrémités des barres B. Si ces arbres à vis tournent, il est évident que les règles à aiguilles ne peuvent rester immobiles; elles passeront nécessairement chacune des filets qu'elles occupent aux suivants. Si on a laissé une place vide et sans règle, ce déplacement aura lieu de droite à gauche, ou *vice versa*, suivant la direction du mouvement imprimé aux vis. Si donc le ruban à étirer entre par les alimentaires DD' (fig. 5), il devra être dirigé par les aiguilles vers les étireurs CC' (c'est en effet de cette façon que les choses se passent par l'entremise des engrenages convenablement placés décrits plus loin). Mais à mesure que l'une des règles faisant partie de la série qui constitue le peigne arrive au contact des cylindres étireurs CC', et que ceux-ci ont attiré l'extrémité de la mèche qui dépasse les aiguilles, la barrette ainsi en prise doit aussitôt disparaître et céder la place à la suivante, pour qu'à son tour elle vienne offrir les filaments qu'elle retient. Sans cette condition des services réguliers et successifs des gills, il n'y aurait pas de continuité possible dans les résultats. Aussi, dès que chaque barrette a atteint l'extrémité de sa course, elle rencontre une sorte de coulisse ou rainure de chaque côté des montants du bâti, et descend à frottement doux des vis du premier étage, dans les pas ou filets de celles du *rez-de-chaussée*. Cette deuxième rangée inférieure, identique à la supérieure, est donc indispensable. Comme leur mouvement simultané doit produire l'effet d'une véritable chaîne sans fin, dans le but d'une

alimentation à action continue, il est évident que les vis inférieures doivent tourner dans le sens opposé à celui des vis
supérieures, elles ramènent ainsi les gills à leur point de
départ, et pendant que la série du dessus fonctionne avec la
matière, celle du dessous revient à vide, pour remplacer
chaque fois, à l'entrée, la barrette descendante. Cet échange
a lieu par l'ascension verticale de la barrette de la rangée inférieure dans une coulisse, du côté opposé à celui où elle est
descendue. La figure 7 donne en coupe une came M, calée
à l'extrémité de l'arbre de la vis où la barrette doit être re-
montée ; la saillie de cette came de rotation est chargée de
cette fonction.

Nous avons cru devoir nous étendre un peu sur ces détails, parce qu'ils sont entièrement cachés, et qu'il est alors
difficile de s'en rendre compte en voyant fonctionner la machine.

IMPORTANCE D'AMENER LES FIBRES AUSSI PRÈS QUE POSSIBLE D'UN
ÉTIREUR. — Pour que la mèche ne puisse pas flotter sensiblement
entre les gills et les étireurs, et que la matière arrive à ceux-ci
avec toute la régularité désirable, il est important que la distance
entre ces deux organes soit aussi petite que possible. Afin de
réaliser cette condition, on a eu l'idée de supprimer la plaque P
(fig. 5, pl. V) du bâti, ordinairement interposée entre les gills
des barrettes B et des cylindres CC'. La disposition devient
alors celle de la figure 1', pl. VI, qui donne une section
verticale de l'ensemble des organes en mouvement. Grâce à
cette modification, les fibres les plus courtes peuvent être dirigées sur de petits cylindres avec la régularité voulue; les
lettres étant les mêmes pour les mêmes parties que dans les
descriptions précédentes, nous n'avons pas à y revenir; on a
seulement ajouté à cette vue le cuir sans fin U dont la rotation
au contact du cylindre e a pour but de maintenir ce dernier dans
un état de propreté convenable. Depuis quelque temps, au lieu

d'employer des cylindres cannelés parallèlement aux génératrices, et par conséquent en ligne droite, on commence à y
substituer des cylindres à cannelures curvilignes dans la direction indiquée figure 9, pl. V. On facilite ainsi le laminage par
suite de la possibilité qu'il y a d'établir l'adhérence avec une
pression moindre que pour les cylindres ordinaires. On augmente également la durée des organes et ceux-ci ne se gravent
plus aussi vite, attendu que les contacts des mêmes points des
deux cylindres changent de position relative sur les parties
cannelées.

Ayant indiqué les formes et les fonctions qui caractérisent
ces machines, employées exclusivement pour la préparation des
laines longues et parfois seulement pour celle des laines fines,
nous allons en indiquer la disposition d'ensemble.

Les figures 1 et 2, pl. VI, donnent, la première, le plan horizontal vu par-dessus, et la seconde une représentation du bout
d'un gills-box pour laine fine. Les figures 3 et 4 indiquent les
mêmes machines, plus volumineuses, pour laine longue. La
figure 3 est une élévation du côté de la commande générale de
la machine, et la figure 4 est une élévation de face de la même,
disposée pour faire à volonté des bobines ou pour recevoir la
matière dans des pots. Les mêmes lettres indiquent les mêmes
parties dans les quatre figures.

La laine, préparée sous forme de deux grosses bobines O
(fig. 2) ou de quatre rouleaux (fig. 4), est placée sur une étagère
d'où les bobines viennent se dérouler dans des conduits G des
couloirs ou tables E, pour se rendre entre les cylindres alimentaires DD'; les rubans passent de là dans les aiguilles *a* des barrettes BB, qui les livrent aux étireurs CC', d'où ils se dirigent
soit dans les entonnoirs *tt* (fig. 1), soit dans ceux E'E' (fig. 4)
pour venir s'enrouler de nouveau en bobines à rubans croisés
sur les axes JJ commandés par les doubles rouleaux d'appel XX
(fig. 1 et 2); SS indiquent des tiges vissées et serrées par

des écrous dans les gills-box de petites dimensions, et entourées de ressorts à boudins réglés par de petites roues V. Dans les grosses machines pour la laine longue xx, sont des rouleaux inférieurs de cuirs sans fin dont il a été question précédemment. Le degré de tension convenable des cuirs peut se régler en faisant monter ou baisser les tourillons $t't'$ de ces rouleaux, par le mouvement des vis $S'S'$ au moyen du volant v tournant dans des écrous du cadre aa; les écrous inférieurs étant fixes deux à deux aux tourillons t'. P''P'', désignent par des lignes ponctuées (fig. 4) la position des pots lorsqu'ils remplacent les bobines. Toutes les parties de la machine se trouvent supportées par un bâti en fonte II dont les pièces sont solidement reliées entre elles par des boulons.

TRANSMISSIONS DE MOUVEMENTS. — Pour plus de clarté, nous allons donner ces transmissions séparément pour chacun des organes; toutes ont leur point de départ sur l'arbre Q, qui porte les poulies motrices fixe et folle PP', recevant l'action de la courroie OO venant de l'arbre de couche de l'atelier.

Commande des cylindres alimentaires DD' (fig. 1 et 2). — L'arbre Q porte un pignon 1, engrenant avec la roue 2, calée sur l'arbre q, dont l'extrémité opposée porte le pignon 3, engrenant avec 4, celle-ci avec la roue 5 calée sur un axe j. Cet axe reçoit un pignon 6 qui transmet le mouvement à la roue 7, placée sur l'arbre Q' des cylindres alimentaires D.

Commande des gills. — L'arbre Q porte sur sa longueur, à une distance correspondant à l'espace occupé par les gills, ou égale à la largeur de la table des cylindres, deux pignons d'angle n, n (fig. 1), dont chacun engrène un pignon n', n' placé sur les axes des vis inférieures v, pour que le mouvement soit régulièrement transmis des vis du dessous à celles du dessus. On voit à côté de chaque pignon n' un pignon droit n'' qui, placé sur la vis inférieure, engrène avec un semblable n'' placé sur la vis supérieure. Cette disposition est donnée en détails dans la coupe (fig. 1').

Commande des cylindres étireurs CC'. — Celle-ci part encore directement de l'arbre Q' au moyen des engrenages droits, pignons et roues, 8, 9, 10 et 11, cette dernière fixée sur l'arbre Q''' des cylindres inférieurs C.

Commande des entonnoirs t. La roue 12, calée sur l'arbre Q''' engrène avec une roue 13 placée sur l'arbre q, recevant un pignon également droit, mais accolé à une petite transmission en cône qui donne le mouvement à une roue semblable placée sur un collier des entonnoirs t, t. La figure 1 *bis* donne un détail en coupe de cette disposition. Les entonnoirs E' (fig. 4) sont animés par une corde passant sur une poulie à gorge placée sur cet entonnoir, et sur une seconde poulie correspondante p, placée au pied du bâti; ces dernières reçoivent l'action par une poulie fixée à l'une des extrémités de leur axe. Le dessin ne donne pas cette dernière.

Commande des rouleaux d'appel X, X et des bobines. — Sur un des bouts de l'arbre Q''' se trouve le pignon 14, engrenant avec la roue intermédiaire 15, qui transmet la rotation à une roue 16 placée sur l'axe des rouleaux X. Enfin les rubans sont tendus et croisés sur les bobines par un double mouvement imprimé par le manchon M' ou renflement circulaire que porte l'arbre Q''. Ce renflement porte deux rainures croisées en hélices p, p' dans lesquelles s'engage un bouton adapté à l'extrémité d'un guide qui reçoit le ruban à envider. L'arbre Q'' étant commandé par un pignon imprimera la rotation au manchon M', qui la transformera en mouvement de va-et-vient sur la bobine, grâce au guide en zigzag, gravé à sa surface, et qui dirige le conduit des rubans sur la bobine.

Commande des pots dans le gills-box (fig. 4). — Sur l'arbre des cylindres étireurs se trouve fixé un pignon conique O engrenant avec un second O' placé à l'extrémité d'un arbre vertical *v* dont le bout ou pivot inférieur reçoit un pignon droit O''. Celui-ci engrène avec un plateau L à rebord denté sur son pourtour et lui imprime un mouvement de rotation qu'il communique au pot, reposant dessus par sa base.

Compteur. — Il est important de pouvoir, dès les premiers passages, agir avec toute la précision désirable, c'est-à-dire qu'il faut produire des bobines avec des rubans réguliers, ayant un poids uniforme pour chaque unité de longueur; en d'autres termes, il faut obtenir dès le début des titres de rubans d'une régularité telle, que l'unité de poids, 100 grammes par exemple, fournisse la même longueur pour toute la partie de chaque bobine. Pour atteindre ce but, on cherche au démêlage et au cardage à alimenter les machines par des couches d'égale épaisseur contenant un poids constant de matière pour l'unité de surface et susceptibles de rendre des longueurs de nappes ou des rubans d'une proportionnalité précise. Mais, comme malgré tous les soins il est à peu près impossible d'arriver à une exactitude mathématique et à une homogénéité parfaite du produit, on a généralement recours, dans les établissements bien montés, à des moyens de contrôle. Ces moyens consistent dans la formation de bobines d'une longueur uniforme de rubans; si ceux-ci sont homogènes dans tout leur parcours, toutes les bobines auront évidemment le même poids, et si, comme cela arrive fréquemment, les poids des bobines varient, on a soin d'en tenir compte. Au passage suivant, lorsqu'il s'agira de réunir les rubans d'un certain nombre de bobines, on combinera les faibles avec les forts dans le but d'obtenir une alimentation aussi régulière que possible.

Il s'agit donc, dès les premiers passages, de faire des bobines à *tours comptés,* c'est-à-dire contenant une longueur déterminée, soit 225 à 250 mètres de rubans chacune. On a alors recours au moyen usité dans tous les cas analogues, à un compteur. On place sur l'arbre dont on veut indiquer un nombre de tours déterminé (ici ce serait sur l'arbre des bobines) une vis sans fin, qui donne par une transmission de pignons le mouvement à un plateau ou disque indiqué en z, z (fig. 4). Le mouvement de ce disque est calculé de façon à ce que chacune de ses révolutions corresponde au nombre de tours de l'arbre qui doit donner la longueur de la bobine. Si, au point correspondant à la fin du tour sur le plateau, on a fixé une cheville, une tige ou un bouton venant agir sur la détente du levier débrayeur, celui-ci arrêtera spontanément la machine lorsque les bobines auront fait le nombre de tours nécessaire à leur formation. On peut aussi débrayer la machine à la main en faisant passer la courroie de la poulie fixe P sur la poulie P', au moyen de la fourche ou guide-courroie F, manœuvrée à la main par la poignée N.

La figure 5 donne d'ailleurs les détails des transmissions de ce compteur. Vue de profil, son point de départ est sur l'arbre des cylindres étireurs c'; les engrenages qui de cet axe transmettent le mouvement à la vis sans fin A, sont I, II, III, IV, A engrenant avec une vis sans fin dont l'axe porte au bas une seconde vis A', donnant le mouvement au plateau Z, dont un tour entier correspond à un enroulement de 200 mètres par exemple; en un point de ce plateau se trouve la cheville B. Lorsque ce plateau tourne dans la direction de la flèche i, il fera un tour entier jusqu'à ce que cette cheville B vienne agir sur une saillie c, fixée à une tige de débrayage y (fig. 4 et 5), qui, sollicitée alors par un poids y'', retire cette tige en arrière, et le bouton u dont elle est garnie vient presser contre la détente F, ou guide-courroie, pour faire passer la courroie de la poulie fixe sur la folle; la machine est par conséquent débrayée automatiquement.

Moyens de réglage. — La perfection des résultats d'une machine dépend autant de son réglage, de la nature, des caractères, de l'état de pureté et du volume de la matière traitée que de sa bonne exécution. Des données générales approximatives, des vitesses d'organes, des pressions, etc., indiquées par l'expérience pour des cas déterminés peuvent bien servir de points de départ, mais il est indispensable de modifier ces rapports à volonté en plus ou en moins, suivant les observations pratiques ; c'est à cet effet qu'on a pour chacune de ces machines une série de pignons variant de diamètre et par conséquent de nombre de dents, ce qui permet de les changer suivant les besoins. La vitesse de l'arbre principal O′, et simultanément celle des organes qui en dépendent, diminuera si on remplace la roue 2 par une roue plus grande, et augmentera par la substitution d'un engrenage plus petit ; la vitesse se modifiant en raison de la différence du rapport entre les diamètres ou nombre de dents des engrenages de la commande.

Par une substitution semblable du pignon 6, on modifiera seulement la vitesse de l'arbre Q″ des cylindres alimentaires D.

Le changement du pignon 11 opérera sur l'arbre Q‴ des cylindres étireurs, et nécessitera ainsi un changement dans le même sens du pignon 16 de l'arbre des rouleaux envideurs ; car, si on augmente ou diminue la quantité d'étirage, et que les organes qui déterminent cet étirage donnent une longueur nouvelle, il est indispensable, pour ne pas troubler la tension des rubans à l'envidage, qu'ils soient enroulés avec une vitesse proportionnelle à celle des organes qui les fournissent.

Il y a dans chaque atelier un certain nombre d'engrenages de rechange qui permettent de faire varier les rapports de vitesses dans une limite déterminée ; ces rouages sont généralement désignés par le nombre de dents de chacun d'eux. Ainsi, il y a des pignons de 20 à 24 pour le cylindre alimentaire, de 20 à 80 pour l'étireur. Il n'y a d'ailleurs rien d'absolu dans ces rapports.

Le choix théorique de la substitution d'un engrenage à un autre est facile à déterminer à l'avance, puisqu'il dépend d'un calcul fort simple. Mais l'appréciation pratique pour arriver au résultat précis résulte du plus ou moins de connaissances de celui qui en est chargé; non-seulement il faut pouvoir apprécier *à priori* avec le plus de rapidité possible dans quelle direction le changement doit se pratiquer et la limite dans laquelle il doit se réaliser, mais il est nécessaire aussi de tenir compte des écarts qui se présentent en général entre les résultats calculés et pratiques. Nous donnons plus loin, en parlant des bobinoirs, des exemples de ces écarts recueillis dans les usines les mieux établies, et les moyens d'en corriger les effets.

PRODUCTION DU GILLS-BOX. — Le calcul du débit d'une semblable machine ne présente théoriquement aucune difficulté; connaissant le diamètre et par conséquent le développement des cylindres à l'entrée ou à la sortie de la machine, et leur nombre de tours, on aura la longueur de ruban passée par l'unité de temps, et en déterminant directement son poids on en déduira la production.

Soit d le diamètre du cylindre lamineur a à l'entrée $= 0^m,05$. Son développement $2\pi r$ sera $6,28 \times 0,025 = 0^m,157$, et $0,157 \times 180 = 2^m,82$, en supposant 180 révolutions à la minute. Donc chaque tête fournira $2^m,82$, soit $5^m,64$ à la minute pour les deux têtes. Chacun de ces rubans tel qu'il sort de la carde peut peser en moyenne de 2 à 4 grammes au mètre, suivant les laines; si on en réunit 12 à chaque tête, ou 24 sur les deux têtes, on aura 48 à 96 grammes, soit en moyenne 72 grammes au mètre et $72 \times 5^m,64 = 406$ grammes à la minute, et $406 \times 720 = 292^k,38$.

Si, au lieu de 12, on réunit 18 rubans par tête, le poids produit par le gills-box fournira 50 pour 100 de plus, c'est-à-dire 438 kilogrammes. Nous ne donnons ces chiffres que comme un exemple des éléments entrant dans le calcul, attendu qu'il est impossible de fixer *a priori* les poids absolus par unité de longueur pour des laines essentiellement variables de finesses et de caractères. Cela est si vrai, qu'un gills-box peut faire pratiquement de 150 à 300 kilogrammes par tête, ou 300 à 600 kilogrammes pour les deux têtes; les 300 kilogrammes représentent naturellement le rendement en laines intermédiaires et fines, tandis que les 600 sont un minimum lorsqu'il s'agit de laines longues.

Mais, quelles que soient les matières travaillées, le personnel ne varie pas; une femme suffit pour surveiller deux machines à deux têtes et par conséquent quatre têtes.

DISPOSITION SPÉCIALE POUR ARRIVER PLUS SUREMENT A LA RÉGULARITÉ DES LAMINAGES ET ÉVITER CERTAINS ACCIDENTS DES PRÉPARATIONS. — Quel que soit le système d'étirage adopté (gills-box ou défeutreur), il faut, comme nous l'avons démontré précédemment, faire subir aux cylindres lamineurs et étireurs une certaine pression, variable, et en général proportionnelle, toutes choses égales d'ailleurs, aux volumes ou à la masse des rubans en travail. On se sert ordinairement de deux dispositions différentes : pour les premiers passages, agissant en général sur de gros volumes, on détermine la pression au moyen de ressorts à boudins comprimés directement par l'action d'écrous, comme nous l'avons vu par la description précédente; mais, rien ne déterminant le degré de serrage et l'intensité du résultat, il peut y avoir une différence notable d'action entre les nombreux ressorts nécessaires aux organes d'une même machine, et de là évidemment des irrégularités de pression presque impossibles à éviter.

Le second système, plus connu et plus appliqué, consiste dans l'action des contre-poids agissant sur des tiges directes ou sur des leviers de renvois, et est moins précis encore sous un autre rapport. En effet, ce système a l'inconvénient d'être brutal, en ce sens que les variations de volume de la matière en travail agiront brusquement par l'entremise des leviers sur les poids pour soulever ceux-ci sous l'action de certains efforts et les laisser retomber aussitôt; de là, les principales causes de certains accidents bien connus et trop fréquents dans les filatures, et, entre autres, des *étranglements*, des *inégalités* et des *coupures*, etc. Pour jouir des bénéfices de la combinaison des deux moyens et surtout de l'avantage du ressort, remplissant les fonctions de régulateur de pression lors des passages de *grosseurs anormales* et accidentelles, MM. Pierrard-Parpaite et fils ont eu recours à une disposition qui mérite d'être signalée. Le principe de ce moyen repose sur l'emploi des ressorts agissant sur des leviers à poids pour les comprimer tous également d'une quantité déterminée et connue. A cet effet, les leviers d'égale longueur d'une même machine, chargés chacun d'un poids égal, sont serrés par des ressorts au moyen d'écrous de façon à ce que les extrémités de tous ces leviers dans leur déplacement s'élèvent à une même hauteur réglée par un arrêt. Pour simplifier la disposition, cette course des leviers est limitée en s'élevant par l'arrêt inférieur du porte-système, point d'appui des organes de la machine. Si, au contraire, les leviers doivent s'abaisser, il est évident encore qu'une égale addition de poids à chacun comprimera les ressorts d'une quantité uniforme. Une fois tous les ressorts et leurs leviers respectifs réglés d'une façon normale pour chaque cas, en raison du genre de matière et de la période du travail, la pression se transmettant d'une manière élastique par l'entremise du ressort, les actions brusques signalées précédemment seront forcément évitées. Une augmentation accidentelle de volume entre l'un des lamineurs n'affectera que le levier correspondant pour le soulever et le maintenir ainsi écarté pendant le temps nécessaire au passage de la grosseur anormale, pour revenir ensuite, d'une façon progressive et insensible, à son point de départ. Dans le cas où une partie de ruban d'une dimension au-dessous de la moyenne viendrait au contraire à passer (ce qui ne doit se présenter que très-exceptionnellement), l'effet se produira directement sur le ressort et fera lever le levier jusqu'à ce qu'il y ait équilibre entre l'effort des organes et le système du ressort à levier qui les règle. Le ressort ainsi établi entre la résistance et le levier à contre-poids ordinaire a le double avantage : 1° d'éviter complétement les actions brusques et les soubresauts indiqués plus haut; 2° de débarrasser la machine de poids énormes et de leviers de longueurs exagérées.

Quoique l'application de ce mode régulateur de pression soit simple et puisse varier avec la forme des machines auxquelles on l'adapte, nous donnons néanmoins la disposition spéciale que nous avons vue fonctionner, à Reims, dans les ateliers de MM. Pierrard.

Combinaison des leviers a ressorts de pression. — La planche VII, fig. 1 et 2, donne la coupe verticale des deux étirages, qui ne diffèrent entre eux que par les dimensions et la position des leviers. La première montre une machine préparatoire pour peignage, au moment où on règle tous les leviers. La figure 2 est un banc d'étirage pour filature avec les ressorts et les leviers réglés à leurs positions respectives. La figure 3 est une vue de face, et la figure 4 un plan vu par-dessus du système spécial dont il est question. Les mêmes lettres indiquent les mêmes parties dans les différentes vues. Les organes des machines elles-mêmes restent, bien entendu. sans changement; OO' sont des baguettes cylindriques ou rouleaux guidant les rubans entre les cylindres lamineurs l, p, et sur le peigne cylindrique h, et sous sa pression p', pour se rendre à la paire de cylindres étireurs l'', p'', pour de là s'engager dans l'entonnoir ou guide qui fait en quelque sorte embarrer le ruban en e, e', e'', enfin autour de l'enrouleur R. La principale modification de ces machines consiste dans la manière d'effectuer la pression. On voit en AA, dans les diverses figures de la planche, la sellette simple ou double agissant sur l'axe du rouleau lamineur p'. A l'extrémité inférieure de cette sellette est assemblé un tirant vertical B, qui traverse un levier D. c est un ressort variant de force suivant les cas; il est terminé par un écrou de serrage c'.

Le levier D, traversé par le tirant, est articulé en a sur l'axe de la chappe fixée au porte-système S.

E est un second levier articulé dans la rainure S' du porte-système S. Ce levier E s'appuie par un galet G, fixé à l'une de ses extrémités, sur le levier D. Par cette disposition, la pression transmise à l'un des leviers se communique à l'autre et finalement au ressort. Ce dernier reçoit progressivement l'action sans choc brusque.

On conçoit qu'avec une disposition de ce genre on puisse éviter la longueur incommode de leviers, puisque de fait elle se trouve répartie en deux bras, D et E. On peut même en varier les rapports en déplaçant le galet G du levier E sur le levier D. Enfin, l'adoption des ressorts permet de diminuer considérablement les poids P. Dans un cas donné, où il est nécessaire d'obtenir une pression de 250 kilogrammes par exemple, on y arrive avec les rapports de leviers de la figure 2 avec $7^k,50$.

Le guide des rubans adopté par MM. Pierrard est également d'une forme spéciale, représentée en détail dans les figures 5, 6 et 7. Ces figures sont des détails de la pièce qui porte les orifices ou ouvertures e, e', e'', des figures précédentes. A, AA sont les plans et B les coupes. Les trois figures correspondent aux guides de sortie de trois machines successives qui terminent l'assortiment ; le premier ne produit d'embarrage qu'entre deux orifices, e, e'; les deux autres en ont trois, e, e', e'', et la dernière plaque présente une division double 1 et 2, destinée aux machines fonctionnant à doubles mèches. L'embarrage des rubans à leur sortie produit un tirage sensible qui, opéré par des angles et des espaces convenablement disposés, est susceptible de réaliser un bon dressage et de diriger le produit avec une tension plus ou moins forte, en raison du volume de la masse. ∠

CHAPITRE VIII.

PEIGNAGE. — DÉGRAISSAGE ET LISSAGE DES RUBANS.

§ 1. — Peigneuses automatiques.

Les machines à peigner proprement dites peuvent se diviser en deux séries : 1° toutes celles essayées ou appliquées depuis Cartwrigt jusqu'à Heilmann, dans l'espace d'un peu plus d'un demi-siècle (1790 à 1845) ; 2° celles employées depuis lors, ayant pour point de départ les principes appliqués par Josué Heilmann. Comme il n'existe, pour ainsi dire, plus de peigneuses de la première période, que la plupart d'entre elles ont déjà été décrites ailleurs, nous n'avons pas à y revenir. Nous nous bornerons à reproduire les principales machines types, réalisant actuellement par des dispositions diverses le résultat si parfaitement défini pour la première fois par Heilmann.

Les considérations et les démonstrations du célèbre inventeur, citées à l'appui de son brevet, étant un modèle du genre et un document important de l'histoire des progrès industriels, nous les reproduisons comme l'introduction naturelle du peignage automatique, dont le travail de la laine a fait un si grand profit depuis lors.

BREVET EN DATE DU 17 DÉCEMBRE 1845, AU SIEUR HEILMANN, DE MULHOUSE, POUR UN DÉMÊLOIR ET UNE PEIGNEUSE. — Voici la théorie de ces machines (pl. VIII):

Étant données deux surfaces cardantes ou peignantes d'une forme quelconque, par exemple les deux hérissons *a* et *b* (fig. 1), supposons que ces surfaces se meuvent dans le sens indiqué par des flèches, mais avec des vitesses différentes l'une de l'autre; soit, de plus, donné à l'un d'eux un mouvement oscillatoire tel qu'il s'approche et s'éloigne alternativement pendant le travail, en décrivant des lignes plus ou moins grandes, selon la longueur des matières, ou bien que les deux hérissons se meuvent simultanément, dans le but de produire les mêmes effets, comme par le mécanisme dont voici la description :

c, axe d'un arbre coudé, qui est assujetti à un bâti, centre du collet excentrique de l'arbre *c*.

l, bielle qui transmet le mouvement oscillatoire au hérisson *a*, lequel se meut autour du pivot *o*, fixé au bâti.

g, balancier qui pivote sur le centre *i*, également fixé au bâti, et qui communique au hérisson *b* un mouvement analogue à celui de *a*, par l'intermédiaire de la bielle *h*.

Pour imprimer des mouvements de rotation convenables aux hérissons *a* et *b*, il faut que les dernières roues ou poulies de transmission dont on se sert soient excentriques avec les pivots *f* et *i*, ou même placées à libre frottement sur eux.

Si alors on charge d'une nappe de coton le hérisson qui tourne le plus lentement, soit *a*, bientôt le hérisson *b* saisira les parties saillantes des filaments, les attirera légèrement, ainsi que leurs voisins, et il finira par s'en emparer totalement. La nouvelle nappe, ainsi formée, sera d'autant plus réduite en épaisseur, et ses filaments seront d'autant plus parallèles entre eux, que la vitesse de la surface *b* surpassera celle de *a*, et la nappe sera d'autant plus homogène que sera plus grand le nombre de fois que l'on aura soumis la matière à cette première opération.

Mais afin que la nappe ne subisse pas, comme dans les batteurs, les velow, les cardes et autres machines analogues, une dissolution complète, la différence de vitesse entre les deux surfaces est maintenue dans les limites de celles en usage dans les machines appelées *étirages* pour le coton, car on se propose ici de conserver l'adhérence naturelle entre les filaments d'en profiter, et d'opérer, au moyen d'un glissement graduel, une espèce de peignage et d'étirage simultanés, dont les moindres effets se conservent et augmentent graduellement, tandis que, au sortir des machines ci-dessus nommées, le parallélisme n'est pas conservé relativement à la nappe.

Soit encore (fig. 2) :

A, un système fournisseur quelconque, composé de pinces, de cylindres, et approprié à la matière que l'on veut traiter; par exemple, un cylindre cannelé *a*, marchant par intermittence et à repos stable, ou par un mouvement continu, et un conduit *b*, qui presse médiocrement la matière contre ledit cylindre, sans gêner la marche de la nappe.

B, un système d'appel de délivrance quelconque, soit un cylindre cannelé et un autre de pression *d*, tout le système pouvant se mouvoir autour du point *e*, fixé au bâti.

c, un hérisson qui, en tournant sur son axe, peut s'approcher tantôt de l'alimentation *A*, tantôt de la délivrance *B*, et bientôt se dérober sous le conduit *b*, où il se débourre, soit en tournant en sens inverse, à proximité d'un autre hérisson ou d'un peigne, ou par une méthode qui est décrite plus bas.

Un des mécanismes propres à produire ces effets consiste dans les détails suivants :

f, centre d'un arbre coudé assujetti au bâti.

g, tourillon excentrique de cet arbre.

h, bielle engagée dans le tourillon *g*.

i, pivot fixé au bâti, et sur lequel pivote et glisse la bielle *h*.

K, levier qui est accouplé à la bielle *h*, par un mouvement de charnière, au point *l*, et qui sert de support au peigne *c*.

m, autre pivot fixé au bâti, sur un point convenable du cercle *nn*, selon les courbes que l'on veut faire décrire au peigne. C'est sur ce pivot que tourne et glisse le levier K, percé d'une coulisse.

p, bielle adaptée au système B, comme aussi au levier *k*, lequel entraîne ce système au moyen de la bielle *p*, pour l'approcher de l'alimentation A.

Le hérisson reçoit son mouvement par le centre *m*, celui du cylindre *d* par le pivot *e*; quant au cylindre *a*, il se meut au moyen d'un encliquetage à rochet.

Si une nappe de matière rendue parallèle et homogène par le procédé décrit dans la première démonstration est engagée dans l'alimentation A, le peigne *c* y formera la barbe *y*, après quoi il se dérobera sous le conduit *b* et permettra à l'appel B de s'approcher de l'alimentation. Ce mouvement rétrograde, effectué en tournant sur leur axe, est réalisé par des moyens décrits plus bas. Arrivée à une distance convenable de l'alimentation A, la barbe peignée *y* se joindra à la queue *z*, provenant d'une précédente opération. Alors la paire de cylindres *d*, *e*, fera un mouvement de rotation en avant, et puis tout le système B retournera à sa première position, en emportant une mèche de filaments. Dans ce mouvement, le peigne reparaîtra et s'approchera assez de la queue *z* pour qu'elle soit aussi peignée.

On voit par cette démonstration que l'on se propose de fractionner une nappe par mèches d'une certaine longueur; ces mèches se peignent devant et derrière, pour se réunir de nouveau en nappe ou ruban, et tout cela par des moyens automatiques.

Toutefois, ce qui précède sera complété par les descriptions détaillées des deux machines qui suivent, et qui offrent toutes deux une application des deux principes énoncés.

DESKRION. — La figure 3 représente une section verticale, et la figure 4, le plan des parties essentielles de cette machine, dont les dimensions indiquées conviennent pour le coton.

a, l'un des côtés du bâti portant les pivots.

b, support avec coussinet; son pareil se trouve au côté opposé.

c, arbre coudé en deux endroits, intérieurement aux coussinets *b*, dans lesquels il tourne; il reçoit directement le mouvement du moteur.

d, axe de rotation de cet arbre.

e, centre de ses parties excentriques ou coudées.

f, collet en deux pièces et tournant librement sur le centre *e*; son pareil se trouve au bout opposé.

g, cylindre creux, vissé par chacun de ses bouts sur les collets *f*.

h, garniture de cardes, d'aiguilles ou de broches, dont le cylindre *g* est garni.

i, roue dentée et fixée sur l'un des deux collets *f*.

k, support en métal engagé à frottement libre sur le collet *f*. Ce support se prolonge dans sa partie inférieure vers le bas du bâti, et se termine par une tige qui glisse librement dans une ouverture faisant corps avec le bâti.

l, coussinet additionnel adapté au support *h*. Cette partie reçoit le pivot d'un arbre à vis sans fin; une pièce pareille reçoit le pivot opposé dudit arbre.

m, vis sans fin avec son arbre tournant dans les coussinets *l*, et engagée dans la roue *i*.

o, autre vis sans fin dans laquelle engrène le pignon *n*.

q, rouleau et toile sans fin destinés à amener les matières filamenteuses.

p, chapeau garni de cuir, servant à appuyer la matière sur les cardes *k*.

s, ressort qui régularise la pression du chapeau *p*. Ce chapeau peut aussi être remplacé par un rouleau.

t, support destiné à recevoir le pivot du second hérisson.

u, centre et pivot dudit hérisson.

v, axe du même hérisson, cannelé à facettes, de manière à recevoir, au moyen de vis, des garnitures de peignes ou d'aiguilles.

x, peignes ou aiguilles.

y, barrettes engagées librement entre les peignes *x*.

z, rainures excentriques pratiquées à la partie latérale interne des supports *t*. Dans ces rainures sont engagées les extrémités des barrettes *y*.

w, disque dont chacune des extrémités de l'axe *x* est munie. Ces deux disques portent des entailles de la même inclinaison que les dents des peignes.

Chaque barrette est aussi engagée à frottement libre, avec deux bouts dans ces entailles.

Les barrettes, étant au besoin courbées d'équerre et percées d'un trou à chaque bout, peuvent pivoter sur ces trous, ce qui dispense des disques *w*.

L'arbre *c*, recevant du moteur un mouvement de rotation rapide, entraîne avec lui le hérisson *h*, non pas autour de l'axe *e*, mais autour de l'axe *d*, de manière à produire, sur la nappe de matière qui y est engagée et contre le hérisson *x* qui est stationnaire et près de lui, un peignage dont il a été question. En même temps, un autre mouvement très-lent autour de son propre axe est imprimé au hérisson *h*, au moyen des deux vis sans fin *m* et *o* et de la tige fixe engagée dans la fourche *p*.

Par une communication tout ordinaire des roues dentées, l'arbre *c* transmet au hérisson *x* d'une part, et, de l'autre, au rouleau de toile sans fin *q*, leur rotation, mais avec des vitesses différentes telles, qu'il en résulte entre les hérissons un certain étirage de la matière.

La rainure excentrique *z* est disposée de manière à ce que du côté du hérisson *h* les aiguilles soient plus élevées que les barrettes, afin qu'elles saisissent la nappe, tandis que, du côté opposé, où il s'agit de dégager la nappe, les barrettes désaffleurent les aiguilles.

Lorsque, dans cette machine, la vitesse du hérisson *h* est la quatorzième partie du hérisson *x* et les deux centièmes de celle de l'arbre coudé *c*, les cotons longue-soie s'y travaillent bien. Ces proportions pourront varier selon les matières.

On peut, au besoin, faciliter le détachement de la nappe étirée au moyen d'un rouleau ou d'un peigne appliqué près des barrettes. Cette nappe peut être reçue sur un tambour ou au travers d'un entonnoir.

Cette machine peut aussi servir comme simple étirage, en diminuant ou supprimant l'oscillation des hérissons.

PEIGNEUSE. — Cette machine est construite dans le genre d'un banc d'étirage pour le coton, avec addition d'un cylindre peigneur.

La figure 5 représente une section, et la figure 6 un plan essentiel de son mécanisme, dont les dimensions indiquées conviennent pour le coton.

A, pied du support, dont une seule paire ou bien un certain nombre de paires peuvent être placées sur un même porte-système.

B, support auquel est adaptée la partie alimentaire ; il est fixé au pied A au moyen d'une vis, et peut se régler le long d'une surface et d'une coulisse circulaire.

a, cylindre cannelé tournant par intermittence ; sa hauteur peut être réglée au moyen du coussinet *a'* et de la vis *a"*.

b, conduit de la nappe ; il pivote sur l'axe *b'* et peut se régler au moyen du coussinet *h"* et de la vis *b"*.

c, poids qui appuie le conduit contre le cylindre.

C, coussinet sur lequel est adaptée la partie délivrante de la matière pure; il est fixé au pied A au moyen de la vis *c'* et peut se régler par une vis *c"*.

s, levier qui pivote sur le coussinet *c*, soit au centre X, soit au centre Y, ainsi qu'il sera expliqué plus loin.

e, cylindre cannelé dont le pivot traverse le levier *s*.

f, cylindre de pression recouvert de cuir qui pivote dans le même levier *s*.

g, crochet qui effectue la pression de ces deux cylindres l'un contre l'autre, par l'intermédiaire d'un levier coudé *g'* et par l'effet d'un ressort *g"*.

h, ressort qui imprime au levier Z un mouvement autour de son axe X ou Y, dans le moment où l'arbre *h'*, le levier *h"* et la chaîne *h'"* ne lui font pas faire un mouvement opposé.

D, coussinet qui supporte un second système de délivrance destiné aux résidus; il est aussi fixé au pied A au moyen de la vis D.

i, cylindre cannelé.

K, cylindre couvert de peaux et pressant contre le cylindre *i*, au moyen d'un levier et d'un ressort. Ce cylindre peut être réglé à une petite distance des barrettes, ou les toucher légèrement.

C, chapeau qui recouvre le pivot du cylindre peigneur qui tourne dans un coussinet ménagé dans le pied A. Ce chapeau est tenu par la vis E.

l, axe du cylindre peigneur. Le diamètre extérieur de ce cylindre doit être proportionné à la longueur des matières filamenteuses, ainsi que toutes les autres parties de ce mécanisme.

m, dents de peigne dont la moitié environ de la circonférence du peigneur est garnie; elles pourront être progressivemen plus fines et plus rapprochées entre elles, dans le sens de leur travail, et appropriées aux matières.

n, barrettes qui se meuvent entre ces dents, comme il a été dit dans la description du démêloir.

o, partie de la circonférence recouverte de drap et de cuir au moyen de coins ou par tout autre moyen.

L'axe du cylindre peigneur est animé d'un mouvement circulaire continu dans le sens de l'inclinaison des dents dont il est garni. A chaque tour qu'il fait, l'alimentation fournit une certaine longueur de nappe. Le moment et la qualité de cette avance doivent être déterminés selon qu'on aura pour but ou l'économie de la matière ou la pureté du produit. Le peignage de la tête de la mèche étant achevé, au moment où la partie cannelée *o* se présente devant le cylindre *f*, celui-ci presse fortement sur elle pour arracher la mèche peignée, dont la paire de cylindres *e*, *f* s'empare par le mouvement et par l'effet de l'adhésion des filaments ; mais, lorsqu'un moment après la partie garnie de cuir se présente devant le cylindre *e*, celui-ci s'abaisse par un mouvement de bascule qui relève en même temps le cylindre de peau. La mèche fait donc alors un mouvement rétrograde, ce qui l'expose graduellement, et à commencer par le bout de la queue, aux dents du peigne. On peut aussi effectuer la marche rétrograde de la mèche immédiatement après le peignage, ou bien on peut rétrograder en deux portions, avant, après ou pendant le peignage, comme on le verra plus tard, en disposant le cylindre peigneur à cet effet, et selon l'espèce et la longueur des matières.

Les résidus enlevés par les dents du peigne en sont immédiatement expulsés par les barrettes, et puis saisis par la paire de cylindres *i*, *k*. Si l'on donne à cette paire de cylindres un mouvement circulaire alternatif semblable à celui de la paire *e*, *f*, on pourra former un second boudin ; mais, si les résidus n'en valent pas la peine, on peut les laisser tomber librement et pêle-mêle, ou les enlever au moyen d'une brosse ou d'un peigne.

On voit que, par ce procédé, c'est le mouvement circulaire

alternatif, intermittent et progressif des deux paires de cylindres e, f et i et k, qui doit former une nouvelle nappe ou boudin des mèches fractionnées, soit de la matière pure, soit des résidus. A cet effet, il faut régler la quantité, la durée et la vitesse de ces mouvements, de manière que l'avance l'emporte sur la retraite; quant au peignage de la queue, pour qu'il effectue bien pour les longues matières, la retraite doit être opérée avec une vitesse moindre que celle des dents du peigne.

Quant aux moyens de produire ces effets, on se borne à en indiquer deux, dont voici la description :

1° Lorsque le cylindre de peau f est appuyé sur la partie cannelée o, au moyen du levier Z et de ses accessoires, le contact, à lui seul, peut causer le mouvement d'avance de la paire e, f, tout comme une forte pression du cylindre e sur la partie p peut en effectuer le recul. Dans ce cas, le levier Z doit pivoter sur le centre X;

2° Soit (fig. 7) un pignon q et les deux secteurs dentés t et t', pouvant engrener alternativement avec ce pignon. Sur leur axe r et s sont fixées aussi deux roues dentées entièrement, et indiquées par les lignes pointillées m et x. Ces deux roues engrènent ensemble, et tournent par conséquent en sens inverse l'une de l'autre; elles sont, de plus, animées d'un mouvement circulaire continu, partant de l'axe du cylindre peigneur, et font le même nombre de tours que lui, dans un temps donné. Le pignon q est placé sur l'axe des cylindres e ou i (fig. 5), ou bien il est en communication avec ceux-ci.

On voit, par cette disposition, que l'on peut faire tourner à volonté, en avant et en arrière, le pignon q, comme aussi toutes les parties qui engrènent avec lui; on voit aussi que, en modifiant la longueur et le diamètre des segments dentés, on est maître de la durée et de la vitesse des mouvements que l'on veut transmettre.

Pourtant ce moyen serait impraticable ici sans le perfectionnement que voici :

Les quelques premières dents t' et n' des secteurs sont rendues mobiles autour des axes t'' et a; elles sont, de plus, maintenues au-dessus du niveau des autres dents par les ressorts v, dont le pouvoir doit être proportionné à la force à transmettre. Par cette disposition, la rencontre avec le pignon q se fait sans choc, car les dents levées glissent par anticipation dans celles du pignon. La force et la vitesse sont transmises par l'intermédiaire du ressort v, qui se tend graduellement pendant que le fragment denté se remet en place, et alors seulement que plusieurs dents peuvent agir simultanément.

Avec cette méthode, le levier Z doit pivoter sur le centre Y, qui est le même que celui du cylindre e; à cet effet, les coussinets c doivent être munis, de chaque côté, d'une partie cylindrique. L'intérieur de Y^t sert aux collets du cylindre e, qui le traverse d'outre en outre, et l'extérieur sert de pivot aux leviers Z.

Quant au mouvement de l'arbre h, on le lui donne par un excentrique placé sur l'axe du cylindre peigneur l. Dans cet excentrique est engagé un levier muni d'un galet et fixé sur l'arbre h.

Ce genre de mouvement n'a pas besoin de plus d'explication.

Les deux nappes sortant de la machine peuvent être reçues dans des entonnoirs et attirées par des rouleaux d'appel à mouvement continu ou alternatif.

Nous n'avons, jusqu'à présent, indiqué que l'alimentation la plus simple pour la peigneuse, mais elle ne suffirait pas dans tous les cas et pour toutes les matières. Indépendamment de celle en usage dans d'autres machines, et que l'on pourrait employer, on va en indiquer deux nouvelles.

La figure 8 en représente une section.

b, cylindre peigneur.

f, cylindre de pression, de délivrance, comme dans la figure 5.

a, cylindre cannelé alimentaire.

a', cylindre de pression alimentaire.

b'', règle garnie de drap et de cuir.

b', pivot de cette règle.

b'', bras qui joint la règle *b''* au pivot *b'*.

c, ressort ou poids qui agit sur la règle *b*. Ces parties sont analogues à celles qui sont marquées des mêmes lettres dans la figure 5.

c', vis servant à régler le point d'arrêt de l'action qu'exerce le ressort *c* sur la règle *b''*.

x, autre règle taillée en vive arête.

x', bras portant la règle *x*.

x'', pivot fixé au bras *b''*, et autour duquel peuvent se mouvoir le bras *x'* et la règle *x*.

x'', tringle attachée au bout du bras *x'*, en forme de charnière, et mise en mouvement par un excentrique.

y, peigne qui est fixé par ses deux extrémités aux supports à travers duquel est étironnée la matière.

La paire de cylindres alimentaires amène le coton ou la laine entre la paire *f*, *b*, comme dans un étirage à coton. Au moment du peignage, la tringle *x''* est tirée de haut en bas, et sollicite le levier *x'* à tourner autour du centre *x''* jusqu'au moment où la règle *x* rencontre la règle *b''*, pour serrer entre elles la tête de la nappe. Dès lors le mouvement se continue autour du point *b'*, et entraîne la règle *b''*, en lui faisant décrire la portion circulaire 1-2. Ainsi la barbe se rapproche graduellement des dents du peigneur *b*. Après le peignage, la tringle *x''* remonte à sa place primitive, et avec elle la barbe peignée, qui s'engage aussitôt entre les dents du peigne *y*. La vis *c'* rencontre un point fixe du support B, ce qui arrête l'ascension de la règle *b''*, tandis que la règle *x* retourne à son point de départ.

Une autre alimentation, représentée figure 9, ressemble à la

précédente ; c'est pourquoi toutes les pièces analogues sont
marquées des mêmes signes. Elle en diffère en ce que les cylindres alimentaires sont remplacés par deux ou un plus grand
nombre de rangées d'aiguilles ou broches b, b, et que la rangée
d'aiguilles ou le peigne y est rendu mobile autour du centre e.
Ce peigne plonge, d'ailleurs, dans les fibres, de bas en haut,
au lieu de plonger de haut en bas ; de plus, l'axe z'' est rendu
mobile autour d'un pivot fixe au bâti, qui se trouve sur le
prolongement du levier s, de manière que la pince a, b peut
s'éloigner et se rapprocher du cylindre f, le long de la matière
à peigner, ce qui s'effectue au moyen d'un excentrique ou d'une
came. L'éloignement de la pince a lieu pendant l'étironnage,
après quoi commencent la descente et le peignage, comme dans
la seconde alimentation. Après le peignage, la pince remonte
directement dans sa première position, c'est-à-dire dans celle qui
est la plus rapprochée du cylindre f, et c'est là ce qui cause
l'avance progressive de la nappe, qui entre et sort ainsi à chaque
fois des pointes b, c. Ces pointes ou aiguilles sont assujetties
au bâti avec le support du centre c. Le petit levier fait corps
avec le peigne y et ses dépendances ; il est engagé entre les
deux chevilles i, i, qui l'entraînent dans leur mouvement as-
cendant et descendant.

On voit, par la simple inspection du dessin, que, pendant la
retraite de la pince, le peigne y reste en place ; on peut aussi se
convaincre que, au moyen d'une distance convenable entre les
deux chevilles i, i, et une longueur bien proportionnée du levier y, le peigne et la pince peuvent ne pas se gêner dans leur
mouvement simultané.

Ce mouvement peut être modifié de la manière suivante :

On maintient, comme dans la seconde alimentation, la pince
à une distance invariable, et l'on fait avancer et reculer à sa
place, par les mêmes moyens, les trois rangées d'aiguilles y, h, b,
ainsi que toutes les pièces qui en dépendent.

Voici encore (fig. 10) une autre alimentation :

Le cylindre *a* est cannelé ou garni de cuir, de drap ou autrement, mais il tourne dans le sens inverse pour faire avancer la nappe, tenue, de haut en bas, par un guide terminé en vive arête et non garni de cuir.

Indépendamment du mouvement de progression du cylindre *a*, ce cylindre et le guide font simultanément, et à chaque tour, une oscillation, en prenant alternativement les deux positions *ab* et *a'b'*, la première pendant le peignage et la seconde au moment de l'étirage.

Dans cette disposition, on peut utilement faire usage du peigne *y* (fig. 8).

Voici le mécanisme qui produit les effets voulus :

Le guide *h* se termine à ses deux extrémités par une paire de chapes percées de trous, à travers lesquels passent à frottement libre les axes du cylindre *a*; de plus, une de ces chapes est munie d'un levier *x* avec une tringle *x''*.

Sur le même axe du cylindre *a*, et du même côté, sont aussi adaptées deux roues dentées, dont l'une, *p*, à frottement libre et à denture externe, et l'autre, *q*, fixe et à denture interne. Un pignon *r* engrène à la fois dans ces deux roues. Ce pignon tourne librement sur le pivot *s*, lequel est rivé au levier *x*.

De plus, la roue *q* reçoit du dehors le mouvement intermittent, progressif et à repos stable, nécessaire à l'avance de la nappe, et à telle époque que l'on juge la meilleure. Au moment du peignage, la tringle *x'''* est levée, et avec elle le levier *x'*, ce qui fait prendre au guide *h* et au cylindre *a* la position *ah*, et approche les fibres du peigne, en les pliant autour d'un angle vif, qui aide à les retenir.

Après le peignage, la tringle *x'''* redescend, et donne au guide *b* et au cylindre la position voulue. Les filaments peignés sont alors arrachés par le cylindre *f*, selon la ligne *a'f*. La simultanéité des mouvements du guide *b* et du cylindre *a* résulte de leur union par les engrenages *p*, *q* et *r*.

Dans le cas où les matières auraient besoin d'un fort peignage, on peut rendre indépendante la partie cannelée de la
partie peignante, tout en conservant à la machine le caractère
rotatoire qu'elle offre dans les figures 5 et 6.

On a indiqué cette modification dans une élévation (fig. 11) :

f, cylindre d'étirage.

o, partie cannelée, précédée et suivie d'une couverture en cuir.

o', une paire de segments qui peuvent tourner librement sur
l'axe du cylindre peigneur et dont une pince se trouve à chaque
extrémité de ce cylindre. C'est sur ces deux pièces qu'est fixée
la partie cannelée.

o", roue dentée faisant corps avec chaque segment et recevant son mouvement par un pignon et un arbre allant parallèlement au cylindre peigneur.

On voit que par cette disposition, à chaque tour de la cannelure ou à chaque opération du peignage, le peigne circulaire *m*
peut faire autant de révolutions qu'on le jugera convenable, et
sans perdre de temps.

Ce mémoire descriptif du célèbre inventeur comprend, non-
seulement l'exposé précis du principe du peignage de toutes
espèces de substances filamenteuses, mais encore, comme on a
pu le voir, des modifications diverses et originales de la plupart
des mécanismes par lesquels ce principe peut être réalisé. Nous
passons actuellement aux moyens pratiques en usage d'après
les bases posées par Heilmann.

PRÉPARATIONS AVANT LE PEIGNAGE DES FILAMENTS LONGS. —
Pour être peigné, le coton a besoin de subir une préparation
préalable. Il serait impossible de le soumettre avec ses impuretés
à l'action des aiguilles plus ou moins fines, sans nuire à celles-ci
et à la perfection du travail. Heilmann l'avait compris et avait
imaginé sa machine à démêler dans le but de commencer le
traitement par une opération qui désagrégeât la masse, la dé-

barrassât en grande partie des corps étrangers et des impuretés, afin de ne soumettre à la peigneuse que des fibres à trier, par égale longueur, à débarrasser des boutons qui restent, et à ranger parallèlement dans un ruban continu. Le démêloir si ingénieux, et dont le fonctionnement paraît si efficace, n'a cependant pas eu le succès de la peigneuse. On a généralement préféré la carde ordinaire, donnant le même résultat. Certains industriels font encore précéder le cardage d'un baguettage à la main, mais nous préférons de beaucoup la substitution de la machine Poupillier, construite par MM. Schlumberger, et que nous avons vue fonctionner chez les filateurs réputés comme faisant les fils fins les plus estimés destinés aux élégants tissus de Tarare. Les préparations, avant peignage du coton, se composent donc : 1° d'un passage à la machine Poupillier, pour remplacer le battage à la main ; 2° d'un cardage double ou triple, pour disposer les rubans à peigner. Les cardes n'offrant dans ce cas absolument rien de particulier et qui n'ait été décrit précédemment, nous nous bornons à donner une indication succincte de la disposition de la machine dite *Poupillier*.

Cette machine avait été proposée par son auteur comme une peigneuse à laine et disposée en conséquence pour pouvoir être chauffée ; mais, lorsqu'on l'emploie comme moyen préparatoire du coton, le chauffage devient inutile ; cependant, comme une légère température pourrait avoir de l'avantage dans certains cas, nous décrivons la figure avec la disposition pour le chauffage.

Machine à démêler (pl. XVII). — La figure 6 est une coupe verticale passant par l'axe de la machine, et la figure 7, une section par un plan perpendiculaire à la première. La figure 8 donne un détail du mécanisme délivreur.

Les parties principales de la machine se composent :

1° D'un double cylindre creux garni extérieurement de pointes ou aiguilles servant à préparer les filaments. Ce cylindre est monté sur un axe également creux servant au besoin à l'introduction et à la sortie de la vapeur après la circulation dans la circonférence intérieure ;

2° De cylindres alimentaires ordinaires, ou garnis de pointes ;

3° D'un cylindre cannelé et d'un rouleau de pression.

En arrière sont placés deux rouleaux attracteurs, entre lesquels la matière est étirée à sa sortie.

Ce mécanisme est approché ou éloigné à volonté du grand tambour à aiguilles.

a, poulie motrice montée sur l'axe de l'organe principal.

b, axe creux de cet organe.

cc, plateaux en fonte formant les deux bases du grand cylindre.

d, roue d'engrenage fixée sur l'un des plateaux (voir fig. 8).

e, cylindre démêleur.

f, garniture en cuivre dans laquelle sont fixées les aiguilles.

g, cylindre intérieur laissant un espace circulaire propre à la circulation de la vapeur.

h, tuyau d'introduction de la vapeur dans le cylindre.

h', tuyau de sortie de la vapeur.

iiii, petits tuyaux conduisant la vapeur dans l'espace circulaire du cylindre.

jjj, cylindres alimentaires garnis de pointes d'acier et amenant la laine sur le cylindre peigneur. Ces cylindres reçoivent leur mouvement de la roue *k*, montée sur l'arbre de la toile sans fin.

n, n, brosses placées au-dessous du cylindre peigneur.

o', cylindre cannelé placé à la sortie du peigneur. Ce cylindre porte un peigneur pouvant engrener avec la roue *d*.

o', cylindre de pression.

q, q', cylindres étireurs entre lesquels sort la matière.

r, r (fig. 8), supports à coulisse glissant sur des coulisseaux fixés sur le bâti B.

t, support fixé invariablement sur le bâti, et portant une poulie *u* et une roue *v*.

x, *y*, *s* (fig. 8), roues recevant le mouvement de la roue *u* pour le transmettre aux cylindres *o*, *q*.

Mouvement de la machine. — Une nappe de coton d'environ 450 grammes est placée sur la toile sans fin, d'où elle passe entre les cylindres alimentaires pour se rendre sur le cylindre peigneur *c*, où elle s'étale en nappe [1].

Pendant cette opération, les supports à coulisse *r*, *r*, et les cylindres *o*, *o'*, *q*, *q'*, sont éloignés du tambour à aiguilles. Quand le cylindre est suffisamment garni de coton, on débraye la poulie motrice *a*, on embraye la petite poulie qui tourne en sens contraire de la poulie motrice, et l'on pousse les supports à coulisse *r*, *r*, jusqu'à ce que le pignon du cylindre cannelé *o* engrène sur une roue montée sur l'axe du démêleur. Dans cette nouvelle position, la roue *x* vient engrener avec *y* montée sur l'axe de la poulie *u* (fig. 8). Tous les cylindres, étant alors commandés par cette poulie, tournent en sens contraire, et le coton, qui recouvre le peigneur, se dégage pour passer entre les cylindres *o*, *o'*, *q*, *q'*, d'où il sort en nappe étirée.

Les filaments bruts de la table viennent donc s'engager dans les cylindres alimentaires garnis de pointes d'acier ; chacun de ces cylindres est commandé directement par des pignons, afin que les pointes des cylindres engrènent les unes dans les autres et retiennent la matière en évitant toute pression nuisible au travail. La rotation considérable de la quantité énorme de pointes inclinées, par rapport aux rayons du tambour, et la force centrifuge qu'il développe déterminent l'épuration par l'expulsion des corps étrangers, la division de la masse et un commencement de redressement des fibres qui la composent.

---

1. Ces dispositions sont, sauf le volume des organes, exactement les mêmes pour les peigneuses à laine.　　　　(*Note de l'auteur.*)

Les aiguilles du grand tambour sont maintenues dans un état convenable de propreté, au moyen de brosses de rotation *n*, *n*. L'alimentation et le dépouillement du cylindre de la matière traitée ont lieu alternativement; il est alimenté pendant qu'il tourne seulement. Après un certain nombre de tours, qui peut varier avec la nature et l'état de la matière à traiter, on éloigne l'appareil alimentaire du tambour, et l'on en approche l'organe dépouilleur pour faire sortir les fibres engagées dans les aiguilles et les transformer en nappe.

A cet effet, les deux mécanismes alimentaires et délivreurs des supports A et B sont montés chacun sur une base à coulisse, qui permet de les faire glisser parallèlement à cette base, sur une traverse horizontale du bâti, de façon à les faire éloigner et rapprocher alternativement et aux instants voulus, du cylindre démêleur. Comme les déplacements de ces organes, alimentaire et délivreur, ont lieu alternativement et en sens contraire, un seul système de levier articulé et une action suffisent pour produire simultanément le rapprochement de la partie A et l'éloignement de la partie B, ou *vice versâ*, et à volonté, l'éloignement de la pièce A et le rapprochement du support B.

Afin de faire comparer la description originale de la machine usitée actuellement, nous donnons la figure 4, pl. IX, qui est une section suivant un plan vertical passant par l'axe du tambour peigneur et donnant l'ensemble des organes de la machine.

APPAREIL ALIMENTAIRE. — Il se compose d'une paire de cylindres *a'*, *b'*, l'inférieur est cannelé et animé d'un mouvement de rotation intermittent; le cylindre *b'*, comme dans tous les organes de ce genre, appuie sur le premier. Le ruban à peigner, préparé comme il vient d'être dit, est livré à ces alimentaires par le tambour R, commandé lui-même d'une façon intermittente par des rouleaux *a* et *b*. Ce ruban R se déroule sur le tablier D, pour se présenter aux alimentaires *a'*, *b'*.

PINCE. — A la sortie des cylindres *a'*, *b'*, la mèche, fournie sur une certaine longueur, se trouve soumise à la pince, dont les fonctions consistent à la retenir et à la fixer pendant que les aiguilles vont la peigner et la laisser libre de cheminer après l'action. La destination de cet appareil est donc exactement celle de deux mains qui peignent : l'une fixant la mèche pendant que l'autre y passe l'outil. La pince est formée de deux mâchoires, l'une supérieure métallique *c*, l'autre inférieure *d*, garnie de cuir ou de drap; des ressorts tendent à l'appuyer constamment contre la mâchoire supérieure. Cette dernière *c* reçoit un mouvement d'oscillation autour des centres 1 et 2; la partie inférieure *d* la suit forcément jusqu'à ce qu'elle rencontre le point fixe 3 du bâti contre lequel elle vient butter; alors la première *c* continue seule à s'élever, la pince s'ouvre par conséquent. La mèche, livrée par les alimentaires, s'engage, sur une longueur déterminée, par un réglage variable en raison de la finesse et de la couleur des fibres; elle y est fixée par la nouvelle réunion des deux mâchoires, opérée par la descente de la partie *c*. C'est l'oscillation de cette mâchoire qui entraîne la pince auprès du point 1, pour présenter la mèche à l'action des aiguilles du peigneur H. A ce moment, le ruban est donc étalé entre la pince sur toute sa largeur, et offre l'extrémité d'une mèche à la première rangée de dents parallèles de l'organe peigneur.

H. TAMBOUR PEIGNEUR. — Il est formé d'un segment de peigne I et d'un segment cannelé E, fixé sur l'arbre *z*. La rotation continue de cet organe fait passer les aiguilles dans la mèche; les filaments, d'une longueur au-dessous de celle qui sépare l'extrémité des aiguilles du tambour peigneur de l'appareil alimentaire, n'étant pas retenus, sont entraînés par l'extrémité de la mèche; les aiguilles peignent ainsi les fibres engagées dans le mécanisme alimentaire, et entraînent dans leur mouvement les plus courtes, et les impuretés qui en sont extraites, sous forme de déchet, par un appareil spécial bien connu.

Après le traitement de l'extrémité de la mèche dont il vient d'être question, la pince s'ouvre de nouveau, et le peigne fixe *c* s'engage dans la partie peignée un peu en avant du point où cette pince se ferme, par conséquent dans la portion antérieure de la fraction peignée, pour la maintenir.

FORMATION DU RUBAN ET ARRACHAGE. — A ce moment, la portion renflée et cannelée E' du cylindre peigneur se trouve, par sa rotation, sous le petit rouleau *g* et en contact avec lui, ce rouleau oscillant autour du cannelé G. Par un mouvement de recul qui lui est propre, il appuie avec force sur la mèche engagée dans les cylindres *g*, *h*, *i* G ; cette mèche se trouve ainsi pressée entre les deux surfaces cylindriques du segment du peigneur et du cylindre F ; sil'on suppose le travail en train, les deux cylindres retiendraient une première mèche, qui, réunie à celle dont il est question, se soudent alors sous l'action du mouvement et de la compression pour reformer un ruban avec les deux parties qui viennent d'être peignées séparément.

Lorsque les deux cylindres *g* et G ont rempli cette fonction, ils s'éloignent de nouveau du peigne fixe et du segment du cylindre peigneur. Dans leur trajet, ils désagrégent la mèche, en faisant passer les filaments dans les intervalles qui séparent les aiguilles du peigne fixe, dont la finesse et le rapprochement sont tels, qu'elles ne laissent passer que les fibres lisses et nettes, arrêtent les impuretés pour les rejeter sur l'extrémité de la mèche suivante, les aiguilles du peigneur en font alors justice, comme nous l'avons déjà vu. Lorsque la séparation a eu lieu entre la partie engagée dans l'appareil alimentaire et les cylindres F, G, *h*, *g*, ceux-ci deviennent porteurs d'une nouvelle mèche dont l'extrémité retenue a été préalablement peignée, et dont la portion libre est à son tour travaillée par les aiguilles du peigneur dans sa rotation, puis soudée comme la précédente. Le peignage sur toute la surface de la mèche se trouve ainsi opéré par l'action successive du peigne cylindrique et le concours du peigne fixe, avant la reconstitution d'une nappe ou d'un ruban continu.

ROULEAU D'APPEL. — Le ruban formé passe entre les cylindres d'appel O, O', dont le mouvement, soit continu, soit alternatif, est mis en rapport avec la longueur fournie par la peigneuse.

APPAREIL DÉBOURREUR. — Cet appareil est composé d'une brosse circulaire B, dont la direction de mouvement est celle du tambour peigneur H, avec une accélération de vitesse sur ce dernier, afin de le débarrasser plus sûrement des déchets de toutes sortes restés fixés dans ses aiguilles. Pour maintenir sa garniture elle-même dans un convenable état de propreté, un ruban continu de garniture de carde T tourne au contact de cette brosse pour la nettoyer; enfin, un peigne à mouvement alternatif de va-et-vient détache à son tour les impuretés du ruban de carde T.

Afin de ne pas compliquer cette description outre mesure, nous nous dispensons de donner les transmissions de mouvement au moyen desquelles sont réalisées les fonctions dont il vient d'être parlé; on les trouvera détaillées dans la cinquante-septième année du *Bulletin de la Société d'encouragement pour l'industrie nationale.* Nous nous bornons à insister sur quelques points essentiels concernant les diverses périodes du travail, pour faire mieux saisir l'ensemble des fonctions de la machine.

POSITIONS SUCCESSIVES PRISES PAR LES DIVERS ORGANES POUR ACCOMPLIR UNE ÉVOLUTION ENTIÈRE. — Ces positions, au nombre de huit, sont représentées par les figures de 1 à 9, pl. VIII.

Dans la *première position*, les filaments non travaillés sont engagés entre les alimentaires B, et serrés contre les mâchoires CD et D, de telle sorte qu'une mèche y dépasse la pince d'une certaine longueur, dont l'extrémité est en présence de la première rangée d'aiguilles du peigneur. Dans la *deuxième po-*

sition, la pince CD est tangentielle à la circonférence de l'organe peigneur, et fait exécuter le peignage par le segment des aiguilles. Dans la *troisième position*, l'action des aiguilles est sur le point de cesser. La *quatrième position* montre les aiguilles du peigne arrivées, par la continuité de leur mouvement, la partie libre de la mèche fractionnée; elles commencent à traiter l'extrémité opposée à celle peignée dans les positions précédentes. Dans la *cinquième position*, la même mèche est de plus en plus engagée, les mâchoires de la pince sont écartées, et l'appareil alimentaire s'avance pour présenter une nouvelle mèche. La *sixième position* montre le peigne fixe P entré par ses aiguilles dans la tête de la mèche, le cylindre F appuyant cette mèche sur le segment H du peigneur, et enfin l'extrémité opposée des filaments sur le point de sortir des aiguilles. La *septième position* détermine le soudage des deux parties ~~r~~ un mouvement de rotation imprimé au cylindre F, sur le ~~ment~~ H. Les deux extrémités, tête et queue du faisceau, se trouvent alors entraînées entre la paire de cylindres F et G, pour fractionner de nouveau le ruban passant par l'appareil alimentaire et les aiguilles du peigne fin. La *huitième position* montre la matière un peu avant son fractionnement. Après l'arrachage qui suit, les divers organes reprennent les positions relatives qu'ils affectent au commencement de l'opération.

Il est bien entendu que les cylindres d'appel et l'organe débourreur dont il a été question dans la description précédente agissent en même temps; d'une part, pour enlever les rubans, de l'autre, pour nettoyer les peignes du tambour. Les finesses des aiguilles, leur nombre et leur rapprochement, la longueur de mèche à fournir par l'alimentation, si importants pour assurer le succès dépendent du réglage de la machine.

CONSIDÉRATIONS SUR LE RÉGLAGE. — Le réglage de la position et des vitesses des divers organes doit avoir lieu surtout en rai-

son de la longueur des filaments à traiter et du degré de perfection à atteindre. On reproche parfois à ce système son peu de
rendement, cela tient surtout à la perfection des résultats. En
effet, l'on pourrait au besoin forcer la production, en augmentant la vitesse de l'organe peigneur et en réglant l'alimentation et les autres parties en conséquence, mais ce serait au
détriment de la qualité du travail. Le rendement augmente
nécessairement aussi, toutes choses égales d'ailleurs, avec la
longueur de mèche fournie par l'alimentation, puisque la quantité traitée à chaque course est proportionnelle à cette longueur;
mais celle-ci devant être réglée, en principe, sur celle des fibres,
le produit relativement faible des peigneuses à fibres fines et
courtes s'explique de lui-même. La perfection du peignage et
son degré d'épuration dépendent de la position de la pince P
par rapport aux aiguilles, de la finesse des aiguilles du tambour du peigne, de celles du peigne fixe, de la facilité plus ou
moins grande avec laquelle les fibres passent entre les pointes
fines. Cette facilité elle-même peut provenir de la nature de la
matière première et du degré de perfection apporté aux préparations du ruban. Il est évident, enfin, que les résultats sont la
conséquence du bon réglage de toutes les parties : de la fourni-
ture de la mèche, de la pression convenable du segment sur les
cylindres F et G, de l'angle de rotation du cylindre F par rapport au même segment H, et de la précision des mouvements
de tous les autres éléments. L'importance du réglage et du
nettoyage de tous les éléments de la machine est telle, que les
constructeurs ont soin de donner des instructions détaillées sur
ces divers points en livrant les machines. Nous n'avons donc
pas à y insister davantage.

CARACTÈRES ORIGINAUX ET DISTINCTIFS DES MOYENS RÉALISÉS PAR
HEILMANN. — Ainsi, et d'après ce qui précède, l'invention qui
a si considérablement perfectionné le peignage est nettement
caractérisée : 1° au lieu de fournir la matière telle quelle au

travail du peignage, c'est-à-dire en masse composée de fibres plus ou moins enchevêtrées, comme on le faisait généralement jusqu'alors, Heilmann insista particulièrement sur la nécessité de scinder le travail et de préparer les filaments par un démêlage, afin de les disposer le plus convenablement possible à l'opération du peignage proprement dit. Il diminua de cette façon l'effort à exercer par les peignes et atténua la cause principale des nombreuses ruptures des brins, tout en facilitant leur *parallélisage* ultérieur.

2° Son mode d'alimentation, par mèches méthodiquement et régulièrement amenées à l'action des peignes, fait disparaître le fouettage et ses inconvénients graves, le bouclage et ses fâcheuses conséquences. L'arrachage, c'est-à-dire la division du ruban, permet de peigner les fibres aux deux extrémités et sur toute leur longueur avec une égale perfection.

3° Les organes opèrent un triage et un peignage simultanés, de manière à ne laisser passer dans la partie traitée que des filaments de même longueur, réunis parallèlement et complétement débarrassés de toute impureté et inégalité de grosseurs;

4° Avec des modifications dans les dimensions des organes et dans leur réglage, le même système est applicable indistinctement à toutes espèces de substances, indépendamment de leur nature et de la longueur des brins ou filaments élémentaires.

5° Le travail a lieu sans inconvénient à froid, à cause de la petite quantité de matière sur laquelle l'organe peigneur opère à la fois, le ruban divisé étant étalé sur une surface relativement étendue en arrivant à l'action des aiguilles de la machine.

Pour obtenir ces résultats remarquables, Heilmann semble s'être inspiré à son tour du travail, non des anciens peigneurs et de leurs errements irrationnels, mais du peignage pratiqué par une main délicate sur une fine chevelure. Il commence comme elle à diviser la masse et à la démêler avec soin, avant de la passer au peigne fin sur toute sa longueur. Seulement la solution pratique et manufacturière était bien autrement complexe et difficile ; il fallait avec des fibres relativement courtes, libres à leurs deux extrémités, former automatiquement et à des conditions économiques modérées un tout parfaitement homogène, sous la forme de rubans continus.

Il est juste, néanmoins, de reconnaître que Josué Heilmann n'est pas le premier qui ait songé à faciliter l'effet et les résultats d'un bon peignage en divisant les transformations, de manière à faire précéder le travail de la peigneuse par celui des préparations convenables, telles qu'un cardage ou un démêlage préalables. Nous avons eu l'occasion de signaler quelques recherches antérieures dans le chapitre I de ce traité. Peu de temps avant l'invention de Heilmann, les manufacturiers les plus habiles, et entre autres Collier, MM. Paturle, Lupin, Seydoux et Sieber, M. Griollet, etc., avaient reconnu cette nécessité et fait précéder le peignage d'opérations préparatoires. Mais les machines à peigner usitées alors ne pouvaient rivaliser, sous le rapport de la perfection du résultat, avec celles établies depuis par Heilmann, dont certaines parties sont cependant encore l'objet de recherches, comme nous allons le voir.

MODIFICATIONS PROPOSÉES AUX PEIGNEUSES HEILMANN. — Il y a, dans la peigneuse de cet inventeur des parties délicates et susceptibles de plusieurs solutions pratiques, ainsi qu'il l'avait lui-même indiqué dans le mémoire descriptif de sa demande de brevet. L'emploi de cette machine, dont les résultats ne laissent rien à désirer lorsqu'elle est bien réglée, démontra cependant que certains détails, et entre autres l'appareil alimentaire, le mode d'arrachage ou de fractionnement du ruban en mèches et les transmissions de mouvements qui les actionnent, étaient susceptibles de modifications et de perfectionnements. On chercha à simplifier ces éléments, à en rendre les mouvements plus rapides, plus doux et plus sûrs. De nombreux brevets de perfectionnement ont été pris à ce sujet depuis une quinzaine d'années, c'est-à-dire à partir du moment où le succès considérable de la nouvelle machine fut incontestable.

Un certain nombre de ces modifications ont pour but d'arriver à donner plus de vitesse au tambour peigneur et d'augmenter, ainsi la production de la machine. On eut généralement recours à des changements dans les transmissions de l'organe arracheur. On substitua, par exemple, l'action de ressorts aux poids presseurs des cylindres. On imagina également de placer des espèces de gardes de chaque côté des aiguilles chargées du peignage, afin de les préserver des dégâts auxquels une accélération de vitesse pourrait les exposer. On modifia aussi la garniture du peigne fixe; pour éviter l'encrassement et l'engagement ou tassement des fibres aux racines des aiguilles, on fixa des barettes en regard de cette partie du peigne.

Une autre modification fort simple, mais qui a cependant sa valeur, consiste dans la disposition brevetée en 1853, dans le but de consolider le ruban mince sortant des peigneuses; on substitua à cet effet un rouleau d'appel parallèle à la direction des filaments du ruban, au lieu de le laisser perpendiculaire à cette direction, attendu que dans ce dernier cas les extrémités des mèches successives se présentaient naturellement bout à bout. Le moindre effort peut alors produire des solutions de continuité. Il n'en est plus de même par la disposition de M. Belanger, à laquelle nous venons de faire allusion. La conséquence de ce changement réalise un échelonnement gradué des extrémités des mèches, et donne plus de solidité au ruban.

Ce mode de tirage avait d'ailleurs déjà produit d'excellents résultats dans les dispositions analogues adoptées dans les filatures du coton et du lin.

On a également songé à des dispositions permettant d'épurer la blouse, de la séparer des corps étrangers, tels que paille, etc., auxquels elle pourrait se trouver mélangée. MM. Boca, de l'ancienne maison Wulverick, ont imaginé une disposition fort simple à cet égard, sur laquelle nous n'avons pas à revenir, l'ayant déjà décrite ailleurs[1].

Récemment certains autres points ont été l'objet de modifications plus sérieuses encore : on a imaginé des dispositions pour pouvoir chauffer le cylindre peigneur et profiter de l'action efficace de l'introduction de cet agent dans la masse des fibres. Le cylindre peigneur est alors à double enveloppe ; la vapeur circule dans l'intervalle laissé entre deux cylindres ou tambours concentriques. Celui du plus grand diamètre, l'enveloppe extérieure, porte nécessairement les aiguilles ou broches chargées du peignage. Ce dernier tourne comme un manchon autour du premier. La vapeur a encore été utilisée dans certains établissements pour empêcher l'effet du vrillage déterminé parfois par la chaleur et l'électricité qui se dégagent dans l'action des outils métalliques sur la laine. On dispose, alors, les bobines chargées des rubans à peigner dans une boîte à vapeur spéciale. C'est la reprise d'un ancien moyen tenté autrefois, dans le même but, sur les préparations. On a également cherché à simplifier la construction de la pince : au lieu de la composer en deux mâchoires mobiles, celle inférieure seulement se meut contre la supérieure fixe ; on évite ainsi une partie des transmissions de mouvements des ressorts ; l'organe alimentaire est placé dans ce cas à la partie inférieure du cylindre peigneur, contrairement à la disposition généralement en usage. Il y

---

2. Voir le *Rapport à la Société d'encouragement pour l'industrie nationale.*

a quelques autres changements dans l'amplitude des mouvements et le mode de fonctionnement de certains organes. Ainsi, on a substitué à l'organe délivreur à action intermittente des cylindres délivreurs à rotation continue et à manchon sans fin.

Les garnitures, qui jouent un rôle plus important encore dans le peignage que dans le cardage, ne pouvaient pas échapper à l'étude des praticiens compétents. Ainsi MM. Holden eurent l'idée de se serv'r d'aiguilles à section elliptique aplatie, au lieu de broches cylindro-coniques. La nouvelle forme a pour but de pouvoir faire des aiguilles plus fines, plus courtes, plus solides et d'une plus grande réduction par unité de surface. M. Henri Gand, dont les connaissances spéciales sont bien appréciées dans l'industrie, a, à son tour, recherché le moyen d'améliorer cette partie de la machine à l'effet de diminuer autant que possible la quantité de blousses (il pense l'avoir réduite, en moyenne, de 2 pour 100) et de ménager davantage la laine : aux aiguilles, généralement usitées pour le tambour peigneur, il substitue une simple garniture de cardes du numéro 26. Cependant il conserve deux rangées d'aiguilles, la première à l'avant, en pointes n° 8, pour désagréger les rattaches des rubans, et la dernière à l'arrière, en aiguilles n° 19, pour affiner complétement le travail. Les différentes modifications qui précèdent ont eu spécialement les peigneuses Heilmann et Schlumberger en vue. Nous allons maintenant passer en revue les dispositions qui en diffèrent, quoique basées en certains points sur les principes susénoncés.

PEIGNEUSES LISTER, HOLDEN, DONISTHORP ET AUTRES. — Le succès presque sans précédent obtenu dans la pratique par la peigneuse Heilmann, ce qu'elle laissait néanmoins encore à désirer sous certains rapports, malgré la perfection de ses résultats, provoquèrent et stimulèrent les recherches nouvelles. Aussi vit-on bientôt surgir des dispositions originales plus ou moins ingénieuses et avantageuses. Au premier rang des industriels les plus persévérants et les plus heureux se placent, sans contredit, MM. Lister et Holden, d'abord associés pour l'exploitation d'établissements de peignage considérables et même pour celle de divers systèmes de machines à peigner. Plus tard, MM. Holden restèrent seuls à la tête de deux des plus grandes usines de peignage à façon, l'une à Reims et l'autre dans un des faubourgs de Roubaix. Cette maison, dont l'origine remonte à trente-cinq ans au moins, n'a pas cessé, ainsi que celle de M. Amédée Prouvost et C°, de rester à la tête de son industrie. La reproduction du dossier volumineux des brevets de l'une de ces maisons serait trop longue à rapporter exactement et en détail, par ordre chronologique. Nous nous bornerons à analyser les points principaux qui en font l'objet, et décrirons quelques-unes des dispositions qui s'y rapportent :

Modifier les organes alimentaires, de manière à livrer la masse régulièrement ouverte et étalée de façon à la faire étirer aussi doucement que possible sans la fatiguer, atteindre aussi bien les brins les plus courts que les plus longs; enlever les faisceaux peignés et les blousses, assez complétement pour que les organes en soient entièrement dépouillés sans effort, afin de fonctionner constamment dans un état de propreté parfait, arriver au besoin, comme nous l'avons déjà dit, à faire pénétrer la chaleur dans les laines pendant le peignage, pour en faciliter l'action par suite de la malléabilité des brins chauffés, enfin réaliser un travail continu sans mouvement brusque ni chocs, et obtenir un rendement aussi élevé que possible, sans nuire à la perfection des résultats, tels sont les *desiderata* poursuivis, depuis Heilmann, par la plupart des chercheurs.

On a essayé, pour atteindre le but, de diverses modifications, de groupements et de transmissions de mouvement, dont les indications précédentes peuvent donner une idée. Dans les

systèmes que nous avons à examiner, l'organe peigneur, qui
constitue l'une des parties essentielles des machines de ce genre,
au lieu d'être un cylindre horizontal, partiellement garni d'aiguilles à sa circonférence, comme dans la peigneuse Heilmann,
en diffère pour la forme et les dispositions. Cet organe est
presque toujours formé par un plateau circulaire horizontal,
fixé à un arbre central tournant dans un plan vertical; les aiguilles du peigne sont donc implantées en plusieurs rangées
concentriques, perpendiculairement au plan de rotation de
cette table ronde. Quelquefois deux peignes circulaires et
même trois, deux petits et un grand, tournent simultanément dans le même plan horizontal, et concourent ensemble
à l'action, comme nous le démontrons plus loin. Tantôt,
mais plus rarement, c'est un plateau circulaire vertical tournant autour d'un axe horizontal qui forme le peigne. Le
groupement des organes et des parties complémentaires est nécessairement modifié, en raison de celle de ces dispositions
adoptée. Réduit à sa plus simple expression et débarrassé de
toutes transmissions de mouvements, le système fondamental
de MM. Holden se trouve résumé figure 1, pl. IX, représentant
une section des principaux organes par un plan vertical. Le
ruban à peigner est livré, dans la direction des flèches, à une
série de gills *a*, *a'*, disposés et fonctionnant absolument comme
dans les gills-box, dont ils ne diffèrent que par le nombre, la
finesse et la réduction des aiguilles, nécessairement appropriées au genre de laine en œuvre. Le ruban se trouve livré
à ces gills, qui le font cheminer régulièrement de l'entrée à la
sortie, c'est-à-dire depuis la première jusqu'à la dernière
rangée.

A la suite, par conséquent à l'extrémité opposée à celle de
l'entrée, se trouve un peigne, rasant, en quelque sorte, la dernière rangée des aiguilles. Ce peigne, fixé à l'extrémité d'un
bras horizontal, peut recevoir un mouvement de va-et-vient

pour le faire pénétrer dans la barbe fournie par les aiguilles des barrettes, dont la marche détermine le glissement et l'étirage des fibres entre les pointes et les transporte à un peigne circulaire. La distance entre les organes dépend de la longueur des filaments ; elle est comprise, en général, pour les laines courantes, entre 0^m,025 et 0^m,075. Les deux mouvements de va-et-vient dans des directions perpendiculaires l'une à l'autre peuvent être obtenus par des manivelles et des bielles, ou par des excentriques placés en E et E', conformément aux indications de la figure. L'amplitude du mouvement du peigne auxiliaire p, dans la direction verticale, doit se régler sur la hauteur des aiguilles des gills ; ce peigne aura, une course dans ce sens de 0^m,035 à 0^m,04, si telle est la saillie des aiguilles, et celle de la translation en avant est, comme pour l'alimentation, basée sur la dimension des brins, la distance entre le peigne p sera établi en conséquence, comme nous venons de le voir.

Cependant la course sera un peu moindre que cette distance : celle-ci étant, par exemple, de 0,075 de p en R, l'espace horizontal parcouru par le peigne ne devra être que de 0,065. La différence présente un étirage qui complète l'action du peignage. Ainsi, ici comme dans la peigneuse Heilmann, la nappe ou ruban continu amené par les gills a d'abord une des extrémités travaillée par un peigne p ; puis, saisie et portée en avant, cette mèche se sépare du ruban en faisant passer l'extrémité opposée à celle dont le peigne est garni avec un certain étirage entre les gills ; la mèche entière reçoit, de cette façon, un peignage d'autant plus complet et plus parfait que la machine sera mieux réglée, et que les aiguilles des organes, toutes choses égales, seront plus fines et plus serrées. Ceci étant dit, on comprendra facilement la machine telle qu'elle fonctionne. La figure 2 en donne une section verticale, la figure 3 une vue de profil et la figure 4 un plan du système complet. Les mêmes lettres désignent les mêmes parties dans les trois figures.

Appareil alimentaire. — La laine à peigner est livrée en rouleau aux cylindres alimentaires c, c, pour passer de là aux barrettes mobiles à gills, a, a.

Pince. — A la suite des gills se trouve un organe qu'on retrouve à peu près dans toutes les peigneuses depuis l'invention de Heilmann : c'est la pince. Elle est formée ici de deux pièces, g et h. Ces deux parties se séparent et s'approchent, comme deux mâchoires. Elles s'ouvrent en s'approchant de la barbe fournie par les gills et se ferment ensuite pour l'emprisonner et l'étirer, en s'éloignant des aiguilles qui la fournissent. Pour matérialiser ainsi l'effet seulement indiqué dans la description de la figure 1, il est nécessaire de comprendre l'exécution et la manœuvre de cette pince. Elle se compose d'une plaque portée par la barre g', qui, au moyen des ressorts g^1, g^1, peut céder un peu à la pression. Cette barre g' est fixée à la partie supérieure de la barre g^3, reliées ensemble à leur partie inférieure par l'arbre g^4, et pouvant tourner librement autour de l'arbre g^5. La partie supérieure h de la pince est supportée par des plaques latérales h', pouvant glisser sur les bras g^3, pour permettre à la partie h et g de se séparer, de s'ouvrir pour recevoir l'extrémité du ruban, et de se fermer pour la pincer entre les deux mâchoires. Le mouvement alternatif résulte de l'action de galets h^3, portés par les plaques glissantes h', et recevant leur impulsion de lames h^2, calées sur l'arbre g^5.

Organe arracheur ou étireur. — Cet organe se compose de deux bielles g^6 (fig. 2, 4 et suiv.), dont l'une des extrémités de chacune est fixée à la barre g', tandis que les extrémités opposées des mêmes bielles sont reliées aux excentriques g^7, placées sur l'arbre c'. Le mouvement en avant de ces bielles fait prendre à la pince la direction indiquée en lignes ponctuées figure 2, et opère, par conséquent, à un moment donné, la séparation de la mèche du ruban retenue en deçà dans les gills.

PEIGNE TRANSPORTEUR. — Arrivé à la fin de son mouvement en avant, un peigne i articulé à la partie inférieure de la tige verticale i^2, à une manivelle i^3, sur l'axe i^4, qui porte la roue dentée i^5, est mis en action par i^7, placée sur l'arbre g^2. Ce peigne vient engager ses aiguilles dans la mèche qui lui est abandonnée par la pince ouverte alors, et pendant que celle-ci revient à sa position initiale, le peigne i apporte sa mèche sur les dents ou aiguilles du peigneur J proprement dit. Ce dernier est ordinairement composé d'un cercle horizontal, une espèce de table ronde vide au milieu, comme le montre la projection du plan (fig. 4). C'est dans la couronne de ce cercle que se trouvent implantées verticalement un certain nombre de rangées concentriques d'aiguilles pour recevoir la laine, dont l'introduction est assurée à l'aide de la brosse k. Celle-ci vient s'appuyer sur les mèches dans les aiguilles par le mouvement descensionnel de la tige verticale k^2, articulée à sa partie inférieure à l'une des extrémités du levier k^3, qui a son centre de mouvement en k^4, et dont l'extrémité opposée reçoit l'action d'une tige verticale k^5, adaptée au collier d'un excentrique k^6, placé sur l'arbre c.

Transmissions de mouvements. — O est la poulie motrice qui reçoit la courroie venant de l'arbre de couche de la machine à vapeur ou d'un moteur quelconque ; b, l'arbre principal de la peigneuse, reposant à ses deux extrémités dans des coussinets fixés sur les montants du bâti a, a; l'arbre b porte à une de ses extrémités le pignon b^2, engrenant avec la roue droite c, sur l'arbre c' parallèle au premier. L'arbre c' reçoit deux pignons d'angle c^2. Chacun d'eux transmet l'action à un second pignon d, d, calés au bout des arbres x, filetés pour recevoir l'extrémité des barrettes des gills de la rangée supérieure. Celle de la rangée inférieure est commandée également par quatre pignons coniques ; la transmission de l'arbre de ces pignons inférieurs est obtenue par l'entremise d'un pignon droit d'.

Les cylindres alimentaires f sont commandés à leur tour par un pignon droit placé sur l'inférieur et auquel une roue intermédiaire, qui engrène avec la roue c, donne le mouvement. Ces deux engrenages ne sont pas indiqués dans les figures.

Commande de la pince. — Ce mouvement part du pignon b', commande l'intermédiaire H', qui à son tour engrène avec le pignon droit placé sur l'arbre g^3 de l'excentrique h^2 (fig. 2), dont la courbe agit sur les galets h^3, placés à la partie inférieure de la pince.

Commande de l'organe arracheur. — La transmission de cet organe part de l'arbre c', qui commande les excentriques g^7, reliés aux bielles g^6 d'une part et de l'autre aux barres g'.

Commande du peigne transporteur. — C'est encore l'arbre g^5 qui en est le point de départ par la roue droite i^7, qui engrène avec la roue i^2, dont l'axe i^3 porte la manivelle i^4, assemblée à la partie inférieure du levier vertical i^2 du peigne i. Ce levier i^2 est de plus relié à une tige horizontale i^5. L'extrémité opposée de cette tige tourne sur un goujon i^9 de l'un des supports du bâti. Pour mieux assurer encore le jeu de ce peigne, des goujons y, y placés sur la pièce fixe y' reçoivent entre eux une queue de la tige i'. Le mouvement précis du peigne est ainsi maintenu dans ses déplacements.

Commande du peigne voyageur ou travailleur J. — Cette transmission est des plus simples. Le cercle M, dans lequel sont fixées les dents ou aiguilles i de la couronne du peigne J, porte une roue d'engrenage horizontale D, dont les dents communiquent avec celles d'un pignon, qui est lui-même commandé par l'une des roues de la transmission générale ; cette disposition n'offrant rien de particulier, les figures ne la donnent pas. Il en est de même des cylindres d'appel étironeurs, dont la disposition, l'action et les résultats n'ont rien de spécial, ils ressemblent à ceux décrits pour d'autres peigneuses et qu'on retrouvera plus loin encore dans la peigneuse Noble.

Celle que nous venons de décrire est surtout caractérisée : 1° par l'alimentation à gills ; 2° par le peigne transporteur *i* ; 3° par la possibilité au besoin de chauffer les gills.

La *production* de cette machine, comme celle de toutes les peigneuses, varie nécessairement en raison inverse de la finesse de la laine. Elle peut se calculer sur la marche des gills, qui, pour une laine moyenne, reçoivent de 100 à 120 mouvements à la minute ; connaissant le poids du ruban par unité de longueur, il sera facile d'en déduire le poids. C'est par le rapport entre la vitesse des gills et celle du peigne que l'étirage s'effectue ; il est, en général, de 5 à 6, c'est-à-dire que pour une vitesse de 100 mouvements des gills on en donnera 500 à 600 au peigne dans le même temps.

Nous avons fait des essais pratiques, il y a quelques années, sur une peigneuse de ce genre. Son rendement en laine moyenne mérinos correspondait à 120 kilogrammes de peigné en douze heures de travail, avec une proportion de 28 pour 100 de blousse, 80 de cœur. Les résultats, tant sous le rapport des quantités que des qualités, dépendent en général des garnitures des aiguilles en raison de la matière à traiter et du réglage des organes en vue des caractères de cette matière. Les filaments fins et courts nécessitent naturellement des aiguilles plus fines, moins longues, plus serrées en compte, et une course moindre de la pince et du peigne intermédiaires, que les laines de brins plus longs, ainsi que nous l'avons fait comprendre par quelques chiffres au commencement de cette description.

Quelquefois on place entre le peigne J et le peigne *i* une lame de pression pour appuyer sur la mèche au moment où la brosse vient l'enfoncer dans les aiguilles.

DISPOSITION VERTICALE DE LA ROUE PEIGNEUSE. — On retrouve dans la figure 5 de la même planche IX un groupement différent des principaux organes mentionnés dans la peigneuse précédente. La roue peigneuse tournant dans un plan vertical fait donc sa révolution autour d'un arbre horizontal; les broches, implantées dans le cercle de la roue, ont nécessairement aussi une direction horizontale, à peu près parallèle à l'axe de la roue peigneuse. Les gills alimentaires conservent leur position ordinaire. Quelques mots suffiront pour décrire ce genre de peigneuse.

Les gills d, d viennent se présenter à la roue peigneuse circulaire c' tournant autour de son axe ou arbre o. Le plat, ou la table de ce plateau de rotation, a ses aiguilles implantées perpendiculairement au plan dans lequel se trouve le disque. Celui-ci étant dans un plan vertical, les petits points a, a indiquent les traces ou racines des broches. Une barre mince x, vue par une section transversale, est armée de dents courtes vers son extrémité inférieure. Ces dents pénètrent entre les rangées de celles du peigne et des gills qui se trouvent les plus avancés pour faciliter, au moment voulu, le chargement des pointes du peigne voyageur c'. Un peigne auxiliaire g' a pour fonction d'amener la blousse des gills et de la déposer au fond des dents du grand peigne circulaire. A cet effet, le peigne g' est armé d'aiguilles s'introduisant au moment convenable dans la barbe fournie par les gills d, pour en soustraire les filaments courts et les donner aux aiguilles c, c.

L'opération s'exécute par un mouvement de va-et-vient, imprimé à la tige articulée g, g', recevant l'action par un bras g^5 ayant son point de centre en g^6, mis en mouvement par une plaque ou surface g^3, placée au bas du levier et agissant sur le galet g^4, disposé sur le levier g^5, tournant sur l'axe g^6, mû dans le sens du va-et-vient horizontal par la tige g^8, reliée d'une part au peigne g et de l'autre à un trou pratiqué dans le goujon g^9, traversé par cette tige qui tourne dans le coussinet g^{10}. Les pointes des aiguilles du peigne auxiliaire g ont une certaine inclinaison vers celle du grand peigne, afin de se dégager plus facilement après avoir fourni la blouse.

On voit l'intérieur du cercle du peigne garni de dents *d*, destinées à engrener avec un pignon pour donner le mouvement circulaire. Les filaments peignés sont enlevés des aiguilles du peigne par les rouleaux d'étirage *k* et la courroie sans fin en cuir *k'*. Une plaque *k²* passe partiellement autour des aiguilles du peigne voyageur et maintient ainsi les filaments.

PEIGNEUSE HOLDEN DITE « SQUARE MOTION », OU A MOUVEMENT QUADRANGULAIRE. — Pris isolément, les éléments de la peigneuse que nous allons décrire étaient connus en partie lorsque ses auteurs ont fait breveter, en 1859, certaines particularités et le groupement des diverses parties entre elles pour en constituer un nouvel ensemble. La figure 6 donne la projection horizontale d'une partie de la peigneuse destinée à bien faire connaître la position relative de l'organe peigneur et des mécanismes alimentaires ; la figure 7 est une coupe verticale passant par un plan diamétral de la même machine. On peut suivre dans cette dernière la direction *r*, *r'* du ruban à peigner, venant des bobines placées sur une étagère quelconque, non dessinée sur la planche ; ces rubans passent dans une ouverture ou fente *s*, pratiquée dans un plateau circulaire, dont le moyeu *i* est calé sur l'arbre tournant vertical V de la machine. Chacun d'eux va s'infléchir à sa partie inférieure pour se rendre entre les mâchoires de la pince formée des deux parties *a* et *b*. *n*, *n*, *n* représentent des petites bandes annulaires fixées sur les rebords *o* du passage des rubans. (Ces bandes ont pour but de bien maintenir les fibres et d'empêcher les aiguilles du peigne nacteur, dont il sera question plus loin, d'entraîner les filaments en s'en dégageant.) Le frottement des orifices S, convenablement garnis, sur les rebords du plateau tournant *i*, fait dévider les rubans *r* et les livre constamment, de façon à présenter une mèche ou barbe *z* à l'action du peigne ou des pei-

gnes H . Il y a en effet deux organes de ce genre, représentés
en détail horizontal (fig. 6) et en coupe verticale (fig. 7 *bis*).
En principe l'on peut supposer un seul peigne H, formé par
des aiguilles inclinées à 45 degrés, dans un cuir ou une
feuille métallique sans fin, comme l'indique la figure 7 *ter* ;
pour pouvoir donner plus de longueur aux aiguilles sans les
exposer à fléchir, elles sont aplaties et elliptiques, au lieu d'être
cylindriques.

La disposition de la figure démontre le dégagement facile des
filaments sans les étirer vers la racine. Mais on peut aussi
adopter les deux peigneurs tels qu'ils sont indiqués sur le détail horizontal, et opérant chacun alternativement en sens opposé, c'est-à-dire avec des broches disposées pour l'un des
peignes, de façon à s'engager de haut en bas, et pour l'autre de
bas en haut, dans la mèche ou barbe *z* à peigner. Cette action
alternative est obtenue par la transmission bien connue qui
donne lieu au mouvement dit *quadrangulaire*, et dont il est facile de se rendre compte par les figures 7 et 7 *bis*, qui donnent
les coupes verticales des peignes H, avec les détails de leurs
commandes. Chacun de ces peignes est fixé à une bielle *d*,
dont la partie inférieure est assemblée à l'extrémité articulée
d'une manivelle *e*, chargée de donner l'impulsion au peigne,
dont le prolongement supérieur est articulé à un point du parallélogramme *f*. De là le mouvement alternatif voulu, et convenablement guidé. Par cette action du peignage dans les deux
sens, on obtient plus sûrement une épuration complète.

PEIGNE NACTEUR. — Ce nom est généralement donné à l'organe chargé de maintenir régulièrement les filaments dans
leur passage de la pince aux cylindres chargés de les transformer en une nappe ou ruban continu. La figure 7 donne la
disposition de ce peigne H′ et le montre garni de plusieurs rangées de broches *h*, *h′*, *h″*, *h‴*. La première rangée *h* forme le
peigne proprement dit ; les autres ont exclusivement pour but

de maintenir les filaments comme il est dit ci-dessus, afin
d'empêcher leur emmêlage et la formation d'un bourrelet derrière la première rangée *h*. Ces segments de peignes *h*, *h'*, etc.,
sont ajustés dans des coulisses *g*, fondues d'une seule pièce au
moyeu *i*, claveté à l'arbre V. Ce peigne avec ses rangées de
broches suit le mouvement de rotation de l'arbre vertical, mais
il doit avoir en même temps une action de basculement, afin
de s'abaisser et d'entrer dans les filaments au moment et au
point où il s'agit de les enlever, et de se séparer de toutes les
autres parties du parcours, pour ne présenteraucun obstacle à
l'alimentation et au peignage proprement dit.

La position de ce peigne est alors celle indiquée dans les figures 7. Cet organe est tantôt formé d'une seule pièce ou par un
plateau unique, comme dans les premières peigneuses où il a été
usité, et entre autres dans celle de M. Hubner; ou, comme ici,
par une série de segments. Dans le premier cas, l'assemblage
avec l'arbre a lieu par une disposition articulée, permettant le
basculement, ou encore par une espèce de cheville verticale passant d'une part dans une fente du plateau du peigne nacteur, et
de l'autre dans le plateau inférieur. Dans le second, les segments
d'aiguilles reçoivent les mouvements qui leur font prendre les
positions indiquées figure 7 par un rail circulaire ondulé *k*, fixé
à quatre colonnes *t*, *t*, *t*, *t* du bâti. Les ondulations de ce chemin sont telles qu'elles font descendre les segments sur la laine
et y pénétrer les aiguilles à la partie de la machine d'où les fibres
peignées doivent être enlevées par les cylindres. Afin de mieux
assurer cet abaissement du segment et de le maintenir parfaitement, on a une voie double à l'endroit voulu, c'est-à-dire
qu'on dispose un contre-rail supérieur *k'* au-dessus de celui *k*,
à la place par laquelle la barbe peignée est étirée ou enlevée
par les cylindres.

ENLÈVEMENT DE LA BLOUSSE. — A mesure que la blousse reste
dans les racines des dents du peigne, elle se trouve enlevée et

déposée à chaque mouvement dans une boîte ou espèce de gouttière m (fig. 7 et 7 bis).

Certaines peigneuses fonctionnant actuellement dans le Nord sont basées sur les principes de celles que nous venons de décrire. Elles prennent les rubans directement aux cardes et donnent en moyenne 80 kilogrammes de cœur bien pur, en laine de qualité intermédiaire. On a ajouté à cette machine un organe tordeur que nous retrouverons bientôt dans la peigneuse décrite plus loin, pour imprimer une faible torsion au ruban peigné afin de lui donner plus de cohésion.

AUTRE PEIGNEUSE CIRCULAIRE MODIFIÉE PAR MM. HOLDEN. — Postérieurement à la prise du brevet précédent, ces industriels ont fait breveter une nouvelle disposition simplifiée, et réunissant certaines parties additionnelles. La figure 1, pl. X, est une projection horizontale vue par-dessus, et la figure 2 une coupe verticale passant par la ligne diamétrale A, A du plan. Grâce à la description précédente, une simple légende suffira pour celle-ci.

PEIGNE VOYAGEUR. — C, plaque annulaire, vide à l'intérieur pour pouvoir être chauffée ; ce cercle, où sont fixées les broches verticales, est assemblé à une crémaillère intérieure b', destinée à recevoir le mouvement par un pignon, et à le transmettre au peigne c. d, d, d sont des segments de peignes nacteurs placés au-dessus et concentriquement au peigne voyageur b. La direction des aiguilles de ces organes est inverse, les aiguilles des peignes nacteurs dirigeant leurs pointes de haut en bas.

e, e, e sont des montants faisant corps avec le peigne voyageur ; ces montants servent de supports aux peignes nacteurs d, d, dont il vient d'être question.

f, f, rail ondulé, attenant à l'anneau fixe c.

g, g, galets fixés d'une part aux segments de peigne d, et reposant de l'autre sur les ondulations du rail f, f. Il résulte

de cette disposition que les segments de peigne, dans la rotation continue que leur imprime le peigne voyageur auquel ils
sont fixés par leur support, sont obligés de suivre les ondulations du rail *f, f,* de s'abaisser et s'élever en raison des fonctions qui leur incombent. La position est vue de profil (fig. 2) ;
on remarque le peigne nacteur soulevé du côté de l'alimentation *a, a,* et abaissé du côté opposé près des cylindres étireurs *i, i. h, h* est un contre-rail fixé au rail au point où
l'étirage de sortie a lieu ; il a pour but d'empêcher le soulèvement des peignes nacteurs par l'action des cylindres
étireurs *i, i.*

On remarque ici, comme dans la précédente machine, le
fractionnement du peigne nacteur en une série de petits peignes
circulaires *d, d,* doués d'un double mouvement ; de la rotation continue du peigne voyageur auquel ils sont fixés concentriquement, et d'un mouvement de va-et-vient vertical. La
disposition permet également de chauffer les dents, sauf quelques modifications de détails, il n'y a, du reste, rien de particulier dans cette peigneuse.

PEIGNEUSE RAMSBOTHAM ET BROWN. — Ce système, breveté
par ses auteurs en 1855 et 1856, rentre dans les dispositions
des peigneuses à plateau peigneur circulaire tournant dans un
plan vertical autour d'un arbre horizontal. Ses particularités
caractéristiques reposent principalement sur la disposition des
gills par rapport à l'organe peigneur. Cette machine n'est pas
répandue dans l'industrie en France, nous croyons cependant
devoir la donner au moins partiellement, de manière à en faire
comprendre l'originalité et pour compléter la série de combinaisons différentes que peuvent prendre les mêmes organes,
afin de ne pas confondre la reprise de certains moyens du domaine public avec des inventions.

Voici d'ailleurs les parties originales de cette peigneuse :

Les gills, au lieu de cheminer et d'avancer suivant un plan

horizontal, sont inclinés à l'horizon comme le démontre la figure 8 de la peigneuse vue de bout, et le détail (fig. 6 bis, pl. IX).

Leurs aiguilles a verticales, sont rasées tangentiellement par le peigne c, dont les dents ou pointes sont perpendiculaires aux aiguilles des barrettes. Ces aiguilles sont montées autour de la jante d'un plateau circulaire c tournant autour de son centre. Ainsi fixées autour du disque de rotation, elles constituent un peigne intermédiaire dont les fonctions consistent à enlever les mèches aux gills alimentaires par la barbe qui déborde à mesure que le cercle passe dans sa rotation devant les mèches (voir les positions relatives de ces organes, fig. 8). Ces mèches ainsi enlevées sont couchées convenablement par un levier articulé ou espèce de lisseur qui n'est pas indiqué, mais qu'on se représente aisément, après leur avoir fait subir un peignage par les peignes, placés à l'extrémité d'un levier tournant autour d'un axe. Ce travail du peignage est réalisé par un mouvement de va-et-vient des gills placés sur le chariot e, et par la rotation du peigne c entre le peigne b et g. Ce dernier s'approche du premier pour lui enlever la mèche et s'en éloigne pour l'étirer et la rendre au second ; le peigne c allant plus vite que le peigne g, il se produit un certain degré d'étirage des filaments dans leur passage de l'un à l'autre.

Mouvement des organes. — Le peigne voyageur c à jante et axe creux, pour pouvoir être chauffé, est muni, sur sa circonférence opposée à celle des aiguilles, d'un cercle denté commandé par un pignon droit engrenant avec une roue intermédiaire, mue elle-même par un engrenage placé sur l'arbre moteur (ces transmissions sont omises dans la coupe). On voit sur ce peigne une plaque de garde k^2, qui a pour but de maintenir les filaments dans les aiguilles.

Le peigne m, qui doit relever les filaments des aiguilles du peigne voyageur pour en faciliter la libération, est placé à l'extrémité du bras m', fixé à l'anneau excentrique m^2. Il est guidé par le goujon m^3 qu'il traverse et peut tourner dans le coussinet fixe m^4, par l'action de la came m^5. Cette dernière reçoit son mouvement par une poulie m^6 embrassée par une courroie m^7 empruntant l'action à la poulie m^8 sur l'arbre c^3.

Les aiguilles du peigne auxiliaire g s'engagent dans la barbe fournie par les gills, afin d'en extraire la blousse pour la déposer au fond de celles du peigne voyageur. Ce peigne g est porté par un cadre ; son mouvement de va-et-vient lui est imprimé à l'aide d'une saillie g^1 fixée sur l'axe c^2. Les lettres de g^1 à g^{10} indiquent les pièces qui relient les transmissions extrêmes.

J, J, plaques fixées à un tablier J' porté par la poulie j^1 dont les axes sont commandés par une courroie passant sur une poulie placée sur l'arbre moteur. Les filaments, bien étalés sur les plaques, sont enlevés par les rouleaux étireurs placés comme à l'ordinaire.

Mouvement de va-et-vient du chariot e, porte-barrettes et gills. — Sur l'arbre moteur est calé un pignon d'angle b^1 qui mène b^2 sur l'arbre e^1, qui commande un arbre sur lequel se trouvent les roues e^6 et e^7 engrenant ensemble, cette dernière est calée sur l'arbre e^8. A l'un des rayons de la roue e^7 se trouve le goujon e^9, recevant un bout d'une bielle e^{10} dont l'autre extrémité est supportée par un goujon du levier e^{11}, qui oscille sur l'arbre e^{12} et est relié à son bout supérieur opposé par un maillon e^{13}, à l'un des supports e' du chariot e.

Dans ce système, les filaments sont introduits par des trous dans la plaque e entre les rouleaux d'alimentation e^4, et de là aux barrettes porte-peignes d. Les mouvements sont réglés de façon à ce que les barrettes s'avancent pour fournir la laine, et reculent après la livraison des filaments aux aiguilles du peigne voyageur.

La figure 3, pl. X, donne une disposition spéciale d'un

organe alimentaire intermédiaire applicable à toutes sortes de peigneuses à peigne voyageur.

Ce mécanisme fort simple consiste dans une fraction de peigne l, assemblée au bout d'un levier l' tournant autour d'un axe l'', à son extrémité opposée. Supposons ce peigne avec ses dents ou aiguilles dirigées de bas en haut, comme les montre la figure, et mis en mouvement tangentiellement à des cylindres alimentaires ordinaires k, k; il fractionnera le ruban a et l'emportera dans sa course, suivant la courbe verticale circulaire m, m, jusqu'à la rencontre du peigne voyageur n, auquel l'organe l livrera sa mèche, que la brosse o vient enfoncer dans les aiguilles de l'organe peigneur n. Le peigne voyageur se met alors en route, pendant que le peigne transféreur retourne sur lui-même cueillir une autre mèche, pour la fournir de nouveau au peigne circulaire, et ainsi de suite.

Nous avons vu fonctionner des peigneuses de ce genre à Bradfort, où elles travaillaient la laine longue. On en chauffait les organes principaux, le peigne circulaire b et les gills a. Le peigne, creux à l'intérieur, recevait la vapeur; pour les aiguilles on employait des jets de gaz arrivant par une grille percée de trous placée sous les barrettes. La production moyenne de laine anglaise à fibres longues était de 250 à 300 kilogrammes pendant onze heures de travail.

PEIGNEUSE MOREL. — Cette machine, qui a subi plusieurs modifications de détail depuis 1853 jusqu'à ce jour, a figuré à la dernière exposition de Paris. Elle peut être également considérée dans son principe comme appartenant au système Heilmann, modifié essentiellement dans la combinaison du mécanisme et des mouvements de l'organe alimentaire. La pince, chargée dans toutes les peigneuses de ce genre d'arracher la mèche de filaments à peigner à l'appareil alimentaire pour la fournir à l'organe peigneur, la transporte d'ordinaire par un organe auxiliaire intermédiaire entre cette pince et le peigne circulaire. Ces deux organes, pinces et intermédiaire, doivent nécessairement être doués chacun d'un mouvement de va-et-vient alternatif pour effectuer le service du transport des fibres entre les deux organes précités[1]. On a cherché à simplifier cette partie de la machine, et à réaliser l'alimentation dans des conditions qui tourmentent moins les filaments et les livrent à l'organe peigneur dans un état de parallélisme plus parfait.

Pour atteindre ce but, M. Morel a imaginé un organe alimentaire formé par un peigne horizontal dont les aiguilles se dirigent de haut en bas, en regard d'une pince fixée à l'intérieur du cercle peigneur. Cette pince prend les filaments au peigne dit *avanceur* (à cause de son mouvement décrit plus loin) et les livre directement sans intermédiaire aux aiguilles du cercle peigneur en les y déposant aussi parallèlement que possible. Il résulte de cette direction perpendiculaire des fibres, par rapport aux dents qu'on évite complétement, le fâcheux inconvénient du bouclage autour des aiguilles. Le cheminement des brins entre les aiguilles pour opérer le peignage se fait alors sans effort, et par conséquent sans ruptures appréciables.

Cette simple modification du principe a nécessité des changements notables dans les transmissions de mouvement des divers organes, et surtout dans les pièces dont il vient d'être question concernant l'alimentation. La description suivante, en indiquant les moyens mécaniques employés à cet effet, va rendre ces points plus intelligibles.

DISPOSITION GÉNÉRALE DE LA PEIGNEUSE. — Le plan ou projection horizontale figure 4, pl. X, et une section verticale (fig. 5) passant par un plan vertical suivant la ligne A, B, du plan, où les mêmes lettres indiquent les mêmes parties dans les deux vues, représentent, dans leur ensemble, les orga-

1. Voir la description de la peigneuse Heilmann.

nes opérateurs, leurs supports, les transmissions de mouvements et les détails accessoires, tels que guides, ressorts, etc.,
assurant avec précision le jeu des premiers par l'action des
secondes.

ORGANES OPÉRATEURS. — Ils comprennent : 1° un grand cercle peigneur horizontal L, dans lequel sont implantées verticalement, tout autour de sa circonférence, un certain nombre
de rangées d'aiguilles pointues concentriquement à la circonférence du cercle. La finesse et le serrage des aiguilles sont réglés en raison de la qualité de la laine à traiter. Cet organe
peigneur circulaire est doué d'un mouvement de rotation
continu autour de son centre ; 2° de l'appareil alimentaire,
comprenant le peigne avanceur T, disposé à l'extrémité supérieure X d'un levier vertical Y articulé en Y', d'une pince H, H,
formant mâchoire dentée à l'extrémité qui doit saisir les filaments. L'extrémité opposée de cet organe tourillonne sur le
levier à coulisse H', H', et se relie à un ressort J, fonctionnant
pour assurer le jeu de la pince comme on le voit figure 5, et
en détail figure 6.

3° *De la brosse c'''*, chargée de bien enfoncer les mèches dans
les aiguilles de l'organe peigneur. Elle est adaptée à l'extrémité du levier vertical P, Q, et reçoit un mouvement de va-et-
vient, de bas en haut et de haut en bas aux moments voulus
pour réaliser la fonction qui lui incombe ;

4° *Des organes dépouilleurs* I'' et N', des cuirs sans fin
chargés d'enlever la matière peignée sous la forme d'un
ruban et de le disposer en bobine autour du cylindre enrouleur J'''.

TRANSMISSIONS DE MOUVEMENT DE CES DIVERS ORGANES. — F, F¹,
sur l'arbre horizontal G, sont les poulies motrices, fixe et folle,
dont dépend l'action ou l'arrêt de la machine en général. La
distribution des mouvements aux différents organes a lieu de
la manière suivante.

COMMANDE DU CERCLE PEIGNEUR L. — Une vis sans fin *a* placée
au bout de l'arbre moteur G engrène avec une roue droite horizontale *a″*, *o″*, qui imprime, à son tour, le mouvement au
peigne annulaire dans la direction de la flèche (fig. 4), en engrenant avec un cercle denté ou crémaillère circulaire fixée
concentriquement à l'intérieur du peigneur L.

COMMANDE DES MONTANTS E′ DE L'ALIMENTATION ET DES BROSSES.
— Cette transmission, comme on le voit figures 4 et 5, est réalisée par la roue droite *a‴* placée sur un second arbre horizontal inférieur D′, portant à chacune de ses extrémités une
paire de roues d'angle K ; un bout d'arbre de l'une d'elles reçoit la roue droite K′, qui engrène avec les dents de la couronne
extérieure R′ de la partie excentrée E′. Cette disposition est
symétrique, c'est-à-dire qu'il y a une commande semblable de
chaque côté de l'anneau excentré E′, afin d'alléger la transmission. Il est bien entendu que la direction de mouvement de
chaque paire de roues d'angle est inverse pour imprimer une
rotation continue aux montants E′. Le montant R″, en forme
d'étagère, sert en même temps de support aux bobines de la
préparation destinées au peignage et au plateau supérieur B‴.
Dans le plan horizontal figure 4, une partie, la moitié de la figure,
donne la disposition générale de l'organe alimentaire, des pinces, des brosses, des étirages et des délivreurs. La partie inférieure de l'anneau excentrique des montants E′ repose sur
quatre roues ou galets à gorges E″ portés par une embase B, B,
assemblées et reliées solidement à des montants verticaux B″.
La peigneuse a ordinairement quatre systèmes ou répétitions
identiques autour de sa circonférence ; on n'en a donné qu'un
sur un quart de la machine pour ne pas compliquer le dessin
inutilement.

COMMANDE DES ORGANES DÉLIVREURS I″, J‴, N′. — Cette transmission a lieu directement par les quatre roues droites horizontales M′ engrenant avec une denture pratiquée à la par-

tie inférieure de l'excentrique annulaire, et commandent à leur tour les cuirs sans fin I″, N′, et les cylindres J″ dans les directions indiquées par les flèches.

Il va de soi que le plateau B‴, servant en quelque sorte de table et de points d'appuis au mécanisme supérieur de la machine, est garni de coulisses et d'entailles aux places voulues pour laisser la liberté aux mouvements des pièces qui s'y logent. Les lignes ponctuées en P‴ (fig. 4) indiquent bien cette disposition. Le détail (fig. 7) donne la section développée de l'excentrique annulaire E′ avec les positions relatives des galets correspondant aux principales positions des organes qu'il est chargé de commander. Il y a quatre répétitions semblables pour chaque peigneuse, si les alimentations sont au nombre de quatre.

TRANSMISSION DE MOUVEMENT DE L'ORGANE ALIMENTAIRE. — La plate-forme circulaire B, B, porte quatre poulies à gorges E″ qui l'entraînent avec les montants E′ à encoches, et le support F‴, base du support vertical des galets G′ G″, N″ et F′ montés sur des axes horizontaux assemblés audit support, chargés d'imprimer le mouvement alternatif de va-et-vient aux pièces ou leviers X″, P, P′, Q′, E, S″ de la pince. Ces galets tournent dans des courbes ou coulisses annulaires excentrées, représentées en coupe verticale développée figure 7. Le galet G′ est chargé du mouvement de la partie supérieure et G″ de la partie inférieure de la pince, et N″ est destiné au mouvement de la brosse C″. A la partie inférieure de la plate-forme ou anneau B est articulé en Y′ un levier vertical Y, qui porte à sa partie supérieure la table ou guide Q, la tige X et un peigne T. H est une lame en laiton, terminée par des dents ou crans, destinés à diriger les filaments par un léger mouvement imprimé d'une part à la coulisse H′, par l'entremise du ressort J, et de l'autre à la petite pièce T′, placée de chaque côté du peigne T. La direction de ce mouvement est indiquée par une flèche dans le détail (fig. 6) à travers l'espèce de grille leur servant de guide. Le mouvement du montant E' est facilité par des galets de friction V. Ce galet fait corps avec le principal support vertical des pièces de l'organe alimentaire, par son assemblage avec la pièce z, fixée au levier Y; cet assujettissement le force à obéir à l'action imprimée à ce levier. Le rappel de la pince est assuré par un ressort L'' fixé latéralement au levier vertical Y et à sa partie opposée à la table B''', servant de support à toute la disposition supérieure de la machine. Le rouleau de friction X', par l'excentricité de son pourtour, détermine le mouvement de va-et-vient du peigne T par l'impulsion donnée à son guide X, qui se meut le long du levier Y. L'action est imprimée à la partie inférieure de la pince de la façon suivante : en outre des rouleaux de friction mentionnés précédemment, on en voit un O' à courbure excentrée, reposant d'une part sur le rebord du support c''', monté en regard de l'extrémité du levier articulé P'', sollicité par le ressort L', fixé à son bout opposé à la pièce P', qui forme retour d'équerre avec le levier courbe P, Q, de la commande inférieure de la pince. Le mouvement de lève et baisse du levier P' a lieu par la rotation du galet O', qui présente successivement à son support les parties ondulées de son contour, et fait articuler le levier P'' en conséquence. Le ressort L' tendu ou libre agit à son tour sur la partie inférieure S de la pince E, à laquelle il communique.

Un rebord circulaire à retour d'équerre protége les aiguilles du peigne à la descente de la pince. Les vis J, J' servent d'arrêt aux pièces de l'alimentation et de la pince. L'une d'elles est fixée sur le plateau B''' et l'autre sur la partie creuse M servant de boîte à vapeur pour chauffer le peigne L. Comme on l'a vu précédemment, le galet N'' imprime le mouvement de va-et-vient vertical à l'aide du support X'' et du montant courbe Q'. Le galet G'' donne le même mouvement à la partie supérieure E de la pince. Le mouvement de translation de celle-ci vers l'intérieur de la machine lui est imprimé par la poulie de friction horizontale N', qui tourne par l'action d'une lame fixée au montant E' et dont la courbure de la gorge a pour effet de réaliser le va-et-vient latéral alternatif, de manière à ce que, la pince étant arrivée à la fin de sa course, la brosse c'' se présente et descende perpendiculairement aux aiguilles du peigne circulaire L. L'action de l'enfoncement des fibres une fois effectuée, la pince et la brosse remontent par l'effet du ressort L' et du levier P'.

MARCHE GÉNÉRALE DU TRAVAIL. — Le mode d'action restant celui de toutes les peigneuses de ce genre, peut être résumé en quelques mots. La matière préparée en ruban sur des bobines, comme à l'ordinaire, est placée sur l'étagère R'', d'où elle se déroule sur le tablier Q et la grille R, pour être livrée entre les parties E et S'' de la pince par le petit peigne H. La pince, en se fermant, saisit l'extrémité de la mèche du ruban. L'organe alimentaire, opérant alors un mouvement de recul pour se retirer, abandonne en descendant une partie de ses filaments qu'il dépose entre les aiguilles du peigne L. C'est à ce moment que la brosse c'', c''' complète par sa descente l'introduction des fibres entre les aiguilles. Le peigne circulaire, par sa rotation, vient offrir aux cylindres I'' des cuirs sans fin, l'extrémité des fibres peignée par le peigne T et étalée dans les aiguilles de la circonférence du peigne L. Ces fibres sont attirées et étirées entre les cuirs sans fin, et le passage des extrémités opposées à celles qui débordent le peigne annulaire effectue à son tour le peignage du second bout de la mèche, en laissant les impuretés et les inégalités au fond des dents. Ces corps étrangers sont enlevés par un débourrage effectué par des lames métalliques qui dégagent et nettoient les aiguilles de ces résidus sous la forme d'une espèce de bourre entraînée par les cuirs sans fin N'. Arrivée à ce point, la matière peignée et soudée en ruban continu est reçue à la sortie des rouleaux J*, soit autour de bobines serrées et tournantes, soit dans des pots.

Dans des brevets ultérieurs, l'inventeur a apporté quelques modifications à l'organe alimentaire de la machine, et surtout à l'élément dit *peigne nacteur*, ou petit peigne, par lequel la matière passe pour se rendre au grand. Les dispositions ont principalement pour but d'arriver à maintenir cet organe dans un état de propreté convenable, pour assurer son bon fonctionnement. L'auteur a aussi modifié le jeu de la pince, en retardant un peu son mouvement de retour vertical, afin de laisser le temps à la partie des fibres peignées de passer sans être froissées par l'action montante de l'organe alimentaire.

PEIGNEUSE NOBLE. — M. Noble, de Leeds, prit, en 1853, un brevet en France et en Angleterre, et M. Donisthorpe demanda une addition à ce même brevet en 1856 pour une machine à peigner. A la première date, l'auteur, tout en supposant son système propre à la préparation de toutes espèces de substances filamenteuses, avait principalement le coton en vue. Dans son certificat d'addition, au contraire, M. Donisthorpe paraît s'attacher surtout au travail de la laine.

Le principe sur lequel repose l'invention consiste dans l'emploi de deux peignes circulaires ou de deux cercles horizontaux garnis d'aiguilles verticales, ayant chacun un point de leurs circonférences en contact d'un grand peigne horizontal, et tournant par conséquent excentriquement l'un dans l'autre autour de leurs centres respectifs. Si on suppose le point d'alimentation au point de contact des deux cercles, et le ruban à peigner engagé en même temps par une extrémité dans les dents ou aiguilles des deux peignes et le système en mouvement, il est évident qu'il en résultera successivement le fractionnement du ruban en mèches et un peignage ou épuration de ces mèches dans les conditions les plus rationnelles.

En effet, par le mouvement excentré des deux peignes circulaires, les points des deux cercles en contact d'abord s'éloignent progressivement, et opèrent une traction sur le ruban qui les alimente. La distance devient telle à un moment donné qu'une solution de continuité a lieu, et les peignes, en continuant leur rotation, emportent une frange ou une mèche de filaments dont les extrémités libres ont subi l'action du peignage en passant entre les aiguilles correspondantes du peigne dont elles sont extraites. Si ensuite un organe étireur quelconque saisit cette frange par son bout flottant pour la retirer des aiguilles du petit peigne, dans lesquelles elle est engagée, le peignage s'effectuera sur la seconde partie de la mèche. Celle-ci, entièrement épurée de cette façon, n'a plus qu'à être soudée à la suivante pour former un ruban peigné renfermant les fibres les plus longues, tandis que les brins les plus courts sont restés entre les aiguilles du second peigne pour être retirés à leur tour, comme on le verra plus loin.

Ce qui précède suffit pour faire comprendre que dans sa disposition, sa forme et son apparence la peigneuse Noble diffère de la peigneuse Heilmann. Mais les principes du travail imaginés pour la première fois par Heilmann, à savoir : le fractionnement d'un ruban en mèches, le peignage de celles-ci en deux parties, avant de les réunir de nouveau pour reformer le ruban peigné, restent les mêmes. Seulement la différence de la forme des organes travailleurs nécessita des dispositions générales différentes, des moyens spéciaux pour alimenter la machine, et des transmissions particulièrement appropriées aux conditions à réaliser. M. Donisthorpe, après s'être fait breveter en 1856 pour une addition assez complète à la machine Noble, prit un nouveau brevet d'invention un peu plus tard, cette fois en son nom et en celui de MM. Tavernier, Crofts et Holden. Comme ce dernier brevet renferme le système Noble que nous venons d'analyser, et complète la machine, telle que l'exécutent aujourd'hui les différents constructeurs et notamment la maison Mercier, de Louviers, il suffit donc de décrire la machine exploitée aux noms de MM. Donisthorpe, etc., pour que l'on connaisse les diverses dispositions plus ou moins complètes dont il vient d'être question.

PEIGNEUSE DONISTHORPE, TAVERNIER, CROFTS ET HOLDEN. — *Organe peigneur.* — La figure 1, pl. XI, donne un plan horizontal de la disposition générale de la peigneuse vue par-dessus. La figure 2 est une coupe verticale passant par la ligne AB de la figure précédente. Les figures 3 à 6 donnent des détails dont il sera question dans le courant de cette description.

L'un des peignes circulaires, le plus grand, est représenté en *a* (fig. 1 et 2). Ce cercle est garni de plusieurs rangées d'aiguilles représentées en *a'* (fig. 2), et la racine de ces aiguilles est indiquée par les points (fig. 1). Ce peigne circulaire, d'une surface et d'un nombre de dents variable en raison des besoins et du volume adopté pour la machine, tourne autour de son centre. *b* est le peigne circulaire intérieur, plus petit et tournant également autour de son point central. Le diamètre de ce peigne intérieur se confond avec le diamètre du grand. Pour augmenter la production de la machine, on dispose un second peigne intérieur *b'* à l'autre extrémité du même grand diamètre. Les deux organes peigneurs intérieurs *b* et *b'* sont identiques et disposés symétriquement par rapport au grand peigne *a*. Chacun de ces peignes a sa garniture de dents parallèles à celles du peigne extérieur. Seulement le nombre de rangées d'aiguilles est moindre dans les petits que dans le grand peigne. Lorsque celui-ci en a par exemple douze, les premiers n'en ont généralement que huit. Il n'y a d'ailleurs rien d'absolu dans ces réductions, qui doivent nécessairement varier avec les finesses et les qualités des laines. Les peignes sont disposés sur des anneaux fixes, creux en dedans, et forment ainsi des tuyaux *t*, *t* (fig. 2), dans le but de pouvoir y introduire la vapeur pour chauffer les organes peigneurs au besoin, à l'effet de rendre la laine plus malléable et de faciliter l'action du peignage.

APPAREIL ALIMENTAIRE. — Les figures 3, 4 et 5 de la planche donnent en coupe dans ses différentes dispositions une espèce de boîte méplate assemblée à une articulation r. Cette boîte, placée à l'extérieur du grand peigne, reçoit le ruban à peigner à, pour le transmettre aux organes peigneurs a et b. Une garniture de boîtes d, d (fig. 4) semblables entoure la machine ; le nombre de ces espèces de satellites varie naturellement en raison de la dimension de la peigneuse. Celle de la planche XI, de 1m,50 de diamètre, en a soixante-douze à sa circonférence. A l'extrémité opposée à celle qui approche du peigne, chacune de ces boîtes correspond à une broche e, engagée à frottement doux dans une ouverture, de façon à pouvoir monter et descendre parallèlement à elle-même dans l'entaille et faire incliner plus ou moins la boîte avec laquelle elle est en relation. Comme le montrent les détails, un rail fixe incliné R (fig. 3, 4, 5 et 6) est chargé, dans le mouvement des peignes, de déterminer les variations d'inclinaison dont il vient d'être question. Lorsque la broche est au plus bas de sa course, elle ne touche pas la boîte d, et le devant de celle-ci, le côté par lequel elle livre la matière, vient reposer sur le talon du peigne a (fig. 2 et 3). La figure 5 montre la boîte légèrement soulevée, et la figure 4 la donne au point de la plus grande élévation imprimée par l'inclinaison de la règle R. En avant de ces boîtes se trouve le porte-bobine g, avec son rouleau alimentaire r' qui fournit les rubans aux boîtes. 1 et 2 sont des galets pour faciliter le déroulage, et 3 est une petite poulie à gorge, servant de guide au ruban qui se rend à la boîte d (fig. 2). Des brosses h, h', assemblées à des tiges verticales e, e', sont douées d'un mouvement de va-et-vient vertical pour engager les fibres au moment voulu dans les aiguilles des peignes. La figure 2 montre l'une de ces brosses en

haut et l'autre en bas de leur course. Pour maintenir les filaments dans la garniture des peignes et empêcher l'élévation des
boîtes de les retirer dans leur mouvement ascensionnel, on a
disposé des plaques *i* aux points convenables et concentriquement au peigne *a*.

APPAREILS DÉLIVREURS. — Lorsque les peignes *a*, *b* et *b'* sont
mis en mouvement et tournent autour de leurs axes ou centres
respectifs, ils agissent simultanément sur la laine, et bientôt la
séparation de la masse et la formation des mèches ou barbes
précédemment indiquées a lieu. Ces mèches déborderont
alors d'une part l'intérieur du peigne *a* et l'extérieur des
peignes *b*, *b'*, ces derniers travaillant aux deux points opposés
du grand peigne. Il y a donc formation de quatre barbes :
deux adhérentes au grand peigne et une pour chacun des peignes extérieurs *b*, *b'*. Ces barbes sont transformées en rubans
par des cylindres étireurs ordinaires disposés à l'intérieur de
la machine aux points voulus ; *j*, *j* (fig. 1) donne la projection
horizontale des cylindres destinés à former, sur deux points
différents du grand peigneur, deux rubans, de même que les
cylindres *l*, *l'* transmettent les rubans retirés des peignes *b*, *b'*.
Ces dépouillements faisant glisser les fibres engagées entre
les aiguilles peignent l'extrémité opposée à celle de la partie
libre des mèches. Les quatre rubans peignés obtenus de
cette façon se réunissent en un, par l'ensemble des organes
représenté figure 1 et en détail figure 7. Ces quatre rubans en
forment un seul au point *o*, passent de là dans l'entonnoir tournant S, puis entre les cylindres cannelés S', S', sur le peigne
cylindrique T entre une seconde paire de cylindres cannelés *v*, *v* ; un entonnoir fixe *x*, pour s'enrouler enfin autour du
cylindre Z, qui reçoit un double mouvement de rotation autour
de son axe et de translation afin de disposer le ruban croisé
comme le montre la figure 1, dans le but d'en faciliter le dévidage. La tension régulière est imprimée au ruban pen-

dant l'envidage par la rotation des rouleaux tournants y, y.

TRANSMISSIONS DE MOUVEMENT DE LA MACHINE. — Les poulies fixes et folles se et se', pour imprimer ou suspendre le mouvement, sont placées sur un arbre horizontal n° disposé au-dessus des organes peigneurs. La tringle e et sa poignée o', à la portée de la main, communiquent à la fourche H de la courroie, qui peut ainsi être facilement passée de l'une à l'autre des deux poulies, selon le besoin. Les différents mouvements sont commandés par l'arbre principal n° de la manière suivante :

COMMANDE DES PEIGNES ET DES BOITES. — Sur l'arbre n° se trouvent deux paires de roues K, K' (la figure 2 n'en montre qu'une en coupe, l'autre est cachée par sa boîte fermée). Chacune de ces paires de roues cônes commande un arbre vertical M et M. A la partie inférieure de chacun de ces arbres, en face des couronnes dentées extérieurement W, des peignes intérieurs b, b', est calé un pignon p, en projection horizontale (fig. 1). Les dents de ce pignon engrènent avec celles des dents W du peigne circulaire correspondant, et la couronne dentée de celui-ci engrène à son tour avec les dents intérieures dont est muni le grand peigne ; les boîtes d étant montées sur le rebord extérieur du peigne a, elles tournent avec lui. De cette façon les trois organes peigneurs, les boîtes et les rouleaux alimentaires sont mus par l'impulsion unique des pignons p placés sur l'arbre M. Les diverses inclinaisons alternatives des boîtes nécessaires à l'alimentation au moment voulu sont déterminées par le passage des broches e faisant partie du système tournant sur les parties ondulées et plus ou moins inclinées du rail R.

Un coup d'œil sur les figures 3, 4 et 5 démontre les diverses positions prises successivement par chacune des boîtes en tournant sur cette règle et les différents temps de l'alimentation. De la position de la figure 2 à celle de la figure 3, l'élévation de la boîte opère un tirage sur le ruban auquel s'oppose la plaque de garde *i ;* il en résulte le déroulage d'une portion de mèche de la bobine *r'*. Le mouvement de rotation continuant, l'élévation de la boîte augmente de telle façon qu'elle enlève la mèche d'entre les dents, comme l'indique la figure 4, pour l'amener à une paire de cylindres de rotation en bois *t* destinés à redresser et à allonger cette mèche. C'est au sortir de ces rouleaux, placés très-près des peignes, que l'une des deux brosses *h'* s'abaisse pour engager la laine dans les aiguilles des deux peignes *a, b'*. L'action de la brosse est instantanée ; aussitôt qu'elle a cessé, le peignage commence.

Il est évident que chaque fois qu'il y *désalimentation* de la part des boîtes sur la moitié de la machine, la mèche et la blousse qu'elle peut contenir à son extrémité est extraite en même temps d'entre les dents du grand peigne, et se trouve transmise aux petits peignes, dans l'alimentation suivante. C'est du fond de la garniture de ces petits peignes que la blousse se trouve définitivement extraite par l'un des appareils étironneurs habituels bien connus, analogue à celui du détail (fig. 7).

COMMANDE DES BROSSES ET D'UN VOLANT A SÉPARER LES MÈCHES. —Un coup d'œil sur la figure 2 suffit pour démontrer que le mouvement de va-et-vient vertical que reçoivent les brosses par leurs tiges *c, c'* dans les coulisses *f, f'* leur est imprimé à chacune par une bielle L, actionnée par une manivelle ou un excentrique placé sur le volant N mû directement par l'arbre principal *n°*. Le même arbre est également le point de départ des mouvements des organes accessoires et additionnels, des délivreurs et des débourreurs. La partie inférieure de chacun de ces arbres porte à cet effet les engrenages *e', e''* correspondant à des roues qui commandent les transmissions de 10 à 16, et une espèce de volant-levier tournant à deux branches *u, u'* dont les fonctions consistent à opérer la séparation des barbes formées par le peigne *a* d'avec celles des peignes *b, b'*, en introduisant alternativement ses ailes entre les franges qui à un moment donné existent entre les organes peigneurs. Cette commande part de la poulie à gorge p'' de l'arbre n, pour faire mouvoir par des courroies de renvoi les petites poulies p''' et p^{IV} sur l'axe du volant u, u'.

APPAREIL SPÉCIAL A RÉUNIR LES QUATRE RUBANS EN UNE BOBINE. — Enfin, pour compléter les moyens proposés par MM. Donisthorpe, nous donnons les détails (fig. 8 et 9), qui sont : la première un plan, et la seconde une élévation d'un mécanisme additionnel pour réunir les quatre rubans provenant des cylindres bb', jj. L'appareil se compose d'une botte métallique A, boulonnée par des brides a, a' aux colonnes creuses u, u' qui enveloppent les arbres MM'. Le plan montre un assemblage à angle droit entre la botte et les colonnes B, B'; cette disposition n'est pas absolue, elle peut former un angle variable en raison des besoins. Au moyen de pattes cc' venues à la botte et de boulons d'assemblage d, d', il sera possible de lui donner la position propre à faciliter la réunion et la direction des rubans.

TORSION DES RUBANS. — Les auteurs ont pensé qu'il était avantageux d'imprimer un certain degré de torsion d'abord à chacun des rubans FF¹ F² F³ isolément, puis aux quatre réunis. A cet effet, ces rubans se rendent chacun dans un entonnoir respectif D, D¹, D², D³ (fig. 8). Ces entonnoirs sont doués d'un mouvement de rotation qui leur est imprimé par des poulies $n'n'n'n'$ placées sur leurs axes, lesquels pignons sont mis en action par une seule roue d'engrenage n tournant avec son arbre E'. Les rubans ainsi réunis vont se rendre en un boudin unique dans l'entonnoir tournant S.

Quoique la torsion imprimée au produit peigné ne paraisse pas rationnelle en principe, puisqu'on cherche au contraire à éviter tout ce qui peut faire dévier la direction des fibres de leur parallélisme recherché, on la pratique cependant dans le but indiqué ci-dessus. La peigneuse dont nous venons de parler étant fréquemment employée, surtout pour les laines ordinaires à brins de longueurs intermédiaires, est l'une de celles où l'appareil à réunir les rubans tordus est le plus souvent appliqué. Sauf cette remarque, on peut dire que la peigneuse du système Noble, bien réglée, est susceptible de donner de bons produits courants, surtout en peigné de numéros moyens pour trame. Une telle peigneuse de 1ᵐ,50 de diamètre, faisant 2 tours et demi à la minute, peut produire avec ses soixante-douze boîtes alimentaires au moins de 100 à 120 kilogrammes de peigné en douze heures de travail effectif.

APERÇUS GÉNÉRAUX SUR LE RENDEMENT EN QUANTITÉ ET QUALITÉ D'UNE PEIGNEUSE. — Les industriels sont souvent amenés à se poser la question de savoir quelle est, parmi les nombreuses peigneuses automatiques en présence, la plus avantageuse? Il est difficile de répondre *à priori* d'une manière absolue, le choix pouvant varier en raison des caractères et surtout du volume des filaments qui, sous le rapport du peignage, sont en quelque sorte rangés en trois catégories essentielles comprenant les laines fortes et longues, les laines d'une longueur intermédiaire plus ou moins communes, et les laines fines. Les machines doivent varier dans leurs volumes, leur réglage, et par suite être modifiées dans leurs dispositions, suivant que les fibres appartiennent à l'une ou à l'autre de ces trois catégories, et pour une même sorte de laine on peut encore avoir à choisir entre des systèmes divers, suivant que l'on veut donner la préférence à la qualité du travail sur sa quantité, c'est-à-dire selon qu'on se donnera avant tout la pureté absolue du peigné pour but, ou qu'on sacrifiera la perfection à la production dans une certaine limite. Les deux termes du problème, sans s'exclure, dépendent cependant l'un de l'autre; ils sont connexes. Si on veut peigner une belle laine fine de manière à ne laisser rien à désirer, il est évident que le but ne pourra être atteint que par une peigneuse dont le mécanisme peigneur empêchera la blousse de passer dans le cœur et par l'action sur la masse très-divisée, en faisceaux ou mèches ténues. Mais alors chaque révolution des organes concourant à l'effet ne peut produire que des résultats assez faibles, limités d'ailleurs par la durée réglementaire de l'ensemble des mouvements dont chacun réclame un temps déterminé qui ne saurait être diminué. Ainsi, pour le système Heilmann Schlumberger, on ne doit pas dépasser une vitesse de 90 mouvements alimentaires, ou arrachages à la minute, d'un ruban du numéro déjà indiqué. Si dans l'intérêt de la production on veut au contraire traiter des mèches composées d'un plus grand nombre de filaments, il sera impossible de les atteindre toutes avec la même précision. C'est en raison de ces considérations que les peigneuses Holden dites *des Anglais* et le système Noble entre autres se sont propagées dans le travail des laines à fibres fines et intermédiaires. Ces peigneuses font, en général, cinq fois plus que celles de la maison Schlumberger et se vendent en conséquence un prix proportionnellement plus élevé, mais elles offrent un avantage réel sous le rapport du personnel : une femme suffit là où il en faut cinq aux peigneuses à mouvements alternatifs.

Sauf ces deux changements, et la période à laquelle on fait le lissage, il n'y en a pas d'autres dans la composition de l'assortiment. Il faut toujours les préparations à la carde et aux étirages à gills ou à peignes avant peignage, et des préparations après dans les deux cas. Cependant on peut économiser un passage, lorsqu'au lieu de lisser avant, on lisse après peignage. Il semblerait donc plus avantageux de ne lisser qu'après peignage, mais il y a des motifs pour et contre :

Le *lissage avant peignage* épure mieux, donne plus de nerfs aux brins, un rendement en général plus favorable en cœur, et de la blousse blanche.

Le *lissage après peignage* donne une apparence plus flatteuse à la laine ; l'action opérant comme dernier apprêt, laisse l'aspect lisse et brillant au produit. Aussi les peigneurs à façon pratiquent-ils la dernière méthode. Les fabricants qui peignent pour eux lissent au contraire généralement avant peignage.

§ 2. Dégraissage, séchage, lissage et dressage des rubans.

Un seul traitement atteint simultanément les résultats nettement indiqués par le titre de cette section. L'opération a pour but d'épurer la préparation en enlevant le liquide gras par une dissolution savonneuse ou alcaline, de sécher le ruban et de lui donner un aspect glacé et lisse, que les lainages en général peuvent prendre sous l'action combinée de la pression, de la tension et de la chaleur. Cette opération a donc un double résultat en vue, une épuration et une sorte d'apprêt.

Quelle que soit la nature des huiles contenues dans la laine, et la période à laquelle le traitement du lissage a lieu, il ne change pas dans son principe, et les appareils employés restent les mêmes. Les ingrédients appliqués au dégraissage seuls pourraient varier avec les différents corps gras que les rubans peuvent contenir. Si comme dans la généralité des cas il s'agit d'enlever de l'huile d'olive, on a recours à une eau de savon tiède ; si c'est de l'oléine, on peut y substituer une dissolution de cristaux de soude. Nous préférons le carbonate cristallisé parce que sa composition est plus fixe. Quoique toutes les questions de prix de revient et de dépenses du travail soient réservées à un chapitre spécial, nous croyons cependant devoir faire remarquer incidemment que lorsque la laine a été graissée à une proportion de 3 pour 100 d'oléine, 1,5 de cristaux de soude suffira pour le dégraissage, ce qui représente la dépense suivante en ingrédients :

3^k d'oléine parfaitement épurée à.. 0^f,95 = 2^f,85
1 ,5 de cristaux à... .... 0 ,60 = 0 ,90

Ensemble...... 3^f,75 p. 100 kilogr. de laine.

Le même poids graissé au même taux en huile d'olive coûterait :

Pour la matière grasse, $3^k \times 1,30 = 3^f,90$
Pour le savon.................. 1 ,40
                              ————
Ensemble.......... $5^f,30$

ou une différence de 1 fr. 55 aux 100 kilogrammes, et pour une moyenne de 400 kilogrammes par jour, 6 fr. 20 et 1860 francs par an. Si, d'ailleurs, contrairement à ce que l'expérience nous a démontré, on craignait que ce mode d'opérer ne laissât pas toute la douceur voulue à la matière, on pourrait, au besoin, faire le dégraissage à l'alcali dans le premier compartiment de l'appareil et terminer par une eau légèrement savonneuse dans le bac suivant.

DE LA PÉRIODE A LAQUELLE SE FAIT LE LISSAGE. — Quant à la période du dégraissage et du lissage, rappelons que les filateurs qui peignent eux-mêmes leurs laines, surtout si ce sont des laines fines traitées aux machines du système Heilmann, opèrent le dégraissage-lissage avant le peignage, les fibres étant alors parfaitement dégagées, bien désagrégées et bien dressées. Il en résulte un peigné plus pur et une blousse plus blanche. Les ateliers travaillant à façon peignent au contraire en gras, et n'exécutent par conséquent le dégraissage qu'après; ils préfèrent cette méthode parce que le résultat paraît plus avantageux sous le rapport du rendement : c'est là un motif plus spécieux que satisfaisant, attendu que le filateur, en recevant sa laine peignée, doit se rendre compte de l'état dans lequel elle est et de la quantité de déchet probable qu'elle subira au dégraissage. On doit donc supposer une cause plus sérieuse au peignage en gras : ne serait-ce pas réellement parce qu'on profite plus longtemps de la flexibilité que les tubes laineux acquièrent par la présence de l'huile qui rend leur transformation plus facile, leur rupture moins fréquente, augmente également la proportion de cœur? L'exécution simultanée du dégraissage, dressage, séchage et lissage des rubans avant ou après peignage, est un progrès d'une date relativement récente ; il remonte à 1850 et appartient à MM. Pradine et à la maison A. Koechlin et Cᵉ. Cette dernière a pris successivement deux brevets, l'un en 1850 et l'autre en 1852, pour un appareil spécial. Jusqu'alors, les opérations du dégraissage et de séchage avaient lieu séparément, le dressage s'obtenait par le *tortillonnage* considéré également comme un progrès sur les moyens antérieurement en usage. Il consistait dans le fractionnement des rubans à une longueur limitée, dans la réunion d'un certain nombre de ces rubans en un gros faisceau. Ce faisceau, attaché à un crochet fixe par une de ses extrémités, l'était à l'autre à un crochet mobile sur son axe mis en mouvement par une poulie. La rotation rapide de cette poulie imprimait une forte torsion et la dureté d'une corde à la matière. On agissait successivement de la même manière sur une partie de laine, puis on exposait ces espèces de torons dans une caisse à l'action de la vapeur humide pendant quelques heures, on les retirait ensuite pour les détordre. L'effort fait par la masse des brins humectés à la vapeur pour réagir et se détordre en produisait le redressage. Ce résultat est si important dans le travail de la laine lisse, que ce procédé, malgré divers inconvénients graves, la lenteur de son application, son prix de revient et l'énervement de la matière, a cependant été pratiqué pendant des années. Peut-être n'a-t-il pas été supprimé partout ; mais si quelques filatures s'en servent parfois encore, il faut l'attribuer à la simplification et au prix peu élevé du matériel nécessaire, la lisseuse, au contraire, étant toujours d'un prix assez considérable. Depuis leur application, ces derniers appareils ont reçu des modifications dans certains détails conformément aux indications suivantes.

Lisseuse Pradine construite et perfectionnée par MM. A. Koechlin. — Le principe de la première lisseuse est représenté figure 1, pl. XII. Cette figure est une coupe par un plan vertical.

Les rubans à traiter passent, à leur entrée, entre les cylindres *a*, et sont guidés par des rouleaux presseurs *c, c*, d'abord à la surface, puis immergés par des rouleaux flotteurs *p* et *e*, dans un premier bain de savon contenu dans une auge B. La quantité de savon est d'environ 700 à 750 grammes pour une moyenne de 4ᵏ,200 de laines à l'heure ; de ce premier bain les rubans se rendent entre les rouleaux presseurs *f* et *g* pour être dirigés de la même manière dans la seconde bâche C, dont le même volume d'eau reçoit 500 grammes de savon. Des rouleaux presseurs D et E, garnis et disposés d'une façon analogue à ceux des dégraissoirs de la laine brute, sont chargés d'exprimer l'eau contenue dans les fibres, qui sont dégorgées et complétement rincées par un jet d'eau pure qu'on y fait arriver par une bassine placée au-dessus de ces rouleaux ; ce récipient n'est pas indiqué dans la coupe de la figure 2. Ainsi épurés, les rubans, en un plus ou moins grand nombre, suivant la largeur de l'appareil (les anciennes lisseuses en contenaient une vingtaine), viennent se tendre et se sécher entre la double rangée de cylindres tournants métalliques creux H et I, chauffés intérieurement par une circulation de vapeur. Enfin les produits secs et lissés sont dirigés dans des pots par les cylindres d'appel O, O. Ce trajet des rubans à travers l'appareil doit se faire avec une certaine lenteur (5 mètres environ à la minute) pour ne pas fatiguer les brins, et leur donner le temps de se dégraisser et de se sécher.

Les détails que nous allons donner sur la machine suivante de MM. Pierrard-Parpaite, qui a figuré à l'exposition de 1867, feront d'ailleurs comprendre les transmissions de mouvements de ces sortes de machines et les effets qui doivent en résulter.

DÉGRAISSEUSE ET LISSEUSE PIERRARD-PARPAITE (pl. XII). — La figure 2 est une élévation longitudinale de l'ensemble de la machine, en supposant enlevées les parois latérales des bassines pour en laisser voir les bains de savon, et les rouleaux presseurs.

La figure 3 est une vue en plan de l'ensemble, le râtelier et le cannelier étant à vide ;

Les figures 4 et 5 sont des vues de côté prises, l'une devant les cylindres sécheurs, suivant une section faite par la ligne 1-2 ; l'autre est une coupe de la seconde bassine, suivant la ligne 3-4, et montrant par derrière la première bassine.

Ces figures sont dessinées à l'échelle de 1/25 de l'exécution ;

La figure 5 montre à une échelle agrandie, sur 1/15, une coupe transversale par l'axe, un des cylindres sécheurs ;

Les figures 6 et 7 sont deux projections, verticale et horizontale, à l'échelle de 1/10, de la transmission des porte-bobines du cannelier à mouvement alternatif et par pignon et crémaillère double.

RATELIER ALIMENTAIRE. — Cette partie se compose d'un châssis en fer formé de trois tiges verticales A reliées au sommet par une traverse *a*, et fixées à des pieds en fonte boulonnés sur le sol. A la tige qui se trouve sur le premier plan, sont fixés, à des hauteurs convenables, les supports d'un petit arbre vertical A' destiné à transmettre le mouvement à quatre rouleaux doubles en bois *b*, qui entraînent, par friction, les bobines de laine B.

Celles-ci se tiennent toujours en contact avec les rouleaux *b*, parce que les axes des petits cylindres sur lesquels les rubans de laine sont enroulés peuvent glisser le long de leurs supports *a'*, formés de simples bras inclinés reliés à des douilles fixées aux tiges verticales A du châssis.

Directement au-dessous de ces bras inclinés, sur les mêmes tiges, sont disposés d'autres bras horizontaux C, portant à leurs extrémités de petites baguettes servant de guides aux rubans qui se développent des bobines, de façon à les diriger séparément dans l'ordre convenable vers le dégraissoir-laveur.

Le mouvement est transmis aux quatre rouleaux entraîneurs étagés *b* par les quatre paires de petites roues d'angle *b'* ; le rouleau inférieur reçoit la commande de l'un des rouleaux presseurs du dégraissoir par une chaîne C′, qui engrène avec une petite roue c fixée à l'extrémité de son axe, du côté opposé à la transmission des roues d'angle (fig. 3).

DÉGRAISSOIR-LAVEUR. — Il est composé de deux bassines en tôle D et E, étagées entre les deux flasques en fonte du bâti général F, par lequel elles se trouvent soutenues en reposant, par leur fonds, sur les châssis horizontaux en fonte à claire-voie f. Au-dessus du bord de la première bassine, fixée par ses deux extrémités au bâti, est disposée une traverse d fondue avec seize tubulures formant autant de petits entonnoirs dans lesquels sont dirigés seize rubans venant du même nombre de bobines que supporte le râtelier alimentaire.

Ces rubans, ainsi divisés, sont engagés entre la première paire de rouleaux d′, puis successivement entre les deux autres paires d″ et d‴, qui les obligent à pénétrer de plus en plus, dans l'eau savonneuse que contient la bassine.

En sortant des rouleaux d‴, ils sont dirigés entre la quatrième paire d⁗; devant ceux-ci se trouve un petit râtelier g, qui a pour but de maintenir la division des rubans avant qu'ils s'engagent entre les rouleaux presseurs en fonte D′, qui expriment et rejettent dans la bassine toute l'eau de savon dont ils sont saturés.

Pour rendre l'action des rouleaux presseurs plus énergique, le rouleau supérieur est en outre pressé par deux contre-poids G, qui agissent simultanément aux deux extrémités de son axe, par l'intermédiaire des longs leviers parallèles G′, qui ont leur centre fixe d'articulation sur des appendices verticaux en fonte venus avec les flasques du bâti, reliés à cet endroit par l'entretoise F′. Des rouleaux presseurs D′, les rubans sont conduits dans la bassine supérieure E, qui contient l'eau pure destinée au rinçage, par les trois paires de rouleaux e′, e″ et e‴; devant cette dernière paire est disposé, comme dans la dernière bassine, un petit râtelier *g'* destiné de même à maintenir la division des rubans et le parallélisme des filaments; ils sont dirigés de là entre la paire de petits cylindres essoreurs E' précédant les forts rouleaux extracteurs H et H'.

Les petits rouleaux qui guident les rubans à l'intérieur des deux bassines sont en cuivre rouge, creux, et terminés par deux disques montés sur des axes en fer, dont les extrémités sont engagées, pour glisser librement, dans les rainures des supports verticaux en fonte *h*, boulonnés contre les montants du bâti.

Tous les cylindres inférieurs reçoivent un mouvement de rotation dépendant, pour chaque bassine, de deux roues *i* et *i'* fixées sur les axes respectifs des cylindres inférieurs D' et E', par l'intermédiaire des chaînes I et I', dont la tension est obtenue au moyen de galets ajustés dans la coulisse des supports *h'*, pourvus, comme on le voit figure 2, d'écrous à oreilles *o* permettant de régler très-facilement la position desdits galets.

Pour donner au bain de savon contenu dans la bassine inférieure, comme à l'eau de rinçage de la bassine supérieure, la température la plus convenable à l'opération du dégraissage, un tuyau à deux branches J plonge dans chacune de ces bassines et, par le tube J', branché sur la boîte de détente des cylindres sécheurs, amène de la vapeur, dont on règle l'entrée à volonté à l'aide du robinet *j*.

Afin d'utiliser l'eau de rinçage, une communication est établie entre la bassine supérieure et celle inférieure par le tube *e*, lequel est fermé au moyen d'un clapet qu'il suffit de soulever pour faire passer cette eau, en tout ou en partie, dans la bassine à l'eau de savon.

EXTRACTEURS. — Les deux rouleaux superposés H et H' sont en fonte; l'inférieur reçoit la commande, et son axe repose sur de larges coussinets en bronze surmontés de boîtes à graisse pour sa lubrification, comme on le voit sur la section figure 5. Le cylindre supérieur est fondu avec deux joues qui lui permettent de s'emboîter sur l'inférieur en s'y appuyant de tout son poids, son axe étant simplement ajusté dans des coussinets *k*, qui peuvent glisser librement dans les rainures verticales de deux branches formant guides venues de fonte avec le bâti.

Le poids de ce cylindre étant insuffisant pour expulser complétement le liquide dont les rubans sont imprégnés, une pression supplémentaire, qui peut être élevée de 5 000 à 6 000 kilogrammes, est appliquée sur les coussinets *k*, au moyen des deux leviers parallèles K, lesquels, articulés sur les montants du bâti reliés par l'entretoise F', portent, suspendue à des tringles plates en fer K', une tige horizontale *k'*, dont le milieu est muni d'un galet à gorge sur lequel vient s'arrêter le levier de pression L. Celui-ci est articulé sur une chape *l* fixée sur le petit arbre *l'* (fig. 2 et 4); son extrémité porte le contre-poids L', que l'on peut rapprocher ou éloigner du centre d'articulation, de façon à en faire varier à volonté la puissance.

Sortant des cylindres, les rubans passent successivement autour des quatre rouleaux sécheurs creux M; comme on le voit par le détail figure 6, ils sont tournés extérieurement avec soin et assemblés hermétiquement avec des fonds munis chacun d'une rainure annulaire, dans laquelle pénètre le bord du cylindre; le tout est relié solidement par six forts boulons *m*.

Les fonds sont venus avec des tourillons creux laissant passer d'un côté les tuyaux d'arrivée de vapeur *n*, et de l'autre les tuyaux d'échappement *n'*, comme dans tous les appareils de ce genre.

Une boîte à joint hermétique *o* est appliquée à chaque extré-

mité des tourillons pour éviter qu'il se produise des fuites de
vapeur par les orifices livrant passage aux tuyaux.

La vapeur venant du générateur se rend tout d'abord dans
la boîte de détente en fonte M' pourvue d'une soupape de sûreté o' (fig. 3 et 5), dans laquelle viennent puiser les tuyaux n
qui la conduisent à l'intérieur des cylindres ; du côté opposé,
les tuyaux n' envoient la vapeur d'échappement et l'eau de
condensation dans la boîte d'évacuation N.

Les rubans sont renvidés bien à plat sur un cannelier composé de deux bâtis : l'un est fixe, formé d'un cadre rectangulaire
en fonte O ; l'autre, animé d'un mouvement rectiligne de va-et-
vient, est un châssis O', fondu avec les supports étagés des
rouleaux en bois p, entraînant les bobines renvideuses P et
portant aussi la série de roues et pignons au moyen desquels le mouvement est transmis.

Au bâti fixe sont reliés les bras légers en fonte P' qui supportent, dans de petites douilles permettant leur oscillation,
les entonnoirs p', dans lesquels les rubans sont engagés pour
passer sur les cannelles en bois, dont les axes en fer sont
maintenus entre la fourche des supports du bâti mobile, de
façon à pouvoir s'élever en augmentant de diamètre par le
fait de l'enroulement.

Le mouvement de va-et-vient du bâti O' des cannelles a
pour but le déplacement longitudinal de celles-ci au fur et à
mesure que le ruban s'enroule, afin que la distribution se fasse
bien également sur toute sa longueur.

A cet effet, ce bâti O' est relié à sa base par deux barres rectangulaires en fer q, reposant sur quatre galets Q qui tournent
librement sur des axes boulonnés au bâti fixe O ; ce bâti est
pourvu d'un balancier en fonte Q', dans l'épaisseur duquel est
disposée une crémaillère à denture double continue, comme le
montre bien le détail de cette pièce figures 7 et 8. Un bout de
ce balancier est enfilé sur un boulon fixé à l'une des flasques

intermédiaires du bâti mobile et peut osciller sur son centre q', tandis que l'autre extrémité, munie du goujon q^2, est guidée verticalement dans une coulisse pratiquée dans la flasque de tête du bâti.

Le but de cette disposition du balancier oscillant est de permettre au pignon r, doué d'un mouvement continu de rotation, de rester constamment engrené avec la crémaillère, celle-ci pouvant, lorsque le pignon arrive vers ses extrémités arrondies, monter ou descendre, afin que l'engrènement du pignon s'effectue tantôt en dessus, tantôt en dessous ; ce qui produit, comme on le sait, le changement de direction. Ce mouvement oscillatoire du balancier est du reste assuré par l'axe même du pignon r, qui, prolongé en r' (fig. 8), repose sur une barrette R fixée au balancier et munie de deux encoches ; de sorte qu'il peut passer et évoluer autour de cette barrette, en la levant et l'abaissant alternativement de façon à maintenir l'engrènement continu.

TRANSMISSION DE MOUVEMENT. — Le mouvement principal est transmis du moteur de l'usine à l'arbre horizontal s (fig. 2, 3, 4) par la poulie S, à côté de laquelle est montée la poulie folle S' destinée à recevoir la courroie pour l'arrêt complet de la machine. Trois transmissions partent de cet arbre s, au moyen du pignon droit s', de 17 dents, et du pignon d'angle s^2, de 40 dents, placé à l'extrémité opposée aux poulies.

La première transmission, par les doubles paires d'engrenages droits t et T de 40, 17 et 90 dents, donne le mouvement au cylindre extracteur inférieur H. L'axe de celui-ci porte un pignon t', de 52 dents, qui, par une roue intermédiaire, commande le pignon t^2, de 38 dents, fixé sur l'axe du cylindre inférieur E', lequel, comme il a été dit, rejette l'excès de liquide entraîné par les rubans sortant de la bassine laveuse E et le conduit aux extracteurs. C'est ce cylindre E' qui par la chaîne I' transmet le mouvement aux rouleaux e^2 et e^3, contenus dans ladite bassine. Il y a encore, pour compléter cette première transmission, sur l'axe intermédiaire T' (fig. 3), servant à la commande des cylindres extracteurs, à l'extrémité opposée à sa commande, un pignon u, de 31 dents, qui, par la roue U, de 120 dents, et le pignon u', de 40 dents, donne le mouvement aux quatres roues U', de 120 dents, calées chacune respectivement sur l'axe des quatre cylindres sécheurs M.

La deuxième transmission, plus simple que la précédente, n'a d'autre but que de commander la première paire des cylindres essoreurs D', et ceux-ci, les rouleaux dégraisseurs d', d², d³ contenus dans la bassine inférieure D. Avec la roue d'angle s', de 40 dents, engrène une roue semblable v, dont l'arbre V, prolongé à droite le long du bâti, porte à son extrémité un pignon de 20 dents qui engrène avec la roue d'angle v' (fig. 2); l'axe de celle-ci est muni d'un pignon droit de 30 dents, qui par un intermédiaire commande la roue V', de 52 dents, calée sur l'axe du cylindre inférieur essoreur, lequel se trouve ainsi animé, comme les précédents, d'un mouvement rotatif continu.

La troisième transmission est celle du cannelier récepteur, qui a lieu par le pignon d'angle x, dont l'arbre horizontal X est prolongé à gauche pour recevoir deux pignons ; l'un d'angle x', de 40 dents, engrène avec un pignon semblable, dont l'axe porte un pignon droit de rechange x², de 43 à 47 dents, commandant par un intermédiaire la roue X', de 80 dents, et l'axe de celle-ci, par un pignon de 25 dents et des intermédiaires Y; toute la série de pignons y, qui donnent le mouvement à chacune des paires des rouleaux en bois p, sert à l'envidage des rubans sur les cannelles P.

Quant au second pignon droit z (fig. 3), fixé à l'extrémité de l'arbre X, il donne le mouvement au pignon r de la crémaillère double Q, produisant, comme nous l'avons vu, la translation alternative du cannelier. Des vitesses variables suivant la nature des laines sont réalisées au moyen des deux pignons de rechange *z* et *z'*, de 20, 22, 24 et 26 dents, engrenant avec les deux roues Z, qui ont chacune 40 à 60 dents.

Lisseuse Skène et Devallée. — Cet appareil se distingue principalement des précédents par sa forme, sa disposition générale et la partie de la machine destinée à sécher les rubans. La figure 1, pl. XIII, donne l'élévation de la lisseuse dans son ensemble; nous n'avons pas à revenir sur les parties déjà décrites. Ici, comme dans toutes les machines de ce genre, on voit en A et B les deux bacs avec leurs rouleaux presseurs. A leur suite se trouve l'appareil sécheur proprement dit; il a pour base la demi-lune en fonte O. C'est une grande pièce circulaire sur laquelle viennent s'adapter un plus ou moins grand nombre de tubes *t*, *t'*, ...; la figure en a vingt et un. Le détail figure 2 donne la section de l'un de ces tubes en fonte dans lequel la vapeur circule comme dans l'intérieur de la demi-lune creuse. T" est un tuyau en cuivre enveloppant le tube en fonte comme un manchon pour se chauffer à son contact; c'est-à-dire que chaque cylindre inférieur en fonte communiquant avec la vapeur se trouve placé dans une enveloppe concentrique T" en cuivre, fixée à un pignon *n* qui, engrenant avec une roue commandée R, fait tourner le tube chaud en cuivre; le ruban étant engagé entre la série de ces petits cylindres se sèche par son passage rapide de l'un à l'autre. L'emmanchement spécial de ces tuyaux de chauffage met à l'abri des fuites de vapeur occasionnées ordinairement par les garnitures à étoupes ou autres des appareils dits *stuphen-box*. Ce bon résultat est la conséquence, comme on vient de le voir, des deux tuyaux concentriques, dont l'intérieur ou récipient à vapeur fait corps avec la demi-lune, tandis que l'enveloppeur, chauffé par le rayonnement du premier, tourne autour. L'eau de condensation se rend dans la colonne N, pour s'écouler par le robinet r'; r'', r''' sont des robinets de purge, et S, une soupape de sûreté. A la sortie, en X, on a figuré un gills-box, placé d'ordinaire à la suite de toutes les lisseuses. Le nombre des tubes sécheurs peut être augmenté en raison de la difficulté du séchage. Les quantités de laine séchées varient non-seulement avec le nombre des tubes, mais avec le genre de laine. Nous donnons des moyennes pour une même lisseuse à tubes en raison des sortes de laine :

400 kilogrammes, en laine Montevideo ; 460 kilogrammes, Australie ; 540 kilogrammes, Maroc ; 550 kilogrammes, France ; 900 kilogrammes, *id.* commune ; 710 kilogrammes, Allemagne ; 750 kilogrammes, anglaise ; 850 kilogrammes, gris mélangé.

Le nombre des tubes augmentant avec la difficulté du séchage, les constructeurs en mettent jusqu'à soixante-deux pour les laines longues communes.

PRÉPARATIONS SANS LISSAGE. — Si les exceptions viennent à l'appui des règles générales, on peut en citer pour le lissage. Nous connaissons deux maisons importantes, réputées pour bien travailler, qui ne graissent pas et n'emploient pas le lissage ; elles passent les rubans après le peignage directement aux préparations de la filature. Cependant nous croyons être autorisé à dire que l'absence de cette préparation peut se remarquer aux transformations ultérieures, par la présence de plus de duvet aux machines et probablement par un peu plus de déchet aux résultats. Nous pensons donc jusqu'à preuve du contraire que le graissage et le lissage sont rationnels, même aux peigneuses Heilmann, et doivent être maintenus, surtout pour les autres systèmes, tant sous le rapport de la perfection du produit que sous celui du rendement. L'exemple d'industriels réussissant sans employer ces moyens peut démontrer leur habileté, mais ne prouve rien contre les avantages du graissage et du lissage. Il est probable que, si les manufacturiers auxquels nous faisons allusion avaient recours à ce mode de préparation, leurs produits n'en seraient que plus satisfaisants.

A la sortie de la machine à lisser, les rubans n'ont pas toute la régularité désirable, leurs fibres ne sont encore ni assez complétement lisses ni suffisamment dressées. Dans le but de les amener progressivement à l'état voulu, on leur fait subir deux ou trois passages nouveaux aux bancs à étirer ou défeutreurs déjà décrits. Cependant la transformation que subit la matière à ces machines n'a pas pour effet l'étirage proprement dit, mais bien une préparation qui doit uniformiser le produit, et prédisposer les filaments de la façon la plus convenable à en former des rubans homogènes. Le principe du travail reste le même, il n'y a de différence que dans la manière de régler les rapports de vitesse des organes.

DÉTERMINATION DES QUESTIONS CONCERNANT UN ÉTABLISSEMENT DE PEIGNAGE. — PRIX DE REVIENT DU TRAVAIL. — La question à résoudre pour arrêter le choix des appareils et des machines d'un peignage est complexe ; elle dépend d'abord des genres et des caractères des laines à traiter, et, pour une même laine, des appréciations particulières des divers procédés et moyens mécaniques en présence. Le choix est d'autant plus délicat qu'il n'y a rien d'absolu dans ces sortes d'appréciations. Il n'est même pas rare de voir, avec la même bonne foi, critiquer par les uns ce qui est vanté par d'autres. Cette anomalie apparente peut s'expliquer parfois par les différences d'aptitude et d'habileté qu'ont les praticiens à se servir des mêmes moyens. Il faut donc au moins apporter une certaine réserve dans un sujet semblable, et se borner à des indications raisonnées, dont chacun pourra contrôler la valeur et faire son profit. Cependant, à mesure que l'industrie progresse et fournit des éléments nouveaux à l'étude, il devient de plus en plus possible d'élucider les questions et d'indiquer une méthode pour arriver économiquement à de bons résultats, sans qu'il soit nécessaire de se livrer désormais à des tâtonnements onéreux.

Quels que soient les caractères de la laine à traiter, les préparations précédant et suivant le peignage restent à peu près les mêmes quant aux moyens employés pour l'épuration et la transformation de la masse des fibres en rubans peignés. Les dimensions des machines et des appareils peuvent différer en raison des longueurs et des caractères des filaments, sans que les principes sur lesquels reposent les procédés changent. Les moyens appliqués au désuintage, au dégraissage et au séchage sont divers, comme nous l'avons vu, dans la disposition, la méthode et les engins adoptés ; mais ils peuvent indistinctement servir à la laine fine, longue ou à brins de longueur et de finesse intermédiaires. Il en est de même des cardes et des étirages à gills. Il suffira pour ces dernières machines de faire varier un peu les garnitures et de les approprier à la qualité de la matière, c'est-à-dire de proportionner les finesses et les réductions au caractère et à la qualité des brins.

Il n'en est plus tout à fait ainsi pour la machine à peigner proprement dite, quoique, au besoin, il ne soit pas impossible de faire servir le même système à toutes espèces de laines, en modifiant les dimensions des organes, leur réglage et les garnitures ; chacun des divers systèmes décrits précédemment s'impose néanmoins dans une certaine limite suivant la nature de la laine à traiter et les avantages économiques des machines.

Nous ne reviendrons pas sur les caractères distinctifs des différents genres de peigneuses ; nous avons à les désigner, en raison de leurs destinations habituelles, en *peigneuses pour laines fines, pour laines intermédiaires et pour laines longues.*

Les avis sont partagés sur le genre de machines le plus avantageux dans chaque cas ; nous rappelons néanmoins qu'aucune ne peut peigner mieux et plus proprement les laines fines que le système Heilmann-Schlumberger ; la perfection et la qualité n'y sont pourtant obtenues qu'au détriment du rendement, s'élevant de 30 à 32 kilogrammes par jour et par tête de peigneuses au maximum. Les peigneuses à mouvement circulaire continu et à grand peigne horizontal, dites à *square-motion* ou à deux peignes horizontaux tangents, qui en tournant se séparent pour produire l'action, ainsi que la peigneuse Noble, peuvent donner en filaments intermédiaires de 120 à 150 kilogrammes dans le même temps. La production augmente naturellement avec le volume pour les divers systèmes des brins de la laine.

CLASSEMENT DES LAINES EN RAISON DES FACILITÉS QU'ELLES PRÉSENTENT AU PEIGNAGE. — Les laines se transforment donc plus ou moins facilement aux opérations du peignage, suivant leurs caractères et leur état de pureté, qui varient en général avec leur provenance. On ne peut avoir la prétention d'en établir une classification absolue et théorique. Il faut se résigner à donner des appréciations pratiques courantes, et ramener dans une même catégorie les toisons de qualités pouvant concourir aux mêmes produits : les laines de *France*, de la *Nouvelle-Zélande*, d'*Australie*, de *Port-Philippe*, d'*Adélaïde*, de *Sydney*, du *Cap*, de *Buenos-Ayres*, de *Montevideo*, etc., sont dans ce cas. On peut néanmoins les classer, en ce qui concerne la facilité du peignage, dans l'ordre suivant : 1° les laines de France ; 2° les laines de la Nouvelle-Zélande, si elles ne contiennent pas de gratrons. Viennent ensuite *ex æquo* celles d'Australie, d'Adélaïde et de Port-Philippe. Après celles-ci on range les laines du Cap, catégorisées suivant leurs différentes longueurs. Enfin celles de l'Amérique du Sud, souillées de gratrons, telles que certaines parties de Buenos-Ayres, Montevideo, de la Plata, etc., présentent le plus de difficultés.

Pour donner une idée des variétés de matières premières employées actuellement par le commerce français et des facilités plus ou moins grandes qu'elles offrent au peignage, nous ne pouvons mieux faire que de donner la classification et les tarifs des plus grands peigneurs de Roubaix :

Classification des laines et prix de façon par kilogramme de peigné.

Série.	Numéros d'ordre.	Désignations.	Prix.
1	1	Laines anglaises......................	
	2	Hollande...........................	
	3	Irlande............................	0,45
	4	Vauriches flamandes................	
	5	Plys anglais longs.................	
		Drenthe...........................	0,60
2	6	Pelades anglaises...................	
	7	Eider	
	8	Salonique.........................	
	9	Varna.............................	
	10	Galatz............................	
	11	Andrinople........................	
	12	Valachie..........................	0,65
	13	Transylvanie......................	
	14	Saint-Omer communes..............	
	15	Zakel.............................	
	16	Donskoï	
	17	Kassapbachy	
	18	Zigaie communes.	
3	19	Tlemcen...........................	
	20	Tiaret............................	
	21	Constantine.......................	
	22	Tunis	
	23	Alger	
	24	Perse suint	0,75
	25	Smyrne	
	26	Trébizonde, première tonte	
	27	Panorme..........................	
	28	Santiago..........................	
4	29	Perse lavée........................	
	30	Maroc.............	0,90
	31	Hongrie	
5	32	Créole et Entre-Rios communes......	1,00
	33	Chili communes	

Série.	Numéros d'ordre.	Désignations.	Prix.
6	34	Chili fines	1,10
	35	Boulonnaises fines....................	
	36	Italie communes......................	
7	37	Champagne...........................	1,20
	38	Bourgogne...........................	
	39	Soissonnais	
	40	Arles en suint.......................	
	41	Brie en suint........................	

Les laines qui ne sont pas désignées dans le tableau précédent devront, en raison du plus ou moins de facilité de leur travail, être comprises dans l'une quelconque des catégories ci-dessus. Elles peuvent être considérées comme types des toisons les plus répandues dans l'industrie roubaisienne, qui emploie le plus de variétés de matières.

Les assortiments pour travailler ces diverses catégories de laines ne varient en général que dans la peigneuse proprement dite. Pour les laines longues, la peigneuse la plus répandue est celle connue sous le nom de *Rawson* ou *Amédée Prouvost*, précédemment décrite. La peigneuse *Noble* et la peigneuse dite *square-motion* se partagent le peignage des laines intermédiaires, de même que le système Heilmann et les nouvelles machines Holden sont employés aux laines fines. Le prix de revient par unité de travail ne change guère pour une même laine qu'en raison du rendement des machines; ce rendement est lui-même en raison inverse de la finesse des brins et de la pureté du résultat.

Composition et devis d'un assortiment de peignage.

Assortiment pour épurer, préparer et peigner de 600 à 700 kilogrammes de laine mérinos fine, en 12 heures, soit en moyenne 195 000 kilogrammes par an.

Machines-outils.

1 machine à battre............................	1 000ᶠ
1 système de dégraissage, système Pierrard, à presser et à trois bacs superposés, décrit précédemment.	7 500
A reporter.............	8 500ᶠ

Report........................	8 500[f]
1 séchoir à tablettes en toile métallique, avec un ventilateur à courant d'air forcé	2 400
20 cardes à avant-train d'arasement, 1m,20, à 2 800[f], garnies...........................	56 000
4 gills-box formant 2 passages avant lissage, à 2 200[f].	8 800
2 lisseuses avec râtelier à 16 grosses bobines, à 6 000[f].	12 000
4 étirages après lissage, formant 2 passages avec 12 cannelles, à 2 300[f]	9 200
20 peigneuses...........................	38 000
5 étirages à superposition pour régulariser les rubans, à 2 000[f]..........................	10 000
2 gills-box à superposition, formant 2 passages, à 2 600[f].	5 200
1 essoreuse...........................	2 500
Total....................	**150 600[f]**

Outillage.

1 chariot, 1 tour, 4 rouleaux à émeri............	2 500[f]
1 machine à rubans et 2 romaines............	800
1 presse hydraulique avec sa pompe............	5 000
1 centaine de graisseurs................	120
2 bascules........................	220
Tour, étaux, machines à percer, forge, outils, etc.....	7 000
Total	**15 640[f]**

Accessoires.

2 000 bobines pour peigneuses, défeutreuses.........	4 000
Courroies........................	2 000
10 garnitures de cardes, à 2 400[f]	24 000
Pièces usuelles et pignons................	6 000
Brosses et cuirs de rechange................	1 200
Lampes et appareils d'éclairage............	1 200
Burettes et instruments divers............	1 000
Total....................	**39 400[f]**

Moteurs.

1 machine à vapeur de 50 chevaux............	25 000[f]
1 générateur pour alimenter la machine et le chauffage des ateliers	27 000
A reporter...............	52 000[f]

Report	52 000ᶠ
1 chaudière pour la production de la vapeur, pour le dégraissage, lavage, lissage, etc., de la force de 40 chevaux; environ 200 mètres de surface de chauffe	20 000
Total	72 000ᶠ
Transmission de mouvements, tuyauterie et robinetterie pour les divers appareils	12 000ᶠ
Tuyauterie, robineterie pour le chauffage, pompes, etc.	8 000
Pour l'éclairage	5 000
Total	25 000ᶠ

Surface des bâtiments à construire.

					Mètres carrés.
Pour les moteurs et générateurs.......................					400,00
Magasins et bureaux..................................					500,00
1 batteuse	3ᵐ,0 sur 2ᵐ,0		=	6ᵐ,00	
Dégraissage ..	5 ,5 —	18 ,0	=	99 ,00	
Séchoir......	12 ,0 —	3 ,0	=	36 ,00	
Cardes.......	2 ,0 —	5 ,0 = 10ᵐ,0 × 20	=	200 ,00	
Etirages avant peignage...	1 ,5 —	3 ,8 = 5 ,70 × 2	=	11 ,40	
Lisseuse	7 ,6 —	2 ,4	=	18 ,24	
Etirages	3 ,8 —	1 ,6	=	6 ,08	
Etirages	3 ,8 —	2 ,2	=	8 ,36	
Peigneuses ...	1 ,8 —	1 ,2 = 2 ,16 × 20	=	43 ,20	
Etirage	3 ,6 —	1 ,1	=	3 ,96	
Gills-box.....	2 ,2 —	2 ,1 = 4 ,62 × 2	=	9 ,24	

Surface des machines.....................	441ᵐ,48	
Surface des passages	228 ,00	
Total...	669ᵐ,48	669,48
Surface totale à couvrir..........		1569,48

Frais de construction.

Pour les constructions en briques ou autres matériaux équivalents, avec colonne en fonte, charpente en bois, 1 569ᵐᵖ,48 en moyenne, à 36ᶠ....	56 503ᶠ,28

Dépenses annuelles.

Ces dépenses comprennent :

L'intérêt et l'amortissement du mobilier industriel ;

L'intérêt des frais de construction ;

Le salaire du personnel ouvrier ;

Les frais de la direction et des employés ;

La dépense du combustible pour la force motrice, le chauffage et l'éclairage ;

La dépense pour les ingrédients, huile, savon, etc. ;

La dépense pour la prime d'assurance ;

La dépense des contributions [1] (ces deux derniers articles pour mémoire).

Récapitulation des dépenses du matériel pour le peignage.

Machines	150 600ᶠ
Outillage...................................	15 640
Accessoires.................................	39 400
Moteur et générateur	72 000
Transmission, tuyauterie, robineterie.......	25 000
Total	302 640ᶠ

Prix de revient du peignage.

Intérêts à 5 pour 100 et amortissement à 10 pour 100 sur 302 640ᶠ.............................	45 396ᶠ,00
Intérêts à 6 pour 100 sur les constructions, soit 56 503ᶠ,28 × 0,06	3 390,19

Salaires par jour.

Triage....................	7 personnes à	2ᶠ,50	=	17ᶠ,50
Dégraissage..............	4 hommes à	3,00	=	12,00
Séchage	2 —	3,00	=	6,00
Cardage	10 femmes à	1,75	=	17,50
A reporter...............				53ᶠ,00

---

[1]. Nous ne comptons pas l'intérêt du capital de roulement, supposant un peignage à façon.

Report............................				331,00
Préparations avant peignage	2	femmes à 1,75 =	3,50
Lissage..........................	1	—	2,35 =	2,35
Préparations après lissage.......	4	—	1,75 =	7,00
Peigneuses	20	—	1,75 =	35,00
Préparations après peignage	7	—	1,75 =	12,25
Contre-maîtres...................	4	hommes à 5,00 =	20,00
Directeur........................	1	—	15,00 =	15,00
Comptables	2	—	10,00 =	20,00

Total........................ 155^f,00

Et par an.................... 50 430^f,00

Force motrice............................	50	chevaux.
Chauffage du liquide pour dégraissage et lissage....	40	—
Chauffage et séchage	10	—

100 chevaux,

à 1^k,50 par heure et par cheval.

Combustible[1] pour les 100 chevaux, 540 tonnes à 34^f...............................	18 360^f par an.
Huile d'olive à graisser la laine et les machines, 6 000^k à 1^f,30.................................	7 860 —
Savon à 20 pour 100 sur 195 000^k dégraissés = 39 000^k à 0^f,60, plus 3 000^k pour le lissage	25 200 —
Eclairage...	1 000 —
Entretien, réparations et garnitures.................	10 000 —
Imprévu et fournitures diverses...................	10 000 —

Total .... 72 420^f par an.

Récapitulation des dépenses annuelles.

Intérêt et amortissement du matériel	45 396^f,00
Intérêt sur les constructions.....................	3 390,19
Salaires..	50 430,00
Combustible, ingrédients et frais divers, ci-dessus..	72 420,00

Total général................... 171 636^f,19

Dépense pour le peignage d'un kilogramme $\frac{171\,636,19}{195\,000^k} = 0^f,88$.

1. Ce prix est une moyenne variable avec les localités et les années.

CHAPITRE IX.

PRÉPARATIONS DU DEUXIÈME DEGRÉ,
PREMIÈRE ET DEUXIÈME PÉRIODE. — TRANSFORMATION DES RUBANS
EN MÈCHES.
ÉTIRAGE. — LAMINAGE. — BOBINAGE AVEC FROTTAGE,
A MÈCHES SIMPLES ET MULTIPLES.
ÉTIRAGE, LAMINAGE, BOBINAGE AVEC TORSION POUR LAINE LONGUE.
SYSTÈME ANGLAIS.
ANALYSE DE L'ASSORTIMENT MIXTE, DIT « SYSTÈME ALLEMAND ».

PRÉPARATIONS DU DEUXIÈME DEGRÉ AVANT FILAGE. — *Considé-rations générales.* — Le peignage ayant fourni un gros ruban aussi bien constitué que possible, grâce à l'ensemble des trans-formations décrites jusqu'ici, le rôle de la filature proprement dite commence. Malgré les nombreuses préparations dont la matière a déjà été l'objet, elle est loin cependant, tant à cause du volume qu'il est avantageux de lui donner que de l'état des fibres relativement emmêlées et froissées par le transport, d'offrir une préparation parfaite, susceptible d'être transformée directement en mèches. La substance ainsi préparée doit donc être envisagée à son tour comme une matière première très-bien épurée, mais d'un volume relativement considérable. Il devient nécessaire de lui faire subir une série de traitements dans le but de l'amener progressivement au point voulu pour que la dernière opération de la spécialité, le filage, puisse la rendre au degré de finesse déterminé *à priori*, et dans des conditions délicates spécifiées plus loin.

Les préparations que nous abordons ont une analogie fonda-mentale avec celles qui précèdent le peignage. Elles reposent en effet : 1° sur des étirages à peignes, qui pour les premiers passages de la série sont, à part les dimensions et le nombre des organes, identiques à ceux des préparations du premier degré ; 2° les passages suivants de ces mêmes machines reposent également sur des modifications de volumes et sur l'addition d'un organe spécial pour consolider les rubans à mesure qu'ils s'affinent. Les appareils préparatoires de la filature consistent donc dans des bancs à étirer complétés par un organe nouveau, un appareil frotteur, ajouté à la plupart des machines de la série comprise entre le peignage et le filage. Les premières machines des transformations du deuxième degré sont en effet, comme celles des préparations usitées au peignage, des gills-box, ou des étirages à hérissons. Les suivantes ont de plus un organe particulier, le *frottoir*, dont le nom caractérise nettement la fonction. Le nombre des passages dans leur ensemble peut différer suivant les cas, les genres et les finesses des fils ; il varie même parfois pour un même produit avec les établissements ainsi que le prouvent les exemples cités plus loin ; mais toujours les traitements aux bobinoirs sont plus nombreux que ceux aux étirages qui les précèdent : ceux-ci sont de 1 à 3, et ceux-là de 6 à 9. La série complète peut donc se composer de 7 à 12 passages.

Cependant, malgré les errements généralement suivis, la composition de l'assortiment est en quelque sorte la partie la plus élastique de la détermination du matériel d'une filature. Elle mérite donc une discussion à part qui trouvera naturellement sa place après la description des machines dites *bobinoirs*, dont nous n'avons pas parlé jusqu'ici.

Ces machines sont remarquables par leurs ingénieuses combinaisons mécaniques, leurs résultats et leurs services, qui peuvent encore être étendus. Le bobinoir est entièrement français, selon nous, tant dans sa conception originale que dans les ingénieuses modifications qui ont imprimé à son fonctionnement un degré de précision étonnant eu égard à sa forme particulière et aux mouvements saccadés de certains de ses organes.

Les bobinoirs par lesquels les rubans passent successivement sont en général classés en *bobinoirs en gros*, en *intermédiaire* et en *fin*. Identiques quant à leur principe d'action et aux organes qui les composent, ils ne diffèrent entre eux que par les dimensions et les vitesses des organes, proportionnées aux périodes du travail désignées par leurs dénominations. Les vitesses différentielles ne sont cependant pas d'une nécessité absolue. Au lieu d'accélérer la vitesse des transmissions des mêmes machines à mesure que les préparations avancent, on peut, comme cela se pratique fréquemment, augmenter le nombre des organes, peignes frotteurs et cannelles d'une machine à la suivante dans les rapports indiqués plus loin.

Nous allons décrire un bobinoir en fin, de la construction la plus soignée. Nous l'avons vu fonctionner dans des conditions parfaites.

DESCRIPTION DU BOBINOIR FINISSEUR A LAINE FINE. — La planche XIV représente (fig. 1) une vue en élévation de face du côté des bobines sur lesquelles les rubans sont enroulés à leur sortie. La figure 2 est un plan de la même machine vu par-dessus sur une partie de sa longueur, avec les transmissions à l'une de ses extrémités ; la figure 3 en donne une section verticale pour montrer la disposition de l'ensemble des organes.

Etagère ou râtelier d'alimentation. — Les bobines FF (fig. 3), enfilées sur des brochettes EE provenant de la préparation de la machine précédente, sont placées verticalement sur l'étagère ou râtelier AB. Le montant B reçoit des pattes D, dans lesquelles sont pratiquées à la partie inférieure de petites cavités, espèces de crapaudines destinées à l'axe ou brochette E des bobines de préparation F et à la partie supérieure un trou ayant le même emploi.

On réunit en général un certain nombre de rubans de ces bobines pour opérer le doublage; chacun d'eux est guidé autour des petits rouleaux en bois placés dans une tringle ou appendice CC, d'où ils se rendent isolément dans une pièce en fonte H ayant autant d'ouvertures que de rubans à réunir. Ce n'est qu'à la sortie de cette pièce que les mèches assemblées en une se rendent à une seconde latte en fonte I percée seulement d'un trou, d'où le ruban unique passe entre les cylindres étireurs L en se dirigeant vers le peigne M. On remarque que la grosseur des bobines n'est pas la même; on en réunit à dessein de plus ou moins pleines, ici l'une est au commencement de son dévidage, et les deux autres sont au tiers et à la moitié; c'est pour faire marcher ensemble des organes dont la différence de grosseur compense l'inégalité de déroulage et de compression opérée sur les diverses zones, les couches des plus petits diamètres étant naturellement plus comprimées que celles des plus grands. Avec cette disposition, la soigneuse peut progressivement garnir sa machine, les bobines ne s'épuisant pas simultanément. Ces détails donneront une idée des soins qu'on apporte aux arrangements pour que le déroulement et l'alimentation des rubans réunis aient lieu avec la plus grande régularité. C'est aussi parce que la disposition verticale facilite mieux ce résultat qu'on la préfère à la disposition horizontale.

Organes étireurs. — La première paire à l'entrée se compose du cylindre inférieur J cannelé et du rouleau K exerçant la pression par son propre poids; M'forme la seconde paire; le premier L est lisse, et le second, dit *enfonceur*, est également sans cannelures; ils sont placés en avant et presque au contact du peigne circulaire à aiguilles M. Les dimensions de ce peigne varient en raison de celles des cylindres, qui eux-mêmes ont un diamètre qui va en diminuant à mesure que le travail des étirages avance, comme nous le verrons plus loin. A la suite du peigne, le ruban se rend entre les étireurs N et O, le premier

cannelé et le second, le presseur, en bois avec un axe en
fer ; la pression de ce dernier est exercée par le poids S
agissant sur le levier R' du tirant Q' fixé au crochet P.
Il est indispensable que les deux cylindres N et O présentent toujours une surface nette et un certain degré d'élasticité.
Pour atteindre ce but, le cylindre N est recouvert de drap et de
parchemin, le parchemin formant papillon ; une brosse *b*, fixée
par un levier de pression contre sa surface inférieure, sert à
maintenir les rouleaux propres. La manœuvre d'un levier à
poids permet de séparer ces deux parties lorsque le nettoyage
l'exige. La brosse *b'* de propreté, ordinairement en panne et
placée sur la partie supérieure du rouleau O, le débarrasse des
barbes qu'il peut entraîner.

P' est un crochet additionnel qui, en venant se placer sur le
levier P, soustrait les organes à la pression. Cette disposition
est utilisée toutes les fois que la machine est arrêtée pour un
nettoyage, ou pendant les jours de chômage ; les cylindres
cannelés sont ainsi allégés et moins exposés aux pressions
stables et persistantes sur les mêmes points, qui finissent par
les graver et déterminent des accidents dans les organes et des
irrégularités dans le produit.

Organes frotteurs. — Devant chaque table ou partie cannelée
des cylindres se trouvent, sous forme de manchons, deux cuirs
sans fin Q et R, généralement désignés sous le nom de *buffles*.
Ces cuirs sont disposés autour des quatre rouleaux S, S, S, S,
et l'un sur l'autre par un cinquième qui n'a pour but que de
maintenir les deux surfaces Q et R en contact. Les quatre premiers reçoivent un double mouvement simultané, l'un circulaire autour de leurs axes, et l'autre de va-et-vient dans le sens
de cet axe ; les buffles sont donc animés d'une double action
frottante transmise à la mèche dirigée entre les deux surfaces Q et R. La course moyenne de ces cuirs est généralement comprise entre 0^m,03 et 0^m,035 ; et, comme, malgré

la qualité de la substance des frotteurs et les soins de l'installation primitive, le mouvement et la tension peuvent allonger ces manchons, on s'est réservé le moyen de les régler par des vis v' agissant sur les points d'appui des tringles S, S, afin de rétablir au besoin le degré de tension voulu.

Les différents mouvements des organes leur sont imprimés de la manière suivante.

Commande générale du bobinoir. — a est l'arbre principal ou arbre moteur de la machine.

b', b''', poulies fixe et folle.

c, volant pour régulariser le mouvement.

d, fourche de détente ou débrayage pour transporter la courroie d'une poulie sur l'autre.

d', tige horizontale de cette fourche munie d'une crémaillère W.

d'', arbre vertical muni d'un secteur.

d''', tringle de détente longeant toute la longueur supérieure de la machine.

Commande des cylindres étireurs. — Cette transmission a lieu par la roue droite f engrenant avec une roue placée sur l'arbre a commandant l'intermédiaire f', qui transmet à son tour l'action à sa voisine f'', calée sur l'arbre a' des cylindres étireurs.

Commande des cylindres alimentaires. — L'arbre a reçoit une roue g qui, par l'intermédiaire $g'g''$, dite *disposée en tête de cheval*, transmet le mouvement à la roue droite d'engrenage g''', placée sur l'axe a'' des cylindres alimentaires ou d'entrée (fig. 2). C'est l'engrenage g'' qui remplit les fonctions de *pignon de rechange* pour faire varier a quantité d'étirage ; le rapport changeant en raison de celui des dimensions ou nombre de dents entre g'' et g'''.

Commande du cylindre L près du peigne. — Elle prend son point de départ sur l'arbre a'' des alimentaires par la roue droite *h*, l'intermédiaire *h'* et la roue *h"* placée sur l'arbre du cylindre L.

Commande du peigne cylindrique M. — Parallèlement à la précédente commande, on voit encore sur l'arbre *a"* la roue K communiquant son action aux systèmes de roues en tête de cheval en K', K", dont la dernière est calée sur l'arbre *a"* des peignes; c'est le pignon *h^{IV}* qui sert de rechange, pour être remplacé par un plus grand ou un plus petit, suivant que le nécessite la tension de la mèche entre les cylindres L et les peignes M.

Commande des buffles frotteurs. — Cette transmission a son point de départ sur l'arbre des cylindres étireurs par la roue *l*, qui commande l'intermédiaire *l'*, engrenant avec l'engrenage *l"* placé sur la tringle de devant du frottoir inférieur; le supérieur reçoit son mouvement par les roues *l'''* et *l^{IV}*. Ces engrenages ont une certaine largeur de dents à cause du déplacement parallèle à leur axe qui leur est imprimé par le mouvement de va-et-vient des frottoirs. Quant à la transmission de ce dernier mouvement, il est obtenu de la manière suivante: l'arbre moteur *a* (fig. 1) est coudé et porte en *m* (fig. 2) une articulation spéciale dite *charnière universelle*, à laquelle est assemblée la bielle *m'*. Celle-ci transmet son action à la petite manivelle double *m"*, munie à son tour de bielles et de brides *m'''* et *m^{IV}* qui impriment le mouvement de va-et-vient ou rectiligne alternatif aux frotteurs.

La manivelle double *m"* porte deux vis de rappel *w'* pour pouvoir au besoin faire changer le point d'attache de la bielle et modifier l'amplitude de la course des frottoirs.

Commande des enrouleurs des cannelles. — La roue droite *l'''* placée sur la tringle des frottoirs inférieurs commande le pignon *n*, qui engrène avec *n'* placé sur l'arbre de la roue large *n"*, qui engrène avec la roue droite *n'''* placée sur l'arbre des rouleaux de friction V. *n'* est le pignon de rechange lorsque la tension des mèches a besoin d'être modifiée à l'envidage sur les cannelles U.

Commande du chariot X. — Cette transmission a lieu par l'arbre moteur *a*, au moyen des pignons à tête de cheval *o, o', o"* commandant la roue *o'''* placée sur un arbre *p*, portant à l'extrémité opposée du point où est calé l'engrenage O''' un pignon conique *q*, engrenant avec une roue d'angle *q'* sur l'axe de laquelle est fixé un pignon droit *q"* dont les dents engrènent avec celles d'une crémaillère rectangulaire *r*, fermée à ses extrémités par des arcs de cercle de manière à former une crémaillère sans fin. Cet organe denté prend donc successivement un mouvement en sens opposé suivant que le pignon engrène avec la rangée supérieure ou inférieure des dents de la crémaillère. Ce mouvement de va-et-vient alternatif est transmis au chariot X par l'entremise du levier *t* et de son support *t'*. Afin d'assurer la régularité de ce mouvement, on a soin d'équilibrer la crémaillère par un contre-poids *v*.

Réglage des organes principaux. — En outre des pignons de rechange mentionnés dans la description qui précède, il faut d'après les principes généraux pouvoir modifier l'écartement et la pression des organes entre eux; c'est pour cela qu'on a réservé les moyens de faire varier la distance entre les axes des peignes et du cylindre enfonceur, ainsi que celle de ces mêmes peignes et des cylindres alimentaires; ces axes peuvent cheminer dans des coulisses pratiquées dans les montants du bâti. Comme le jeu des peignes doit être très-précis et sans vibrations, l'extrémité de leur arbre, opposée à celle près des commandes reçoit parfois une bague sur laquelle un levier de pression vient faire l'office de frein.

Dimensions, vitesses relatives et développement des organes. — Le bobinoir est organisé pour que les cylindres étireurs des trois formats destinés à la préparation en gros, en intermédiaire et en fin débitent la même longueur dans l'unité de temps, malgré la différence de leurs diamètres. Nous avons vu qu'il y a deux manières d'atteindre ce résultat; lorsqu'il est obtenu en donnant à l'arbre moteur *a* un nombre de révolutions croissant dans la proportion voulue pour produire la même longueur à tous les passages, malgré la diminution de volume des organes, on adopte les nombres moyens suivants.

Bobinoir en gros. — Arbre moteur *a*, 192 tours. Diamètre des cylindres N, 0,036.

Donc $192 \times \frac{f}{f''} \times \pi D = \frac{0,20}{0,26} \times 3.14 \times 0,036 = 16^m,00$ pour le développement de N.

Bobinoir intermédiaire. — Arbre *a*, 215 tours. Diamètre du cylindre N, 0,032.

Donc $215 \times \frac{f}{f''} \times \pi D = \frac{0,20}{0,26} \times 3.14 \times 0,032 = 16^m,63.$

Bobinoir en fin. — Arbre moteur *a*, 250 tours. Cylindre N, 0,027.

Donc $250 \times \frac{f}{f''} \times \pi D = \frac{0,20}{0,26} \times 3.14 \times 0,027 = 16^m,32.$

On peut admettre 16 mètres comme développement pratique des cylindres N.

C'est là une moyenne. Cependant il arrive parfois que le matériel n'est pas suffisant pour desservir le nombre de broches voulues; on donne alors une vitesse plus grande aux machines préparatoires ; nous en connaissons dont le développement s'élève jusqu'à 19 mètres et $19^m,90$ [1].

1. Si, au lieu de faire varier la vitesse des organes des machines de l'assortiment, on adopte le système par lequel on imprime la même vitesse à toutes les machines, on fait alors augmenter le nombre des organes de chaque machine à mesure que la mèche s'affine; ces progressions sont réalisées d'après la formule donnée plus loin et conformément aux tableaux pratiques cités dans le chapitre *De la composition des assortiments.* Quant aux machines, elles ne changent que par le nombre de leurs éléments et leur longueur. Les parties extrêmes avec leurs transmissions restent les mèmes.

Développement du cylindre d'entrée J, d'un diamètre de 0ᵐ,032.

$$250 \times \frac{g}{p} \cdot \frac{g}{g'} \cdot \frac{g'''}{g'} \pi D = 250 \times \frac{0,90}{0,96} \cdot \frac{0,07}{0,14} \cdot \frac{0,07}{0,14} \cdot 3.14 \times 0,032 = 4,78.$$

Étirage total entre J et N, $\frac{16.32}{4,78} = 3,41^1$.

C'est là une quantité moyenne qui peut varier en raison de la nature des laines traitées. La vitesse jugée nécessaire est obtenue par le changement du pignon g'', dont le rôle a été précédemment indiqué. Le cylindre intermédiaire L est commandé par les pignons h, h', h'' (fig. 2); ces pignons étant d'égal diamètre, le cylindre L a le même nombre de révolutions que le cylindre J; le cylindre M' se place de façon à diriger le ruban le plus convenablement possible entre les aiguilles du peigne.

Vitesse et développement des peignes.—M, diamètre de 0ᵐ,05.

Les transmissions étant a''. $\frac{k}{k'} \cdot \frac{k''}{k'''} \pi D$, en remplaçant les lettres par leur valeur, on a $a'' = 36,48. \frac{4}{16} \cdot \frac{7}{3} \cdot 3.14 \times 0,05 = 3^m,34$, c'est-à-dire un développement à peu près égal à celui du cylindre alimentaire; on lui donne en général une avance d'un dixième sur le manchon des peignes.

On sait que le volume et la réduction des garnitures de ces peignes, le diamètre, la longueur, le nombre, la finesse et la hauteur des aiguilles varient en raison des passages. Les organes vont en diminuant, la finesse et le nombre d'aiguilles par unité de surface en augmentant à mesure que le produit s'affine.

Dimensions et réductions des peignes. — Le diamètre des manchons, dans lesquels les aiguilles sont implantées, est compris entre 0ᵐ,052 et 0ᵐ,032. Le nombre des aiguilles ou la réduction par unité va en augmentant avec les passages. Comptées à leurs racines a', de la circonférence du manchon, les proportions sont les suivantes : 20, 24, 30 et 40 par centi-

1. Ce minimum peut être augmenté par la substitution d'un pignon de rechange.

mètre carré, pendant que la longueur de ces aiguilles dans leur partie libre de la base à la pointe va en diminuant dans le rapport de $0^m,007$ à $0^m,004$. Leur inclinaison au rayon est telle qu'elles sont tangentes à une circonférence de $0^m,023$. Ce sont là des limites qui, pour n'être pas absolues théoriquement, sont consacrées par une expérience éclairée et conformes aux errements pratiques les plus courants.

Double mouvement des frottoirs. Rotation continue et développement des cuirs. — Les rouleaux, y compris l'épaisseur des tabliers, ont un diamètre de $0^m,07$.

Ce mouvement prend son point de départ à l'arbre a', dont la vitesse pour le bobinoir en fin est : $a' = 250 \times \frac{0,90}{6,38} = 192,5$

et $192,5 \times \frac{l}{l^r} \cdot \frac{l^{rr}}{l^{rv}} \times 3.14 \times 0,07$ égale le développement cherché;

et comme l^{rr} et l^{rv} ont le même diamètre que $l = 0,06. l^r = 0,16$.

On a $192,5 \times 0,40 \times 3.14 \times 0,07 = 16^m,92$, c'est-à-dire le même développement que pour le cylindre étireur N.

Mouvements alternatifs des tringles des tabliers. — La manivelle m, calée sur l'arbre a, imprimant ces mouvements, le nombre de tours varie avec celui de cet arbre. Il est de 250 pour le bobinoir en fin; mais, comme l'action est transmise à deux leviers articulés m^{rr} et m^{rrr} par l'entremise d'une bielle m', il s'ensuit une action de va-et-vient pour chaque tour de manivelle. La longueur de 16 mètres de mèches reçoit à chaque passage depuis $192 \times 2 = 384$ jusqu'à 500 coups de frottoirs, dont l'amplitude de la course, comme nous l'avons vu, varie de $0^m,03$ à $0^m,035$.

Vitesse et développement des cannelles et des enrouleurs U ET V". — D'après les transmissions, on a pour la vitesse u de U et de V, $u = a' + \frac{l^{rr}}{l^r} \cdot \frac{n^{rr}}{n^{rrr}}$. Or $a' = 192,5$ tours; $l^{rr} = n'$ et $n'' = 0,09, n''' = 0,15$. On a donc : $u = 192,50 \times \frac{0,09}{0,15} = 115,50$,

et les diamètres égaux de U et de V étant de $0^m,04$.

Le développement D = 115,50 × 3.14.0,045 = 16m,32.

OBSERVATIONS GÉNÉRALES SUR LES BOBINOIRS. — Le bobinoir, quoique d'une constitution relativement simple, est néanmoins une machine délicate, par la multiplicité et la répétition de ses organes, la composition et la combinaison de certains d'entre eux, et notamment des peignes et des frottoirs, qui ont besoin d'un réglage particulièrement précis pour que leur fonctionnement et leurs résultats soient sans reproche. Nous avons déjà fait ressortir l'importance de la position du peigne en général et la nécessité de le placer de façon à ce que les filaments puissent glisser entre les aiguilles sans subir une trop forte traction. Le réglage, c'est-à-dire la vitesse des peignes par rapport à celle des cylindres étireurs, a également son influence sur la bonne condition du produit. De fait c'est la mèche appelée par les cylindres qui commande elle-même la quantité du développement du peigne, la transmission directe de celui-ci étant calculée de façon à être un peu au-dessous de celle des cylindres.

Si au lieu de ce faible ralentissement ou retard du mouvement du peigne sur celui des cylindres, la rotation des hérissons prenait une accélération telle qu'elle donnât une avance sensible à une certaine partie des filaments de la mèche, ceux-ci pourraient être entraînés autour du cylindre du peigne entre les aiguilles, et produire l'accident désigné en pratique sous le nom de *barbes*. Si, au contraire, la marche du peigne était trop lente et insuffisante, cet organe ne serait plus l'auxiliaire efficace destiné à recevoir doucement, régulièrement les fibres pour les guider parallèlement et sans effort sensible de la part des cylindres. L'interposition du peigne déterminerait dans ce cas une résistance au lieu d'aider au glissement des fibres du ruban, la marche de la matière serait irrégulière, au détriment de l'homogénéité du produit.

Ces observations démontrent la difficulté d'indiquer des

règles pratiques absolues et précises, pour réaliser des conditions changeant avec les caractères des laines, les volumes de leurs brins, la masse sur laquelle on opère et la période à laquelle on agit, etc. ; mais elles aideront du moins, en cas d'accidents ou d'imperfection dans les résultats, à trouver plus facilement les causes et même à s'en garer d'avance dans une certaine mesure.

Les praticiens savent d'ailleurs qu'un réglage définitif pour chaque genre de laine et pour les périodes différentes ne peut s'obtenir qu'expérimentalement et par des essais successifs. C'est surtout en vue de ces recherches pratiques que le constructeur livre des bâtis à coulisses permettant de faire varier les écartements entre les organes et les pignons de rechange mentionnés précédemment.

Des frottoirs. — La nature des surfaces frottantes, leur double mouvement simultané et le but qu'on en attend font comprendre les points faibles de ce genre d'organes. Le cuir, par l'action des deux surfaces l'une contre l'autre, se polit immanquablement à un moment donné. Le grain de la matière, dont l'action détermine la liaison et la cohésion des brins, devient lisse au moins par places ; il faut alors rendre sa propriété au cuir en le passant à la pierre ponce. Par suite des variations atmosphériques ou d'autres causes, les surfaces susceptibles de se dilater ou de se contracter pourront perdre la précision de mouvement qu'exige une marche régulière des rubans ; on obvie à cet inconvénient en resserrant ou en relâchant la partie du frottoir correspondant à celle qui retarde ou avance.

Du réglage des principaux organes des bobinoirs. — Les écartements entre les cylindres et les degrés de pression à leur imprimer doivent être déterminés d'après les principes généraux indiqués précédemment. Les écartements sont donc proportionnels à la longueur des fibres et au volume de la masse, et la pression est, toutes choses égales d'ailleurs, en raison inverse de cette masse, et va en diminuant à mesure que le travail avance et que le produit s'affine. Supposons, pour fixer les idées, que le poids S″ (fig. 3, pl. XIV) est tel au bobinoir en fin que, multiplié par son bras de levier R′, il représente une action de 20 à 25 kilogrammes; on l'augmentera de ce dernier au précédent de 5 kilogrammes, de celui-ci à celui qui le précède encore d'autant, c'est-à-dire qu'on diminuera la pression d'une quantité constante du premier au dernier bobinoir.

Quant aux deux ou trois étirages qui précèdent le premier bobinoir, le *réduit* ou *machine de chute*, l'écart des poids est sensiblement plus considérable, en raison des fortes masses qui sont généralement transformées au début : les pressions peuvent s'élever successivement jusqu'à 80, 110 et 150 kilogrammes par ruban. Pour avoir la pression totale de chaque machine et en même temps, celle sous laquelle l'ensemble des organes est entraîné, on n'a qu'à multiplier le nombre de leurs répétitions par la pression correspondant à chacune; on remarquera alors que, malgré l'excédant de poids des premières sur les dernières, celles-ci, à cause du nombre des éléments, sont plus chargées. Nous supposons un premier passage à 4 cannelles et 150 kilogrammes; cette pression sera pour toute la machine $150 \times 4 = 600$ kilogrammes, et si on finit avec un bobinoir de 80 cannelles, on aura $25^k \times 80 = 2\,000$ kilogrammes. Il suffit d'être pénétré des règles qui doivent déterminer ces actions variables pour comprendre l'impossibilité d'indiquer des données absolues; c'est pour cette raison que toutes les machines de ce genre ont des dispositions permettant de faire changer le point d'application du poids S″ sur le bras de levier R′. Au moyen des trous qui y sont percés, on peut ainsi augmenter l'action en avançant la suspension vers l'extrémité opposée à son point d'appui, et opérer en sens inverse pour obtenir l'effet contraire. Quant au meilleur moyen pour obtenir l'uniformité de pression, nous renvoyons à la disposition indiquée pl. VII.

Quant aux écartements entre les organes, nous avons indiqué plus haut les dispositions adoptées pour faire varier leurs distances en faisant glisser ou coulisser leurs axes dans les montants du bâti. Les tableaux suivants donnent des indications pratiques à ce sujet, se rapportant à une série de numéros de fils avec la désignation des laines qui y sont employées.

Table des pressions ou kilogrammes des machines préparatoires, en raison de la qualité des laines.

	Longueur de fibres de 0,12 faisant des fils nᵒˢ 10 à 25.	Longueur de fibres de 0,10 à 0,12. Fil nᵒˢ 25 à 30.	Longueur de fibres de 0,08 à 0,08. Fil nᵒˢ 40 à 100.
	Laines dures.	Laines ordinaires.	L. fines et tendres.
1ᵉʳ étirage défeutreur...	130 à 180ᵏ	125 à 175ᵏ	120 à 170ᵏ
2ᵉ — réduit.......	105 à 130	100 à 125	100 à 125
3ᵉ — réunisseur...	95 à 120	90 à 115	90 à 115
4ᵉ — bobinoir ¹...	85 à 110	80 à 105	80 à 105
5ᵉ — — ...	75 à 105	60 à 85	70 à 95
6ᵉ — — ...	50 à 75	55 à 80	50 à 75
7ᵉ — — ...	40 à 65	45 à 70	40 à 65
8ᵉ — — ...		35 à 60	30 à 55
9ᵉ — — ...			25 à 50

Écartement entre le cylindre fournisseur et le peigne.	Écartement du peigne au cylindre étireur pour les machines ci-dessus ².		
1ᵉʳ.................	0,25 à 0,30	0,20 à 0,24	0,16 à 0,22
2ᵉ.................	0,19 à 0,22	0,16 à 0,19	0,14 à 0,16
3ᵉ.................	0,19 à 0,20	0,13 à 0,18	0,13 à 0,14
4ᵉ.................	0,16 à 0,20	0,12 à 0,15	0,12 à 0,14
5ᵉ.................	0,15 à 0,18	0,11 à 0,14	0,10 à 0,12
6ᵉ.................	0,13 à 0,17	0,09 à 0,13	0,08 à 0,10
7ᵉ.................	0,13 à 0,16	0,09 à 0,11	0,08 à 0,10
8ᵉ.................	0,13 à 0,16	0,09 à 0,11	0,08 à 0,10
9ᵉ.................	0,13 à 0,16	0,09 à 0,11	0,08 à 0,10

1. Étirages de 5 à 8 au premier passage ; passage intermédiaire, 5 à 6, et finisseur de 3 à 6.

2. L'écartement entre le peigne et le délivreur est 0,09 à 0,10.

BOBINOIRS A PLUSIEURS MÈCHES DISTINCTES PAR PEIGNE ET PAR CANNELLE. — Les figures de la planche XIV peuvent faire comprendre les dimensions considérables des bobinoirs par suite de la multiplicité des organes et de la place exigée par les transmissions, en raison des systèmes employés et suivant que l'on fait varier le nombre des organes ou leurs vitesses, d'un passage à l'autre. L'espace nécessaire à un bobinoir finisseur semblable, à une seule mèche par peigne et par cannelle de 40 à 50 éléments, varie de longueur entre 20 et 25 mètres sur une largeur de 7 à 8 mètres. Lorsqu'on songe au nombre des bobinoirs (8 à 9) considéré comme indispensable, on comprendra qu'on se soit ingénié à chercher les moyens de simplifier cette partie du matériel. Le système imaginé dans ce but, en 1849, par M. Vigoureux, de Reims, si nous ne nous trompons, a commencé à se faire adopter timidement d'abord, il y a dix ans environ ; il se propage chaque jour et mérite une mention spéciale.

Faire passer et travailler plusieurs mèches ensemble dans le même peigne et entre le même frotteur pour aller à la suite s'enrouler séparément sur une même cannelle, tel est le principe, l'idée fondamentale sur laquelle reposent les bobinoirs à mèches multiples, dont la machine *à double mèche* n'est que l'application la plus réduite. Mais, même ainsi mise en pratique, on en obtient une économie de moitié pour la plus grande partie des machines préparatoires, puisqu'une machine ordinaire à simple mèche peut alors en produire un nombre double. En d'autres termes, dans le travail à double mèche, il faudra moitié moins d'organes isolés ou un nombre moitié moindre de bobinoirs que pour les simples mèches ; quand on opère sur un nombre triple de mèches, comme on le fait quelquefois, le rapport est de 1 à 3, représentant une réduction des deux tiers des éléments et une économie proportionnelle d'emplacement, de main-d'œuvre et de surveillance.

Comment se fait-il donc que ce système, malgré ses avantages reconnus, prouvés par sa propagation successive quant à la double et à la triple mèche, n'ait pas été mis à profit pour un plus grand nombre de mèches réunies; son application matérielle présente-t-elle des difficultés sérieuses ? On ne pourra le supposer après la description que nous allons donner de la disposition générale du bobinoir ainsi modifié, non-seulement appliqué à deux, mais à un nombre quelconque de mèches. On remarquera seulement qu'il réclame certains soins spéciaux pour en assurer le bon fonctionnement.

DESCRIPTION DE L'APPAREIL ALIMENTAIRE D'UN BOBINOIR A MÈCHES MULTIPLES. — La figure 4, pl. XIV, donne une disposition verticale et la figure 5 une projection horizontale de la manière dont l'alimentation a lieu ; lorsqu'on emploie les gills, la disposition générale ne change pas si à la place de plusieurs peignes rectilignes on emploie un hérisson ou peigne cylindrique.

L'application des peignes rectilignes peut avoir également ici les avantages que nous avons indiqués précédemment en parlant des gills-box. B, B sont les bobines alimentaires placées sur l'étagère en deux étages. Elles sont formées chacune de plusieurs mèches distinctes et se déroulent séparément par la rotation des rouleaux R, R, disposés comme à l'ordinaire. Les mèches m, m, m, m se rendent séparément dans un guide g, pour être dirigées de ce point entre les alimentaires a et b, vus seulement dans la section longitudinale figure 4, d'où ils passent toujours isolément entre les aiguilles d'un peigne cylindrique d'une longueur proportionnelle à l'espace occupé par les mèches, soit entre celles des gills p, de même largeur, comme l'indique le plan figure 5. c représente le couple de cylindres étireurs d'une table correspondant au peigne à la suite duquel ils sont placés ; ils sont suivis des organes frottant simultanément les mèches isolées qui conservent leurs distances comme l'indiquent leurs traces en lignes ponctuées dans le plan, fig. 5. Au sortir du frottoir une paire de cylindres e saisit parallèlement toutes les mèches pour les guider dans les orifices à entonnoirs d'une tringle f, afin d'assurer une direction convenable à chacune d'elles. Ce guide reçoit une translation de va-et-vient dans le sens de la génératrice du cylindre, pendant que la bobine N est douée d'un mouvement de rotation autour de son axe, pour former une grosse cannelle serrée laissant néanmoins dévider toutes ses mèches aussi facilement que s'il n'y en avait qu'une ou deux.

Il suffit de comparer cette disposition à celle des figures de la même planche pour être frappé de la simplification, et par suite de l'économie de matériel, de surveillance et de place offerte par ce système ; il faut cependant reconnaître en même temps que pour en obtenir de bons résultats, l'exécution et le réglage ne supportent pas de médiocrité. Les organes doivent fonctionner avec une précision aussi parfaite que possible, on ne peut tolérer aucune irrégularité dans le développement des mèches se rendant des bobines alimentaires à l'entrée de l'appareil. Il est bon de garnir l'étagère, nous l'avons déjà dit, de bobines à divers points de dévidage et de veiller à un déroulage uniforme vers le même point de réunion. Il faut nécessairement que les organes tournants, les cylindres alimentaires, soient en matière dure non susceptible de s'user et de prendre du *faux rond*, que les pressions soient réglées de façon à assurer une tension uniforme à toutes les mèches soumises simultanément aux mêmes organes, que les deux surfaces frottantes soient uniformément tendues et s'appliquent également sur tous les points de leur action, que l'amplitude de leur mouvement de va-et-vient ne soit pas assez grande pour qu'à un moment donné les produits puissent se marier ; enfin le mouvement de va-et-vient distributeur de l'enroulage doit être lent et fonctionner de manière à ce que, si on divisait sa tige par des marques particulières, chacune d'elles se présentât toujours en regard du même point des frottoirs.

Un bobinoir fonctionnant dans les conditions que nous venons d'indiquer offrirait non-seulement tous les avantages économiques précités, mais encore des résultats uniformes parfaits.

Est-il possible d'arriver dans l'application au but que la théorie permet d'entrevoir, et de réunir non pas deux ou trois mèches, comme on le fait déjà, mais un nombre double, triple, quadruple, etc. ? Cela dépend évidemment des conditions d'exécution et d'installation, de l'intelligence des réglages, en un mot d'un ensemble d'éléments de précision et de soins que les progrès successifs auxquels nous assistons chaque jour permettront de réaliser peu à peu. Les dispositions que nous donnons plus loin des améliorations de détail qui sont la conséquence d'observations rationnelles faites de ce système sont un acheminement dans cette voie.

Disposition spéciale du système a mèches multiples par peigne et a cannelles isolées. — A l'origine de l'application de la double mèche réunie sur une cannelle, on reprochait au système la difficulté qu'il offrait au dévidage; imparfaitement enroulées, les deux mèches s'enchevêtraient parfois dans leur déroulage; de là des ruptures et du déchet. Quoique ces inconvénients ne se reproduisent plus, tant l'envidage a lieu avec soin et précision, nous indiquons néanmoins comment MM. Bruneaux, constructeurs à Réthel, qui s'occupaient avec succès de ces sortes de machines, avaient trouvé la solution de la difficulté en adoptant autant de cannelles isolées que de mèches réunies. La figure 7 donne en élévation une coupe d'une partie d'un bobinoir ainsi combiné : les mèches aa' passent directement des cylindres étireurs A entre les buffles BB', pour se rendre dans les guides et porte-entonnoirs b, b', et se diriger une à une sur les cannelles ou bobines respectives c, c'. Les rouleaux

des cannelles sont superposés dans un support en fonte I, du
bâti J, de longueur égale à celle de la machine. Les
guides *b*, *b'*, en même nombre que les cannelles, sont fixés
à une tringle unique méplate K, vissée du côté du support E.
Nous ne donnons cette disposition en quelque sorte que pour
mémoire, la précédente étant plus simple et actuellement tout
aussi efficace dans ses résultats.

ASSORTIMENT SPÉCIAL, DIT SYSTÈME ANGLAIS, POUR LAINE LONGUE.
— Ce genre d'assortiment, aussi employé en Angleterre que
l'est en France celui dont nous venons de décrire les machines,
se propage d'ailleurs partout pour la production des fils destinés
à divers tissus, tricots, filets, bonneteries, passementeries, tapisseries, broderies, qui emploient la laine longue en fil simple ou
retors, floche ou très-tors usités pour ces différentes catégories
d'articles. On distingue également dans les préparations de la
filature de la laine longue deux périodes : celle de la première,
comprenant le défeutrage et l'étirage seulement; celle de la
seconde qui nécessite de plus la consolidation du ruban pour
le transformer en mèche filable.

Eu égard à la longueur de brins des laines transformées
par ce genre de machines, on ne peut se servir efficacement et
avantageusement que des gills-box, aux préparations de la
première période. Quant à celles de la seconde, c'est une
broche ou organe de rotation qui est chargé d'arrondir, de
consolider la mèche par un léger degré de torsion et de la
guider autour d'une bobine verticale tournante. De là le
nom de *bancs à broches* donné aux machines qui dans ce
système, correspondent aux bobinoirs de l'assortiment pour
fil mérinos. Les fibres de la laine à laquelle ces machines sont
employées étant longues et présentant une certaine roideur,
ne pourraient être aussi efficacement traitées par le frottage que par la torsion ; celle-ci permet de fournir une
mèche mieux enveloppée et plus régulière qu'on ne pourrait

l'obtenir aux bobinoirs. Une autre différence consiste dans l'absence de peignes dans les bancs à broches. Jusqu'à ce que le ruban ait subi une torsion, il devra d'autant plus s'étirer entre les aiguilles que la longueur des brins est plus grande. L'avantage des peignes dans ce cas est incontestable, mais l'emploi en serait plus nuisible qu'utile si on voulait les appliquer pour des mèches même légèrement tordues ; cela explique pourquoi le premier banc à broches seulement est muni de gills. Afin de compenser autant que possible leur concours dans les suivants, on interpose entre les deux paires de cylindres extrêmes, de l'entrée et de la sortie, deux autres paires de plus petit diamètre : ces auxiliaires contribuent à régulariser le glissement progressif des fibres, déterminé par l'action différentielle de la vitesse angulaire des organes entre lesquels elles passent. Enfin le filage de ces produits a lieu sur le système de métier dit *continu* en France, *water frame* en Angleterre.

C'est avec un assortiment ainsi composé que nos voisins d'outre-Manche, nos concurrents de Bradford surtout, produisent cette série de beaux fils en laine longue pure de l'Angleterre, de la Hollande et même de la Plata, ainsi que des fils mélangés de mohair ou de bourre de soie et même de chinagrass ; les mélanges ont lieu généralement deux à deux, parfois avec trois matières réunies, d'après la méthode indiquée plus loin. Les fils de ce genre sont plus particulièrement désignés dans le commerce sous le nom de *mixture*. Pourquoi les machines que nous venons de désigner sont-elles plus propres que les nôtres à travailler cette spécialité ? Il nous sera plus facile de nous en rendre compte après avoir jeté un coup d'œil d'ensemble sur leur constitution et leur combinaison.

Ayant déjà donné la description détaillée des gills-box et des étirages, nous ne représentons l'assortiment où se trouvent ces dispositions connues que par un tracé géométrique des organes et de leurs commandes.

La planche XV représente dans les différentes figures, les organes et les traces de leurs transmissions de mouvements, comprenant l'ensemble des machines de l'assortiment, composées d'étirages, de bancs à broches et de métiers continus à filer.

Les figures 1 et 2 donnent une coupe verticale de la disposition des têtes des gills-box : la première l'indique avec la transmission des vis sans leurs gills ; la seconde donne les gills sans leurs vis, la commande générale des organes d'étirages étant identique pour les gills-box et les bancs à broches, cette transmission est complétée par la figure 3. Les mêmes organes et rouages des différentes figures 1, 2 et 3 sont désignés par les mêmes lettres.

A et B, cylindres étireurs [1] ;

C, cylindre de pression ;

D et E, cylindres de derrière ;

F, cylindre de pression ;

G, rouleaux délivreurs ;

K, gills ;

L, leurs vis de commande ;

M, arbre moteur portant le pignon de rechange z ;

N, roue de 60 dents mue par des intermédiaires entre z et la roue N ;

L, arbre des vis commandé par deux petites roues droites n, n, commandées elles-mêmes par des pignons coniques n', n d'un diamètre égal, dont l'une reçoit l'action par une roue intermédiaire mue par le pignon z.

---

1. Il est à peine nécessaire de faire remarquer que cette disposition de deux cylindres de même dimension remplissant les fonctions d'un seul dans l'organe d'entrée D,E, et de sortie A,B, a été adoptée à cause de la longueur des fibres et pour mieux assurer la régularité de leur cheminement.

Commande du cylindre D. — Sur l'extrémité de l'axe de la roue N, un pignon droit n' de 20 dents commande par intermédiaire une roue de 90, dont l'arbre porte un pignon de 3, engrenant avec une roue de 124, calée sur le bout de l'axe du cylindre D (fig. 2).

Commande du cylindre B. — Le point de départ se trouve encore sur l'axe de la roue N par un pignon de 16, transmettant par deux intermédiaires le mouvement à une roue de 60 dents placée sur l'extrémité de l'axe du cylindre B (fig. 3).

Les transmissions des cylindres A et E ne sont pas indiquées, parce qu'elles sont les mêmes que celles des cylindres D et B.

La détermination de la quantité d'étirage de ces machines et leur production en longueur dans un temps déterminé ne présentent rien de particulier ; nous n'avons qu'à appliquer aux chiffres ci-dessus les calculs ordinaires des formules employées pour toutes espèces de machines de ce genre.

Calculs des vitesses des cylindres et de leur étirage. — Soit une vitesse de 270 révolutions à la minute pour l'arbre moteur M et 36 dents au pignon z qu'il porte ; on aura les résultats suivants, pour les cylindres D et E, d'après les figures 1 et 2 :

$$270 \times \frac{36}{60} \times \frac{20}{90} \times \frac{36}{124} = 10,26.$$

Développement de ces cylindres d'un diamètre de 0,065.

$$10,26 \times 0,065 \times 3,14 = 2^m,05,$$

Cylindre B (transmission, fig. 3.) :

$$270 \times \frac{36}{60} \times \frac{16}{60} = 43,12 ;$$

Et pour développement : $43,12 \times 0,065 \times 3,14 = 8,47.$

Donc, étirage $\frac{8,47}{2,05} = 4,13.$

C'est là un minimum pour ces sortes de machines. On étire en moyenne de 5 à 6 pour les laines longues et même au delà, comme nous le verrons plus loin ; les modifications dans les vitesses relatives s'obtiennent par le changement du pignon z, nous l'avons dit précédemment.

Transmission des vis et des gills. — Elle est obtenue, comme on l'a vu plus haut, par l'axe de la roue n'; les rapports de vitesses sont tels, que le chemin parcouru par les gills soit très-légèrement supérieur au développement des cylindres livreurs D, E, afin que les filaments se dressent bien et ne s'accumulent pas entre les aiguilles. La vitesse de ces vis est transmise par le pignon z, auquel nous supposons 36 dents, menant une roue de 90, engrenant avec une intermédiaire qui imprime l'action aux pignons de 20 (fig. 2).

Nous aurons $270 \times \frac{36}{90} \cdot \frac{20}{20} = 108$ révolutions à l'arbre des vis d'un diamètre au fond des pas de 0,0062, ce qui donne pour développement ou le chemin parcouru à la minute : $108 \times 0,0062 \times 3,14 = 2^m,10$, qui est en effet un peu supérieur à celle des cylindres alimentaires D et E.

Ces étirages ont ordinairement deux têtes produisant chacune deux rubans conformément à la disposition de la planche VI. Les quatre rubans dirigés isolément à leur sortie par les rouleaux B ont pour récepteur, comme nous l'avons vu, un pot ou une bobine chacun.

Bancs a broches. — A la suite des préparations des deux passages semblables aux précédents, les rubans, au lieu d'être soumis à une suite de bobinoirs frotteurs, sont traités par trois ou quatre opérations successives aux bancs à broches. Ces machines sont donc des étirages auxquels on ajoute une broche pour tordre légèrement le ruban avant de l'envider sur la bobine à mouvement libre qu'elle porte. Les bancs à broches ne diffèrent entre eux que par leurs dimensions, qui diminuent à mesure que les préparations avancent. Il suffit de décrire l'un de ces bancs, celui de la figure 3, par exemple, pour en expliquer la constitution, d'ailleurs assez simple.

Les organes étireurs A, B, D, E, et leurs transmissions sont ceux des machines précédemment décrites. Cette machine est également à deux têtes, identiques à celles des étirages. A la sortie du délivreur A, le ruban *a* se rend dans un orifice longitudinal pratiqué dans la tête d'une broche S tournant dans le collet, qui peut s'ouvrir à la partie supérieure lorsqu'il s'agit d'enlever la bobine pleine; la partie inférieure de la broche repose dans une crapaudine. Cette broche porte : 1° une ailette *c d* à double branche qui fait corps avec l'axe et se meut avec elle; 2° une bobine P, tournant librement sur cette broche et pouvant prendre un mouvement de rotation et de translation de va-et-vient vertical indépendant. Le premier mouvement est déterminé par l'entraînement du ruban tordu *b*, qui vient, après avoir passé sur l'une des branches *c*, *d*, s'enrouler sur la bobine; le second mouvement de va-et-vient vertical est imprimé à la traverse sur laquelle reposent les bobines; cette traverse fait partie du chariot denté H sur l'un de ses côtés d'une crémaillère engrenant avec une roue W; 3° une poulie à gorge disposée à la partie inférieure de la broche pour recevoir la courroie motrice S, S'.

Transmissions de mouvements. — Un coup d'œil sur la figure 3 suffit pour faire saisir ces transmissions. Le point de départ est encore la roue motrice M, qui d'une part donne l'action aux cylindres étireurs par les rouages directs déjà indiqués pour les figures 1 et 2, de l'autre elle porte une poulie *p* dont la courroie passe sur une poulie *p'* de même dimension; l'axe de celle-ci porte un pignon de 20 engrenant avec une roue de 80 sur l'arbre de laquelle se trouve la petite poulie *p''* dont la courroie passe sur la poulie T de 18; sur son axe est calé un pignon de 26 engrenant avec une roue de 100; un second pignon plus petit mène une roue *d*. L'arbre de cette roue *d* porte un pignon W qui engrène avec la crémaillère pour donner le mouvement de va-et-vient au chariot U,

pendant que la rotation est imprimée à la broche par la courroie enveloppant les poulies R et S.

Ce système de banc à broches est plus simple, mais moins
précis que ceux à mouvements différentiels employés dans la
filature du coton et du lin. Il n'y a ici pour maintenir la
régularité de la tension sur la bobine et en ralentir le mouvement à mesure qu'elle augmente de diamètre, que l'accrois-
sement du frottement de l'embase, de la bobine et de la
mèche autour de l'ailette. Cet effet, sans être mathématique,
peut suffire pour des préparations grosses et fortes comme
le sont en général celles des fibres animales longues des
laines anglaises, des poils de chèvre, etc.

VITESSES DES ORGANES DES BANCS A BROCHES. — Celles des
cylindres étireurs étant les mêmes et transmises de la même
manière que pour les gills-box, nous n'avons pas à y revenir.
Quant à la vitesse des broches, elle est le résultat des rapports
suivants : $270 \times \frac{20}{80} \times \frac{8}{5} = 108$ tours pour la broche S.

TORSION PAR CENTIMÈTRE. — La longueur de la mèche livrée
par le cylindre étireur A, calculée précédemment, étant $8^m,44$,
la torsion sera $\frac{108}{844} = 0,12$ par centimètre. Les autres bancs à
broches pour les passages suivants ne diffèrent du précédent que par la vitesse de certains organes, et, comme nous
l'avons déjà dit, par leurs dimensions. On voit en x le pignon
de rechange des cylindres étireurs ; le mouvement est transmis de proche en proche de ce pignon au cylindre D, sur
lequel se trouve une roue de 120 en communication, comme
le montre la figure 4, par une intermédiaire qui engrène avec
le pignon x placé sur l'étireur A.

Quant à la transmission B, elle est indiquée en détail
figure 7.

La quantité d'étirage reste constante pour chacun de ces
passages. La vitesse des broches va seulement en augmentant

d'une machine à l'autre. En réalisant les calculs des dimensions indiquées pour les transmissions de la planche XV, conformément à ceux exécutés pour le premier banc à broches, on trouve pour le second (fig. 4) une vitesse de broches de 144 tours; pour le troisième, une vitesse de broches de 192 tours; pour le quatrième (fig. 6), une vitesse de broches de 300 tours.

La quantité de torsion par unité de longueur constante augmente donc dans les rapports de 108 : 144 : 192 : 300, et la longueur produite diminue dans le même rapport; c'est par ces motifs que le nombre des bobines, qui est de 2 pour les deux premiers bancs, est de 4 au troisième, et de 8 au quatrième [1].

L'unité de torsion peut varier en raison des matières traitées, de la finesse et de la longueur des fibres. Pour obtenir le changement voulu, il suffit ici, comme dans tous les cas semblables, d'augmenter ou de diminuer les longueurs livrées par les têtes d'étirage et de remplacer en conséquence les pignons de rechange x, z et T. Si on n'en changeait qu'un, on obtiendrait la différence de longueur voulue, mais la quantité d'étirage changerait; pour qu'elle reste constante, il est nécessaire de modifier dans le même rapport les vitesses des cylindres d'entrée D et des délivreurs A. Il faut en même temps changer le pignon T qui détermine la marche du chariot d'envidage, afin de le mettre en relation avec la longueur à enrouler dans l'unité de temps. Il y a, à cet effet, avec chaque assortiment une série de pignons de rechange, dont le nombre de dents varie. Il est évident que si à la place d'un pignon de 16 dents, par exemple, on en substitue un de 32, la transmission ira moitié moins vite; elle

1. Pour arriver à la détermination du nombre des bobines à chaque passage, les règles sont les mêmes que celles indiquées pour les assortiments français.

doublera au contraire si on remplace le pignon de 32 par un de 16. Il est inutile d'insister sur ces détails élémentaires bien connus par tout contre-maître au courant de sa profession. Afin de faciliter ces changements, il a soin de dresser à l'avance un tableau des étirages et un autre pour la torsion correspondant à chacun des pignons de rechange dont les séries sont classées avec soin par grandeur.

COMBINAISON D'UN ASSORTIMENT DES MACHINES PRÉPARATOIRES MIXTES, DIT SYSTÈME ALLEMAND. — Ce système peut se définir en un mot ; c'est l'assortiment français dans lequel on substitue des bancs à broches aux bobinoirs, ou bien encore c'est le système anglais dans lequel les premiers passages aux gills-box sont remplacés par des étirages à peignes circulaires. La série des machines varie en général de neuf à dix. Les quatre ou cinq premières sont des étirages à peignes cylindriques, les suivantes des bancs à broches. Le nombre des passages est on le voit relativement réduit, parce qu'on n'y travaille généralement que des articles de moyennes finesses équivalant en titres kilométriques à des numéros 40 à 60 pour chaînes, et à des 60 à 90 pour trames. Le métier à filer qui les produit est également du système français, c'est-à-dire un mull-jenny ordinaire ou self-acting, décrit dans le chapitre suivant.

APPAREIL A CONTROLER LA RÉGULARITÉ DES RUBANS DE PRÉPARATION. — Si on pouvait mesurer exactement un ruban de préparation sur tous les points de sa longueur, on s'assurerait avec précision de son degré de régularité et d'homogénéité, mais on comprend l'impossibilité pratique d'une telle opération. On a tourné cette difficulté d'une façon ingénieuse dans l'établissement de MM. Villeminot et Rogelet. On cherche à constater le plus ou moins de perfection du résultat par le degré de régularité des spires que donnent ces mêmes rubans tordus, doublés et retordus. On peut juger à la loupe ou même à l'œil nu, des différences de longueur de ces spires si elles se manifestent, et d'après cela des différences de grosseur et d'homogénéité de la préparation. Mais pour faire cette vérification dans les conditions voulues, de manière à ce que la vitesse de l'organe tordeur, agissant sur une longueur déterminée de mèche ou de ruban, reste constante et donne un égal nombre de tours par unité de temps, il faut opérer avec quelque soin et avoir recours à un appareil suffisamment précis.

On peut arriver au résultat par divers moyens; chez MM. Villeminot, Rogelet et C*, on a appliqué le petit appareil connu sous le nom de *croiseur à tours comptés* dans la production de la soie grége pour le dévidage des cocons. Cet appareil est décrit et représenté figures 8, 9 et 10, pl. VI de nos *Études sur les arts textiles*. Paris, 1868.

CHAPITRE X.

FILAGE. — MÉTIER CONTINU. — MULL-JENNY A LA MAIN ET AUTOMATE.
DE L'APPLICATION SPÉCIALE DES DEUX SYSTÈMES DE MÉTIERS.

Filage.

CONSIDÉRATIONS PRÉLIMINAIRES. — Une fois les mèches formées aux opérations préparatoires, elles présentent des caractères tellement uniformes et indépendants de la nature des substances, que les moyens employés pour les transformer en fils sont identiques. Les métiers à filer la laine peignée sont les mêmes que ceux appliqués au filage des autres fibres textiles quelconques. Ils n'en diffèrent que par quelques appropriations spéciales et par des modifications dans les dimensions et les réglages des organes. Les fonctions essentielles en consistent toujours : 1° à amener la mèche par un étirage définitif à la longueur déterminée pour la transformer en fil ; 2° à arrondir et à consolider ce fil en y fixant les fibres par une torsion qui transforme les filaments droits en hélices et les lie entre eux, de manière à donner au produit le maximum de ténacité et d'élasticité que comporte la matière constituante ; 3° enfin, à disposer le fil par l'envidage sous la forme la plus convenable à sa destination ultérieure, de manière à le restituer régulièrement d'un bout à l'autre sans éboulement, ni rupture, ni aucun autre accident susceptible de produire des déchets ou des arrêts dans le travail. Si ces résultats sont atteints, le problème si délicat de la filature peut être considéré comme ayant été parfaitement résolu. Il est donc intéressant d'avoir un moyen de contrôle précis à sa disposition pour pouvoir constater et vérifier le degré de perfection d'un fil donné, et rechercher les causes des variations de la valeur et des qualités de fils de mêmes numéros exécutés avec les mêmes matières dans diverses usines. L'instrument que nous avons imaginé donne simultanément le degré de torsion, d'élasticité et de ténacité du fil, et permet de faire varier les angles de torsion. Il peut ainsi déterminer au besoin le nombre de tours le plus convenable à réaliser par unité, en raison de la nature de la substance et du titre des fils. Le nom d'*expérimentateur phroso-dynamique des fils* donné à l'appareil en désigne la destination et les fonctions. Comme malgré l'utilité et les services que ce vérificateur a déjà rendus dans les usines il n'est cependant pas aussi répandu qu'il devrait l'être, nous croyons devoir entrer dans quelques détails sur son usage.

Il suffit de résumer les indications qu'il peut fournir pour démontrer l'intérêt qu'il présente :

1° Une matière première quelconque étant donnée, on peut chercher le degré de ténacité, d'élasticité et d'homogénéité qu'elle présente en répétant les constatations sur une quantité suffisante de fibres ;

2° Les rubans, mèches ou torons de la substance peuvent y être transformés en produits tordus à des degrés divers, pour permettre de déterminer directement l'angle de torsion le plus convenable à adopter dans chaque cas pour atteindre autant que possible la perfection ;

3° Des produits identiques transformés dans des conditions diverses sur des métiers différents ou avec des degrés variés d'étirage et de torsion étant donnés, on pourra les analyser mécaniquement et reconnaître les influences relatives de ces moyens sur la qualité des produits ;

4° L'appareil peut encore servir à démontrer la part d'influence qui incombe à chaque période des transformations sur la valeur du résultat final, et mettre par conséquent en évidence l'importance si considérable de préparations homogènes, et les fâcheux effets des moindres irrégularités ou inégalités d'un fil.

Nous n'avons pas à donner de nouveau la description de cet instrument et la manière de s'en servir, l'ayant fait d'une façon suffisante dans nos précédentes publications [1]. Nous nous permettrons seulement d'ajouter que le maniement de l'appareil est tellement simple, que les personnes les moins habituées aux expériences de précision peuvent cependant s'en servir sans s'exposer aux moindres dangers d'erreur [2].

Des métiers à filer.

Les métiers à filer la laine peignée sont semblables, comme nous l'avons vu plus haut, à ceux employés aux autres sub-

---

1. Voir *Traité général des laines cardées*, t. II, p. 262. Baudry, éditeur, 15, rue des Saints-Pères.

2. M. Perreaux, habile fabricant d'instruments, 8, rue Jean-Bart, s'occupe spécialement de l'exécution de cet appareil.

stances filamenteuses. Deux types, le système dit *continu* et le *mull-jenny*, y sont employés. Tous deux exécutent leurs fonctions fondamentales par les mêmes organes essentiels : l'étirage ou l'allongement des mèches, par le principe du laminage entre des cylindres de révolution, à vitesses différentielles, et la torsion par la rotation de la mèche étirée autour d'un axe ou d'une broche. Mais le mode de renvidage du fil fait, varie avec les deux systèmes : dans le continu, les trois fonctions, l'étirage, la torsion et le renvidage, ont lieu simultanément, tandis que cette dernière ne commence qu'après les deux autres dans le mull-jenny. De là des différences essentielles dans les organes récepteurs du fil, et aussi des modifications dans les transmissions qui les mettent en action, suivant la forme sous laquelle le produit doit être disposé et selon qu'il doit affecter une bobine cylindrique, cylindro-conique, ou un tronc de cône; suivant, en un mot, qu'on produira des bobines en cylindres réguliers comme sur le continu en général, des formes coniques allongées, ou *pochets* pour chaînes, ou des *canettes* de même forme, mais moins longues, destinées à la trame et à la navette du tisserand. Le continu a toujours été entièrement automatique, c'est-à-dire que tous ses organes sont animés mécaniquement sans la participation de l'ouvrier comme moteur. Dès son origine, avant la généralisation des moteurs à vapeur, on le mettait en mouvement par une roue hydraulique, de là son nom de *water-machine* ou *water-frame* en anglais. Le mull-jenny n'est dans le même cas, pour la laine peignée surtout, que depuis une quinzaine d'années. Le système prend alors indistinctement les noms de *self-actor*, *self-acting*, *automate* ou *renvideur*. Cette dernière dénomination caractérise surtout le métier, attendu que c'est par le renvidage automatique, qui incombe à l'ouvrier dans le métier mull-jenny à la main, qu'il se distingue. Dans l'état actuel de l'industrie, le filage de la laine longue, dite *laine anglaise*, dont Roubaix et Bradfort sont les principaux centres en France et en Angleterre, a lieu au métier continu. La laine fine, dite *mérinos*, dont les fils simples sont destinés aux étoffes rases et moelleuses en général, ayant Reims, la Picardie et le Nord comme principales localités de production, se file au mull-jenny à la main ou aux renvideurs. Le mull-jenny à la main ou demi-dévideur reste plus particulièrement réservé aux fils communs peu tordus et aux fils d'une finesse intermédiaire pour certains articles et, entre autres, pour les produits recherchés par la bonneterie, la tapisserie et pour certains tissus. Nous revenons plus loin sur les caractères des articles, et leurs destinations. Nous nous bornerons, quant à présent, à rappeler certaines considérations générales sur les opérations fondamentales du filage, afin de faire ressortir ensuite les caractères du fil, suivant qu'il a été produit à l'un ou à l'autre système (mull-jenny ou continu).

FONCTIONS GÉNÉRALES DE TOUT MÉTIER A FILER. — Ces fonctions déjà analysées consistent, comme on le sait, dans l'exécution de l'étirage plus ou moins étendu de la mèche provenant des préparations et d'un degré de torsion variable avec la nature de la matière, le genre et la finesse des fils; enfin, dans la réalisation de la forme la mieux appropriée à contenir un maximum de longueur sous un minimum de volume, et à un solide de révolution constitué de telle sorte qu'il se prête facilement à un dévidage ou développement ultérieur; afin qu'il ait lieu, autant que possible, sans occasionner d'éboulement, de rebouclement, d'emmêlage, de rupture, quels que soient les moyens par lesquels le dévidage a lieu.

Dans les différents systèmes pratiqués à la main ou automatiquement, l'étirage et la torsion ont toujours lieu simultanément, comme nous l'avons déjà dit; mais dans le mull-jenny, automatique ou non, le renvidage ne commence que lorsqu'une certaine longueur de fil ou *aiguillée*, égale à la longueur de la course du chariot sortant, est exécutée. Ces longueurs ou aiguillées sont les mêmes pour chaque broche. Si par exemple le métier en possède mille, ces mille seront d'abord étirées et tordues ensemble, puis renvidées également en même temps. L'étirage et la torsion restent constants pour un même genre de fil, c'est-à-dire que la quantité ou longueur de mèche, dans un temps donné, ne varie pas; le nombre de tours de torsion reste aussi invariable depuis le commencement jusqu'à la fin de la confection du produit d'une même espèce. Les organes chargés de ce travail fondamental livrent donc une quantité uniforme à renvider dans l'unité de temps. Si le renvidage pouvait se faire sur un corps tournant ne changeant ni de forme ni de dimension pendant le travail, le mécanisme récepteur serait également à mouvement constant. Il n'en est pas ainsi; pendant que la longueur livrée pour exécuter la bobine reste la même, celle-ci devant affecter la figure cylindro-conique, comme on l'a vu précédemment dans nos traités antérieurs, les points d'applications de l'origine de chaque anneau doivent varier sur la hauteur de la broche (car c'est elle qui sert d'axe au fût ou support en bois ou en carton sur lequel le fil s'enroule). De plus, comme les diamètres de la bobine augmentent à chaque nouvelle couche de fil en raison de la double épaisseur de ce fil, la tension supposée convenable pour les premières couches, deviendrait telle dans les suivantes, que des ruptures auraient bientôt lieu si l'on ne ralentissait le mouvement des broches dans le rapport voulu pour que le tirage reste constant et que les couches superposées adhèrent entre elles avec une intensité uniforme. Ces conditions déterminent à leur tour certaines modifications aussi bien dans le renvidage à la main que dans l'opération automatique des deux systèmes de métiers en usage; nous commençons la description par le plus simple:

Métier continu. — La similitude entre les organes, les dispositions et le fonctionnement de ce système de métier, et celui des bancs à broches précédemment décrits, indique à priori que sa constitution est aussi simple que celle du métier mull-jenny automatique représenté plus loin est compliquée.

Le tracé en coupe verticale (fig. 8, pl. XV) donne l'ensemble des parties qui composent un continu. Ce système possède deux rangées symétriques de broches S, avec leurs ailettes a, et leurs bobines respectives ; il y a une rangée de bobines de chaque côté du bâti. Ces bobines K sont des cylindres à rebords saillants c, à leur embase inférieure, et à chapeau à leur partie supérieure. Chacune d'elles est enfilée librement par un trou central sur la broche S, qui lui sert d'axe, de manière à ce qu'elles puissent prendre toutes un mouvement de rotation et de translation indépendant et différent de celui des broches. La rotation est imprimée à celles-ci par les petites poulies à gorge ou noix n, n', embrassées par des cordes d, d', venant d'un tambour métallique T, callé sur l'arbre moteur M, entraîné par une courroie passant sur une poulie de l'arbre de couche de l'usine. *La commande des cylindres étireurs* A a également son point de départ sur l'arbre moteur M par une poulie T', les cordes d'', d''' embrassent les poulies O, O', dont les axes portent les pignons Z, Z', engrenant chacun avec une roue K, K', fixées de chaque côté sur les arbres des cylindres A.

Commande des cylindres alimentaires E. — Elle est obtenue par un pignon x, dit *de rechange*, à cause de sa fonction. Il reçoit l'action d'une roue placée sur l'arbre des cylindres A, et imprime, par une autre roue, la rotation aux cylindres E. De ce dernier engrenage part le mouvement des cylindres D et B, au moyen de la disposition indiquée figure 9. Enfin le mouvement vertical de va-et-vient des bobines est la conséquence de l'impulsion imprimée à la crémaillère fixée au chariot sur lequel reposent les embases, conformément à la disposition représentée (fig. 3).

Un balancier est parfois chargé de cette transformation, comme dans la plupart des métiers de ce genre.

FONCTIONNEMENT DU MÉTIER. — L'arbre du tambour M fait fonctionner tous les organes réalisant simultanément l'étirage, la torsion et le renvidage. L'étirage est obtenu par le laminage et l'action progressivement accélérée entre les cylindres étireurs, la torsion par la rotation de la broche qui fait corps avec l'ailette *a*, ou guide-mèche, dont l'une des branches dirige le fil sur la bobine. Celle-ci, en contact par son embase *c* entraînée par la broche, éprouve un ralentissement de vitesse déterminé par le frottement des deux surfaces en contact ; cette différence entre la vitesse des deux organes suffit au renvidage du fil. L'action exercée par la force centrifuge de la broche détermine la tension sous laquelle le renvidage se produit. Le degré de tension obtenu ainsi par la vitesse de l'organe tordeur est évidemment proportionnel, toutes choses égales d'ailleurs, au nombre de révolutions de la broche ; si cette tension était trop forte, elle occasionnerait des ruptures d'autant plus fréquentes que le fil serait plus fin. De là la nécessité de limiter la vitesse des broches et le numéro des fils dans ce système classique. La grosseur de la bobine augmentant avec l'enroulement de chaque couche, il devient nécessaire, pour maintenir l'égalité de tension, de ralentir le mouvement des bobines en raison inverse de cette augmentation des diamètres. Ce résultat est la conséquence du frottement et du poids croissants avec le diamètre de la bobine ; parfois aussi, quand il s'agit de grosses bobines et de bas numéros, la résistance s'obtient au moyen d'un petit poids attaché par une ficelle à l'embase de la bobine, on peut alors faire varier l'action en changeant l'angle que fait la ficelle avec son point d'attache. Les transmissions indiquées planche XV ne donnent que des bobines cylindriques destinées à subir un dévidage, quel que soit d'ailleurs leur emploi ultérieur. Pour obtenir des canettes ou bobines coni-

ques, il faudrait évidemment un mécanisme de renvidage spécial adopté au chariot, ainsi que pour filer avec avantage des
finesses au delà de certains numéros avec une grande vitesse
des broches. Des transmissions propres et indépendantes à
l'organe tordeur et à la bobine deviennent alors indispensables.
Bien des essais ont été faits et sont encore en voie d'expérimentation dans cette voie, nous avons indiqué les plus intéressants et les plus sérieux [1].

Le seul système appliqué généralement aujourd'hui à cause
de son extrême simplicité et des avantages qu'il présente dans
la production des fils de certains articles est celui que nous
venons de décrire. Les formules suivantes donnent les moyens
de calculer les résultats.

RELATIONS ENTRE L'ÉTIRAGE, LA TORSION ET LA PRODUCTION
PAR BROCHE DU CONTINU. — Soient :

d, diamètre du cylindre délivreur A ;

r, le nombre de ses révolutions à la minute ;

L, débit ou développement de ce cylindre dans l'unité de
temps.

On a : $$L = \pi d r ;$$ (1)

d', diamètre du premier cylindre ;

E, étirage ;

r', nombre de tours.

On aura : $$E = \frac{\pi d r}{\pi d' r'}.$$ (2)

Soient : t, la torsion par unité de longueur d'un 0,01. Cette
torsion est variable avec les natures, genres et types des fils.
Nous avons démontré ailleurs (*Traité du travail du coton*) que
cette unité est le produit de la racine carrée du numéro n du
fil par un certain coefficient K.

Donc $$t = K \sqrt{n}.$$ (3)

---

[1]. Voir les *Études sur les produits textiles*. Librairie Baudry, 15, rue
des Saints-Pères.

Ces valeurs de K = 0,87 pour les fils de chaîne;

— = 0,72 pour trame, laine longue.

Soit N le nombre de révolutions d'une broche à la minute.

On aura aussi :
$$t = \frac{N}{L},\qquad\qquad (4)$$

et
$$K\sqrt{n} = \frac{N}{L};\qquad\qquad (5)$$

d'où
$$N = Lt \text{ ou } K\sqrt{n}.\qquad\qquad (6)$$

Et si on désigne par p le poids de la longueur L, il sera déterminé par la formule $\quad p = \frac{L}{n}.\qquad\qquad (7)$

Ces diverses formules peuvent donner les solutions les plus usuelles de la filature; nous croyons devoir en donner quelques applications courantes.

On demande le débit L du cylindre A d'un diamètre de 0m,08.

On aura d'après la formule (1) le produit πd par le nombre de révolutions r du cylindre A. Si on suppose un pignon d'un diamètre correspondant à 30 dents, et $r = 300$, les transmissions précédemment indiquées dans les figures de la planche XV donneront :

$$L \text{ ou } \pi dr = 300 \times \frac{18}{28} \cdot \frac{10}{43} \cdot 3,14 . 0,08 = 11^m,00.$$

Donc le développement A = 11,00.

Si $d' = 0^m,025$ et le pignon $z = 50$ dents.

D'après les transmissions (fig. 8) on aura pour le développement L′ du cylindre d' (2) :

$$L' = 300 \times \pi d' \frac{16}{30} \cdot \frac{10}{33} \cdot \frac{10}{21} \cdot \frac{12}{16} = 1,47 \text{ mètres.}$$

L'étirage total entre d' et A sera $\frac{11,00}{1,47} = 7^m,49.$

effectué progressivement entre les cylindres B, C, D, d'après la commande de la figure 9, pl. XV.

On demande le nombre de révolutions des broches S ou la valeur de N′ et la torsion du fil;

On a, d'après la figure 8, pl. XV : $\quad 300 \frac{24}{2} = 3600,$

qui donne d'après (4) : $\frac{3,600}{11,00} = 3,27 = t$.

Cette valeur changera évidemment avec le numéro et consé-quemment avec le rapport des pignons x et z.

D'ailleurs le numéro du fil à produire étant connu, on aura cette torsion directe par la formule (5).

On demande la torsion au centimètre pour un fil du numéro 20 chaîne.

Elle sera : $0,87 \sqrt{20} = 0,87 \times 4,47 = 3,889$ [1].

Connaissant le débit du cylindre délivreur A et la torsion du fil, on déterminera également le nombre de révolutions des broches par la formule (6), en multipliant la longueur livrée par l'unité de torsion.

Soient $L = 11^m,00$, $t = 3,27$. Le nombre de révolutions sera :
$$11,00 \times 3,27 = 3597 \text{ tours pour S.}$$

On demande le poids par chaque broche, la longueur et le numéro du fil fourni étant connus.

Soient : $11^m,00$, cette longueur, et 20 le numéro du fil par 500 grammes; on aura, d'après la formule (7) : $\frac{11,00}{20} = 0^k,00055$ à la minute, et pour 720 ou 12 heures : $720 \times 0^k,00055 = 0^k,396$, et pour le métier de 144 broches : $0^k,396 \times 144 = 57^k,024$ donc $= \frac{57}{2} \, 28^k,50$.

Nous pourrions multiplier ces applications si celles qui pré-cèdent ne suffisaient pas pour servir d'exemples à la plupart des cas pratiques qui peuvent se présenter.

MÉTIER MULL-JENNY. — La figure 1, pl. XVI, représente une élévation d'un métier mull-jenny réduit à sa plus simple expression. On y distingue deux parties principales, l'une fixe, dont les organes se meuvent sur place, et l'autre mobile, les broches, qui tournent pendant le déplacement de leur sup-

1. Ce résultat, un peu plus fort, paraît plus efficace, la première tor-sion étant un peu faible, même pour des fibres de la laine longue.

port, ou chariot H, H. Au bâti S est fixé un support à étages G, sur lequel sont placés des axes qui reçoivent librement les bobines B avec leurs mèches. Chacun des deux étages sert à alimenter une tête de cylindres c, c', c'' supportée par un bras du bâti S. Sur le sol, de chaque côté du métier, et perpendiculairement à la direction des cylindres, reposent plusieurs rails R parfaitement parallèles entre eux. Ils sont destinés à recevoir les jantes des roues r, r du chariot solide et léger H placées sur le parcours du métier. Ce chariot porte une rangée de broches b dont le nombre est proportionnel à sa longueur entre les rails; elles ont toutes une même inclinaison plus ou moins prononcée avec l'horizon[1]. Ces broches en acier, terminées en pivot à leur extrémité inférieure, tournent dans une crapaudine, et sont maintenues vers le milieu dans un collet qui leur sert de coussinet. Elles reçoivent leur mouvement d'une poulie ou noix n, au moyen d'une courroie ou corde venant du tambour T, également supporté par le chariot H. Enfin, sur toute la longueur de ce dernier s'étendent : 1° une tringle ronde t dite *baguette*, fixée à l'extrémité d'un bras courbe *ou rabat-fil* articulé au point d; 2° une seconde baguette en regard et parallèlement à la première, supportée par le bras courbe i g articulée en d. Ces deux baguettes, par l'impulsion de leurs bras, décrivent les courbes respectives ponctuées x, q et v, t. Le chariot mobile sur les rails peut s'approcher avec ses organes et les accessoires qui le composent jusqu'au contact des cylindres, et s'en éloigner d'une quantité déterminée à l'avance. Le parcours entier du chariot,

---

1. Cette disposition des broches faisant toutes le même angle obtus avec l'horizontale a pour but de faciliter l'échappement du fil des pointes supérieures ou sommet des broches, au moment du renvidage. Le degré de l'angle, variable avec la finesse et le genre de fil, est cependant limité entre 13 et 19 degrés. En deçà, la tension des fils serait trop forte, et au delà elle serait insuffisante. Dans le premier cas, il pourrait en résulter des ruptures, et, dans le second, des vrillages et des rebouclements qui nuiraient à la formation régulière de la bobine.

allée et venue, constitue une *course*, et la longueur correspondante du fil, une *aiguillée*. Le nombre en est pour chaque bobine et pour un numéro déterminé de fil proportionnel au diamètre de la base de leur partie cylindrique ; pour un égal diamètre, il est en raison directe de la finesse ou des numéros du fil.

L'ensemble des bobines pleines d'un métier constitue *une levée*, qui, comme son nom l'indique, doit être enlevée avec ses tubes des broches, pour mettre celles-ci en état de recevoir une nouvelle garniture.

DOUBLE FONCTION DE LA BROCHE DANS LE MULL-JENNY. — La bobine proprement dite, telle qu'elle existe dans le rouet et le métier continu, manque dans le système mull-jenny, où la broche remplit alternativement la double fonction d'organe tordeur et d'organe renvideur. A cet effet on la garnit à frottement doux d'un tube en bois léger, et plus généralement en carton mince, d'une forme épousant celle de la broche, ce tube sert donc de bobine ; il est placé et enlevé absolument de la même manière, lorsqu'il est suffisamment recouvert de fil. Le cône de fil fait est généralement désigné sous le nom de *canette*. La disposition spéciale de l'organe essentiel du métier sur un chariot nécessite la division du travail en deux temps, et ne permet de commencer l'enroulement des fils autour de leurs récepteurs qu'après la confection de la longueur constante dite *aiguillée*. Le métier réalise simultanément, bien entendu, un nombre d'aiguillées égal à celui des broches ; ces aiguillées forment chacune une couche sur leur canette respective.

IMPORTANCE DU MODE DE RENVIDAGE ET CONDITIONS A REMPLIR POUR OBTENIR UN RÉSULTAT CONVENABLE. — Une bobine cylindrique ou un cône (canette) doit avoir : 1° *toutes ses couches serrées et envidées sous une tension constante ;* 2° *contenir, toutes choses égales d'ailleurs, un maximum de longueur sous un minimum de volume ;* 3° *se développer au dévidage avec fa-*

*cilité et régularité, sans éboulement ni confusion, d'une extré-
mité à l'autre, de la longueur qui constitue le cylindre ou le
cône, soit que le dévidage ait lieu d'une manière continue,
ou par intermittence, par une action lente et constante;
ou par des impulsions brusques, saccadées et alternatives.*

On ne saurait manquer à l'une de ces conditions sans qu'il
en résulte une conséquence fâcheuse ; si le volume d'une
bobine ou d'une canette donnée n'a pas une longueur suffisante, il en résultera ce double inconvénient : 1° une perte
de temps pour la multiplicité des levées ; 2° des couches
molles susceptibles de s'emmêler et d'occasionner des entraves et un déchet au dévidage. Ajoutons que si le fil était
trop tendu, son élasticité et sa qualité en seraient altérées ;
s'il n'est pas disposé de manière que chaque couche forme une
enveloppe solide autour du cylindre ou du cône qui lui sert en
quelque sorte de moule ou de noyau, la plus légère action lors
du dévidage pourra troubler l'ordre et la disposition de l'une
ou de plusieurs des couches superposées ; de là éboulement, et
ses suites fâcheuses. Ces inconvénients possibles dans les
bobines cylindriques toujours dévidées par un mouvement
uniforme parfaitement réglé seront bien plus à craindre pour
la canette, directement placée dans la navette du tisserand, et
déroulée par une impulsion indirecte et des chocs alternatifs
imprimés dans deux sens opposés.

Cette opération, accessoire en apparence de l'enroulement
ou renvidage, prend donc de fait une importance sérieuse à
cause de ce qui peut en résulter. La manière de la pratiquer
et les difficultés techniques de sa réalisation ont été l'objet de
nombreuses recherches. En effet, pour remplir les conditions
ci-dessus énoncées d'un bon renvidage, il faut qu'il ait lieu sous
une tension régulière, quoique le récepteur se déplace constamment et que le point d'application du fil change à chaque aiguillée, par l'augmentation du volume enroulé en raison du nombre

des couches superposées, aussi bien pour la bobine que pour la canette. Pour cette dernière, les conditions vont en se compliquant encore, les divisions égales en hauteur ayant des sections décroissantes de la base au sommet. Il faut nécessairement faire varier le nombre des superpositions dans la hauteur en raison des changements des diamètres successifs; l'unité de longueur destinée à chaque couche doit, de plus, être inégalement répartie sur la hauteur à chaque course, l'enroulement étant d'ailleurs pratiqué d'une manière spéciale pour que toutes les superpositions qui forment la canette aient une égale solidité. Si la bobine était formée par de simples anneaux parallèles et concentriques du centre à la circonférence, elle serait loin d'avoir la consistance nécessaire au dévidage. Les cônes seront au contraire solides en composant chaque couche d'un certain nombre d'hélices se croisant ; une partie de l'aiguillée sert à les former dans la direction du sommet à la base, et l'autre dans le sens inverse. Il résulte de cette évolution un point d'entre-croisement qui est pour ainsi dire l'attache développable de chaque couche, et ne peut se défaire que lorsqu'on l'atteint dans l'ordre de sa formation.

UTILITÉ SPÉCIALE DES BOBINES CONIQUES. — Les bobines coniques, les pochets ou canettes ont l'avantage de pouvoir passer du métier à filer dans la navette du tisseur, d'économiser ainsi la dépense, le temps perdu et les déchets que le dévidage peut entraîner. La confection des canettes exigeant certaines complications dans l'envidage, on pourrait se demander pour quoi l'on n'alimente pas les navettes du métier à tisser par des bobines plus ou moins cylindriques, comme cela a lieu pour le tissage de la soie, par exemple.

Nous devons d'abord faire remarquer que la canette dite *à dérouler* de l'industrie des soieries est tantôt elliptique, tantôt un cylindre avec ses extrémités convexes et rarement un cylindre régulier; il y aurait donc de nouvelles conditions à remplir, presque aussi compliquées que celles dont il a été question précédemment; mais n'en serait-il pas ainsi, la confection de la navette à dérouler serait-elle plus simple à produire, elle ne pourrait offrir les avantages de la bobine conique dite *canette à défiler*, particulièrement propre aux fils plus ou moins duveteux, dont l'adhérence spéciale déformerait bientôt la bobine cylindrique et l'éboulerait en développant les couches de proche en proche. Les fonctions des divers organes du métier et les conditions de leur réalisation étant précisées, examinons le fonctionnement général du métier mull-jenny.

FONCTIONNEMENT DU MÉTIER. ÉTIRAGE ET TORSION SIMULTANÉS. — Au moment de commencer le filage, le chariot est approché aussi près que possible du bâti des bobines alimentaires, et des cylindres étireurs c, c' c''. Ceux-ci sont mis en mouvement; les mèches qu'ils fournissent sont fixées chacune à la broche correspondante au point où doit partir la base de la canette. Le chariot s'éloigne alors des cylindres jusqu'à la limite de sa course, les broches tournent en même temps autour de leur axe. L'étirage est produit par les cylindres; la torsion des mèches et la tension nécessaire aux fils sont déterminées par la marche du chariot : la première est la conséquence de la rotation des fils par les broches, et la seconde de l'avancement du chariot. La période qui embrasse les trois actions simultanées, l'étirage, la torsion et la tension des fils, constitue celle de la *sortie du chariot*. Arrivé au terme de la course qui lui est assignée, le chariot s'arrête ainsi que les cylindres, et parfois aussi les broches; supposons pour le moment ce cas le plus simple, celui du filage des plus bas numéros, et considérons l'action du renvidage.

RENVIDAGE. — L'enroulement du fil doit commencer, si les fonctions dont il vient d'être question se sont convenablement réalisées; tous les fils faits, sans rupture ni vrilles, seront dirigés sous l'action d'une certaine tension de la base au som-

met de la broche, et de la pointe de celle-ci aux cylindres étireurs. Comme la première courbure, formée par le fil autour
de la broche pendant la sortie du chariot, n'a pas la forme voulue ni la position exigée de la couche qui doit contribuer à la
constitution générale de la canette, il est nécessaire d'opérer
son déroulement avant de commencer le renvidage.

A cet effet, les broches reçoivent un mouvement de rotation
dans la direction opposée à celle qui a produit la torsion.
Ainsi déroulés des broches, les fils sont simultanément
abaissés d'une certaine quantité par l'action de la baguette t
pendant que la contre-baguette g est soulevée pour en maintenir le développement régulier. Les aiguillées se trouvent
saisies et guidées de cette façon dans une espèce de pince
cylindrique qui devient l'organe directeur du point de départ et de l'origine de la formation de chaque couche. Cette
opération intermédiaire très-importante, quoique accessoire
en apparence, du déroulage du fil et de la manœuvre des baguettes, a reçu le nom de *dépointage*. Le dépointage exécuté, le renvidage commence ; le chariot est mis en mouvement pour revenir sur lui-même à son point de départ près
des cylindres étireurs, et les broches tournent de nouveau dans
leur première direction, c'est-à-dire dans le sens qui a déterminé
la torsion ; pendant ce second mouvement du chariot, la baguette
et la contre-baguette continuent à agir sur le fil pour opérer le
renvidage, jusqu'à son retour près du bâti des cylindres, les aiguillées doivent alors être complétement envidées ; le chariot
s'arrête, les baguettes et contre-baguettes abandonnent les fils
et reviennent à leurs positions initiales. Le retour du chariot
pendant le renvidage constitue *sa rentrée ;* le temps employé
à la sortie et à la rentrée mesure la durée nécessaire pour
former les aiguillées, ou celle d'une *évolution complète du
chariot.*

Aussitôt après la rentrée, une nouvelle formation d'aiguillées recommence réalisée identiquement comme la précédente. Les cylindres et les broches reprennent leur rotation pendant la sortie du chariot et la conservent jusqu'à l'extrémité de la course ; puis arrêt des cylindres, exécution du dépointage, suivie du renvidage et du retour des baguettes à leur position primitive : ce retour des baguettes est parfois désigné sous le nom d'*empointage*.

TORSION SUPPLÉMENTAIRE. — La quantité de torsion imprimée à chaque aiguillée est proportionnelle au nombre de tours des broches pendant la livraison des mèches, dont la longueur est en raison du développement de la circonférence du dernier cylindre. Si les broches font 1 200 tours pendant la livraison de 1 mètre de fil, chaque décimètre devra recevoir 120 tours, et chaque centimètre 12 tours, de tors si la torsion a été convenablement réalisée. Il faut donc que chaque unité de longueur fournie par les cylindres reçoive un nombre égal de rotation des broches, ce qui ne peut s'obtenir mathématiquement avec un mouvement constant des cylindres étireurs et du chariot, agissant sur un fil incliné (une simple épure suffit pour démontrer ce fait) ; de plus, la torsion imprimée aux fils augmentant avec leurs finesses, il arrive un moment où la rotation des broches, quelque considérable qu'elle soit pendant la sortie du chariot, devient insuffisante à la bonne confection du produit. Les broches doivent donc continuer à tourner et à tordre après l'arrêt du chariot et avant d'opérer le dépointage [1]. C'est cette continuation du mouvement des broches, dans le but de régulariser la torsion faite et de la compléter, qui est désignée sous le nom de *torsion supplémentaire*. Elle peut donc avoir le double but : 1° de régulariser la torsion dans le filage des produits ordinaires ; 2° de la compléter dans la production des fils fins.

1. Cette continuation de la torsion est surtout appliquée au fil fin du coton, mais rarement dans le filage de la laine.

DOUBLE VITESSE. — Pour arriver plus sûrement à la régularité, la torsion est appliquée graduellement lorsqu'il s'agit de la production des fils les plus fins et les plus soignés. La vitesse des broches, modérée d'abord lors de la sortie du chariot, augmente généralement du double pendant la période dite *de la torsion supplémentaire ;* de là le nom de *double vitesse* donné à l'accélération progressive des organes tordeurs.

ÉTIRAGE SUPPLÉMENTAIRE PAR LE CHARIOT. — Dans la plupart des cas, l'on utilise également une partie de la sortie du chariot comme moyen d'étirage. Au lieu d'arrêter simultanément le mouvement des cylindres et du chariot, celui de ce dernier continue après l'arrêt des premiers. Il résulte de ce procédé un supplément d'étirage variant de 0ᵐ,08 à 0ᵐ,14 de longueur par aiguillée, suivant les cas, à ajouter au développement du fil fourni par les organes étireurs. On donne aussi au chariot une vitesse un peu plus grande que celle des cylindres. Le travail général, en raison des considérations précédentes, nécessite l'exécution des conditions suivantes :

1° *A la sortie du chariot.* Pour les produits de certaines catégories, il y a avantage à ralentir le mouvement du chariot et à accélérer celui des broches.

2° *A la rentrée.* La vitesse du chariot doit aller en croissant jusqu'à la moitié de sa course, et aller au contraire en décroissant de ce point jusqu'aux porte-cylindres.

3° *La vitesse des broches ou leur nombre de tours* doit diminuer à chaque rentrée, suivant l'augmentation croissante des diamètres des canettes.

4° *Les points d'application de l'origine de chaque couche* doivent varier également sur la hauteur, tant pour former la base que le sommet de la canette.

MANIÈRE D'OPÉRER DU FILEUR A LA MAIN. — Pendant que le fil se forme, c'est-à-dire pendant les trois mouvements simultanés de la rotation des cylindres étireurs, de la sortie du chariot, des révolutions des broches, et jusqu'à ce que le chariot s'arrête spontanément à la limite de sa course (en général à une distance de 1m,50 à 1m,60 des cylindres), les fonctions du fileur se bornent à une surveillance. Il s'assure de la marche régulière des fils, et si aucun n'abandonne son poste. Dans le cas d'un trouble quelconque ou de rupture d'un ou de plusieurs fils, l'aide fileur s'empresse de les raccommoder ; de là le nom de *rattacheurs* donné aux jeunes enfants chargés de cette besogne.

L'intervention directe du fileur commence lorsque le chariot et les cylindres s'arrêtent par un mécanisme débrayeur du métier commandé par le moteur. Rappelons que l'arrêt des trois organes : cylindres, chariot et broches, n'est pas simultané.

La rotation des broches continue et s'accélère en général surtout pour les fils fins pendant un petit laps de temps déterminé mécaniquement après l'arrêt du chariot et celui des cylindres, par des débrayages simultanés et automatiques. A ce moment seulement, après qu'un compteur a fait cesser la rotation des broches, intervient la main de l'ouvrier ; elle agit sur une roue dite *de volée* qui transmet le mouvement au volant et à l'arbre des broches dans le sens voulu, c'est-à-dire en sens inverse de celui qu'elles avaient pour opérer la torsion, et qu'elles vont avoir après pour renvider. Les fils tendus aux sommets des broches se dévident alors d'une petite quantité sur laquelle le fileur manœuvre la baguette et la contre-baguette, de façon à ce que la première en déroule une longueur suffisante, et que la seconde opère une tension convenable pour empêcher le vrillement du fil. L'ouvrier habile sait combien cette partie de l'opération, ou *dépointage*, peut avoir d'influence sur le renvidage, puisqu'elle a pour but de *constituer* une réserve à laquelle il peut puiser par la manœuvre du guide-fil pour régulariser constamment l'envidage. Il lui est loisible, en effet, par la manœuvre de sa baguette et de sa contre-baguette, de conjurer les vrilles et les tensions trop fortes du fil qui constituent deux vices graves du renvidage ; *cette mise en disponibilité d'une certaine longueur du fil, fait dans des conditions qui lui permettent de régulariser* instantanément les points défectueux, est une des ressources les plus ingénieuses et les plus rationnelles, tant contre la faillibilité de la main, dans le travail du métier ordinaire, que contre l'impossibilité d'atteindre un degré de précision absolue dans les mécanismes du système automatique.

Quoi qu'il en soit, après le détour des broches et la manœuvre des baguettes, le fileur commence à rentrer le chariot par un coup de genou contre un tampon placé sur la traverse du devant du chariot. L'une de ses mains est occupée en même temps à tourner une manivelle qui fait agir l'arbre de la main-douce pour commander la rotation des broches dans le sens de leur premier mouvement, de celui qu'elles avaient à la sortie du chariot pour exécuter la torsion.

Ainsi, pour opérer le renvidage, l'une des mains du fileur dirige la baguette et la contre-baguette, l'autre les broches, et le genou fait rentrer le chariot. Chacun de ces membres doit agir de manière à produire des effets spéciaux et déterminés ; le chariot, lancé par une impulsion énergique, donne le mouvement d'abord lent à cause de l'inertie de la masse, puis accéléré jusque vers la moitié de sa course. Sa marche, à partir de ce point, est ralentie jusqu'à sa rentrée complète. La rotation des broches doit diminuer à chaque course du chariot en raison inverse de l'augmentation du diamètre des bobines, et les points d'application des fils sur les tubes des broches doivent changer pour réaliser avec le fil un solide de révolution qui remplisse complétement les données indiquées précédemment dans les considérations générales.

Dans les métiers self-acting les organes et les mouvements concernant le renvidage ont été l'objet de transmissions calculées avec la précision mathématique. Dans le mull-jenny ordinaire c'est l'habileté du fileur qui en tient lieu, l'expérience enseigne alors la meilleure voie à suivre.

La méthode consiste à former chaque couche de fil de courbes descendantes de trois à quatre hélices allongées du sommet à la base, et ascendantes de la base à la pointe de la broche, en remontant par des courbes parallèles ou anneaux B, B, beaucoup plus rapprochés et plus nombreux pour une même course. Afin de maintenir autant que possible une tension égale, malgré les différents points d'application du fil et les dimensions variables de la bobine qui proviennent de l'augmentation successive de son diamètre à chaque aiguillée, l'ouvrier change la manœuvre du guide-fil ; la vitesse du chariot et des broches se trouve également modifiée. Si en opérant sur la roue de la manivelle il lui fait faire trois à quatre tours au commencement du renvidage, il diminuera progressivement cette action, de manière à la réduire de 1 à 1 tour et demi à la dernière couche pour chacune des aiguillées ; les soins du fileur pour diriger le guide-fils de façon à conserver une tension uniforme ont une grande part dans la perfection du résultat.

C'est en agissant de cette façon qu'on constitue progressivement et à volonté les hélices descendantes $i\,i'i''$ et en montant les anneaux $kk'k''$ de la figure x, et la bobine ou canette complète avec son noyau A,B,C x' (fig. 2, pl. XVI). Dans tous les cas, on commence par réaliser le cône de fil ABC, ou noyau de la bobine x'.

Ces indications sommaires suffisent pour démontrer que le travail du fileur à la main est moins routinier que ne le font supposer les apparences, elles feront saisir les difficultés rencontrées à chaque pas pour arriver à des résultats constamment parfaits. Il est presque impossible en effet que l'attention et les soins si nécessaires restent les mêmes du commencement à la fin de la journée; aussi trouve-t-on souvent des bobines molles ou irrégulières dont le dévidage ultérieur en écheveaux ou sur la cannelle destinée au tisserand cause un déchet plus ou moins onéreux. Afin d'éviter ces inconvénients la mécanique n'a eu qu'à se pénétrer des conditions du travail à la main, en assurant toutefois au fonctionnement de la machine une précision permanente et une rapidité d'action qu'on ne pourra jamais exiger de l'intervention directe du fileur.

C'est là le rôle réservé aux métiers automatiques, aussi bien pour les laines peignées et cardées que pour le coton.

Il est utile de familiariser de plus en plus l'industrie avec les systèmes complétement mécaniques les plus perfectionnés, qui ne sont encore que partiellement usités pour les laines.

FONCTION DU MÉTIER AUTOMATIQUE. — Le métier automatique est donc chargé, comme le métier ordinaire, de deux opérations fondamentales :

1° De la confection des fils par longueurs déterminées ou aiguillées ;

2° De la transformation successive de ces aiguillées en autant de solides de révolution développables, bobine ou canette, d'une forme avantageusement appropriée à leur destination ultérieure, et contenant pour un volume développé un maximum de longueur.

Ces deux transformations sont divisées chacune en deux périodes.

L'exécution comprend : 1° *l'ébauche du produit* par l'étirage et la torsion simultanée du fil; 2° *la torsion régulatrice* et complémentaire sans étirage.

La transformation en bobine par le renvidage comprend : 1° *le dépointage*, ou mise en liberté des fils aux sommets des broches, et leur livraison à la baguette chargée de les diriger; 2° *l'enroulement* de chaque aiguillée en une couche composée de deux courses d'hélices croisées longitudinalement autour des broches en rotation.

Ces fonctions sont réalisées d'une façon continue depuis le moment où le chariot commence à démarrer de sa position initiale près des cylindres jusqu'à son retour au même point.

C'est conformément à la division ci-dessus que le travail du métier est généralement classé en quatre périodes, comprenant : 1° L'ÉTIRAGE ET TORSION SIMULTANÉE ; 2° LA TORSION COMPLÉMENTAIRE ; 3° LE DÉPOINTAGE ; 4° LE RENVIDAGE.

C'est dans cet ordre qu'il est rationnel de décrire le self-acting. Nous résumerons plus loin cette description dans un tableau général.

MÉTIER MULL-JENNY AUTOMATIQUE DIT RENVIDEUR. — Pour simplifier et rendre la description de ce métier aussi intelligible que possible, nous la scinderons d'abord en deux comme le sont ses fonctions, chargées 1° de faire le fil ; 2° de le renvider sous la forme déterminée.

L'analyse des organes et des transmissions qui concourent à la première fonction demande peu de développement, elle peut se borner à la reproduction des moyens en usage pour le mull-jenny ordinaire, dont le nombre des organes serait considérablement augmenté. Ce nombre peut s'élever pratiquement à 1000 broches ; nous en avons vu fonctionner plus de 900 dans l'établissement de MM. Villeminot et Rogelet, de Reims. Nous citons cet établissement afin de prouver que cette sorte de métier est à l'abri de la critique, la valeur des produits de la filature en question étant bien connue. Il y a six ou huit ans encore on arrivait à peine à des self-acting de 450 à 500 broches pour la laine peignée ; le métier à la main n'en comportait alors que la moitié environ. Les grands automates ont permis de diminuer de 50 pour 100 les frais du filage et d'augmenter en même temps de 10 à 20 pour 100 le salaire des fileurs. Ces machines sont le résultat de quelques perfectionnements récents. Nous les mentionnons après la description générale des diverses parties de l'ensemble du système.

POINTS D'APPUI OU BATI DU MÉTIER ET POULIES MOTRICES. — L'étendue considérable d'un métier à laine de 900 à 1 000 broches nécessite des dispositions spéciales et autant d'emplacement qu'un métier de 1 200 pour le coton, dont les canettes sont moins volumineuses et demandent moins d'espace entre elles. On s'est généralement arrêté à la combinaison suivante, comme la plus convenable, à cause de la distribution, aussi uniforme que possible, des nombreux mouvements. Les cylindres, le chariot, les broches et leur bâti ou *porte-système* sont divisés en deux parties à peu près égales. Ces broches, leur chariot et les cylindres qui y correspondent, sont séparés de manière à former deux ailes comprenant chacune la moitié des organes. S'il s'agit d'un métier de 1 000 broches, disposées sur la même ligne, ces ailes sont écartées entre elles de la distance voulue pour placer au milieu, et perpendiculairement à la direction de l'arbre des cylindres, le bâti avec les diverses transmissions chargées de commander le mouvement des organes. Ce bâti longitudinal et médian a reçu le nom de *têtière*. Une de ses parties, celle qui se prolonge en arrière des cylindres du côté des étagères des bobines alimentaires de la préparation où se trouvent les poulies motrices du métier, est plus particulièrement désignée sous le nom de *grande têtière*. L'autre extrémité, opposée à ce bâti central, spécial aux commandes, a reçu celui de *petite têtière*. Ces dispositions facilitant la désignation des positions relatives de certaines pièces, nous les indiquons tout d'abord.

C'est sur la grande têtière que se trouvent les poulies motrices, fixe et folle, avec un cône de friction. La figure 5, pl. XVII, donne cette disposition en détail par une coupe verticale, montrant la relation d'un levier coudé A′ A″ du chariot, avec le levier coudé C′, et son galet B′, agissant sur les tiges D′, E′.

I est l'arbre moteur, correspondant à la partie inférieure du levier embrayeur et débrayeur F', O'; I' est une poulie fixe creuse dans sa circonférence intérieure, calée sur F; J' est une poulie folle fondue avec le pignon d ; G', un cône creux garni de cuir à sa partie extérieure, peut pénétrer de ce côté par un mouvement de translation dans la partie creuse de I' ; so, roue d'engrenage faisant corps avec la partie saillante à rebord G', forme une seule pièce folle sur l'arbre I, et peut devenir solidaire ou indépendante de la poulie fixe, par sa translation de gauche à droite, ou dans le sens inverse que peut prendre le levier o'. L'engrenage s permet, à un moment donné, d'imprimer à l'arbre I une rotation d'une direction opposée à celle que lui imprime la courroie de la poulie fixe.

ORGANES DU MÉTIER. — Les organes fileurs sont identiques à ceux du métier ordinaire. Ils sont représentés en coupe verticale dans la figure 1, pl. XVII. a, a', a'' sont les paires de cylindres dont chaque série reçoit la mèche de préparation p pour l'étirer et la faire tordre par des broches correspondantes X, auxquelles elles sont fixées à mesure de la livraison par la dernière paire de cylindres a'''. Les broches sont alors aussi rapprochées que possible des cylindres. Quel qu'en soit le nombre, elles sont toutes placées dans un même plan incliné sur le chariot o,o, mobile par ses roues sur des rails DD°, conformément aux indications relatives au métier ordinaire.

Pour exécuter la première fonction de la machine, consistant à confectionner le fil, on sait que les cylindres et les broches tournent simultanément et que ces dernières doivent s'éloigner de leurs organes alimentaires de manière à conserver une tension uniforme aux fils pendant leur confection en une série de longueurs ou d'aiguillées égales au nombre de broches, sur une course du chariot de 1ᵐ,50 à 1ᵐ,66 en général. Si on dépassait sensiblement cette course, l'angle obtus des fils avec les sommets des broches allant en diminuant de plus en plus, deviendrait presque normal à la pointe de ces broches; au lieu de continuer à se tordre, les fils s'enrouleraient; il en résulterait une tension proportionnelle qui pourrait déterminer des ruptures partielles et même des *rafles* générales. Si donc le métier est garni de 1 000 broches, il exécutera à chacune de ses sorties ou pérégrinations de 15 à 1600 mètres de fils à la fois par longueur de 1^m,50 à 1^m,60. Ces fils disposés parallèlement entre eux et également tendus dans un plan légèrement incliné allant de leur point de départ à leur point d'attache, il s'agit de les renvider chacun à chacun sur leurs broches respectives avant de recommencer la confection d'une nouvelle série d'aiguillées; chacune de ces séries forme la continuation de la précédente jusqu'à la fin de la bobine. A ce moment la broche devient organe récepteur, en servant d'axe tournant au support conique en papier, carton ou bois, qui la coiffe. Cette espèce de moule de la canette sert à l'enlever facilement. Dans le système renvideur toutes les fonctions actives ayant lieu automatiquement, l'action du fileur se borne à surveiller la bonne marche de la machine, à rattacher les fils qui pourraient se casser, et à enlever les canettes pleines.

TRANSMISSIONS DE MOUVEMENTS DE LA PREMIÈRE FONCTION DU MÉTIER (fig. 1, pl. XVII). — COMMANDE DES CYLINDRES ETIREURS a, a', a''. — Ces organes, quel qu'en soit le nombre, sont placés horizontalement et commandés de proche en proche par des engrenages; l'arbre I, des délivreurs a'' (fig. 2), porte une roue conique t'', qui engrène avec une seconde t : la première est placée sur l'arbre moteur b, en retour d'équerre, et reçoit le mouvement à l'extrémité opposée, par la poulie motrice J' (fig. 5), voisine de la poulie creuse I', sur la fonction de laquelle nous aurons à revenir plus loin.

La rotation des cylindres devant être arrêtée à un moment donné pour faire cesser l'étirage et laisser continuer l'action de la torsion pendant un temps déterminé, on a fait leur arbre c

en deux bouts garnis chacun d'un demi-manchon d'embrayage *k*, *l* (fig. 1, pl. XVIII). Pour déterminer la marche des
cylindres, le manchon est engrené comme l'indique la figure 2,
pl. XVII, et il est au contraire désembrayé, comme dans la figure 1, pl. XVIII, lorsque les cylindres ne doivent pas fonctionner. L'une ou l'autre position est réalisée spontanément au
moment voulu par l'action d'un excentrique A, agissant sur la
fourche U du levier articulé, dont l'autre extrémité L entre dans
le collet du demi-manchon K, soit de gauche à droite pour faire
engrener, et en sens opposé pour suspendre le mouvement.
Cet excentrique A est calé sur un arbre spécial O, dit *à deux
temps* (fig. 1, pl. XVII), et en détail (fig. 5, pl. XVIII), auquel
incombe également le débrayage de ces cylindres, pour réaliser la torsion finale à la fin de la sortie du chariot. Ces effets
étant obtenus par une disposition spéciale de l'arbre en question, nous allons la décrire.

Arbre à deux temps. — Cet arbre O, représenté dans la
figure 1, pl. XVII et en détail fig. 5, pl. XVIII, est disposé parallèlement et au-dessous de l'arbre principal I. Il tourne constamment et est enveloppé d'une longue douille ou canon D, en
mouvement libre autour du premier, de manière à faire corps
avec lui dans un moment donné. Sur cette douille sont fixés
les trois excentriques A, B et C; l'un, comme nous l'avons
vu, est destiné à déterminer le débrayage et l'embrayage du
manchon de l'arbre des cylindres étireurs; le deuxième, B,
est double ; par la courbure de son plat, il actionne en même
temps la main douce et les scroles, et le troisième agit sur
la fourche de la courroie motrice. En outre de ces organes,
le canon libre D porte un mécanisme destiné à le rendre solidaire avec l'arbre O, de façon à transmettre aux moments
voulus le mouvement aux organes qu'il est chargé de faire
agir. On a disposé un manchon d'embrayage en deux parties E et I°; la première est placée sur le canon libre, et

la seconde sur l'arbre O. Les deux demi-griffes, en se rapprochant, engrènent leurs dents ; tout le système, arbre et canon, tournera alors et imprimera l'action aux excentriques susmentionnés. Ces rapprochement et engrènement sont provoqués par un ressort H, maintenu et limité dans son expansion par une bague *b* et la partie I° de la demi-griffe du manchon. L'effet du ressort et sa neutralité sont déterminés au moyen de la disposition suivante :

Une espèce de cadre à crans F, suspendu au balancier articulé K,, peut glisser du haut en bas et du bas en haut sous l'action de ce balancier, grâce à une coulisse qui y est pratiquée. Le manchon à dégriffement E est traversé par une goupille *e*, pressant d'une part contre la paroi du cadre F, et de l'autre contre un plateau appliqué à la demi-griffe G, pressé lui-même contre la partie I° ou demi-manchon à dents ; ce dernier peut s'avancer en glissant parallèlement à lui-même sous l'action du ressort H, et s'approcher pour engrener avec la partie E. L'engrènement et le dégrènement sont déterminés par l'action combinée de la rotation de l'arbre, du canon et de la position de la goupille *l*, par suite du mouvement ascensionnel ou d'abaissement du cadre F.

Les deux figures 6 et 7, pl. XVIII, donnent, l'une, la section par un plan vertical de la plaque ou du cadre E, et l'autre du demi-manchon I°, montrant deux saillies inclinées", contre lesquelles agit la goupille *e*. Lorsque le cadre F monte, cette goupille baisse et ne fait pas obstacle à l'action du ressort H, qui, en agissant contre le demi-manchon I°, détermine l'engrènement.

Ce cas se réalise par l'effet de la marche du chariot dont la baguette vient alternativement opérer à sa sortie et à sa rentrée, aux deux extrémités a_i et a_{ii} du balancier K' auquel est fixé le cadre oscillant F.

COMMANDE DES BROCHES POUR RÉALISER LA TORSION. — Sur

l'arbre moteur I, à l'extrémité *p* opposée au point où sont placées les roues d'angle *t'*, *t''* (fig. 1, pl. XVII), se trouve fixée une grande poulie à double gorge *f_1*, dite *volant*. Des cordes sont dirigées et guidées successivement de ce volant sur des poulies *f_2*, *f_3*, *f_4*, *f_5* suivant le chemin indiqué par les flèches qui les accompagnent. La poulie *f_6* est calée sur l'arbre des broches, et sa rotation est transmise à un tambour *q*, ou *barillet* d'un agencement spécial que nous indiquons plus loin, et d'où partent les cordes qui donnent le mouvement aux broches en enveloppant les noix *n*, dont chacune d'elles est munie. Il y a une série de tambours *q_1*, les uns au bout des autres sur la même ligne, reliés entre eux par des roues d'angle; le nombre des cordes et des commandes de broches par tambour est en moyenne de 25. Pour un métier de 1000 broches il y aurait donc 40 longueurs de ces tambours. Ils pourraient également être verticaux, mais la disposition horizontale, plus légère et plus économique, est en général préférée. Dans les métiers du système Villeminot-Stehelin, ces tambours n'existent pas, la transmission des broches ayant lieu par engrenages, comme nous le verrons bientôt.

COMMANDE DU CHARIOT A SA SORTIE (fig. 1, pl. XVII, fig. 13, pl. XVIII). — Ce mouvement, simultané avec celui des broches et des cylindres, doit avoir une vitesse de parcours légèrement supérieure au développement de ces cylindres ; afin d'assurer la parfaite tension des fils, il prend son point de départ sur l'arbre de la roue *c_1*. Celle-ci transmet l'action par une série d'engrenages *c_2*, *c_3*, *c_4* et *c_5*, et enfin à une poulie *c_7*, placée sur l'axe de la dernière roue. Ce système de commande a reçu le nom de *main douce* ou *même doux*. Une corde *o'* embrasse d'une part la demi-circonférence de la poulie *c_8*, et après avoir été fixée par ses extrémités en un point *o* du chariot, embrasse par l'autre bout la demi-circonférence d'une poulie C,, placée du côté opposé, et forme ainsi une transmission sans fin qui anime le chariot et le fait sortir pendant la rotation des cylindres. Le point de départ de ces trois mouvements est le même, mais leur durée doit être inégale, puisque le chariot, arrivé à l'extrémité de sa course, s'arrête en même temps que les cylindres étireurs, tandis que les broches seules continuent leur rotation sur place pendant une durée déterminée pour compléter la torsion des fils. Ce résultat est obtenu par les dispositions suivantes :

COMMANDE DES DÉBRAYAGES POUR ARRÊTER SIMULTANÉMENT LE CHARIOT ET LES CYLINDRES (fig. 1, pl. XVII et fig. 5, pl. XVIII). — Le chariot arrivé à la fin de sa sortie vient agir par sa baguette sur l'extrémité *a* du balancier K fixé au bâti. Ce mouvement détermine la solidarité entre le canon tournant qui enveloppe l'arbre à deux temps O ; celui-ci fait agir l'excentrique A, qu'il porte sur la fourche A′, du levier débrayeur L (fig. 1, pl. XVIII), dans le sens voulu pour opérer la séparation des deux parties du manchon K*l*, déterminant l'arrêt des cylindres étireurs. Le second excentrique B, placé sur ce même arbre à deux temps O, s'engage simultanément dans la fourche d'un levier U′U″, sur lequel repose une tige verticale T, terminée à sa partie supérieure par un support P, servant de point d'appui au pignon c_8 (fig. 2 et 4, pl. XVII). La séparation de ce pignon *p* et celle de la main douce c_6, neutralisent l'action de celle-ci, et par suite la marche du chariot se trouve arrêtée.

Une fois les cylindres et le chariot immobiles, le mouvement des broches seulement se continue, afin de parfaire la torsion des fils. Pour bien assurer l'immobilité du chariot pendant ce temps malgré les actions qui peuvent le solliciter, une saillie ou tige recourbée n° (fig. 6, pl. XVII), portée par le chariot, vient s'engager dans un crochet articulé *lo*. Cet agrafement est encore assuré par un ressort j_0, et parfois par deux jeux de crochets semblables, l'un un peu plus long que l'autre et disposés parallèlement entre eux. Au moment voulu pour le retour du chariot, les deux crochets se dégagent spontanément, comme il est dit ci-après.

Voyons d'abord de quelle manière les broches continuent à tourner.

Commande du compteur pour déterminer la durée de la torsion complémentaire. — Après l'arrêt des cylindres et du chariot, l'arbre moteur I continuant à tourner, le volant f_1 et les commandes des broches persistent dans leur mouvement jusqu'à ce que la courroie motrice passe de la poulie fixe sur la folle. La durée de ce mouvement de rotation isolé des broches est réglée par un compteur agissant sur le levier guide-courroie des poulies.

Mécanisme du compteur. — Cette disposition est donnée fig. 1, pl. XVII, et sur une échelle plus grande fig. 2, pl. XVIII. Sur l'arbre moteur I est placée une vis sans fin v, engrenant avec les dents d'une roue droite Ao, dont l'axe reçoit un excentrique x'. L'axe de cet excentrique tourne dans une coulisse u d'un levier horizontal x'', articulé à son extrémité opposée n' au levier vertical G, dont la partie supérieure a' embrasse la courroie motrice. La partie inférieure de ce même levier peut pivoter autour d'un point m lorsqu'il est sollicité par un ressort y' fixé au point s. L° est une branche en retour d'équerre du levier vertical servant d'arrêt à la vis v du levier F′ F″ F‴. Le tourillon u' du prolongement inférieur de ce levier reçoit ordinairement un second levier attaché à celui de la courroie, permettant de la manœuvrer d'une poulie à l'autre, et de faire arrêter au besoin à la main par une tige qui règne le long de la partie supérieure du métier.

Quant à l'arrêt automatique et spontané des broches, il est déterminé par un tour de la vis et la révolution de l'excentrique. Lorsque sa partie rentrante se présente à une saillie ou espèce de nez du levier x'', le ressort y' placé à la partie inférieure du levier G le sollicite pour le déplacer et faire passer la courroie de la poulie fixe J' sur la poulie folle I' (fig. 5, pl. XVII).

A ce moment le mouvement des broches ne s'arrête pas, mais change de direction; la torsion est achevée et les fils seront dévidés quelque peu par le détour des broches pour pouvoir se renvider. Cette mise en liberté d'une certaine portion des fils faits qui entourent les pointes des broches constitue le *dépointage automatique*. Quoique les différents mouvements soient intimement liés entre eux, et se transmettent sans interruption appréciable, il est bon de faire remarquer l'instant où leur rôle change. Jusqu'ici les organes ont seulement réalisé *deux périodes* du travail; la première livre le fil à la longueur voulue, et ébauche la torsion ; la seconde termine celle-ci dans des conditions assurant le mieux possible l'uniformité de l'angle de torsion. Indiquons maintenant le but et le mode d'exécution du dépointage, comprenant le détour des broches et la manœuvre des guide-fils.

Arrivés à la fin de la torsion, les fils forment avec les broches des angles égaux presque droits ; la torsion réalisée après l'arrêt du chariot sur la longueur totale des aiguillées, en raccourcissant celles-ci, les a nécessairement tendues, de telle sorte que si on voulait les renvider, c'est-à-dire leur donner une évolution quelconque autour des broches, on ne le pourrait pas, les fils pivoteraient dans leur plan autour du sommet jusqu'à se rompre ; il faut donc les dégager de ces pointes. Afin que le déroulage ait lieu sur une longueur convenable, sans vrilles ni tension anormale, pour accomplir un renvidage régulier, il est indispensable de faire agir le guide-fils formé par la baguette et la contre-baguette, conformément à la pratique de la main , lorsque l'ouvrier travaille habilement. Seulement, l'action devant se produire spontanément dans le système qui nous occupe, des mécanismes spéciaux sont préposés afin d'opérer le détour des broches et la manœuvre simultanée des guide-fils ; il est donc convenable d'analyser en même temps les mécanismes qui les actionnent et les relient.

MÉCANISME OPÉRANT LA ROTATION DES BROCHES EN SENS OPPOSÉ A CELUI DE LA TORSION, POUR DÉROULER OU DÉPOINTER LES FILS. — Si nous résumons les situations, nous voyons le compteur T à la fin de sa révolution ; le levier guide-courroie n'étant plus retenu ni par l'excentrique B de l'arbre à deux temps, ni par le levier x'' et se trouvant sollicité librement par le ressort y', fait passer la courroie de la poulie I' sur la poulie folle J' ; en même temps la poulie-cône de friction G' pénètre dans la partie creuse de la poulie I' pour faire corps avec elle (fig. 5, pl. XVII). Cette partie conique avec sa roue droite z^o, actionnée alors de proche en proche par la série des engrenages d_2, d_3, d_4 et d_5 et z^o partant du pignon d_4 de la poulie folle J', change la direction du mouvement de l'arbre moteur I du volant f et des broches, elle devient inverse à celle du mouvement direct. *De là le détour des broches.*

Quant à la pénétration simultanée de la poulie creuse I' par le cône de friction G', elle vient de l'action du chariot sur une combinaison de leviers articulés (fig. 1 et 3) et en détail (fig. 5, pl. XVII). Un levier coudé et articulé A', fixé au chariot, est terminé horizontalement par une fourche A", laquelle, lorsque le chariot est arrivé à l'extrémité de sa course de sortie, rencontre et embrasse un galet B' fixé à l'extrémité d'un levier articulé C' dont le bout S' s'enfile comme une bague dans une tringle horizontale E', enveloppée sur une certaine longueur d'un ressort à boudin D', limité entre un anneau fixe S et un second mobile S'. Ce ressort peut se comprimer ou se détendre, suivant que le levier articulé C' se redresse en arrière ou s'infléchit en avant. D'autre part l'extrémité opposée de la tringle E' est articulée en i à un levier vertical E' portant la partie en retour d'équerre F'' déjà mentionnée, et un prolongement O' qui vient s'engager librement entre le rebord formant manchon ou collet de la poulie de friction G''. Celle-ci engrènera ou dégrènera donc avec sa voisine, suivant que le levier D' sera poussé de gauche à droite ou de droite à gauche, par l'action du ressort D' sur la tige E', provoquée suivant le moment dans l'un ou l'autre sens. Le mouvement dans le premier sens par le galet B' vient de se réaliser ; nous verrons bientôt l'application du débrayage du cône. Suivons d'abord la manœuvre du guide-fils ou des baguettes.

MANŒUVRE DU GUIDE-FIL. — Le chariot porte sur l'arbre de transmission des broches, fig. 1 et 3, pl. XVII et en détail, fig. 3, pl. XVIII, un tambour n° de la circonférence duquel part une chaîne qui communique au mécanisme du guide-fil de façon à ce que la rotation de ce tambour, devenu solidaire avec son arbre au moment voulu, actionne la baguette pour la faire abaisser et faire relever en même temps la contre-baguette ; les fils sont ainsi saisis entre eux. Ce mouvement du tambour détermine également le soulèvement d'un levier R relié par un bras courbe à l'arbre du guide-fil par une courbe Z_s. La partie inférieure de ce levier vertical se trouve alors placée sur un galet g', destiné à cheminer sur une règle dont la forme détermine les positions du guide-fil aux différents points de l'envidage. Le tambour N°, désigné plus ordinairement sous le nom de *virgule*, ne devant opérer qu'au moment du dépointage, est fou sur l'arbre pendant les autres périodes du travail. Nous indiquerons comment ce résultat est obtenu lorsque nous aurons analysé les dispositions générales des baguettes et contre-baguettes et de leurs leviers ramifiés.

DISPOSITION DE LA BAGUETTE ET DE LA CONTRE-BAGUETTE FORMANT LE RABAT-FIL. — Un des systèmes consiste principalement en deux arbres A''' et D (fig. 8, pl. XVIII), disposés à une certaine distance en arrière vers la pointe de la broche, et régnant sur toute la longueur du métier, parallèlement à un plan vertical qui passerait par la hauteur des broches. Ces arbres sont maintenus dans des collets d'une chape reliée au montant de derrière du chariot. Chacun de ces axes porte un levier droit ou courbe dont l'autre extrémité reçoit un fil de fer ou de laiton. Les leviers sont rendus solidaires en se reliant entre eux par une chaîne convenablement disposée de manière à ce que le mouvement imprimé à l'un dans un sens entraîne l'autre dans le sens opposé, c'est-à-dire que si le fil métallique de l'un s'abaisse, celui de l'autre s'élève, et *vice versa*. Ces deux guides-baguettes rapprochés entre eux pendant le renvidage décrivent dans leur mouvement un arc plus ou moins rapproché de haut en bas et de bas en haut de la broche. Ils s'éloignent au contraire entre eux en faisant un angle ouvert pendant le reste du temps, c'est-à-dire à partir de la sortie du chariot jusqu'au commencement du dépointage. Dans le premier cas, tous les fils des aiguillées se trouvent déroulés, tendus sur une certaine longueur entre les deux baguettes, et maintenus comme dans une pince mobile, qui sert à les diriger aussi régulièrement que possible pendant la rentrée ; dans le second, les fils ne sont pas touchés. La disposition de ce mécanisme peut varier quelque peu dans ses détails, mais le principe sur lequel repose son action, expliquée déjà plus haut, reste le même.

Voici d'ailleurs la disposition complète de la baguette, de sa contre-baguette et des transmissions qui s'y rattachent :

La figure 3, pl. XVII, représente l'ensemble des pièces avec le chariot isolé.

BAGUETTE. — Elle se compose des deux petits bras z_i, z_{ii}, articulés autour de l'axe commun D°. C'est dans l'œil pratiqué dans l'extrémité du premier que passe le fil de fer qui doit agir sur le fil en travail. (Il y a naturellement un certain nombre de ces bras z_i, z sur l'arbre D°.)

CONTRE-BAGUETTE. — Elle se compose des petits bras z_i, z_{ii} articulés autour de l'arbre A''. L'œil z de ces leviers z_i reçoit un fil de fer disposé comme celui de la baguette.

LEVIERS DE RELATIONS. — La baguette est rattachée d'une part par son arbre D° au bras courbe z_i, fixé lui-même à l'extrémité supérieure du levier vertical de liaison R, à la partie inférieure duquel est pratiqué un cran destiné à venir reposer, au moment du renvidage, sur un galet B' du levier A, dont le galet f roule autour de l'axe g' sur la règle (voir en détail fig. 3, pl. XVII et XVIII). Cette même baguette est reliée d'autre part par son petit bras z''' à une chaînette h''' qui va s'enrouler autour du tambour ou barillet à *virgule* N°.

Dans son trajet cette chaînette passe sous le galet à gorge e fixé au bout d'un levier articulé au chariot au point x. A cette même articulation est adapté un second levier à équerre A', A''; la première branche verticale est reliée au levier de liaison R par l'entremise d'une tringle to, et la seconde, horizontale, est disposée en fourche à son bout A''. Un ressort horizontal j est fixé, d'une part, à ce levier et un ressort vertical s est attaché au longeron du chariot; ils ont pour effet d'assurer les mouvements de la baguette; remarquons que la contre-baguette est reliée par son petit bras z' à une chaînette h dont le bas est fixé à un levier à poids inférieurs B°° (fig. 3, pl. XVII), tandis que l'arbre de cette contre-baguette A'' porte un levier à secteur w, d'où part également une chaînette h', se rattachant à la même barre ou levier B°° articulé au chariot en r'. Ce levier est plus ou moins chargé de poids I_i.

Il résulte de cette disposition que la tension de la chaînette h''', par le mouvement du barillet, lorsque le tambour devient solidaire à l'arbre des broches, agit simultanément sur le petit levier $\dot{z}_i$, sur celui z, sur le bras courbe z' pour soulever progressivement le levier vertical R. Ce même mouvement de l'arbre D° fait baisser le bras z' et aussi la pièce B°°; il en résulte également un abaissement de la chaîne hi du secteur W, et par suite un relèvement de la contre-baguette $Z°$.

Décrivons maintenant la disposition par laquelle la virgule peut tourner folle ou faire corps avec son tambour.

MÉCANISME EMBRAYEUR ET DÉBRAYEUR DE LA VIRGULE. — Cet embrayage doit avoir lieu seulement au moment du détour des broches, pendant l'exécution du dépointage. Le mécanisme de cette transmission est donné en détails figures 10 et 11, pl. XVIII.

Un rochet o fixé sur l'arbre des broches N°, à côté du rochet un disque u' solidaire avec la virgule, pouvant également tourner librement sur son axe. Ce disque porte un cliquet fou u sur un tourillon. Le canon g du cliquet est muni de deux pattes q, q, entre lesquelles vient s'engager l'extrémité d'une lame métallique recourbée S″ faisant ressort. Le canon se trouve donc comprimé entre les branches de cette lame élastique.

Lors du dépointage, l'action est imprimée à la virgule dans le sens de la flèche de la figure 11. Le ressort tend alors à maintenir le cliquet u dans les dents de la roue à rochet, et rend ainsi la virgule solidaire de l'arbre N°. Il y a alors action sur la chaînette h''' pour faire abaisser la petite baguette A‴ et faire monter simultanément le levier vertical de liaison R sur le galet f placé sur la règle g''. Dans le cas contraire, c'est-à-dire en supposant un mouvement de rotation opposé à l'indication de la flèche, la virgule tourne folle, elle n'a pas alors d'action sur le mécanisme de la baguette ; c'est le cas général, à l'exception cependant de celui que nous venons d'indiquer pour le dépointage.

Le détail de la figure 12 indique une disposition modifiée qui a pour but l'entraînement de la virgule par la rotation de l'arbre des broches ; il se compose d'un disque $t°$ fou sur l'ar-

bre N', portant les deux saillies c_1, c_1. Un tourillon q, du plateau U' vient buter lorsque le disque tourne dans le sens opposé
à celui de la flèche, de telle sorte qu'il est retenu avant que la
chaîne soit tendue, le disque r butant de son côté par une de
ses saillies c, contre la pièce g. Au moment du dépointage, le
tourillon q, tourne dans le sens de la flèche (fig. 12). La virgule
peut alors faire un peu plus d'une révolution complète.

La disposition des baguettes peut varier dans ses détails,
ainsi qu'on l'a remarqué dans les variantes (fig. 8 et 3).
Cette dernière, avec l'entremise du galet c, est préférée comme
assurant mieux l'indépendance d'action de la baguette à l'égard
de la virgule. Une fois que le mouvement du levier vertical R
commence sa fonction, cette fonction ne doit plus être soumise qu'à l'influence des courbures de la règle qui dirige le
galet f.

DÉSEMBRAYAGE DE LA POULIE DE FRICTION G'. — Ce changement se réalise par l'ascension du levier de liaison R dont
l'un des bras est terminé par la fourche A" qui, en s'engageant dans le galet B' du levier articulé c', le fait redresser
pour prendre la position indiquée figure 3, pl. XVIII. Par suite
de ce redressement, le ressort D' (fig. 4 et 5, pl. XVII) se dé-
tend; il n'opère plus sur la tige horizontale E, sur le levier
vertical F' et sur son prolongement O', le cône ne se trouve
plus pressé dans la poulie G', le désembrayage a donc lieu par
les moyens susindiqués, et les broches sont de nouveau commandées par les transmissions comme pendant la sortie du
chariot.

A ce moment, c'est-à-dire lorsque les fils sont empointés
et convenablement saisis entre les baguettes, le renvidage
s'opère, le chariot doit alors *rentrer*, en reprenant sa course
en sens inverse, depuis son point d'arrêt extrême jusqu'à ce
qu'il soit revenu aussi près que possible des cylindres étireurs.
Pendant ce temps ceux-ci restent toujours arrêtés, les broches

au contraire tournent pour envider le fil dirigé par le mouvement de la baguette.

Le renvidage est donc réalisé par trois actions automatiques simultanées : par la manœuvre de la baguette, par le retour ou par la rentrée du chariot, et par la rotation des broches qu'il porte. L'opération paraît assez simple ; on ne peut cependant l'exécuter que par des mécanismes complexes ; il est bon avant de les décrire de se rappeler les conditions essentielles auxquelles ils doivent satisfaire.

Le renvidage doit se faire avec toute la perfection désirable et dans le moins de temps possible. Pour atteindre le but et donner à la canette les divers caractères précités, on a recours aux divers réglages suivants :

1° La baguette doit, pendant le renvidage d'une aiguillée, décrire une course de va-et-vient de haut en bas et de la base au sommet de la broche. Chaque aiguillée doit donc effectuer une seule couche de fil formée par deux séries d'hélices qui se croisent ; afin de donner plus de solidité et de facilité au dévidage ultérieur du fil, les hélices doivent avoir des pas différents ; la baguette se meut à cet effet beaucoup plus rapidement en descendant qu'en montant ;

2° Les points d'application des couches successivement superposées, c'est-à-dire la hauteur à laquelle la baguette doit commencer l'enroulement de chaque aiguillée, doivent varier de manière à déterminer la forme de chaque bobine par cette espèce d'échelonnement ; afin de la consolider proportionnellement, on modifie successivement le rapport des longueurs entre les pas des hélices descendantes et ascendantes de la couche, c'est-à-dire qu'on diminue dans un certain rapport la différence de leur nombre et par suite leur longueur, à mesure que la bobine avance. Il s'ensuit que les hélices de la descendante vont en se resserrant dans une certaine proportion du commencement à la fin de l'envidage ;

3° La forme la plus avantageuse de la bobine ou canette à laquelle la pratique s'est arrêtée, consiste dans un corps de révolution cylindro-conique, ou dans deux cônes ayant leurs bases en sens inverse, sur les pans opposés du cylindre de fil. Le cône du bas constitue la pointe inférieure, et celui du haut le sommet de la canette ;

4° Malgré l'augmentation successive des diamètres de la bobine la tension du fil doit rester constante ; quelle que soit d'ailleurs la vitesse imprimée au chariot pendant sa rentrée il faut que la vitesse du renvidage du fil soit égale à celle du chariot, c'est-à-dire que chaque unité de fil enroulé corresponde exactement à la longueur parcourue par le chariot dans le même temps. Or, comme la vitesse totale du chariot reste la même à chaque course pendant toute la durée du travail, il faut que le nombre de rotations des broches diminue en raison inverse de l'augmentation des diamètres ;

5° Enfin le renvidage, pour être économique, doit s'exécuter dans le moins de temps possible.

La figure 2, $x'x'$, pl. XVI, représente une coupe par un plan vertical d'une bobine réalisée dans les conditions qui viennent d'être exposées. La partie a, b, c, d représente le corps cylindrique ; e, le cône ou la pointe inférieure ; f, celle du sommet ; X, est la broche métallique, et Y le tube conique en papier qui l'enveloppe pour faciliter l'enlèvement du fil produit sous la forme voulue. Les lignes i, k, L', k', etc., donnent la direction de chacune des couches formées par deux séries d'hélices de longueurs différentes et superposées pour absorber chaque aiguillée. On remarque facilement : 1° que chacune de ces couches a une certaine inclinaison de la base au sommet ; 2° qu'elles se superposent en échelonnant régulièrement à chaque couche les points d'application de l'enroulement d'une distance égale, de manière à ce que la superposée soit découverte à sa base, et cachée d'une certaine quantité à son sommet par la superposante. On réalise ainsi une espèce d'emboîtement méthodique de couches uniformément serrées, suffisamment condensées pour permettre un déroulage régulier du fil, du commencement à la fin ; la contexture est assez solide, lorsque la bobine est bien faite, pour que le développement de la dernière couche centrale, la première renvidée, ait lieu aussi parfaitement que celle de la surface, ou dernière couche du renvidage de la canette.

Les mécanismes chargés de réaliser les conditions du renvidage opérant simultanément, on peut les décrire dans un ordre quelconque, sauf à indiquer ensuite leur combinaison et leur mode de corrélation.

COMMANDES POUR FAIRE RENTRER LE CHARIOT AU RENVIDAGE. — La durée du renvidage, déterminée par le retour du chariot, devant être aussi petite que possible, on a été amené à faire exécuter cette opération par une transmission spéciale ; et comme il s'agit de faire rouler une masse considérable, qui doit parcourir son chemin dans un temps relativement très-court, il est indispensable, tant pour vaincre l'inertie de cette masse que pour tempérer l'action de sa vitesse acquise vers la fin de la course, d'avoir recours à un mouvement croissant d'abord jusqu'à un certain point du chemin, et de là décroissant jusqu'à ce que le chariot soit revenu à son point de départ près des cylindres. Pendant ce trajet il suit un chemin solidement établi sur le sol. Les transmissions adoptées à cet effet sont les suivantes :

DISPOSITION DES SCROLLS. — A la partie inférieure du bâti, au-dessous des cylindres étireurs et perpendiculairement à la direction de l'arbre moteur I, se trouve un arbre i (fig. 1 et 2, pl. XVII, et 4 *bis*, pl. XVIII). Cet arbre porte les poulies à gorges S, S₁, dites *scrolls*. Leurs rayons vont en croissant, comme les spires d'une vis d'Archimède, à partir du point d'attache d'une corde jusqu'à un point donné ; de là, ils décroissent de la même quantité. Cette corde, fixée à l'une de ses extrémités par un anneau au plus petit rayon de la poulie, et au chariot par l'extrémité opposée, produit le mouvement de celui-ci d'abord avec une accélération et ensuite un ralentissement de vitesse proportionnels à la variation de longueur des rayons de la gorge sur laquelle la corde s'enroule. Pour que ces scrolls ou poulies à gorges d'une forme spéciale répondent à leur destination, il est évident que le développement de la gorge sur laquelle la corde s'enroule doit être égal à la longueur de l'aiguillée. Les deux scrolls SS, dont on se sert d'ordinaire n'ont d'autre but que d'agir comme un seul pour mieux assurer leur jeu, et se suppléer au besoin l'un l'autre ; ils doivent être semblables et identiquement disposés, parfaitement réglés et soumis à une tension égale.

Pour plus de sûreté et pour mieux assurer la régularité de la marche du chariot, qui, en vertu de sa vitesse acquise, tend, à un moment donné, à se précipiter en avant et à devancer l'enroulement des cordes, on a recours à une contre-corde, placée sur un scroll spécial, et disposée de manière à s'enrouler et à se dérouler dans des positions diamétralement opposées à celles des scrolls, pour former une espèce de frein, et en remplir les fonctions.

RÈGLE-GUIDE DU CHARIOT. — A la partie inférieure de celui-ci se trouve un levier articulé portant un galet roulant qui repose sur une règle affectant une certaine courbure déterminée, en raison de la loi, précédemment exposée, de l'enroulement du fil, et d'après des tracés donnés plus loin. On voit en $c°$, articulé au chariot en g'' (fig. 3, pl. XVII), le levier en question; son galet g parcourt la ligne ou chemin g'. C'est à l'extrémité opposée à l'attache articulée g'' que se trouve le levier e', également articulé et terminé par le galet B', dont la fonction a été décrite déjà en parlant du dépointage. Le chariot, tel qu'il se comporte avec ses leviers et organes additionnels, est commandé comme un seul et même corps; ses différentes pièces participent donc au mouvement que lui imprime à sa rentrée l'action du scroll déterminée par la disposition suivante.

TRANSMISSIONS DE MOUVEMENT DES SCROLLS. — Les poulies à gorges S, S₁, ne devant tourner que pendant la rentrée du chariot, sont mises en mouvement par des roues cônes Q', R, dont l'action peut être suspendue. A cet effet, la première Q' fait corps avec un demi-manchon à griffes h₁, placé en regard de l'autre partie h, calé sur un arbre vertical de commande g, dont le pignon conique a'', monté sur son bout supérieur, reçoit son action d'une roue a' placée sur l'arbre moteur I. Lorsque les deux parties h₁, h du manchon sont engrenées, le mouvement est nécessairement transmis aux scrolls; dans le cas contraire, par la disjonction du manchon, il y a arrêt des scrolls. Cette manœuvre d'embrayage et de désembrayage est exécutée aux moments voulus par le mouvement de translation de haut en bas ou de bas en haut d'un levier O, relié à une tige verticale H, articulée à sa partie inférieure à un balancier M, oscillant autour d'un axe N₁, et sollicité par un ressort V, agissant dans le collet du demi-griffon h, pour rapprocher ou écarter les deux parties. La direction du mouvement est déterminée par le levier vertical F', dont l'extrémité inférieure se termine en entaille F'' correspondant à un buteur placé à l'extrémité du balancier M. Tout le temps que la friction est engrenée, l'encoche du levier se trouve sur le buteur et le levier N' est vainement sollicité par le ressort; mais, au moment du débrayage de la friction par l'action de la tringle E', l'encoche F'' se dégage de son point d'appui et prend la position indiquée figure 4, pl. XVIII; le ressort V, agissant alors sur le balancier N, la tige H et le bras o', fait engrener le manchon de la commande de l'arbre i des scrolls; ceux-ci sont engrenés comme l'indique leur vue de face figure 4 bis, pl. XVIII.

Il reste à démontrer en vertu de quelles dispositions spéciales on obtient simultanément : 1° le mouvement varié des broches nécessaire pour envider des longueurs constantes sur des diamètres croissants; 2° la manœuvre convenable de la baguette pour réaliser la forme de la canette.

Le premier résultat est obtenu par l'ensemble du mécanisme désigné sous le nom de *secteur*, agissant sur le barillet des broches, et le second par la *règle* et son *copping-platt*.

Avant d'indiquer la disposition du secteur et son fonctionnement sur le *barillet*, il faut dire en quoi consiste celui-ci: on nomme ainsi un tambour *u* calé sur un arbre *w*, lequel commande par une roue droite *r* un pignon *r'* placé sur l'arbre des broches (fig. 1, pl. XVII). Le pignon *r'* est *fou* sur l'arbre N° des broches, mais il peut lui devenir solidaire par un encliquetage identique à celui de la virgule ; les deux sont figurés sur l'arbre N° vu de face et de bout figures 10, 11 et 12, pl. XVIII. Ils ne diffèrent entre eux que par le moment de leur action. Pendant la sortie du chariot et la torsion du fil, le barillet tourne simplement pour enrouler la chaîne ; le pignon *r'*, ne pouvant se mouvoir dans le sens de la flèche (fig. 11, pl. XVIII), reste fou sur l'arbre. Pendant la torsion supplémentaire et le dépointage, il n'y a plus aucune action sur le barillet, qui reste immobile; mais à partir de la rentrée du chariot, c'est-à-dire dès que l'envidage commence, la chaîne D² du barillet imprime à celui-ci un mouvement dans le sens de la flèche, qui rend ce pignon solidaire à l'arbre N° des broches. Cette action sur le barillet dans le but de déterminer à chaque course l'enroulement de la longueur constante de l'aiguillée, par la superposition annulaire autour de la broche, doit nécessairement imprimer aux broches un nombre de révolutions en raison inverse de l'augmentation des diamètres des bobines. Cette loi étant réalisée par l'entremise du secteur, il faut indiquer la combinaison de ce mécanisme.

DISPOSITION ET FONCTION DU SECTEUR. — Cet organe, chargé d'actionner les broches par l'intermédiaire du barillet pendant le renvidage, tire son nom de l'un de ses éléments, d'un arc de cercle denté E_i (fig. 1, pl. XVII, et en détail, fig. 13, pl. XVIII). Cet arc, disposé du côté opposé à celui des poulies, peut décrire une courbe autour de son point central E_i, étant commandé pendant la sortie du chariot par un pignon droit e_i fixé sur l'arbre de la poulie de main-douce C_i. Suivant l'un des rayons de la fraction de cercle E_i, se trouve placé un levier ou barre j, sur les bords de laquelle peut glisser ou coulisser un écrou c_i dont le centre fileté peut tourner, monter et descendre le long des filets d'une vis à pas double v_i, dont l'extrémité supérieure traverse le haut fermé de la barre. Sur la partie qui dépasse on fixe ordinairement une manivelle pouvant être manœuvrée au besoin à la main, et au-dessous de cette traverse supérieure est adaptée une saillie ou nez b_0, dans laquelle se trouve un tourillon qui peut cheminer dans la coulisse $z°$ de la saillie. Sur l'extrémité inférieure de cette vis se trouve placé un pignon cône e_i engrenant et recevant le mouvement d'un second pignon semblable e_2 placé sur l'axe d'une poulie et du centre de rotation E_2 du secteur. Enfin à l'écrou c_i est attachée, par une oreille, une chaîne D_2; qui va se fixer, puis s'enrouler autour du barillet U commandant les broches pendant le renvidage, c'est-à-dire pendant la rentrée du chariot. Par suite de la disposition générale du secteur, il est évident qu'à la sortie du chariot, lors de l'engrènement de la main-douce avec l'arc E_i, le secteur ayant la position figure 13, pl. XVIII, son levier à chaîne se dressera ou se relèvera verticalement, son levier articulé au centre E_2 variera d'inclinaison, son angle avec l'horizon changera jusqu'à former un angle droit et dépassera même cette position lorsque le chariot est arrivé à la limite de sa sortie. Au moment de sa rentrée, l'arbre des broches devenant solidaire avec le barillet, et celui-ci étant entraîné par le mouvement du chariot, une traction exercée sur la chaîne D, du secteur et son point d'attache lui imprimera un mouvement dans le même sens, mais plus lent, qui se transmettra aussi au barillet et par suite à l'arbre des broches, dont le nombre de révolutions sera proportionnel à la longueur de chaîne déroulée ; comme celle-ci varie en raison inverse de la distance entre l'écrou ou point d'attache de la chaîne et le centre E, du levier, on a en principe, par le déplacement de cet écrou, un moyen simple et spontané pour faire varier le nombre de révolutions des broches les points d'enroulement sur la bobine et les exigences résultant de l'augmentation de ses diamètres successifs.

Ainsi, le déplacement successif et automatique de l'écrou de bas en haut du levier diminuera proportionnellement au nombre de tours des broches à chaque course. L'importance de cette variation ou écart de position de l'écrou d'une course à la suivante doit avoir lieu en raison du volume des couches, c'est-à-dire suivant la grosseur ou le numéro du fil ; plus les filés sont fins, moindre sera le déplacement de l'écrou à chaque rentrée ; on a recours dans ce but à des pignons de rechange pour la commande de la vis à sa partie inférieure, afin de faire varier les rapports avec les séries de numéros présentant une différence sensible.

Les broches étant coniques pour faciliter l'enlevage de la bobine, il s'ensuit que le mouvement de rotation doit être légèrement accéléré lorsque la couche arrive à son sommet ; c'est par l'action du nez du levier du secteur sur la chaîne que la quantité déroulée augmente et produit l'accélération.

Il faut aussi, pour que le jeu du secteur se réalise convenablement, déterminer la longueur de son levier par rapport à celle de l'aiguillée, ainsi que la dimension du barillet ; or cette longueur maximum du levier dépend de la quantité de chaîne à dérouler pour le renvidage de la plus grande circonférence ou dernière couche de la bobine. Celle-ci s'obtient par un tracé géométrique des positions du barillet au commencement et à la fin du renvidage de la couche en vue; on en déduit alors le rapport de longueur du levier, qui en général est proportionnelle à celle de l'aiguillée.

Quant au diamètre du barillet, il est nécessairement déterminé par celui des broches, son développement devant être le même; et comme, pour la première couche, la rotation des broches est $\frac{l}{d}$, l étant la longueur de l'aiguillée et d le diamètre des broches, si D représente le diamètre du barillet, $D = rd$, N étant le rapport entre le nombre de révolutions du barillet et des broches. Il est bon que ce diamètre du barillet soit tel que la chaîne, dévidée par le levier du secteur, corresponde bien à l'aiguillée à envider, si elle était insuffisante par suite d'un trop grand diamètre, ne laissant pas assez d'espace surtout pour l'envidage des premières couches entre le point d'attache et le centre du levier, il pourrait se faire que toute l'aiguillée ne fût pas absorbée et il y aurait alors dans la marche des fils un trouble qui déterminerait le fâcheux accident des vrilles. Avec un barillet trop petit, une tension anormale au contraire pourrait se produire et occasionner de nombreuses ruptures et même une rafle générale. Aussi l'expérience détermine-t-elle avec soin les différents éléments mentionnés plus loin pour le métier à laine qui nous occupe particulièrement.

Il est évident, d'ailleurs, que les courbes de rotation et des quantités de chaînes déroulées peuvent être modifiées; la position initiale du levier j^o, c'est-à-dire l'angle qu'il fait alors avec la verticale, celui formé avec son centre pendant le mouvement et la position du centre E^2 du secteur avec celle du barillet, sont autant de points pouvant contribuer au bon résultat. Le tâtonnement et des tracés comparatifs de ces divers points pourront fixer sur le choix à faire. On a aussi proposé quelquefois des dispositions mécaniques directes.

Mais, quelles que soient d'ailleurs les combinaisons des mécanismes adoptés, elles ont toujours le même but déjà indiqué, à savoir : faire absorber exactement par la broche les longueurs égales au déplacement du chariot et enrouler ces longueurs sous une tension uniforme, de manière à former des couches superposées denses et aussi également serrées que possible entre elles. La longueur uniforme des aiguillées, la conicité des broches, l'augmentation progressive de la grosseur et la forme spéciale de la bobine exigent évidemment la réalisation simultanée *d'une variation de vitesse des broches, du déplacement du guide-fils pendant le renvidage d'une aiguillée, et enfin le changement de son point d'application au commencement de l'enroulement de chaque couche.* Nous venons de voir que les variations de vitesse des broches sont réalisées par le secteur, et qu'au guide-fils incombent les deux autres fonctions. Il ne nous reste qu'à décrire la disposition par laquelle ces deux mécanismes reçoivent en même temps leur direction respective par le même guide. Cette disposition repose sur la forme de *la règle* et la transmission spéciale de son déplacement au moyen d'une commande particulière connue sous le nom de *copping-platt.* La construction de la règle peut donnnr lieu à des rccherches géométriques plus intéressantes qu'efficaces, à cause des nombreux éléments variables qui peuvent influencer la solution sans que l'on en puisse tenir compte à *priori ;* nous nous bornerons pour cette raison à indiquer un tracé pratique assez généralement adopté, et qui, s'il ne donne pas directement le résultat cherché, peut y conduire après quelques tâtonnements et modifications de la forme ainsi obtenue.

TRACÉ PRATIQUE DE LA FORME DE LA RÈGLE. — Soit AB (fig. 4, pl. XIX) une droite représentant l'aiguillée, C un point correspondant immédiatement après celui où la baguette commence à remonter, et à la reprise d'accélération de vitesse. On élève sur AB une perpendiculaire CD, rencontrant en D la courbe BD, correspondant d'après un tracé à la courbe de rotation au point où le fil de l'aiguillée, après avoir parcouru sa courbe descendante, commence à remonter pour réaliser la courbe ascendante. Soit E le point du plus grand ralentissement; on mène en ce point une verticale EF, rencontrant en F la courbe DB. Dans le cas d'un ralentissement de vitesse très-sensible, F sera le point de croisement de la descendante à l'ascendante; dans le cas contraire, on prendra F', situé un peu au-dessus. On raccorde F'D par une courbe. En A, extrémité de la règle, on élève la perpendiculaire AG à l'horizontale GH, menée par H au milieu de DB; en joignant ce point au point F ou F' par une droite ou une faible courbe, on a la partie de la règle correspondant à la courbe descendante de la couche.

DISPOSITION ET COMMANDE DE LA RÈGLE ET DU COPPING-PLATT. — Pour arriver par le renvidage à la forme de la bobine ou canette, il faut évidemment, après l'enroulement de chaque aiguillée en couche autour de la broche, que la règle se déplace verticalement et latéralement, c'est-à-dire parallèlement à sa direction longitudinale; c'est par ce double mouvement que les points d'application des couches successives changent, s'échelonnent par degrés, et que la forme de la bobine s'allonge. La règle doit donc être abaissée et avancée d'une faible quantité; à chaque course du chariot, ces faibles déplacements varieront, comme nous l'avons déjà dit, avec la finesse des fils et en raison inverse des numéros, c'est-à-dire qu'ils doivent diminuer avec l'élévation des titres; comme ces variations suivent la même loi que celle du secteur; on la modifie simultanément par le changement du pignon et le rochet qui commande le déplacement de la règle. Quant au mécanisme du *copping-platt* [1], qui règle la direction du mouvement, il est représenté en détail dans un profil longitudinal figure 9 et 9 *bis*, pl. XVIII.

La règle dont la forme a été déterminée par le tracé précité se trouve assemblée longitudinalement par son flanc A' à un support T, T' muni de deux coulisses inclinées, droites ou courbes, ce qui vaut mieux encore pour la régularité du résultat cherché. Ces coulisses reçoivent les tourillons *aa'* fixés à la règle et reposant sur deux calibres mobiles *pp'* dits *platines*, formant une seule pièce solidaire, et attachée à deux écrous *rdo*, dans lesquels peut tourner une vis fixée aux pièces *pp'*; en les faisant cheminer dans le sens de son mouvement, il agira sur les tourillons, qui, tout en s'avançant, s'abaisseront dans les coulisses, entraîneront par suite la règle dans la même direction, et imprimeront au guide-fils un déplacement de bas en haut. La vis reçoit son action au moyen d'une roue à rochet *o'* qui peut être tournée par une poignée agissant sur un cliquet *j'* s'engageant dans les dents; mais d'ordinaire c'est le chariot lui-même qui opère spontanément après sa sortie, par un levier *j'* appuyant alors sur un bras articulé *j''* (fig. 9 et 9 *bis*) pour faire dégrainer le cliquet *j* et permettre au rochet *o'* de tourner d'une dent; c'est ce rochet *o'* qui doit être changé lorsqu'il y a un écart sensible entre les finesses des fils; le nombre des dents pour un même diamètre du rochet doit nécessairement augmenter proportionnellement à l'évolution du numéro du fil.

On remarque à l'extrémité de la règle, près du point correspondant à la fin de la rentrée du chariot, une partie concave 2, 3, qui termine en général la règle et qui, en forçant le galet *f* et le levier H à s'abaisser, déterminera l'exhaus-

---

1. Cette dénomination de *copping-platt*, composée de deux mots anglais, désigne l'action d'un dressage incliné ou rampant.

sement de la baguette vers la fin de la course, la fera arriver au-dessus du sommet de la bobine en formation, et emmagasinera en ce point une certaine quantité de fil, destinée à satisfaire au besoin de l'empointage. Il s'ensuit que, lorsqu'à la fin du renvidage de chaque aiguillée, au moment où la baguette se relève brusquement à la sortie du chariot, au lieu d'affecter le fil de la partie de la bobine déjà faite et d'en déformer la pointe, la baguette agit sur la portion de fil interposée entre elle et la bobine, celle-ci reste par suite intacte dans sa forme.

Empointage et retour des mécanismes a leurs positions initiales. — Lorsque le chariot est revenu près des cylindres à la fin de son retour et du renvidage des aiguillées faites, l'extrémité saillante R_1 du levier de liaison R vient buter contre une pièce fixe $a°$ vue isolément (fig. 5, pl. XVII). Cette rencontre détermine le déplacement de l'encoche inférieure du levier R, de son galet guide ; les ressorts des baguettes indiquées en h (fig. 3, pl. XVII) et en $r°$ (fig. 8, pl. XVIII) agissent dès lors pour faire relever la baguette. Le chariot agit simultanément sur le balancier K et l'arbre à deux temps, pour faire désembrayer le manchon de l'arbre des scrolls, embrayer celui des cylindres de la main-douce, et rendre le mouvement à l'arbre moteur I, en agissant sur les différents leviers et mécanismes précédemment décrits pour les remettre dans la position initiale. Le métier recommence une nouvelle évolution complète, comprenant une allée et un retour, ou une sortie et une rentrée du chariot.

Métier automatique a chariot parabolique et a broches a engrenages. — La plupart des métiers à filer automatiques en usage si répandus actuellement, pour le travail des laines cardées et peignées, et surtout pour le coton, ont un chariot dont le corps ou caisse a une forme rectangulaire invariable, leurs broches sont commandées par des cordes partant du barillet pour se rendre sur la noix ou petite poulie de chacune de ces broches. Ces dispositions, quoique généralement adoptées, ont des inconvénients. Malgré des améliorations diverses et les soins apportés au réglage du chariot, il est difficile de lui imprimer une marche régulière sur tous les points de sa longueur, qui atteint parfois 40 mètres. De là des vibrations et des ruptures de fils surtout vers les parties les plus éloignées des points d'appui principaux. Quant aux transmissions des broches, il est également difficile, sinon impossible, de donner une égale tension initiale aux cordes, d'éviter les frottements qui en résultent, et d'obtenir une vitesse effective égale à la vitesse calculée.

Il est en outre impossible de mettre ces petites cordes à l'abri des effets produits par les changements de l'état hygrométrique de l'atmosphère ; enfin elles s'usent plus ou moins rapidement et demandent un entretien constant et une dépense correspondante.

MÉTIER RENVIDEUR ET CHASSIS PARABOLIQUE. — MM. Villeminot et Stehelin sont parvenus à remédier à ces deux inconvénients graves en donnant aux membrures ou charpentes du chariot la forme d'un solide d'égale résistance en tous ses points, et en commandant les broches par des engrenages coniques. Comme tous les autres détails de ce métier se composent des dispositions précédemment décrites, nous nous bornons à mentionner les parties spéciales que nous venons d'énoncer.

Les figures 1 et 2, pl. XIX, donnent : la première, une coupe verticale du système ; et la seconde, un tracé en plan de la forme du chariot. Celui-ci est à double fond ; G et H indiquent les maîtresses pièces ; la dernière va en croissant de largeur, suivant une certaine loi, à partir de chaque extrémité jusqu'au milieu à peu près en regard de l'emplacement de la grande têtière. Si on suppose, par exemple, une longueur de 0^m,22 à chaque côté de la charpente du chariot, le milieu aura une longueur de flèche proportionnelle à l'étendue du chariot et par conséquent au nombre de broches, en raison d'une augmentation de 0^m,05 par mètre. Pour un métier de 900 broches avec un écartement de 0^m,043 entre chaque, et d'une longueur de 40 mètres environ, la flèche sera par conséquent déterminée par la moitié de la longueur totale multipliée par 0^m,05, moins la longueur de l'un des côtés; cette plus grande largeur représentée en A dans le plan (fig. 2) sera donc : 20^m×0^m,05—0^m,22=0^m,88.

On a d'ailleurs combiné un assemblage tel que le chariot réunisse autant que possible le maximum de solidité au minimum de poids et une grande rigidité. A cet effet une broche en fer u consolide transversalement les pièces sur toute leur longueur; le chariot ne forme plus qu'une seule masse, dont la fixité est assurée par l'emploi d'une vis à boulons o v (fig. 4).

Quant aux broches b, chacune d'elles porte, à un certain point de sa hauteur, un pignon conique p qui engrène avec une roue R, monté sur un arbre o, portant par conséquent autant de roues qu'il y a de broches et de pignons. On voit en coupe sur la broche, au-dessous du pignon p, la projection d'un ressort à boudin r qui, abandonné à lui-même pendant le travail, agit sur le pignon pour déterminer son engrènement avec la roue R. Lorsqu'il faut arrêter la broche, pour rattacher le fil ou tout autre motif, on neutralise l'effet de ce ressort en le comprimant; le plus petit effort suffit pour y arriver. Le pignon p, auquel est fixé ce ressort ainsi que le prolongement q, ne forment alors qu'un seul organe fou sur la broche qui dégrène le pignon.

Les avantages de ce genre de métier ont été controversés à l'origine de son adoption à Reims, on arguait de sa longueur, on ne le croyait pas propre à un grand nombre de broches et on lui reprochait surtout le bruit occasionné par les engrenages. Cet inconvénient a été notablement atténué et le nouveau métier, comme toutes les choses utiles, fait peu à peu son chemin dans le monde industriel. Bien des filatures en laine peignée l'ont adopté, et l'exemple le plus incontestable de ses services, c'est son fonctionnement chez MM. Willeminot et Rogelet, dans le nouvel établissement qu'ils viennent de monter sur l'emplacement de leur filature incendiée, dans laquelle ils avaient expérimenté pendant plusieurs années les métiers nouveaux de neuf cents broches. Or tout le monde connaît la compétence particulière et toute l'autorité en pareille matière des industriels dont nous venons de citer l'exemple. Mais, dira-t-on avec vérité, le système de métier en question n'a pu encore se faire adopter que dans la laine peignée; or si les autres spécialités n'en ont pas profité jusqu'ici, il y a à cela des motifs différents suivant les industries : pour le coton, par exemple, les broches sont bien plus rapprochées que dans les métiers à laine. Dans ceux que nous venons d'indiquer, il y a un écartement de $0^m,043$, tandis que pour les genres de fils où l'automate est le plus employé dans la filature du coton, cette distance varie en général entre $0^m,038$ et $0^m,032$. Elle est insuffisante pour y placer des pignons susceptibles de bien fonctionner, il faudrait par conséquent, pour un même nombre de broches, donner aux métiers une longueur notablement plus grande que celle qu'ils ont, et élever leur prix dans une certaine proportion.

Pour la laine cardée ce n'est pas la place qui manque, au contraire, ses fils et bobines sont généralement plus gros que dans la filature de la laine peignée. Mais il y a dans ce genre de travail des conditions particulières à réaliser, par suite des rapports d'étirage et de torsion. Celle-ci, même pour les fils les plus ordinaires, est notablement plus forte que pour les produits de toutes les autres substances. De là, la nécessité de l'effectuer en quelque sorte partiellement, de modifier les relations entre les organes opérateurs et de limiter la vitesse absolue des broches, qui ne pourrait atteindre celle des métiers à coton et de la laine peignée sans occasionner, pour les brins courts et vrillés, qui n'ont subi d'autres préparations que le cardage, des ruptures fréquentes qui neutraliseraient les les avantages de la rapidité des mouvements. On s'est contenté jusqu'ici d'approprier à la laine cardée les dispositions les plus connues et les plus répandues. Rien ne prouve cependant que la construction du chariot parabolique et les transmissions des broches par engrenages ne puissent être également avantageuses aux métiers à filer les produits cardés.

Quoi qu'il en soit, et malgré les nombreuses variantes auxquelles le métier self-acting à filer a donné lieu, ses organes fondamentaux et ses dispositions de détail changent peu. Les efforts faits pour perfectionner son fonctionnement dans son application à une spécialité profitent peu à peu à toutes. Et les considérations relatives aux différents points qui intéressent les bons résultats de cette ingénieuse machine sont applicables aux diverses spécialités ; telles sont, par exemple, *la détermination des vitesses relatives des organes et de leurs transmissions, l'installation du métier, le calcul de la production, le réglage général et des parties principales du système, la détermination de la forme des pièces et leur mode de fonctionnement en raison du genre de bobines à réaliser, les causes des accidents, de la malfaçon*, etc.

Ayant déjà exposé ces divers points dans notre *Traité de la filature du coton* et dans celui de la fabrication des lainages cardés et foulés, avec les détails que le sujet comporte, ce serait faire un double emploi d'y revenir de nouveau ici ; nous y renvoyons nos lecteurs que le sujet intéresse particulièrement. Nous nous bornons à placer sous les yeux du lecteur un tableau synoptique de l'ensemble des organes et des fonctions pour résumer la description précédente.

Tableau synoptique des fonctions du mull-jenny self-acting.

Résultats réalisés aux diverses périodes.	Organes qui les exécutent.	Transmission en action pendant la période.	Mécanismes en fonction à la fin de chaque période pour transformer le mouvement. Manière de réaliser la période suivante.
I Etirage et torsion simultanés.	Rotation des cylindres étireurs, mouvement rectiligne du chariot à la sortie et rotation simultanés des broches autour de leurs axes pendant la translation du chariot.	L'arbre moteur par la courroie sur la poulie motrice J' transmettant simultanément l'action à l'arbre du cylindre étireur, à la main-douce, et au volant des broches engrenées. Redressement du secteur et enroulement de la chaînette autour du barillet.	Le levier spécial du chariot pour faire arrêter les cylindres et le chariot en faisant débrayer par des leviers de rotations le manchon de l'arbre du cylindre et celui du chariot ; ce dernier est maintenu arrêté par un verrou, une clanche ou un loquet.
II. Torsion finale des fils.	Les broches seules continuent leur mouvement pendant le temps nécessaire et déterminé à priori.	Le volant continue à tourner sans changer le sens de rotation, pendant que le compteur accomplit sa course.	Le compteur, à la fin de sa course, met le levier de la courroie motrice en liberté et fait passer la courroie sollicitée par un ressort sur la poulie voisine, pendant l'engrènement du cône de friction.
III Dépointage ou dévidage des fils des sommets des broches.	Les broches par leur rotation en sens opposé de leur précédent mouvement.	Rotation inverse du volant et abaissement simultané de la baguette et soulèvement du levier vertical de liaison pour le faire reposer à sa partie inférieure sur la règle.	Le levier de liaison détermine le débrayage de la friction et fait embrayer le manchon de l'arbre des poulies scrolls du chariot.
IV Renvidage ou formation de la canette ou busette.	Le chariot par son mouvement rectiligne de retour, les broches par leur rotation dans le même sens qu'à la sortie et la baguette guide-fil.	L'arbre des scrolls, par l'embrayage de son manchon, le secteur qui commande les broches et la baguette, dont les déplacements sont guidés par la règle.	Le chariot débraye le manchon de l'arbre du scroll et détermine l'embrayage du manchon des cylindres étireurs et des engrenages de la main-douce. Le métier est alors en position de recommencer de nouveau la première période.

APPAREIL A PLACER LES TUBES SUR LES BROCHES DU MÉTIER A FILER. — Nous avons vu dans quelques filatures anglaises un appareil à la disposition des enfants chargés de coiffer les broches des tubes vides après chaque levée, afin d'opérer ce garnissage plus rapidement. Les figures 5 et 6 de la planche XIX donnent, la première une vue de face, et la seconde une coupe de profil de ce *porte-tubes*. Il se compose d'une espèce de solide quadrangulaire, A, B, C, D, dans lequel sont pratiqués les vides V, placés à des distances telles, qu'ils correspondent à celles des broches mesurées d'axe en axe. L'appareil, qui porte plus ou moins de ces trous, une douzaine en moyenne, se ferme et s'ouvre par un ressort R,r,r', articulé en *n*. La figure 6 montre l'appareil fermé par les lignes pleines ; les lignes ponctuées le représentent ouvert. Les enfants mettent les tubes à l'avance dans les trous coniques V.

Après avoir ouvert l'appareil, une fois garni, ils le ferment pour pouvoir le retourner et présenter la partie du chapeau B contenant la plus large base *b,b'* du moule V, du côté des pointes des broches. En ouvrant ensuite l'appareil, lorsque les tubes sont placés en regard de sommets des broches, toutes celles correspondant à cette espèce de boîte recevront simultanément et respectivement leurs tubes. Si l'appareil a 12 trous, par exemple, chaque enfant le manœuvrant placera 12 tubes au lieu de 1 en même temps. Si donc un métier a 900 broches et qu'on ait 75 appareils garnis à l'avance, on pourra placer les 900 busettes presque instantanément. Quant au garnissage préalable des tubes, il a lieu par les enfants pendant qu'ils ne sont pas occupés à autre chose.

Quoique nous ayons pris particulièrement les grands métiers renvideurs pour base des descriptions précédentes, il est cependant nécessaire de reconnaître qu'il existe des métiers mull, ordinaires, demi-renvideurs et renvideurs, avec un nombre de broches variable depuis trois cents jusqu'au nombre précité.

Beaucoup de ces métiers, surtout les petits, sont d'anciens systèmes transformés. On est arrivé à leur faire produire au moins autant par broche qu'aux grands ; avec l'excellence des préparations actuelles chaque broche donne en moyenne en fil n° 82/84, chaîne, et trame, 114/116, de 5 à 5 1/2 échées de 700 mètres en 12 heures de travail. La longueur fournie par broche est même plus grande par organe sur les petits métiers, d'un nombre de broches inférieur à cinq cents, mais le salaire reste considérablement plus élevé pour le travail de ces métiers. En effet le personnel ne change pas sensiblement avec les différents modèles ; il reste à peu près le même pour des métiers de quatre cent cinquante, et de neuf cents broches, et pour une production variant du simple au double.

Voici d'ailleurs la comparaison des rendements et du personnel qu'il exige :

Production des métiers des divers systèmes. — Le calcul de la production des métiers mull ordinaire, demi-renvideur ou self-acting, peut se faire d'une manière aussi simple que pratique ; par la connaissance de la course du chariot et de sa durée.

Or, la course entière nécessaire à l'exécution des fils se compose de la sortie du chariot et de sa rentrée. La première peut varier, sa durée est moindre pour les gros fils que pour les fins, tandis que le temps de la rentrée reste à peu près constant.

Pour les titres fins dont nous nous occupons en ce moment, le chariot met à peu près à sa sortie pendant l'étirage 12 et 5 secondes pour le renvidage ou la rentrée, le temps total nécessaire à la production de l'aiguillée est donc de 17 secondes. Il suffit de multiplier le nombre de ces courses pendant la durée de la journée par la longueur totale de fils produits à chaque course.

Nombre de courses effectives en douze heures. — Le nombre de secondes $= 12 \times 60 \times 60 = 43200$, mais il faut en défalquer la durée des levées, on peut en compter sept de 3, 5 minutes chacune ; or $7 \times 3,5 \times 60 = 1470''$. Donc $43200 - 1470 = 41730$ secondes et $\frac{41730}{17} = 2454$ courses.

Pour le métier de 500 broches à $1^m,50$ par aiguillée, on aura une longueur totale de $2454 \times 1,50 \times 500 = 1840500$ mètres ou $\frac{1840500}{700} = 2629$ échées ou $\frac{2629}{500} = 5,259$ échées par broche, et pour les métiers de 900 broches, on aura : $2454 \times 1,5 \times 900 = 3307500$ mètres et $\frac{3307500}{700} = 4725$. $\frac{4725}{700} = 5,25$ échées.

La production reste par conséquent la même par broche, mais les salaires changent suivant les sytèmes, ils sont bien moindres à l'unité pour les grands que pour les petits métiers en admettant les mêmes prix de journées dans les deux cas ; voici d'ailleurs les détails du personnel nécessaire dans les deux hypothèses extrêmes que nous venons de poser.

PERSONNEL EMPLOYÉ AUX GRANDS ET PETITS MÉTIERS. — 1 fileur et 5 rattacheurs suffisent pour mener deux self-acting de 900 broches, donc pour 1800 broches, produisant au minimum en 12 heures, $1800 \times 5 = 9000$ échées en titre moyen, n° 98 chaîne et trame. Donc de 92 à 93 kilogrammes par jour. Pour produire la même quantité par les métiers de 450 broches, il en faudra quatre, exigeant chacun 1 fileur, 2 rattacheurs et 1/4 de bobineur, donc ensemble 4 fileurs, 8 rattacheurs et 1 bobineur ; 13 personnes au lieu de 6 et 1 fileur au lieu de 4.

Dans le premier cas, en supposant les salaires au fileur 6 francs et aux rattacheurs 2 fr. 75, on dépensera en salaire $6 + 2^f,75 \times 5 = 19^f,75$ et $\frac{19^f,75}{92^k,25} = 0^f,214$ au kilogramme.

Dans le second cas, pour les petits métiers, les salaires seront : $4 \times 6 + 8 \times 2^f,75 + 1 \times 1^f,50 = 47^f,50$. Et $\frac{47^f,50}{92^k,25} = 0^f,514$, c'est-à-dire que sans changer les salaires du filage, le prix de façon a diminué au kilogramme dans le rapport de 0,215 à 0,514, ou de 41,65 pour 100. C'est grâce à ce résultat qu'on a pu élever les prix de la journée de 5 à 6 francs pour les fileurs et de 2 fr. 50 à 2 fr. 75 pour les rattacheurs des grands métiers.

DES ÉTIRAGES ET TORSIONS PRATIQUES DES FILS. — Il est bien entendu que la production est en général en raison inverse de la finesse ou des numéros des fils, et que les caractères et qualités de ceux-ci dépendent dans une certaine mesure du degré d'étirage et de torsion. Ces éléments sont variables non-seulement avec les numéros, mais parfois avec les établissements. On ne doit pas perdre de vue que, sous le rapport de la ténacité, un fil ne résiste qu'en raison de la quantité de filaments qui le composent ; la torsion a pour effet essentiel de les rendre tous solidaires, d'empêcher leur séparation, de manière à ce que chacun supporte sa part d'effort sous lequel ils travaillent. L'encollage ultérieur des fils de la chaîne avant le tissage contribue à son tour à leur cohésion momentanée. Le but de cette dernière préparation sera d'autant mieux atteint que la colle pourra pénétrer les fils plus uniformément et plus intimement. Cette considération a amené certains filateurs à modérer sensiblement la torsion, afin de faciliter la pénétration de la colle d'une façon plus complète. On arrive ainsi à conserver plus d'élasticité à la chaîne et à économiser une certaine portion du travail au filage.

Le tableau suivant donne des chiffres sur les étirages et les torsions les plus généralement usités. Ils servent à calculer directement et théoriquement la production pratique indiquée ci-dessus [1].

---

1. Voir la formule, p. 464, t. I, du *Traité du travail de la laine cardée*.

GENRES DES FILS.	ÉTIRAGES		ÉTIRAGE TOTAL.	TORSION au centimètre
	entre les cylindres.	au chariot.		
Chaîne excellente n° 76	10,50	1	11,50	4,95
Id. id. 78/80	10,00 à 11	1	11,00 à 12	4,95
Id. id. 80/82	10,40 à 11	1	11,40 à 12	4,95 à 5,12
Id. id. 82/84	10,25 à 11,7	1	11,25 à 12,70	5,12
Trame 85/86	11 à 11,3	1,04	12,04 à 12,34	4,85
Id. 90	11,50	1,04	12,54	5,02
Id. 100	11,50 à 11,75	1,04	12,54 à 12,79	5,13
Id. 107	11,50 à 11,80	1,04	12,54 à 12,84	5,27
Id. 114	12 à 12,10	1,04	13,04 à 13,14	5,50
Id. 120	12	1,04	13,04	5,60
Id. 125	12,20	1,04	13,24	5,80
Id. 130	12,50	1,04	13,54	5,90
Id. 135	12,50	1,04	13,54	6,00
Id. 140	12,50	1,04	13,54	6,12
Id. 145	13,00	1,04	14,04	6,23
Id. 150	13,50	1,04	14,54	6,32

On remarque dans ce tableau que les torsions ou le nombre de tours par unité de longueur sont, pour le même genre de fil, à peu près *comme les racines carrées de leurs numéros*. Elles varient donc d'après la formule générale adoptée dans les filatures. Ces quantités paraîtront peut-être déjà un peu faibles, et peuvent cependant, selon nous et quelques praticiens de nos amis, être diminuées pour la chaîne au moins d'un demi-tour au centimètre, si on a soin d'encoller de manière à faire parfaitement pénétrer la colle dans les fils.

RÉPARTITION DES PRESSIONS AUX MÉTIERS A FILER. — *Règle pratique.* — Pour que les étirages se réalisent dans les conditions convenables, conformément aux quantités calculées, inscrites au tableau précédent, il faut non-seulement que les transmissions impriment bien aux cylindres étireurs inférieurs les vitesses voulues, mais il faut aussi que les supérieurs dits *de pression*, entraînés par les premiers, pèsent avec une charge suffisante; cette charge est effectuée par l'un des systèmes déjà décrits précédemment. Il s'agit ici seulement de la détermination de ces poids pour le métier à filer.

Ils doivent être tels que la mèche, tout en restant parfaitement tendue, passe néanmoins de la façon la plus facile et la plus régulière entre les cylindres.

Certains filateurs déterminent pratiquement les charges de la manière suivante : ils diminuent les pressions jusqu'à ce que les mèches en passant commencent à frisotter ou à vriller légèrement, ils doublent alors la pression et arrivent ainsi à un degré convenable. Nous avons d'ailleurs déjà indiqué, d'après quels principes et dans quelles limites les pressions doivent varier. D'après ces considérations elles sont légèrement modifiées, suivant qu'elles s'exercent sur de la trame ou de la chaîne. Voici d'ailleurs quelques données qui réussissent :

Pour la trame, on compte par table 2^k,975 sur le cylindre étireur, 1^k,400 sur le rouleau d'appel ;

Pour la chaîne, c'est 3^k,400 par table sur le cylindre étireur, 1^k,620 sur le rouleau d'appel.

Les écartements d'axe en axe entre le premier cylindre à l'entrée, dit *cylindre d'appel*, et le quatrième de la sortie, dit *étireur*, sont en moyenne pour les laines mérinos divisés comme suit : de l'appel à l'intermédiaire, 0^m,061 à 0^m,064 ; de l'intermédiaire au troisième, 0^m,035, et de celui-ci au dernier ou étireur, 0^m,025 à 0^m,027.

DE QUELQUES FAITS A SIGNALER PENDANT LE FILAGE. — *Variation des numéros.* — Le fil n'a pas toujours la finesse pour laquelle la machine a été réglée, il a parfois de deux à quatre numéros de moins. Cela provient évidemment d'un défaut d'étirage, c'est-à-dire d'un développement moindre que celui sur lequel on croyait pouvoir compter. Si les métiers sont convenablement réglés, l'écart ne se présente en général que momentanément ; lorsque les rouleaux de pression sont fraîchement garnis et manquent encore de flexibilité à leur périphérie, l'adhérence entre les deux cylindres n'étant pas complétement intime, le développement imprimé au fil est moindre que lorsque l'enveloppe du presseur a été adoucie, assouplie de manière à se laisser conduire parfaitement par les cannelures du cylindre inférieur et à tourner avec la vitesse exacte de ce dernier.

Quant à la torsion elle peut être transmise aux broches par la commande rigide d'un arbre cannelé et des engrenages ou par les dispositions d'un volant à cordes que nous avons décrits. Quoique toute transmission par cordes soit critiquable, à cause de leur usure plus ou moins rapide et de l'influence des variations atmosphériques, il n'en est pas moins vrai que lorsque cette commande est bien établie autour des doubles gorges à coin des poulies, elle a une certaine élasticité et une constance dans les mouvements, que ne donnent pas les transmissions des broches par l'entremise de l'arbre cannelé si les mécanismes ne sont pas toujours dans un parfait état d'entretien; il y a en outre un certain moment perdu pour la torsion, au début du mouvement de ce système ; on préfère donc généralement la transmission à cordes.

VITESSE DES BROCHES. — Cette vitesse, qui est en moyenne 5900 à 6000 tours à la minute, peut être un peu plus grande, toutes choses égales d'ailleurs, pour les métiers moins chargés, filant de la trame, que pour ceux exécutant la chaîne.

DE LA TEMPÉRATURE DES ATELIERS. — La température des ateliers n'est pas indifférente aux bons résultats ; il faut en général une chaleur moite d'environ 23 degrés centigrades. Lorsque cette température vient à être dépassée et que l'atmosphère est trop sèche, comme cela arrive souvent l'été, la laine s'électrise, les fils ne suivent plus leur direction normale, ils divergent en s'écartant d'une certaine façon ; pour obvier à cet inconvénient, on humecte l'air par des jets de vapeur fournie par de petits robinets placés entre les métiers à filer. On essaye en ce moment de substituer à la vapeur directe la pulvérisation de l'eau par le système de Montdésir et Julienne; la maison **Geneste**, de Paris, fait cette application ingénieuse.

DE LA DIFFÉRENCE DES CARACTÈRES DES FILS PRODUITS SUR LES MÉTIERS CONTINUS ET MULL-JENNY. — Si pour un moment on fait abstraction du système de métier, et qu'on suppose deux numéros de fils, l'un d'une grosseur double de l'autre, et exécutés avec une égale torsion, c'est-à-dire ayant reçu le même nombre de tours par unité de longueur, il est évident que les hélices ou pas de vis, qui constituent la torsion du fil, n'auront pas la même longueur, celles du plus gros numéro auront une longueur double de celle du numéro le plus fin, puisque nous avons supposé un rapport de volume de 1 : 2. Mais si, au lieu de deux fils différents, on en considère un seul variant de section sur sa longueur, le même fait devra se réaliser encore, c'est-à-dire que les hélices des parties fines devront être moins allongées, plus rapprochées et plus nombreuses que celles des grosses, la torsion se distribuant en raison inverse des différentes circonférences ou diamètre d'un même fil, qui aurait par accident, comme cela n'arrive que trop souvent, des points irréguliers. Or la torsion doit varier en raison de la nature et des caractères des filaments élémentaires qui composent le produit et rester constante, c'est-à-dire avoir le même angle autant que possible pour les fils des mêmes types de finesses différentes ; le nombre des hélices doit donc être en raison inverse des grosseurs. Ces considérations ont conduit à la détermination expérimentale de lois appliquées à la torsion des diverses espèces et numéros de fils. Elles ont déterminé la loi précitée de l'application de la torsion, en raison de la racine carrée des numéros des fils.

Mais cette loi d'après laquelle on change le degré de torsion en raison des types et des finesses des fils n'est pas applicable à un même fil qui par une cause accidentelle a des dimensions irrégulières sur quelques points de sa longueur. Cependant l'égale répartition du tors peut dans certains de ces cas se régulariser spontanément. Si par exemple cette torsion s'exécute partiellement, progressivement, de proche en proche sur une certaine longueur avant le renvidage, la propriété inhérente à la matière fera *couler le tors*, comme on dit, et lui permettra de se répartir en raison des finesses et des grosseurs soumises à l'effet de la rotation. On remarquera sur un fil ainsi traité que, pour une même unité de longueur, les hélices seront plus serrées et plus nombreuses sur les parties fines que sur les grosses. C'est le cas du müll-jenny à la main ou automatique, dont les aiguillées, tordues à partir de la sortie du chariot, ne reçoivent leur torsion complète que par la rotation finale qui s'exerce pour chacune d'elles sur une longueur de $1^m,50$ à $1^m,60$. Mais si la torsion se réalise d'une manière directe et définitive sur chaque élément du fil à sa sortie des cylindres alimentaires, il n'en est plus de même. Le nombre de tours par unité de longueur sera d'autant plus constant, quelle que soit d'ailleurs la grosseur variable des points tordus, que la distance entre les cylindres et le point d'application de la torsion sera plus rapprochée. La mèche étant simultanément saisie, tordue et fixée à son point de départ, le nombre total de tours sera réparti également sur la longueur fournie pendant le même temps, sans que les hélices puissent se raccourcir ou s'allonger en raison de la variation de sections du fil. C'est ce qui se passe d'une manière plus ou moins rigoureuse dans le métier continu, où les fonctions sont simultanées.

Les différences des caractères des fils obtenus par l'emploi des deux systèmes sont faciles à déduire de cette analyse. Le fil du mull-jenny, précisément à cause de la facilité du coulage des brins, sera enveloppé, relativement duveteux, couvert et formé par des degrés de torsion plus ou moins réguliers, mais rationnellement distribués de manière à ménager les propriétés les plus recherchées dans le produit, l'élasticité.

Les fils du continu, toutes choses égales d'ailleurs, se distinguent et se caractérisent au contraire par un grain plus prononcé, plus uniforme, résultant de la régularité de la torsion et par une surface moins duveteuse ; ils sont en général supérieurs en ténacité et inférieurs en élasticité à ceux du mull-jenny.

Le fait que nous indiquons de la répartition du tors, en raison des inégalités accidentelles, se réalisera avec plus ou moins de facilité, suivant la nature des fibres et leur degré de netteté à la surface, suivant qu'elles seront lisses ou duveteuses.

Le choix de l'un ou de l'autre système de filage repose donc sur les caractères des filaments de la matière première et du genre d'articles à exécuter. Le mull-jenny est employé de préférence pour les brins lisses relativement courts, fins, très-flexibles et élastiques. Les toisons indigènes, de la Bourgogne, de la Champagne, ou du parc de Versailles ; les laines exotiques et surtout d'Australie, destinées à des numéros intermédiaires jusqu'aux plus beaux fils, devant servir pour chaîne et trame à l'état simple, et à une série d'articles ras, secs et souples, dont le genre mérinos offre le type le mieux caractérisé, incombent au système mull. Les laines longues, à filaments plus ou moins brillants et roides, généralement d'origines anglaises, hollandaises, du Cap, de la Plata ou d'autres contrées de l'Amérique du Sud, destinées à des fils simples ou doublés de titres assez limités pour la confection des étoffes carteuses caractérisées plus particulièrement par les popelines ou papelines, les reps, les cannelés, etc., et pour des retors destinés à la consommation de la bonneterie, la passementerie ou autres articles de fantaisie à fils serrés ou à mailles, sont en général transformées au métier continu.

Cette division de l'emploi des deux systèmes est pratiquement assez exacte, cependant on peut au besoin et d'une manière absolue faire usage indistinctement de l'un ou de l'autre pour les mêmes articles ; cela est si vrai, que les métiers mull à la main ou self-acting dominent de beaucoup celui du continu dans les filatures françaises et belges, quels que soient leurs genres de produits. En Angleterre, au contraire, on donne généralement la préférence au continu. De là l'explication de la supériorité française dans les spécialités des fils et tissus mérinos et articles similaires, et celle de l'industrie anglaise dans celles qui transforment les laines longues en fils simples ou retors employés aux genres d'articles brillants, ras, carteux et à grains, mentionnés précédemment.

CHAPITRE XI.

RAPPORT ENTRE LES NUMÉROS DES PRÉPARATIONS
ET LES NUMÉROS DE LEURS FILS.
ÉLÉMENTS D'APRÈS LESQUELS L'ASSORTIMENT PEUT SE DÉTERMINER.
DE LA COMPOSITION PRATIQUE DE L'ASSORTIMENT.
TYPES D'ASSORTIMENTS
FONCTIONNANT INDUSTRIELLEMENT
ET RECHERCHES SUR DE NOUVELLES COMBINAISONS D'ASSORTIMENTS.

RÉSUMÉ DES ROLES QUI INCOMBENT AUX PRÉPARATIONS ET AU FILAGE. — Les nappes ébauchées du peignage, composées de faisceaux de fibres aplaties, sont réunies, consolidées, régularisées, laminées, affinées et condensées en rubans d'une longueur déterminée ; puis transformées en mèches arrondies et enfin en fil parfait par les machines, qui fonctionnent à partir du peignage jusqu'au filage.

Pour donner une idée exacte de l'état auquel la substance doit être amenée par ces diverses transformations, rappelons la définition que nous avons donnée du produit qu'il s'agit de réaliser. « Un fil parfait est un cylindre flexible, d'une ténuité extrême, d'une longueur déterminée par unité de poids, d'une section égale sur toute sa longueur et d'une homogénéité telle, que sa ténacité et son élasticité sont uniformes et constantes sur tous les points, afin de jouir du maximum de résistance que le fil comporte. »

La longueur par unité de poids, c'est-à-dire le titre ou numéro, varie en raison de la finesse et des qualités de la laine. La plus grande masse des lainages ras souples est obtenue avec des fils qui mesurent couramment 80 kilomètres au kilogramme ; ainsi certaines laines, dont les brins ne dépassent pas 6 centimètres de longueur, peuvent être filées à une finesse telle que les fils atteignent 20 lieues par kilogramme. Les expositions ont montré des échantillons d'un titre deux fois et demie plus élevé, développant 200 kilomètres ou 50 lieues au kilogramme.

Supposons qu'il s'agisse de produire un fil du numéro 140, titrage de Reims, correspondant à un développement de 100 kilomètres environ au kilogramme. Si nous connaissions le titre du ruban obtenu par le peignage, nous en déduirions la quantité d'allongement à produire. Or, 1 kilogramme d'un tel ruban n'a encore qu'une longueur de 100 mètres environ, pour l'amener à mesurer 100 000 mètres, il faudra donc le rendre mille fois plus long. Cette transformation doit avoir lieu dans des conditions telles que la mèche gagne autant, si c'est possible, sous le rapport de l'homogénéité que sous celui de l'amincissement ou de l'affinage. Pour atteindre ce double but, comme on l'a vu par la description des machines et de la succession des opérations, rationnellement divisées les transformations qui y conduisent comprennent deux périodes, les préparations et le filage. La première embrasse l'ensemble des traitements plus ou moins multipliés du second degré, consistant en étirages successifs d'un certain nombre de rubans réunis ou doublés, de façon que les irrégularités et les défauts d'homogénéité puissent se corriger par l'addition des éléments à mesure que le produit s'affine. Les doublages cessent en général au filage, réalisé par un complément notable d'étirage et par la torsion imprimée à la mèche pendant et après cet étirage final. Arrivée à cette dernière opération, la mèche doit être sans défaut, afin de donner au fil les caractères cherchés.

Ainsi, les fonctions des opérations des deux dernières périodes, constituant la filature en général, sont nettement déterminées : les préparations perfectionnent et allongent graduellement les rubans par les doublages, combinés aux étirages successifs ; le filage, par un étirage relativement considérable, continue l'allongement pour amener le fil à la limite de longueur voulue à laquelle il est définitivement fixé par la torsion.

Il faut maintenant déterminer méthodiquement le nombre, la marche et l'agencement des opérations ; c'est-à-dire le nombre des transformations, appelées ordinairement *passages*, et le réglage de chacune d'elles, pour que les étirages combinés aux doublages concourent au résultat final déterminé *à priori*.

Le *desideratum* consiste évidemment à réduire autant que possible le nombre des passages afin de diminuer les dépenses auxquelles donnent lieu le matériel, le personnel et la surface nécessaire à l'emplacement des machines. Il est bien entendu que cette économie serait plus défavorable qu'avantageuse, si la perfection du résultat devait en souffrir. Or, l'homogénéité du produit à laquelle tend la répétition des opérations est surtout la conséquence de doublages bien entendus. Mais ceux-ci ne sont que l'un des termes de la question ; les étirages, d'après ce qui a été dit précédemment, constituent l'autre. Ces deux éléments ne pouvant dépasser une certaine limite à chaque passage, il s'ensuit que le nombre de ces passages est presque toujours proportionnel au doublage et en raison inverse de l'étirage résultant des doublages et des étirages successifs. De là l'usage rationnel de multiplier dans une certaine limite les transformations du second degré en raison de la qualité de la matière première et de la finesse du fil.

RAPPORT ENTRE LES NUMÉROS DES PRÉPARATIONS ET LES NUMÉROS DES FILS. — Il résulte des considérations du paragraphe précédent que le numéro de la mèche à livrer au métier à filer constitue l'un des éléments principaux. Pour le déterminer, il faut, dans chaque cas, connaître le degré d'étirage du métier à filer. La fixation de ce degré est naturellement basée sur la connaissance du caractère des laines. La pratique est parvenue à établir quelques règles qui peuvent servir de point de départ à la solution que nous cherchons; il est généralement admis, par exemple, qu'une mèche convenablement préparée est susceptible de subir un étirage compris entre 10 et 18 au métier à filer, ce qui représente un allongement de 10 à 18, selon les sortes de laines employées; à Reims et en Picardie, l'étirage au métier à filer varie entre 10 et 15. L'étirage dépassant ces rapports s'applique aux laines longues anglaises, employées surtout par les fabriques de Roubaix et de Bradfort. Toutes choses égales d'ailleurs, plus les fils doivent être tordus, moins on les étire; c'est pourquoi ceux de la chaîne sont moins étirés que ceux destinés à la trame.

La quantité d'étirage au métier à filer, pour un fil donné, une fois connue, on sera facilement fixé sur le numéro ou titre que doit avoir la mèche qui lui sera livrée.

En effet, soient :

N, le numéro du fil à produire ;

E, la quantité d'étirage au métier à filer ;

n, le numéro de la mèche de la dernière machine à préparer.

Les nombres n et N représentant, rapportés à certaines unités, les longueurs d'une même quantité ou poids de laine avant et après l'étirage E, il est évident que la longueur après l'étirage est égale à celle qui le précède, multipliée par cet étirage. Nous pouvons donc écrire : $N = nE$.

D'où l'on tire, pour le numéro de la préparation : $n = \frac{N}{E}$.

Ainsi, supposons un fil du numéro 180 au kilogramme, étiré de 1 : 15. Les données seront ici : $N = 180$; $E = 15$. Le numéro de la préparation sera : $n = \frac{180}{15} = 12$. Donc la mèche doit être amenée à la sortie du dernier bobinoir, à une longueur de $12 \times 700 = 8400$ mètres au kilogramme.

De même, si le numéro du fil est 80 et l'étirage au métier à filer 1 : 12, le numéro de la préparation sera $\frac{80}{12} = 6,66$.

On peut donc énoncer cette règle : *Pour avoir le numéro de la préparation qui doit être livrée au métier à filer, il faut diviser le numéro du fil à produire par l'étirage au métier à filer.*

Quant au numéro d'un passage quelconque, il sera facile à déterminer à l'aide de celui du passage qui le précède, ou bien de celui qui le suit. Appelons :

n, le numéro d'un passage,

n', celui du passage qui le suit, dont

e', sera l'étirage, et

d', le doublage.

En réunissant, après le premier des deux passages qui nous occupent, d' mèches de longueur n par unité de poids, nous obtenons une nouvelle mèche de longueur n, mais pesant d' fois plus. Celle-ci, à son tour, étirée de la quantité e' après le deuxième passage, deviendra e' fois plus grande ; nous aurons donc finalement une mèche de longueur ne', pesant d' unités de poids. Son numéro, ou sa longueur par unité de poids, que nous avons appelée n' sera d' fois plus petit, c'est-à-dire que l'on aura : $n' = \times n \frac{e'}{d'}$.

Nous avons ainsi le numéro d'un passage en fonction de celui du passage qui le précède. Si inversement on veut connaître le numéro d'un passage qui en précède un, dont le numéro est connu, on n'aura qu'à tirer de la formule précédente la valeur de n qui sera : $n = n' \times \frac{d'}{e'}$.

D'où nous pouvons conclure la double règle :

Le numéro d'un passage quelconque s'obtient,

1° Soit (1re formule, étant donné le numéro du passage qui le précède) *en multipliant le rapport de son étirage à son doublage par le numéro qui le précède ;*

2° Soit (2e formule, étant donné le numéro du passage qui le suit) *en multipliant le numéro du passage qui le suit par le rapport du doublage de ce dernier passage à son étirage.*

Ainsi, par exemple, le numéro du septième passage, dont l'étirage est 5,2 et le doublage 4, sera, celui du sixième étant 7 : $7 \times \frac{5,2}{4} = 9,1$.

Si l'on donne, au contraire, celui du septième, égal à 9,1, celui du sixième s'obtiendra comme suit, en conservant pour le septième passage le doublage et l'étirage de l'exemple précédent : $9,1 \times \frac{4}{5,2} = 7$.

La formule que nous avons trouvée précédemment, $n' = n \times \frac{e'}{d'}$, fait voir que tout passage allonge ou étire la mèche dans un rapport marqué par le quotient $\frac{e'}{d'}$ de son étirage par son doublage, puisqu'une longueur n devient après ce passage $n \times \frac{e'}{d'}$. C'est pour cette raison que nous appellerons ce quotient $\frac{e'}{d'}$ *étirage effectif ou réel* du passage ; on peut donc dire que le numéro d'une mèche ne dépend que des étirages effectifs des passages successifs.

Enfin on peut, étant donné le numéro d'un passage, trouver celui d'un autre passage de rang quelconque avant ou après lui.

En opérant comme suit :

Soient n le numéro d'un passage ;

n', le numéro d'un passage de rang quelconque après le précédent ;

e', e'', e''', etc. ; d', d'', d''', ..., etc., les étirages et les doublages des divers passages qui viennent après le premier, jusques et y compris le dernier des deux qui nous occupent ;

On trouvera facilement, en appliquant de proche en proche la formule trouvée plus haut $\left(n' = n \frac{e'}{d'}\right)$:

$$n' = n \times \frac{e'}{d'} \times \frac{e''}{d''} \times \frac{e'''}{d'''} \times \dots \text{ ou } n' = n \times \frac{e'e''e'''\dots}{d'd''d'''\dots}$$

Cette formule donne le numéro d'un passage en fonction de celui d'un passage quelconque qui le précède ; en tirant de là la valeur de n, $n = n' \times \frac{d'd''d'''\dots}{e'e''e'''\dots}$, on aura le numéro d'un passage quelconque, étant donné celui d'un autre passage qui vient après lui.

ÉLÉMENTS D'APRÈS LESQUELS L'ASSORTIMENT PEUT SE DÉTERMINER. — La corrélation entre les doublages et les étirages, représentant deux facteurs susceptibles d'être modifiés sans que le résultat change, indique la possibilité théorique de faire varier le nombre des passages et conséquemment le nombre des machines d'un assortiment. Ces variations ne peuvent être déterminées sans la connaissance des caractères de la substance à traiter, attendu que telle combinaison donnant des résultats excellents avec une espèce de laine et pour un genre de fil déterminé pourrait en fournir de médiocres ou de mauvais avec d'autre laine et pour d'autre fil[1]. Le praticien sait actuellement les traitements à faire subir aux laines couramment en usage ; si une matière d'origine nouvelle, avec des caractères particuliers, lui était proposée, ou s'il voulait tenter

---

1. Ainsi une combinaison de l'assortiment en vue des fils moyens pour bonneterie ne serait pas tout à fait propre à l'obtention du fil pour tissus mérinos, par exemple.

certains mélanges de matières d'origines différentes, il devrait les soumettre à quelques essais préalables de transformations pour s'assurer des meilleures combinaisons de doublages, d'étirages et de réglages dans ces cas spéciaux.

Le numéro de la mèche du dernier bobinoir étant déterminé d'après les données précédentes, celui du ruban du peignage pouvant l'être à volonté, on a la distance qui doit être progressivement franchie pendant la série des passages. Si le bobinoir finisseur doit livrer au métier à filer de la préparation n° 10, titrage du fil, et que celui du peignage soit 0,10, il y aurait une proportion de 0,1 à 10 à parcourir, c'est-à-dire que le ruban devrait acquérir cent fois la longueur donnée par le peignage.

Désignons, pour généraliser, par

n, le numéro de la mèche livrée par la peigneuse ;

n', le numéro de la préparation ;

$e, e', e'', \ldots d, d' d'', \ldots$ les étirages et les doublages successifs.

Nous savons, d'après la formule du paragraphe précédent, que $n' = n \times \frac{e}{d} \times \frac{e'}{d'} \times \ldots$

Ou bien, en remplaçant $\frac{e}{d}$ par r, $\frac{e'}{d'}$ par r', etc., $r, r', r''. \ldots$ représentant les étirages effectifs, $n' = n r r' r'' \ldots$

Telle est la relation qui devra être satisfaite par tout assortiment.

Admettons un assortiment dans lequel les étirages successifs, ainsi que les doublages, sont égaux entre eux. Toutes les valeurs de r seront égales, et la formule précédente deviendra $n' = n r^x$; d'où $r^x = \frac{n'}{n}$, si x représente le nombre de passages.

Dans ce cas, le nombre de passages est facile à déterminer : c'est la puissance à laquelle il faut élever l'étirage réel adopté pour tous les passages afin d'obtenir le rapport $\frac{n'}{n}$ des numéros extrêmes de la préparation.

On peut cependant arriver aussi au but cherché en faisant varier l'étirage d'un passage à l'autre. Si, pour le premier, par exemple, l'étirage compense le doublage, tandis que l'étirage réel au second est 4, la conséquence sera la même que si on avait étiré deux fois à chaque passage. En un mot, le résultat étant le quotient du produit des étirages par celui des doublages, on peut atteindre le but que l'on se propose en faisant varier ces quantités suivant les règles connues du calcul.

Ainsi, on peut faire en sorte que l'étirage réel soit le même à tous les passages, ou change de l'un à l'autre; on peut aussi n'apporter de différences qu'aux premières ou aux dernières machines de l'assortiment, ou bien encore augmenter progressivement l'étirage effectif à chaque passage, etc.

La méthode généralement adoptée consiste, quel que soit le numéro de mèche à produire, à ne changer le rapport de l'étirage au doublage, c'est-à-dire l'étirage effectif, qu'aux deux premiers passages de l'assortiment. On modifie alors à volonté ces deux passages pour obtenir tel numéro que l'on désire.

MOYENS POUR ÉVITER LES INCONVÉNIENTS DU COULAGE A FOND. — La manière d'opérer, par laquelle la marche des passages reste immuable à l'exception du premier ou des deux premiers, a entre autres l'avantage d'atténuer les inconvénients du coulage à fond, c'est-à-dire d'empêcher qu'il n'y ait de petites parties pour lesquelles le finissage sur la dernière machine n'a pas lieu en même temps pour toutes les mèches, de sorte qu'à ce moment-là une partie de la machine tourne sans produire. Supposons un bobinoir de cinquante têtes, il pourra se faire à la fin de l'opération qu'un plus ou moins grand nombre de bobines, cinq, quinze, vingt, restent seules à travailler. De là une perte de force motrice et une diminution dans la production ; si la quantité de laine en chargement est faible, cet inconvénient se renouvelle souvent au détriment des conditions économiques. Aussi le filateur s'efforce-t-il de faire des chargements importants afin de diminuer le nombre de ces transitions.

Cependant, en réglant les numéros auxquels on désire arriver par les quantités d'étirage réel aux deux premières machines, et en laissant le réglage des autres presque invariable et indépendant des caractères de la matière à travailler, on peut, avec quelques précautions que nous allons indiquer, éviter les arrêts nécessités par le coulage à fond, et faire sans difficulté et sans diminution de production de petits chargements. A cet effet, il faut nécessairement se réserver le moyen de remédier aux écarts de numéros qui pourraient se présenter par suite des variations des caractères des laines. Il suffit alors d'avoir des bobines à rubans auxiliaires dans le porte-bobine des étirages intermédiaires, pour modifier les doublages à volonté, si l'écart est sensible, et arriver ainsi au numéro voulu. Ces dispositions adoptées, on peut passer plusieurs petits chargements à la fois, à la condition d'empêcher qu'on ne confonde les bobines des différentes parties et qu'on ne les mélange à l'alimentation des machines. Pour éviter cet inconvénient, nous avons vu établir des signaux avertisseurs, des disques de différentes couleurs vives, placés dans l'intérieur d'une bobine accompagnant chaque nouveau chargement ; quelquefois aussi des cylindres peints de la couleur des bobines de préparation, placés sur la machine entre la fin d'une partie et le commencement de l'autre. A la division ainsi établie sur le devant de la machine correspond une flèche verticale placée sur le porte-bobine de derrière de façon à éviter toute cause de confusion, toute chance d'erreur, tant du côté de l'entrée que de la sortie des machines.

Revenons maintenant à la méthode par laquelle on détermine le nombre de passages suivant la finesse du fil à produire.

RAPPORT ENTRE LE NOMBRE DES PASSAGES ET LES NUMÉROS DES FILS À PRODUIRE. — Le nombre des passages, d'après la formule que nous avons trouvée en dernier lieu, variant, toutes choses égales d'ailleurs, de la même manière que le rapport $\frac{n'}{n}$ des numéros de la fin et du commencement des préparations, c'est-à-dire du bobinoir finisseur et de la préparation après peignage, il est évident qu'il diminuera avec ce rapport; que moins les fils seront fins, plus on pourra réduire le nombre de ces passages. Cependant cette variation n'est pratiquement applicable que pour des séries de finesses que l'on a basées sur des différences de trente numéros.

Si, par exemple, on a déterminé sept passages pour les fils jusqu'au numéro 40, on en aura :

8 pour les numéros compris de	40 à	70
9 —	70 à	100
10 —	100 à	130
11 et 12 —	130 et au-dessus.	

Mais quels que soient le genre et la finesse du fil à exécuter, et par suite l'assortiment auquel on s'est arrêté, il faut régler le nombre des organes de chaque passage de manière à ce qu'ils se desservent exactement entre eux du premier au dernier.

Examinons le moyen d'obtenir ce résultat.

DU NOMBRE DES ORGANES ET DU RAPPORT DE LEURS VITESSES DANS LES MACHINES DES DIVERS PASSAGES DE L'ASSORTIMENT. — Comme le produit s'allonge et s'affine progressivement dans les transformations, il est indispensable, pour que les machines se desservent avec précision, ou que la vitesse des organes s'accélère, ou, si la vitesse reste la même, que le nombre en augmente en raison de l'affinage progressif; parfois les deux moyens sont appliqués dans le même assortiment. Nous avons donc, à dire quelques mots de la manière de déterminer ces éléments.

Appelons :

n, le nombre de cannelles d'une machine ;

D, la longueur développée par les cylindres lamineurs de cette machine pendant l'unité de temps, une minute par exemple;

n' et D' les mêmes éléments pour la machine suivante, dont r' est l'étirage effectif.

La première machine dans une minute produit autant de mèches de longueur D qu'il y a de cannelles ; la longueur totale de mèche produite pendant ce temps sera donc nD.

Cette longueur nD, en passant par la deuxième machine, augmente par suite de l'étirage et devient $r'n$D.

Il faudra donc, pour que les deux machines se desservent exactement, que cette longueur $r'n$D soit précisément égale à la longueur totale de mèche produite par la deuxième machine. Cette deuxième machine produit une longueur n'D', on peut donc écrire que $n'D' = r'n$D.

A l'aide de cette formule on calculera le nombre des organes des machines successives, et si le cas se présentait, la vitesse de ces organes, le nombre en étant connu.

Veut-on le nombre de cannelles d'une machine, celui de la machine qui le précède étant connu, nous tirerons de cette formule :
$$n' = nr'\frac{D'}{D}. \tag{1}$$

n' est le nombre cherché.

Si au contraire on a à calculer le nombre des organes d'un passage, celui du passage qui le suit étant connu, de la même formule on tirera :
$$n = n'\frac{D'}{r'D}. \tag{2}$$

Voici d'ailleurs quelques applications :

Une machine de chute (1) à 40 cannelles ; combien doit en

---

1. On appelle ainsi, ou *réduit*, le passage de l'assortiment auquel on commence l'affinage ; on supprime en général le doublage à ce passage.

avoir la machine suivante, en supposant que les cylindres lamineurs de deux machines développent la même quantité $(D = D')$, et que pour la seconde le doublage est 3 et l'étirage 3,6. L'étirage réel sera : $r' = \frac{3,60}{3}$.

La formule (1) devient dans ce cas, puisque $D = D'$, $n' = nr'$; d'où, en remplaçant les lettres par leurs valeurs,

$$n' = 40 \times \frac{3,60}{3} = 48.$$

Soit maintenant à déterminer le nombre de cannelles d'une machine dont les cylindres lamineurs développent 20,60 et dont l'étirage sur 3 rubans réunis est de 3,378, sachant que la machine précédente en a 84 et développe 21,10.

La même formule (1) nous donnera :

$$n' = 84 \times \frac{3,378}{3} \times \frac{21,10}{20,60} = 96,87.$$

Dans ce cas, on mettra 97 cannelles.

On peut aussi avoir à déterminer le nombre des organes d'un passage quelconque par rapport à celui d'un autre dont le nombre est connu. Le calcul est analogue aux précédents :

Conservons la même notation, et soient :

n et D, les données pour une première machine,

n' et D', et r', les données pour une deuxième machine ;

r'', r''', … etc., les étirages réels des machines intermédiaires.

La première machine fournit dans l'unité de temps pour toutes ses cannelles une longueur totale de mèche égale à nD.

Cette longueur nD deviendra $nDr'r''r'''$,… à la sortie de la dernière machine, rendant une longueur $n'D'$. Nous pouvons donc écrire : $n'D' = nDr'r''r'''$, …, etc.

De cette formule on tirera, comme précédemment, les deux valeurs de n et de n' qui peuvent être nécessaires :

$$n' = nr'r''r''' \dots \frac{D}{D'}. \qquad\qquad n = n'r'r''r''' \frac{D'}{D}.$$

Voici un exemple du premier cas :

Soit à trouver le nombre de cannelles du quatrième passage, sachant que la première machine, ou machine de chute de 40 cannelles, développe 21^m,4 et qu'aux trois passages suivants on a fait subir à trois rubans réunis des étirages successifs de 3,6 ; 3,6 ; 3,75 et que le développement de la quatrième machine est de 20^m,5.

Dans ce cas, l'inconnue que nous avons appelée n' sera égale à $n' = 40 \times \frac{3,6}{3} \times \frac{3,6}{3} \times \frac{3,75}{3} \times \frac{21,4}{20,5} = 74,4$.

Nous donnerons au quatrième passage soixante-quinze cannelles.

Remarquons, avant de quitter ce sujet, que les formules trouvées précédemment s'appliquent aussi au nombre de broches de métier à filer. On peut ainsi déterminer le nombre de cannelles d'un passage connaissant le nombre de broches de métier à filer et réciproquement.

Nous allons appliquer à un exemple plus complet les formules trouvées précédemment.

Soit à déterminer un assortiment pour filer au métier continu 380 à 400 kilogrammes en numéro 45 anglais ou 20 kilométrique, en laine longue, représentant une longueur moyenne de $390 \times 20\,000 = 7\,800\,000$ mètres par jour de douze heures.

Nous déterminerons d'abord le nombre de broches de continu qui nous est nécessaire, en appliquant la formule $N = ll$ du chapitre précédent, qui donne le nombre de révolutions des broches à réaliser par minute pour filer la longueur l dans le même temps.

Par minute nous devons filer : $\frac{7\,800\,000}{60 \times 12} = 10\,833$ mètres.

Donc $N = 10\,833 \times 0,87 \sqrt{20} = 42\,140$ révolutions à réaliser.

Si N′ représente le nombre de broches cherché, et N″ le nombre de révolutions d'une broche à la minute, il est clair que

$$N' = \frac{N}{N''}.$$

Supposons un continu dont les broches font 2400 tours par minute :

N' sera égale à $\frac{42140}{2400} = 1755$.

Si, au lieu de 2400 tours, les broches en font 3000, le nombre de broches dont nous aurons besoin sera :

$$N' = \frac{42140}{3000} = 1404 \text{ à } 1405.$$

Si enfin les métiers que nous voulons employer sont de 444 broches il nous en faudra dans le premier cas $\frac{1755}{144} = 12,18$ ou 12 à 13; dans le deuxième cas $\frac{1405}{144} = 9,7$ soit 10 métiers.

Nous allons maintenant nous occuper des différentes machines de l'assortiment. Comme le nombre de passages, de doublages et d'étirages dépend des caractères de la laine, nous admettrons que nous avons été conduits à adopter l'assortiment à six passages déjà mentionné pour le continu, et pour chaque passage, à prendre les doublages et les étirages indiqués dans le tableau d'autre part. Il nous restera à déterminer le nombre d'organes de chaque passage en remontant des métiers à filer jusqu'aux gills-box.

Cette détermination se fera facilement à l'aide de la formule trouvée précédemment : $n = n' \times \frac{1}{r} \times \frac{D'}{D}$. Les étirages effectifs nous sont connus puisque le tableau nous donne les doublages et les étirages; il ne nous manque que l'étirage au métier à filer que nous prendrons égal à 16. Il nous faut aussi les développements des cylindres laminoirs. Ceux des broches, ayant été calculés précédemment, il ne nous manque que ceux des laminoirs du métier continu. Mais, puisque nous devons produire, ainsi que nous l'avons calculé au commencement de cet exemple, 10833 mètres par minute avec 1405 broches, en divisant 10833 par 1405, nous aurons la longueur que doit filer une broche et celle à livrer par les laminoirs des métiers à filer. On trouve, en faisant cette division, 7^m,74.

En effectuant les calculs que nous venons d'énumérer, on trouve les résultats du tableau suivant.[1]

Numéro	MACHINES.						OBSERVATIONS.
1	Gills-box.....	8	5,50	1,10	0,124	8,51	7,72	2 gills à 2 têtes. 1 pot par tête, 2 rubans par pot.
2	Id.	8	5,50	1,10	0,136	8,51	8,50	2 gills à 2 têtes, 1 à 1 tête : 1 bobine par tête et 2 mèches par bobine.
3	Banc à broches à gills	5	6	1,29	0,165	8,51	10,21	2 bancs à broches de 6 broches.
4	Banc à broches.	4	6	1,50	0,245	8,16	16,54	2 bancs à broches de 10 broches.
5	Id.	3	6,50	2,16	0,552	8,16	35,74	2 bancs à broches de 20 broches.
6	Id.	3	7	2,33	1,25	8,16	53,29	3 bancs à broches de 32 broches.
	Métier à filer..			16	20	7,74	14,05	10 métiers continus de 144 broches.

TYPES D'ASSORTIMENTS FONCTIONNANT INDUSTRIELLEMENT. — Dans un sujet de la nature de celui qui nous occupe, les données théoriques et raisonnées acquièrent surtout de la valeur par des exemples tirés des établissements réputés les mieux montés, et dirigés par des industriels habiles dont les produits portent les marques les plus recherchées. Nous donnons pour cette raison la composition de quelques assortiments fonctionnant dans les meilleures conditions sous le rapport de la perfection du produit. En comparant attentivement l'outillage de diverses usines qui exécutent les mêmes articles et les font également bien, on peut s'assurer qu'ils ne se distinguent que par quelques variations de détail. Cette remarque pourrait faire supposer que l'industrie est arrivée sous ce rapport à l'apogée du progrès, et n'a plus qu'à appliquer une formule constante et

Immuable. Cependant les améliorations réalisées dans l'industrie des laines sont néanmoins susceptibles de progresser encore, surtout pour les opérations du deuxième degré. Les tableaux suivants vont nous aider à développer cette opinion.

1er TABLEAU. — *Assortiment pour filer 300 à 350 kil. de laine par jour, moitié en chaîne nº 22, moitié en trame nº 115.*

DESIGNATION des numéros	DÉSIGNATION DES MACHINES ET DE LEURS ORGANES	DOUBLAGE	CHAINE			TRAME		
			ÉTIRAGES		NUMÉROS obtenus	ÉTIRAGES		NUMÉROS obtenus
			Théorique	Pratique		Théorique	Pratique	
I	1 défeutreur double; 14 peignes, dont 12 à l'entrée, 2 à la sortie; 2 cannelles simple mèche	18	11,50	11,94	0,550	11,60	11,30	0,132
II	1 étirage de 8 cannelles, simple mèche.	4	5,87	4,64	0,774	4,51	4,30	0,255
III	1 bobinoir de 12 id. double mèche	1	4,70	4,60	0,890	4,70	3,75	0,391
IV	1 id. 30 id. id.	2	5,00	4,25	1,243	5,00	5,00	1,074
V	1 id. 34 id. id.	3	4,09	3,42	1,504	4,19	4,15	2,315
VI	1 id. 46 id. id.	3	4,32	3,98	2,375	4,39	3,94	2,905
VII	1 id. 50 id. b°.	4	4,30	4,10	2,690	4,30	4,44	3,290
VIII	1 id. 50 id.	4	4,45	4,05	2,000	4,45	4,00	3,354
IX	2 bobinoirs de 40 cannelles, ensemble 80 cannelles, double mèche	3	4,00	4,00	4,757	4,00	4,20	3,051
X	3 id. 40 id. id. 120 id. id. id.	3	3,00	4,25	6,004	4,30	4,67	3,167

Nombre de broches d'après la formule : 6480. En étirant par 148 la mèche nº 6,934, on aura de la chaîne 22 et en étirant par 14 la mèche nº 8,167, on aura la trame 115.

Rapport entre le nombre de cannelles du bobinoir finisseur et le nombre de broches : $\frac{6480}{120} = 54$. Donc 1 cannelle alimente 54 broches.

DÉSIGNATION des PASSAGES.	DÉSIGNATION DES MACHINES ET DE LEURS ORGANES.	DOUBLAGES.	ÉTIRAGES.	NUMÉROS NOUVEAUX.
I	2 gills-box à 4 têtes. Nº des rubans à l'entrée 0,06...............	3	5,70	0,130
II	1 id. id.	4	5,00	0,210
III	1 étirage à 6 têtes, 24 bobines.......................	2	5,00	0,345
IV	1 bobinoir de 20 cannelles à double mèche...............	4	4,30	0,300
V	1 id. de 40 id.	1	4,65	2,625
VI	2 id. de 40 id.	3	4,25	3,790
VII	2 id. de 40 id.	3	4,30	5,560
VIII	3 id. de 40 id.	3	4,30	8,330

Nombre de broches d'après la formule : 6480.

Nombre de broches par cannelle à double mèche : $\dfrac{6480}{3 \times 40} = 54$.

Remarque. Ce tableau indique la marche suivie pour la préparation de la trame; s'il s'agissait par exemple de produire de la mèche 7,5 pour chaîne, on pourrait procéder comme dans le tableau précédent, partir avec le même ruban à l'entrée, et varier légèrement l'étirage effectif d'un passage à l'autre, ou, ce qui est plus simple, conserver absolument les mêmes rapports à chaque passage et modifier seulement le numéro du ruban à la première machine; ainsi, pour arriver au nº 8,33 de mèche au dernier passage, nous sommes partis avec un nº 0,06 : quel numéro de ruban faudra-t-il pour que les mêmes transformations donnent du nº 7,5? On y arrive par l'application de la formule page 388.

DÉSIGNATION des PASSAGES.	DÉSIGNATION DES MACHINES ET DE LEURS ORGANES.	DOUBLAGES.	ÉTIRAGES.	NUMÉROS nouveaux.
I	2 défeutreurs doubles, ensemble 4 têtes, double mèche	9	10,080	0,250
II	2 étirages simples, id. 10 id. id. id.	2	7,344	0,530
III	2 bobinoirs frottoirs à compteur, 40 cannelles, double mèche........	2	5,302	2,365
IV	2 id. id. ensemble 48 id. id.	3	3,600	3,100
V	2 id. id. id. 60 id. id.	3	3,750	3,875
VI	2 id. id. id. 72 id. id.	3	3,600	4,650
VII	2 id. id. id. 84 id. id.	3	3,360	5,425
VIII	2 id. id. id. 96 id. id.	3	3,378	6,108
IX	2 id. id. id. 132 id. id.	3	4,862	8,570

4ᵉ TABLEAU. — *Assortiment pour filer 460 à 530 kil. par jour en numéros 40 à 70 pour la bonneterie.*

DÉSIGNATION DU NUMÉRO	DÉSIGNATION DES MACHINES ET DE LEURS ORGANES.				Nombre	Doublage	Étirage total
I	1 débleurer ou gills-box à double étirage, à 4 têtes				9	10,000	0,200
II	id.		à 6 têtes, simple mèche		3	7,814	0,731
III	1 boblaoir en gros, 14 cannelles,		id.		3	6,505	1,088
IV	id.	30	id.	id.	3	3,800	2,479
V	id.	30	id.	double mèche.	3	3,785	3,600
VI	id.	40	id.	id.	3	3,000	3,718
VII	2 id.	30	id.	ensemble 66,			
				double mèche	3	3,800	4,337
VIII	3 id.	40	id.	ensemble 120,			
				double mèche.	3	4,000	5,782

Nombre de mèches : $40 \times 3 \times 2 = 240$. En prenant 50 broches par cannelle, cela donne pour l'assortiment : $240 \times 25 = 6000$ broches. Ces broches faisant des bobines dont l'écartement d'axe en axe est de 0,043, l'emplacement et les soins ne permettent guère d'employer des métiers de plus de 600 broches. Il faudra donc 10 selfs-actings.

REMARQUES SUR LES TABLEAUX QUI PRÉCÈDENT. — Nous avons choisi à dessein pour les trois premiers tableaux des assortiments donnant des produits identiques et fonctionnant également bien. Comme le nombre de passages est le même à peu près, on peut le supposer sans changement, attendu que la première machine du premier assortiment est presque toujours regardée comme faisant partie de la préparation après peignage. Dans tous les cas on sera dans le vrai en disant que le nombre des passages généralement appliqués pour les fils indiqués est de neuf ou dix. Quant aux rapports entre les doublages et les étirages, ils peuvent varier, comme on voit, assez irrégulièrement et cependant donner également de bons résultats. On remarquera néanmoins que ces transformations sont combinées dans le troisième assortiment d'après les principes précédemment exposés et basés sur l'uniformité du nombre des doublages d'un passage à l'autre à partir de la machine de chute, ou premier bobinoir correspondant au troisième passage. C'est de fait à partir de celui-ci que le ruban commence à être affiné méthodiquement. C'est aussi en combinant l'assortiment d'après le troisième tableau qu'on parvient le plus facilement à éviter le coulage à fond dont nous avons parlé plus haut.

Le premier tableau donne les quantités de doublages et d'étirages suivant qu'on prépare la mèche pour la chaîne ou pour la trame. On remarque qu'il suffit de modifier légèrement ces quantités (par un changement de pignon, à l'étirage) pour obtenir au dernier passage la mèche du numéro déterminé *à priori*. En effet, si nous multiplions le numéro 6,934, titre de la mèche du bobinoir finisseur pour la chaîne, par 11,9, étirage du métier à filer, nous aurons 82,5, numéro demandé; et le numéro 8,167 pour la trame, multiplié par 14,1, étirage au métier à filer, nous donne le numéro 115 que nous voulons obtenir.

Principales causes des variations entre les étirages calculés et les étirages pratiques. — Il est à observer, dans les colonnes du premier tableau, que l'étirage calculé et le résultat pratique ne concordent pas toujours : l'écart est quelquefois supérieur, le plus souvent inférieur, à la quantité trouvée par le calcul. Si au lieu de laines fines auxquelles ces chiffres s'appliquent, on fait la même comparaison sur des grosses laines communes, de brins lisses, d'un dégraissage facile, ou sur une partie de laine mélangée, composée de fibres de longueurs différentes, les conséquences ne sont plus les mêmes : l'allongement dépasse en général celui calculé *à priori*, il est rarement moindre. Ce changement est facile à expliquer; en outre des cylindres laminoirs étireurs dont les développements sont calculés avec précision, les rubans sont soumis à la traction plus ou moins sensible des peignes à aiguilles d'abord, et à celle du rouleau d'appel du tablier ensuite. Si on opère sur un ruban un peu gros, sur des fibres lisses, droites, sans une grande cohésion entre elles, elles peuvent, sous l'action des organes accessoires dont il vient d'être parlé, recevoir un surcroît d'étirage. L'effet se produira également sur une laine mélangée pour laquelle les écartements auront été calculés sur les brins les plus longs. La traction du peigne et celle du rouleau d'appel dépassent alors les effets du frottement des transmissions : de là un allongement plus grand que celui calculé. Mais pour les laines fines courtes, à surface striée, qui font adhérer intimement entre eux les brins du ruban mince, il n'y a plus de division possible de la masse, elle se comporte comme si elle n'était composée que d'une seule fibre ; elle chemine alors avec la vitesse calculée, diminuée dans une faible proportion par l'effet des frottements inhérents aux transmissions en général. De là la petite différence en moins entre l'étirage pratique et l'étirage théorique.

Quelle qu'elle soit, on peut la corriger en modifiant la transmission dans le sens voulu, par un changement de pignon.

Nous avons indiqué précédemment le rapport généralement adopté entre le nombre des passages et les titres des fils auxquels ils sont destinés. Le quatrième tableau donne, comme exemple, une combinaison pratique pour les numéros de 40 à 70, titrage de Reims, démontrant que, même pour des fils assez ordinaires, le nombre des machines, leur dépense, la place qu'elles exigent et le personnel qu'elles réclament, sont assez considérables.

On a cherché de diverses manières à simplifier cet état de choses et à améliorer les conditions économiques sans amoindrir la valeur et la perfection du résultat. Le but fondamental poursuivi a surtout consisté dans le moyen d'augmenter la proportion d'étirage à chaque passage sans altérer l'homogénéité du produit. On a essayé à cet effet les peignes cylindriques à pression, les peignes cylindriques ou à gills, avec des rubans ou mèches multiples. Les machines dans lesquelles on réitère deux et quelquefois trois étirages successifs à la suite l'un de l'autre, dites *défeutreurs doublés*, réalisant deux ou trois passages, ont également été imaginées dans le même but.

Ces diverses applications sont les unes, comme l'emploi de la double et de la triple mèche, presque générales, tandis que les avantages des autres sont plus controversés et leur usage moins répandu.

Quoi qu'il en soit, les assortiments composés d'après les errements que nous venons d'indiquer continuent à être l'objet de recherches, dans le but de les simplifier afin de réduire les frais généraux. Depuis quelque temps, on commence à étudier des préparations de six à sept passages pour les numéros les plus élevés. Ils seraient basés sur un plus grand nombre de doublages, et par suite sur une plus forte quantité d'étirage à chaque passage qu'à l'ordinaire.

Les tableaux 5 et 6 donnent deux exemples d'assortiments ainsi réduits.

5ᵉ TABLEAU.

DÉSIGNATION DES PASSAGES.	DÉSIGNATION DES MACHINES.	DOUBLAGES.	ÉTIRAGE.	NUMÉROS MOYENS.	OBSERVATIONS.
I	Défeutreur double............	18	18	1,000	Nous ne donnons plus ici le rapport des machines et des organes de chaque passage, puisque le calcul de leur détermination a été indiqué précédemment.
II	Id.	9	18	2,000	
III	Bobinoir....................	2	4	4,000	
IV	Id.	3	4	5,333	
V	Id.	3	4	7,111	
VI	Id.	3	4	9,481	
VII	Id.	2	4,50	14,221	

Si au lieu de cette combinaison, on modifiait un peu en adoptant deux doublages successifs de 18 et un troisième de 9, on aurait la composition suivante à 6 passages seulement :

6ᵉ TABLEAU.

DÉSIGNATION DES PASSAGES.	DÉSIGNATION DES MACHINES.	DOUBLAGES.	ÉTIRAGE.	NUMÉROS MOYENS.
I	Défeutreur double....................	18	18	1,000
II	Id.	18	18	1,000
III	Id.	9	18	2,000
IV	Bobinoir de chute.................	2	4	4,000
V	Id.	2	4	8,000
VI	Id.	2	4	16,000

Il n'y a de différence entre la composition de ces deux derniers assortiments et celle des précédents, que dans la plus grande masse de matière soumise aux organes à chaque passage et dans la quantité d'étirage réel également plus considérable. Théoriquement, on ne voit pas d'objection à ces combinaisons économiques ; mais, lorsqu'on considère les caractères divers des laines à travailler, les soins nécessaires pour arriver à l'homogénéité au moyen d'une action relativement lente, le point de vue se modifie ; les causes pratiques des fâcheux contre-temps qui se produisent si fréquemment, les irrégularités ou espèces d'étranglements des rubans désignés sous le nom de *coupures*, les *barbes* ou fibres entraînées par les organes dans un laminage imparfait, etc., seront probablement plus fréquents lorsque les proportions de doublages et d'étirages seront notablement plus considérables que d'usage. Cependant les essais dans cette direction sont faciles et peu onéreux ; ils ne doivent pas être négligés, surtout dans les assortiments ayant le traitement des laines communes en vue. Les tentatives suivantes sont également dignes d'être prises en considération.

DE LA RÉDUCTION DU NOMBRE DES PASSAGES PAR SUITE DE L'EMPLOI PLUS GÉNÉRAL DES ÉTIRAGES RÉITÉRÉS DANS LA MÊME MACHINE. — Nous avons déjà dit quelques mots des deux et parfois des trois étirages pratiqués successivement dans la même machine, qui rend alors un ruban aussi affiné que s'il avait subi un ou deux passages de plus. Jusqu'ici ce système n'est guère appliqué qu'à la première, rarement à la seconde machine de la série. Les noms d'*étirages*, ou *défeutreurs doubles* leur viennent de la répétition de l'action. Il en est de cette disposition comme du système à gills : l'opinion paraît indécise, elle se résume par des restrictions dans les applications ; on ne discute plus le principe, mais l'étendue de son usage. Nous avons déjà analysé les objections concernant les gills-box, quant au double étirage dans une même machine, on objecte que le second organe étireur, devant nécessairement développer plus que le premier, exige un laminage particulièrement précis pour ne pas couper.

Des objections de ce genre sont possibles pour toute espèce de machines réclamant quelques soins particuliers inhérents à leur destination spéciale. Nous avons pu nous assurer pratiquement, *de visu*, que le double étirage, pour donner des résultats parfaits, n'exige aucune précaution extraordinaire. Il suffit d'y appliquer avec attention les règles connues relatives aux écartements entre les cylindres, à leur degré de pression et à la disposition des peignes, pour que [l'effet de ce système soit excellent, si bon que nous nous demandons pourquoi le principe ne serait pas appliqué, sinon à toutes les machines de la série, du moins à un plus grand nombre, pour réduire proportionnellement celui des passages.

Nous savons bien que le prix de l'assortiment ne diminuerait pas dans le même rapport, les machines à double étirage coûtant plus cher que celles qui n'en ont qu'un ; mais on ferait encore une notable économie sur le matériel et la main-d'œuvre en réduisant la place occupée par l'assortiment.

Plus nous analysons les conditions pratiques du travail, moins nous hésitons à livrer ces idées aux industriels qui ne se contentent pas quand même des opinions admises. Où en serions-nous si depuis un demi-siècle on s'était contenté des moyens en usage, et si de nombreux chercheurs, traités de théoriciens, n'avaient de temps à autre poussé à la roue du progrès. Il est juste néanmoins de reconnaître que l'industrie de la laine peignée est une de celles où toute espèce de nouveauté a le plus de chances d'être discutée et essayée si elle offre réellement un progrès en perspective.

Nous nous permettons en conséquence d'appeler l'attention des habiles constructeurs et industriels de cette spécialité sur les différents points que nous venons de mentionner. Ils peuvent se résumer en quelques mots : emploi plus fréquent du gills-box à la place des hérissons cylindriques ; application plus générale et plus étendue des peignes non-seulement à deux, mais à un plus grand nombre de mèches pour un même peigne et une même cannelle ; enfin essai, pour certains cas au moins, de la combinaison d'un nombre de doublages et d'étirages dépassant ceux généralement admis. L'un de ces moyens, ou leur réunion, étudié avec soin, expérimenté avec prudence et habileté, paraît susceptible de faire faire un nouveau pas à notre belle industrie des laines, dont les produits, pour certaines spécialités, n'ont de rivaux nulle part à l'étranger.

Afin de compléter ce que nous avons dit sur les préparations du second degré, nous terminerons ce chapitre par les calculs et la récapitulation des éléments d'un assortiment fonctionnant bien, tout en donnant un développement de 19 mètres par passage parce qu'on est un peu à court de machines préparatoires.

Cet assortiment étant à peu près celui du premier tableau, nous nous bornerons à le résumer :

1er passage, 2 étirages doubles à 14 peignes chacun, dont 12 derrière et 2 devant ; chaque machine produit 2 bobines à simple mèche ; le doublage à ce passage est de 18 ;

2e passage, 1 étirage simple à 12 peignes, simple mèche ; doublage, 4 ;

3e passage, 1 bobinoir de 18 peignes, double mèche ; doublage, 1 ;

4e passage, 1 bobinoir de 40 peignes, double mèche ; doublage, 2 ;

5e passage, 1 bobinoir de 44 peignes, double mèche ; doublage, 4 ;

6e passage, 2 bobinoirs de 30 peignes, double mèche ; doublage, 3 ;

7e passage, 2 bobinoirs de 38 peignes, double mèche ; doublage, 3 ;

8e passage, 2 bobinoirs de 40 peignes, double mèche ; doublage, 4 ;

9º passage, 2 bobinoirs de 46 peignes, double mèche ; doublage, 4 ;

10º passage, 4 bobinoirs de 46 peignes, double mèche ; doublage, 3.

Les bobinoirs des deux derniers passages sont de 46 peignes, mais ceux du dixième passage ont 92 bobines à simple mèche sur le devant, tandis que les quatre du neuvième n'en ont que 46 à double mèche. Nous désignerons donc, pour éviter les confusions, les bobinoirs du neuvième passage par bobinoirs de 46 ; et ceux du dixième, par bobinoirs de 92.

L'assortiment peut alimenter 9 820 broches faisant 5 échées, 50 par jour ; nous le vérifierons d'ailleurs plus loin. Il est commandé par une transmission faisant 260 tours par minute. Les poulies de commande des bobinoirs sont placées sur l'arbre de l'excentrique des frottoirs.

Pour rendre plus clairs les calculs de cet assortiment, nous donnons, fig. 7, pl. XIX, un tracé spécial de l'ensemble des transmissions nécessaires à ces calculs.

A est l'arbre de la transmission faisant, comme nous l'avons déjà dit, 260 tours par minute ;

B, poulie placée sur cette transmission et commandant les poulies c ;

c, poulies de commande, fixe et folle, placées sur l'arbre des excentriques des frottoirs ;

D, roue d'angle fixée sur le même arbre, et engrenant avec E ;

E, roue d'angle solidaire de la roue F ;

F, roue d'angle commandant la roue G ;

G, roue droite calée à l'extrémité des cylindres lamineurs ;

M, cylindres lamineurs ;

H, roue droite fixée sur les cylindres M et qui commande la roue J ;

J, roue droite solidaire de la roue x ;

x, roue droite commandant la roue K ;

K, roue placée à l'extrémité des cylindres de derrière ;

L, cylindres de derrière.

Pour avoir le développement par minute des cylindres lamineurs M, nous appliquerons les règles connues qui servent pour tous les calculs analogues ; et nous trouverons, en supposant que les lettres qui désignent les divers organes représentant aussi le diamètre, nombre de tours, ou nombre de dents de chacun de ces organes, nous trouverons que ce développement est donné par la formule : $\dfrac{A \times B \times D \times F \times \omega \times 3,1416}{C \times E \times G}$.

Remplaçant ces lettres par leurs valeurs, nous aurons :

Bobinoir de 92 bobines, développement

$$= \frac{260 \times 0,400 \times 59 \times 81 \times 0,032 \times 3,1416}{0,350 \times 60 \times 82} = 19^m,94 ;$$

Bobinoirs de 46, 40, 38, 30, 44, 40, développement

$$= \frac{260 \times 400 \times 59 \times 81 \times 0,025 \times 3,1416}{400 \times 60 \times 82} = 19^m,82 ;$$

Bobinoir de 48, développement

$$= \frac{260 \times 400 \times 59 \times 63 \times 0,032 \times 3,1416}{400 \times 60 \times 82} = 19^m,74.$$

N'ayant pas tenu compte dans nos calculs du glissement des courroies, nous pouvons admettre que par suite de ces glissements le développement des cylindres lamineurs est pour tous les bobinoirs de 19 mètres.

Voyons maintenant si l'assortiment peut suivre les métiers à filer.

Chaque broche de métier à filer produisant 5,5 échées, par jour, les 9 820 broches de l'assortiment produiront (l'échée étant de 700 mètres) $9\,820 \times 700 \times 5,50 = 37\,807\,000$ mètres ; et comme l'étirage moyen pour ces métiers est de 12, ces $37\,807\,000$ mètres représentent $\dfrac{37\,807\,000}{12} = 3,150,583$ mètres de mèche fournis par les bobinoirs finisseurs. Mais nous avons vu que ces derniers produisent 19 mètres par minute; les bobinoirs à 46 mèches doubles chacun produiront $19 \times 4 \times 46 \times 2$ par minute. Et comme la marche effective de ces machines est en 12 heures de travail de 7 heures et demie ou 450 minutes, le produit journalier des bobinoirs finisseurs sera donc de $19 \times 4 \times 46 \times 2 \times 450 = 3146400$ mètres, c'est-à-dire à peu de chose près ce qu'exigent les 9,820 broches.

L'étirage dans toutes ces machines s'obtient au degré voulu, et se règle en remplaçant le pignon x dans la commande des cylindres de derrière par les cylindres lamineurs. Voici des applications de ces calculs en conservant les notations qui nous ont servi plus haut.

Quand les cylindres de derrière font un tour, les cylindres lamineurs en font, d'après la transmission, $\frac{K \times J}{x \times H}$. Par suite, les premiers développant en un tour $3,1416 \times L$, les seconds développent $\frac{K \times J \times 3,1416 \times M}{x \times H}$ et l'étirage ou rapport de ces deux développements sera de $\frac{K \times J \times 3,1416 \times M}{x \times H \times 3,1416 \times L} = \frac{K \times J \times M}{x \times H \times L}$. Remplaçant, dans cette dernière expression, les lettres, excepté x, par leurs valeurs, nous trouverons que l'étirage est représenté :

Pour les bobinoirs finisseurs, par

$$\frac{105 \times 77 \times 22}{x \times 36 \times 30} = \frac{104,694}{x};$$

Pour les bobinoirs intermédiaires, par

$$\frac{80 \times 77 \times 25}{a \times 36 \times 30} = \frac{142,592}{x};$$

Pour les bobinoirs de chute, par

$$\frac{75 \times 36 \times 22}{x \times 34 \times 50} = \frac{202,352}{x}.$$

Des calculs analogues nous donneront :

Pour l'étirage simple, $\frac{170,542}{x}$;

Pour l'étirage double, $\frac{710,535}{x}$.

On a trouvé ainsi des coefficients, qui divisés par le nombre x de dents du pignon de la tête de cheval, donnent l'étirage théorique de chaque machine. A l'aide de ces coefficients, on est arrivé à dresser un tableau qui, connaissant le pignon x de la tête de cheval d'une machine, détermine l'étirage théorique de cette machine. Il suffit de donner à x dans les expressions précédentes toutes les valeurs des pignons de rechange; c'est ainsi que le tableau suivant a été calculé.

Tableau des étirages théoriques de chaque machine de la préparation, selon le pignon x mis à la tête de cheval.

ÉTIRAGE DOUBLE 14 pignons $\frac{710,535}{x}$		ÉTIRAGE SIMPLE 12 pignons $\frac{170,343}{x}$		BOBINOIR de cinq 12 pignons $\frac{202,251}{x}$		BROCHES 10, 14, 20, 22, 18, 16 pignons $\frac{142,005}{x}$		BOBINOIR de 16 pignons $\frac{164,604}{x}$	
Pignons	Étirages	Pignons	Étirages	Pignons	Étirages	Pignons	Étirages	Pignons	Étirages
35	20,301	30	5,678	26	7,782	26	5,464	26	6,334
36	19,737	31	5,494	27	7,494	27	5,261	27	6,099
37	19,203	32	5,323	28	7,220	28	5,072	28	5,881
38	18,696	33	5,161	29	6,977	29	4,916	29	5,679
39	18,218	34	5,010	30	6,741	30	4,755	30	5,489
40	17,763	35	4,866	31	6,527	31	4,599	31	5,312
41	17,330	36	4,731	32	6,323	32	4,486	32	5,146
42	16,917	37	4,603	33	6,131	33	4,320	33	4,990
43	16,524	38	4,482	34	5,951	34	4,193	34	4,843
44	16,148	39	4,367	35	5,781	35	4,074	35	4,705
45	15,789	40	4,258	36	5,620	36	3,960	36	4,574
46	15,446	41	4,154	37	5,468	37	3,853	37	4,451
47	15,117	42	4,055	38	5,325	38	3,757	38	4,334
48	14,802	43	3,961	39	5,188	39	3,656	39	4,222
49	14,500	44	3,871	40	5,058	40	3,561	40	4,117
50	14,217	45	3,785	41	4,935				
		46	3,703	42	4,817				
		47	3,624	43	4,705				
		48	3,548	44	4,598				
				45	4,496				
				46	4,398				
				47	4,305				
				48	4,215				
				49	4,129				
				50	4,047				
				51	3,967				
				52	3,891				
				53	3,817				
				54	3,747				
				55	3,679				

La pratique doit intervenir pour déterminer l'étirage le plus convenable pour une machine donnée. Cette détermination est basée sur le temps de marche réel par jour de chaque machine, le nombre de peignes de chacune d'elles, son doublage, etc.; le tout combiné de telle sorte que les machines se desservent exactement.

Nous avons réuni dans les tableaux suivants, pour chaque machine :

1° L'étirage pratique qu'il convient de lui faire faire ;

2° L'étirage théorique nécessaire pour obtenir l'étirage pratique ;

3° La différence moyenne qui existe entre l'étirage pratique et l'étirage théorique ;

4° Le pignon x correspondant à l'étirage théorique demandé (d'après le tableau précédent);

5° Le coefficient qui, multiplié par le numéro que l'on veut obtenir au bobinoir finisseur, donne le numéro que l'on doit faire à chaque machine.

DÉSIGNATION DES MACHINES.	ÉTIRAGES PRATIQUES.	ÉTIRAGES THÉORIQUES.	DIFFÉRENCE MOYENNE entre l'étirage pratique et l'étirage théorique	PIGNONS.	COEFFICIENTS.
Bobinoir finisseur de.. 92	5,500	5,679	0,150	29	
Bobinoir avec finisseur 46	4,600	4,753	0,200	30	0,54541
Bobinoir 40	4,060	4,458	0,350	32	0,47426
Id. 38	3,750	4,193	0,350	34	0,46718
Id. 30	4,990	5,092	0,250	28	0,37367
Id. 44	4,350	4,916	0,400	29	0,22565
Id. 40	4,850	5,281	0,400	27	0,20682
Bobinoir de chute 18	4,850	5,058	0,260	40	0,06519
Étirage simple....... 12	3,580	3,961	0,400	43	0,08776
Étirage double....... 14			0,500		0,10072

Ces coefficients sont calculés à l'aide de la formule : $n = n' \times \dfrac{d'}{c'}$ donnée dans ce chapitre. Dans cette formule, si nous considérons n' comme le numéro du bobinoir finisseur, d' et e' le doublage et l'étirage à ce bobinoir, n sera le numéro du bobinoir avant-finisseur. Si nous prenons n' comme unité, si nous faisons dans la formule $n' = 1$, la valeur que nous trouverons pour n sera précisément le coefficient pour le bobinoir avant-finisseur, qui, multiplié par le numéro qu'on veut avoir au finisseur, donne le numéro à produire à l'avant-finisseur. Puis, nous servant de la même formule dans laquelle n' sera le coefficient que l'on vient de trouver, d' et e' le doublage et l'étirage à l'avant-finisseur, nous obtiendrons le coefficient pour le passage précédent ; et ainsi de suite, de proche en proche jusqu'à l'étirage double. Nous devons cependant faire une observation. Quand on sera arrivé à l'étirage simple, le coefficient ne sera pas celui dont on devra se servir pour avoir le numéro à ce passage ; car pour les étirages l'échée servant à déterminer le numéro est cinq fois plus petite que pour les bobinoirs[1] ; le numéro devient alors cinq fois plus grand. On

---

1. L'échée est la longueur prise pour unité afin de déterminer le numéro d'un fil. Sa valeur est de 700 mètres ; et dire qu'un fil est du numéro 50, par exemple, c'est indiquer qu'il faut 50 échées de 700 mètres, ou 35000 mètres, de ce fil pour obtenir un poids de 1 kilogramme. Pour les bobinoirs, le numéro indique combien il faut d'échées de 35 mètres pour obtenir un poids de 1 livre. Enfin, pour les étirages, défeutreurs, gills-box, le numéro indique le nombre d'échées de 7 mètres pour obtenir le même poids de 500 grammes. On change ainsi d'unité parce qu'en conservant celle de 700 mètres pour les défeutreurs par exemple, la mèche étant très-grosse, donnerait un numéro très-petit, inférieur à l'unité, ce qui serait incommode dans la pratique. Ainsi pour les bobinoirs l'unité est $\frac{1}{20}$ de l'échée ordinaire de 700 mètres ; pour les étirages, etc., $\frac{1}{100}$. Ces longueurs de 700 mètres, 35 mètres, 7 mètres s'obtiennent à l'aide d'un dévidoir qui a un périmètre de $1^m,40$. Cinq tours de ce dévidoir font 7 mètres ; 25 tours, 35 mètres ; 500 tours, 700 mètres. On peut avoir besoin de ramener le bobinoir au numéro qu'il aurait à la livre et à l'échée de 35 mètres. Il faut, dans le premier cas, diviser le numéro du bobinoir par 10 ; et dans le second cas le multiplier au contraire par 10. Ainsi le numéro du bobinoir 42 indique 42 longueurs de 35 mètres dans

devra donc rendre le coefficient que l'on aura obtenu pour l'étirage cinq fois plus grand. A l'aide de ce nouveau coefficient de l'étirage simple, on obtiendra facilement, par le même moyen, celui de l'étirage double.

Avec le tableau précédent nous pourrons calculer, une fois le numéro du bobinoir finisseur connu, le numéro que doit faire chaque machine de l'assortiment. Quant à celui du bobinoir finisseur, il se calcule d'après celui du fil à produire et l'étirage au métier à filer. Ainsi, pour la trame, en prenant pour l'étirage au métier à filer 13,5, si N représente le numéro du fil, le numéro du bobinoir finisseur sera : $\frac{N}{13,5}$, en le rapportant à l'échée de 700 mètres au kilogramme ; et aux unités adoptées pour les bobinoirs, il sera :

$$n = \frac{10N}{13,5}. \qquad (1)$$

Pour la chaîne, si l'étirage au métier à filer est 11,5, le numéro du bobinoir finisseur sera :

$$n = \frac{10N}{11,5}. \qquad (2)$$

C'est à l'aide des formules (1) et (2) et des coefficients du tableau précédent que nous avons calculé les deux tableaux suivants, donnant, l'un pour la chaîne et l'autre pour la trame, le numéro que doit faire chaque machine de la préparation pour les numéros les plus usuels de chaîne et de trame.

1 livre ; si on prend une longueur de 700 mètres, ou 20 fois plus grande, il en faudrait 20 fois moins pour le même poids ou $\frac{42}{20}$. Et pour obtenir un poids double, ou 1 kilogramme, il en faudra 2 fois plus ou $\frac{42 \times 2}{20} = \frac{42}{10}$, comme nous l'avons dit plus haut. Cela prouve en même temps que pour l'opération inverse il faut multiplier par 10. Pour les défeutreurs on passe de l'échée de 7 mètres à la livre, à l'échée de 700 mètres au kilogramme et inversement en divisant ou multipliant par 50 ; et de l'échée de 7 mètres, à l'échée de 35 mètres à la livre et inversement, en divisant ou multipliant par 5. (Démonstration analogue à la précédente.)

DÉSIGNATION des MACHINES.	92.	46.	40.	38.	30.	44.	46.	18.	12.	14.
PIGNONS.	39 d.	34 d.	32 d.	34 d.	36 d.	36 d.	27 d.	42 d.	43 d.	
COEFFICIENTS										
NUMÉROS.										
60	56	38,25	34,65	34,30	19,45	11,70	10,75	4,45	4,65	5,35
65	60	30,65	36,65	36,15	20,35	12,60	11,60	4,80	4,95	5,80
70	64	33,30	38,60			13,75	12,50	4,90	5,35	6,15
75	65	35,45	31,80	30,45	24,50	14,60	13,43	5,55	5,70	6,55
80	69	33,65	32,70	32,35	25,80	15,50	14,30	5,90	6,05	6,96
85	74	40,38	36,10	34,60	27,03	16,65	15,30	6,30	6,50	7,45
90	78	41,55	37,00	38,45	29,15	17,55	16,15	6,65	6,85	7,83
95	85	45,35	39,33	38,20	31,00	18,70	17,15	7,10	7,30	8,35
100	87	47,45	41,95	40,65	32,50	19,55	18,00	7,40	7,65	8,75
105	91	49,65	43,15	42,50	34,00	20,50	18,90	7,75	8,00	9,15
110	96	52,35	45,50	44,80	35,85	21,60	19,25	8,10	8,40	9,65
115	100	54,55	47,45	46,70	37,35	22,50	20,70	8,50	8,80	10,10
120	104	56,70	49,70	48,60	38,85	23,40	21,50	8,85	9,10	10,45
125	108	58,90	51,35	50,45	40,35	24,30	22,35	9,20	9,50	10,90
130	113	61,60	53,60	52,80	42,20	25,40	2,40	9,60	9,90	11,40
135	117	63,80	55,50	54,65	43,70	26,32	24,20	9,95	10,25	11,80
140	122	66,55	57,85	57,00	45,60	27,45	25,20	10,40	10,70	12,30
145	126	68,70	59,75	58,85	47,10	28,35	26,05	10,70	11,05	12,70
150	130	70,90	61,60	60,70	48,55	29,20	26,90	11,05	11,40	13,10

DÉSIGNATION des MACHINES.	92.	46.	40.	38.	30.	44.	46.	18.	12.	14.
PIGNONS.	29 dts.	30 dts.	32 dts.	34 dts.	28 dts.	29 dts.	27 dts.	40 dts.	43 dus.	
COEFFICIENTS		0,54843	0,47430	0,46718	0,37867	0,22343	0,20065	0,08549	0,08572	0,10472
NUMÉROS.										
80	59	32,20	28,00	27,55	22,05	13,30	12,20	5,05	5,20	5,95
85	63	34,35	29,90	29,45	23,65	14,20	13,00	5,35	5,55	6,35
90	67	36,55	31,80	31,30	25,05	15,10	13,85	5,70	5,90	6,75
95	70	38,20	33,20	32,70	26,15	15,75	14,50	5,95	6,15	7,05
100	74	40,35	35,10	34,60	27,65	16,65	15,30	6,30	6,50	7,45
105	78	42,55	37,00	36,45	29,15	17,55	16,15	6,65	6,85	7,85
110	81	44,20	38,40	37,85	30,25	18,20	16,75	6,90	7,10	8,15
115	85	46,35	40,30	39,70	31,75	19,10	17,55	7,25	7,45	8,55
120	89	48,54	42,20	41,60	33,25	20,05	18,40	7,60	7,80	8,85
125	93	50,70	44,10	43,45	34,75	20,90	19,25	7,90	8,15	9,35
130	96	52,35	45,50	44,85	35,85	21,60	19,85	8,20	8,40	9,65
135	100	54,55	47,42	46,70	37,55	22,50	20,70	8,50	8,80	10,10
140	104	56,70	49,30	48,60	38,85	23,40	21,60	8,80	9,10	10,45
145	107	58,50	50,75	50,00	40,00	24,10	22,16	9,10	9,40	10,80
150	111	60,55	52,65	51,85	41,50	25,00	22,95	9,45	9,75	11,20
155	115	62,70	54,55	53,70	43,00	25,90	23,80	9,80	10,15	11,60
160	118	64,35	56,00	55,10	44,10	26,55	24,40	10,05	10,35	11,90
165	122	66,60	57,90	57,00	45,60	27,50	25,20	10,40	10,70	12,30
170	126	68,70	59,75	58,85	47,10	28,35	26,05	10,70	11,05	12,70

CHAPITRE XII.

TRAITEMENTS SPÉCIAUX INTERMÉDIAIRES.
REPOS DE LA PRÉPARATION POUR L'AMENER A UN CERTAIN DEGRÉ
DE MOITEUR. CONDITIONNEMENT ET LABORATOIRE D'ESSAIS.

Préparations après peignage. — A la sortie des peigneuses, lorsque le lissage a précédé le peignage, on fait passer de nouveau les rubans à un ou deux étirages successifs avec doublage. On se sert alors soit d'un étirage à peignes circulaires, dont les principes sont donnés figures 2 et 10, pl. V, et pour l'étirage à gills figures 3 à 8, pl. V; parfois l'un des passages a lieu sur l'une de ces machines et l'autre sur la seconde. Quelquefois ce sont les gills qu'on emploie au second passage; souvent, au contraire, c'est l'étirage à peignes circulaires qui obtient la préférence. On peut évidemment arriver à un bon résultat dans les deux cas si les machines sont bonnes, bien réglées et conduites avec intelligence.

Lorsque le filateur a lui-même son peignage, la préparation qui suit cette opération se borne presque toujours à un seul passage. L'important est d'arriver aux machines préparatoires de la filature avec des bobines formées de rubans suffisamment volumineux, solides et réguliers. Plus ceux-ci seront parfaits et plus les opérations suivantes seront facilitées.

Du repos ou emmagasinage de la laine après son peignage. — On admet généralement avec raison qu'il est très-avantageux de laisser reposer la laine pendant quelque temps en bobines, et de lui faire prendre un léger degré de moiteur avant de la transformer aux préparations de la filature; elle acquiert alors une certaine ductilité et présente aux transformations une facilité qu'elle n'a pas sans cela. Nous avons vu des établissements, surtout en Angleterre, où l'on emmagasine des bobines de peignées sur des placards placés dans des passages un peu humides; on les y laisse séjourner pendant plusieurs mois. Cette méthode, qui présente des avantages réels, n'a que l'inconvénient d'engager un grand capital, nécessité par un approvisionnement en quelque sorte double, dont les intérêts courent naturellement pendant le repos d'une partie de la matière.

L'explication du phénomène qui se passe pendant le séjour de la laine paraît assez claire : il s'opère alors une pénétration lente et intime des fibres par l'humidité latente du lieu où elles sont exposées. Cette absorption par les brins dans des conditions particulières les gonfle, les dilate, les dévrille et les allonge en les assouplissant ; elle produit l'effet plus évident et plus connu de l'humidité sur des cheveux bouclés artificiellement. Les tubes des fibres sont alors dans l'état le plus propre à recevoir, sans s'altérer, les actions de dressages et de glissements, répétées pendant les étirages successifs.

Cette pénétration, basée sur la propriété hygrométrique de la laine, est si efficace, que lorsqu'on recule devant la dépense à laquelle elle entraîne, on la remplace parfois par un moyen basé sur le même principe, mais dont l'application diffère. On administre dans ce cas la vapeur sous la forme de jet très-fin, aux rubans du premier et quelquefois du second passage. C'est là un expédient qui, pour des laines rudes, trop sèches, peut avoir quelque avantage ; mais il jaunit en général la matière et ne peut, sous le rapport de l'avantage, suppléer à l'action lente et intime de l'humidité dans les conditions que nous venons de relater.

DU CONDITIONNEMENT, DE SES AVANTAGES TECHNIQUES ET COMMERCIAUX. — Toutes les substances textiles sont plus ou moins hygrométriques et absorbent une certaine proportion d'humidité, variable avec la nature des fibres, les formes sous lesquelles

elles se trouvent, le milieu où elles stationnent, l'état de l'atmosphère, etc.[1].

Leur poids réel ne contenant aucun corps étranger peut donc différer et diffère toujours de leur poids apparent constaté dans l'état où elles se présentent dans les ateliers ou dans les transactions courantes. Si on n'avait un moyen pour déterminer avec exactitude le poids de la matière débarrassée de celui que l'humidité peut lui faire acquérir, il en résulterait des chances d'erreurs, aussi bien dans la fabrication que dans les rapports commerciaux. En effet, la vérification de la régularité des transformations dans la filature reposant généralement sur la constatation des numéros produits par les différentes machines, il faut, pour qu'elles se réalisent avec précision, autant que possible, que ces numéros, c'est-à-dire la comparaison du poids à la longueur ou de celle-ci au poids, donnent exactement le résultat calculé à l'avance. Or ce rapport peut être affecté par la proportion d'humidité; si elle vient à changer pendant le travail, le numéro se modifiera forcément, puisque l'un des deux éléments, celui de la longueur, reste à peu près constant, pendant que l'autre, celui représenté par le poids, varie. Pour être plus clair, supposons par exemple le passage direct de la laine saturée d'humidité après le peignage dans les ateliers plus ou moins secs de la filature; elle pourra tomber d'une quantité variable de 10 à 15 et plus pour 100. Si au préalable on n'a pas tenu compte de l'état de la matière, il semblerait qu'elle ait subi une freinte ou déchet tout à fait anormal. Une semblable méprise constituerait le filateur à façon en perte, en lui occasionnant les troubles dont nous venons de parler dans la marche des opérations; mais si, au lieu de supposer une différence hygrométrique aussi considérable, on admet qu'elle soit seulement de 3 pour 100, ce qui

---

1. Voir p. 282, t. I, du *Traité général du travail des laines cardées.*

peut facilement arriver, on aura encore sur une matière valant en moyenne 10 francs un chiffre de 0 fr. 30 au kilogramme. Ces perturbations graves, qui ont dû se présenter naguère encore, ne peuvent plus se reproduire aujourd'hui, au même degré, grâce à la pratique du conditionnement qui s'est propagée peu à peu de la soie à la laine et des transactions commerciales aux opérations techniques dans certains établissements. Espérons que cette utile pratique, aussi nécessaire que le titrage, se fera bientôt adopter partout et appliquer à toutes les substances, aussi bien au coton et au lin qu'à la soie et à la laine.

Le tableau suivant, relatant les résultats trouvés par M. Chevreul, démontre en effet les propriétés hygrométriques des diverses substances textiles.

SUBSTANCES.	POIDS DES ÉTOFFES séchées dans le vide.	POIDS DES ÉTOFFES dans l'air à 23° hyg. 75,02.	L'AIR SATURÉ d'humidité, 18°.
Filasse de chanvre............	100	113,68	141,06
Fil de chanvre non blanchi...	100	113,73	141,74
Toile de chanvre blanchie....	100	110,74	129,46
Filasse de lin non blanchie....	100	109,86	130,77
Filasse de lin blanchie........	100	111,82	143,01
Fil de lin non blanchi........	100	109,36	128,55
Fil de lin blanchi............	»	106,99	124,22
Coton en poil................	»	109,28	130,92
Fil de coton.................	»	115,38	125,93
Toile de coton blanchie.......	»	107,70	125,12
Bourre de soie ou filoselle....	»	110,49	132,72
Soie grenade.................	»	108,88	134,46
Soie grenade décreusée.......	»	105,40	128,74
Étoffe de soie teinte et apprêtée.	»	110,00	128,10
Laine de mérinos en suin	»	107,00	182,40
Laine de mérinos désuintée...	»	111,03	139,71
Laine de mérinos pure.......	»	111,85	138,14
Fil de laine.................	»	109,04	134,57
Drap de laine feutré blanc.....	»	117,90	132,75
Cachemire en duvet..........	»	113,96	144,21

PRATIQUE DU CONDITIONNEMENT. — Pour bien se rendre compte
de l'opération du conditionnement, il est convenable de rappeler
que le principe en repose sur une dessiccation telle d'une fraction de la substance à conditionner, que si, ainsi desséchée, on la
plongeait dans l'huile bouillante, l'apparence de celle-ci ne changerait pas et ne produirait par conséquent pas le *bruissement* plus
ou moins sensible qui se manifeste d'ordinaire par une goutte
d'eau dans le liquide gras bouillant. Si on a tenu compte du
poids de la matière avant et après sa dessiccation, la différence
indique évidemment la quantité d'humidité qu'elle contenait,
et si, comme on le fait, on prend le poids de la masse dont on
a extrait les échantillons traités, également pesés avec soin, on
en déduira facilement par une simple règle de proportion l'état
hygrométrique de la masse ou de la balle entière [1].

L'important est d'agir avec la plus grande précision, de manière à s'assurer que toute l'humidité a été expulsée des échantillons soumis aux épreuves et aussi que ces échantillons re-
prése.   . fidèlement l'état moyen de la masse.

L'appareil dont on se sert pour opérer est fort simple ;
la figure 3, pl. XIII, en présente une élévation extérieure, la
figure 4 une coupe verticale montrant l'intérieur de l'appareil ; son couvercle est indiqué figure 5, et la figure 6
donne une section passant par la ligne K, L, de la figure 3.
L'appareil se compose : 1° d'un vase cylindrique A, B, C, D,
qui remplit les fonctions d'un séchoir. Ce cylindre est à double
enveloppe e, e' (fig. 4), de façon à permettre d'une part la
circulation de l'air chauffé par des becs de gaz, ou par un
courant d'air ou de vapeur, et de l'autre pour pouvoir laisser
s'écouler l'eau de condensation produite par le chauffage à la

---

1. Soit p le poids des échantillons avant leur dessiccation à l'absolu ;
p', le poids des échantillons après leur dessiccation à l'absolu ; P, le poids
net d'une balle ; x, le poids de la laine calculé sur son poids desséché.
On aura $p : p' :: P : x$.

vapeur au gaz ou autrement. Pour certaines matières, comme la laine, la température ne doit pas dépasser 110 degrés; pour la soie, elle peut s'élever de 115 à 120 degrés. L'accès de l'air chaud ou de la vapeur a lieu par un tube *h*, et les résidus de la condensation s'échappent par le tube *l*. Le cylindre, fermé de toutes parts, est clos à sa partie supérieure par le couvercle (fig. 5), dans lequel on a pratiqué une fente F, E, afin de livrer passage à une tige de suspension *s*, à laquelle se fixe un plateau garni de petits crochets pour recevoir dans le cylindre les pelotes à conditionner; 2° au-dessus de ce cylindre est disposée une cage en verre couvrant une balance de précision B, établie à l'abri de l'air et de tout trouble extérieur; 3° sous cette balance on voit une étagère A, à tiroirs numérotés, destinée à recevoir les poids et les échantillons. Cette étagère pourrait avoir une forme quelconque; mais, par la disposition qui vient d'être indiquée, le tout est plus facilement établi sur une même embase ou support M, N.

Soit maintenant une partie ou une balle à conditionner; on en extrait deux ou trois échantillons ou bobines, quelques centaines de grammes, par exemple, on les pèse avant de les soumettre à l'appareil, et après en avoir noté le poids, on opère sur deux d'entre eux simultanément dans deux appareils différents, en les suspendant dans le cylindre A, B, C, D, qu'on ferme. Le troisième échantillon est mis en réserve dans un tiroir pour servir à une vérification. Si, après la dessiccation absolue, il y avait un écart sensible entre le rapport des poids, si l'on constatait une différence d'un demi pour 100, on se servirait alors du troisième échantillon pour faire une nouvelle opération et arriver à une moyenne plus exacte. La dessiccation complète se constate par l'immobilité du fléau et du plateau de la balance. Tout le temps, en effet, que les substances perdent de l'humidité, le plateau s'abaisse; on enlève des poids et on continue l'opération jusqu'à ce qu'il y ait équilibre stable entre la matière conditionnée et la pesée ; on note alors la quantité accusée par l'appareil ; l'écart trouvé entre la laine humide et absolument sèche permet de déterminer l'influence hygrométrique et d'en calculer le rapport par la formule précitée.

Pour rendre aussi exactement que possible ces quelques opérations, analysons la reproduction de deux bulletins de conditionnement pris au hasard, tels qu'ils sont délivrés par l'établissement public de Paris :

Duplicata   **Nº 1.**

CONDITION PUBLIQUE DES SOIES ET DES LAINES,

Décret du 2 mai 1855 et loi du 13 juin 1866.

Paris, le_____187

Marques

Déposé par M._____

et M_____ un échantillon

_____pesant kᵒˢ _____ prélevé sur une partie de laine blanche lavée (1 balle) pesant brut kᵒˢ 190,000

tare déclarés..   2,000

3 lots extraits de l'échantillon et pesant net   807,155   net   188,000

se sont réduits au poids absolu de........   652,500

d'ou résulte pour la partie entière le poids absolu de kᵒˢ   151,977

AUGMENTATION. — Taux légal : 17 pour 100.   25,836

FRAIS DE CONDITION :   5,35   Poids conditionné   177,813

TRANSPORT : _____   Diminution   10,187

Poids primitif   188,000

Pour copie conforme, l'*Agent comptable* :

Rendu l'échantillon d'épreuve.

Le bulletin nº 1 indique le conditionnement d'une balle de laine lavée pesant brut 190 kilogrammes, et net, déduction faite de 2 kilogrammes de tare, 188 kilogrammes pesée à l'air.

On a extrait de cette partie trois lots pesant 807ˢ,155 dans l'atmosphère. Ces trois lots séchés et réduits au poids absolu ont donné 652ᵍ,500. En calculant le rapport entre ces deux chiffres, on trouve une différence de 8,08 pour 100, représentant l'humidité contenue dans les échantillons, et comme on a eu soin de les lever dans les différentes parties de la masse, on peut admettre que, si on opérait sur elle tout entière, on trouverait le même rapport. Donc, si on admet que les 188 kilogrammes ci-dessus contiennent 8,08 pour 100 d'humidité, elle ne renferme réellement que 151k,977 de laine absolument sèche, comme le constate le bulletin. A ce poids on ajoute 17 *pour 100 pour avoir le taux légal;* les 17 pour 100 sont ici 25k,836.

Ce qui donne pour le poids conditionné........... 177k,813
Donc il y a une différence entre le poids conditionné
et le poids net primitif 188k — 177k,813 — une
diminution de................................. 10 ,187
Poids primitif........... 188k,000

Duplicata   Nº 2.

CONDITION PUBLIQUE DES SOIES ET DES LAINES.
Décret du 2 mai 1853 et loi du 13 juin 1866.

Paris, le   187

Marques

Déposé par M _____
et M _____ un échantillon
5 paquets pesant kos _____prélevé sur une partie
de laine cardée (20 paquets)   pesant brut kos   105,700

(290 grosses pour deux)   tare   2,900
2 lots extraits de l'échant. et pesant net..... 780,300   net   102,800
se sont réduits au poids absolu de......... 667,700
d'ou résulte pour la partie entière le poids absolu de kos   87,965
AUGMENTATION. — Taux légal : 17 pour 100   14,934
FRAIS DE CONDITION :   4,10   Poids conditionné   102,919
TRANSPORT : _____   Augmentation   119
Poids primitif   102,800

Pour copie conforme, l'*Agent comptable :*
Rendu l'échantillon d'épreuve.

Le bulletin nº 2, portant sur une autre partie, au lieu d'accuser une diminution, constate une augmentation.

Tout sera simple et clair dans cette analyse lorsque nous aurons dit ce qu'on entend par le *taux légal* de 17 pour 100, qu'on désigne également sous le nom de *reprise*.

TAUX LÉGAL, REPRISE OU POIDS DE TOLÉRANCE. — Ce sont trois dénominations synonymes indiquant les bases régulières sur lesquelles les transactions s'opèrent pour éviter certains malentendus capables de résulter de la quantité variable d'humidité que peut contenir la marchandise dans l'état atmosphérique ordinaire. Comme il est impossible de l'avoir dans une dessiccation complète, on est convenu d'établir les transactions sur le poids de la matière conditionnée, à laquelle on ajoute une proportion de poids représentant en quelque sorte l'augmentation que l'humidité produit en moyenne dans nos contrées. La détermination de cette moyenne a soulevé de nombreuses discussions et n'est pas encore irrévocablement arrêtée pour la laine, car elle n'est pas la même dans les diverses localités. Ainsi le taux légal de la reprise au bureau de la condition de Paris est de 17 pour 100. Pour Reims, il est de 15 pour 100, et cependant les transactions se font généralement d'après d'anciens usages pratiqués sur une reprise de 18 un quart pour 100.

On n'opère pas non plus partout de la même manière : dans certains établissements, on base l'opération sur un temps constant après lequel on suppose la dessiccation complète ; dans d'autres, comme à Paris, on laisse au contraire et avec raison la matière dans l'appareil comme nous l'avons vu jusqu'à ce qu'on obtienne la stabilité complète dans la balance ; les résultats sont alors plus certains.

MÉTHODE PRATIQUE DU CONDITIONNEMENT. — Il ne suffit pas de prendre toutes les précautions que nous venons d'indiquer pour arriver au résultat voulu, il faut encore procéder de façon à ce que les échantillons conditionnés représentent bien l'état moyen de la masse dont ils ont été extraits. La manière d'opérer à cet effet diffère en général avec les localités. Dans quelques-unes, les trois lots d'épreuves sont enlevés à la main, sur les bobines prises au hasard dans la balle, des échantillons au centre, dans la partie médiane et sur le pourtour de ces bobines. Dans d'autres bureaux de conditionnement, on les dévide sur un grand tambour et on coupe de temps en temps des échantillons de laine destinés à former les lots à conditionner.

Enfin on procède aussi par la méthode dite d'*étendage*. On prélève également sur la masse à conditionner deux ou trois bobines, mais on les pèse aussitôt et on les déroule sur le parquet d'une grande salle ; on les abandonne ainsi pendant vingt-quatre heures. Durant cet intervalle, les différentes parties de chaque bobine, se sont mises par gain ou par perte, sensiblement au même degré d'humidité, elles se sont *équilibrées*, suivant l'expression consacrée.

Mais, d'une manière absolue, il y a toujours perte de poids des bobines par l'étendage.

On prélève alors des échantillons dans les parties correspondant aux deux extrémités et au milieu des bobines.

On pèse les lots, on pèse aussi la laine restante après l'avoir remise en bobines, et on procède au conditionnement comme à l'ordinaire. Seulement il ne faut point perdre de vue que la perte pour 100 trouvée par la dessiccation est celle des bobines étendues à l'air et non celle de la laine dans son état et son poids primitifs. On est donc obligé de ramener par le calcul le poids des lots mis en expérience à ce qu'il eût été avant l'étendage.

Observations. — On constate l'irrégularité de ces diverses méthodes opératoires et on voudrait les améliorer ; mais cette préoccupation nous paraît oiseuse. On néglige en effet un fait bien plus important, à savoir : que l'épreuve porte sur deux ou trois seulement des bobines composant la balle à conditionner, et que les bobines peuvent se trouver à des degrés d'humidité très-différents, de sorte qu'il y a là des chances d'erreurs autrement graves que celles qu'on cherche à prévenir.

Bien plus, dans différentes conditions de province, on n'expérimente pas régulièrement sur toutes les balles appartenant à une même partie de laine ; on se borne à en essayer quelques-unes choisies au hasard, et on applique aux autres le résultat trouvé sur les premières, absolument comme on l'a déjà fait pour les bobines d'une même balle. Sur quelles garanties peut-on compter dans ce cas ?

Quoi qu'il en soit, il est extrêmement désirable, dans l'intérêt de tous, d'arriver à s'entendre sur une même unité de reprise ; c'est d'ailleurs là l'avis des hommes les plus compétents de la plupart de nos cités manufacturières, qui sont en instance à ce sujet.

Lorsqu'on conditionne dans les ateliers, pour se rendre un compte exact de la marche des opérations, il n'est pas indispensable d'opérer simultanément dans deux appareils ; on peut arriver à un degré d'approximation suffisant en réitérant les constatations des différents échantillons dans le même appareil.

De la nécessité d'un laboratoire d'essais pour déterminer la pureté de la laine. — La pratique du conditionnement, en constatant le rapport entre le poids de la matière textile et l'humidité, n'offre de renseignements que sur les variations provenant de la propriété hygrométrique de la laine ; elle constate la quantité absolue de laine et d'eau contenue dans la partie mise en expérimentation. Mais, si cette même laine était mélangée à d'autres corps qui non-seulement la surchargent, mais nuisent à sa pureté, de manière à pouvoir troubler les opérations ultérieures de la teinture et des apprêts, le conditionnement ne peut les révéler. Si, par exemple, les toisons ont été insuffisamment dégraissées et contiennent encore une certaine quantité de substances grasses, si même les opérations mal faites du dégraissage dénaturent ces corps gras, de façon à les transformer en des espèces de savons insolubles, comme cela a lieu trop fréquemment, il en résultera non-seulement que le conditionnement ne donne plus le poids vrai de la matière utilisable, mais qu'il ne peut aucunement mettre en garde contre des accidents de fabrication, se manifestant sous diverses formes et à des périodes différentes des transformations. Le peu de vivacité des couleurs, les *barrages*, les irrégularités de toutes sortes dans les nuances, sont souvent la conséquence d'un dégraissage imparfait ayant, entre autres, l'impureté de l'eau pour cause. Dans les localités où l'on emploie, en général, de la belle laine fine pour les plus beaux tissus, comme à Reims et à Saint-Quentin, on apporte des soins particuliers au triage et au dégraissage. Aussi les perturbations auxquelles nous faisons allusion s'y manifestent-elles plus rarement que dans d'autres lieux où l'on transforme des masses de produits ordinaires à bas prix, et où les laines sont parfois livrées aux peigneurs sans être triées. L'épuration se ressent, comme on voit, de la nécessité de diminuer les frais généraux, surtout aux époques de crise où la question économique, détermine parfois des négligences fâcheuses.

Pour que l'industrie soit arrêtée sur cette pente, où elle est parfois entraînée malgré elle, il devient urgent de créer dans chaque grand centre un établissement spécial, qui ferait, sous la surveillance d'une commission, pour la constatation des impuretés de toutes sortes, ce que la condition officielle fait pour la détermination de l'humidité. Un laboratoire d'analyses pourrait d'ailleurs être adjoint à cet effet aux bureaux de la condition déjà existants. Ce laboratoire serait susceptible de rendre à l'industrie des lainages des services analogues à ceux que des établissements de ce genre rendent depuis des années au travail de la soie, à Lyon, à Saint-Étienne, et même quelquefois à Paris, où on ne se contente pas de conditionner : lorsqu'il y a quelque doute sur la pureté et la qualité d'une soie, elle est soumise, en outre, au décreusage pour en constater le degré de pureté, et si elle n'est surchargée d'un corps étranger. On se rend également compte de son titre, de son élasticité et de sa ténacité avant et après les épreuves. Un bulletin, analogue à celui du conditionnement, constate ces divers points.

Pour les laines en mèches ou en rubans, ce serait surtout le dégraissage parfait que l'établissement devrait faire sur les échantillons. Les moyens d'y arriver sont connus et relatés dans les ouvrages de chimie et surtout dans les travaux de l'illustre doyen des chimistes, M. Chevreul. Il ne peut donc pas y avoir de difficulté sous ce rapport. Quant à la vérification des fils, il serait bon d'y ajouter le titrage avant et après le dégraissage, ainsi que l'essai de leur ténacité et de leur élasticité. Ces derniers essais ont non-seulement leur importance au point de vue de la solidité du produit auquel ces fils concourront, mais ils peuvent renseigner *à priori* sur la plus ou moins grande facilité qu'ils présenteront au tissage.

Il en sera d'un bureau d'essais de ce genre comme de la condition publique, on ne pourra plus y renoncer une fois que les nombreux services qu'il est appelé à rendre en auront démontré l'utilité.

Le vendeur et l'acheteur de laine brute, le peigneur, le filateur, le fabricant, le teinturier et l'apprêteur profiteront également des errements nouveaux que nous recommandons.

L'idée déjà ancienne de la nécessité de ces constatations de l'état réel de la laine, que nous avons consignée ailleurs, ne fait que se confirmer dans notre esprit à chacune de nos visites dans les centres manufacturiers.

A l'appui des considérations qui précèdent, nous croyons devoir citer les faits et les expériences concluants sur les impu-

retés que les laines les mieux traitées en apparence peuvent
contenir à l'état latent.

DE LA DIFFÉRENCE ENTRE LA PURETÉ RÉELLE ET APPARENTE DES
LAINES DÉGRAISSÉES. — Nous avons déjà indiqué précédemment, en parlant du graissage des laines, leur affinité variable
pour les huiles en raison de l'état particulier du brin et de sa
constitution naturelle. Il s'agit de démontrer maintenant les
différences que peuvent présenter des laines dégraissées à fond,
paraissant complétement et également bien épurées. Pour
cela, on a pris neuf échantillons de rubans peignés et lissés,
considérés comme parfaitement épurés et dégraissés ; on les
a soumis à des conditionnements et à des traitements chimiques identiques, exécutés avec le plus grand soin par M. Jules
Persoz, l'habile directeur de la condition publique des soies
et laines de Paris. Ces laines, dont l'état hygrométrique était
à peu près le même, et dont rien n'indiquait à l'œil une différence de pureté, ont cependant perdu des quantités notablement différentes après un nouveau traitement ou décreusage
de laboratoire ; on en jugera d'après le tableau suivant, donnant les différentes opérations subies par la matière, et les
principaux résultats obtenus :

Expériences sur les pertes qu'éprouvent différentes laines peignées du commerce dans leur traitement par l'eau, l'acide chlorhydrique et le carbonate de soude.

NUMÉROS DES LOTS.	PARTIES CONDITIONNÉES.			1er TRAITEMENT						PARTIES DÉCRUSÉES. 2e TRAITEMENT							
	I. POIDS primitif.	II. POIDS absolu.	III. POIDS P. 100.	IV. POIDS primitif.	V. POIDS absolu primitif calculé d'après le résultat précédent.	VI. POIDS absolu trouvé après lavage à l'eau distillée à 70°.	VII. 1re perte.	VIII. Perte P. 100 sur l'absolu.	IX. 1re perte P. 100 sur le poids conditionné.	X. poids absolu	XI. de perte.	XII. de poids P. 100 sur l'absolu.	XIII. de poids P. 100 sur le poids conditionné.	XIV. Perte totale.	XV. Perte totale P. 100 sur l'absolu.	XVI. Perte totale P. 100 sur le poids conditionné.
105	118,780	101,450	14,589	118,350	101,082	100,850	0,232	0,229	0,196	100,500	0,550	0,545	0,735	1,500	1,080	0,914
139	119,900	103,850	13,429	131,850	114,145	115,400	0,745	0,650	0,567	113,000	0,800	0,695	0,574	1,540	1,097	0,939
161	130,850	113,100	13,565	146,720	128,817	125,250	1,567	1,235	1,056	124,810	1,400	0,907	0,744	2,967	2,102	1,797
224	108,600	93,050	13,489	117,830	102,021	101,100	0,921	0,902	0,771	101,000	0,850	0,843	0,644	0,971	0,961	0,813
238	94,200	80,950	14,065	118,000	101,402	101,100	0,302	0,297	0,254	100,000	1,050	1,035	0,660	1,352	1,332	1,139
240	112,580	97,700	13,217	95,230	89,060	82,100	0,500	0,678	0,579	81,000	1,100	1,330	1,057	1,600	2,008	1,716
246	129,380	111,300	13,972	94,070	80,924	80,700	0,624	0,771	0,629	79,000	0,700	0,885	0,759	1,290	1,056	1,388
247	124,910	107,350	14,058	113,670	97,690	97,200	0,490	0,501	0,428	96,480	0,750	0,767	0,656	1,240	1,268	1,044
252	113,600	97,500	14,172	109,210	95,732	95,700	0,032	0,030	0,029	95,100	0,600	0,640	0,543	0,632	0,676	0,570

Explication du tableau. — La première colonne donne
le numéro des lots de l'usine où la laine a été traitée; la
deuxième (I) indique les poids de chaque échantillon pesé
avec la plus grande précision sur une balance de laboratoire; la troisième (II) contient les poids de chacune de ces
petites quantités après leur dessiccation complète à l'absolu;
dans la colonne III on a consigné la proportion pour 100 que
présente la différence entre les chiffres des deux précédentes.
L'écart maximum d'humidité entre les neuf échantillons a été
de 14,589, 13,217 ou 1,372 pour 100; ce serait relativement
considérable; cet écart prouve incidemment l'importance du
conditionnement au point de vue des transactions et même,
comme nous l'avons démontré plus haut, sous le rapport
technique.

Les laines ainsi traitées ont naturellement donné un nouveau poids primitif, relativement aux constatations à faire pour
les traitements suivants; la colonne IV donne les chiffres de ces
nouveaux poids, qui, après avoir été conditionnés la seconde
fois, ont subi les pertes chiffrées dans la colonne V. La colonne suivante montre les quantités ou le poids après un lavage
à l'eau chaude pure; celles des numéros VII et VIII donnent les
pertes calculées sur les nouveaux poids primitifs et absolus.
La neuvième indique les rapports pour 100 de ces nouvelles
différences; elle contient des écarts considérables ; ainsi, pendant que l'échantillon n° 252 a subi une perte insignifiante, très-négligeable en pratique, de 0,029, le numéro 161
a perdu par un simple lavage à l'eau pure 1,056 pour 100.
Les colonnes X à XVI relatent les chiffres correspondant aux
mêmes traitements que précédemment, après le lavage à l'acide
chlorhydrique et au carbonate de soude. Enfin la seizième colonne résume les pertes totales subies par chaque échantillon,
c'est-à-dire celles des colonnes IX et XIV réunies, et démontre qu'elles peuvent s'élever dans certains cas jusqu'à 1,797. Si

donc on suppose une laine valant 12 francs le kilogramme, ce serait une perte de 21 fr. 564 par 100 kilogrammes de fils.

Les résultats du tableau précédent nous ont été communiqués lorsque l'expérimentateur n'était plus en possession des échantillons ; nous n'avons malheureusement pu nous rendre compte de l'origine et du caractère des laines, d'une pureté si variable, mais nous avons supposé *à priori* que des écarts aussi considérables dans les déchets des matières devaient être la conséquence de l'imperfection du dégraissage plutôt que de la variété de la laine.

L'extrait d'un travail du même genre présenté par MM. Musin et Richard à la chambre syndicale de Roubaix, que nous avons pu nous procurer depuis, nous fait persévérer dans cette hypothèse. Ces messieurs, ayant indiqué sur quelles sortes de laines ils ont opéré, ont fourni un élément d'investigation de plus. Or il résulte de leurs chiffres que les échantillons ont perdu de 0,35 à 1,60 pour 100 de matières solubles par un simple lavage à l'eau pure.

Les laines d'Allemagne ont donné un déchet de.....			0,68
— de Montevideo	—	.....	0,69
— de France	—	.....	0,75
— d'Australie	—	.....	0,63
— d'Afrique	—	.....	1,32
— de Maroc	—	.....	1,48
— de Trébizonde	—	.....	1,57

Ces mêmes échantillons, traités ensuite aux acides, ont donné des écarts plus considérables encore pour la somme des impuretés solubles ou insolubles. Sur cinquante-trois échantillons, on a trouvé une différence de 0,04 à 5,72, dont la moyenne était de 1,21 pour 100. Ces déchets ont été :

Pour les laines de France..............	0,46
— de Montevideo...................	0,70
— d'Afrique......................	4,49
— de Perse......................	2,76
— diverses......................	1,54

Les habiles expérimentateurs se sont naturellement occupés du dosage des savons calcaires contenus dans ces échantillons, et ont constaté des teneurs de 0,17 à 4,45 pour 100.

Les plus chargées étaient les laines rousses d'Afrique et de Perse. Quelle que soit la cause de ces différences considérables dans la quantité de matières insolubles, qu'elles proviennent de la nature des laines, du mode de leur dépouillement et suivant qu'elle a été tondue ou enlevée à la chaux sur la peau, il paraît démontré par les recherches de MM. Musin et Richard que les matières solubles autres que le savon calcaire sont insignifiantes et s'élèveraient à peine à 3 pour 1000. C'est donc à la présence de cette enveloppe ou espèce d'enrobage du tube de la laine par le corps savonneux insoluble qu'il faut attribuer l'impureté et ses conséquences fâcheuses, révélées tantôt dans les transformations mécaniques, tantôt dans les traitements chimiques de la teinture, parfois aussi dans les applications des moyens physiques dont les apprêts font leur profit. La présence de ce corps étranger peut diminuer la flexibilité, neutraliser en partie la faculté glissante des filaments, et déterminer non-seulement un écart entre les étirages calculés et les étirages vrais, mais changer défavorablement les propriétés et l'apparence même d'une matière écrue. Ce savon calcaire, ou préexistant, formé par l'immersion de la laine imprégnée de savon soluble dans une eau calcaire non neutralisée, pourra surtout causer des accidents graves à la teinture, parce que ce corps étranger devient alors un véritable enduit pénétrant les pores de la substance et s'interposant entre elle et la matière colorante, lorsqu'elle lui est appliquée directement, ou entre le mordant, lorsque son concours est nécessaire. Des accidents latents et partiels peuvent alors se manifester à des périodes différentes de la fabrication par des irrégularités d'effets connues sous le nom de *barres*, ou en éteignant en quelque sorte les nuances, qui n'ont plus dans ce cas la vivacité, la netteté de teinte et le brillant qu'elles auraient sur une matière pure.

Il ne nous appartient pas de nous étendre davantage sur ce sujet au point de vue chimique. Il y a cependant un fait qui nous frappe dans les résultats constatés par les expériences de MM. Musin et Richard et que nous croyons devoir faire ressortir, c'est que les laines fines, telles que celles de France, d'Allemagne, d'Australie, de Montevideo, les plus chargées de suint et de corps gras étrangers et généralement les plus difficiles à dégraisser, sont celles qui ont donné le moins de déchet. Des laines communes d'Afrique, de Perse, du Maroc, moins chargées et plus faciles à épurer, en ont fourni une proportion bien plus considérable. Cette anomalie peut s'expliquer, si nous ne nous trompons, par ce que nous avons dit sur l'insuffisance des soins donnés au dégraissage des laines communes, dont le peignage est peu payé, tandis que le taux de celui des laines fines permet de les épurer plus à fond.

Cette question seule, concernant l'état de pureté des laines, nous paraît suffisante pour motiver les laboratoires d'essais, que nous désirerions voir se propager dans les centres manufacturiers ; elle est loin cependant d'être la seule qu'un semblable établissement aurait à élucider ; l'analyse des eaux et les meilleurs procédés propres à les épurer, celle des différents liquides gras pour lubrifier la laine, tant pour constater leur pureté que leur efficacité technique en raison de leur nature, l'essai des corps à graisser les organes des machines, etc., pourraient également se faire dans un établissement de ce genre.

CHAPITRE XIII.

APPRÊTS DES FILS. — VRILLAGE ET DÉVRILLAGE DES FILS. DE CERTAINES IRRÉGULARITÉS DANS LES TISSUS RÉSULTANT DE LA FILATURE, MOYENS D'Y REMÉDIER. PRÉPARATIONS DES FILS DE COULEURS MÉLANGÉES. — COLORATION PAR SECTIONS DES MATIÈRES FILAMENTEUSES AVANT FILATURE. PROCÉDÉ POUR RÉALISER LES FILS EN SUBSTANCE DE NATURE DIFFÉRENTE, DITS MÉRINOS, MIXTURES, ETC. — MOULINAGE ET RETORDAGE.

VRILLAGE ET DÉVRILLAGE DES FILS. — Dans la plupart des cas, pour les matières de diverses natures et les articles de différents genres, la confection des fils exige un degré de torsion énergique qui en fait des espèces de ressorts. Abandonnés alors à eux-mêmes sans tension, ils sont sollicités par leur propriété élastique naturelle et par l'action que leur imprime la torsion. Au lieu de se développer naturellement alors dans une direction rectiligne, comme le ferait une grége de soie, ou un fil faiblement tordu, ils se tortillent et se rebouclent plus ou moins sur eux-mêmes, sous forme de volutes ou vrilles. Le vrillage est en raison de la nature plus ou moins élastique de la matière et de la quantité de tors qui lui est appliquée. C'est sur la laine et sur certaines fibres animales, telles que le poil de chèvre, que cette action est le plus sensible, le plus susceptible d'opposer des obstacles à la régularité des opérations ultérieures, et d'amoindrir la perfection de leur résultat.

En effet, supposons deux fils en dévidage se rendant simultanément de leurs bobines sur les broches à retordre; s'ils n'ont une égale tension, le produit retordu aura des points immanquablement irréguliers, et si *à fortiori* l'un d'eux ou tous deux se déroulaient en se débouclant avant d'arriver à l'ailette ou à la broche, celle-ci, en tordant ces parties vrillées, produirait les nœuds du *travelage* ou des bouclages, qui non-seulement troubleraient la netteté et les caractères apparents du fil, mais détermineraient autant de points faibles, susceptibles d'altérer l'élasticité de la matière. Aussi la personne préposée au travail doit-elle surveiller avec un grand soin la marche des fils et corriger ces causes d'imperfection à mesure qu'elles se manifestent. Cette surveillance devient presque impossible sur un grand nombre de fils; les temps d'arrêts des broches et par suite l'amoindrissement de la production rendent alors l'opération onéreuse. Le moyen le plus avantageux selon nous, pour éviter ces accidents et le temps perdu qui s'ensuit, consiste à n'opérer la torsion des fils qu'après les avoir assemblés au préalable sur un dévidoir doubleur; de plus on pourrait assurer l'uniformité des brins réunis par un dévrillage des fils simples d'abord et par un très-faible degré de tors appliqué aux fils multiples se rendant sur les bobines destinées à alimenter le métier à retordre. Ce moyen n'a que l'inconvénient d'être un peu coûteux.

Pour dévriller le fil dans la plupart des cas, et surtout lorsqu'il s'agit de le doubler pour en faire des retors à bouts multiples, pour la bonneterie par exemple, on imprègne ces fils d'un certain degré d'humidité. L'action hygrométrique, en gonflant le corps dans tous les sens, faisant dominer l'extension des filaments sur leur augmentation de grosseur, tend à les allonger de proche en proche et à leur faire reprendre la direction rectiligne. Quoi qu'il en soit de cette hypothèse sur le rôle de l'humidité, le résultat pratique est le même que celui qui fait défriser une chevelure bouclée artificiellement lorsqu'on la mouille.

Quant aux moyens industriels, ils peuvent varier quelque

peu suivant les cas ; une simple et rapide immersion des bobines ou canettes dans l'eau peut suffire pour des fils simples
devant être régulièrement tendus dans leurs transformations
ultérieures. Cependant ce mode d'humectation, étant nécessairement irrégulier, la surface se trouvant plus atteinte que le
centre, ne suffirait plus dans beaucoup de cas. Lorsqu'on
réunit un grand nombre de fils, de deux à quinze, comme
cela est nécessaire pour certains retors, à l'usage de la bonneterie notamment, il faut un moyen plus intime et plus
efficace ; aussi se sert-on alors de l'action de la vapeur. Les
bobines à traiter, placées dans des paniers, sont superposées dans
une caisse fermée par un couvercle ou dans une armoire à
portes, dans lesquelles on fait arriver la vapeur par jets aussi
uniformes que possible, jusqu'à ce qu'on juge les fils parfaitement imprégnés. La durée de l'action peut varier avec le
volume des bobines et les dispositions plus ou moins rationnelles de l'appareil, d'ailleurs fort simple ; quinze à vingt minutes suffisent en général pour une opération. On fait sécher les
matières ainsi imprégnées et humectées par la vapeur condensée, avant de les dévider.

Comme cette opération a lieu presque toujours sur des fils
blancs dont la pureté a une grande importance, il faut bien se
garder de faire le récipient à vapeur en une substance oxydable
ou attaquable de toute autre façon par la vapeur, qui pourrait alors devenir la cause d'altérations graves. Nous avons
vu des fils blancs impossibles à teindre en nuances tendres
et uniformes par suite de l'action de la vapeur administrée
dans une armoire en bois de sapin. Si elle était en fer ou en
fonte, il pourrait en résulter de l'oxydation et des taches de
rouille ; la pierre se détériorerait et s'exfolierait bientôt, à
moins qu'elle ne soit d'un grain dur ou en marbre, les briques
de certaines terres pourraient aussi déterminer des colorations ;
la substance la plus convenable à employer est la tôle galvanisée.

DÉVRILLAGE DES FILS ROIDES ET DURS. — Il est des fils, tels que ceux en poil de chèvre, pour lesquels l'action de la vapeur appliquée aux bobines ne paraît pas suffire ; on ne parvient à les bien dévriller que par l'action d'une eau savonneuse sur le fil isolé et tendu. On les fait alors passer des bobines provenant du continu sur un dévidoir tournant dans un bac d'eau de savon ; c'est donc une espèce de lissage qu'on leur fait subir ; on les laisse ensuite sécher en écheveaux sur les dévidoirs. Nous ne prétendons pas que ce soit là le seul moyen possible pour arriver au but, mais nous le donnons comme l'ayant vu pratiquer avec efficacité en Angleterre.

Le séjour prolongé *à l'humide*, l'exposition des fils en écheveaux tendus, ou sur des bobines creuses, dans un vase contenant un liquide et où on pourrait produire le vide par la vapeur, de manière à faire bien pénétrer l'eau ou la dissolution savonneuse, en un mot une disposition analogue à celle dont on se sert parfois pour humecter les canettes du tissage, soit par le vide, au moyen de la vapeur, ou le refoulement du liquide par l'action d'une pompe, pourraient également être essayés.

DE CERTAINES IRRÉGULARITÉS DES TISSUS RÉSULTANT DE LA FILATURE ET DES MOYENS D'Y REMÉDIER AUX PRÉPARATIONS. — Quelle que soit la régularité de titre du fil le plus parfait, il est néanmoins impossible de supposer que toutes les parties de sa longueur contiennent un égal nombre de filaments, attendu que, malgré tous les soins imaginables pris au triage, la masse de la matière première la plus homogène se compose toujours de filaments plus ou moins longs et fins. Il s'ensuit que si on envisage la section transversale d'un fil sur deux points suivants de sa longueur, malgré son égale grosseur sur ces deux points, le nombre des filaments formant ces deux mêmes circonférences et leurs positions relatives pourront varier ; c'est-à-dire que, leur masse étant soumise à une même quantité de glissement, leurs extrémités pourront ne pas être équidistantes,

Pour démontrer cette hypothèse, il suffira de prendre aux doublages un ruban parsemé de quelques petits boutons ou autres signes fixés de place en place sur sa longueur, de mesurer exactement les différentes distances séparant ces espèces de points de repères, puis de réunir ce ruban à d'autres et d'opérer l'étirage comme à l'ordinaire; si après chaque passage on mesure de nouveau les positions relatives de ces marques, on les trouvera changées; les unes se seront rapprochées et les autres éloignées entre elles. Il sera à peu près impossible de conserver une régularité, nous ne disons pas mathématique, mais qui ne choque pas la vue. Dans la plupart des cas, pour les tissus écrus ou même uniformément teints, cette cause latente d'irrégularité provenant de la différence de volume des filaments composants n'a pas d'inconvénient sensible et passe en quelque sorte inaperçue; mais il n'en est plus de même pour certains genres mélangés. Dans les reps, orléans, etc., les accidents désignés par les praticiens sous les différents noms de *veines*, *barrages*, *marbrures*, suivant les localités, n'ont souvent pas d'autre cause que celle de l'hétérogénéité des filaments des fils concourant à ces étoffes, surtout si on opère par les moyens courants que nous allons indiquer.

OPÉRATIONS PRÉPARATOIRES ORDINAIRES POUR FILS DE COULEURS MÉLANGÉES. — On fait depuis quelque temps des fils formés au métier à filer par une mèche obtenue au moyen de rubans de deux ou de plusieurs couleurs différentes transformés ensemble aux préparations. A cet effet, on opère en général le mélange des rubans teints après le peignage, avant de les soumettre à la première machine de l'assortiment. Si l'on veut faire un fil blanc et rouge où chacune de ces couleurs entre pour une part, on réunit deux rubans, un blanc et un rouge, on les lamine ensemble entre une paire de cylindres de rotation, et on fait une bobine de rubans mélangés à la sortie.

Pour fondre autant que possible les nuances, on réitère cette opération deux fois de suite. Il est presque inutile de dire qu'on peut changer à volonté le nombre des couleurs et leurs proportions ; on arrive ainsi à des fils nuancés dont les effets peuvent varier à l'infini.

Ces sortes de produits demandent beaucoup de soin, et la réalisation de deux conditions qui se contrarient : un fondu parfait, par exemple, exige d'une part des proportions d'étirage plus considérables que celles appliquées en général aux laines blanches ; de l'autre les laines teintes, et surtout certaines nuances foncées, brunes et noires, sont plus sèches, plus rudes, plus difficiles à étirer qu'avant teinture. Il y a donc des précautions spéciales à prendre, il faut entre autres multiplier les passages. Lorsqu'on travaille des produits teints, mais sans être mélangés, on diminue au contraire un peu l'étirage. Ainsi la laine blanche étirée de 4 ne le sera plus que de 3 et demi après teinture ; et cependant, si on doit en faire un fil de couleurs mélangées, on étirera jusqu'à 4 et demi et 5, dans le but d'assurer une fusion plus intime entre les nuances et un effet fondu à peu près satisfaisant. La manière d'opérer dont nous venons de parler ne peut cependant mettre à l'abri des causes d'irrégularité analysées précédemment. Appliquons aux couleurs différentes d'un même ruban le raisonnement ci-dessus, on sera forcé de reconnaître que les espaces relatifs de ces couleurs varieront entre eux après chaque étirage. Si on suppose, par exemple, un fil qui doive présenter un effet égal de blanc et de noir, il sera impossible de l'obtenir ; il y aura des parties plus ou moins blanches et noires, elles empiéteront infailliblement l'une sur l'autre d'une façon irrégulière. Aussi la méthode en question n'est-elle guère usitée que pour des produits très-communs ou pour des tricots, où le genre d'entrelacement spécial par rebouclage masque en partie les irrégularités. Ces défauts se trouvent au contraire accentués et mis particulièrement en évidence dans les produits tissés à fila tendus et serrés, où les effets de tors et de tension jouent un rôle spécial d'une influence très-sérieuse sur la perfection de l'étoffe.

COLORATION PAR SECTIONS DES MATIÈRES FILAMENTEUSES AVANT FILATURE. — Pour remédier à cet inconvénient, un industriel qui vient de mourir, M. Vigoureux, a imaginé un procédé qu'il appliquait dans son usine. Il a caractérisé son procédé sous le nom de *coloration par sections des matières filamenteuses avant filature*. Le principe sur lequel repose le moyen est aussi simple qu'ingénieux ; il consiste à imprimer les rubans transversalement à la direction des filaments, ou à marquer en quelque sorte avec la couleur chaque filament, sur sa longueur, à des distances déterminées à volonté et en rapport avec les effets et les degrés de tons recherchés. Supposons la réalisation d'un effet blanc et noir avec des proportions mathématiquement égales pour les deux couleurs, les rubans qui concourront aux fils seront imprimés par des zones noires égales aux blanches laissées entre elles.

En étirant et doublant des rubans ainsi préparés, il est évident que, quelle que puisse être l'irrégularité de volume des fibres qui les composent, les longueurs de teintes déplacées resteront constantes à chaque passage, et les fondus seront d'une homogénéité absolue, impossible à réaliser par la méthode ordinaire de la juxtaposition longitudinale des rubans diversement teints. On peut néanmoins arriver aux mêmes effets par un chinage quelconque aussi bien que par l'impression, le principe consistant dans la coloration par sections transversales de toutes les fibres de la masse, au lieu de la juxtaposition des rubans de couleurs différentes. Dans ce dernier cas, en effet, lorsque le mélange est formé par deux rubans parallèles, s'il y a des fibres de longueur ou de grosseur diverses, leur déplacement d'une égale quantité produira néanmoins forcément des effets inégalement fondus ; il suffit, pour s'en rendre compte, de supposer des fibres juxtaposées de deux nuances de volumes inégaux, le mélange sera irrégulier : l'une ou l'autre teinte dominera par places, en raison de la différence de ces volumes. Ceux-ci n'ont plus d'influence sensible dans un ruban coloré par sections transversales, attendu qu'à chaque passage il y a nécessairement une égalité de longueur de teintes diverses déplacée.

Il est bien entendu qu'au lieu d'opérer sur deux on peut produire des mélanges avec un nombre quelconque de couleurs ou de nuances et même de tons différents ; de là une rare fécondité de ressources pour ce genre d'articles, si recherché depuis quelque temps.

Les résultats du système sont si parfaits, qu'il est facile de constater les produits auxquels le procédé a été appliqué. Il est évident que, pour réussir, il faut que l'impression soit exécutée avec le soin voulu et bien connu des praticiens de la spécialité.

Le choix du moyen, teinture, impression ou chinage, ne peut être que la conséquence de conditions particulières que nous ne pourrions traiter ici sans sortir du cadre de notre travail.

MÉTHODE POUR OBTENIR LES FILS EN SUBSTANCES DE NATURE DIFFÉRENTE DITS MÉRINOS, MIXTURES, ETC. — Nous avons indiqué précédemment, au nombre des produits mélangés, des articles dont les fils simples se composent de fibres ou filaments de natures diverses. Souvent c'est en vue d'avoir un produit avantageux et économique que le mélange a été pratiqué ; c'est le cas du fil en laine et coton, désigné sous le nom de *mérinos*. Ce produit, bien fait, présente tout à fait l'apparence d'un fil de laine, quoiqu'il y entre souvent un quart à un tiers de coton, dont le prix est bien inférieur à celui d'un produit en laine, où la qualité serait égale à celle de la laine du fil mélangé. Quelquefois le mélange a lieu dans le but de créer un fil et un produit d'une apparence spéciale, en alliant des matières de caractères différents pour en faire participer le résultat ; les fils mélangés de laine, de poil de chèvre, et parfois de filaments de soie, *bourre*, *fantaisie galette*, *chappe*, etc., désignés sous le nom générique de *mixtures*, sont dans ce cas. Ces sortes de fils et les étoffes qui en dérivent se font remarquer par un aspect tenant de celui des différentes substances qui les composent. Ces articles ont un brillant et un toucher particuliers qui sont en quelque sorte la *résultante* de ceux de leurs éléments. Chacun d'eux intervient pour sa part, joue son rôle, et produit, par sa présence dans l'ensemble, un effet spécial. Aussi ces fils offrent-ils de grandes ressources à la fabrication des tissus de nouveautés pour robes. Ils permettent d'arriver à des articles simples de constitution, et cependant très-variés d'aspect. Les plus habiles fabricants de tissus de fantaisie et de modes de Paris et de Roubaix tirent, depuis un certain nombre d'années, un très-grand parti de ces fils, de provenance presque exclusivement anglaise. Notre industrie ne paraît pas avoir réussi jusqu'ici dans cette direction ; nos fils mérinos et mixtures sont moins parfaits que ceux de nos rivaux, qui tiennent leurs moyens aussi secrets que possible.

On nous a souvent consulté à ce sujet ; nous résumons et complétons ici les renseignements que nous croyons pouvoir donner pour servir de guide dans les essais qui doivent conduire au but.

Il n'y a, selon nous, contrairement à l'opinion que nous avons parfois entendu émettre, aucune machine spéciale pour faire ces fils composés ; on ne peut y arriver que par l'application d'une méthode où les principes énoncés précédemment soient scrupuleusement observés. Ils conduisent à traiter ces mélanges d'après une pratique analogue à celle adoptée parfois pour les rubans de préparations diversement colorés. Cependant il est nécessaire de considérer deux cas : 1° celui où les matières de natures différentes peuvent être amenées par le peignage à des rubans composés de fibres d'égale longueur ; 2° celui où il faut mélanger des substances dont les longueurs des filaments différont d'une manière sensible. Dans tous les cas, on peignera séparément la laine, le poil de chèvre, la soie, le coton, le china-grass, etc., et on réglera la machine à peigner de façon à ce que le cœur ou le brin peigné le plus long forme un ruban composé avec des fibres d'égale longueur. (On sait que, grâce aux perfectionnements apportés à ces machines depuis Heilmann, ce résultat ne présente plus aucune difficulté.)

Une fois les rubans peignés obtenus dans ces conditions, on en réunit un certain nombre, de différentes provenances, en raison des proportions du mélange qu'on a en vue ; mais avant de procéder aux étirages proprement dits de ces rubans, comme cela a lieu à l'ordinaire, on fera bien de leur faire subir un simple laminage. On opérera en conséquence sur les matières diverses comme nous l'avons vu précédemment pour le mélange de couleurs différentes. Supposons, pour fixer les idées, qu'il s'agisse d'obtenir un fil en proportion égale de laine et de poil de chèvre ; on réunira un même nombre de rubans de même titre de chacune de ces matières, et on les fondra en quelque sorte en les faisant passer ensemble entre les cylindres d'une machine à réunir, pour en former une bobine. Afin que l'effet de condensation de la matière soit aussi intime que possible, il sera bon de faire intervenir la vapeur pendant l'opération ; son action ramollissante sur la substance animale égalisera, pour ainsi dire, le degré de flexibilité des fibres et facilitera leur union et leur propriété de glissement.

La vapeur peut être administrée pendant le passage par un moyen bien connu, presque généralement pratiqué il y a quelques années et qui l'est quelquefois encore par certains filateurs. Il consiste dans l'arrivée d'un filet de vapeur dirigé par un petit tube placé au guide en entonnoir d'introduction des rubans dans la machine. On pourrait même soumettre au préalable les bobines peignées à l'action lente d'une vapeur à basse pression ; les deux moyens réunis ne seront que plus efficaces.

Lorsque par cette préparation on s'est assuré de l'homogénéité du ruban mélangé, on procède aux étirages comme à l'ordinaire, mais de préférence sur un assortiment à gills pour laine longue. Si on se conforme alors aux indications précédentes concernant le réglage de ces machines, il est probable qu'on arrivera ainsi à la formation d'une mèche qui ne pourra plus présenter de difficultés au métier à filer, système continu.

La préférence à accorder à ce système pour le filage des fils mélangés se justifie par son mode d'action spécial, spécifié plus haut. En effet, si, malgré les soins apportés aux transformations préparatoires, la différence des caractères des fibres composant les mèches leur conserve divers degrés de flexibilité et une résistance plus ou moins grande à la torsion, celle-ci se fera mieux au système du métier continu. Ce métier, la fixant à chaque élément sur une longueur moindre que celle du brin, donnera un produit plus régulier, mieux lié et moins duveteux que ne le serait le fil exécuté aiguillées par aiguillées au mull-jenny, permettant certains défauts, tels que les *pointes* ou filaments hérissés projetés à la périphérie du fil par l'effet de la force centrifuge.

Les filateurs anglais, très-familiarisés avec l'usage du métier continu, lui doivent en partie la supériorité de leurs fils mélangés.

Dans le second cas, si les filaments de la matière ont des volumes (grosseur et longueur) sensiblement différents, de façon que le peignage ne puisse fournir des rubans susceptibles de former une masse homogène, il vaut alors mieux opérer de la manière suivante : on réalise les préparations du second degré (étirages, laminages et doublages) sur chacune des substances, comme si elle devait être filée isolément, jusqu'à ce qu'elle fournisse une mèche propre au filage. Supposons, pour rendre la pensée plus claire, qu'il s'agisse de faire un fil composé par moitié de poil de chèvre et de laine, on préparera chacune des substances sur une série de machines dont les étirages seront calculés de façon à ce que la mèche définitive, destinée au filage, ait une finesse double de celle qu'on lui donnerait si elle devait être filée simple. On prend une de ces mèches en laine et l'autre en poil de chèvre, et on les réunit entre les cylindres de façon à les faire arriver ensemble à la broche, elles seront ainsi tordues et étirées simultanément. Afin que ce dernier étirage au métier se fasse avec toute la précision voulue, soit au continu, soit au self-acting, il serait bon d'augmenter le nombre de paires de cylindres au métier à filer de manière à arriver à une répartition aussi uniforme que possible de l'étirage. Quelques essais suffiront pour déterminer le point le plus convenable de ce réglage, si on est bien pénétré des principes qui lui servent de base. Par ce système de préparations parallèles et isolées de chaque substance, on pourra traiter pendant la période la plus importante du travail chaque espèce de filament en raison de ses caractères propres, ainsi l'une de ces mèches pourrait être transformée au besoin par les bobinoirs frotteurs, et l'autre au banc à broches. Il en serait de même pour les premières machines à étirer, où l'on adopterait le gillbox pour l'une, et le peigne cylindrique pour l'autre, etc.

En résumé, le succès dans cette direction dépend en même temps de l'appréciation précise des caractères de la matière et des soins judicieux à donner à leurs préparations. Ces soins se résument dans un triage intelligemment fait, afin d'arriver à choisir dans chaque nature de substance, des fibres de même longueur et, autant que possible, de même finesse. Il faut aussi un peignage assez bien réglé pour paralléliser les filaments de chaque espèce dans des conditions identiques, un laminage tel, qu'il fusionne les rubans des diverses provenances en une masse homogène, et des étirages particulièrement bien réglés dans leurs éléments, pour que le mélange s'y transforme avec facilité et précision. Il est bien entendu que si trois mèches devaient concourir au fil, chacune d'elles aurait un tiers du titre de celui destiné au fil simple.

CHAPITRE XIV.

APPRÊTS DES FILS. — MOULINAGE. RETORDAGE. — MOUCHETAGE. — GUIPAGE. — FRISAGE. TRESSAGE DES FILS DE LAINE PURE, ET MÉLANGÉE A D'AUTRES SUBSTANCES.

La laine est la seule matière filamenteuse dont on ne fasse pas de fils retors pour la couture, et cependant aucune substance textile ne donne lieu à plus de variétés de fils multiples réunis par la torsion. Cette opération a le double but de former des produits plus forts que les fils simples, et permet d'en varier les apparences, au moyen du nombre de fils réunis, ou par des modifications apportées à la quantité de tors imprimée aux divers articles.

Ces articles peuvent se distinguer en raison de leurs destinations. Les principales catégories d'étoffes auxquelles ils concourront sont les suivantes :

Les *tissus ras à fils serrés*, où les fils moulinés et retors sont employés tantôt en chaîne et tantôt en trame, parfois dans les deux sens, telles sont les popelines, les grenadines, les linos,

les circassiennes, certains baréges, les damas, les châles français et divers autres articles unis et surtout façonnés.

Pour la plupart de ces produits on se borne en général à former un fil retors composé de deux fils simples fixés par ce qu'on
nomme la *grande torsion*. Les plus couramment usités sont
les numéros 30, 40, 60, 140 et 164,000 mètres au kilogramme,
qui, doubles, donnent à peu près des 15, 20, 30, 75 et 82.
Les torsions changent plutôt en raison du grain plus ou moins
serré recherché dans les produits, que des finesses ou titres
des fils. On fait, par exemple, du retors n° 40 avec un nombre de tours, variable de 230 à 450 au mètre ; le numéro 28
à 30 est souvent tordu de 150 à 160 tours, et la torsion du
60 s'élève en général à 630. Il y a aussi des retors à trois fils
simples du numéro 30, dont la torsion est comprise dans les
limites de 120 à 150 évolutions au mètre.

Les genres que nous venons d'énumérer sont applicables aux
tissus pure laine.

Chaine laine.— La fabrication des beaux châles façonnés dits
châles français en laine ou en cachemire pur, ou tramés de
l'une ou de l'autre de ces deux matières, a toujours une chaîne
retorse, dont l'un des fils est en soie grége ou organsin fin,
recouvert de laine ou de cachemire. Mais ici, contrairement à
ce qui se pratique en général, la matière la plus précieuse et la
plus belle, le fil de soie, plus fin que celui de la laine, se trouve
recouvert et caché ; ce fil ainsi dissimulé sert d'axe ou d'*âme*,
afin de rendre l'ensemble plus résistant. Cette sorte de retors est
généralement obtenue au métier mull-jenny, sans étirage, bien
entendu ; les fils de soie et autres sont passés entre une paire de
rouleaux, avant de les fixer aux broches qui leur impriment
un mouvement de rotation.

Bonneterie, fil pour cache-nez, tapisserie. — Ces spécialités peuvent se réunir dans un même groupe sous le rapport
des variétés de retors dont elles font usage.

Ces retors se composent d'une réunion de deux jusqu'à quinze fils simples. C'est à ces genres qu'on donne plus particulièrement le nom générique de *moulinés*, celui de *retors* proprement dit étant plus spécialement réservé aux produits à deux et trois bouts employés aux tissus à fils serrés. Les fils dits *de Saxe* sont généralement des moulinés fins de belle qualité. Les mêmes genres ordinaires et communs sont plus particulièrement appelés *fil de Berlin*. Ce sont là des dénominations assez insignifiantes et peu fixes, variant d'une localité et d'une spécialité à l'autre. Le nombre de fils réunis et le degré de torsion sont extrêmement variables dans ces articles et changent souvent avec la mode ou le goût du fabricant.

On emploie des fils simples depuis le numéro 10 jusqu'au numéro 50. Les plus demandés par la bonneterie courante sont les 18, 24, 26, 30, 35, 36 et 40.

Les articles de fantaisie pour cache-nez, cravates, etc., emploient fréquemment des numéros 10, 12, 13, 14, 17 pour les articles ordinaires et des fils de 40 à 60 pour certains autres.

La quantité de fils réunis et celle de la torsion sont non moins variables; un fil retors peut être composé depuis deux jusqu'à douze fils de même numéro. La torsion diminue en général avec le nombre de fils composants, le fil est par conséquent d'autant plus lisse, moins *grenu*, plus *floche* en un mot, qu'il est composé d'un plus grand nombre de brins. Voici, pour fixer les idées à ce sujet, un tableau donnant les divers éléments des fils du commerce :

Numéros.	Nombre de fils simples.	Torsion au mètre.	Numéros.	Nombre de fils.	Torsion au mètre.	Numéros.	Nombre de fils.	Torsion au mètre.
12	2	32 à 140	22	4	16 à 20	35 à 40	2	23 à 115
12	3	55 à 90	22 à 23	5	40 à 70	id.	5	105
13	4	32 à 112	22	6	40 à 70	id.	6	95 à 100
13	2	100 à 120	id.	7	5 à 75	id.	7	90 à 95
14	2	150 à 120	id.	8	80 à 85	id.	8	88
16	5	70	»	»	»	»	»	»
16	6	55 à 60	25	9	75	id.	9	85
18	2	130	25	10 à 11	55 à 70	id.	10	80 à 85
18	3	90 à 100	28 à 30	2	150 à 165	id.	11 à 12	65
20	2	140	id.	3	120 à 150	45	6	110 à 105
20	3	90 à 105	id.	5	85	id.	7	97 à 100
20	5	65 à 85	id.	6	65 à 90	id.	8	90
20	6	90	id.	7	70 à 80	id.	9	87
20	7	65 à 85	id.	9	70 à 80	id.	10	75 à 98
20	9	55	id.	10	60 à 70	id.	11	70
20	10	45	35 à 36	3	175	id.	12	65
22	2	150 à 160	id.	6	105			
22	3	20 à 25	id.	7	90 à 100			
			id.	8	95			
			id.	9	75 à 80			
			id.	10				
			id.	11	62			

Les fils les plus souvent employés sont : les numéros 12/3 ; $\frac{12}{13}$/4 ; $\frac{12}{13}$/5 ; 20/3 ; 20/5 ; 30/2 ; 30/6, 7, 8 et 9 ; 40/2, 3, 6, 7, 8 et 11.

FILS DIVERSEMENT COLORÉS ET NUANCÉS PAR LA TORSION. — On fait depuis quelques années des tissus pour vêtements d'hommes, pour jupons, etc., en fils retors composés de fils simples, non-seulement de couleurs et de nuances différentes, mais encore avec des torsions dirigées en sens opposés, c'est-à-dire tordus de façon à ce que souvent les hélices, dirigées dans un sens, reviennent sur elles-mêmes, se croisent en sens opposé, et forment des *zigzags*. Quelquefois aussi la durée de l'enroulement d'un fil sur l'autre est variable, périodiquement irrégulière et produit des superpositions d'épaisseurs anormales. Il en résulte des boutons ou *mouches* de même couleur ou de nuances différentes; de là le nom de *fils mouchetés*. Les moyens par lesquels on y arrive reposent sur le principe des transmissions de mouvements périodiques variés, susceptibles de subir de nombreuses modifications.

FILS GUIPÉS POUR PASSEMENTERIE, ARTICLES ÉLASTIQUES, MODES, ETC. — Le guipage consiste dans l'enveloppement ou dans le revêtement d'un ou plusieurs fils droits, non tordus, par un ou plusieurs fils enroulés en spires, plus ou moins rapprochés ou serrés autour des premiers. Le recouvrement peut être tel que l'*âme* ou l'axe droit soit complétement dissimulé. La passementerie et certains articles de modes font fréquemment usage de ces genres de fils. Toutes les fois aussi où il s'agit de fournir des articles particulièrement élastiques, comme des bas contre les varices, des bretelles, des ceintures sans coutures, des bracelets, des jarretières, etc., on a recours à cette espèce de revêtement; le fil caché est alors en caoutchouc, et le fil apparent, d'une substance textile quelconque.

On a tiré également un parti utile des moyens ingénieux employés dans la confection de ces produits pour faire les rubans de chenilles les plus divers; le fil supérieur se trouve alors fendu longitudinalement; sa section détermine la partie pelucheuse ou veloutée caractérisant ce produit. Les *fils carcasses*, em-

ployés à la base de certains chapeaux de femme, et pour mon-
tures de bouquets, dans les fleurs artificielles, sont également
des produits rentrant dans ce genre, seulement ces deux derniers articles ont presque toujours le fil droit métallique très-
fin, et sont le plus généralement revêtus de soie de coton et
même de papier.

APPLICATION DU GUIPAGE AUX FILS POUR CRINOLINE. — On a
tenté récemment une nouvelle application de ce procédé pour
faire des fils où le crin est appelé à jouer un rôle. On sait que
cette substance, d'une longueur limitée, ne s'emploie que pour
trame, les brins très-courts et les déchets n'étant pas utilisés au
tissage des étoffes. Le crin est donc rarement employé dans
les arts textiles, soit à cause du prix élevé des longs brins, ou
de la difficulté de filer les déchets. Pour en tirer partie, on se
sert des brins courts comme fil intérieur en les assemblant bout
à bout et en les maintenant par l'enveloppement d'un fil extérieur; les déchets peuvent ainsi être recouverts d'un fil quelconque.

DES TISSUS IMITANT LES FOURRURES. — Ces sortes de produits
sont des velours coupés ou frisés, dont la chaîne supérieure,
dite *poil*, destinée à former le duvet, est obtenue par des fils
vrillés d'une façon particulière; on fait un fil guipé dont l'intérieur est en une substance quelconque et l'enveloppeur en
laine. Seulement, après avoir guipé, on passe à la vapeur pour
fixer les spires, puis on en retire le fil droit. Ainsi préparées,
ces ondes, ou vrilles des fils employés comme chaîne de poil
d'un tissu, imitent la fourrure de l'astracan. Les variations
de couleurs, de finesses et de nuances des fils permettent d'obtenir un grand nombre d'effets. On les augmente encore en
modifiant les moyens d'enroulement, comme nous l'avons vu
pour les fils mouchetés. Les étoffes de ce genre, après avoir eu
une grande vogue comme articles de modes, sont devenues un
produit de la consommation courante.

TRESSES, GANSES, CORDONNETS, AGRÉMENTS UNIS ET FAÇONNÉS. — Les produits connus sous ces diverses dénominations constituent dans leur ensemble une spécialité importante, dont les moyens participent du retordage et du tissage : du retordage, par la mise en œuvre d'une série de fils simples, du tissage par le produit, formant une étoffe étroite ou espèce de ruban. Les fils ici ne tournent pas sur eux-mêmes, ils s'entrelacent pour former un ruban étroit ou un cordonnet uni rond ou façonné. Mais la pièce n'est exécutée que par l'entrelacement longitudinal, d'une seule série de fils, tandis que dans toutes les étoffes à fils serrés il y en a deux : chaîne et trame, se croisant à angles droits.

Depuis quelque temps on a apporté aux anciens systèmes de métier à tresser des perfectionnements de détails aussi simples qu'ingénieux ; ils sont employés sur une très-grande échelle à Saint-Quentin, au Mans, à Bernay, etc.; on y transforme les diverses substances.

CONDITIONS À REMPLIR POUR RÉALISER UN RETORDAGE CONVENABLE. — Quel que soit le genre de fils retors courant à produire, il doit offrir comme caractère fondamental une régularité mathématique dans le grain de sa surface; les spires qui le constituent doivent avoir une égalité parfaite, et être formées par des fils simples uniformément tendus, quel qu'en soit le nombre. Il y a généralement, comme nous l'avons dit, deux manières d'opérer pour arriver plus sûrement au résultat: l'une consiste à préparer les fils simples concourant au produit, en les assemblant au préalable par un dévidage simultané et une très-faible torsion. Celle-ci ne doit avoir dans ce cas d'autre but que de fixer momentanément les fils réunis. On profite en même temps de cette opération préparatoire pour purger et épurer le produit. Ce sont les bobines ainsi formées et chargées chacune d'un fil multiple, qui sont portées au métier à retordre, dont chaque broche reçoit alors en un seul fil le nombre voulu pour leur imprimer la torsion déterminée.

Cette manière d'agir rationnelle ayant l'inconvénient d'exiger une manipulation spéciale, d'occasionner des frais supplémentaires de force motrice, de main-d'œuvre, de matériel et un excédant de déchets, on emploie la suivante : on réunit les deux opérations de l'assemblage ou doublage et de la torsion en une. On cherche dans ce cas à obtenir l'excellence du résultat par des dispositions spéciales, exerçant la même tension sur tous les fils, et une vitesse uniforme des broches pendant toute la durée du travail. Nous avons déjà décrit un certain nombre de systèmes de machines à doubler et à retordre, dans nos traités précédents sur le travail du coton et de la laine cardée. Nous n'exposerons ici que les retordeuses nouvelles, dont nous n'avons pas parlé encore, et qui nous paraissent, par les modifications et les soins qu'on y a apportés, dignes d'être connues.

Les diverses sortes de machines en présence peuvent être toutes classées en deux genres : 1° les machines du système *mull-jenny*, n'en différant que par la suppression de l'étirage et la neutralisation ou l'enlèvement des cylindres étireurs, et le *système continu.*

Faisons remarquer *à priori* que le premier système a l'inconvénient de prendre beaucoup de place, de réaliser les fonctions de la torsion et de l'enviadage d'une façon intermittente et de produire moins, à vitesse égale, que le second. Le grain du fil n'est pas non plus en général aussi serré, aussi régulier par le mull-jenny que par le continu; les partisans du premier pensent que son produit offre un peu plus d'élasticité. Nous croyons cependant que le principal motif de son emploi est qu'il peut servir, au besoin, à deux fins, au filage et au retordage; souvent aussi on utilise au retordage des métiers mull-jenny ne pouvant plus [marcher assez vite pour être employés au filage.

Le système continu nous paraît donc en général préférable.

Ici deux dispositions se trouvent en présence : l'une, la plus ancienne, transmet le mouvement aux broches par des tambours et des courroies; l'autre, au contraire, actionne ces organes au moyen d'engrenages.

La substitution des engrenages aux cordes nous paraît dans ce cas un progrès comme dans tous ceux où l'on a modifié les transmissions de la même manière. On connaît les efforts pour arriver à supprimer au moins en partie dans les métiers à filer les cordes, courroies ou ficelles, présentant des inconvénients divers, entre autres, l'impossibilité de donner à toutes une égale tension ; de là une différence de vitesse dans les broches, et dans les produits une torsion inégale, résultant des variations atmosphériques agissant sur ces mêmes ficelles et influençant la vitesse des broches pendant une même journée.

Ces inconvénients sont si reconnus, qu'on a souvent cherché à y obvier par des dispositions additionnelles, telles que des tendeurs, et l'emploi de deux tambours. Ces moyens compliquent la machine sans la rendre parfaite, ils augmentent les frottements et la consommation de la force motrice. Par la substitution des roues d'engrenage aux tambours à ficelles on remédie à ces inconvénients et on peut, toutes choses égales, augmenter la vitesse des broches et la production. Si, à ces avantages, on ajoute que les métiers et engrenages s'usent moins, exigent moins d'entretien et de place que ceux à cordes, on devra recommander ceux-là surtout si on parvient à faire les engrenages en une matière telle que leur mouvement n'occasionne pas trop de bruit.

Ayant déjà décrit le métier continu à cordes dans nos divers ouvrages, nous nous bornerons à donner un système complet de transmissions par engrenage avec des modifications ingénieuses et utiles exécutées par la maison Stehelin et Cᵉ.

MÉTIER A RETORDRE A SEC OU MOUILLÉ AVEC COMMANDE DES BROCHES PAR ENGRENAGE. — Les deux planches XX et XXI donnent les différentes vues de ce métier, fort complet dans ses combinaisons.

La figure 1, pl. XX, est une vue de face en élévation du métier avec un certain nombre de broches seulement ; la figure 3 donne sur une échelle plus grande une coupe verticale par un plan perpendiculaire à l'élévation de face d'une broche complète avec sa bobine et ses commandes, la figure 2 indique en détail le mode de livraison de fil à la broche. La planche XXI donne dans la figure 1 une vue de bout du côté de la transmission générale du mouvement. La figure 2 de la même planche représente une section transversale du métier, suivant un plan vertical, et la figure 3 est une vue du côté opposé à celle de la figure 1. Les mêmes lettres indiquent les mêmes parties dans les différentes vues. Le métier est, comme on voit, à deux rangées symétriques de broches, une de chaque côté du bâti.

Ces broches ont leurs points d'appui dans le bâti dont X X X' X' sont les montants. Chacune des broches, repose à sa partie inférieure par un pivot b, dans une crapaudine ou porte-broche en fonte H, et est maintenue sur sa hauteur dans les collets en bronze i du porte-collet en fonte I (voir fig. 3, pl. XX). La partie supérieure de la broche reçoit l'ailette ordinaire vissée en v dans le sens du mouvement et terminée à chacune de ces branches par une queue de cochon, ou guide-fils e,e. Chaque broche est munie de sa bobine N, qui peut tourner librement sur sa base N' avec une vitesse différente de celle de la broche B, par suite du frottement de sa base et par l'action d'un petit contre-poids P fixé par une ficelle au rebord inférieur de la bobine. En outre de ce mouvement circulaire, la bobine en reçoit un de va-et-vient vertical par un chariot, décrit plus loin. Sur chacune des broches, à un certain point convenable de sa hauteur, se trouve fixé un pignon en fonte b', qui reçoit par une roue a le mouvement et le communique à la broche. Il y a donc autant de ces roues d'angles et de pignons que de broches. Elles sont toutes placées sur un arbre commun B', recevant lui-même son action par l'arbre moteur de la manière suivante :

COMMANDE DES BROCHES. — Sur l'arbre moteur A est placée une roue droite R en fonte avec une denture de soixante-quinze dents en bois qui en commandent une seconde R' de vingt-cinq, qui transmet le mouvement à l'arbre B', portant les roues des broches de l'une des rangées ; l'arbre C de la rangée opposée est également commandé par la roue R, qui donne la rotation à la roue droite R' par une intermédiaire R".

Les pignons b' tournent librement sur les broches D et font corps avec une espèce de manchon à emboîtement S, pouvant glisser sur la broche et venir faire corps avec les plateaux d fixes sur la broche (voir en détail fig. 3). Des ressorts à boudins retenus par des supports ou bagues f fixées sur les broches serrent les pignons b' contre les plateaux d de manière à faire entraîner les broches par les pignons en mouvement.

Pour rattacher un fil cassé ou enlever une bobine, il suffit de presser avec le genou contre le plateau d ; la friction conique glissant alors entre le pignon et le plateau, rompt la solidarité entre l'organe et sa transmission, la broche s'arrête, pendant que l'ouvrier a les mains libres pour opérer une rattache ou lever la bobine.

Afin de réduire autant que possible la dimension des arbres B et C, on les exécute en acier ; ils ont des supports E de place en place, assemblés par des boîtes remplissant la fonction de manchons. Les roues coniques a et b' sont couvertes par des plaques de tôle polie g assemblées à charnières pour pouvoir se rabattre au besoin.

COMMANDE DES CYLINDRES D'APPEL (fig. 1 et 2, pl. XX et XXI). — Cette transmission part également de l'arbre moteur A ;

elle a lieu de proche en proche de celui-ci au cylindre d'appel F par les roues droites z, $z'x$, z^1z^3 et z^4, dont le nombre de dents est quatre-vingt-dix, cent soixante et dix pour les deux premières (fig. 1, pl. XXI). L'engrenage z porte sur son axe le pignon dit *de rechange*, car c'est en le remplaçant par un pignon d'un nombre de dents différent qu'on fait varier la vitesse angulaire, et le développement du cylindre d'appel, qui fournira alors une longueur plus ou moins grande à la rotation constante des broches, et fera ainsi varier la torsion par unité de longueur.

COMMANDE DES CHARIOTS. — Les chariots N' placés de chaque côté de la machine sont fixés à des tirants verticaux t par les brides u et le guide v. La partie inférieure de chacune de ces tiges vissées t est assemblée à l'une des extrémités du balancier M, auquel le mouvement vertical alternatif de va-et-vient est imprimé de la manière suivante :

Au bout de l'axe de l'un des cylindres d'appel F est fixé un pignon d'angle l (fig. 1, pl. XX) engrenant alternativement, suivant que les chariots doivent monter ou descendre, avec l'une ou l'autre des deux roues m, m', fixées horizontalement sur l'arbre vertical M' portant un pignon de rechange n engrenant avec la grande roue d'angle o. L'axe de celle-ci porte une roue q' qui commande la roue g'. L'arbre de cette dernière a un pignon excentré denté o^3, dont les dents engrènent avec celles du secteur q, placé sur l'arbre L, B. L'excentricité des deux organes o^3 et q (fig. 3, pl. XXI) a pour but de réaliser la forme bombée des bobines, en faisant varier aux points voulus les vitesses des chariots en marche.

COMMANDE DU CHANGEMENT DE DIRECTION DES CHARIOTS (fig. 2 et 3, pl. XXI). — Sur un des guides des chariots se trouve une glissière P' qui monte et descend avec les chariots, et avec elle une petite règle x_1, contre laquelle glisse un butteur y, tantôt d'un côté et tantôt de l'autre. Ce butteur y est serré contre la règle x_1, par un des deux cliquets z_1 ou z_2 fixés également sur les glissières P', et réunis par un ressort à boudin r'. Lorsque le chariot est au bas de sa course, le butteur y dépasse la règle x_1, et se trouve poussé par le cliquet z_1, sollicité par le ressort vers le cliquet z_2, c'est-à-dire de l'autre côté de la règle x_1. Au contraire, lorsque les chariots arrivent au haut de leur course, le butteur y est alors poussé par le cliquet z_2 vers le cliquet z_1.

Cette action de droite à gauche, ou en sens inverse du butteur y, détermine le sens du mouvement du chariot, attendu que ce butteur est fixé sur une tige horizontale Q, qui communique avec le levier R_1 et le balancier S_1. Or c'est celui-ci qui, suivant qu'il est sollicité dans un sens ou dans l'autre, fait engrener m ou m' avec le pignon l. Un contre-poids q', placé sur le levier S_1, a pour but d'équilibrer les pignons m m'.

Le *renvidage* (fig. 1, 3) a lieu, comme dans les continus ordinaires, par la tension du fil sur la bobine; cette tension est réglée par le contre-poids déjà mentionné, attaché à une ficelle f fixée en un point de l'embase g de la bobine en bois N. On donne à ces ficelles une surface d'enveloppement variable autour de cette embase, et par conséquent au poids une action plus ou moins intense suivant le besoin. La disposition adoptée à cet effet est suffisamment indiquée dans la figure 3 des détails. C'est, comme on le voit, un moyen de réglage approximatif, mais qui paraît suffisant dans le cas pratique dont il s'agit.

La figure 2, pl. XXI, indique bien la marche des fils multiples; ils sont disposés soit en écheveaux, soit en canettes, sur un râtelier T. De là, ils se tendent sur des tringles en verre t et v', pour être dirigés dans le guide k, passer ensuite autour du cylindre de pression K, et revenir au guide k pour repasser entre les cylindres d'appel et de pression F et K, en allant se fixer à l'ailette G de la broche à retordre. Contre le rouleau d'appel et en dessous, on a disposé des rouleaux de propreté p, p à contre-poids j, j, destinés à nettoyer les rouleaux F et à enlever le duvet.

Retordage du fil mouillé. — Pour faciliter le retordage, empêcher la formation du duvet à la surface, ou pour obtenir une certaine apparence de grain dans les fils de laine, on les retord parfois comme ceux en coton et en lin, en les humectant plus ou moins. On se sert à cet effet de dispositions d'auges qui peuvent varier; la figure 2, pl. XX, donne celle adoptée pour le métier ci-dessus. Elle consiste surtout dans l'addition d'une bassine en zinc A', contenant le liquide dans lequel le fil doit passer, on l'y dirige au moyen du tube en verre r. La bassine B', placée sous le rouleau d'appel, est destinée à recevoir les gouttelettes exprimées par les cylindres de pression. Ceux-ci ont leur circonférence recouverte en cuivre, pour les mettre à l'abri de l'oxydation de la part de l'eau.

Vitesse des organes. — Les broches peuvent faire jusqu'à 3 000 révolutions à la minute, sauf les cas exceptionnels pour certains articles spéciaux. Le pignon b' placé sur la broche fait donc généralement 3 000 tours. Les roues a qui les commandent de chaque côté, placées sur les arbres B et C, ayant un diamètre triple, font 1 000 révolutions. Les roues de 25 commandent par une intermédiaire de 37, la roue R de 75, placée sur l'arbre de commande A, d'une vitesse de 300 à 333 révolutions imprimées par la poulie motrice P.

Degré des diverses torsions par les pignons de rechange. — Les constructeurs livrent avec la machine une série de 24 pignons de rechange $z_,$, dont le nombre de dents augmente de 2 en 2 depuis 16 jusqu'à 65. Il est évident que la torsion par unité de longueur va en augmentant en raison inverse du nombre des dents. Cette torsion peut varier avec le même pignon, suivant les transmissions auxquelles il transmet le mouvement. La figure 2 nous indique, par exemple, que le pignon de rechange commande d'un côté une roue de 90, et de l'autre, par une roue de 130. La torsion différera par conséquent sur les rangées ; en raison des nombres du tableau suivant :

Nombre de dents de pignons.	Torsions correspondantes, avec des cylindres de 0,04.	
	par la transmission au moyen de la roue 130.	par la roue de 190 dents.
16	10,34	
18	9,02	
20	8,01	
22	7,45	
24	6,68	
26	6,03	
28	5,08	
30	5,43	
32	5,08	3,54
34	4,08	3,33
36	4,32	3,14
38	4,27	2,98
40	4,08	2,33
42	3,87	2,07
44	3,07	2,58
46	3,56	2,46
48	3,46	2,36
50	3,25	2,26
52	3,13	2,18
54	3,00	2,01
56	2,09	2,02
58	2,83	1,96
60	2,72	1,90

MACHINES DOUBLES A RETORDRE AVEC CASSE-FIL A DÉBRAYAGE SPONTANÉ. — Lorsqu'il s'agit de faire cheminer simultanément un certain nombre de fils et que la qualité dépend en partie de l'homogénéité du produit et de l'uniformité du grain de sa surface, on conçoit qu'on se soit ingénié pour parer aux inconvénients résultant de la rupture de l'un des brins sans que la machine s'arrête aussitôt pour le rattacher. On a tout d'abord pensé à munir ces machines d'un mécanisme d'une combinaison telle, que la rupture d'un fil quelconque détermine spontanément l'arrêt du faisceau dont il fait partie. Théoriquement, et même lorsqu'on a vu fonctionner des casse-fils de ce genre dans les moulinages de la soie, on en est séduit. Cependant l'application de ces mécanismes rencontre des objections pratiques qui se résument dans la complication des machines à casse-fils, l'augmentation de leur prix et surtout dans le déchet plus grand qu'occasionnerait l'adoption de ce petit appareil pour des fils qui ne présenteraient pas la résistance de la soie.

On trouvera d'ailleurs ces casse-fils avec débrayages, décrits d'une façon détaillée et accompagnés de figures, dans nos précédents ouvrages [1].

CHAPITRE XV.

ÉTABLISSEMENT D'UNE FILATURE. — PRIX DE REVIENT DU TRAVAIL.

Nos calculs sont établis sur l'un des assortiments les plus complets, possédant le nombre maximum de passages pour desservir six mille quatre cents broches, que nous donnons comme unité. Une filature d'un nombre moindre serait peu avantageuse, et pour une plus importante, il serait rationnel de composer l'usine de deux, de trois, etc., assortiments, c'est-à-dire de procéder par la répétition de l'un des assortiments types donnés dans les tableaux p. 369 ; nous prenons celui du tableau n° 1 pour base de la détermination du matériel industriel. Ce point de départ une fois admis, on en déduira la force

---

1. *Etudes sur les arts textiles à l'Exposition universelle de* 1867, pl. XII, fig. 1 et 2.

motrice, la surface des bâtiments, le personnel et les autres dépenses diverses, tant pour la première mise de fonds nécessaire à l'érection de l'usine, que pour les dépenses journalières par broche. Sachant ce qu'une broche peut produire en fil d'un numéro donné, on sera à même de résoudre les questions économiques de la spécialité.

Les éléments à déterminer peuvent se ranger en deux catégories principales, ceux concernant *le capital à immobiliser* et les sommes pour en rémunérer les services, et ceux exigeant des dépenses permanentes et journalières. Nous avons donc à évaluer le montant des dépenses suivantes :

Pour l'immobilisation :

1° Le matériel industriel, comprenant les machines de l'assortiment et leurs accessoires, la machine et la chaudière à vapeur, les appareils à chauffer et à éclairer ;

2° Les constructions des bâtiments de la filature, des moteurs, bureaux, magasins et dépendances.

Les frais journaliers comprennent :

1° L'intérêt et l'amortissement des sommes immobilisées ;

2° La dépense du combustible pour la force motrice et le chauffage ;

3° Celle du gaz pour l'éclairage ;

4° La dépense pour divers ingrédients et fournitures accessoires, telles que les substances grasses, huiles, suifs, courroies, parchemin, etc. ;

5° Les salaires ;

6° Les frais divers de protection et de conservation, impôts, assurances contre l'incendie, etc. ;

7° Enfin les intérêts et l'amortissement du capital pendant la construction.

Déterminons l'importance de ces divers éléments dans l'ordre ou nous venons de les énumérer.

Prix des machines de l'assortiment de la filature.

1 défeutreur double..........................	4 500ᶠ
1 étirage...................................	2 200
1 bobinoir à 12 peignes......................	2 600
1 — 30 —	3 500
1 — 34 —	3 800
1 — 48 —	4 000
8 bobinoirs à 5 200 formant 5 passages à 50.......	41 600
8 métiers de 800 broches = 6 400 à 11 francs.......	70 400
Total..................	132 600ᶠ

Moteur et générateurs. — La force motrice nécessaire
à l'assortiment peut varier suivant le nombre de passages, l'état d'entretien des machines et des transmissions,
le système des métiers à filer et le nombre de tours des
broches; de là des indications pratiques fort différentes.
Mais si l'on suppose l'assortiment que nous venons de désigner avec de grands métiers automatiques dont les broches
font en moyenne 6000 tours à la minute, nous sommes autorisés, d'après des expériences précises et des données sérieuses,
à admettre qu'il faut un cheval de force de 75 kilogrammètres
à la seconde pour 100 broches, soient 64 chevaux pour les
6400 broches.

1 machine à vapeur avec 2 générateurs de 32 chevaux chacun, et les accessoires, outils du fourneau, clefs, pistons de rechange, maçonnerie des massifs, de la cheminée, ensemble.....................	60 000ᶠ
Transmissions générales, arbres de couches, engre-nages, poulies, paliers, coussinets, chaises, etc.; 9 000 kilogrammes à 0ᶠ,80.....................	7 200
Appareils pour le chauffage et l'éclairage, tuyaux, ro-binetterie, plomberie, etc.....................	8 000
Outillage pour les ateliers de réparations des ma-chines, la menuiserie avec les transmissions, etc...	12 000
Total.....................	87 200ᶠ

Donc, dépense totale, pour les machines, outils, le moteur, conformément aux éléments ci-dessus, 132 600+87 200 = 219 800 francs, à 5 pour 100 d'intérêt et 10 pour 100 d'amortissement représentent une dépense annuelle de 219 800 × 15 = 32 970 francs et $\frac{32\ 970}{300}$ = 109^f,90 par jour.

Constructions. — Surface à couvrir.

Pour la filature avec les machines préparatoires . . . . . 610 m^q.
— le magasin de réception et bureaux 162
— un magasin pour les pièces de rechange 50
— les ateliers de réparations 100
— la machine à vapeur et les chaudières 140
                                                                              ―――――
                    Ensemble . . . . 1 062 m^q.

A 40 francs, en moyenne, y compris les ateliers et
    magasins, les moellons, briques, charpente en
    bois, colonnes en fonte 1 062×40 = 42 480 francs.   42 480^f,00
Dont les intérêts peuvent être comptés à 6
    pour 100. C'est donc, de ce chef, une dépense
    annuelle de $\frac{42\ 480 \times 6}{100}$ = 2 548^f,80 . . . .   2 548 ,80
Soit $\frac{2\ 548,80}{300}$ = 8^f,49 par jour.

Dépenses pour le combustible et l'entretien du moteur et des transmissions.

Au maximum 2 kilogrammes par heure et par force de cheval, y compris la mise en feu; donc 64 × 2 × 12 = 1 536 kilogrammes par jour et pour le chauffage 40 kilogrammes [1]. Ensemble, 1 576.

Les 1 576 kilogrammes à 0^f,03 [2] = 47^f,28 par jour.   47^f,28

1. La dépense de ce chef, que nous donnons comme un grand maximum, peut paraître faible, si l'on ne réfléchit pas que les jours les plus froids sont aussi les plus courts, ceux où la lumière du gaz dure le plus longtemps et devient un auxiliaire important du chauffage.

2. Ce prix de 30 francs la tonne peut être considéré comme trop élevé pour ceux qui ont des marchés anciens, et trop bas au cours du jour (février 1873); nous l'indiquons comme une moyenne que nous désirons ne pas voir dépasser

Pour le gaz, 100 becs à raison de 180 litres par bec et par heure, une consommation moyenne de 120 mètres cubes à 0^f,22 = 26^f,40 et en raison de 6 mois d'éclairage, 13^{f}20.

*Dépenses accessoires pour la machine, les générateurs
et les transmissions.*

1 chauffeur..	6f,00
Huile, suif, saindoux, savon gras, ensemble............	2,00
Caoutchouc, bronze, fer, main-d'œuvre pour la machine..	1,50
Matière contre l'incrustation ; nettoyage et entretien des fourneaux et de leur outillage................	3,50
	13f,00

Personnel de la filature.

	Hommes.	Femmes.	Enfants.
Aux préparations	»	13	»
Pour garnir la machine bobineuse.	»	3	»
1 contre-maître................	1	»	»
Aux métiers à filer............	4	»	16 rattacheurs.
	»	»	4 bobineurs.
	5	16	20 [1].

Personnel accessoire et auxiliaire.

	Hommes.	Femmes.	Enfants.
Graisseur......................	1	»	»
Colleuses de rouleaux..........	»	2	»
Encaisseuse....................	»	1	»
Employés de magasin...........	2	»	»
Balayeuse......................	»	1	»
Trieuse de tubes...............	»	1	»
Garde de nuit.................	1	»	»
Concierge.....................	1	»	»
	5	5	»

Soient 51 personnes ou environ 8 par 1 000 broches, en comprenant le personnel employé directement aux machines, et les ouvriers auxiliaires.

1. Ce compte suppose que chaque fileur conduit deux métiers faisant tous deux de la chaîne ou de la trame. Si l'ouvrier avait un métier filant de la chaîne et un autre de la trame, il faudrait compter deux rattacheurs de plus. En général, la trame cassant plus que la chaîne, exige plus de rattacheurs.

Salaires par jour.

1 contre-maître	6ᶠ,00
13 femmes aux préparations, à 2 francs.	26,00
3 bobineuses, à 1ᶠ,50.	6,00
4 fileurs, à 6 francs.	24,00
16 rattacheurs à 2ᶠ,50	40,00
4 bobineurs à 1ᶠ,50	6,00
5 hommes pour le personnel auxiliaire, en moyenne, à 2ᶠ,75	13,75
5 femmes, en moyenne, à 2 francs.	10,00
Ensemble	131ᶠ,75 [1].

Ingrédients et dépenses diverses pour les machines préparatoires et les métiers à filer.

Huile à graisser pour les machines préparatoires et les métiers à filer, 7 kilogrammes à 1ᶠ,50.	10ᶠ,50
Cordes en coton pour self-acting.	5,50
Courroies et cuir.	2,30
Parchemin.	3,00
Papier canson pour rouleaux des métiers à filer......	2,50
Draps pour couvrir les rouleaux.	6,00
Buffles	6,00
Tubes en papier pour chaîne et trame.	6,00
Panne pour nettoyage des cylindres de métiers......	0,90
Caisses d'emballage	12,00
Etiquettes et papiers divers.	10,00
Divers, imprévus.	20,00
Total	84ᶠ,70

Intérêt et amortissement d'un *capital* se composant de la mise dehors, pendant un an environ, de 220 200 + 42 480 francs, ensemble 262 680 francs

1. Ce personnel peut, comme les salaires, changer considérablement avec les localités, avec les métiers employés, dans les contrées où ils ne dépassent pas 400 broches, et où la main-d'œuvre est encore à bas prix, les fileurs gagnent seulement de 3ᶠ,50 à 4 francs, et les levées en proportion; mais les prix supposés sont établis d'après Reims pour des métiers de 800 à 900 broches.

à 15 pour 100 = 39 402 francs, qui doivent être à leur tour considérés comme augmentant d'autant les dépenses à amortir ; donc :

$$39\,402 \times 15 = 5\,910^{f}30 \text{ et } \frac{5910,30}{300} = 19^{f},62 \text{ par jour.}$$

Contributions annuelles, environ.	2 000
Assurance contre l'incendie......	1 000
Ensemble........	3 000^{f}, et $\frac{3000}{300} = 10^{f}$ par jour.

Récapitulation des dépenses par jour pour les 6 400 broches.

Intérêt et amortissement des machines.............	109^{f},90
— des constructions..........	8,49
Dépenses pour le combustible......................	47,28
— le gaz.......................	13,10
Entretien du moteur et du générateur..............	13,00
Salaires..............................	131,75
Ingrédients et diverses dépenses...........	84,70
Intérêt et amortissement du capital immobilisé pendant les travaux...............................	19,62
Contributions et assurance.......................	10,00
Imprévus, divers.......	46,00 [1]
Total des frais...........	483^{f},84

Si l'on suppose une production moyenne de 5 échées par jour et par broche, on aura 64 000 × 5 = 32000 échées dont le prix de façon, d'après les bases ci-dessus, serait $\frac{483,84}{320\,00} = 0^{f},0151$, c'est-à-dire un peu plus de 1 centime et demi.

Et si la broche rendait 5,3 échées, comme cela est très-possible, les 6 400 broches produiraient 33 920 échées, et chacune ne coûte plus alors que $\frac{483\,84}{339\,20} = 0^{f},0144$.

DÉPENSES PAR BROCHE ET PAR AN. — Quant à la dépense annuelle d'une broche, on l'obtiendra en multipliant celle d'un jour par 300. Or celle de la journée est $\frac{483^{f},84}{6,400} = 0^{f},0755$, et 0,0755 × 300 = 22^{f},65 par broche et par an.

1. Malgré la précision que nous avons cherché à apporter à nos calculs, nous croyons devoir ajouter un chiffre élevé à l'imprévu, à cause de l'augmentation croissante de toutes choses, matières, combustibles, salaires, etc.

Cette dépense reste à peu près constante ; elle ne varie qu'avec la vitesse des organes, mais non avec le genre de fil.

PRODUCTION EN POIDS. — Soit, pour faciliter les calculs, l'hypothèse d'un rendement égal en chaîne et en trame, la première du numéro 82 et la seconde du numéro 114, on aura en moyenne du numéro 98, ou 98 × 710 = 69 580 mètres au kilogramme. Or, une broche produisant au minimum 5 échées ou 3 550 mètres par jour, ce sera un poids de $\frac{3\,550}{69\,580}$ = 0^k,051.

Du déchet. — Quelle quantité de laine faudra-t-il mettre en filature pour obtenir ce poids, en d'autres termes, quel est le déchet en filature ? Il est évidemment variable avec la qualité des matières, l'état d'entretien des machines, les soins apportés à la surveillance, etc. Un déchet de 4 pour 100 paraît être une moyenne, c'est-à-dire qu'il faudra 104 kilogrammes de peigné pur bien conditionné, pour en tirer 100 kilogrammes de fil.

DES SALAIRES PAYÉS AUX FILEURS. — Nous avons supposé précédemment que le filage se payait toujours à la journée ; ce travail est cependant souvent rémunéré, non-seulement en raison du poids et des titres ou finesses des fils, mais encore suivant le genre de métier confié au fileur. Moins le nombre de broches par métier est considérable, moins il produira, et plus le tarif doit être augmenté.

Quant aux salaires relativement aux diverses finesses, ils restent à peu près constants par unité de poids, attendu que si on produit plus en gros numéros qu'en titres élevés, la multiplicité des levées et du garnissage du métier pour les premiers compense à peu près l'augmentation de leur production. Certaines garnitures pour fils fins du numéro 120 peuvent durer dix jours environ, et formeront une levée et demie seulement ; pour du numéro 20 à 30, il en faudra de quatre à sept.

TISSAGE.

Afin de faciliter l'exposé de cette partie de notre travail, nous l'avons divisée en deux sections : la première renferme la description des opérations préparatoires et celle du tissage de tous les genres, depuis les plus simples jusqu'aux plus compliqués, de façon à mettre en évidence les procédés constituant l'art indépendamment du mode d'exécution. La seconde section est spécialement consacrée aux moyens et à l'exécution mécanique ; elle embrasse donc tout ce qui concerne le tissage automatique actuellement appliqué à de nombreuses variétés d'étoffes.

CHAPITRE XVI.

TISSAGE.

CONSIDÉRATIONS GÉNÉRALES. — Les principes fondamentaux de l'art du tissage sont indépendants de la nature, des caractères et des propriétés des fils; les divers modes d'entrelacement leur sont communs. Ils sont donc applicables indistinctement au coton, au lin, au chanvre, aux laines, à la soie, etc. Leur préparation et leur exécution sont modifiées en raison du genre d'articles à produire et suivant qu'on doit obtenir avec la même matière une étoffe à fils serrés, un tricot à mailles élastiques ou un tissu à réseaux fins comme dans les dentelles, tulles, filets, etc., etc. Pour le premier de ces types, les fils avant d'être *montés* sur le métier à tisser sont également disposés en *chaînes* et en *trames*, c'est-à-dire en deux séries : l'une enroulée d'une façon continue autour d'un cylindre qui, se déroulant, développe parallèlement à eux-mêmes tous les fils de la catégorie longitudinale ; l'autre est disposée autour d'un tube conique, cylindrique ou cylindro-conique dit *canette*, d'un volume relativement réduit pour pouvoir passer et se dérouler dans l'angle formé par le mouvement des fils constituant la première série.

Les étoffes les plus simples nécessitent ces deux séries de fils[1], qui se multiplient avec les genres et la richesse des articles, suivant les exemples donnés plus loin. Au lieu d'une chaîne et d'une trame seulement comme dans les tissus simples les plus ordinaires, il en est qui exigent l'entrelacement, tantôt de plusieurs chaînes ou de plusieurs trames superposées, tantôt la combinaison de l'une de ces séries avec plusieurs de l'autre, et *vice versa*. Ces combinaisons peuvent s'ajouter à celles qui permettent des modifications à l'infini dans les modes d'entre-croisement des fils en diverses séries. Les fils de la trame disposés en canettes sont fournis le plus souvent directement par le métier à filer, sous la forme propre à se loger dans la navette. La chaîne, au contraire, livrée en bobines, dites *pochets*, a besoin d'être ourdie, c'est-à-dire transportée par un dévidage sur les rouleaux de l'ourdissoir, d'où elle se déroule de nouveau pour subir l'action de l'*encollage*. Ce n'est qu'après avoir été encollée et séchée que la chaîne est prête à être *remise* ou *rentrée*, c'est-à-dire passée fil à fil ou par petits faisceaux dans les mailles ou les maillons des *lames* ou *lisses* du métier à tisser, afin d'établir la relation entre celui-ci et les

---

1. Il est bien entendu qu'il n'est question ici que de tissus à fils serrés, à entrelacements rectangulaires; certaines étoffes à mailles, telles que les tricots ordinaires, n'ont besoin que d'un seul fil pour former une surface de dimension quelconque, par le rebouclement de ce fil sur lui-même.

fils. L'ordre du passage de ces fils peut être modifié dans de certaines limites et en raison des divers résultats à produire. Mais la variété des effets qu'on peut obtenir d'une même trame dépend surtout de l'ordre et de la combinaison des mouvements imprimés aux mailles ou lisses jouant le rôle de levier par rapport aux fils de la chaîne, et leur font faire successivement un plus ou moins grand nombre d'angles destinés à recevoir autant de duites suivant les effets d'entre-croisement à exécuter. Le *rendu*, c'est-à-dire l'apparence provenant d'un entre-croisement donné, plus ou moins de grain par exemple, peut, comme nous le verrons, dépendre des conditions du travail. Ces opérations préparatoires du tissage, étudiées plus loin, ne sont mentionnées ici que pour faire comprendre l'importance de ces traitements et des transformations préliminaires.

Celles-ci doivent elles-mêmes être précédées de l'appréciation de la qualité des fils, matière première du tissage; il est très-utile de pouvoir estimer avec précision au préalable leurs caractères et qualités, c'est-à-dire leur degré de résistance et d'élasticité par les moyens précédemment indiqués, leur titre ou finesse, ainsi que leur régularité. Ces considérations succinctes nous amènent naturellement au groupement suivant des opérations générales du tissage :

I. La constatation des caractères, titre et degré de pureté, de ténacité, d'élasticité, etc., des fils ;

II. Leurs dévidage, ourdissage et encollage ;

III. L'indication de la corrélation entre les fils et les organes qui les doivent mettre en jeu, comprenant le tracé graphique ou mise en carte, les remettages, armures et montages du métier destiné à les réaliser ;

IV. Enfin, le tissage proprement dit, exécuté à la main ou automatiquement, et l'étude de l'outillage ou métier par lequel le résultat est obtenu le plus économiquement possible.

V. Les traitements d'épuration.

Avant d'aborder la description des moyens, nous croyons devoir présenter quelques observations générales sur les préparations du tissage.

CONSIDÉRATIONS GÉNÉRALES SUR LES OPÉRATIONS PRÉPARATOIRES. — Les opérations de ce genre sont les unes utiles, mais facultatives, les autres indispensables ; toutes ne sont que transitoires et ne laissent pas de traces apparentes une fois le produit terminé. Les opérations facultatives ont surtout un contrôle pour objet et pour but, afin de s'assurer du titre des fils, de leur régularité, du degré de pureté, d'élasticité, de ténacité, etc. Les conditions économiques et techniques à remplir pour atteindre le résultat de la manière la plus avantageuse donnent un intérêt particulier aux constatations dont il est question. Cependant, l'industriel les néglige parfois, à tort selon nous, il s'en rapporte alors aux indications que portent les produits de la filature, à son expérience et à une simple inspection pour se rendre compte de la qualité des matières à mettre en œuvre. Quant aux préparations indispensables, ne laissant cependant pas de trace de leur passage, elles comprennent toutes les transformations se rapportant aux fils pour les mettre en état de recevoir le plus convenablement possible l'action du métier à tisser, afin d'obtenir des mouvements successifs de ce métier, des effets d'entrelacement divers et les produits les plus variés. Les étoffes, les plus simples comme les plus ornées, sont en effet obtenues par des actions organiques et des actions mécaniques identiques. Leur diversité provient non-seulement de la nature et de la coloration diverse des fils, mais de l'ordre dans lesquels on les fait manœuvrer, ordre déterminé par les opérations préparatoires. La cohésion donnée à la plupart par l'encollage de la chaîne est également du domaine des préparations, chacune d'elles peut être l'objet de quelques considérations préliminaires.

DU TITRAGE. — On sait que le titrage est basé pour certains

fils, tels que ceux de la laine et du coton sur la comparaison de la longueur à l'unité de poids; pour certains autres, sur le poids correspondant à l'unité de longueur; la soie grége et mou- linée, le chanvre, le lin et le jute sont titrés d'après ces der- nières bases. Il y a non-seulement des différences dans les systèmes de numérotage des fils, mais encore dans les unités servant de point de départ. Nous nous sommes souvent élevé dans nos publications antérieures contre ces errements anor- maux et nous avons fait ressortir les motifs en faveur d'un titrage métrique uniforme. En présence des tendances universelles à faire prédominer non-seulement chez nous, mais à l'étranger, le système métrique, si exact et si simple dans ses applications aux monnaies, poids et mesures et aux fils dans certains cas, n'est-ce pas une anomalie de voir encore appliquer le système anglais au titrage de nos fils de chanvre, de lin, de jute, etc., et les anciennes unités, telles que les deniers ou fractions de poids de l'ancienne livre de Montpellier, ou d'ailleurs, pour la soie? On rencontre parfois des unités de longueur changeant non-seulement avec la nature des fils, mais encore avec les localités. Nous savons bien que l'on fait quelques efforts pour arriver à l'unification des titrages, mais il est fâcheux que l'a- doption n'en soit pas plus prompte et plus générale.

Quoi qu'il en soit, et quel que soit le mode de numérotage en usage, il ne peut donner que des indications relatives sur les rapports des finesses et surtout sur la régularité absolue des fils. Le titrage indique bien la longueur fournie par un poids donné de matière, mais il ne dit rien ni sur la mesure de la section du fil, ni sur son homogénéité. En supposant qu'on divise, par exemple, 1000 mètres de fils en dix longueurs égales de 100 mètres, il pourrait se faire que le poids de chaque unité de longueur restât le même sans qu'il soit démontré que le fil fût homogène et n'ait des points plus ou moins gros sur la longueur. Les praticiens ont si bien compris cette insuffisance de vérification, que l'un des plus compétents dans sa spécialité, M. Saladin, de Nancy, a récemment imaginé un moyen permettant de constater le titre des fils sur des longueurs de quelques mètres à l'aide d'une petite romaine caractérisée par la dénomination de romaine micrométrique, dont nous avons déjà parlé.

Nous avons fait construire nous-même, pour notre propre usage, l'appareil spécial destiné à l'essai des qualités des fils en général, aussi bien à ceux de la laine, du coton, etc., que de la soie.

Nous ne nous permettrions pas de rappeler ici cet instrument décrit dans nos précédents ouvrages et déjà mentionné, si nous ne savions par de nombreux renseignements les services rendus à l'industrie pratique par cet appareil de précision.

L'*ourdissage* et l'*encollage des fils* susmentionnés étant généralement précédés d'un *dévidage*, le but de l'opération reste constant ; les moyens et appareils se modifient seulement quelque peu avec les spécialités et la nature des fils.

La détermination des *armures* et des *remettages* d'après lesquels doivent s'opérer les entre-croisements entre la ou les chaînes et la ou les trames exige, au contraire, des connaissances spéciales plus étendues ; le tracé graphique des dispositions par lesquelles les fils doivent être entrelacés pour ajouter à un effet déterminé, et le choix le plus avantageux à faire parmi les nombreuses combinaisons possibles en raison de la nature de la substance et de l'article auquel elle concourt, constituent une spécialité participant en même temps de l'art et de l'industrie. Elle embrasse une partie technique basée sur des règles fixes, et un élément définissable par la seule qualification vague de *goût*, rendant à peine une impression et dont l'énonciation suffit cependant pour en faire saisir l'importance.

La partie purement technique est à l'exécution des étoffes

ce que l'architecture est à la construction des bâtiments, elle comprend les éléments et les lois de l'art. Le dessinateur de fabrique est l'architecte de l'étoffe ; le tracé des entrelacements, la *mise en carte*, les indications graphiques des *remettages* et des *armures*, sont les différentes vues du produit à exécuter, et donnent les moyens par lesquels les éléments doivent successivement passer pour arriver au résultat cherché. Ici encore, comme pour plusieurs arts décoratifs, l'apparence plus ou moins flatteuse de certains articles dépend de la combinaison particulière d'un nombre d'éléments donné et de leur appropriation plus ou moins rationnelle. Supposons l'exécution d'une étoffe devant offrir la surface la plus unie, la plus lisse et aussi brillante que le comporte la matière. Il est évident alors qu'on choisira des fils lisses peu tordus, un mode d'entre-croisement où les points d'intersection entre ceux longitudinaux et transversaux soient le moins nombreux possible.

Si au contraire c'est un tissu à *grain* que l'on recherche, on a recours à des fils plus tordus et dont les entre-croisements seront plus rapprochés et plus uniformément répartis. Les effets peuvent être simples, résultant des combinaisons d'entrelacements élémentaires faciles à saisir par l'énoncé oral, ou obtenus par une suite d'entre-croisements dans les directions les plus diverses, pour former des méandres dont l'exécution précise a besoin d'un tracé spécial et préalable.

Quoique le tissage des étoffes unies ou à petits effets puisse être compris par quelques indications sommaires, nous croyons néanmoins pour faire bien saisir les principes élémentaires et ne pas scinder la question, devoir ranger dans un seul chapitre les bases sur lesquelles reposent les effets du tissage en général. Nous abordons ce sujet avant de décrire les machines préparatoires, pour ne plus interrompre ensuite la description des appareils, des outils et des métiers.

Du montage des métiers en général.

CORRÉLATION ENTRE LES FILS DE LA CHAINE, DE LA TRAME ET LES ORGANES QUI LES DOIVENT FAIRE MOUVOIR POUR RÉALISER DES EFFETS DÉTERMINÉS A PRIORI. — Supposons, pour préciser notre pensée, d'une part, une chaîne de trois à quatre mille fils d'une longueur de 84 à 85 mètres plus ou moins, suivant leur finesse et la réduction de l'étoffe, enroulés sur la largeur de 1 mètre, et de l'autre, les fils de la trame en canettes fournies par le filage. Il s'agit de disposer les premiers sur le métier à tisser, de faire faire aux fils des mouvements tels que le soulèvement d'une certaine portion d'entre eux forme deux côtés d'un triangle dont la base est constituée par ceux restés immobiles. C'est en faisant passer la trame dans l'un de ces angles opposé au sommet et en l'y entrelaçant après l'avoir serrée que le tissu s'exécute. L'entrelacement s'obtient par la formation successive du même triangle avec des fils différents. Supposons tous les fils de la chaîne numérotés et formant d'abord un triangle dont la base se composerait des fils pairs, et les côtés des fils impairs. Si l'on chasse alors une course de trame ou *duite*, elle reposera sur les fils pairs. Si, après l'avoir serrée dans cette position, on soulève au contraire les fils pairs, ils formeront à leur tour les côtés du triangle, tandis que les impairs seront la base ; la première duite ainsi insérée sera donc fixée par l'entre-croisement des fils de la chaîne avec celui de la trame et fournira l'élément du tissu, et si dans ce second angle on chasse une nouvelle duite en sens opposé de la précédente, on aura exécuté les deux courses indispensables à l'étoffe la plus élémentaire. Mais avec les mêmes éléments, chaîne et trame simples, on peut arriver à des variétés assez nombreuses désignées par des dénominations souvent plus fantaisistes que significatives et reposant cependant sur des types fondamentaux assez caractérisés dont elles sont des *dérivés*.

Par quels artifices parvient-on avec la même chaîne et la même trame à réaliser des tissus d'apparences, de caractères et même de propriétés variées ? Pour répondre à cette question et donner dès à présent une idée nette des moyens par lesquels on arrive aux résultats que nous venons d'analyser, il est nécessaire d'exposer au moins succinctement les données élémentaires et fondamentales pour obtenir toutes espèces de tissus à fils serrés. Nous indiquerons donc les organes indispensables à tout métier à tisser, tels qu'ils sont employés depuis des milliers d'années, si nous nous en rapportons à certains passages des anciens auteurs ; Virgile, entre autres, en parle. Ces éléments n'ont pas changé ; on les retrouve dans les métiers modernes les plus complets et les plus parfaits, mus à la main ou automatiquement.

Métier a tisser élémentaire. — Ce métier (fig. 1 et 2, pl. xxii) se compose de parties fixes servant de support et de points d'appuis aux organes mobiles et aux transmissions de mouvements.

Parties fixes. — Elles comprennent les pièces du bâti rectangulaire A, B, C, D, fortement reliées par des assemblages, ou entretoises, pour solidariser et consolider les diverses parties. L'ensemble se trouve assujetti au sol, de manière à assurer le système contre les ébranlements provoqués par les mouvements plus ou moins brusques et multiples des organes.

Organes mobiles. — *Cylindre ensouple porte-chaîne.* — Sur l'un des côtés du métier, au montant A, B de derrière, se trouve assemblée une console L à rainure concave, de façon à recevoir le cylindre C sur lequel les fils de la chaîne sont enroulés. Pour fixer ces fils à l'une de leurs extrémités, on les fait entrer dans une rainure longitudinale *r* du cylindre, où ils

sont maintenus embarrés par une règle ; une fois toute la longueur enroulée, les bouts opposés à ceux dont nous venons de
parler sont déroulés et passés dans un ordre déterminé dans
des modes spéciaux de suspensions mobiles que nous décrirons après avoir indiqué le mode de disposition pour leur
assigner leurs places respectives.

Enverjure. — Pour maintenir aux fils leurs positions relatives dans la chaîne, on conserve *l'enverjure* précédemment
établie à l'ourdissage, par le placement de baguettes en
croix *e*, *e* ; de là le nom *d'encroisure* donné parfois à cette disposition des fils. Elle a l'avantage de faire retrouver au moment
voulu la place et le rang d'un fil qu'on recherche, soit pour le
rattacher ou le remplacer au besoin. L'enverjure ou encroisure
partage donc tous les fils de la largeur en deux séries. Si on
les suppose numérotés par les nombres naturels, l'une des
séries sera formée des fils pairs et l'autre des impairs. Une
fois disposés de cette façon, on les fait passer dans des modes
spéciaux de suspension rattachés à des leviers chargés de les
mettre en mouvement.

Lisses ou lames. — Une lisse ou une lame se compose
d'une série parallèle de fils retors ou ficelle, *l*, *l'*, enfilée par
leurs extrémités supérieures et inférieures sur des petites réglettes ou tringles rectangulaires en bois, 1 et 2. Chacune de
ces ficelles porte au milieu de sa hauteur ou une boucle ou
une ouverture pratiquée dans une pièce solide fixée elle-même
à ces fils retors ; cet œil est percé pour livrer le passage à un
ou plusieurs fils suivant les cas. L'ensemble plus ou moins nombreux de ces mailles, maintenues haut et bas par les réglettes 1
et 2, constitue une *lame* ou une *lisse*. La figure 3, pl. XXIII
des armures, montre en détail les diverses sortes de mailles
isolées d'une lisse. On les a supposées placées sur les réglettes
ou tringles A, B, et C, D. F, F simulent le ou les fils passés
dans les ouvertures, *n*, *o* ; c'est ce qu'on nomme une demi-

maille; la maille *c* est la plus simple de toutes, on la désigne parfois sous le nom de *maille à crochet*. La maille est dite *à grande coulisse* lorsque le fil, au lieu de passer à frottement dans la boucle, peut se mouvoir dans l'ouverture *l*, *m*. C" est fermée par la réunion de deux parties ou mailles permettant de soulever ou d'abaisser alternativement les fils qui y passent sans frottement sensible. Enfin la disposition C"' montre un système avec une plaque solide métallique ou céramique, percée de trous O, O', O" pour livrer passage à autant de fils, si c'est nécessaire. Cette dernière disposition est généralement désignée sous le nom spécial de *maillon*.

Quant à la matière dont ces gros fils retors sont formés, c'est du lin, du coton, ou de la laine retorse et gazée, quelquefois même des torsades en fer ou mieux en acier : cependant les substances métalliques sont moins en usage que les matières filamenteuses.

Chaque lisse ou lame est composée du nombre de mailles égal à celui des fils de la chaîne qui doivent se mouvoir simultanément. Les maillons ont spécialement pour but de permettre de faire agir isolément un ou quelques fils seulement à la fois ; on verra plus loin la nécessité de cette disposition pour obtenir les façonnés proprement dits, et les avantages que présente dans certains cas l'accouplement des deux sortes de suspension des fils. Le nombre de lisses ou de maillons nécessaires pour avoir un tissu déterminé est en raison de la complication des effets à réaliser par les entre-croisements.

L'ensemble des lisses concourant à la confection d'un effet défini est désigné sous les noms de *remise*, *harnais* ou *équipage*, suivant la localité et même les spécialités.

La réunion des maillons isolés destinés à une partie façonnée est nommée *corps*. Il y a des effets et des genres de tissus nécessitant plusieurs remises, et des façonnés à plusieurs corps ; parfois aussi on combine les deux moyens, le produit est alors exécuté *à corps et à lisses*. L'énoncé de ces moyens et leur destination étant connus, examinons leur fonctionnement.

TRANSMISSIONS DE MOUVEMENT DES LISSES, TRAVAIL A PAS OUVERT OU CLOS. — Dans le cas le plus simple des figures 1 et 2, pl. XXII, représentant un métier à la main pouvant faire de la mousseline laine, du taffetas, de l'alpaga, de la toile, de la flanelle lisse, etc., il faut au moins deux lisses, l'une contenant tous les fils de la série paire et l'autre ceux de la série impaire de la chaîne. Supposons ces fils *remis* ou passés avec un crochet dans leurs mailles respectives des lisses, admettons encore l'extrémité de tous ces fils, après leur passage à travers les lames, fixée d'une manière quelconque à une bande de tissu ajustée dans la rainure *r'* de l'ensouple E, analogue à la rainure *r* du rouleau C et servant à cette partie de la chaîne comme la première est fixée à la *tête* ou *chef*; admettons enfin que les deux cylindres ensouples, celui de la chaîne C et celui E du tissu exécuté, soient soumis chacun à une action convenable pour tendre la chaîne au degré voulu, conformément aux indications que nous trouverons plus loin. Les lisses *l, l* sont réunies à leur partie supérieure à une même petite corde *dd*, passant sur deux petites poulies d'un arbre *a* disposé au haut du métier. Aux réglettes 2,2 du bas sont également attachées des petites cordes *d'*, *d*₂ chacune d'elles correspond à un levier pédale P, P' articulé comme on le voit sur une cheville ou goujon *a'* du montant A B. Il est évident qu'en appuyant sur l'un de ces leviers on abaissera la lisse correspondante et lèvera sa voisine. Ainsi, en mettant le pied sur la pédale P, la lisse *e* baissera et la lisse *l* lèvera pour déterminer le parallélogramme *ijko*. C'est au sommet *k* de l'angle que la trame sera introduite. Si, après avoir serré cette duite par le moyen qui va être expliqué, on appuie sur le levier P', c'est la lisse *l*, qui baissera et sa voisine *l* lèvera: le même parallélogramme se formera, seulement les fils des côtés changent : ceux qui étaient précédemment dans la position supérieure affectent maintenant la position inférieure et *vice versa*, et, si chaque fois la trame a été convenablement dirigée et serrée, elle se trouvera entrelacée avec les fils de la chaîne de manière à ce que par deux coupes successives dans l'épaisseur du tissu on obtienne les dispositions des figures 2 et 3 de la planche XXIII des armures où, *t*, *t* indiquent les trames et les fils de la chaîne avant leur serrage. L'ouverture des fils de la chaîne pour livrer passage à la trame est aussi désignée sous le nom de *pas*. De là les locutions de travailler *à pas ouvert* ou *clos*, c'est-à-dire en opérant le serrage sur la duite avant ou après que les fils de la chaîne se referment pour former une nouvelle ouverture. Il y a entre ces deux modes divers degrés ; le premier donne plus de facilité au tissage, et fait moins dévier la trame de la direction ; le dernier permet un entrelacement plus serré, mais plus sinueux et réclame plus d'efforts. La formation même du pas, toutes choses égales d'ailleurs, peut avoir des dispositions diverses plus ou moins avantageuses. Dans le cas que nous venons d'indiquer, les lisses solidaires et forcées de se mouvoir simultanément, les fils se partagent dans leur mouvement en deux parties égales ; la moitié baisse d'une quantité égale à la levée de l'autre. Si la chaîne se compose de douze cents fils et que la plus grande distance parcourue par les lisses dans le sens vertical soit de 20 centimètres, à chaque mouvement six cents fils monteront de 10 centimètres et les six cents autres baisseront d'autant. La charge dans ce cas est équilibrée et la fatigue ou le frottement subi est le même pour les deux séries de fils dans ce mode d'action, désigné en pratique par le système *de lève-et-baisse*. Si les deux lisses au lieu d'être reliées entre elles avec chacune son mouvement propre, fonctionnent par une marche spéciale, on pourra former l'angle entre les fils en en laissant la moitié au repos pendant que l'on fait faire à l'autre tout le chemin voulu pour déterminer l'ouverture nécessaire à la navette ; ce mode, nommé travail à la levée, fatigue inévitablement plus les fils ; le précédent est donc préférable, mais, quand le nombre de lisses nécessaires à un effet déterminé vient à augmenter, les transmissions de mouvements sont un peu plus compliquées, puisqu'elles doivent être telles que les mêmes tissus puissent au besoin lever et baisser alternativement. Nous décrirons plus loin, en parlant des façonnés, les dispositions les plus simples et les plus usitées.

DE L'INSERTION DE LA TRAME DANS LES FILS DE LA CHAINE. —Chaque fois que les lisses font faire un mouvement aux fils de la chaîne, la trame doit venir aussitôt se loger uniformément avec un développement aussi régulier que possible, d'une rive à l'autre sur la largeur de la chaîne. Le parcours continu de la trame sans changement de direction constitue *une course*. Le nombre de ces courses dans l'unité de temps peut varier en raison de la nature et de la solidité des fils, de la largeur de l'étoffe et suivant que le tissage a lieu à la main ou automatiquement. Quoique la duite doive être serrée, il n'est pas rare de voir des métiers mécaniques, même pour la laine, fournissant jusqu'à cent soixante courses de trame à la minute sur la largeur de 1 mètre, et par conséquent, déroulant en moyenne 160 mètres de fils dans le sens transversal dans la même unité de temps. Ce nombre peut être, et est en général diminué assez notablement par suite de certaines courses d'arrêt, telles que la rupture d'un fil soit de la chaîne ou de la trame, l'épuisement de celle-ci et son remplacement, un trouble dans la marche de l'appareil à trame, etc. Les moyens pour fournir la trame doivent donc être tels qu'ils diminuent autant que possible les causes de chômage et de pertes de temps, ce sont en général les suivants.

DE LA CANNETTE ET DE LA NAVETTE. — La cannette et la navette, dont il a déjà été question, se distinguent surtout par leur forme et la manière dont le fil se déroule de la cannette par l'impulsion imprimée à la navette. Il est très-important que les mouvements de la trame aient lieu avec une régularité aussi parfaite que celle recherchée dans l'action des fils de la chaîne. La réalisation de ces conditions concourt pour une large part à la perfection du produit. Pour atteindre ce résultat, on emploie, toutes les fois que cela est possible, le genre de cannette dit *à défiler*, indiqué dans les figures, 3, 4, 5 et 6, pl. XXII. Les figures 3 et 4, *i* et *i*, représentent deux axes un peu modifiés de la cannette sur laquelle le fil de trame est disposé directement par le métier à filer mull-jenny ou renvideur, ou après coup, si le fil n'est pas en laine ou en coton. Ces cannettes, formées par des couches de fils régulièrement développables, sont fixées par une vis *i"*, fig. 5 et fig. 6, ou autrement dans l'intérieur de la navette, mais toujours d'une façon immobile de manière à ce que le fil se développe régulièrement de la base au sommet, quelle que soit d'ailleurs la direction imprimée à la navette, et aussi bien dans son trajet de droite à gauche que de gauche à droite ; ce fil, après avoir été maintenu par un crochet *h*, est dirigé dans un œil *a* correspondant au sommet du cône de la cannette N ; cet œil en porcelaine est parfois garni de deux tubes *o*, ajustés dans le côté de la navette par lequel le fil doit se dérouler ; ce défilage est réalisé par une impulsion imprimée d'une façon quelconque à la navette N, pour la faire traverser toute la largeur de la chaîne. Afin de faciliter le mouvement de la navette, et d'atténuer ses frottements sur la chaîne, on dispose généralement des roulettes ou galets tournants *g*, *g*, aux deux extrémités de sa base pour la consolider, faciliter son engagement dans l'angle des fils et également pour diminuer les surfaces frottantes. Les extrémités sont terminées en pointes ferrées. La forme des navettes est modifiée ; au lieu d'être droits, les côtés sont parfois sinueux afin de donner un minimum de frottement aux surfaces en contact.

Telle est la forme indiquée dans les figures 7, 8, 9 et 10; mais ce qui caractérise surtout ces navettes, c'est la disposition et le mode de dévidage de la cannette, dits *système à dérouler*.

NAVETTE A DÉROULER. — La différence entre cette navette et la précédente ne consiste que dans la forme, la disposition de la cannette et son mode de déroulage. Au lieu d'être conique, elle est cylindrique, rhomboïdale ou ovoïde; elle tourne librement sur l'axe ou fût *u* de la navette; ce fût lui-même a une constitution particulière (fig. 8), c'est un axe auquel sont fixées à l'une de ses extrémités deux petites branches flexibles *b*, en baleine, libres à l'autre. La cannette *n*, en s'enfilant vient comprimer ces petits ressorts, réagissant sur elle pour imprimer une tension élastique au fil dans son développement. Enfin celui-ci, au lieu de se dévider autour d'un axe fixe par une des extrémités, se déroule par la rotation libre de la cannette; son œil *v* est pratiqué à un point au milieu de la longueur. Ce système offre moins de garantie de régularité de développement du fil dans la plupart des cas et surtout pour le tissage à fil simple que celui à défiler. Mais lorsqu'au contraire on fait des cannettes à plusieurs bouts devant travailler ensemble comme un seul fil, on évite certaines chances d'irrégularités en donnant la préférence à la navette à dérouler. C'est principalement par ces motifs que cette dernière est plus fréquemment employée dans le travail des soieries, et que les lainages, les cotonnades et la toilerie se servent généralement du système à défiler.

TRANSMISSIONS DE MOUVEMENT DE LA NAVETTE ET APPAREIL A SERRER LA TRAME. — L'organe désigné sous le nom de *battant* est chargé de ces fonctions. Il consiste dans un cadre rectangulaire *x*, *x*, *y*, *y*, fig. 14, pl. XXII. Ce cadre est muni aux extrémités de sa traverse supérieure *t* de deux tourillons *r*, *r*, fixés dans les montants verticaux K, K′ du métier fig. 1 et 2;

il peut donc décrire un arc de cercle autour de ces tourillons, lorsqu'on lui donne une impulsion.

La traverse inférieure de ce cadre porte en P, sur une largeur égale à celle de la chaîne, *un peigne*, formé par une série de lamelles ou broches parallèles entre elles dans les traverses horizontales ou base M, et le chapeau N. Le nombre, la finesse et l'espacement de ces broches formant un tout solidaire, sont réglés sur les éléments correspondants de la chaîne, ses fils sont maintenus à leurs positions respectives par les dents du peigne. Ces dents ou broches sont en fer, en acier, en cuivre ou en roseau, et l'emploi de cette dernière substance explique le nom de *rôt* donné au peigne dans certaines localités. Pour les matières fines et en comptes réduits, on emploie en général l'acier comme plus solide et plus élastique en même temps. Les fils à leur sortie des lisses sont guidés dans un certain ordre entre les dents du peigne; on en passe ordinairement plusieurs entre chaque dent afin d'en diminuer le nombre, et pour diriger simultanément ceux destinés au même effet; s'il en faut trois pour concourir à un entrelacement définitif dont la répétition forme l'apparence du tissu mérinos par exemple, on les réunira simultanément ensemble entre les dents. Le peigne n'aura donc besoin que d'un nombre de broches égal au tiers de celui des fils de la chaîne. Un nombre plus grand de fils en dent pourrait laisser des traces, des rayures anormales dans le produit; un nombre moindre nécessiterait une plus grande quantité de dents et occasionnerait trop de frottement.

Boîtes a navette. — De chaque côté du peigne au delà des lisières, sur le prolongement de la traverse inférieure XX du battant, se trouvent pratiquées deux cavités rectangulaires vues de profil en A et D formant un compartiment en arrière du peigne P₁, fig. 1. C'est la base de ces compartiments de la navette qui lui sert de chemin, elle le parcourt d'une lisière à l'autre où elle est reçue par la boîte symétriquement opposée, pour de là être renvoyée à son point de départ.

TAQUET ET CARIBARI. — L'impulsion est imprimée à la navette par une pièce nommée *taquet*, qui a la forme de la figure 11 ou 12 et 13. Un petit solide Q en cuir muni de tenons *s, s*, entre dans des rainures ou coulisses correspondantes des boîtes A et D. La saillie Q' pousse la navette placée en avant dans la même boîte, lorsque par une corde *d''*, fixée à l'oreille du taquet, on lui donne l'action. Dans le travail à la main, c'est en manœuvrant la poignée T à la disposition de l'ouvrier que le taquet est mis en mouvement ; sa direction et celle de la navette changent suivant que le tisserand agit sur la corde *d''* ou *d'''* (fig. 14), guidées par les galets *g, g'*. Ce mode de transmission de mouvement par l'entremise des taquets et cordes a reçu le nom de *caribari*. Il est venu se substituer, il y a à peu près un siècle au lancement direct de la navette qui avait lieu au moyen de l'action du pouce et de l'index.

On s'est réservé de régler à volonté la rigidité et l'élasticité du battant *d'* : soit la façon tout à fait primitive indiquée dans la figure 2, et consistant dans le système appliqué à la tension des scies. On bande à cet effet plus ou moins la corde transversale R par la barre G en lui faisant faire un nombre de tours voulu avant de la laisser s'appuyer contre la traverse G'. Mais, le plus souvent, ce mode est remplacé par le serrage effectué au moyen de vis *v, v'* (fig. 14). La partie inférieure du système, comprenant le peigne, les boîtes et la surface du chemin qui les sépare, est la plus lourde de l'appareil, et est par ce motif désignée souvent sous le nom de *masse*. Elle peut et doit d'ailleurs varier de poids avec la force de l'étoffe à exécuter. Un mot sur la fonction du battant suffira pour justifier cette règle.

A peine la navette a-t-elle reçu son impulsion que le battant doit prendre un mouvement brusque qui le fasse passer de la verticale à la position indiquée figure 1. Les broches du peigne viennent par ce mouvement étendre la duite régulièrement dans l'angle et la serrer dans le sommet ; plus la chaîne sera serrée et les systèmes de fils seront forts, plus, en un mot, le produit devra être réduit et solide, et plus il faudra donner de poids au battant pour lui faire exécuter sa fonction.

Disons incidemment qu'au lieu de se mouvoir autour d'un axe placé à la partie supérieure du métier, le battant s'articule souvent à sa base inférieure ; nous en verrons des exemples dans notre description de ces métiers. Il est également nécessaire de faire remarquer que par suite du mouvement des fils, il résulte un certain festonnement de ceux de la chaîne autour de ceux de la trame et *vice versa*. De là des causes de rétrécissement qu'il faut maintenir d'une façon régulière sur les lisières. Le templet, espèce de règle rigide décrite plus loin, vient à cet effet se fixer à chaque lisière de l'étoffe, et se déplace à mesure que l'ouvrage avance. Les détails qui précèdent suffisent pour faire comprendre le fonctionnement général facile à résumer en quelques mots.

Fonctionnement général du métier. — La chaîne étant disposée tendue et remise, la navette garnie de sa cannette placée dans la boîte, et les deux ensouples convenablement chargés, d'après des règles indiquées ailleurs [1], on appuiera sur l'un des leviers pour former l'ouverture nécessaire à la trame, on chassera aussitôt la navette, on serrera la duite par l'action du battant, puis on répétera les mêmes mouvements après avoir agi sur le second levier, et ainsi de suite. A mesure que le tissu se forme, il est enroulé sur l'ensouple E, en même temps que l'ensouple C livre une nouvelle longueur de fils de chaîne (fig. 1 et 2, pl. XXII).

Le fonctionnement du métier reste le même, que le travail

1. *Traité du travail de la laine cardée.*

ait lieu à la main ou par un moteur quelconque. Dans ce dernier cas, il se fait généralement avec plus de rapidité et une précision plus grande dans les mouvements; il est donc important qu'il soit réglé avec toute la perfection désirable; sans un réglage en harmonie avec le degré d'action de chaque organe, le défaut, qui peut se corriger instantanément dans le travail à la main si l'ouvrier est habile, se répéterait pendant tout le tissage. Pour ne citer qu'un exemple de la nécessité de tenir compte du réglage, nous ferons remarquer que deux métiers montés dans des conditions identiques, avec les mêmes matières, et réalisant le même entrelacement ou *armure*, pourraient donner deux pièces d'apparences différentes, ce qui proviendrait uniquement du mode d'exécution. Si pour faciliter le mouvement, la chaîne de l'un des métiers est insuffisamment tendue, et que son peigne ait un nombre trop grand de fils en dents, ou si la trame est serrée trop tôt, avant le mouvement destiné à l'entre-croisement de la duite suivante, c'est-à-dire si on travaille, comme on dit, *à pas ouvert*, ou si le battant ne frappe pas régulièrement et suffisamment, etc., etc., on aura un produit dont le *grain* de la surface sera tout différent de celui fourni par le métier dont la chaîne serait convenablement tendue, le *piquage* en peigne en harmonie avec l'article auquel il concourt, qui travaillerait à pas à peu près *clos*, avec un battant élastique, ni trop lourd, ni trop léger, et opérant normalement à la direction de la trame. Le tissu, dans ce dernier cas, offrira un certain relief uniforme obtenu par l'ensemble des petits *grains*, qu'on ne saurait mieux comparer qu'à des dents de limes microscopiques. Dans le premier cas, au contraire, l'étoffe aura une surface plus ou moins lisse et une mollesse anormale au toucher.

Malgré les détails qui précèdent, nous ne nous sommes arrêté qu'aux points essentiels à connaître pour se rendre un compte exact des éléments par lesquels on arrive à modifier les apparences de produits identiques. Nous allons examiner la manière d'indiquer le mode d'entrelacements des fils suivant des bases déterminées.

TRACÉS GRAPHIQUES EN USAGE POUR INDIQUER LE RAPPORT DES ENTRELACEMENTS DES FILS ET LES MOUVEMENTS A LEUR IMPRIMER. — *Premier type*. Lorsqu'il s'agit de tisser une étoffe aussi simple que la toile, dont nous venons d'analyser les éléments ou quelque autre genre peu compliqué, on peut en connaître le mode d'exécution, comme nous l'avons fait remarquer, sur une simple énonciation orale des éléments qui y concourent. Mais à mesure que le nombre de ces éléments augmente, que l'ordre des entre-croisements varie ou que les points d'intersection des fils se multiplient, pour obtenir un effet, il devient urgent d'avoir un mode d'indication graphique simple et clair au moyen duquel il soit possible de se rendre compte *à priori*, non-seulement des procédés à mettre en jeu, mais aussi de leurs résultats. On a recours alors à des signes conventionnels et à un système de notation qui, par rapport aux dessins à obtenir par l'entre-croisement des fils, est ce que la musique écrite est à son exécution. L'industriel et l'artiste se font, il est vrai, une idée du caractère et du mérite de la composition en la lisant, mais ce n'est qu'en l'exécutant l'un et l'autre qu'ils se fixeront tout à fait.

Pour faire saisir plus facilement le principe des conventions sur lesquelles repose le tracé d'une étoffe, nous allons donner quelques exemples en commençant par les plus simples.

EXEMPLE DES TRACÉS GRAPHIQUES DES TISSUS. — Soit à exécuter une étoffe : toile, taffetas, mousseline, laine, flanelle lisse, etc., dont nous connaissons et avons indiqué précédemment le mode d'entrelacement et de réalisation identique. Le tracé (fig. 1, pl. XXIII) en est des plus simples ; on indique par deux lignes verticales *f*, *f*, les fils nécessaires à l'entre-croisement. Les lisses *l*, *l* seront représentées par des lignes horizontales ; enfin les leviers ou marches *m*, *m* seront, à leur tour, désignés par des droites perpendiculaires L. L', à la direction horizontale des lisses *l*, *l'*. Lorsqu'on aura tracé de cette façon le nombre de fils, celui des lisses et des marches indispensable à l'effet dont la répétition identique concourt à la confection de la pièce entière, on indiquera, par des signes particuliers, l'ordre dans lequel les fils sont venus dans les lisses et, par un autre signe, le fonctionnement des marches, et, par conséquent, des lisses et de leurs fils. Un petit rond, par exemple, pour ce dernier, et un signe carré pour le premier, dans la figure 1. Ainsi, si on numérote le fil par les chiffres 1 et 2, on voit le numéro 1 passé dans la lisse 1 et le 2 dans la lisse 2. S'il y avait 2 000 fils, la moitié du rang impair passerait dans la lisse 1, et l'autre dans la lisse 2, c'est-à-dire que la première recevrait les fils 1, 3, 5, 7, jusqu'à 1999, et la seconde 2, 4, 6, jusqu'à 2000, et la marche attachée L à la première, et celle L' à la deuxième lisse. Lorsque le métier est au repos,

---

1. Faisons remarquer incidemment que ce mode de notation et celui qui va suivre, désignés sous le nom de *mise en carte*, sont indépendants de la nature du tissu, de la complication des effets et des genres de métiers. Qu'il s'agisse d'exécuter une simple toile ou un façonné compliqué comme le châle, de les tisser sur un métier classique à marches, sur un métier Jacquard, à la main ou automatiquement, on figurera toujours la chaîne et la trame soit par des lignes se coupant à angles droits conformément au tracé précédent, soit par un papier quadrillé dont nous donnons des exemples plus loin. Seulement le mode par lequel les fils sont mus peut changer. Les métiers à tisser un certain nombre d'unis font mouvoir les lisses avec des marches qui se multiplient en raison de l'étendue des effets ; le métier Jacquard, sur lequel on fait les articles façonnés, n'a besoin, au contraire, que d'une seule marche, grâce à un mécanisme de transmission intermédiaire entre cette marche et les fils ; le métier Jacquard pourrait à plus forte raison servir aux effets les plus simples ; si on ne l'emploie pas dans ce cas, c'est parce que le métier à marche suffit. Ces considérations sur l'emploi des différents systèmes démontrent que les divers modes d'entrelacement peuvent s'obtenir sur tous les genres de métiers.

les éléments dont il vient d'être question affectent la position figure 5. La chaîne entière sera sur une même ligne horizontale f, f; mais, après avoir appuyé sur la marche L (fig. 6), la lisse 1 et ses 2 000 fils seront baissés, tandis que la lisse 2 s'élèvera avec les siens, pour former l'angle GHIK, dont l'angle KGH reçoit la duite. La trame étant chassée, la position du mouvement suivant sera celle de la figure 6 *bis*, bien facile à comprendre par la simple inspection. Cependant, lorsqu'une chaîne est composée d'un grand nombre de fils très-serrés, c'est-à-dire qu'elle en contient une quantité considérable pour l'unité de surface, qu'elle est donc très-*réduite*, on exécute le tissu du type toile par 4 au lieu de 2 lisses ; chacune d'elles en reçoit le quart et on les réunit deux à deux pour les faire mouvoir ensemble, les deux lisses des fils des rangs pairs, et les deux autres avec les impairs; une même marche manœuvre alors les lisses 1 et 3, et celles 2 et 4, par une seconde. Dans le tracé figure 7, L, L indiquent les marches, et les chiffres 1, 2, 3 et 4 représentent les lisses. Cette répartition des fils de la chaîne en un nombre plus grand de lisses facilite les mouvements et le travail en empêchant les fils de se tasser et de produire des *tenus*.

Deuxième type. — Avec un nombre quelconque de fils de chaîne, quatre lisses et quatre marches, on fait un effet d'entre-croisement sensiblement différent du précédent, et caractérisé par sa dénomination dite *croisée*.

La figure 11 indique l'ordre régulier et suivi du passage des fils dans les lisses 1, 2, 3 et 4, et la figure 12 montre l'assemblage de ces mêmes tissus avec les quatre marches L. Il en résulte que chacune d'elles peut faire fonctionner simultanément quatre lisses, d'après une combinaison spéciale, bien caractérisée par le tracé de la figure 12, et les mouvements correspondants indiqués dans les figures 13, 14, 15 et 16. Les relations des marches L_1, L_2, L_3 et L_4 (fig. 12), sont telles, que chacune

d'elles donne le mouvement deux fois de suite à chacune des
lisses, une fois avec sa voisine de gauche et une fois avec sa
voisine de droite. Ainsi, dans le premier mouvement, on
agira sur la marche L_1 et sur sa voisine, et, par suite,
sur les lisses 3 et 4; et la seconde correspond à 1 et 2;
il s'ensuivra que les lisses prendront les positions figure 13.
Dans le mouvement suivant, la marche L_1 fera baisser les
lisses 2 et 3 et lever 1 et 4, ainsi de suite, de façon qu'en
groupant ces mouvements dans un tableau, on aura les relations suivantes :

Ordre des mouvements.	Lisses levées.	Lisses baissées.
1ᵉʳ	1 et 2	3 et 4
2ᵉ	1 et 4	2 et 3
3ᵉ	3 et 4	2 et 1
4ᵉ	3 et 2	1 et 4

Ce tableau, joint aux figures, fait comprendre le mode d'entrelacement; c'est le croisé par lequel on tisse le mérinos.
Afin de compléter la démonstration, la figure 9 donne la vue
des fils de la chaîne et de la trame entrelacés avant le serrage. La diagonale D E ponctuée indique la direction oblique
des points qui, pour une évolution complète, constitue le caractère croisé. La figure 10 représente des coupes successives par
chacune des duites des quatre évolutions de la course; elle montre les positions relatives des fils et de la trame à chaque course.

Troisième type, sergé. — En supposant les fils de la chaîne
répartis également en un nombre quelconque de lisses, et que
chacune d'elle se meuve isolément et régulièrement l'une après
l'autre, les entrelacements qui résulteront entre les fils de la
chaîne et de la trame, constitueront encore des sillons obliques
dont la longueur de chacun sera proportionnelle au nombre
de fils d'un raccord, c'est-à-dire au nombre de fils par
course. Les figures 17 à 23 donnent le cas le plus simple de
ce type; c'est un sergé fondamental à trois fils dont la figure 17

donne le remettage, la figure 18 l'assemblage des lisses ou marches, les figures 19, 20 et 21 les trois mouvements successifs des lisses et des trames, et les figures 22 et 23 la trace des fils dans l'étoffe.

Quatrième type, satin. — Ce type n'a pas non plus un nombre absolu de lisses ou de fils par course, son caractère distinctif consiste dans des points d'entrelacement aussi espacés que le permet le nombre des fils, afin d'y obtenir un tissu qui ait le moins d'interruption possible dans la direction des fils de l'un des systèmes.

Pour rendre cette considération plus claire, nous supposons l'exécution d'un satin dont chaque effet comprenne cinq lisses de 1 à 5. Ces lisses, au lieu de se mouvoir dans l'un des ordres réguliers précédemment indiqués, étant attachées isolément chacune à l'une des marches L, L, L, L et L (fig. 25), leurs mouvements successifs donnés dans les figures de 26 à 31 démontrent : 1° qu'il n'y aura qu'un seul fil entrelacé sur les cinq de chaque course ; 2° que ces points d'entrelacement sont en quelque sorte distancés de la façon la moins régulière afin de se perdre dans la surface et d'en troubler le moins possible la netteté et le brillant. Ce type sera d'autant plus accentué que le nombre des fils pour chaque course sera plus grand. C'est une armure très-utilisée surtout dans la soierie ; on en fait de 8, de 10, de 12, etc., fils à la course. Les figures 31 et 32 montrent leur disposition dans le tissu.

ARMURES FONDAMENTALES. — Les quatre types fondamentaux que nous venons d'exposer servent généralement de fondation ou base au fond et à la partie façonnée de toutes espèces de tissus ; ils sont presque toujours désignés sous le nom d'*armures fondamentales*. *Armer un métier* comprend la manière d'assembler les éléments que nous venons de passer en revue pour les faire fonctionner. L'armure se compose donc du *remettage* ou passage des fils dans les lisses , des relations à établir entre celles-ci et les marches, et leur embreuvage, ou indication de l'ordre dans lequel ces marches doivent être mues.

Lorsque les métiers n'ont qu'une marche, quelle que soit d'ailleurs la complication des effets, ce qui est le cas du métier Jacquart à faire des façonnés quelconques, le tracé doit encore donner le nombre d'entre-croisements à des points différents entre la chaîne et la trame. Pour l'armure du premier type, ou toile, le tracé connu montre que deux évolutions ou courses de trame suffisent à un raccord. Pour le croisé, il en faut quatre se mouvant dans un ordre spécial et formant l'effet désigné sous le nom de *croisure*; le sergé en réclame trois au minimum insérés dans un ordre régulier, etc.

Chacun des types peut donner lieu à plus ou moins de dérivés. On modifie les éléments qui y conduisent ou si l'on opère des permutations, des groupements et des combinaisons spéciales, leur diversité peut être en raison du nombre des éléments fondamentaux, et principalement du nombre des mouvements qu'il est possible d'imprimer aux fils. Il n'y en a que deux relatifs divers avec deux fils *a* et *b*, par exemple; les changements de position se bornent alors à deux, *ab* et *ba*, et il n'y a qu'une sorte d'entrelacement. Cependant cet entrelacement est susceptible de fournir des apparences différentes, suivant la nature, les caractères et le nombre de fils employés pour *a* et *b*, qui peuvent être les mêmes pour les deux séries, ou différer entre elles et même varier dans la même. Pour le sergé le plus simple dont le nombre des mouvements et des fils est de trois, correspondant à *a,b,c*, les permutations et combinaisons peuvent être *abc, acb, bac, bca, cab, cba;* mais elles ne donnent pas toutes des apparences différentes, à moins que les fils ne soient pas de même couleur. Nous entrons dans ces détails pour nous rendre plus clair au sujet des moyens par lesquels on modifie des effets; ils sont d'autant plus étendus que le nombre des faisceaux de fils correspondant à la même trans-

mission sera plus multiplié. Si une chaîne de deux mille
fils est remise dans deux lisses contenant chacune mille fils,
l'une celle des pairs et l'autre des impairs, une seule sorte
d'entre-croisement sera réalisable, celui de la toile ou d'une
natte. Mais que ces deux mille fils soient remis isolément chacun dans un maillon indépendant, de façon à former au besoin
une ouverture ouangle dont les côtés sont d'un nombre différent
de fils, on pourra insérer et faire apparaître la trame à un
nombre considérable de places différentes sur une même ligne,
et changer à chaque course ou *à chaque coup*, comme on
dit ; c'est en effet par le mode de suspension des fils isolés ou par
petits faisceaux et en leur imprimant des mouvements déterminés suivant le rôle que chacune des séries doit jouer dans les
entre-croisements qu'il est possible de leur faire rendre toutes
espèces de figures et de dessins.

Dans le tissage façonné, le rôle de l'organe chargé de soulever les fils peut être comparé pour les résultats au pinceau, et
celui des fils de couleurs à la palette du peintre. On arrive à
leur faire remplir ces fonctions à l'aide d'une série d'opérations
préparatoires dont la suivante forme le point de départ.

MISE EN CARTE, SON PRINCIPE ET SA DESTINATION. — *Mettre
en carte*, c'est figurer sur le papier les places respectives des
fils de chaîne et de trame concourant à un effet de tissage et
les points d'intersection ou d'entre-croisement des fils à chaque
course de duite. On se sert alors d'un papier quadrillé. Les
carreaux de l'un des sens figurent les fils de la chaîne, ceux
de l'autre la trame. Ce sont en général ceux de la direction
verticale en supposant le papier placé devant le dessinateur,
qui simulent la première ; la seconde est représentée par les
divisions transversales perpendiculaires aux premières. Le
nombre des fils dans les deux sens représentant un effet déterminé constitue le *raccord* du dessin sur les deux dimensions.
Le tissu entier se compose de la répétition des entrelacements

du raccord, il suffit de tracer celui-ci pour chaque cas. Pour mieux faire saisir le principe de cette opération préparatoire de la mise en carte, indispensable seulement pour les tissus façonnés, nous allons donner les applications à une série d'armures, en commençant par les plus simples.

MISE EN CARTE DE LA TOILE ET DE SES DÉRIVÉS. — Toutes les étoffes correspondant à ce premier type sont représentées dans la figure 1, pl. XXIV. On peut à volonté teinter les carrés représentant la chaîne ou la trame, et laisser en blanc les interlignes opposés. Néanmoins, nous suivrons l'usage adopté de peindre les fils de la chaîne du tissu dit *dessus* ou *endroit*. Dans les armures à effets limités, la chaîne joue le rôle principal, ses fils concourent aux caractères les plus saillants [1]. Ainsi dans la carte de la toile figure 1, la chaîne a la direction CD, et la trame et les marches, celle AB. C'est bien le sens dans lequel le tissu s'exécute, et tous les carrés gris, c'est-à-dire la moitié des fils de la chaîne, apparaissent naturellement sur l'une des surfaces du produit.

Lorsque pour ce genre d'entre-croisement, il y a un égal nombre de fils dans les deux sens pour l'unité de surface, c'est-à-dire que la réduction est la même pour la chaîne et la trame, chacune de ces deux séries participe par moitié à l'apparence du résultat. Les carrés égaux dans les deux sens et le partage égal des gris et des blancs dans la figure, font bien ressortir le caractère de cette armure. Elle ne diffère sur ses deux faces qu'en ce que les places de la chaîne et de la trame sont opposées, les passages de la chaîne d'un côté correspondent à ceux de la trame sur l'autre, et *vice versâ*.

Si rien dans cette armure ne change, sauf le rapport des réductions, on l'indique par un papier dont les divisions

---

1. Nous verrons plus loin que pour les effets brochés c'est la trame qui a la direction C D, la chaîne lui est opposée.

correspondent aux réductions. Si la chaîne domine, que le nombre des fils soit double de ceux de la trame par unité, comme dans l'article dit *popeline satin*, le papier quadrillé dont le nombre de divisions dans le sens CD serait double de celui de AB représenterait le rapport. Si la trame est la plus réduite, la division dans le sens AB augmente alors proportionnellement. Le commerce vend des papiers réglés tout préparés, suivant les rapports les plus fréquemment usités dans la pratique.

Les apparences de cette première armure peuvent encore se modifier avec les éléments employés ; une toile sera à reflet ou glacée, si les couleurs des deux séries tranchent l'une sur l'autre ; les *sultanes*, par exemple, sont des toiles en chaîne coton ou en soie grége, tramées en poil de chèvre.

Les *taffetas* spéciaux sont chaîne laine, trame poil de chèvre.

Le *bengale*, chaîne en fil chappe, et trame poil de chèvre.

On aura aussi de l'alpaga uni, en plus ou moins belle qualité, avec une chaîne en coton, en laine ou en soie, mais toujours tramé en fil d'alpaga. Ce sera du mohair ou poil de chèvre, en substituant à la trame précédente des fils de cette dernière substance. Les flanelles lisses, quelque variées qu'elles soient, ont également cette armure simple pour base.

C'est ainsi que, malgré le nombre restreint d'éléments de ce type primitif, on en a cependant tiré une infinité de dérivés. La carte figure 1 *bis* donne un aperçu de l'une des armures les plus employées de ce genre ; elle est connue sous le nom de *gros de Tours ;* c'est une toile comme la précédente, seulement avec l'insertion de deux duites successives, au lieu d'une simple. La carte figure 2, dont l'apparence ne peut être confondue avec celle des figures 1 et 1 *bis*, appartient cependant aussi au même type ; elle n'en diffère que par deux fils de chaîne et un fil de trame qui, au lieu de s'entre-croiser un à un, s'entre-croisent par un fil de trame avec deux de chaîne ; et si le nombre des fils de trame, par unité de surface, dépasse sensiblement celui de la chaîne, on aura une cannelure par effet de chaîne, c'est-à-dire la combinaison inverse de celle de la figure 1 *bis*.

Cette armure de la figure 1 *bis* est des plus répandues, elle change parfois de nom avec les spécialités. C'est ainsi que le gros de Tours, ou *luisant*, du fabricant de soieries, porte souvent le nom de *biarrits* chez les producteurs de lainages; il devient donc un gros tissu côtelé, en pure laine, chaîne et trame. On remarque dans ce dernier article de nombreuses variétés reposant exclusivement sur les dimensions des pièces et les qualités du produit; ainsi l'on fait des biarrits en laizes de 0^m,88 à 1^m,14. Les plus étroites sont aussi les plus fines; leur réduction est en moyenne de 42 fils en chaîne et 112 en trame par centimètre de surface, tandis que les réductions intermédiaires ne portent que 32 en chaîne et 100 en trame. Pour l'article correspondant à 1^m,14, la moyenne est de 36 contre 110, etc.

La figure 3 donne une carte qui ne diffère de l'armure figure 1 qu'en ce que les deux coups formant la toile ordinaire, au lieu d'être passés de manière à s'entrelacer fil à fil comme dans la carte n° 1, l'entre-croisement a lieu par deux coups alternant d'entre-croisement; on passe trois coups semblables au second, ce qui en fait quatre dans le même pas; ces quatre duites serrées ensemble déterminent les petites cannelures longitudinales chiffrées, suffisamment indiquées par l'apparence de la carte. Quoiqu'elle soit différente de celle de la toile, les éléments restent les mêmes : ils consistent en deux lisses correspondant chacune à une marche manœuvrée alternativement. Les cannelés ainsi obtenus varient souvent de nom; on les désigne parfois sous ceux de *côtelés, épinglés* [1], etc. Ce

---

1. C'est parce que les armures avec un nombre d'éléments aussi limité sont presque toujours exécutées avec des lisses et des marches que nous

qui contribue surtout à donner le cachet à cet article, c'est l'alternance des dimensions des trames insérées ; on en chasse successivement une série de grosses et de fines. Ainsi, dans l'échantillon épinglé noir que nous avons sous les yeux pour la carte n° 3, la composition générale de l'étoffe est la suivante : laize, 0m,96 ; nombre de fils de chaîne, 54 par 0m,01 ; trame, 18, dont 9 grosses à 4 brins réunis, et 9 petites. Cette différence dans la finesse des duites constitue la modification de l'armure d'un tissu fond de toile ordinaire.

Si, au lieu d'un ouvrage sur la fabrication de la laine peignée en général, nous faisions un traité spécial et détaillé du tissage, nous pourrions nous étendre sur de nombreux autres dérivés de ce premier type, tels que les lainages *pour manteaux*, les *reps*, la *popeline* ou *papeline*, les *baréges*, les *chdlys*, les *toiles de Saxe*, les *grisailles*, les *burats*, les *valencias*, etc., etc. Nous devrions alors reproduire le tableau donné page 198 de notre *Traité du travail de la laine cardée*, et entrer dans des développements hors de proportion avec le cadre déjà bien étendu que nous nous sommes imposé. Nous avons surtout pour but ici de faire bien saisir comment on peut pour chaque type arriver avec des éléments techniques constants à un grand nombre de dérivés. Avant d'aborder les exemples concernant les types suivants, citons cependant encore un des articles les plus originaux du premier type, dont les moyens ne consistent pas dans les entrelacements seulement.

Du CRÊPE CRÊPÉ EN LAINE PEIGNÉE. — On connaît l'étoffe

---

mentionnons de préférence ces modes de transmission ; mais il est bon de rappeler, pour généraliser ces explications, que la réalisation de tous les effets imaginables est indépendante des moyens qui les exécutent. Il suffit, dans chaque cas, de remplacer le nombre des lisses par celui des faisceaux de fils, et celui des marches par celui des mouvements nécessaires à un raccord, afin que le raisonnement soit applicable aux différents genres de métiers en usage.

originale en soie du même nom ; il y en a plusieurs variétes, mais ce sont toujours de véritables toiles ; les unes tirent leur caractère spécial de la torsion extraordinaire des fils (4000 tours au mètre), d'autres sont en outre cannelées par leur passage aux apprêts entre deux cylindres gravés ; mais le véritable crêpe imitant le produit chinois de ce nom, et désigné sous le nom de *crêpe crêpé* , d'un effet élastique et frisoté particulier à ce tissu, est obtenu en tissant à deux navettes deux trames successives à chaque ouverture de la chaîne. Ces deux trames ne diffèrent entre elles que par le sens de la torsion. Si nous supposons des navettes 1 et 2, la première aura son *fil tordu de droite à gauche*, et la seconde de gauche à droite. Si après le tissage on soumet la pièce en fils écrus ou gréges au décreusage, le résultat de la torsion se manifestera alors en sens opposé pour chaque couple de fils, chacune des deux duites d'un même passage aura une tendance à se détordre ; mais, leur action étant opposée, elle est en quelque sorte neutralisée et maintient la trace des efforts réciproques des fils : de là l'apparence spéciale. Quant à l'élasticité du produit, elle est la conséquence de la constitution de la trame jouant l'effet d'un ressort, composé de l'assemblage de deux fils métalliques ayant leurs spires en sens contraire.

Le crêpe crêpé en fils de laine peignée, désigné sous le nom de *crêpe japonais en laine*, est basé sur le même principe, si ce n'est qu'on a eu l'idée de se servir des fils de la chaîne pour obtenir l'effet ; on ourdit la pièce par des fils dont la torsion est en sens opposé, de droite à gauche pour le rang pair, et de gauche à droite pour les impairs. Si après le tissage on fait traiter la pièce par la teinture, ou si seulement on la plonge dans de l'eau bouillante, l'effet *crispé* caractéristique se manifeste aussitôt d'une façon aussi apparente pour la laine que pour la soie.

Dérivés du deuxième type. Sergé. — Bien qu'on énonce parfois, comme nous l'avons fait précédemment, l'armure croisée ou batavia avant le sergé, nous lui faisons prendre ici le deuxième rang, à cause de sa simplicité, de la grande facilité des moyens d'exécution et de son caractère net et tranché. La figure 4 représente le sergé le plus simple, le sergé de 3, ou, pour nous servir d'un langage plus usité dans les ateliers, un croisé *de 2 le 1*; c'est-à-dire que sur trois fils successifs de la chaîne, c'est le troisième qui s'entrelace avec la trame, et à chaque insertion nouvelle ou course ce troisième avance d'un rang. Examinons la position des entre-croisements pour trois duitages successifs; les places de l'entre-croisement 1, 2, 3, avancent d'un rang à chaque coup. La quatrième duite répète exactement les entrelacements de la première course; la cinquième, ceux de la deuxième; et 'a sixième, ceux de la troisième.

Ici, comme nous l'avons déjà vu, la course du remettage, ainsi que le nombre d'insertions de trames, est de trois; chacune des lisses se meut isolément par une marche, il y en a donc autant que de lisses.

Les alépines, chaîne soie et trame laine, ont l'armure sergé de 2 le 1. En un mot, tous les sergés suivant le même mode d'entre-croisement en avançant d'un fil à chaque mouvement de la course, quel que soit d'ailleurs le nombre des insertions et des mouvements, constituent une armure d'un sillon oblique plus ou moins allongé; seulement les sergés les plus usités et les plus pratiques sont ceux à nombre réduit de lisses ne dépassant pas quatre, attendu qu'au delà cette armure donnerait un tissu trop mou.

La figure 5 est un sergé dit 3 *le* 4, c'est-à-dire formé par une trame couvrant trois fils de chaîne sur l'une des faces de l'étoffe, tandis que la surface opposée laisse apparaître trois fils de chaîne contre un de trame. Si les deux systèmes sont d'une couleur différente, si on emploie une chaîne blanche et une trame noire, l'un des côtés de l'étoffe où la trame domine sera presque noir avec des points blancs, tandis que l'autre sera blanc avec des points noirs. Si les fils de l'une des séries de la chaîne, par exemple, sont sensiblement plus fins que ceux de l'autre, ils disparaîtront en quelque sorte dans le serrage du tissu, et l'apparence sera complétement noire sur l'une des faces. On obtient par des moyens analogues des endroits et des envers unis à effets opposés.

Dérivés du troisième type, Croisé ou batavia. — Cette armure est représentée par la carte figure 6. Elle démontre bien nettement l'effet indiqué planche XXIII, donnant avec le concours de quatre fils de chaînes et autant de fils de trames les quatre mouvements de l'entre-croisement, du croisé ou casimir. Ici le nombre de fils apparent pour chaque série reste le même, mais les entre-croisements ont lieu de deux en deux fils à chaque mouvement des lisses fonctionnant deux à deux, c'est-à-dire que deux lèvent pendant que deux baissent ou restent immobiles, comme on a pu le voir par la description précitée.

Le genre d'armure que nous venons de décrire est le croisé classique, le plus généralement employé. Il est facilement modifiable dans ses apparences, si l'on varie le nombre de fils à chaque évolution, mais toujours en opérant d'après le même principe. Ainsi, au lieu d'agir simultanément sur deux fils, comme précédemment, on peut en embrasser trois ou un plus grand nombre pour les faire mouvoir à la fois. On aura alors les effets indiqués par les cartes 7 et 5. Le premier est effectué en agissant sur trois fils au lieu de deux, et le second par un double sillon de trame. Le décochement a toujours lieu par un fil à chaque insertion de duite. La carte 5 montre à chaque coup trois fils de trame apparents contre un de chaîne ; ces petites brides identiques ne diffèrent entre elles qu'à chaque mouvement de la navette par la position des entrelacements qui avancent ou reculent de la place d'un fil.

Veloutine, *épingline*, *satinade double face*, etc., sont des dénominations d'une armure sans envers, obtenue également par quatre insertions et quatre mouvements. La figure 8 représente ce genre d'enlacement des deux systèmes de fils, chaîne et trame. Suivons chacun des mouvements, en désignant les marches ou mouvements par 1, 2, 3, 4, et les insertions par *a*, *b*, *c*, *d*. Le premier mouvement du levier 1 soulèvera la première lisse *a* et la moitié des fils de la chaîne, ceux du rang impair, par exemple. On a ainsi une première course identique à celle de la toile ou entre-croisement de 1 à 1. La seconde marche 2 soulèvera les lisses *c* et *d*, et donnera un entrelacement de deux en deux fils se croisant. La troisième marche 3 agira sur la lisse *b*, donnant un croisement par un fil, et opérera sur les fils pairs comme la première l'a fait sur les impairs *a*. Enfin la quatrième marche 4 reproduit le mouvement de la deuxième, en actionnant les lisses *c*, *d*, pour répéter le même entrelacement. On pourrait donc supprimer cette quatrième marche en faisant agir la deuxième ; on la conserve néanmoins dans les métiers mus par l'ouvrier, pour lui en faciliter la manœuvre ou le marchage. Il travaille alors plus aisément avec régularité, la cadence se fait mieux, chaque pied ayant les mêmes fonctions. Le même genre un peu plus compliqué, et offrant au besoin des reliefs, est représenté dans la carte de la figure 9 ; on suppose le tissu de celle-ci obtenu avec un même nombre de marches (quatre) que la précédente, mais agissant sur huit lames. Il suffit de jeter un coup d'œil sur cette carte et sur chaque mouvement correspondant à chacune des quatre marches simulées par les chiffres 1, 2, 3 et 4 pour se rendre compte du mouvement des huit lisses de *a* à *g*.

Crêpes vénitiens ou effets ondés par une armure croisée ou batavia contre-semplé (fig. 10).—Ce genre de dérivé de l'armure croisée est obtenu comme elle par quatre marches et quatre lames. Au lieu de le tisser dans un ordre régulier successif, comme dans le batavia ordinaire, on l'exécute en quelque sorte partiellement dans deux directions opposées; de là *contre-semplage*. Ainsi la première duite, de A en B, forme un entre-croisement de deux en deux fils de chaîne; dans le jeu de cette première moitié, deux lisses *a* et *b* et les fils correspondants de la chaîne baissent et lèvent. Dans le mouvement suivant de la marche 2 et des lisses *b* et *c*, il y a un entre-croisement identique au précédent; seulement, l'effet ayant lieu de nouveau par une lisse *b* qui a déjà fonctionné, on exécute le caractère croisé distinctif de l'armure batavia. Le troisième mouvement, par la marche 3, opérant sur les lisses *a* et *d*, produit un entre-croisement inverse de celui de la deuxième marche. Aussi la carte 10 montre-t-elle en blanc les fils teintés en gris dans la précédente. Enfin, la quatrième évolution par la marche 4 donne un entre-croisement exactement inverse de celui de la première duite.

L'ensemble de ces quatre mouvements de la course réalise des effets justifiant les caractères désignés par les noms donnés ci-dessus.

La figure 11 est également un dérivé du troisième type, et peut être considérée comme étant une armure modifiée de la figure 7. Il n'y a de différence dans les deux cartes 7 et 11 et leurs effets que dans la discontinuité des sillons. Les figures spéciales des entre-croisements prennent différents noms. Ce sont en général des croisés *articulés* ou *interrompus*. Les articles désignés par des noms de fantaisie, l'étoffe dite *drap d'Alger*, entre autres, appartiennent à ce genre, obtenu par dix lisses et quatre marches.

La figure 12 reproduit l'armure de la carte figure 10, si ce n'est qu'elle donne les mêmes effets par des sillons obliques.

Reps ou armure à larges brides flottées par la trame.—Cet article peut être considéré comme type d'un genre fondamental; il se rattache à l'armure toile dont il dérive, et il est formé par des brides composées d'une série alternative de fils de trame et de chaîne. La figure 13 donne la carte; mais, comme ce sont surtout les séries de duites qui déterminent l'apparence spéciale, on les a teintées en gris, tandis que les carrés blancs représentent la chaîne. Les brides de la première flottent d'une façon continue, tandis que celles de la seconde consolident la tissure par des points de liages dont quelques-unes sont identiques, en l, l, l. Ce reps, dont les brides se composent de cinq fils contre-semplés, est exécuté par dix marches dans la direction de a en y, et dix lisses, ou lames de 1 à 10. Nous réunissons dans le tableau suivant les seize mouvements successifs de chaque raccord.

Coupe ou mouvement des marches.	Lisses levées.	Lisses baissées ou laissées en fond.
a..................	1, 2, 3 et 5	4, 6, 7, 8, 9 et 10
b..................	6, 8, 9 et 10	1, 2, 3, 4, 5 et 7
c..................	1, 3, 4 et 5	2, 6, 7, 8, 9 et 10
d..................	6, 7, 8 et 9	1, 2, 3, 4, 5 et 10
e..................	1, 2, 3 et 4	5, 6, 7, 8, 9 et 10
f..................	6, 7, 9 et 10	1, 2, 3, 4, 5 et 8
g..................	1, 2, 4 et 3	3, 6, 7, 8, 9 et 10
h..................	7, 8, 9 et 10	1, 2, 3, 4, 5 et 6
i..................	2, 3, 4 et 5	1, 6, 7, 8, 9 et 10
k..................	6, 7, 8 et 10	1, 2, 3, 4, 5 et 9

Résultats. — Une première bride de 4 fils de trame, reliés entre eux par des entre-croisements l, l.

Deuxième bride, mais contre-semplée ou opposée à la précédente. Les suivantes jouent alternativement le même rôle l'une par rapport à l'autre. Les chiffres correspondant aux lisses baissées indiquent le nombre de fils d'une bride flottée ou de duites juxtaposées sans interruption ni liens, et ceux du tissu levé donnent l'effet de chaîne liée tous les quatre fils. Les dix évolutions déterminent l'ensemble du raccord.

La carte figure 14 est également un article à lisérés ou brides, avec cette différence que les brides résultent des fils de la chaîne. Les mouvements des marches et des lisses sont indiqués par les chiffres, c'est-à-dire que les cartons ou les marches agissent dans l'ordre 1, 2, 3, 2, 4, 2, 3 et 2. Il en résulte huit coups correspondant; les lisses se lèvent alors dans l'ordre suivant: 1, 2, 3, 2, 1 4, 5 et 4. Dans cette combinaison une série des fils, ceux qui se rapportent aux chiffres 2, 3, 4 et 5, disposés sur une seule ensouple, sont toujours destinés à former les brides ou lisérés concourant à l'effet façonné. Les fils n° 1, au contraire, disposés sur un second rouleau, sont exclusivement destinés à des entrelacements reliant les fils de chaînes par une armure fond de toile. Ici les fils du flotté concourent avec ceux du fond pour déterminer le liage. (Nous verrons plus loin les dispositions particulières à prendre lorsqu'il s'agit du genre dit *à double face*.) Dans l'exemple suivant de la carte figure 16, donnant également un tissu à double face, il n'y a pas amalgame des deux chaînes; chacune d'elles agit séparément et produit une action distincte; l'une sert exclusivement au fond, ou toile, et l'autre au flotté ou façonné, qui caractérisent le tissu.

PARTICULARITÉS CONCERNANT LES ARMURES A DEUX CHAINES. — Les conséquences du travail des deux chaînes pouvant varier en raison des différents entre-croisements de chacune d'elles, leur tension, la consommation des fils ou embuvage ne restant pas les mêmes, il est urgent de les disposer chacune sur un rouleau à part. Donc tous les fils (fig. 16) concourant à l'entre-croisement fond de toile sont sur un rouleau, et ceux qui forment damier par l'entre-croisement d'un nombre multiple de fils sont sur un second rouleau. Mais pour le remettage, soit sur le nombre de lisses nécessaire à l'effet exécuté à la marche, soit dans le passage en maillons, si on le tisse au jacquart, on agira sur les deux chaînes comme si elles n'en formaient qu'une, c'est-à-dire en prenant alternativement un fil d'un rouleau et un fil de l'autre, pour les passer dans l'ordre régulier. Ainsi le premier fil de la chaîne de fond au liage passera dans la maille ou le maillon n° 1, le premier fil de la seconde chaîne dans la seconde ou le second maillon, etc. Il est bien entendu que si le travail a lieu avec des lisses au lancé, elles forment alors deux séries ou deux remisses. Les fils devant former le fond seront remis suivis dans quatre lames correspondantes et numérotées, par exemple par 1, 2, 3 et 4, et ceux de la seconde chaîne du damier seront passés dans deux lames; suivant qu'on voudra avoir des carrés d'une surface plus ou moins grande, on augmentera le nombre de fils qui doivent concourir à ces carrés. Ainsi, au lieu de quatre fils, indiqués dans la figure 16, on pourrait en passer six ou plus; l'effet resterait le même, il changerait seulement de dimensions. La carte figure 16 *bis* monte un *perlé* analogue à celui de la figure précédente, qui peut cependant s'obtenir avec une chaîne dont un certain nombre de fils forment tous les quatre coups un entre-croisement au liage *l, l,* identique, et les cannelés du quadrillé gris se croisent d'une duite à la suivante; l'ensemble détermine un pointillé spécial. Les cartes figure 17 et 17 *bis* peuvent être considérées comme participant en quelque sorte des types 3 et 4, en ce que ce sont des répétitions de petits effets croisés du type batavia ou croisé, se dirigeant en sillons obliques comme le sergé et d'après les diagonales $x, y,$ en décomposant les entrelacements duite par duite, depuis la première a, b jusqu'à la sixième $c, d.$

On se rendra facilement compte de ces diverses insertions; on reconnaîtra qu'elles ont été effectuées par six mouvements et marches et par un raccord de dix fils sur dix lames.

Dérivés du quatrième type. Satin. — Ce type, le plus riche et le plus brillant, est bien plus fréquemment employé pour les soieries que pour les lainages; il en est des satins comme des sergés, qui peuvent se faire avec un nombre plus ou moins considérable de fils au raccord. Ainsi on a des satins depuis cinq jusqu'à vingt et même trente fils et au delà; mais pour les lainages, on n'emploie généralement qu'un petit nombre de fils :

le satin de 5, par exemple, qui ne néces-ite que cinq fils de chaîne, cinq duites et cinq lisses. La figure 18 donne un satin de 5 avec une bande rayée sur une face. Nous n'avons pas à revenir sur cette armure, précédemment décrite.

La figure 19 donne la carte d'un satin de 4 contre-semplé, dans lequel les effets sont les mêmes pour chaque lisse, mais symétriquement opposés de deux à deux. Le résultat de ce tissage est très-caractérisé ; on lui donne le nom particulier de *satinade*. C'est un des dérivés des satins, dont il est fait souvent usage dans les lainages.

DES TISSUS GAZES, BARÉGES, GRENADINES A BLUTER, ETC. — Une grande catégorie d'étoffes claires, en fils fins, doit être exécutée par un croisement spécial, fixant la trame de manière à ne pouvoir glisser, comme cela arrive avec l'une quelconque des armures précédentes. Dans celles-ci, les duites sont simplement et directement entrelacées avec les fils correspondants de la chaîne. Il suffit alors d'introduire une pointe d'épingle entre les entre-croisements pour les faire glisser et produire un vide.

Dans le système de tissus dit à *pas de gaze* ou à *fils de Tours*, cette disjonction n'est plus possible, par suite d'un mode particulier d'entre-croisement, qui a lieu par une révolution ou fraction de révolution, fait par les fils de chaînes de place en place autour de leurs voisins ; ainsi entrelacés, leurs croisements sont fixés par l'intervention de la trame. De là des espèces de petits jours formés aux points où les fils de la chaîne sont déviés de la ligne droite pour contourner de droite à gauche ou *vice versa* autour de l'un ou de plusieurs de ceux qui se trouvent de leur côté. Au lieu de l'aspect des armures que nous avons décrites précédemment, formé constamment par l'intersection de fils rectilignes et en contact les uns avec les autres, on obtient les apparences de la figure 1, pl. XXV, dite *gaze ordinaire*, ou celles de la figure 2, dite *gaze de Chambéry*. c, c, ... c désignent les fils de la chaîne entrelacés autour des duites de trames correspondantes ; *t, t*, montrent les espaces grossis résultant de ce mode particulier d'entrelacement. Dans la figure 2, l'apparence reste la même, cependant il y a une modification dans le mode d'enchevêtrement des fils. Soient a b (fig. 1) les traces des deux fils c autour de la trame, on voit l'un des fils recouvrant l'autre à toutes les intersections tandis que dans la figure 2 a' b', correspondant à a b de la figure 1, passent alternativement dessus et dessous b' aux points de croisement *r, r'*. Le système dit *gaze de Chambéry* donne plus de résistance au produit. Indiquons la simplicité du moyen par lequel on obtient ces deux effets, qui ont cependant une influence sur la solidité de l'étoffe.

ORGANE SPÉCIAL ET MONTAGE PARTICULIER DES TISSUS GAZÉS. — Pour arriver à former les entre-croisements que nous venons de décrire par le métier ordinaire, on a recours : 1° à une lisse additionnelle d'une forme et d'une disposition différant de celles employées aux étoffes à fils droits; 2° à une méthode particulière pour remettre le fil, c'est-à-dire l'ordre de leur passage dans les mailles des lisses.

LISSE A CULOTTE OU BEC. — La lisse en question est généralement connue sous le nom de *culotte* à cause de la forme qu'elle affecte. Cependant, dans certaines localités, et entre autres dans les usines du Nord, on la désigne sous le nom de *bec*. Cette lisse est représentée figure 3, pl. XXV ; elle se compose d'une maille A et d'une demi-maille D. Celle-ci est enfourchée dans celle-là. La figure 4 montre la manière de s'en servir. On y voit deux fils voisins a et b d'une chaîne passée d'abord dans les deux lisses A et B, absolument comme s'il s'agissait d'exécuter de la toile ; ces deux mêmes fils sont ensuite passés, le fil a dans la culotte D d'une troisième lisse A', et le fil b dans la culotte D' d'une lisse B'. La figure montre la position du harnais, composé des quatre lisses, les fils et les organes étant au repos. On voit par les deux extrémités des fils *a* et *b* qu'au lieu d'être placés parallèlement entre eux côte à côte, ils se croisent : le fil *a* passe sous son voisin *b*, c'est-à-dire que le fil qui à l'arrière du métier passe sous *b* passe dessus en *a*, du côté du peigne, et par conséquent de celui où l'étoffe s'exécute. Cet entrelacement se comprend par les deux mouvements simulés dans les figures 5 et 6. Par la disposition de la figure 5, où B et A' lèvent et A et B'D baissent, on arrive à placer une course de trame sur la moitié des fils de la chaîne, dans leur croisement naturel (voir fig. 1 et 2), en levant la lisse D'A par le second mouvement de la figure 6 ; au contraire, le fil de la chaîne *a* vient croiser sur son voisin *b* et le contourne pour couvrir la trame correspondante. Une course ou une ligne du tissu est ainsi obtenue.

On peut remarquer que l'évolution de la figure 6 exige plus d'efforts que celle de la figure 5 ; de là le nom de *pas doux* donné à celle-ci et celui de *pas dur* à celle de la figure 6. La figure 7 donne le tracé des organes avec les fils, les signes indiquant le mouvement de lève et de baisse, ainsi que les leviers et les marches. La marche X est celle qui imprime le pas doux, et Y est la trace du levier à pas dur. La figure 8 représente le tracé d'une gaze ordinaire avec son remettage et l'armure ; la figure 9 le donne pour une gaze chambéry. La marchure pour ces deux sortes de tissus est la même, il n'y a de différence que dans le rentrage des fils, qui est suivi dans la gaze ordinaire, et à retours dans l'article dit *de Chambéry*, le raccord est de deux dents.

Il y a de nombreuses variétés de gazes unies et façonnées ; les fils de la chaîne sont en général montés sur deux ensouples, l'un pour les fils du pas doux ou fil droit, et l'autre pour le pas dur, dit *tour anglais*. L'industrie du Nord, en adoptant la disposition que nous venons de décrire, ne se sert que d'un seul rouleau ensouple pour la chaîne. Elle a ainsi simplifié le montage sans que l'exécution devienne plus difficile.

VARIÉTÉS DE GAZES DANS L'INDUSTRIE DES LAINAGES. — Les gazes peuvent varier par la nature de la matière employée pour la chaîne, par le nombre de fils, chaîne et trame, dans l'unité de surface, par le degré de torsion des fils et par leur mode d'entre-croisement ou armure. Les noms changent avec les modifications : ainsi la *gaze pure* est une étoffe chaîne grége, trame laine pure. La *grenadine* est une gaze de même composition à réductions diverses, mais dont les fils sont sensiblement plus tordus. Cet article est en général tissé à 0ᵐ,60 de largeur en grége, avec deux fils en dents, et de cinq à quinze dents au centimètre; et en trame en fils de laine retordus et gazés, depuis le numéro 10 jusqu'aux 45 kilomètres au kilogramme, avec une réduction variant de six à quinze duites au centimètre.

La *byzantine* est encore une gaze, mais à armure sergée dite *gaze trois pas*, également avec une chaîne soie grége, ou organsin, cuit suivant les qualités, et une trame laine lisse retordue et d'une réduction plus forte; elle varie de vingt à trente duites au centimètre, et de dix à quinze dents par centimètre, à deux fils par dent.

La *florentine* est une gaze à pas de toile plus réduite que la précédente; on en fait de quatorze à quarante dents au centimètre avec deux fils en dent, ce qui donne de vingt-huit à quatre-vingts fils par centimètre de chaîne, et en moyenne de vingt-cinq duites en trame pour la même unité. Les largeurs varient de 0ᵐ,60 pour les gazes ordinaires pour voiles jusqu'à 1ᵐ,80 pour les châles grenadines; la moyenne largeur est de 1ᵐ,05. La longueur des pièces est de 100 mètres. Le barége est une gaze chaîne en coton ou en soie grége de réduction variable.

Le prix du tissage au mètre et la production varient avec les réductions de 0 fr. 15 à 0 fr. 25 pour les articles unis, et de 0 fr. 25 à 0 fr. 30 pour les façonnés. Un tisserand à la main exécutera de 15 à 30 mètres par jour, suivant que l'article sera plus ou moins serré. On commence à faire des gazes automatiquement, sur un métier inventé par M. Gadel, mécanicien à Bohain, donnant quatre-vingts coups de navette à la minute, sur une largeur de 1ᵐ,05; tandis qu'à la main, pour le même article, un ouvrier ne lance en moyenne que soixante à soixante-cinq duites sur la même largeur. De plus, une femme suffit à deux métiers mécaniques.

Les prix de tissage ci-dessus ne comprennent pas le salaire pour le dévidage, qui est compté au kilogramme, en raison de la plus ou moins grande facilité du travail; la grége de 18 à 20 deniers coûte 4 francs le kilogramme à dévider, et celle plus fine, de 8 à 10 deniers, jusqu'à 10 francs. Le déchet varie de 2 à 6 pour 100 du poids de la soie et ne se vend guère au-dessus de 0 fr. 60 le kilogramme.

L'ourdissage est payé de 1 à 3 francs le kilogramme, suivant la matière et la réduction.

Les articles sont si nombreux, que le poids des chaînes est compris entre 200 grammes et 1 kilogramme, et la trame en laine entre 3 et 6 kilogrammes, c'est-à-dire qu'il y a du tissu dont la pièce ne pèse que 3ᵏ,200 et d'autres 7 kilogrammes.

Encollage de la trame. — L'encollage de la trame est tout à fait exceptionnel; il est nécessaire pour celle du tissu grenadine noire, à cause de sa forte torsion; il vrillerait et serait d'un emploi difficile, sinon impossible, si on ne lui donnait une certaine roideur en l'encollant avec une colle dont la base est la gélatine. On fait un mélange à chaud de 50 grammes de gélatine, 30 de bois d'Inde et deux à trois petits verres de vinaigre. On applique cette préparation sur l'écheveau à la teinture. Une fois les fils ainsi teints et imprégnés de colle, on les tend sur une rame jusqu'à ce qu'ils soient secs. Cependant, si le séchage est indispensable pour les façonnés de couleur, parce que le fil humide pourrait produire des taches, il n'en est pas de même de la grenadine : on peut la tisser sans que la trame soit tout à fait sèche ; il vaut pourtant mieux qu'elle le soit.

CHAPITRE XVII.

Des velours et étoffes a surfaces frisées et veloutées obtenues par le tissage. — Cette catégorie de tissus est caractérisée par un mode d'entre-croisement spécial des fils sur le métier ; elle peut se diviser en deux types principaux : l'un, se rapportant aux articles riches, tels que les velours de soie pure, ceux en soie mélangée, les tapis moquettes et les velours d'Utrecht en laine et en poil de chèvre ; les velours de coton et les tissus veloutés, d'autres matières forment la seconde catégorie. La première est toujours tissée par deux chaînes : l'une inférieure, destinée au fond ou corps du tissu ; l'autre supérieure, beaucoup plus longue, pour former une série de boucles recouvrant la première et s'y fixant par l'entrelacement convenable de la trame. L'article est dit *frisé* lorsque les boucles restent intactes ; si au contraire on les fend au sommet, les fils s'épanouissent en petites gerbes continues déterminant le duvet et la surface veloutée. L'effet est obtenu ici sur le métier, les boucles sont coupées à mesure qu'elles sont formées. La seconde catégorie est également le résultat du jeu des fils dans le tissu, mais la formation du duvet n'a lieu qu'après le tissage ; on effectue alors l'entre-croisement des cartes figures 16 et 16 *bis*,

pl. XXIV, ou une autre armure analogue donnant des brides
ou un flotté régulier *a*, *b*, *c*. Ces parties jouent dans ce cas
le rôle des boucles ; on y introduit une lame pointue qui,
en se promenant dans le sens voulu, fend les fils pour faire
pelucher.

Le velours exécuté sur le métier est donc effectué simultanément avec le tissage, tandis que l'opération de celui dit *coupé en
pièce sur table* fait en quelque sorte partie de la période des
apprêts.

Nous n'avons pas à nous occuper ici du tissage du velours de
coton. Le sujet a d'ailleurs été traité déjà d'une façon aussi
complète qu'intelligente et ingénieuse, par MM. E. Gand et
E. Sée. On peut citer leur livre sur le tissage du velours de
coton comme un modèle, il est fait avec la précision et les
connaissances qui caractérisent les divers travaux de ce genre
de M. E. Gand.

Nous nous bornerons à faire bien saisir les caractères et la
composition des velours de laine et de poil de chèvre, dits
velours d'Utrecht. Leurs éléments et les artifices qui les
mettent en œuvre suffiront pour faire saisir les moyens spéciaux par lesquels on peut obtenir toutes sortes de velours sur
le métier.

La figure 20, pl. XXIV, représente la section d'un velours grossi, d'une nature quelconque, obtenu sur le métier,
l'entre-croisement des deux duites successives avant l'opération des boucles *b*, à leurs sommets *s*. Lorsque le tissu
doit être coupé, la section a lieu par un rabot ou couteau
dont le tranchant est appuyé sur le haut en allant d'une lisière à
l'autre, sur l'espèce de *moule*, *baguette*, *vergette* ou *fer* F,
placé sous le rebouclement des fils de la chaîne. Si l'étoffe
doit former un aspect frisé non coupé, ce fer F est remplacé par
une baguette ronde, qu'on retire par une poignée placée à l'une
de ses extrémités. La figure 21 donne le même spécimen, avec

les boucles rabattues sur un plan horizontal, afin de montrer les entre-croisements des différentes séries de fils contenant encore trois fers F. Cette figure fait voir les deux chaînes ; les fils droits *o* et *p* sont destinés au fond, et les fils J, K, bouclés sont d'un développement plus grand que les premiers, afin de fournir la longueur nécessaire à la formation du duvet de la surface ; enfin les fils transversaux *t, t* indiquent la direction des courses de trames chargées de relier le tout pour en faire l'étoffe.

NATURE DES FILS. — Les matières employées pour ces trois séries de fils pourraient être les mêmes. Elles sont entièrement en belle soie dans les plus beaux velours. Pour des produits de plus basse qualité, la chaîne de fond qui concourt au *soubassement*, ainsi que la trame, est en soie inférieure crue ou même en fantaisie ; enfin, si on veut arriver à des produits d'une moindre valeur encore, on utilise les fils de coton pour les entrelacements couverts par ceux de la chaîne du poil.

Pour le velours dit *d'Utrecht*, dont nous donnons les principaux éléments, la chaîne du fond est ordinairement en fil de lin ; celle de la partie apparente, en fil de poil de chèvre ; et la trame, en coton de couleur rouge ou bleue.

A Amiens, seule localité en France de la fabrication de ce genre de tissu, on désigne la chaîne du poil sous le nom de *chameau*. Pour mieux nous rendre compte de l'évolution des fils dans ce genre de tissus nous donnons, figure 22 la carte sous la forme ordinaire, sur l'étendue des deux courses dont la figure 21 montre la partie des fils rebouclés. On voit par ce tracé, où nous avons conservé aux lettres leur signification de la figure 21 : 1° que chaque course se compose de 4 fils, *o, p, i, k;* donc il faudra 4 faisceaux ou 4 lisses de suspension ; 2° que l'effet nécessite six insertions de trame pour exécuter ce produit composé d'une double étoffe : l'une du soubassement ou fond, et l'autre du poil. En effet, si nous indiquons chaque mouvement par un chiffre dans l'ordre de son passage, le premier, ou n° 1, est indispensable au corps ou soubassement ; le deuxième a lieu pour passer le fer F ; le troisième et le quatrième continuent les entre-croisements du fond ; le cinquième est nécessaire au passage du second fer, et le sixième fixe sa boucle par un nouveau croisement concourant au soubassement. La petite carte figure 23 donne la composition isolée de ce soubassement, et la figure 24 montre la trace horizontale de ses fils, abstraction faite du poil ou boucle de l'étoffe.

Cet article, assez simple de composition, peut donc être considéré comme formé par la combinaison de deux étoffes, celle de la base ou fond, et celle de la surface. Il est indispensable d'avoir une disposition spéciale de relations entre les différentes séries de fils, et des transmissions telles que les entre-croisements se fassent conformément aux figures 20, 21 et 22. Les explications qui précèdent, ajoutées aux considérations présentées relativement aux armures en général, font pressentir les dispositions nécessaires à la confection de ce genre. Nous nous bornons à les indiquer brièvement.

REMETTAGE POUR VELOURS D'UTRECHT. — Les fils de la chaîne de chaque nature, ceux du lin et du poil de chèvre, ont chacun leur remisse respectif et isolé. L et L', fig. 25, indiquent sur le derrière les deux lisses du remisse des fils de lin, et les deux lisses l, l' de devant sont destinées aux fils de poil de chèvre ou chameau. Les lettres o et p indiquent le remettage ordinaire et suivi des fils de la chaîne en lin, et I et K donnent le remettage du poil sur le second remisse dans deux courses ou répétitions successives, c'est-à-dire que le premier fil de la chaîne de lin passe dans la première maille de la lisse L, le deuxième dans la première de la lisse L', le troisième dans la deuxième maille de L, et le quatrième dans la deuxième de la lisse L'. Le même ordre absolument est observé pour le passage du chameau dans les lisses l, l' du second remisse.

Remarque. — Les deux flèches R et R' indiquent la direction opposée dans laquelle ces remettages ont lieu. Les fils de lin sont passés en allant dans le sens ordinaire de l'arrière à l'avant ; pour le poil de chèvre, au contraire, les fils sont remis d'abord dans la lisse *l'*, puis dans celle *l*, et ainsi de suite. Cette méthode a pour but de mieux assurer le maintien régulier des fers ou verges pour former les boucles.

Après avoir été remis de cette façon, les fils sont empeignés, c'est-à-dire passés entre les broches représentées en A, B, C, D. On réunit ensemble dans chaque intervalle un fil de lin et un de poil de chèvre de la manière suivante : le premier de la lisse L et *l*, dans l'espace A, et le deuxième de L' et de *l'* dans B, et ainsi de suite conformément au tracé de la figure 25, pl. XXIV.

DISPOSITION DU MÉTIER A VELOURS. — La figure 26 donne les lignes élémentaires d'un métier semblable avec ses séries de fils et remisses mentionnés. Il ne manque à ce métier que les transmissic   mouvements, qui peuvent être modifiées, suivant que le travail est exécuté à bras, aux marches à la Jacquart ou mécaniquement; mais le rapport des fonctions des organes et le mouvement des fils restent en tout cas invariables.

Le métier est des plus simples ; il se compose d'un bâti quadrangulaire A, B, C, D, comme à l'ordinaire. Le montant de derrière C, D a des espèces de consoles pour recevoir l'ensouple T avec la chaîne en fil de lin ; celle du poil est partagée sur les deux rouleaux H et H'; il est évident que ces deux rouleaux, participant à un résultat identique, doivent recevoir la même tension. Les chaînes se rendent dans leurs remisses respectifs L, L' et *l*, *l'*, de là dans le peigne du battant T; à mesure que l'étoffe est exécutée, elle se rend sur la poitrinière ou œuvre E, pour passer sur l'ensouple ou *ancelle* de pièce, qui est un rouleau à picots, dit *pain de fromage*, et chargé d'opérer une traction sur le tissu disposé par plis *p*. Le point de départ, bout ou chef de la pièce, est engagé dans la rainure et convenablement fixé sur une baguette ou verge h, conformément aux indications données dans les généralités du tissage.

ORDRE DES MOUVEMENTS. — Examinons maintenant comment les séries de fils du métier dont il vient d'être question doivent être mises en jeu pour recevoir les navettes et leurs trames, de manière à donner les entre-croisements susmentionnés. La figure 27 est le tracé désigné sous le nom d'*embreuvage* ou *armure*, c'est-à-dire la relation entre les lisses et les marches, avec les signes de convention pour montrer l'ordre dans lequel les mouvements doivent se faire. On a supposé le mode ordinaire du tissage de ce genre de produit, qui a lieu sur un métier à marches; 1, 2, 3, 4 sont les quatre marches. Les signes o, o montrent l'assemblage entre les marches des lisses L, L' du remisse de la chaîne du lin qui doit être levé, et les signes h, h, h, h, les relations des quatre marches avec les lisses l, l' du poil également levé. Les signes $\times$, $\times$ indiquent, au contraire, les lisses baissées de façon à pouvoir faire suivre par la pensée la formation de l'angle des fils à chaque mouvement. Il est bien entendu qu'on a été guidé pour la détermination des points où ces signes doivent figurer, par l'étude de l'entrelacement des fils des tracés 21 et 22.

EXÉCUTION DES MOUVEMENTS. — *Premier mouvement.* — En agissant sur la marche D$_1$, les signes correspondants indiquent que les lisses L' et l seront levées, et celles L, l' baissées; donc tous les fils de lin p et tous les fils de poil K seront également levés, tandis que les séries correspondantes o et j seront baissées; ces deux séries alternatives forment donc un premier angle dans lequel la trame venant à passer couvrira et laissera à découvert alternativement les fils oj et pk, fig. 21 et 22; l'entre-croisement de la première course de trame, indiqué fig. 21 et 22, sera effectué.

Deuxième mouvement ou deuxième course. — Pour opérer l'insertion du fer F sur la moitié des fils du chameau, en agissant sur la marche D_2, la lisse l' et les fils j seulement seront levés ; les trois autres lisses et leurs fils étant baissés, on engage le fer sur ceux-ci ; il se trouve alors placé conformément à l'indication de la deuxième course, fig. 21 et 22, c'est-à-dire sur tous les fils de la chaîne du lin et sur la moitié de ceux du chameau, l'autre moitié formant des boucles b de la moitié du poil.

Troisième mouvement. — En agissant de nouveau sur la marche D_1, on produira exactement l'entre-croisement de la première course c.

Quatrième mouvement. — En opérant sur la marche D_2, on réalisera l'entre-croisement opposé, en ce que les fils levés dans le troisième mouvement baissent dans celui-ci, et *vice versa*, pour réaliser par ces deux duites successives le liage fond de toile.

Cinquième mouvement ou insertion du fer dans la seconde série de boucles.—En opérant sur la marche C_2, l'angle se formera entre les fils k, d, e, la lisse l levée et toutes les autres baissées ; les boucles b seront donc obtenues par la seconde série des fils du poil de chèvre.

Sixième mouvement. — En actionnant de nouveau la marche D_2, on exécutera les entrelacements du quatrième mouvement, et la nouvelle série des boucles ou le poil qui en résulte se trouve ainsi lié avec le soubassement.

En récapitulant ces mouvements, on voit que les fils de la chaîne en poil de chèvre jouent en quelque sorte un double rôle : ils font un entrelacement avec les fils de lin pour former la toile ou corps du tissu de deux en deux courses ; les deux autres levées des mêmes fils sont exclusivement destinées à la formation des boucles du poil.

Il va sans dire que le rabot ou couteau est passé au sommet

des boucles ; à mesure que trois de celles-ci sont liées et ont reçu les fers, on en retire un sur trois. L'opération du coupage a lieu lorsque les lisses sont au repos et les marches bien horizontales, afin que l'instrument, agissant sur une ligne très-droite, donne une coupe parfaitement nette.

Dans le travail au pied, la disposition des marches doit être telle que les deux pieds du tisserand se partagent également la besogne. Nous avons en conséquence désigné par les lettres D_1 et D_2 celles sur lesquelles le pied droit doit agir, tandis que C_1 et C_2 indiquent celles du pied gauche. Quant à l'ordre de leur agissement, il vient d'être déterminé.

Sans entrer dans plus de détails pratiques, disons quelques mots sur la composition et la réduction de ce genre d'articles.

DIVERS COMPTES DES VELOURS D'UTRECHT. — On fait des velours de diverses réductions, c'est-à-dire contenant plus ou moins de fils dans le duvet par unité de surface. On emploie en général des fils doublés et retordus, plus ou moins fins, depuis les numéros 26 au 56 métrique. On désigne les qualités d'après les réductions de la chaîne du poil ; ainsi on dit des comptes de 600, de 850, de 900, de 1 000, de 1 100, etc., pour une largeur à peu près constante énoncée encore en pouces. Cette largeur, mesurée sur le poil, est de 25 pouces (0^m,675), et celle de son soubassement est de 26 pouces (0^m,70). Ainsi le nombre de fils désigné est celui de la chaîne du chameau, et les largeurs ci-dessus sont celles du tissu sur le métier ou en écru. Elles diminuent par le retrait à la teinture et aux apprêts ; la largeur moyenne varie alors de 0^m,60 à 0^m,61.

CHAPITRE XVIII.

DU TISSAGE DES FAÇONNÉS EN GÉNÉRAL. — On entend par *étoffe façonnée* celle dans laquelle les entrelacements des fils au tissage réalisent des effets quelconques, des ornements, des fleurs, des figures, des imitations de la gravure, de la typographie ou autres sujets quels qu'ils soient. Les produits de ce genre sont extrêmement variés; ils sont essentiellement caractérisés au point de vue technique par : 1° le nombre toujours plus ou moins considérable des mouvements qui concourent à chaque effet; 2° les contours formés d'une série d'entrelacements changeant de place à chaque mouvement des fils et différant dans les résultats auxquels peuvent conduire les armures régulières et leurs dérivés; 3° la combinaison des armures régulières, comme nous le verrons plus loin; 4° enfin le nombre variable de séries de fils (chaînes et trames) de même couleur, ou de nuances et de tons différents, dans le but d'arriver à des apparences particulières aux tissus ou à des imitations parfaites d'une œuvre d'art.

Les célèbres produits des Gobelins démontrent jusqu'à quel degré artistique l'entrelacement des fils de laine peut s'élever. Il est vrai que ce travail des tapis et tapisseries des Gobelins, comme nous l'avons démontré ailleurs (1), a plus d'analogie avec celui de la brodeuse, de la tapissière et de la dentelière à la main qu'avec le tissage proprement dit; si ce n'est absolument dans la manière de faire évoluer les fils, c'est du moins par la simplicité de l'outillage, par les soins minutieux de détail que ce genre d'ouvrage réclame. Cependant les moyens

1. *Essai sur l'industrie textile*, p. 598, par Michel Alcan.

modernes et les progrès contemporains de l'art mécanique sont parvenus dans cette direction à des résultats qui, s'ils ne peuvent rivaliser avec les œuvres des établissements de l'État, offrent des perfections telles qu'elles satisfont en général les exigences de l'art décoratif le plus éclairé, et cela à des conditions économiques extraordinaires, si on les compare à celles de la production des tapisseries à la main.

Mais, malgré la beauté, la richesse et la perfection des lainages ou tapis et tapisseries mécaniques auxquels nous faisons allusion en ce moment, et dont les produits des manufactures de Paris, Neuilly, Aubusson, Tours, Tourcoing, etc., fournissent de si remarquables produits, ils ne caractérisent peut-être pas aussi nettement que le font des produits plus modestes l'alliance de l'art au travail professionnel du tissage. C'est surtout dans l'exécution de certains articles avec une chaîne et une trame en soie du genre dit *taille douce* que ce progrès est signalé. Le Conservatoire national des arts et métiers possède entre autres dans ses galeries un portrait de Washington, de la maison Mathevon de Lyon et le testament de Louis XVI par M. Maisiat tissés seulement avec une chaîne et une trame, qui simulaient les œuvres du burin du plus habile artiste. Les exemples de cette alliance abondent aussi bien avec des fils de laine, et de la laine peignée surtout, que dans les soieries. S'il nous est absolument impossible d'entrer dans tous les détails que ce sujet comporte, sans sortir du cadre que nous nous sommes imposé, nous pouvons néanmoins faire saisir les éléments essentiels et fondamentaux par lesquels on arrive à un effet façonné quelconque avec l'entrelacement des fils au tissage.

POINT DE DÉPART DE L'EXÉCUTION D'UN DESSIN SUR ÉTOFFE, ET GÉNÉRALISATION DE LA MISE EN CARTE. — Lorsque le sujet à produire est arrêté par un dessin ou une esquisse ordinaire sur papier, il faut le reporter par un tracé conventionnel sur le papier quadrillé, en faire la *mise en carte*, dont nous avons déjà déterminé les caractère et le but. Il s'agit maintenant de donner un exemple de son application, non plus à des entre-croisements réguliers des fils sur une étendue limitée, mais à des dessins variés à l'infini et occupant une surface étendue du tissu. Avant d'exposer par des exemples l'exécution matérielle de cette partie de la préparation du tissage façonné, nous présenterons quelques considérations sur la composition spéciale du dessin destiné à être rendu. Supposant nos lecteurs au courant du sujet traité sous le titre de : *Quelques considérations sur le dessin et le coloris des étoffes* (1), nous abordons directement par un exemple la manière d'opérer.

Soit, fig. 15, pl. XXIV, une fleur à tisser. On peut l'obtenir de bien des façons différentes ; en une seule couleur, l'effet se manifeste par ses contours seulement par un grain différent dans les deux sens du tissu, provenant de la direction opposée de ses fils et de la modification de la torsion. Si, au lieu d'une chaîne et d'une trame de même couleur, elles sont différentes pour chacune d'elles, les effets seront naturellement plus nuancés et d'autant plus doux, plus riches et plus fondus que le nombre des couleurs et des nuances sera plus grand. De là la possibilité d'obtenir des imitations parfaites d'un dessin à un ou à plusieurs crayons, d'une gravure ou d'une peinture proprement dite. Les produits varieront encore suivant qu'il s'agira d'un tissu velouté, frisé, imprimé ou chiné, pour la chaîne ou pour la trame.

Dans tous les cas, il est d'usage, lorsqu'il s'agit des façonnés, de considérer les interlignes verticaux dans le sens AB comme simulant les fils de la chaîne ; ceux de la trame sont supposés dans la direction CD. Les interlignes ombrés ou hachés qui déterminent chaque contour de ce bouquet indi-

1. *Traité du travail des laines cardées*, chez Baudry, à Paris, 1866.

quent les limites où les deux systèmes de fils s'entre-croisent.
Le bouquet qui en résulte peut être produit par un effet de
chaîne ou de trame, sans que les moyens d'exécution changent.
Supposons-le par un effet de trame, il s'ensuivra que toutes
les divisions ombrées nous représentent les fils de cette série.
Pour se rendre compte du principe sur lequel repose l'exécution, on n'a qu'à se figurer un canevas dont les jours ou mailles
seraient remplis par de petites duites au lieu de l'être par des
points à l'aiguille. Reste à déterminer le nombre de fils nécessaire à un dessin donné; soit celui de la carte figure 15.
Ce nombre est égal à celui des interlignes dans les deux directions; celle de la trame AB, dite *hauteur du dessin,* en représente cent vingt ou autant de courses de duites; celle CD, ou
la largeur, comprend cent quarante-quatre fils de la chaîne.
L'effet s'obtiendra au tissage en conformant l'insertion des
trames aux indications ombrées de la carte. Tout ce qui n'est
pas ombré est le fond tissé au moyen d'une armure quelconque; il suffit de l'indiquer sans la peindre, dans la
plupart des cas. Ceci dit, on voit que les lignes verticales
et horizontales, représentant des ordonnées et des abscisses,
remplissent les fonctions des degrés de longitude et de lati-
tude de chaque point du dessin. Supposons que l'on commence
l'exécution en EF, les trois interlignes ombrés montrent une
petite trame, comprenant et recouvrant les quarante-cinquième
et quarante-sixième fils de la chaîne à partir de la gauche,
sur le neuvième fil de trame à partir du haut du dessin.
Dans la course suivante, ce sont les quarante-quatrième, quarante-cinquième et quarante-sixième fils de chaîne qui seront
recouverts.

C'est en modifiant ainsi la longueur des petites brides de
trame et leurs positions, conformément à l'indication de la mise
en carte, que les contours du dessin se déterminent. Ces contours
embrassent et limitent parfois des effets divers, ou des parties

modelées, comme on dit, réalisés par le seul secours d'un certain groupement de différentes armures. Les parties du dessin désignées par les lettres I, K, L, M et N, lors même qu'elles sont exécutées avec des fils d'une seule couleur, produisent des diversités de tons résultant uniquement de la différence de l'entre-croisement des fils. Ces combinaisons d'armures peuvent avoir des résultats bien différents ; elles jouent, par rapport les unes aux autres, un rôle analogue à celui du fond d'un tableau sur le sujet de la peinture, ou de la tenture décorative d'une pièce par rapport au mobilier qui la compose, et contribuent conséquemment à faire ressortir ou à amoindrir l'effet cherché.

Il y a donc plusieurs points à considérer dans un tissu façonné n'employant qu'une seule couleur ou deux seulement : 1° le dessin doit être arrêté avec une précision parfaite, c'est-à-dire que tous ses contours doivent correspondre à des entre-croisements de fils se trouvant exactement à des interlignes déterminés. Si le dessin chevauchait de manière à présenter certains points en partie seulement sur un interligne, l'exactitude et la finesse des contours laisseraient à désirer dans l'exécution ; 2° la détermination des modes d'entre-croisement pour les différentes parties, afin que chacune d'elles participe le plus avantageusement possible à l'harmonie de l'ensemble ou modelé du sujet, ne saurait être trop étudiée et mûrie. Cette détermination nécessite des connaissances approfondies de l'art du tissage et l'appréciation préalable de l'effet de tel ou tel mode d'insertion des fils également ou diversement tordus. Le dessinateur le plus habile peut faire fausse route dans ses compositions et n'obtenir parfois, de ses œuvres les plus brillantes sur le papier, que des produits disgracieux et sans valeur, s'il ne possède pas ces connaissances. Avec leur concours il arrive souvent à des résultats remarquables et avantageux à l'aide des combinaisons des plus simples. Ce que nous disons concernant

le façonné est également applicable au fond sur lequel la figure
est tissée. Celle-ci apparaîtra et ressortira avec plus ou moins
d'avantage, suivant les entre-croisements généraux qui lui
servent de base. Nous avons pu constater une différence de valeur considérable entre deux portraits tissés en taille-douce qui
ne différaient absolument que par l'armure du fond, en satin
pour l'un et batavia pour l'autre; cette dernière faisait ad-
mirablement ressortir l'effet du façonné, tandis que l'autre
l'amoindrissait. Dans d'autres circonstances, l'inverse pourrait
se présenter si la combinaison des entre-croisements de la partie
façonnée venait à changer. Le moyen le plus pratique de se
fixer sur la valeur de ces combinaisons est de les juger sur des
échantillons tissés.

Dans tous les cas, et c'est à peine s'il est nécessaire de le
faire remarquer, il faut toujours que le rapport entre le
nombre des fils de la chaîne et de la trame soit convenablement arrêté *a priori*. Ce rapport est déterminé d'après la
surface occupée par la partie façonnée, le genre et la finesse
des fils mis en œuvre. Une fois fixé, on choisit en conséquence le papier quadrillé. Dans l'exemple de la figure 15,
le dessin comprend cent quarante-quatre fils sur une largeur de 0^m,84. Si nous supposons dix-sept cent vingt fils à
la chaîne, on aura un nombre de répétitions de $\frac{1720}{144} = 12$, et
l'espace en largeur occupé par chaque bouquet est de $\frac{0,84}{12}$
$= 0,07$. Quant à la hauteur, les fils du broché doivent être
dans ce cas un peu plus fins que ceux du fond; dans la proportion d'un neuvième, on choisira un papier quadrillé où
chaque centimètre de base sera divisé en huit et en neuf dans sa
hauteur; la surface occupée par le dessin, dans la hauteur
comprenant cent vingt fils, sera donc 0,063. Il y aura possibilité de tisser bout à bout en hauteur autant de bouquets qu'il
y a de fois 0^m,63 dans la longueur de la pièce; mais, si l'on

vent espacer davantage ces effets, on tissera des parties unies du fond entre. Il est inutile d'insister sur des observations aussi simples.

DE L'EXÉCUTION DU FAÇONNÉ A PLUSIEURS COULEURS. — Nous supposons que le broché ou façonné nécessite plus ou moins de couleurs ; sur chaque duite prenons pour point de repère une ligne de trame quelconque suivant la droite XY du dessin figure 18, et soient cinq couleurs, 1, 2, 3, 4 et 5, réparties en divers points de la ligne. Ces couleurs seront insérées successivement, une à la fois. Ainsi on y introduira le fil de la couleur n° 1 sur toute la largeur du dessin, en le faisant passer dans l'angle formé par les fils de la chaîne, de manière à ce qu'ils soient recouverts par la trame ou recouvrent celle-ci aux points désignés par la carte [1]. On opère ensuite successivement de la même manière pour chacune des couleurs. Il résulte de cette façon que chaque ligne transversale de l'étoffe est formée, dans le système dit *par effet de trame*, d'autant de fils superposés qu'il y a de couleurs ; seulement cette superposition n'a lieu qu'à l'envers de l'étoffe.

FAÇONNÉ PAR EFFET DE CHAÎNE. — Lorsqu'on produit du velours, des tapis ou autres tissus façonnés caractérisés par l'apparence de la chaîne, la méthode reste identique ; avec cette différence que ce sont les fils du système longitudinal qui servent à former le façonné. La chaîne est alors ourdie sur des bobines isolées ; chacune d'elles reçoit l'assortiment de fils de couleur, remis ensuite simultanément dans les maillons correspondants, et à chaque course de trame l'angle de la chaîne est formé seulement avec les fils des couleurs qui doivent prêter leur concours à la course en exécution. Ici aussi il y a à l'envers superposition longitudinale des fils qui ne sont pas utilisés à l'endroit.

1. Nous verrons bientôt par quels artifices et mécanismes l'ouvrier produit ces résultats par l'action sur une même marche.

De là une épaisseur augmentant pour chacun de ces genres avec le nombre des couleurs mises en œuvre. Dans les articles à effet de chaîne, qui servent en général pour tapis et tenture, cette épaisseur n'a d'autre inconvénient que celui de l'emploi surabondant de la matière; mais, pour ceux devant servir pour vêtements, il est nécessaire d'enlever, par un découpage à l'envers, la matière inutile, afin d'alléger l'étoffe.

DES ESTANCES, BRIDES OU LISÉRÉS, DE LEURS DÉCOUPAGES ET LIAGES. — On peut distinguer, dans la plupart des dessins façonnés, certaines parties obtenues par une suite de fils contigus et tangents sur une certaine longueur, dans le sens de la chaîne ou de la trame, suivant le genre de l'étoffe; l'ensemble de ces duites, sans interruptions ni entre-croisements, est désigné sous le nom d'*estances*. Les parties I présentent les plus grandes estances de la figure 15; les duites partielles qui les composent constituent les *brides*. Elles peuvent être plus ou moins longues, en raison des motifs à exécuter. Si leur estance doit former une feuille, on les fera plus longues que si elles sont employées à une tige; mais cependant elles ne doivent, dans aucun cas, dépasser une certaine étendue, 0^m,005 à 0^m,006, sans quoi elles flotteraient trop à l'envers, et le dessin pourrait s'effilocher et manquerait de solidité. Pour éviter cet inconvénient, on a recours au *liage*, c'est-à-dire à des entre-croisements auxiliaires soit par la série des fils en action pour effectuer le façonné, soit à une trame ou à une chaîne spéciale destinée à former ce liage. La figure 16 indique une de ces petites duites ou brides; l'entrelacement du liage est représenté par l'interligne O. C'est donc en ce point qu'un fil de la chaîne vient s'entre-croiser pour diminuer la longueur de la partie flottante. La figure 17 suppose une bride longitudinale par effet de chaîne, liée au contraire aux deux points O, O. A chaque course, les points d'intersection ou d'entre-croisement se déplacent en raison de l'armure choisie pour ce travail auxiliaire. Ce choix lui-même n'est pas sans importance lorsque les liages doivent jouer un rôle dans l'apparence du point où on les emploie, comme dans les parties K, L et N de la figure 15. Dans celles où le façonné fait masse, comme en I, on s'arrange de manière à dissimuler les fils de liage; on y arrive grâce à la finesse des fils et à l'emploi d'une armure dont les points d'entre-croisement soient un minimum par unité de surface; le satin type pur est l'un de ceux qui conviennent le mieux. Pour un satin de 8, le liage ne se présentera qu'à des distances mesurées par huit fils, tandis qu'avec un liage fond de toile, ces mêmes points seraient rapprochés de six fils, puisqu'ils auraient lieu de deux en deux.

DE L'APPLICATION DU MÉTIER JACQUART AUX TISSUS FAÇONNÉS. — Le métier Jacquart pourrait être employé pour tisser toutes espèces d'étoffes depuis la toile la plus ordinaire jusqu'aux articles artistiques les plus riches désignés précédemment, mais il n'est guère usité que lorsque le métier ordinaire nécessite une trop grande quantité de lisses et de marches. Il n'y a rien de fixe dans ce nombre; l'industriel familiarisé avec le mécanisme du métier Jacquart, le substitue volontiers au métier à marches même d'une quantité de marches peu élevée. Si, au contraire, on sait bien manier ce dernier système, on en fait usage pour des effets relativement étendus malgré sa complication. Il est même admis dans la pratique que le système ancien donne aux produits certains caractères qu'on ne peut obtenir au Jacquart. Le fait peut être exact parfois à cause de la manière différente dont les fils sont mis en mouvement dans les deux cas, mais il n'a certainement rien d'absolu. Le métier Jacquart, sous le rapport mécanique, peut être et est quelquefois mû automatiquement. Si ce dernier moyen n'est pas plus répandu, c'est que beaucoup d'articles riches et soignés qui ne souffrent pas de médiocrité ont besoin d'être particulièrement surveillés dans leur confection;

elle peut supporter une grande rapidité d'action, il s'ensuit qu'il n'y a plus de raison pour substituer un moteur à l'homme. Il est une autre direction dans laquelle on a constamment cherché à perfectionner le célèbre métier. Nous voulons parler de l'extension qu'on s'est efforcé de lui donner pour arriver avec les éléments qui le composent à des effets de plus en plus étendus et variés. Le montage du métier à faire les châles brochés offre l'un des exemples les plus remarquables de ce genre de progrès, et démontre qu'on a au moins quadruplé les résultats depuis environ un demi-siècle. Ce mode de tissage reposant sur des moyens constants dans leurs combinaisons, étant en même temps peut-être le plus compliqué, et n'ayant été décrit nulle part d'une façon complète, nous avons pensé qu'il y avait un certain intérêt à l'exposer comme un exemple des nombreuses ressources offertes par le métier à faire les façonnés.

Nous supposons nos lecteurs au courant du principe de ce métier ; s'ils ne l'étaient pas, ils pourraient s'y initier en lisant le chapitre xviii de notre *Traité du travail de la laine cardée* donnant toutes les indications nécessaires sur le métier Jacquart et les opérations préparatoires qui le concernent, telles que *lisage*, formation et piquage des cartons, *montage* et *empoutages* en général. Mais avant de donner la description de la disposition spéciale du Jacquart et de son montage appliqué au tissage des châles façonnés, il n'est pas sans intérêt de dire quelques mots sur l'origine et le développement de cette industrie en France.

DE L'ORIGINE DU CHALE. — Le nom de *châle*, *schâle*, *schal* ou *schall* en français, en anglais *shawl*, *sciale* en italien, correspond au *châl* du persan ou au *chala* du sanscrit, et indique suffisamment l'origine orientale du tissu. Le châle est un des rares produits servant de vêtement sous la forme primitive de l'étoffe. D'après les indications fournies par les voyageurs, sa surface, carrée ou rectangulaire, varie dans l'Hindoustan, en Perse, dans l'Arménie, en Syrie, etc., entre une et 2 aunes de largeur sur 2 ou 3 de longueur. La matière constitutive est généralement le duvet extrait du poil des chèvres du Thibet ou la *tous* provenant de celles des Kirghiz; dans la vallée de Kachemyr se transforme en majeure partie le duvet de chèvre, la tous alimente les établissements européens et surtout les fabriques françaises.

Ces matières présentent, comme leurs similaires, une très-grande variété de qualités. L'un des voyageurs les plus consciencieux et les plus instruits qui aient exploré l'Inde, le célèbre naturaliste Victor Jacquemont, dans d'intéressants détails sur le travail des châles de la contrée, dit qu'on y fait des fils valant de un tiers à un dixième de leur poids en argent. Les différences résultent tant des qualités de la matière première, que des couleurs données aux fils. Jacquemont indique jusqu'à seize nuances couramment employées et dont il avait expédié des échantillons en France [1].

Avant lui, Volney, dans son *Voyage en Syrie*, avait vanté la beauté et la finesse des châles de Kachemyr : « Ces châles, dit-il, sont des mouchoirs de laine si fine et si soyeuse, que tout le mouchoir, 1 aune sur 2, pourrait contenir dans les deux mains jointes. Les plus beaux, ajoute-t-il, viennent de Kachemyr. »

Il donne toutefois une singulière cause à la finesse de cette laine : « On prétend que l'on n'emploie que celle des agneaux arrachés avant terme du ventre de la mère. »

Nous ferions injure au bon sens de nos lecteurs, en cherchant à démontrer ce que cette version offre d'erroné. Non-seulement la toison de cet animal mort-né, malgré sa finesse, n'aurait pas les autres caractères voulus tels que longueur

---

1. Voir l'*Essai sur l'industrie des matières textiles*, par Michel Alcan. Paris, 1847.

des fibres, élasticité, etc. ; mais lors même qu'on admettrait pour un moment l'existence d'un procédé aussi barbare chez des peuplades de mœurs douces, il semblerait difficile de supposer aux éleveurs assez peu d'intelligence pour recourir à une méthode tout à fait contraire à leur propre intérêt. Nous n'avons cité ce passage de Volney que pour indiquer la délicatesse des produits indigènes, et la nécessité de se défier parfois des explications techniques données même par certaines célébrités.

Le châle, en Orient, sert depuis un temps immémorial de coiffure, de turban, de ceinture, de tapis et de tenture. Parfois, le même est successivement utilisé à ces divers usages. A peine connu, au contraire, et sans application sérieuse en Europe, jusqu'à la fin du dernier siècle, il n'avait alors aucune importance pour le commerce occidental.

Deux circonstances eurent une influence marquée sur l'usage du châle et sur l'établissement de sa fabrication en France : l'expédition d'Egypte et la mode. L'hygiène faisait une loi aux femmes qui, sous le Directoire et sous le Consulat, avaient adopté les anciens costumes grecs, d'abriter la partie du buste que ces costumes laissaient à nu. Le châle de l'Inde rapporté d'Egypte par les chefs de l'armée, se prêtant bien aux draperies, fut adopté avec empressement par les élégantes de l'époque. La rareté et le prix élevé du riche tissu indien en restreignirent nécessairement l'usage à un petit nombre de privilégiées, mais engagèrent aussi les industriels à rechercher des moyens d'imitation, à créer en outre un article similaire plus commun en laine dont le prix fût abordable par une clientèle nombreuse.

Tels sont les faits dont témoignent les documents officiels, et notamment les rapports sur les premières expositions. Dès le commencement du siècle, la célèbre maison Ternaux et l'habile fabricant M. Bellanger se livrèrent à la fabrication des châles en fil de laine mérinos ; plus tard, sous la Restauration, lorsque Hindelang parvint à filer le cachemire, ce fut encore la maison Ternaux qui, la première, utilisa le nouveau fil dans la trame de ses châles.

Le mode de tissage fut d'abord identique au travail des façonnés brochés ordinaires. Nous en démontrerons plus loin les avantages et les inconvénients, bientôt si évidents que l'on chercha à introduire en France le système oriental connu sous le nom de *crochetage*. L'insertion de la trame se fait dans ce cas par petites brides, apparentes seulement aux points voulus, d'une façon comparable aux procédés en usage dans la fabrication des tapis. Un établissement fut créé dans ce but au faubourg Saint-Antoine, vers 1817, à Paris. Bien qu'on y employât principalement des enfants pour atténuer les frais de main d'œuvre, cette tentative n'eut pas de succès et le nouvel atelier ne put soutenir la concurrence des fabriques de l'Orient où le choix des matières, l'éclat des nuances, le bas prix des façons joint à l'habileté séculaire des ouvriers payés, en moyenne, 0 fr. 50 par jour, constituaient autant d'éléments défavorables à l'implantation du crochetage manuel en Europe. L'industrie française dut se créer des voies nouvelles et s'efforça d'approprier ses moyens accélérés à la production des articles indiens.

La fabrique du châle est une des spécialités qui sut tirer le plus grand parti du mécanisme Jacquart. Contemporaine des premières applications de ce mécanisme, elle y puisa des ressources inattendues et sut augmenter des effets sans compliquer les moyens.

Les combinaisons devenues classiques sont connues sous le nom de *montage au quart*, de la *mécanique à double effet*, dite *mécanique brisée* avec *déroulage*, de la *mécanique armure* qui est à la première ce qu'un cheval de renfort est à un attelage principal. Ces perfectionnements, comme nous le verrons, ont considérablement fécondé l'invention du célèbre Lyonnais, émule et heureux continuateur des De Jennes, des Vaucanson, des Delasalle, des Falcon, des Verzier, etc.

Le métier Jacquart ne peut cependant satisfaire à toutes les exigences du tissage façonné, qui se divise en trois grandes catégories comprenant elles-mêmes de nombreuses variétés ; nous nous bornerons à l'analyse des moyens qui concourent à la production des tissus fondamentaux *spoulinés*, *brochés* et *lancés*. Les magnifiques produits des Gobelins, de Beauvais, leurs imitations d'Aubusson et du Nord, les châles et écharpes de l'Inde, appartiennent à la première catégorie. Ces articles se font à la main ; des fils de couleur sont bouclés un à un autour des fils tendus de la chaîne, recouverte ainsi point par point, conformément à un modèle teinté ou peint sur la mise en carte, et dont les contours, pour plus de précision, sont tracés sur la chaîne elle-même. L'indication de la méthode suffit à en démontrer la lenteur et explique la cherté des tissus dont l'exécution ne peut être confiée qu'à des artistes tapissiers.

L'ornementation des étoffes brochées comprenant entre autres l'une des branches importantes de la belle soierie, de la rubanerie, des mousselines, etc., est relativement limitée. Les *battants brocheurs* étalant les fils qu'ils portent perpendiculairement à la direction de la chaîne, les canuettes ou spoulins nécessitent entre eux pour opérer leur course un espace libre égal à leur longueur ; ils ne peuvent par suite agir que de place en place, à des distances sensibles, et ne conviennent pas à l'exécution d'effets continus analogues à ceux des *châles*. Pour ces derniers, l'ornementation résulte de l'adoption du système dit *au lancé*.

PRINCIPE DU TISSAGE FAÇONNÉ AU LANCÉ. — La dénomination de ce travail indique que la partie façonnée, les contours des figures et leurs couleurs sont obtenus au moyen de fils de trame *lancés* par la navette d'une lisière à l'autre. Il faut, dans ce système, employer sur la même ligne transversale autant de courses de trame ou de duites que cette même longueur de fil ou largeur de tissu doit offrir de teintes. Dans le *damassé* où la chaîne et la trame sont de même couleur comme dans le linge de table, dans le damassé où les deux couleurs sont opposées comme dans certains tissus pour meubles, une seule duite suffit pour produire l'effet. Mais dans les autres façonnés à nuances multiples, le nombre des duites est, en général, égal à celui des couleurs apparentes à l'endroit. Si on les suppose distribuées par tiers sur la largeur, il faudra trois duites parcourant chacune l'étoffe d'une lisière à l'autre, mais un tiers seulement de chacune apparaîtra à l'endroit, les deux autres tiers passant à l'envers. Il y a là une dépense de matière triple de celle du travail indien, de la tapisserie et des Gobelins dans lesquels on l'a vu plus haut; les longueurs de fils diversement colorées ne sont entrelacées qu'aux points où ils doivent paraître utilement. En d'autres termes, le système au lancé nécessite une dépense de trames proportionnelle au nombre des couleurs, dépense compensée, il est vrai, par la rapidité du travail. Si l'on tisse des châles, non pas à seize couleurs comme les Indiens, mais seulement à sept, ainsi que cela se pratique ordinairement pour les tissus français, il en résulte un poids qui, dans certains produits courants, peut s'élever, à la sortie du métier, de 3 à 4 kilogrammes.

L'industriel se trouvait entre deux écueils : ou il lui fallait limiter le nombre des couleurs et n'obtenir que des résultats mesquins, ou faire des châles d'un poids excessif.

Afin d'obvier à ce double inconvénient, on a imaginé de *découper*, c'est-à-dire d'enlever à l'envers à l'aide de la tondeuse, toutes les brides de trames superposées qui ne concourent pas aux effets d'endroit. Ce mode d'allégement brisant les points d'intersection ou d'entrelacement des trames, celles-ci seraient bientôt détissées, si l'on n'était parvenu à les con-

solider au moyen du *coup de liage*, consistant dans l'insertion, par places régulièrement espacées, d'une duite spéciale
placée hors d'atteinte du découpage.

On a de la sorte enrichi la palette de l'artiste industriel et
laissé à sa disposition un nombre de nuances que limite seule
la dépense résultant du déchet au découpage. Un châle long à
sept couleurs pesant par exemple, 2ᵏ,900 au sortir du métier
ne pèsera plus que 500 grammes après le découpage. Un châle
carré commun et lisse perd nécessairement moins ; il serait
réduit, en moyenne, de 1ᵏ,900 à 750 grammes.

Cependant le produit français laissait à désirer sous un autre
rapport ; malgré tous les soins apportés au travail, les contours
des parties façonnées, fleurs, palmes ou figures, étaient loin
d'offrir la délicatesse et la netteté des produits de l'Orient.
A ces imperfections s'ajoutait fréquemment le défaut connu
dans la pratique sous le nom de *piqûres* ou *piquage*, parce
que la chaîne ou les trames apparaissent, *piquent* là où elles
devraient être couvertes. L'étude technique des causes de ces
défectuosités fit adopter un nouveau mode de croisure et substituer l'armure batavia ou croisé au sergé régulier. On obtint
ainsi non-seulement un grain ou hachure analogue à celui des
cachemires indiens, mais aussi des conditions d'entrelacements telles, que les empiétements partiels du fond sur les contours du façonné, ou réciproquement, ne fussent plus possibles.
Ce progrès qui, en apparence, se borne à une substitution
d'armures, ne serait pas devenu pratique, si son auteur n'avait
imaginé en même temps un système spécial de papier de mise
en carte encore en usage et appelé *papier briqueté* ou *pointé*
(voir fig. 19, pl. XXIV). La description technique permettra de
se rendre compte de l'importance de ce perfectionnement dû à
un modeste inventeur, M. Eck, mort il y a une dizaine d'années,
et qui, dès l'exposition de 1823, avait vu son système justement
apprécié dans les produits exposés sous les noms de MM. Isot

et Eck. « Les châles exposés par cette maison, imitant avec une grande vérité le travail indien, étaient remarquables à la fois par le bon effet des couleurs et par la belle exécution des palmes et des bordures. » Telles sont les expressions du rapporteur du jury qui, sans connaître les moyens employés, était frappé des résultats obtenus.

Vers la même époque, une innovation d'un autre genre contribua encore au développement de l'industrie des châles, qui s'était bornée à copier servilement les dessins et principalement les éternelles palmes des produits de l'Inde. Un fabricant parisien, M. Rey, fit, le premier, des châles façonnés avec bouquets brochés imitant les fleurs naturelles. Ce genre eut d'abord un grand succès et constitua une variété qui cependant ne fit pas abandonner l'imitation de l'article indien. Une fois les châles devenus populaires, on en fit non-seulement en laine et en cachemire pour la saison froide, mais aussi pour l'été de beaucoup plus légers en soie et en bourre de soie, tant à Paris qu'à Lyon et à Nîmes; des articles similaires tissés en coton servirent en outre, sous forme de châles ou de vêtements confectionnés, tels que gilets, robes de chambre, etc. Il faut aussi signaler le châle de laine imprimé, remarquable aujourd'hui par la perfection et le bon marché et dont les premiers spécimens sont dus, si nous ne nous trompons, à l'industrie autrichienne [1].

En moins de vingt ans, cette branche manufacturière avait ainsi produit quatre grandes ramifications :

1° Le châle de cachemire proprement dit ;

2° Le châle en laine ;

Ces deux genres du domaine de la fabrique de Paris.

3° Le châle en bourre de soie ou article de Nîmes et de Lyon ;

---

1. Des imitations encore moins coûteuses s'obtiennent avec une grande fraîcheur de nuances sur tissus de coton imprimés.

4° Le châle imprimé sur tissu de laine [1].

A l'origine, les premiers de ces produits étaient exclusivement composés de fils de cachemire pur (chaîne et trame), puis le fil de chaîne en cachemire ou en laine fut retordu avec un fil de bourre de soie, de grége ou d'organsin, suivant la valeur du châle, le fil simple de trame demeurant composé de cachemire.

Dans la seconde variété, le fil de chaîne en laine est enroulé autour d'une âme en soie, à partir d'une réduction dépassant 2 400 fils, et les trames sont en laine peignée pour les articles fins employant le numéro 28 jusqu'aux numéros 80 et 100, en cardé (n°° 8 à 30) pour les châles communs. Les châles en soie ont la chaîne et la trame en fil de bourre de soie. Dans ces diverses catégories, aussi bien que dans les imitations imprimées, les tissus sont carrés ou longs, les premiers mesurant sur les deux sens 1^m,80 à 1^m,95 ; les seconds, 1^m,50 à 1^m,60 sur 3^m,60 à 3^m,80.

Pour donner un aperçu des nombreuses qualités comprises dans chaque catégorie, il suffit de dire que dès 1823 on établissait en France des châles carrés brochés de 175 à 250 francs, et des châles longs de 350 à 700 francs. Ces chiffres de la fabrication courante ne s'appliquaient pas évidemment aux châles longs extrafins comprenant jusqu'à quinze couleurs, tissés en vue des expositions et estimés à 4 000 francs.

La rapidité avec laquelle les principaux perfectionnements se sont fait adopter est due aux connaissances techniques d'un certain nombre de praticiens, disparus pour la plupart. Les noms de ces promoteurs du progrès ne sont pas encore oubliés, mais pourraient l'être bientôt. Il est donc juste de consigner ici

---

1. On peut actuellement ajouter à cette série le châle rayé, sans découpage, dit *genre indien*, dont il est question plus loin. Ce produit donna lieu à une exploitation assez importante, surtout pour les châles *longs* de 3^m,20 sur 1^m,60 en moyenne, se vendant de 15 à 60 francs.

ceux des hommes qui ont le plus activement concouru à obtenir du mécanisme Jacquart, substitué au système suranné dit *à la tire*, des ressources de nature à réduire les prix de revient et à faire des châles français un objet important de consommation nationale et d'exportation. Ce sont, entre autres, MM. Bellanger, Ternaux, Bosch, Gaussen (Ovide), Delnerouss, Rey, Rostang, Bosquillon, Frédéric Hébert, etc.

Il faut signaler aussi les progrès de la filature qui, pour les beaux châles, permirent de réduire le prix du kilogramme de fil peigné de 40 francs (1825-1830) à 15 ou 18 francs, tout en améliorant la qualité du produit.

La confection de la chaîne-laine à âme de soie servit à donner aux fils toute la résistance possible sans en augmenter la grosseur d'une façon disproportionnée. La trame, qui fatigue moins, peut se passer de cet auxiliaire, quoiqu'elle soit, en général, d'un numéro assez élevé; elle atteint souvent 60, 80 à 100 pour les beaux tissus, et ne descend guère, dans la laine peignée, au-dessous du titre 25.

Mis en possession de ces différents moyens, les spécialistes et les chercheurs dirigèrent leurs travaux vers d'autres modifications ou, pour être plus exact, reprirent l'étude de questions antérieurement abordées sans résultat. L'un des problèmes les plus intéressants consistait dans la réduction des dépenses occasionnées par l'emploi des cartons, dont le nombre pour chaque métier ou chaque exemplaire de châle s'élevait parfois à 100 000 et atteignait en moyenne au chiffre de 25 à 30 000 suivant l'étendue des dessins et la multiplicité des couleurs, ainsi que le démontrent les descriptions techniques des chapitres suivants.

Malgré les économies dues aux nouveaux perfectionnements, les frais de cartons sont encore relativement élevés et peuvent être estimés en moyenne, à plus de 3 pour 100 de la valeur des tissus. Une fabrique de châles faisant 3 millions d'affaires, use pour 100 000 francs de cartons environ, sans tenir compte, bien entendu, des frais de la mise en carte. La dépense de ce chef est encore à peu près de 100 000 francs. Ces chiffres expliquent la persistance des recherches, depuis près de cinquante ans, pour arriver à supprimer ou à diminuer notablement les prix de revient des opérations préparatoires.

MOYENS PROPOSÉS POUR ÉCONOMISER LES CARTONS. — Bien des moyens ont été successivement proposés, essayés, abandonnés et repris ; nous ne pouvons donc que les mentionner succinctement. Telles sont les *modifications de réductions*, consistant à diminuer le diamètre des trous et à les rapprocher, pour en faire tenir davantage sur une face donnée ; La *substitution du papier au carton*, la *suppression complète des cartons*, par l'action directe d'une espèce de nouveau système à la tire, l'*emploi d'une toile métallique continue* à mailles mastiquées, dans lesquelles on pratique les trous convenables, les *bandes de bois de placage*, les *feuilles métalliques minces*, dont les trous remplis de mastic durci étaient débouchés aux places désignées par le lissage (le dessin une fois épuisé, les mêmes feuilles, replongées dans le mastic, pouvaient être percées pour un nouveau dessin), la *combinaison du lisage et du tissage par l'électricité*, etc. Deux de ces moyens ont persisté ou ont été repris : l'application du papier d'après le principe imaginé par M. Acklin, vers 1840, et perfectionné depuis par M. Pinel de Grandchamp ; ce système fonctionne pratiquement en Picardie. L'autre, qui a pour but de faire servir un seul carton à un nombre quelconque de couleurs, quoique sérieusement mis à l'étude par des inventeurs compétents, est cependant moins avancé, et entre seulement dans la période des premières expériences [1].

1. En ce moment même, M. Sparre fait des essais pratiques de son invention, qui consiste à supprimer la mise en carte et le lisage, et à y substituer des planches gravées à l'eau-forte et obtenues par le transport direct

SYSTÈME DU CHALE LISSE. — Pendant qu'on se livrait à ces recherches, on s'est occupé aussi d'un mode d'entrelacements qui permit de réduire le nombre de duites et de coups de battant, surtout pour certains articles communs, nous voulons parler du *châle lisse* imaginé à Nîmes, imité et amélioré en Picardie. Le procédé consiste dans l'emploi de l'armure à deux lisses, au lieu du croisé sergé à 3 les 4, pour la partie façonnée; le liage et le fond sont également une armure toile. L'assemblage et le fonctionnement des lisses s'effectuent en conséquence. Cette substitution d'armures permet d'employer des fils plus gros, puisque les entrelacements de chaque hachure du broché, au lieu de quatre fils, n'en demandent que deux dans le travail. Les fils moitié moins fins recouvrent la même surface, *avec moitié moins de duitage* et déterminent une réduction proportionnelle dans les prix de façon.

Il y a là une double cause d'économie : emploi de matière moins coûteuse et diminution de main-d'œuvre. Ces avantages sont contre-balancés par une certaine infériorité dans les résultats. Il n'est pas possible d'obtenir avec de gros fils la délicatesse des effets réalisés avec des fils fins et d'arriver par la combinaison de l'armure toile à la précision de contours que donne l'armure sergée ou l'armure batavia. Pour opérer plus économiquement encore lorsqu'un dessin comporte du bleu et du vert sur une même ligne de trame, on ne tisse parfois pour les deux qu'une couleur bleue; une partie de celle-ci est ensuite transformée en vert aux points voulus par l'application au pinceau d'une légère couche d'acide picrique. Il est intéressant de déterminer l'économie que peut apporter ce procédé à la fabrication des produits de bas prix. Pour un châle

du dessin à tisser. Quoique déjà avancé dans ses essais, le sujet est trop important pour que nous nous prononcions tout à fait sur sa valeur, prématurément et d'une façon incidente.

de 25 francs, par exemple, on économise environ 1 fr. 60 de matière et 4 francs de main-d'œuvre, tandis que l'application de l'acide picrique ne coûte que 60 centimes. Il y a donc bénéfice de 5 francs. La clientèle exotique à laquelle ces produits sont destinés est plus sensible à leur bon marché qu'à leur infériorité relative.

CHALES DOUBLES. — Un autre système tenté vers 1840 pour supprimer le déchet énorme du découpage, engendra le tissage solidaire de deux châles formant en quelque sorte et temporairement une étoffe double, de façon à faire servir les brides d'envers de l'un au brochage de l'endroit de l'autre. Il fallait une véritable science technique pour entrelacer les fils des chaînes superposées avec les nombreuses trames qui leur étaient destinées, de manière à séparer ultérieurement les deux tissus sans nuire à la solidité.

Un obstacle plus grand encore était d'opérer cette séparation sur une largeur de près de 2 mètres avec un instrument assez précis.

Le problème fut cependant résolu en même temps, à Paris, d'une part, par MM. Boas frères ; de l'autre, par MM. Barbé-Proyart et Bosquet. Les deux solutions également intéressantes, méritent d'être mentionnées, bien qu'elles ne se soient pas propagées dans l'industrie du châle. Certaines difficultés de détails, telles que la lenteur du travail, le défaut d'harmonie dans l'une des deux pièces, quelques causes d'accidents dans le découpage en ont empêché l'adoption.

Ces tentatives ne sont pas néanmoins demeurées stériles et ont sans nul doute inspiré les industriels qui, par la suite, créèrent le tissage à deux pièces de gazes blanches façonnées où les brides du broché se trouvent utilisées par des moyens identiques à ceux du travail des châles doubles.

Les châles français les plus fins, ceux mêmes où l'on compte au delà de cent cinquante fils par centimètre, n'ont jamais remplacé près du monde élégant les beaux produits indiens. Les motifs de cette préférence tiennent à la vivacité, à l'harmonie de couleurs des châles orientaux, à la solidité du *crochetage*; les imperfections inhérentes à ces tissus, certaines irrégularités de façon qui ne seraient pas tolérées dans les produits indigènes, loin de nuire aux châles indiens, en sont comme la marque de fabrique et leur donnent un cachet d'originalité. Aussi l'imitation des moyens indiens par le *spoulinage* automatique a-t-elle, depuis un demi-siècle, préoccupé un assez grand nombre d'inventeurs.

Quelques-unes, qui déjà s'étaient fait remarquer autant par l'ingéniosité de leurs procédés que par les résultats obtenus, ont malheureusement été enlevés au moment où il leur restait peu à faire pour compléter leur invention. D'autres furent obligés de s'arrêter en chemin faute de capitaux, d'autres enfin poursuivent énergiquement la solution du problème. L'idée mère à laquelle la plupart semblent s'être arrêtés repose sur le perfectionnement du battant-brocheur combiné au métier à tisser.

De petites navettes, dites *espoulins*, chargées chacune d'une couleur, sont manœuvrées alternativement ou simultanément par un mécanisme unique, mû lui-même automatiquement ou à la main. Les espoulins remplissent le rôle de la broche du tapissier qui entrelace chaque bride d'une nuance déterminée au point où elle doit apparaître. Afin de multiplier les effets du mécanisme brocheur et de pouvoir employer un grand nombre de nuances, on s'est ingénié à placer le plus d'espoulins possible sur la largeur du tissu. Ces petites navettes ont reçu dans ce but une direction angulaire presque parallèle à celle de la chaîne, au lieu d'être placées perpendiculairement aux fils longitudinaux du tissu.

Le système Voisin, auquel nous avons déjà fait allusion, et celui de M. Fabart, appliqués à la fabrication de produits remarqués aux dernières expositions dans les vitrines de la maison

Lecoq et Gruyer, permettent de réunir des centaines d'espoulins côte à côte, afin de les faire concourir à un nombre
variable d'effets sur la même ligne.

Les cartons de la Jacquart sont lus et percés de manière à
soulever, à chaque coup de battant, les fils de la chaîne aux
places voulues pour déterminer les points d'entrelacements
où viennent agir les petites navettes chargées de fournir les
trames des diverses couleurs ; c'est-à-dire que les aiguilles et
les crochets des fils de la chaîne sont comme le crayon du
dessinateur , tandis que le battant spoulineur remplace le
pinceau du peintre. Le battant est mû jusqu'à présent à la
main. Il y eut cependant des tentatives pour le faire agir automatiquement, comme dans le système Durand. Les crochets
de la mécanique Jacquart étaient dans ce cas chargés de commander des tringles spéciales portant les espoulins à leur
extrémité inférieure.

CHALES FAÇONNÉS A EFFETS DE CHAINE ET A BANDES RAYÉES SANS
DÉCOUPAGE, DITS GENRE INDIEN. — En attendant la solution complète du problème du spoulinage et du crochetage automatiques
comportant un nombre quelconque de couleurs, on est arrivé à
un résultat partiel pour un nombre limité de nuances, trois ou
quatre, au maximum. Les fonctions de la chaîne et de la trame
se trouvent interverties : le façonné, au lieu d'être produit
par des effets de trame, s'obtient avec les fils de la chaîne,
à l'aide d'une disposition analogue à celle de la fabrication
du velours épinglé. Si on doit utiliser trois couleurs , les
trois teintes sont ourdies et assemblées dans le peigne et
dans les lisses, de manière que les cartons, à chaque mouvement de la chaîne, fassent rester en fond les fils des couleurs
désignées par la mise en carte pour être entrelacés avec les fils
de trame dont les nuances ne varient qu'à des distances assez
éloignées; de là des bandes ou de larges rayures combinées à
de petits effets, de là aussi une économie notable dans la main-

d'œuvre, puisque, malgré les parties brochées, la somme totale des duites est égale à la quantité de fils strictement exigée par la réduction de l'étoffe, tandis qu'avec les effets de trame le chiffre total des duites serait trois ou quatre fois plus considérable, selon que les couleurs seraient au nombre de trois ou quatre. Bien que limitée, cette méthode rend des services à l'industrie des châles, lorsqu'elle est intelligemment appliquée.

CHALES A BANDES, SPOULINÉS PAR EFFETS DE TRAMES. — Il se fait aussi des châles formés par la réunion, au moyen de coutures, de larges rubans tissés simultanément et séparément sur les métiers à barre. Le nombre de ces rubans et la partie façonnée sont tels, que, réunis, cousus et apprêtés, ils forment le châle comme s'il avait été spouliné à la main à la manière indienne. Il faut savoir que la pièce est composée par un certain nombre de coutures pour en remarquer les traces.

L'ensemble des moyens techniques que nous venons d'analyser a permis de créer une variété d'assortiments à bas prix, dont le résumé suivant donnera une idée :

Châles longs, genre indien, à effets de chaîne de
    3m,20 sur 1m,60 suivant les qualités de. 15 à 60 francs.
  —   —   lisses   —   .... 27 à 150 —
  —   —   croisés   —   .... 40 à 550 et plus.
  —   carrés lisses   de 1m,80 à 2 mètres .. 12 à 100 —
  —   — croisés (pure laine), imprimés imitant les châles brochés............. 1,50 à 25 —

Ces prix moyens peuvent servir à mesurer le progrès apporté dans la spécialité. La comparaison des mêmes chiffres aux prix des articles similaires fabriqués il y a une quinzaine d'années présente une différence en moins de 25 à 50 pour 100, malgré l'augmentation de la main-d'œuvre.

DÉTAILS SUR LA COMPOSITION DES CHALES EN GÉNÉRAL, LE MONTAGE DU MÉTIER ET MOYENS SPÉCIAUX QUI Y CONCOURENT. — Ainsi que nous venons de le voir dans la notice qui précède, les châles s'exécutent en général sur des largeurs variables de 1m,74 à 2 mètres, au moyen d'une chaîne, dont le nombre des fils est compris entre 6000 et 8800 pour les articles les plus courants. Mais ces nombres sont loin d'indiquer la limite de réduction de la série longitudinale ; les expositions dernières renfermaient des spécimens dont le compte en chaîne dépassait 12000 fils en laine ou en cachemire, du numéro 60 à 80 millimètres au kilogramme. Afin d'éviter la fréquence des ruptures, on donne aux fils une *âme* en soie, c'est-à-dire que le fil destiné à la chaîne est retordu avec un fil de soie. Pour les articles communs, on peut employer de la grège, mais l'organsin est appliqué aux beaux articles. La proportion du poids de la soie à celui de la laine varie entre un quart et un sixième. La trame, fatiguant moins, n'a pas besoin de cet auxiliaire, elle est toujours en cachemire ou en laine pure. Les trames varient de finesse entre les numéros 12 et 100, suivant la valeur des produits, la chaîne, sur une largeur moyenne de $\frac{1,72+2}{2}$ ou 1m,86, a de 6000 à 8800 fils, soit 33 à 46 au centimètre, la trame, de 40 à 100 et au delà pour la même unité, en comptant, bien entendu, les duites superposées dans la même course comme un seul fil.

Certains châles, ayant 3m,40 de longueur, nécessitent parfois jusqu'à 30000 *passées ;* la *passée* comprend le nombre de coups de navette pour chaque ligne transversale ; si on suppose le châle à sept couleurs, il aura exigé 30000 × 7 ou 210000 coups de battant. Actuellement encore, le tissage de ce genre d'articles demande deux personnes, un homme et un enfant, le premier est le *tisseur*, le second le *lanceur*. Les fonctions de ce dernier consistent à imprimer l'action de retour à la navette arrivée à la fin de sa course, ou à lui en substituer une autre contenant une couleur différente. Le nombre de coups de navette que ces deux ou-

vriers peuvent donner en un jour varie naturellement avec
la facilité du travail, il s'élève parfois jusqu'à 14 000. Le résultat
leur est payé aux mille duites ; le cours actuel de la façon
d'un châle est indiqué plus loin dans le prix de revient général. Ce chiffre comprend le salaire des deux personnes, le loyer
de l'atelier et des métiers, qui appartiennent en général aux
tisserands en chambre [1].

DE L'INFLUENCE DU CHOIX DES ENTRE-CROISEMENTS DÉMONTRÉE
PAR LE TISSAGE DES CHALES. — A l'origine de l'industrie du
châle en France, qui remonte au commencement de ce siècle,
les produits laissaient beaucoup à désirer, surtout au point
de vue de leur contexture et de la netteté des effets ; jusqu'en 1823, tous les façonnés de ce genre étaient dépréciés
par des défauts graves désignés sous le nom de *piqûre* ou
points ; les fils de la chaîne, qui ne devaient pas être mar-
qués, étaient recouverts en partie par ceux de la trame, et
vice versa ; les indications de la mise en carte n'étaient pas réalisées avec précision, certaines parties brochées, formées en
quelque sorte par une suite de petites hachures résultant de
l'entre-croisement des fils, ne conservaient ni leur étendue ni
leurs places respectives ; de là un trouble fâcheux dans la régularité et la délicatesse des résultats. Ces inconvénients provenaient de ce qu'il ne pouvait y avoir harmonie entre les modes
d'entre-croisement adoptés pour tisser les deux parties, fond
et façonné ; les sillons du broché, au lieu de rester nets, se trouvaient entamés par l'armure, lorsque la combinaison avait lieu
avec le papier quadrillé ordinaire, où chaque interligne représentait un fil isolé de la chaîne. Un dessinateur de châles,

---

1. On essaye en ce moment un nouveau système de battant lanceur,
par l'emploi duquel le lanceur est supprimé. Cette invention, de MM. Cou-
tard et Lassalle, a été l'objet d'un compte rendu favorable à la Société
d'encouragement pour l'industrie nationale (voir notre rapport inséré au
bulletin du mois de février 1873).

M. Eck, trouva une méthode avantageuse pour déterminer un mouvement particulier des fils de la chaîne qui l'amena également à modifier le tracé de la mise en carte. Ces modifications eurent pour conséquence, non-seulement de remédier aux inconvénients signalés, mais encore de réduire de moitié le nombre des éléments ou crochets du métier.

De la mise en carte sur papier briqueté. — Pour tâcher de faire comprendre la différence des effets résultant du mode de tissage depuis les perfectionnements apportés par Eck, nous donnons (pl. XXII, fig. 18) l'aspect de l'étoffe tissée d'après l'application du nouveau système employé aujourd'hui. La direction des sillons obliques formant la partie brochée limitée par les lignes *a. b, c, d, e, f, g, h, i, j, k, l, m, n, o* et *p* démontre la régularité du façonné entrelacé par la combinaison d'armure imaginée par M. Eck [1].

La description suivante de la série des préparations actuellement usitées pour appareiller un métier à tisser les châles, fera d'ailleurs comprendre par quelles combinaisons on a réalisé d'un même coup les perfectionnements signalés et l'économie dans ce qu'on nomme *le montage du métier*.

La figure 1, pl. XXVI, est un tracé élémentaire de la disposition des parties principales d'un métier à châles. A la partie supérieure on a disposé les aiguilles horizontales *a, a* et les crochets *r* d'un métier Jacquart. Le côté des extrémités est celui du prisme ou *cylindre* portant les cartons, et *b* est par conséquent celui de l'étui à élastiques contre lesquels sont appuyées ces mêmes talons *b*. Une première particularité à remarquer inhérente au système, c'est que chaque aiguille horizontale *a* reçoit deux crochets verticaux *r, r'*, au lieu d'un qui constitue

---

1. Voir pour les détails à ce sujet, dans lesquels nous ne pouvons entrer, notre rapport à la Société d'encouragement pour l'industrie nationale (*Bulletin* de janvier 1848).

à l'ordinaire le garnissage d'une *mécanique*, comme on dit ; si on suppose ces crochets disposés en deux séries ou deux jeux *r* et *r'*, et que les crochets de chacune de ces séries reposent par leurs courbures supérieures sur une pièce mobile ou *griffe* G G' (fig. 2), de façon à permettre leur mouvement de bas en haut, il est évident qu'on aura un moyen pour faire agir ces crochets l'un après l'autre et d'une façon indépendante au moyen d'une seule aiguille *a*. Supposons les deux crochets 1, 1 des deux séries en prises, c'est-à-dire reposant sur les lames *l, l* de leurs griffes respectives, il n'y aura cependant que la série *r* qui sera soulevée lorsque la lame *l* montera. Pendant ce temps la série *r'* restera en repos ; mais si, après le retour de la lame *l* à sa position initiale, on soulève la lame *l'*, ce sera la série *r* qui sera mise en action. Donc une seule aiguille, et un seul carton opérateur ou de transmission, peut agir sur deux séries de tiges de suspension de fils.

De plus, à chacun des crochets *r, r'* sont fixées deux arcades ou ficelles A correspondant chacune à deux maillons *m*, et recevant chacun à leur tour deux fils de la chatne. L'ordre régulier est établi dans la suspension, d'une part, par le passage des arcades dans les trous percés dans une planche P ou planche d'arcade, de l'autre, ces mêmes arcades sont maintenues dans leur verticalité par de petits plombs *p, p* attachés à leurs extrémités inférieures.

Nous verrons l'heureuse conséquence de cette disposition ; ajoutons seulement qu'après avoir passé deux fils dans chaque maillon, dont l'ensemble constitue le corps, on les passe ensuite isolément un à un dans des lisses L, L', L", L'" indiquées ci-après, d'où ils passent en peigne par une série de quatre fils en dent.

ENSEMBLE DU MONTAGE D'UN MÉTIER A CHALES. — La figure 2 (pl. XXVI), mentionnée précédemment, donne une section verticale de l'ensemble des organes d'un métier à châles. Ce montage se compose de deux métiers semblables : 1° d'un grand muni d'un mécanisme Jacquart J J, dit *brisé,* ou *mécanique brisée,* parce que sa garniture de crochets est partagée en deux séries *r* et *r'* afin de pouvoir fonctionner séparément, conformément aux indications précédentes. Cette partie du métier est destinée à mettre spécialement en action les fils du corps des maillons *m, m,* destinés exclusivement aux parties façonnées ou brochées ; 2° d'un second mécanisme Jacquart A, muni d'un nombre d'éléments moindre que le premier. Il a pour fonction d'agir sur les quatre lisses L, L', L", L"' afin de faire lever ou baisser alternativement chacune d'elles au moment voulu pour exécuter soit le fond de l'étoffe, soit le liage ou fixage régulier des parties façonnées d'après les indications ci-après. Ce petit auxiliaire, dit *mécanique armure,* est également chargé de mettre alternativement en prise chacune des griffes G et G' des crochets *r* des rangs pairs et *r'*, dit *impair,* et d'opérer le *déroulage,* dont le but sera mis en évidence plus loin. Pour pouvoir suivre clairement les relations des différentes parties du métier, nous résumons succinctement l'ensemble des organes et des éléments qui les constituent. I J K K' est le bâti quadrangulaire identique à celui d'un métier ordinaire, et ayant la même disposition et destination. Il est vu de face du côté où se place le tisserand ; si on ne remarque ni sa banque, ni l'ensouple de l'étoffe, ni le battant, c'est parce que le dessin représente le métier coupé par un plan vertical passant par le milieu, parallèlement à la direction des maillons et des lisses, et par suite perpendiculairement à celle des fils de la chaîne.

Ce premier bâti reçoit sur son cadre supérieur, dont J K montre la traverse postérieure, un second bâti plus petit *x x' y y'* pour servir de point d'appui au mécanisme Jacquart et à ses transmissions de mouvements. Les deux mécanismes sont munis des mêmes organes, il n'y a de différence entre eux que le double jeu des crochets et la double griffe de la grosse mécanique; la petite ne comprend qu'un petit nombre d'éléments simples, c'est-à-dire que chaque aiguille *a* ne correspond qu'à un crochet *r*. Les mêmes lettres indiquent d'ailleurs les organes semblables dans les deux métiers. Ainsi le prisme moteur *c* percé, c'est-à-dire avec un nombre de trous égal à celui des aiguilles (voir, pour le détail des dispositions de ce levier, la description du métier Jacquart, *Traité de la laine cardée*, la planchette *u*, *n* placée en regard, percée également pour leur livrer passage vers les cartons; l'étui E ¹ qui reçoit les talons recourbés de ces aiguilles, la planche à collets O, O servant de points d'appui à la partie inférieure des crochets verticaux auxquels sont attachées les boucles de la partie supérieure des arcades A, la griffe supérieure GG′ avec ses lames en deux parties dans la grande, en une dans la petite, et enfin le chapelet de bandes de cartons C′C″ se trouvent dans l'une et l'autre. Chacune d'elles est mise en mouvement par la marche qui lui est propre.

Commande du métier. — Deux marches M et M′, placées sous le pied de l'ouvrier, donnent l'impulsion, la première à droite au grand métier, c'est-à-dire aux maillons à faire le broché ou façonné; la seconde, correspondant au pied gauche de l'ouvrier, agit sur des crochets commandant les lisses L, L′, L″, L‴, et sur un crochet chargé de mettre alternativement l'un des crochets *e* de la barre B en prise avec les chevilles *t*, *t*′ placées l'une sur la griffe G, l'autre sur G′.

Les deux parties, dont l'une seulement est en prise à la fois, montent et baissent néanmoins ensemble, attendu que chacune d'elles est fixée par une courroie ou corde *d*, *d*′ passant sur

---

1. Il y a des systèmes tels que celui de M. Maréchal, qui peuvent se passer d'étui par suite de la forme spéciale des crochets qui ont une élasticité particulière et une disposition telle qu'il suffit de leur faire un quart de tour pour pouvoir les enlever et les chasser au besoin.

les poulies A, A' pour se réunir au levier horizontal H touril-
lonnant en h, et actionné par la corde D de la pédale M à son
autre extrémité. D' est la corde partant de la marche M' du
pied gauche pour passer sur la poulie N' placée sur l'arbre b'
obliquement par rapport à la direction de la poulie N recevant
la courroie de la griffe G' de la mécanique armure A₁.

RELATION DES LISSES AVEC LES CROCHETS DE LA MÉCANIQUE AR-
MURE. — Chacune des quatre lisses L, L', L', L' (la figure 2 n'en
montre que deux, parce qu'elles se superposent) communique
avec deux crochets, l'un correspond à une corde 10 fixée à la
partie supérieure, et l'autre à une corde 2 attachée à la partie
inférieure. Il est évident dès lors que lorsque le crochet de la
corde 10 sera en prise et montera, il levera la lisse et ses fils,
tandis que ceux de la même lisse baisseront lorsque le crochet
de la corde 2 sera en prise et lèvera. Un coup d'œil sur la disposition de la figure 2 démontre qu'on a ainsi le moyen de faire
monter ou baisser à volonté les fils de la chaîne. De plus, si on
se rappelle que les mêmes fils, après avoir été remis deux ensemble dans chaque maillon, sont ensuite passés un à un dans
les lisses, et que chacune des quatre reçoit le quart de la chaîne,
il s'ensuivra qu'ainsi répartis on pourra au besoin faire des
entre-croisements avec quatre fils en action lorsqu'on agira sur
un des crochets et ses deux maillons, et avec un seulement en
opérant sur les lisses. Nous verrons plus loin les résultats de
cette combinaison.

Nous suivons d'abord la marche des organes : lorsque le
métier est au repos, ils ont la disposition de la mécanique armure A₁. Le prisme C et l'un des cartons du chapelet C' sont
appuyés contre l'assortiment des aiguilles a, a. Si ce carton est
plein sans trous, toutes les aiguilles seront repoussées parallèlement à elles-mêmes dans les creux de l'étui E, et tous les crochets correspondants déviés à leurs extrémités supérieures des
lames l de la griffe G. Si au contraire ce carton a été percé

d'autant de trous qu'il y a d'aiguilles, de manière à ce que chacune d'elles entre dans son trou correspondant et dans celui du
prisme R, tous les crochets resteront sur les lames ; enfin, si le
carton est percé partiellement, une partie seulement des crochets sera déviée, et l'autre restera sur les lames.

Dans le premier cas, lorsque la griffe montera, elle s'enlè-
vera par un crochet et tous les fils de la chaîne resteront immobiles ; dans le second, tous les crochets en prise, montant,
soulèveront toute la chaîne ; enfin, dans le troisième cas, les
fils fixés aux crochets enlevés le seront eux-mêmes, et ceux
des crochets divisés resteront fixes ou *en fond*, suivant l'expression consacrée ; ils détermineront alors l'angle destiné à la trame.
Ces cartons étant percés, conformément à la mise en carte, de
manière à soulever et à laisser les fils voulus à chaque course,
on voit qu'ils remplissent pour les façonnés la fonction des
marches dans le travail des armures et leurs dérivés. Le soulèvement de la griffe a lieu par l'action sur la marche M ou M',
suivant que l'on a à opérer sur l'une ou l'autre mécanique.
A mesure que la griffe monte le prisme et ses cartons s'écartent
des aiguilles, comme l'indique la position de la figure 2. Ce mouvement angulaire est déterminé par le mécanisme classique du
Jacquart ; le galet *g*, attaché à un bras fixé à la griffe, vient agir,
à mesure que celle-ci l'entraîne en montant contre la partie
inférieure de la courbe U que porte le petit battant spécial V
articulé en *i* à son extrémité supérieure. En redescendant, le
prisme *c* présente un nouveau carton aux aiguilles ; cet avancement du chapelet en carton est effectué par un quart de révolution du prisme commandé comme à l'ordinaire par l'action des
crochets articulés ou clanches *l*, *l'* sur des saillies ou chevilles
disposées sur l'extrémité du *cylindre ;* elles ne sont pas indiquées sur la grande mécanique, mais on les voit sur la petite :
c'est le nom sous lequel le prisme est désigné dans les ateliers.

L'ensemble du métier vu en perspective est donné figure 19,

pl XXII, les organes portent les mêmes lettres que dans les
figures de la planche XXVI.

RÉSUMÉ DE LA DISPOSITION GÉNÉRALE DU MONTAGE DU MÉTIER A
CHALES. — Ce montage comprend le *colletage* ou assemblage des
collets aux crochets et aux arcades. Ici chaque collet *x* (fig. 2)
reçoit deux arcades, par conséquent deux maillons. Chaque
maillon est donc soulevé par chacune d'elles et chaque crochet,
pouvant manœuvrer deux maillons, agira sur quatre fils ; l'*empoutage*, ou ordre du passage des arcades des maillons dans la
planche d'arcade, a lieu conformément à l'indication du tracé de
la planche P, fig. 3, sur lequel nous reviendrons ; le *remettage*
a lieu par deux fils en maillons M, M, d'abord, puis par le passage
isolé de chacun de ces fils dans les mailles M à grandes coulisses
des lisses L, L′, L″, L‴. Les fils des deux maillons voisins
passent dans l'ordre suivi dans les quatre lisses ; puis les fils
des maillons suivants sont répartis dans le même ordre de remettage des quatre lisses, jusqu'à ce que tous ceux de la chaîne,
quel qu'en soit le nombre, soient entièrement partagés dans ce
double mode de suspension.

AVANTAGE DE CE GENRE DE MONTAGE. — Lorsque nous avons
exposé le principe du tissage des façonnés en général, nous
avons fait comprendre qu'il repose sur la suspension isolée des
fils et leur passage un à un en maillons ; ce cas suppose forcément autant d'aiguilles et de crochets dans la mécanique
Jacquart que de fils dans la chaîne. Or, si l'on s'occupe de
l'exécution d'un châle ordinaire d'un compte de 6 000 fils seulement, il faudrait autant de crochets, dans l'hypothèse du montage ordinaire. Avec celui que nous indiquons on remarque
que chaque crochet communiquant à quatre fils, il n'en
faudra qu'un quart, 1 500 au lieu de 6 000. Mais cette simplification et cette économie seraient sans avantage, si on ne les
obtenait qu'au détriment de la délicatesse et de la perfection
des effets, qui ne peuvent s'obtenir qu'à la condition que les

entre-croisements ou *découpages* se fassent fil à fil. C'est précisément afin de concilier ces deux conditions que les fils de la chaîne ont deux modes de suspension par les maillons et les lisses ; grâce à celles-ci, il est possible de n'opérer les entre-croisements que fil à fil et suivant un ensemble d'effets auxquels concourent les armures déterminées *à priori* et résultant de l'ordre dans lequel les lisses seront mises en mouvement. Quel que soit en effet le dessin exécuté, « on peut le considérer comme composé d'une suite de lignes parallèles formées chacune par une série de petits entrelacements d'étendues variables, figurant une sorte de hachure continue, mais obtenue par une suite d'entrelacements appartenant à une même armure ; » pour le châle, cette armure est en général le sergé de 3 les 4. Ainsi, quelle que soit la complication des effets façonnés, ils sont la résultante d'une suite d'enchevêtrements dont chaque bride se compose d'un ou de plusieurs entre-croisements de quatre fils de chaîne. Seulement les places ou le rang du fil où ces insertions ont lieu changent à chaque course et s'échelonnent de façon à former des sillons spéciaux caractérisant particulièrement le fond du tisssu et permettant d'amalgamer harmoniquement le fond et le façonné.

Du nombre de cartons nécessaires a un effet déterminé pour le montage ordinaire. — Nous avons déjà vu que chaque duite ou interligne transversale d'une mise en carte pour les effets de trame et longitudinale pour un effet de chaîne correspond à un carton par *couleur ;* il en faudra donc autant pour chaque direction de trame que le dessin doit en avoir sur la même ligne. L'ensemble des courses de trames ou le nombre de duites superposées constitue ce qu'on nomme une *passée*. Le nombre de passées pour un effet déterminé égale donc celui des coups de navette divisé par le nombre des couleurs. Supposons le dessin précité avec cent vingt interlignes ou passées sur la hauteur et orné de sept couleurs à chaque passée : il faudrait, sans tenir compte des coups de fond pour l'uni et les coups de liages, $120 \times 7 = 840$ cartons ; mais il n'est pas rare d'avoir des dessins dont le tissage en nécessiterait des milliers, si l'on n'avait également apporté des modifications dans cette direction, de façon à pouvoir réduire parfois le nombre des cartons des sept huitièmes ; ces moyens reposent sur le montage de la mécanique brisée et du déroulage énoncés plus haut, et dont il est temps d'indiquer les fonctions et les avantages.

AVANTAGES DE LA MÉCANIQUE BRISÉE ET DU DÉROULAGE COMBINÉS AU MONTAGE A CORPS ET A LISSES. — Un nombre de crochets étant donné, s'ils sont disposés de manière à se mouvoir simultanément, il faudra nécessairement une bande de carton pour chaque mode d'entre-croisement de la passée. Il n'est pas possible alors que la même bande, appliquée deux fois de suite sur les aiguilles des mêmes crochets, ne reproduise identiquement le même résultat. Mais si le même nombre de crochets est disposé en deux séries comme dans la figure 1 et 2, pl. XXVI, de manière à fonctionner comme deux systèmes isolés par *pairs* et *impairs*, un même carton appliqué deux fois de suite sur les mêmes aiguilles, mais correspondant aux deux séries de crochets r et r, produira à chaque coup des entrelacements avec des fils différents, si à chacun de ces mouvements on fait baisser ou lever une autre lisse. Ainsi, nous supposons qu'à la première application la lisse L ait été baissée, on aura un enchevêtrement en conséquence, et si à la seconde application du même carton la lisse L″ a été baissée, on aura obtenu une duite dont les entre-croisements se feront avec des fils d'un rang différent du précédent. En appliquant ainsi deux fois de suite le jeu de cartons d'une passée sur chacune des lisses des mécaniques paire et impaire, en agissant sur chacune des lisses successivement on arrive à faire servir un seul carton à la production de deux passées différentes, et on réduira

de ce chef le nombre des cartons de moitié, 220 cartons réali-
seront le dessin pour lequel nous avons reconnu qu'il en fallait 840 par le procédé ordinaire ; mais ce n'est pas tout :
après que ce carton a opéré sur les fils différents de deux lisses
par la mécanique paire G, le carton suivant va servir sur
les fils des deux lisses L', L'', en s'appliquant à la mécanique
impaire G'. Le tisserand appliquera le pied gauche sur la marche M pour que le crochet correspondant agisse sur le chariot
afin de faire dégrener la série des crochets r en mouvement et
de mettre l'autre série r' en prise.

Il reste à expliquer le mécanisme du déroulage par lequel
les deux applications d'un carton concourent à des fils différents.

Déroulage. — Ce mécanisme a pour but de représenter deux
fois de suite dans un ordre identique la série des cartons nécessaires à une *passée*. Supposons que cette passée corresponde à sept cartons numérotés travaillant de 1 à 7 avec les
fils de la première lisse. Une fois la première passée arrivée
au septième, le déroulage fera revenir cette partie du chapelet de manière à représenter de nouveau les cartons de 1
à 7, mais opérant sur les fils d'une autre lisse que la précédente.

Les figures 4 et 5, pl. XXVI, donnent la disposition du mécanisme en question. F est une tige de fourchette correspondant à
un crochet lu sur le dernier carton de la passée ; cette tige a pour
but de faire débrayer une poulie A_1 placée sur le prolongement
du prisme porte-cartons. La vue de face (fig. 4) fait voir comment
la poulie est mise en liberté lorsque la fourchette F fait déboîter
la tige b_1 en appuyant sur le ressort s ; un poids suspendu à la
corde j, qui sollicite cette poulie A_1, fait revenir les cartons sur
eux-mêmes. Dans le cas contraire, lorsque la ficelle attachée à
la fourche n'est pas sollicitée par le crochet, le ressort maintient
la poulie embrayée et permet le mouvement du prisme par

quart de révolution effectué par les clanches ou loquets dont nous avons précédemment parlé.

Il suffit donc de disposer sur le carton voulu (le septième, dans l'hypothèse actuelle) un trou correspondant à un crochet spécial de la mécanique armure, pour que ce crochet, en mettant la poulie A_1 en liberté, permette au poids qui la sollicite de faire dérouler sept cartons et place de nouveau le premier en regard des aiguilles agissant cette fois sur le second jeu de crochets de la mécanique brisée. Il est évident que cette action du déroulage n'est commandée qu'une fois pour chaque passée de deux en deux courses.

La figure donne aussi les détails des parties principales du battant d'un métier Jacquart. Ce battant est représenté vu de face ; C indique le prisme avec les trous o, o ; z, z montrent les chevilles ou lames en saillie dans lesquelles entrent les trous des cartons pour guider le chapelet dans sa révolution. Le mouvement du prisme C est commandé par quart de tour par quatre traverses de la lanterne L_1, sur lesquelles agissent successivement les loquets l, l' (fig. 2) dont il a été question plus haut.

Le prisme C est d'ailleurs maintenu dans sa position normale par les tiges verticales ou valets V, sur lesquels agissent des ressorts presseurs S, S'.

DE LA SÉRIE RÉGULIÈRE DES MOUVEMENTS DES FILS ET DE L'ORDRE DE LEURS ENTRE-CROISEMENTS PENDANT UNE ÉVOLUTION COMPLÈTE DES ORGANES DU MÉTIER. — Supposons le métier à châles complétement monté, prêt à fonctionner, le tisserand opérera de la manière suivante :

1° Il appuiera du pied gauche sur la marche M' de la mécanique armure A_1. Cette action fera appliquer le premier carton du petit chapelet, lu de façon à ce que le crochet correspondant au-dessous de la lisse L''' ou 4me abaisse cette lisse ; le quart des fils de la chaîne passant de quatre en quatre mailles sera par conséquent abattu et formera un angle avec les trois quarts restants ;

2° On agira du pied droit sur la marche M de la grosse mécanique paire, avec un premier carton lu pour faire le façonné ; on chassera la navette de la couleur correspondante, on serrera par le battant, on appliquera ensuite sur la même ligne le carton suivant pour une seconde couleur, et ainsi sept cartons de suite pour le passage d'autant de navettes contenant chacune l'une des sept couleurs, s'il y en a sept. Après ces sept courses, toutes les couleurs nécessaires à une ligne transversale sont fournies, juxtaposées à l'endroit, aux points voulus ; à l'envers, il y aura autant de brides superposées, puisque chacun des fils de couleur est chassé d'une lisière à l'autre.

Liage. — Pour fixer régulièrement dans l'etoffe les sept duites précédentes de longueurs variables en raison des effets de la mise en carte, il faut lier régulièrement ; on agit alors de la manière suivante :

3° On force de nouveau la marche M′ de la petite mécanique qui, cette fois, toujours grâce au lisage du deuxième carton de la mécanique armure, lèvera la lisse L′ ou 2ᵐᵉ ; laissant trois fils en fond, le passage de la duite dans cet angle liera régulièrement les brides du broché de trois en trois fils ;

4° C'est à ce moment que le déroulage s'effectue par un trou spécial correspondant à un crochet auquel est attachée la ficelle chargée d'agir sur le levier G, de la fourchette à débrayer la poulie du déroulage. Le premier carton de la série qui vient d'agir se représente donc de nouveau devant le jeu d'aiguilles et l'opération aura lieu de la manière suivante :

5° Action sur la petite mécanique pour baisser la lisse L″ ou 3ᵐᵉ et abattre un nouveau quart des fils de la chatne ; application successive de la série des cartons et repassage de la série des navettes pour former une nouvelle ligne de couleurs entrelacées avec le second quart de fils ;

6° Un coup de liage ou de levée par la lisse n° 3, agissant ainsi deux fois de suite en sens opposé pour opérer le *découpage* dans le premier cas, et le liage dans le second ;

7° A la fin de cette passée, le déroulage ne fonctionne pas, c'est le tour du dégriffement ; un carton de la petite mécanique opère alors sur un crochet agissant sur le chariot B, pour faire dégrener la partie G de la griffe et mettre la partie G' et ses crochets en prise. Si sept cartons, de 1 à 7, ont agi successivement deux fois de suite, les sept cartons suivants, de 8 à 14, vont agir à leur tour deux fois de suite en deux passées, et chaque fois avec l'une des deux lisses qui n'est pas intervenue encore, en opérant pour le liage et le découpage identiquement comme avec la mécanique paire. On produira donc de nouveau un découpage après chaque coup de trame, et un liage général après chaque passée formée par le nombre de courses de navettes nécessaire à l'ensemble des couleurs.

C'est grâce à cette combinaison du colletage de deux arcades à chaque crochet, excepté au premier et dernier rang qui n'en ont qu'un, et au montage à corps et à lisses qu'on réduit considérablement le nombre des crochets. Le déroulage permet d'arriver à un résultat économique analogue sur les cartons, et enfin l'ordre spécial des mouvements donne les effets au moyen d'un croisement de trois les quatre, dans des conditions d'harmonie parfaites entre le fond et le broché.

DE L'EFFICACITÉ ET DES AVANTAGES DE L'EMPLOI DU PAPIER BRIQUETÉ. — En jetant un coup d'œil sur la mise en carte de la figure 7, pl. XXVI, on remarquera que le dessin, au lieu d'être peint sur un papier quadrillé à carrés réguliers, l'est sur de petits rectangles disposés comme le sont des briques dans la maçonnerie, où les pleins d'un rang se superposent au joint du rang précédent et suivant. Il résulte de cette division de la mise en carte que chacune représente bien les deux effets possibles que nous venons d'indiquer pour chaque carton, puisque avec un plein ou un trou correspondant on pourra obtenir l'entre-croisement sur des places différentes ; chaque brique représente donc, comme on dit, deux cordes, c'est-à-dire deux arcades, deux maillons et quatre fils, si ce n'est, par exemple, la première division de deux interlignes de la mise en carte, attendu qu'elle ne peut être divisée que par une demi-brique et ne représenter, qu'une corde ou deux fils seulement. C'est par cette simple transformation du papier quadrillé ordinaire en papier briqueté, que chaque division ou demi-brique, au lieu de représenter un fil du tissu, indique la place et les fonctions de deux, et que la division ou brique entière en figure quatre. Il s'ensuit qu'on peut faire la mise en carte pour châles sur ce papier spécial avec la plus grande facilité. Cependant l'exécution de chaque division complète simule ici le jeu de quatre fils, tandis que pour le quadrillé ordinaire il n'a d'effet que sur un. Il y a donc encore de ce chef une abréviation du travail, une simplification et une économie dans le lisage et la préparation des cartons.

On a proposé d'autres modes de divisions pour le papier quadrillé destiné aux châles, et entre autres le papier Grillet (fig. 18, pl. XXII), du nom de son inventeur, où des points sont employés comme signes additionnels ; mais ce genre de papier, plus compliqué, est peu répandu. Nous nous bornerons donc à le mentionner et à ajouter qu'on désigne ordinairement sous le nom de *montage au quart* celui où, comme pour le papier briqueté, chaque interligne représente quatre fils du dessin. Nous ferons de même pour le montage dit *à la lyonnaise*. Il diffère de celui *à la parisienne*, que nous venons de décrire, par l'emploi de deux mécaniques placées l'une devant l'autre avec un arbre débrayeur et embrayeur, afin de mettre l'une ou l'autre en mouvement, comme cela a lieu pour la mécanique brisée, et l'adjonction de huit lisses au lieu de quatre. Quatre d'entre elles sont disposées pour être levées, et les quatre autres le sont pour être baissées. Le montage parisien est donc plus simple et aussi efficace que celui de Lyon ; nous n'avons pas à nous y arrêter davantage.

DES MOYENS GÉNÉRAUX DU MONTAGE POUR SIMPLIFIER ET RÉDUIRE LES ÉLÉMENTS. — Dans les explications qui précèdent relativement à l'exécution d'un façonné, nous avons raisonné dans l'hypothèse d'un seul effet à produire sur la largeur de l'étoffe. Ce cas est évidemment le plus rare ; il se présente cependant dans le tissage d'un sujet sur une grande largeur, un médaillon ou un portrait de grand format, mais pour la plupart des articles courants l'étoffe offre une série de répétitions du même effet. On se borne alors à procéder à la mise en carte et au lisage de l'un de ces effets, puis à faire autant de *chemin d'empoutage* qu'il y a de répétitions sur la largeur. La figure 3, pl. XXVI, indique clairement ce mode d'opérer. Il s'agit de tisser le dessin fig. 6, qui peut être considéré comme composé de quatre motifs semblables ; supposons qu'après avoir apprécié les réductions on reconnaisse qu'il faille quatre cents cordes ou maillons, on prendra une planche d'arcades P (fig. 3) qu'on divisera en quatre chemins égaux 1, 2, 3 et 4, comprenant chacun quatre cents trous de 1 à 400. Au-dessus de cette planche se trouve une tringle T avec un paquet d'arcades Q, enfilées par leurs collets. S'il n'y avait qu'un effet à produire, on passerait simplement les arcades et leurs maillons successivement et régulièrement les unes après les autres dans les trous de la planche de 1 à 400, puis on accrocherait les collets à leurs crochets respectifs. Ici on réunira les quatre arcades n° 1 pour les fixer au même collet et crochet n° 1 de la mécanique ; on en fera autant pour les quatre suivants, et ainsi de suite jusqu'aux quatre n° 400. On obtiendra la forme de montage de la figure 6, et il est évident que chaque crochet, au lieu d'un fil du premier rang, en soulèvera quatre. Si on agit sur des fils isolés et si chaque maillon en contenait deux, chaque crochet en soulèverait huit.

Quelquefois les effets d'un dessin, au lieu d'être produits par des motifs suivis, le sont par les mêmes éléments disposés en regard ou symétriquement. Alors, au lieu d'empouter les chemins dans un ordre régulièrement suivi et de faire concorder toutes les arcades du même numéro au même crochet, on réunit les arcades extrêmes ; le 1 du premier chemin au 400 du second, le 399 du second au 2 du premier, etc.

Il y a dans cette direction, comprenant les montages et empoutages des métiers, bien des combinaisons diverses qui constituent une branche spéciale et importante du tissage des façonnés. Ne pouvant nous y arrêter plus longuement ici, nous nous bornerons à revenir en quelques mots à l'empoutage général des châles, en nous servant du principe indiqué fig. 3, pl. XXVI, supposant toujours l'empoutage d'une mécanique brisée pour un dessin nécessitant six cents crochets au lieu de quatre cents tels qu'ils sont indiqués (fig. 2), pour chaque mécanique ou série de crochets. Nous admettons qu'on emploie l'empoutage dit *à pointe* ou *à regard*, où chaque crochet reçoit deux maillons. Le premier maillon à gauche est fixé à l'arcade 600 passée dans le premier rang, correspondant à la mécanique paire ; le second maillon est fixé à l'arcade 599 passée dans le second trou du premier rang, et à l'arcade 600 du second trou du deuxième rang ; par cette combinaison les arcades du second rang devancent toujours d'un trou celles du premier portant les mêmes numéros.

Quant à la détermination de la partie du dessin qu'il suffit de mettre en carte pour qu'elle puisse servir au dessin entier ou à ses répétitions, ce sont là des détails qui dépendent des connaissances spéciales des dessinateurs-monteurs. Un livre peut bien faire saisir les principes sur lesquels repose cette espèce d'analyse et de décomposition d'une partie façonnée, pour arriver le plus économiquement possible à son exécution, mais passant en revue l'ensemble, quelques applications matérielles des opérations et de leurs prix de revient en apprendront plus que les dissertations les plus étendues.

TRACÉS SPÉCIAUX AU TRAVAIL DES CHALES. — La mise en carte des châles avec du papier briqueté peut être exécutée avec des armures de fonds différents. Pour les châles les plus estimés et les plus chers, on emploie généralement l'armure sergée; pour les plus communs, l'armure toile. Nous avons vu qu'il y a dans ce dernier cas une double économie, celle provenant de l'emploi de fils un quart plus gros que ceux de l'armure sergée pour couvrir une même surface, et celle d'un nombre moins grand de duites à chasser. Les tracés suivants vont rendre la marche de l'opération des deux cas plus claire.

TRACÉ DE L'ARMURE DONNANT LES MOUVEMENTS DE LA MÉCANIQUE BRISÉE. — La figure 8, pl. XXVI, indique la disposition pour le façonné du bas du châle ; les lisses qui doivent baisser dans l'ordre voulu pour s'entrelacer avec les fils de toutes les couleurs de la trame sont marquées par une croix ; les ronds noirs et pleins montrent la levée des mêmes lisses pour opérer le liage du tout à l'exclusion du fond exécuté par une armure différente en raison des trames plus fines qu'on y emploie toujours. On remarquera que la première croix correspond au fond du premier maillon de la chaîne, et par suite au premier fil. La première et la quatrième lisse fonctionnent pour le travail de la mécanique paire, la troisième et la deuxième sont en rapport avec les mouvements de la mécanique impaire placée sur la partie de derrière du métier.

ARMURE POUR EXÉCUTER LES CHALES DITS A TROIS COUPS. — La figure 9, pl. XXVI, donne cette armure. Les croix entourées d'un cercle indiquent les coups de fond ; les autres signes conservent leur valeur. Afin de rendre cette disposition plus

claire, nous avons donné en marge des signes les mouvements auxquels ils sont destinés. Ils indiquent par la cor-
respondance des points noirs et des croix entourées que les
coups de liage sont exécutés simultanément. On voit en effet
qu'après chaque passée, composée de toutes les duites de couleur, l'un des coups de fond fait en même temps agir la lisse
de liage. On arrive par cette combinaison d'entrelacements à
faire des fonds avec des fils deux fois plus fins que ceux de la
trame et à donner à tout le produit une apparence plus flatteuse.

Le genre de châles dont nous venons de donner l'armure
sergée à quatre fils pour obtenir un grain accentué et la saillie
des couleurs, est souvent désigné sous le nom de *châle français*
pour le distinguer du tissu imitant véritablement le genre de
l'Inde par ses entrelacements croisés déjà donnés, et que la
figure 10 rappelle.

Supposons maintenant un métier à châles complétement
monté, à corps et à lisses du système dit *montage au quart*, avec
mécanisme à déroulage, mécanique brisée et mécanique armure. Voici le résumé de l'ordre dans lequel ses fonctions se
réalisent :

1° Abaissement de la lisse n° 4 et de ses fils ;

2° Application successive de tous les cartons de la passée, à
nombre égal à celui des couleurs, afin que chacune d'elles
s'entrelace avec le quart des fils en fond ;

3° Levée de la lisse n° 2 pour opérer le liage de la partie façonnée qui vient d'être exécutée ;

4° Déroulage des cartons et abatage de la lisse n° 1 ;

5° Nouvelle application du chapelet de cartons pour opérer
le façonné avec ce second quart des fils ; ces mouvements des
maillons ont fonctionné avec la mécanique paire ;

6° Levée de la lisse n° 3, pour opérer le liage de la nouvelle
passée ;

7° Abatage de la lisse n° 3 ;

8° Application d'une nouvelle série de cartons agissant sur les crochets de la mécanique impaire ;

9° Levée de la lisse n° 4 pour lier ;

10° Déroulage et abatage de la lisse n° 4 ;

11° Nouvelle application des mêmes cartons ramenés par le déroulage ;

12° Liage par la levée de la lisse n° 4.

Nous avons déjà dit comment tous ces changements et transmissions ont lieu : par deux marches seulement, l'une correspondant à la mécanique principale, et l'autre à la petite mécanique armure.

PRIX DE REVIENT DÉTAILLÉ D'UN CHALE D'ENVIRON 100 FRANCS. — Afin de faire saisir exactement la dépense des divers éléments de la fabrication, nous donnons un compte simulé pour un type courant. On sait que la complication du travail, le nombre des crochets ou cordes et celui des cartons sont en raison des réductions, représentées par le rapport des divisions par unité du papier de la mise en carte. Ces divisions peuvent varier dans une limite très-étendue. On a, par exemple, pour les articles couramment en usage, depuis le rapport de 22 en 8, spécialement appliqué aux bons produits jusqu'au 10 en 12, pour les châles forts.

Supposons, pour un châle long de 3^m,50 à 3^m,60 sur 1^m,70, 6 couleurs d'après le dessin et la mise en carte d'une réduction de 16 en 8 de 1800 cordes nécessitant 1800 crochets ou cordes en largeur, et 3888 en hauteur ; 1800 × 3888 = 6998400 *carreaux carrés* (unités usitées à 2 francs le 100 carré [1]).

Donc, *prix de la carte* $\frac{6\,998\,400}{10\,000} = 699,84 \times 2^f = 1\,399^f,68.$

Lisage. — On fractionne, pour lire séparément, le bas, le fond et la mignonnette ; chacune de ces parties a plus ou

----

1. Ce prix peut varier de 1 fr. 60 à 3 francs suivant la réduction de la

moins d'étendue comptée par des divisions principales d'une égale réduction de 8 qui, multipliées par les 6 couleurs, donnent le nombre total de coups de navettes.

On a :

Pour le bas..............	$163 \times 8 \times 6 = 7824$	cartons.
Pour le fond............	$63 \times 8 \times 7 = 3528$	—
Mignonnette.............	$17 \times 8 \times 6 = 816$	—

Ce qui donne................   12 168 cartons.

12 168 cartons à 61 fr. 70 [1] les 1 000 cartons = 751 fr. 768.

Ces frais seront d'autant moindres par châle que le dessin sera plus goûté et qu'on en livrera plus ; si on en vend 1 000, les frais pour chacun seront de 2 francs, si un seul métier les tissait tous ; si on en monte plusieurs, il faut ajouter le prix du carton et du repiquage. On voit la difficulté de répartir ces dépenses *à priori*.

SALAIRE DU TISSAGE. — Il est payé par coups de navettes,

carte ; nous pouvons décomposer ce prix de la manière suivante :

Transport des contours de l'esquisse sur le papier briqueté, les 100 cordes..	0f,55
La mise en carte quel que soit le nombre des couleurs...	0 ,55
Pour le repiquage	0 ,50
Remplissage ou coloration du fond	0 ,25
Total....................	1f,65

1. Ce prix de 61 fr. 70 se décompose ainsi qu'il suit :

Lisage	14f,40	les 1 000 cartons
Piquage..........................	2,00	—
La cage	1,30	—
Ficelle	1,50	—
Cartons sur 2 mécaniques	42,50	—
Total..............	61f,70	les 1 000 cartons [*].

* Lorsqu'on n'emploie qu'une mécanique au lieu de deux, comme avec le système Maréchal à piquage réduit, les cartons coûtent un tiers de moins ; le papier Grand-champ, qui commence à se propager, est plus économique encore.

qui sont en raison de *quatre* par carton, auxquels il n'y a qu'à ajouter le nombre de coups de liage et de coups de fond, qui ont lieu à chaque demi-passée. Le calcul peut donc se faire de la manière suivante :

Pour le bas 7 824 cartons appliqués quatre fois.........	7824×4	$= 31\,296$
Pour le liage	$163 \times 8 \times 4 =$	$5\,216$
Pour le fond..............	$3\,528 \times 4$	$= 14\,112$
Coupe d'armure............	$63 \times 8 \times 8 =$	$4\,032$
Mignonnette...............	816×4	$= 3\,264$
Liage	$17 \times 8 \times 4 =$	544
Total......................		**58 464**

Or le salaire de 1000 coups varie en raison du nombre des crochets de la mécanique ; de 600 à 1 200, on paye 0 fr. 35 ; à partir de 2 000, c'est 0 fr. 45. Admettons 0 fr. 425 pour les 1 800.

Les $58\,464 \times 0$ fr. 425, s'élèvent donc à 24 fr. 84, soit 25 francs. A ce taux, l'ouvrier qui passe ordinairement 10 000 dans sa journée gagne 4 francs en moyenne, dont il faut déduire 1 franc qu'il paye au lanceur. Il faut aussi défalquer pour le montage d'un métier une huitaine de jours à la charge du tisserand.

Compte des matières.

Nos des fils.	Couleurs.	Poids employé.	Prix au kilog.	Dépense pour un châle.
30.	Vert	0k,350	15f,90	5f,56
30.	Bleu...............	0 ,350	15 ,90	5 ,56
30.	Jaune	0 ,350	17 ,10	5 ,98
30.	Rouge	0 ,350	18 ,10	6 ,33
30.	Noir...............	0 ,350	15 ,90	5 ,56
45.	Blanc...............	0 ,250	17 ,00	4 ,25
50.	Pour fond uni.........	0 ,100	22 ,50	2 ,26
80.	Chaîne laine et soie....	0 ,260	61 ,00	15 ,86
100.	Pour liage coton.......	0 ,100	20 ,00	2 ,00
		2k,460		53f,36

En résumé, le prix total d'un châle se compose donc des dépenses suivantes :

```
Fils teints.................................  53f,36
Façon......................................  25 ,00
Chinage ...................................   1 ,75
Découpage et apprêts .....................   1 ,25
                                           ─────────
                        Ensemble......  81f,36
```

Dans cette somme ne sont pas comprises les dépenses afférentes à la composition du dessin, à la mise en carte au lisage, en un mot, aux opérations préparatoires, dont les frais sont en raison inverse du nombre d'exemplaires tissés sur la même disposition.

Les châles se tissent en général comme les étoffes, par pièces, qui en renferment plus ou moins. La pièce se compose d'ordinaire de douze châles ; supposons l'exécution d'un châle long de 3m,34, plus les franges, d'une longueur moyenne de 0m,10.

On devra avoir pour le tissu : longueur, 3m,44 (franges comprises) qui, multipliés par 12 = 41m,28 pour les douze châles. Cette chaîne sera, avec âme en soie, généralement du numéro 80 pour l'article courant que nous avons calculé précédemment ; elle sera ourdie à une longueur de 42m,50 ; l'augmentation a pour but de faciliter à l'ouvrier le travail de la fin.

Le nombre de portées de 40 fils sur la largeur de 1m,70, peut changer, en raison de la qualité, de 120 à 180, c'est-à-dire de 4 800 à 7 200 fils.

La perte éprouvée par le découpage des brides de l'envers est naturellement proportionnelle à la réduction et au prix de la matière.

Le tableau précédent relatif aux matières employées indique un poids de 2k,460 après tissage, réduit à 0k,950 après le découpage ; le déchet est donc de 1k,510, ou environ 61 pour 100 du poids. Cet enlevage de la matière et l'amoindrissement de la solidité dans le produit qui en résulte constituent dans le travail une véritable infériorité dont les hommes spéciaux sont frappés, et qui provoque leurs recherches pour arriver à économiser cette perte et à maintenir les entrelacements dans leurs contextures. Ayant déjà indiqué en principe les moyens tentés, nous ne ferons que résumer l'état actuel de leur application.

Le *tissage aux spoulins* ou *spolins* est à l'abri des deux inconvénients précités. Il consiste, on le sait, réduit à sa plus simple expression, à passer les petites brides de trames seulement aux places où elles doivent apparaître. Supposons encore six couleurs dans un dessin, et pour rendre l'explication plus claire admettons-les régulièrement disposées sur la largeur, de 1 à 6, les unes à côté des autres, on aura autant de petites trames de couleur. On passera la navette n° 1 entre le fil de chaîne correspondant à la couleur 1, le fil de la navette suivante n° 2 s'entrelacera avec les fils de la chaîne destinés à la couleur n° 2, et ainsi de suite. Les points de jonction des petites brides les unes aux autres ont lieu de diverses manières ; la plus estimée est celle du système de l'Inde, par lequel les extrémités achevalent ou se bouclent les unes dans les autres, pour produire un résultat bien caractérisé sous le nom de *crochetage*. Les châles de l'Inde sont ainsi tissés ; on comprend dès lors la possibilité de multiplier les nuances sans augmenter la consommation de la matière ; de là le moyen d'augmenter le nombre des tons, d'enrichir et d'adoucir le coloris estimé à juste titre dans les produits orientaux en général de la vallée de Kachemyr, et en particulier dans ceux de l'Inde.

On ne peut opposer à cette méthode que sa lenteur, et par suite la dépense considérable des salaires dans les contrées où, comme dans les nôtres, la main-d'œuvre est au moins décuple de ce qu'elle est payée aux tisserands des divers pays où le spoulinage est pratiqué à la main. Aussi a-t-on fait diverses tentatives pour arriver au spoulinage automatique sur le métier Jacquart, par l'emploi des battants brocheurs spéciaux, dont nous avons rendu compte ailleurs [1].

Les différentes expositions offraient des spécimens de châles spoulinés mécaniquement ; les plus remarqués furent ceux de M. Deneirous et de M. Fabar. M. Souvraz, très-compétent dans la spécialité, a également imaginé un système remarquable qui, contrairement aux autres, cherchait à imiter le crochetage indien, tandis que dans la plupart des autres cas c'est par un tissage à simple entre-croisement que le spoulinage automatique est réalisé.

Jusqu'à présent ce que nous pouvons désigner sous le nom de *spoulinage français* ou *mécanique* est peu en usage pour le châle, bien que quelques maisons en aient produit et en exécutent peut-être encore sur une certaine échelle. Ce genre de tissage est au contraire utilisé avec beaucoup d'avantage et d'intelligence pour les tapisseries dites *de Neuilly*. Le moyen est mixte ; la mécanique Jacquart agit sur les fils de la chaîne lus comme à l'ordinaire ; le tisserand, au lieu de chasser sa navette d'une lisière à l'autre, se sert d'une série de petites navettes, et apporte avec chacune d'elles la bride de couleur demandée et l'arrête aux points extrêmes de l'espace auquel elle doit concourir. Cette combinaison permet d'arriver à la perfection par l'emploi d'une gamme d'un nombre de couleurs et de tons aussi multiplié que le travail peut l'exiger, et d'atténuer la lenteur du travail des Indiens, en ce qu'au lieu de chercher les places du tissu qui les réclament, elles sont désignées par le mécanisme lui-même. La jacquart, en soulevant les fils de la chaîne aux points où ils doivent recevoir la trame, indique en même temps sa couleur par la

---

1. Voir entre autres notre rapport, dans le tome IX du *Bulletin de la Société d'encouragement pour l'industrie nationale* (nouvelle série), sur le spoulinage des châles.

mise en évidence aux places voulues de *pantins*, déjà indiqués, espèces de bouchons de laine ayant les couleurs demandées. Nous ne faisons que résumer ces moyens dans le but de bien préciser la direction du progrès.

CHAPITRE XIX.

MATÉRIEL ET OUTILLAGE DU TISSAGE AUTOMATIQUE.

Dans les chapitres précédents relatifs au tissage en général, afin de ne pas scinder le sujet, nous avons suivi la fabrication dans l'ensemble de ses moyens d'exécution conformément aux errements suivis dans le travail à la main, pour la production des tissus unis ou façonnés, sans nous préoccuper du genre de moteur employé. Nous avons raisonné comme si les métiers étaient toujours mus par la force musculaire des mains et des pieds du tisserand. Certains de ces métiers, ceux d'une grande largeur travaillant à plusieurs navettes chargées de fils de couleurs différentes, comme nous l'avons vu pour les châles, demandent généralement le concours de deux personnes, d'un tisseur et d'un lanceur, malgré les perfectionnements de détails apportés aux métiers à la main. L'application du *caribari*, décrit précédemment, qui a modifié et simplifié la transmission du mouvement chargée d'imprimer l'impulsion à la navette, actuellement usitée partout, allégea le travail à la main, mais la production devint de jour en jour plus disproportionnée avec les besoins de la filature automatique. C'est pour équilibrer en quelque sorte les résultats de ces deux spécialités qu'on commença à poursuivre en Angleterre vers la fin du dernier siècle le problème du tissage automatique des étoffes unies, déjà tenté par un officier de marine français, De

Gennes, en 1678, plus d'un siècle auparavant et par Vaucanson [1] pour les étoffes façonnées (1745).

Les inventeurs anglais, stimulés par la nécessité, trouvèrent le succès qui avait manqué à leurs prédécesseurs. Dès le commencement de ce siècle, le métier automatique se propagea au travail des cotonnades unies en Angleterre; ses premières applications aux mêmes articles chez nous, n'eurent lieu d'une manière sérieuse que vers 1820. Depuis lors, l'extension du tissage automatique ne s'est plus arrêtée, il se généralisa pour les cotonnades, les lainages unis et certains articles spéciaux. Les localités où les salaires sont restés à un très-bas prix peuvent seules encore faire usage du métier à la main. Le tissage automatique a successivement passé aux autres natures de fils et même aux étoffes façonnées, à mesure surtout que les caractères et les qualités des produits se perfectionnèrent grâce aux remarquables progrès apportés à la filature mécanique. Cependant, pour tous les articles autres que les unis en coton, ou mélangés avec des chaînes de cette matière, il y a encore partage, le tissage automatique n'y prend qu'une part plus ou moins large, variant avec les spécialités; cette proportion augmente chaque jour pour les étoffes unies surtout. Pour celles qui demandent des soins particuliers et des conditions spéciales d'exécution comme les façonnés plus ou moins riches, dont la production est en général disséminée dans de petits ateliers, il n'y a jusqu'ici aucun intérêt économique à substituer la mécanique à la main. Aussi les métiers automatiques à faire ce genre de produits ne sont-ils guère usités que dans les usines anglaises faisant des façonnés simples et communs, genre Damas, pour la consommation ordinaire et l'exportation, ou pour des métiers

---

[1]. Voir l'*Essai sur l'industrie des matières textiles*, par Michel Alcan. Paris, 1847.

lourds à tisser certains tapis ; Bradfort, Roubaix et Amiens
les emploient pour les différents genres auxquels se livrent
ces localités.

Quoi qu'il en soit, on peut considérer le problème du tissage automatique comme complétement résolu techniquement
et mécaniquement, non-seulement pour la spécialité dont
nous venons de parler, mais encore pour toutes espèces de
tissus réticulaires à mailles élastiques, fixes ou nouées, tels que
tricots, tulles, filets. L'application en est désormais subor-
donnée à des considérations économiques spéciales, entre
autres à l'importance du capital à dépenser pour le nouveau
matériel ; à qualités égales dans les produits, ceux du système ancien doivent pouvoir faire une concurrence avantageuse à ceux de la production automatique. A ces considérations générales viennent s'en ajouter souvent d'accessoires qui
ont cependant leur importance. La variété même des articles
qui fait le succès industriel de certains grands centres de fabrication, tels que Paris, Roubaix, la Picardie, etc., en nécessitant de fréquents changements dans le montage, ne se concilie
que difficilement avec la continuité et la rapidité d'action
des métiers mécaniques.

Pour les articles courants, au contraire, tels que les flanelles,
les mérinos unis, les petits façonnés par trames variées, le travail automatique devient chaque jour plus avantageux, en
présence de la rareté et de l'augmentation du prix de la main-
d'œuvre ; aussi le tissage mécanique de ces produits se pro-
page-t-il de jour en jour.

Le matériel qu'il met en œuvre est, sauf les dimensions, la
force des pièces et certains détails accessoires, identique à celui
du tissage des cotonnades. Il se compose comme pour ceux-ci :

1° Du bobinoir si c'est nécessaire ;

2° De la machine à ourdir ou ourdissoir automatique ;

3° De la machine à encoller les fils ;

4° Des métiers à tisser les articles unis ;

5° Des métiers à navettes multiples pour trames variées.

Nous allons décrire successivement ces opérations et leurs différentes machines d'après les systèmes qui ont le plus de succès dans la pratique.

Bobinage. — Cette opération a pour but de transformer les pochets du métier à filer en bobines cylindriques afin de faciliter les opérations ultérieures ; elle consiste dans un simple transport des fils d'un organe sur un autre ; les bobinoirs les plus simples et bien connus suffisent à cet effet. Le bobinage intermédiaire commence à disparaître ; la simplicité de l'opération, l'amélioration de la confection des pochets aux métiers à filer et la précision des ourdissoirs mécaniques permettent d'ourdir directement, grâce au râtelier Boyard, les bobines tronconiques venant du filage. Nous n'avons donc pas à nous arrêter à cette transformation intermédiaire et accessoire du *bobinage*, destinée à disparaître complétement, et qui n'a d'ailleurs pas besoin de description pour être comprise.

Du nombre de fils nécessaires a une chaine. — Ce nombre est, comme nous l'avons vu, pour un numéro donné du fil, proportionnel à la largeur du tissu fait, plus le retrait.

Or le nombre de fils de la largeur s'exprime par le *compte*, c'est-à-dire le nombre de broches ou dents par décimètre du peigne du métier à tisser. On sait que la quantité de fils en broche ou en dent varie plus ou moins en raison de la somme des fils, du genre des tissus, des effets à obtenir, etc. Il faut donc y avoir égard si on détermine le nombre des fils par le compte.

Soit, par exemple, L, la largeur de l'étoffe exprimée en centimètres ; N, son compte ; n, le nombre de fils en broches ; R, le retrait en centimètres ; X, le nombre de fils cherché,

on aura :
$$X = \frac{L \times N \times n + R}{10} ;$$

$$L = 1^m = 100.$$

Supposons R = 0,07, en moyenne ; $n = 3$; N = 77, on aura :

$$X = \frac{100 \times 77 \times 3}{10} + 0,07^1 = 2311.$$

Ces **2311** forment le nombre de fils de chaîne à répartir pour obtenir 1 mètre de largeur. Ces fils doivent être également divisés entre huit cylindres, mais comme 2311 n'est pas divisible par 8, on ajoutera un fil pour obtenir 2312 en donnant exactement 289 pour le huitième, et on ourdira avec un râteau de 290 broches, épaisseur du rebord (ou gardes comprises ; on pourra rectifier ainsi les nombres dans tous les cas semblables.

Largeur du tissu déterminée par le nombre des fils. — Il est clair que si on connaît le nombre x des fils, on arrivera à la largeur L du tissu par l'opération inverse ; on aura :

$$L = \frac{X \times 10}{N \times n} - 0,07.$$

Si on remplace les lettres par les chiffres ci-dessus, on a :
$$L \frac{2312 \times 10}{77 \times 3} - 0,07 = 1^m,00.$$

Dans ce qui précède, nous avons fait abstraction des lisières, ordinairement en gros fils retors ; on en emploie en général 32 par pièce, 16 de chaque côté. Cette partie doit être particulièrement surveillée, pour qu'elle ne soit ni trop tendue ni trop molle, afin de ne pas donner trop de tirage ou de mollesse au tissage, ou des lisières roides ou lâches à la pièce.

Ourdissoir automatique a casse fils. — On sait que l'opération a pour but la réunion sous une même tension et parallèle-

---

1. Nous verrons plus loin, en parlant de l'embuvage, que la quantité de retrait varie dans des limites assez étendues.

ment entre eux par couches concentriques autour d'un rouleau *ensouple*, de tous les fils de la chaîne d'une étoffe.

Leur longueur développée doit donc être proportionnelle à celle de la pièce à tisser ; leur quantité, à celle de la largeur et et de la *réduction*, ou nombre par unité de mesure.

Pour les tissus mérinos dont la longueur de la pièce peut aller jusqu'à 90 mètres, on ourdit en général une longueur de 3 600 mètres formant soixante et dix pièces, dont les largeurs varient de 0ᵐ,90 à 2ᵐ,20, et la réduction sur cette dimension, de 3 000 à 4 000 fils, suivant les qualités. Il s'agit donc de disposer autant de bobines de manière à en réunir parallèlement les fils isolés dans un même plan, sur une largeur qui peut varier suivant les articles de 0ᵐ,90 à 2ᵐ,20, et de les enrouler régulièrement sous une égale tension à la longueur voulue. Seulement, pour faciliter et simplifier l'opération, on distribue le nombre total des fils de la chaîne sur plusieurs rouleaux ou cylindres. Si c'est sur huit, comme dans l'hypothèse qui précède, chacun d'eux sera chargé de un huitième. Dans les cas extrêmes ci-dessus chaque ensouple recevra donc $\frac{4000}{8} = 500$.

Les fils de ces huit cylindres étagés et convenablement disposés sont réunis dans un seul râteau avant de se rendre sur le cylindre ensouple destiné au métier à tisser. Dans certaines localités ce râteau porte le nom de *vanté*. Ce râteau ou vanté est garni d'un nombre de broches égal à celui des fils de chaque rouleau plus un ; dans le cas que nous venons de supposer, le nombre des broches sera donc $4/8 + 1$.

DESCRIPTION DE L'OURDISSOIR. — La planche XXVII représente l'un des systèmes les plus perfectionnés. Aux organes ordinaires de ces appareils, on a eu l'idée d'ajouter un mécanisme additionnel dont la fonction consiste à arrêter spontanément et instantanément l'ourdissoir à la rupture de l'un quelconque des milliers de fils simultanément en mouvement avec une grande vitesse.

Dans les ourdissoirs dépourvus de cet organe débrayeur, il faut à la personne qui surveille le travail l'attention la plus soutenue pour suivre les fils écrus ou blancs, afin d'arrêter la machine lorsqu'un fil casse. Quels que soient d'ailleurs les soins apportés à cette surveillance, il est difficile qu'il ne s'écoule pas un temps assez sensible entre le moment de la rupture et de l'arrêt de l'ourdissoir, nécessitant le détour de la rotation en sens inverse de l'ensouple pour opérer le rattachage. Cet inconvénient est considérablement atténué par l'emploi de l'ourdissoir que nous allons décrire.

Une autre modification intéressante de cet ourdissoir consiste dans la disposition du peigne ou râtelier dont les dents s'écartent ou se rapprochent au moyen d'une vis, en raison de la réduction des chaînes qui se succèdent sur la même machine; voici d'ailleurs la description d'après la machine exécutée par la maison Stehelin :

Planche XXVII, fig. 1. Elévation et vue du côté de l'ourdissoir ;

Fig. 2. Elévation et vue de devant (nous ne donnons que les pièces faisant partie de l'appareil casse-fil) ;

Fig. 3. Plan horizontal ;

Fig. 4. Détails indiquant l'arbre de va-et-vient et les tiges de casse-fil avec leurs supports et traverses.

Sur l'arbre du tambour enrouleur de la machine sont placées les trois cames M qui font faire au levier N un mouvement d'oscillation autour de son axe n.

Le levier N porte à sa partie supérieure un petit cliquet o qui, dans son mouvement avec le levier N, cherche à entraîner le bout du ressort de la détente P, de manière à faire sortir ce ressort de son cran d'assis pour transporter la courroie de la poulie fixe sur la poulie folle et arrêter la machine (voir fig. 2).

Le bout du cliquet communique avec un bras Q qu'il entraîne dans le sens de la flèche (1), dans son mouvement d'oscillation. Le bras Q communique l'action qu'il reçoit du cliquet o et du levier N à l'arbre R, sur lequel il est fixé. L'arbre R et, par conséquent, le bras Q sont ramenés dans la position, que le cliquet o leur a fait quitter, par un petit ressort à boudin S, fixé sur l'arbre même, et qui cherche à le faire tourner dans le sens de la flèche (2) (fig. 1). Le bras Q suit donc tous les mouvements du levier N, étant entraîné dans le sens de la flèche (1) par le cliquet o fixé au levier N et dans le sens de la flèche (2), par le ressort S de l'arbre R. Il retient le cliquet o relevé de manière qu'il ne puisse pas accrocher le ressort P dans son mouvement de va-et-vient, lorsque l'appareil marche sans accident.

Sur l'arbre R se trouvent les bras T supportant deux tringles U et U' sur toute la largeur de la machine. Ces tringles suivent le mouvement de va-et-vient de l'arbre R, et passent sous les tiges B et B', etc., accrochées aux fils de la chaîne f et f'. Il y a autant de tiges au casse-fil qu'il y a de fils de chaîne.

Aussitôt qu'un fil vient à casser, celle des tiges B et B' qui communique à ce fil, tombe par son propre poids dans l'une des fentes c, c' de la traverse C', et dépasse assez cette traverse pour se placer devant l'une des tringles U, U' et empêcher le ressort S de ramener l'arbre R dans le sens de la flèche (2). L'arbre R étant arrêté, le bras Q ne suit plus le cliquet o, celui-ci tombe alors sur le bout du ressort P, qui sort de son cran d'arrêt, pousse la tige V, et déplace la courroie de la poulie fixe qui passe sur poulie folle.

Le crochet Q n'agit donc que quand l'une des tiges du casse-fil B B' se présente devant les tringles U, U', lorsqu'un fil vient à se casser. Pour arrêter plus instantanément la machine quand le casse-fil agit, on a placé sur l'arbre du tam-

bour enrouleur une poulie de friction D, qui agit aussitôt
que le ressort de détente P sort de son cran d'arrêt 7, par le
levier E et le contre-poids F, serrant la bande en tôle G contre
la poulie de friction pour faire frein.

Un ourdissoir peut produire environ 35 à 40 kilogrammes
de chaîne mérinos dont la longueur varie nécessairement avec
les numéros du fil.

Les ourdisseuses sont payées, en général, 2 fr. 50 à 3 francs
par jour.

ENCOLLAGE DES CHAINES. — *Considérations générales*. — Les
fils employés à faire les chaînes des tissus sont de deux espèces,
les fils simples, formés de filaments de petites longueurs variant
avec la nature et la qualité des matières ; ces fils ont besoin de
recevoir une préparation préalable pour supporter l'action du
métier à tisser ; les fils de soie et ceux d'autres substances,
doublés et retordus, qui sont de la seconde espèce, peuvent se
passer de l'*encollage*. L'opération a pour but d'enduire ou d'en-
rober uniformément la surface des fils d'une substance susceptible de les lisser en couchant le duvet, afin de faciliter leurs
mouvements et d'adoucir le frottement à travers les mailles ou
maillons et les dents du peigne. L'enduit employé doit ménager
la souplesse et l'élasticité du fil, l'imprégner intimement, afin de
ne pas se détacher en poussière par le travail, et cependant pouvoir
s'enlever facilement à l'eau chaude après le tissage ; la colle animale était naguère encore exclusivement employée dans ce
cas. De là le nom d'*encollage* donné à ce traitement préparatoire. On le désigne parfois aussi sous celui de *parage*, à cause
de l'apparence que cette préparation donne aux fils. La nature
et la composition de la colle peuvent varier ; mais on se sert
généralement de colle animale pour les fils de laine et de poils,
et de matières végétales pour le coton, le lin, etc. Quoique l'application de cet enduit constitue une opération accessoire dont
les traces doivent disparaître, elle n'en a pas moins de l'im-

portance, ayant pour effet de faciliter le travail du tissage et de l'accélérer en contribuant à diminuer sensiblement la rupture des fils et les causes accidentelles d'arrêts du métier à tisser.

L'opération se présente donc dans les termes suivants : une chaîne plus ou moins large, plus ou moins serrée en compte étant donnée, enduire uniformément tous les fils d'une quantité de substance adhésive, susceptible de faire disparaître le duvet de leur surface, de les rendre lisses de pelucheux qu'ils sont, enfin de les mettre à même de supporter les nombreux mouvements et chocs qui leur sont imprimés sans les désagréger, tout en leur conservant leur souplesse naturelle, et sans modifier leurs titres ou numéros par une pression anormale. Si on ajoute que l'encollage doit être pratiqué simultanément sur toute la largeur de la chaîne, pouvant varier à peu près dans les limites de 0^m,98 à 1^m,20, et contenir moyennement de 3040 à 4000 fils, sur une longueur continue de 65 à 70 pièces de 84 à 90 mètres ou 3600 mètres en moyenne, on comprendra la délicatesse de l'opération. Pendant longtemps et jusque, il y a une douzaine d'années, vers 1856, l'encollage des fils de laine avait exclusivement lieu à la main. Les fils de la chaîne étendus par partie et passant entre les dents d'un râteau sur sa longueur, soutenus de distance en distance par des espèces de fourches établies sur des pieux, étaient imprégnés de la substance au moyen d'une brosse manœuvrée à la main. Ainsi encollée, la chaîne restait en place jusqu'à ce qu'elle fût séchée. Il suffit d'indiquer sommairement cette pratique pour apprécier certaines causes d'imperfection, surtout sa lenteur. De plus, comme il fallait alors de grands espaces et qu'on ne pouvait toujours ourdir dans les caves ou les celliers, on était obligé de le faire à l'air libre ; le vent et le soleil mangeaient souvent la colle, comme disent les ouvriers, les résultats étaient en tous cas très-irréguliers, surtout si les fils n'avaient pas été très-intimement imprégnés, ce qui était assez difficile, quoi qu'on les fit passer dans une lunette ou espèce de filière; on a cherché à substituer à celui-ci un moyen plus précis et plus prompt dès que les métiers automatiques commencèrent à se faire adopter.

On n'avait heureusement qu'à s'inspirer des procédés imaginés pour la même opération dans le tissage automatique du coton. C'est ce que fit l'un des premiers M. Fassin, de Reims, si nous ne nous trompons. Il se pénétra des principes fondamentaux de l'encollage automatique pour les appliquer aux fils de la laine peignée. Il sut disposer la chaîne de façon à faciliter la surveillance et le rattachage des fils rompus. Les ruptures étaient très-fréquentes à l'origine de l'emploi des machines à parer les chaînes de la laine ; actuellement ces sortes de machines marchent avec la régularité de celles du coton, et les accidents et arrêts n'y sont guère plus fréquents. Les encolleuses de la laine se rapprochent cependant plutôt des anciennes machines à parer le coton, auxquelles elles ont emprunté entre autres le mode de séchage par la ventilation directe, que des *encolleuses* proprement dites, séchant les fils par leur contact direct avec la surface de cylindres creux en cuivre chauffés.

Lorsqu'on cherche à comparer les résultats de l'encollage à la main à ceux de l'encollage mécanique des fils de laine et de coton, on est étonné des conséquences différentes qu'on y remarque. Ainsi, il faut en général, pour un même tissu de laine donné, employer des fils *sous-filés* s'il est destiné au travail automatique, c'est-à-dire que, pour obtenir la même apparence sous le rapport du grain et de la solidité, la même laine devra être filée de quelques numéros moins fins pour le métier mécanique que lorsqu'on la transforme à la main. Selon nous, cette nécessité est plus encore une conséquence de l'encollage que du tissage proprement dit. En effet, dans la plupart des

systèmes d'encollage automatique, il est presque impossible
d'éviter de soumettre les fils à une traction au moment où ils
passent dans la colle chaude ; de là un affinage ou étirage qui
les amincit. Cet amincissement persiste après le séchage et élève
le titre ou le numéro. L'imbibition par l'encollage à la main,
ayant lieu par un simple trempage sans pression notable, le volume des fils ne change pas sensiblement. De là encore, selon
nous, la différence constatée entre les résultats du tissage à la main
et ceux du tissage mécanique [1]. Un autre point à noter qui a son
importance, c'est la nature de la colle ; quoique les industriels soi-
gneux emploient en général la plus belle gélatine dite *colle de
Flandres*, nous pensons qu'on obtiendrait des effets meilleurs encore en faisant usage simplement de rognures de peaux
blanches mégissées dont se sert la ganterie ; on aurait ainsi un
enduit plus pur, plus doux, plus flexible, laissant aux fils toute
leur élasticité, et il est permis alors de donner plus de vitesse à l'ourdissoir [2]. Toutefois, il est important, quelle que
soit la nature de la colle animale employée, de ne pas dépasser
une certaine température, afin de ne pas s'exposer à *frire* partiellement les fils et de ne pas provoquer la fermentation ; d'autre

1 Aux considérations ci-dessus, il faut ajouter que le tissage mécanique,
donnant des chocs plus brusques et plus multipliés, exige des fils plus
solides.

2. Ces considérations sur la colle ont d'autant plus d'importance,
que les plus belles en apparence ne sont pas toujours les meilleures
ni les plus profitables. La transparence qui les rend séduisantes n'en indique pas la pureté, au contraire, car elle est généralement le résultat
d'un traitement à l'acide chlorhydrique. Or, si cet acide n'est pas entièrement enlevé, comme cela arrive parfois et se démontre par l'acidité de la
colle en présence du papier tournesol, des accidents graves pourront se
produire : les vases en cuivre non étamés seront attaqués et les nuances
des tissus altérées à la teinture. Ces derniers accidents sont plus communs qu'on ne le suppose, et on arrive rarement à en préciser la cause.
La limpidité de la colle tient aussi la plupart des fois à la plus ou moins
grande proportion d'eau ; il est préférable d'user d'une colle opaque lors
même qu'elle coûte plus cher.

part, une température trop basse empêcherait l'adhérence intime de la colle aux fils : ceux-ci en séchant pourraient s'écailler.

Ce sont là des points délicats qui ne se rencontrent pas au même point dans le travail et l'encollage des substances végétales.

ENCOLLAGE DES FILS DE LAINE PAR LA FÉCULE OU AUTRE SUBSTANCE VÉGÉTALE. — Les observations qui précèdent nous ont fait souvent demander pourquoi on n'employait pas pour les lainages la colle végétale, généralement appliquée aux fils de coton et de lin. Nous avouons qu'aucun des motifs mis en avant dans la pratique pour justifier la différence des encollages des fils des deux règnes ne nous paraissait bien rationnel ni décisif. Les faits viennent de démontrer que nos doutes sur la valeur de ces explications n'étaient pas sans raison. MM. Delattre père et fils, après avoir essayé la colle de fécule sur les chaînes en laine, continuent à s'en servir ; nous donnons plus loin, sur les résultats de ce nouvel encollage, des chiffres fort remarquables, que nous devons à l'obligeance des auteurs de ce procédé. Ces résultats intéressent trop la spécialité pour ne pas les faire connaître.

FILIÈRES ÉLASTIQUES. — Quelle que soit d'ailleurs la substance employée, il faut, pour arriver à un bon encollage : 1° une matière simple, élastique, facile à appliquer et à enlever au lavage : ce motif nous a fait recommander le genre de colle de peau ci-dessus; 2° que l'application de la colle ait lieu à la température relativement la plus basse et sous la plus faible tension possible. Or la température et la pression pourront être d'autant moindres, que le moyen ou organe *imprégneur* sera plus efficace et assurera le revêtement ou *enrobement* du fil avec une quantité minime de colle.

Nous avons depuis longtemps déjà proposé un organe désigné par nous sous le nom de *filière élastique*, dans le but de faire prendre à la chaîne dans son passage dans les bassines à colle toute la quantité dont elle pourra s'imprégner, sans pression ni tension autre que celle nécessaire à assurer la régularité de la marche des fils. On dispose à cet effet à la sortie du bain de colle une planchette percée, comme à l'ordinaire, d'un nombre de trous égal à celui des fils ; seulement, au lieu d'être en bois ou en métal, la planchette sera formée d'une plaque de caoutchouc souple tendue dans un cadre en bois ; cette plaque sera percée de trous plus petits que le diamètre des fils, et chacun de ceux-ci, en passant dans cette nouvelle planchette, sera isolément et momentanément comprimé ou plutôt essuyé, de manière à se faire parfaitement pénétrer de colle et à n'en retenir que la quantité absolument nécessaire. Ce principe, dont nous avons expérimenté l'efficacité, peut être modifié dans ses applications ; au lieu de trous isolés dans un cadre, on peut se servir d'un cylindre cannelé ou lisse et d'un rouleau presseur en caoutchouc entre lesquels on fera passer les fils ; ou mieux encore on pourrait embarrer les fils entre deux traverses en caoutchouc. Elles pourraient même être placées directement dans le vase à colle ; ce serait là la disposition la plus simple, la plus pratique et la plus économique. Quoi qu'il en soit, nous allons donner l'encolleuse la plus appréciée jusqu'ici, telle que l'établissent quelques constructeurs spéciaux ; celle-ci est donnée d'après un modèle de la maison Pierrard-Parpaite.

MACHINE A ENCOLLER LES CHAINES EN FILS DE LAINE PEIGNÉE. — La figure 1 est une élévation verticale, la figure 2 un plan, la figure 3 (pl. XXVIII) un détail de la machine.

Les rouleaux de fils qui doivent concourir à la chaîne formée par l'ourdissoir sont placés sur des gradins en un nombre plus ou moins considérable en raison de la réduction. On le voit en E' sur les tambours A dont les axes reposent dans des coussinets de chaque côté correspondant du bâti en fonte T. Ces

tambours A, par leur rotation lente, font tourner les rouleaux E'
pour faire développer et livrer les fils *f* sous une tension convenable dans leur trait pour se rendre au récipient D, contenant
la colle qui doit les enduire. Afin que ces fils arrivent avec la
régularité voulue dans le liquide, ils passent un à un dans les
trous d'un peigne B, à la sortie duquel ils s'étalent parallèlement en nappe sur le cylindre C et sous celui de la bassine à
colle; la chaîne se trouve alors en quelque sorte embarrée. Elle
se rend ainsi sous le cylindre E, enveloppe sa demi-circonférence postérieure, d'où elle vient passer et remonter tangentiellement entre deux rouleaux presseurs plus grands F et G,
chargés du rôle d'essuyeurs pour farie pénétrer la colle et ne
laisser dans les fils que des traces suffisantes à l'effet cherché.
La disposition relative de ces rouleaux peut d'ailleurs être
modifiée.

Une fois imprégnés, les fils *f*, *f* viennent se diviser, par la
vergette H, en deux séries et restent dans cette position pour
se rendre vers la planchette I, et de là en faisceaux envergés
deux à deux par séries de fils pairs et impairs dans le peigne J.
(Voir, fig. 3, les détails de cette disposition entre I et J.)

Dans le parcours dont il vient d'être question, la chaîne est
séchée sur toute sa largeur par l'action d'un certain nombre
de ventilateurs V, qui appellent, soit de l'air sec à la température ambiante, soit de l'air chauffé à un certain degré, pour le
renvoyer sur les fils isolés pendant leur trajet de I en J. A la
sortie de ce dernier peigne ils sont soigneusement maintenus
et enroulés sur l'ensouple L, après avoir enveloppé les quatre
rouleaux d'appel K, K en passant d'abord à la demi-circonférence postérieure et antérieure de la première paire et inversement autour de la seconde. C'est par l'action de ces rouleaux K, K que se règle la tension de la chaîne dans sa
marche.

TRANSMISSION DE MOUVEMENTS. — P, P' (fig. 2 du plan) sont

les poulies motrices, l'une fixe et l'autre folle, recevant l'action de la courroie partant de la commande de l'arbre moteur de l'atelier. L'arbre 1 des poulies P, P transmet le mouvement *aux rouleaux* A, A, A par la roue d'angle 2, et le pignon 3 sur l'arbre 4, dont l'extrémité opposée porte le pignon d'angle 5 engrenant *b*, qui porte sur son axe le pignon droit *n*, communiquant l'action à son voisin *p*, dont l'arbre 7 reçoit d'abord une première commande à retour d'équerre 8 et 9, imprimant la rotation au premier rouleau A ; le mouvement circulaire des suivants leur est imprimé par des pignons coniques semblables *i*, *i'* placés sur l'arbre incliné *a* commandé par les deux roues d'angles appliques *j*, *j'* transmettant le mouvement circulaire de l'arbre 7 à l'arbre *a*.

COMMANDE DES CYLINDRES PRESSEURS ET TENDEURS E, F, G. — Elle est obtenue par les roues droites 8, 9 et 10, auxquelles l'impulsion est donnée par le pignon d'angle 6.

COMMANDE DES VENTILATEURS. — Chacun des ventilateurs V reçoit sur son axe *x* une poulie *l*, en recevant les courroies venant des poulies *l*, *l'*, qui, elles-mêmes, placées sur des arbres 11 et 12, sont commandées par des roues droites 13 et 14, recevant le mouvement par le pignon 15, placé sur l'arbre principal 1 de la poulie motrice.

COMMANDE DE L'ENSOUPLE L. — La roue cône 2 (fig. 2) commande un second pignon 3 *bis*, placé symétriquement et à l'opposé du pignon 3 ; ce pignon 3 *bis* porte sur son axe, à l'extrémité opposée à celle où il est fixé, une roue cône 16, engrenant avec un pignon 17 placé sur l'axe d'un panier tambour conique N, pour recevoir avec un second semblable N' une courroie qui se déplace parallèlement à elle-même, de manière à embrasser des diamètres de plus en plus grands dans les rapports de $\frac{10}{32}$ à $\frac{15}{32}$ afin de régler l'envidage de la chaîne avec une tension constante à mesure que la grosseur de l'ensouple augmente ; cette tension variant avec le numéro des fils, on a des pignons de rechange correspondant à des séries de fils. (Le déplacement de la courroie peut s'obtenir par le mouvement d'une vis *s*, correspondant au porte-courroie ou fourche à laquelle la manivelle *o* imprime l'action.)

L'arbre du cône N' porte un engrenage droit, point de départ d'une suite de roues droites formant deux séries, l'une transmettant l'action à l'ensouple des fils L, et l'autre aux rouleaux d'appel inférieurs K. Cette disposition est suffisamment indiquée par les circonférences ponctuées figure 4.

FREIN OU PLATEAU DE FRICTION. — Indépendamment du déplacement de la courroie, dans le sens de l'augmentation des diamètres à mesure que la chaîne s'enroule, l'appareil porte un plateau de friction *v* calé sur l'arbre *x'* de la manivelle qui entraîne l'ensouple ; *y* est un engrenage tournant fou sur cette manivelle et glissant lorsque le maximum de tension du fil est dépassé ; cette disposition empêche les ruptures, inévitables si la tension augmentait au delà d'une certaine limite, variable avec le nombre et la finesse des fils. Z, poignée de serrage du plateau *v* sur l'engrenage *y*, afin de faire varier le degré d'adhérence du plateau et de maintenir ainsi la tension uniforme aux fils.

RAPPORT ENTRE LA VITESSE DES ORGANES ET LA PRODUCTION. — Par les dispositions précitées et les dimensions des organes données par l'échelle des figures, la vitesse des poulies motrices étant en moyenne de 280 révolutions à la minute, les rouleaux en bois étant d'une dimension de 0m,05, on aura, si on leur donne une vitesse de 7 tours à la minute, un développement de 1m,12.

Ces mêmes rouleaux d'une dimension de 0m,05 donneraient, avec une vitesse de 15 tours, un développement de 2m,40, soit 144 mètres à l'heure ou 1728 mètres de chaîne encollée dans la journée de douze heures. Le rendement est moindre en pratique, comme nous l'indiquons plus loin.

PIGNONS DE RECHANGE POUR RÉGLER LA TENSION ET LA VITESSE DES FILS. — C'est par le remplacement de l'un des pignons m, n, p, par des pignons plus grands ou plus petits, et d'un nombre de dents variable, qu'on ralentit ou accélère le mouvement des rouleaux qui appellent ou déroulent les fils f, f. Par le changement du pignon o (pl. XXVIII, fig. 1), on modifiera la vitesse des cylindres presseurs E, F, G.

q, r, s sont les transmissions opérant la tension des fils depuis leur sortie de la colle ; en en changeant le rapport on pourra opérer les modifications de tirage et de tension. Enfin, les pignons t, u sont de rechange lorsqu'il s'agit de régler l'enroulage de la chaîne sur l'ensouple en raison des finesses des fils ou pour toute autre cause.

REMARQUE SUR LA PRODUCTION DE L'ENCOLLEUSE. — Il résulte du calcul des vitesses de l'encolleuse que sa production théorique, déterminée par celle de l'ensouple, serait de 1728 mètres.

PRODUCTION EFFECTIVE. — Or, cette *production réelle* varie naturellement suivant la qualité des fils et le plus ou moins de ruptures et d'arrêts pendant le travail. Il est prudent en général de ne compter en moyenne avec ce système que sur un collage de 1000 à 1200 mètres de chaîne de 2800 à 3000 fils par jour de douze heures de travail effectif, dont on aura facilement le poids, connaissant le numéro des fils. On encolle d'ordinaire six pièces à la fois. L'ensouple contient donc une longueur égalant 6×84 mètres $= 504$ mètres, plus quelques centimètres entre chaque pièce. Les pareurs sont ordinairement payés à la journée ; ils gagnent de 2 fr. 50 à 3 francs.

NATURE ET CONSOMMATION DE LA COLLE. — La quantité peut changer avec la qualité et la pureté du produit, suivant que la colle a été plus ou moins bien cuite et qu'elle est maintenue plus régulièrement fluide pendant l'opération. En général la consommation totale ne doit pas dépasser 1 kilogramme à 1ᵏ,100 pour 100 mètres de chaînes de 2800 à 3000 fils. On utilise à peine les deux tiers de ce poids, le reste se perd en évaporation, et comme dépôt s'attachant à la bassine.

La colle animale est généralement dissoute au bain-marie, puis maintenue liquide et chaude à la température voulue par un jet de vapeur dans le vase de l'encolleuse. Depuis quelque temps on s'est servi, pour préparer la colle dite *de Flandres*, de l'appareil de M. Simon de Saint-Dié, à *cuire* la colle végétale (voir fig. 3, pl XLV) [1].

Si d'ailleurs le procédé de MM. Delattre, dont nous allons donner la description, après celle de l'encolleuse de M. Henri Gand, se propage, le traitement de l'encollage des fils de laine aura désormais une grande analogie avec celui du coton.

MACHINE A ENCOLLER ET A PARER LES CHAINES DE M. HENRI GAND. — Cette pareuse se distingue surtout par la manière dont les fils enduits de colle sont séchés pour leur conserver toute leur souplesse et leur élasticité. Ils parcourent une distance d'au moins deux fois 9ᵐ,30 dans une direction verticale, c'est-à-dire qu'en sortant de la bassine ils montent dans des chambres chaudes, au sommet desquelles se trouve un rouleau directeur, d'où ils redescendent s'enrouler sur l'ensouple après avoir parcouru près de 19 mètres. La disposition est double et symétrique, la moitié de la chaîne ou le produit de quatre rouleaux est disposé d'un côté pendant que l'autre moitié des quatre autres rouleaux vient du côté opposé, conformément au croquis de la figure 1, pl. XXIX. Les bassines à colle B sont, comme à l'ordinaire en cuivre rouge et à double fonds, afin de chauffer au bain-marie. Les quatre rouleaux r sont en laiton ; les pres-

---

1. On ajoute d'ordinaire un peu de sulfate de zinc à la colle, en vue de l'entretien des bassines.

2. Voir aussi les *Études sur les produits textiles*, chez Baudry, 15, rue des Saints-Pères.

seurs, placés sur les inférieurs, sont enveloppés de flanelle pour empêcher le glissement. Ces cylindres sont d'abord entourés d'un manchon en calicot; c'est sur ce dernier qu'on applique la flanelle.

Il suffit de jeter un coup d'œil pour comprendre la marche générale de l'opération. Les fils ourdis par un huitième de la chaîne sur les rouleaux R se déroulent parallèlement dans la colle par les dispositions identiques à celles précédemment décrites; la modification commence à la sortie de la bassine B. On voit les fils se rendre verticalement à travers les planchers d'une chambre à trois étages; ce sont deux espèces de cheminées de 1 mètre de largeur. C'est une chambre où l'air est chauffé modérément par le rayonnement de la chaleur des tuyaux à vapeur T, placés au second étage à une certaine élévation. Il résulte de cette disposition : 1° que la chaîne, à la sortie de la colle, chemine dans l'air ambiant non chauffé sur un parcours vertical de près de 3 mètres. Le séchage a lieu très-lentement; il commence à s'accélérer seulement à partir de ce point jusqu'à la limite de sa course, ce qui permet une pénétration intime des fils, tandis que lorsque la chaleur les saisit de suite à la sortie de la bassine, leurs surfaces seulement sont atteintes, et trop attaquées lorsqu'on veut arriver à leur dessiccation complète. De là le départ de la colle sous l'action du frottement du métier à tisser, et le déchet précédemment indiqué, 2° que les fils ne touchant aucun point d'appui à leur sortie de la colle, et n'ayant de contact avec un corps dur qu'au haut de la pièce, ne reçoivent aucune tension avant d'être secs. Cette condition n'est pas moins avantageuse que la précédente. Elle a pour effet de n'opérer de traction et de tension que sur les fils secs, et ne peut pas troubler leur élasticité, comme cela arrive lorsqu'on soumet la matière humide à l'action d'une force quelconque. On sait que les produits de la maison Gand de Buhl sont particulièrement estimés. Le mode d'encollage que nous

analysons nous paraît avoir contribué à la qualité des étoffes
de cette maison.

MACHINE A ENCOLLER ET A PARER DE MM. HENRI DELATTRE
ET FILS.—L'originalité du procédé de MM. Delattre réside surtout dans l'emploi de la colle végétale de fécule de pomme de
terre substituée à la gélatine animale appliquée aux fils de la
laine.

Leur machine a une grande analogie avec les anciennes
pareuses du coton (voir pl. XXX).

Il suffit d'une légende pour la comprendre :

R, R... rouleaux ourdis placés sur un bâti en fonte ;

r et r′, deux petits cylindres guides des fils de la chaîne ;

p, râteau diviseur en cuivre, pour séparer les faisceaux et
les faire passer dans l'ordre voulu dans le peigne extensible
placé sur le devant de la machine ;

O O, caisse à colle ;

P, plongeur mobile, espèce de lanterne à baguettes en cuivre ;

E, cylindre encolleur ;

e, cylindre presseur ;

P′, E′ et e′, second plongeur, cylindre encolleur et presseur ;

P″ sont les tuyaux de vapeur pour chauffer la bassine et
faire bouillir la colle afin qu'elle soit toujours fluide, pénètre
bien les fils et ne forme pas de croûte à la surface ;

S, cloison en planches avec quelques jours au fond pour
séparer la colle bien cuite de celle qui l'est moins ;

v, v, v, petits tubes à circulation de vapeur pour chauffer l'air ;

T, grand tambour léger en lattes de bois pour diriger la
chaîne ;

T′, tambour plus petit de la même construction recevant les
fils du tambour T, d'où ils sont dirigés sur les cylindres de
renvoi M, N, entre une série de baguettes d'envergure pour
les isoler, puis dans le peigne X, et enfin sur l'ensouple ;

L, ensouple du métier à tisser, mue par un mouvement différentiel, afin de régler son développement en raison de l'augmentation de diamètre, et arriver à maintenir les fils sous une tension constante ;

A B et Y, ventilateur ;

Y, série de tuyaux à vapeur pour finir le séchage ;

Z, tuyaux, est également un cylindre sécheur placé entre la bassine et les grands tambours ;

K, marqueur automatique d'un compteur, disposé pour que la marque ait le temps de sécher avant d'arriver à l'ensouple L.

AVANTAGE DE L'ENCOLLAGE A LA FÉCULE. — L'emploi de la colle végétale serait aussi efficace que celui de la gélatine. La vitesse de la pareuse pourrait être accélérée de manière à encoller une longueur de chaîne de 4000 à 5000 mètres par jour, c'est-à-dire plus du double qu'avec le procédé ordinaire.

Les ruptures de fils sont assez peu fréquentes pour que trois hommes suffisent au fonctionnement de deux machines; la mise en train serait très-facile et exigerait à peine une heure à une heure et demie. Enfin la dépense moyenne ne dépasserait pas 0 fr. 08 par kilogramme de fil, au lieu de 0 fr. 60 qu'exige actuellement la même unité. Tels sont les résultats que MM. Delattre nous ont affirmé obtenir par l'encollage nouveau; ils intéressent trop l'industrie pour ne pas être publiés. Nous devons ajouter que le procédé n'est plus à l'état d'essai à en juger d'après l'extrait suivant d'une lettre que nous ont adressée MM. Delattre, dès le mois d'octobre 1872.

«Nous venons de faire une application de 1000 kilogrammes de fécule première qualité, qui nous ont permis d'encoller 6700 kilogrammes de fil de laine peignée variant entre des numéros 75 à 85 au kilogramme (échevettes de 713 mètres) et encollant des chaînes en moyenne de 2800 fils. Poids employé au kilogramme de laine, 150 grammes de fécule.

Le kilogramme de fil de laine coûtera donc en matières :

Avec fécule à 54 francs les 100 kilogr. pour 0ᵏ,150.....   0ᶠ,08

Avec de la gélatine à 200 francs les 100 kilogr., en
moyenne, 0ᵏ,320..   0 ,84
                                                            ─────────
Économie réalisée...   0ᶠ,56

Du 1ᵉʳ avril 1870 au 31 mars 1871, nous avons employé
85 000 kilogrammes de laine encollée à la gélatine. »

Coût avec la gélatine à 200 francs les 100 kilogr. [1].....   54.400ᶠ

  —   fécule à 54 francs les 100 kilogr.........   6,885
                                                            ─────────
Économie réalisée.......................................   47,515ᶠ

MÉTIER MÉCANIQUE A FAIRE LES ÉTOFFES UNIES ET ARMURES FON-
DAMENTALES. — La planche XXXI donne quatre vues d'un métier
que nous avons vu fonctionner d'une manière très-satisfaisante.
Le mérinos étant exécuté par une armure croisée à quatre
lisses, ces genres de métiers se ressemblent presque tous
dans leurs organes et transmissions, et ne diffèrent que par
quelques dispositions de détails accessoires ; ce qui constitue surtout leur mérite, c'est leur solidité, les soins apportés à
leur exécution, le fini et la précision de l'ajustage des pièces en
action. Le métier que nous donnons ici est de la construction
de MM. Pierrard-Parpaite et fils. La figure 1 est une élévation
de profil du côté opposé à celui des poulies motrices.

La figure 2 est une section verticale du métier laissant voir
l'ensemble des organes et les relations générales des transmissions. La figure 3 est une vue de face et la figure 4 une projection horizontale.

Les mêmes lettres indiquent les mêmes parties dans les différentes figures.

─────────────

1. Nous transmettons les chiffres qui nous sont donnés par les auteurs,
bien que les quantités de gélatine consommée et le prix nous en paraissent
un peu élevés.

DISPOSITION DE LA CHAINE. — L'ensouple ou rouleau L contenant la chaîne enroulée et venant de la machine à encoller, est disposée par les tourillons i, i dans des coussinets réservés dans des saillies ou rebords venus de fonte aux montants du bâti A. La tension voulue est imprimée à tous les fils de la chaîne, au moyen de cordes tendues, entourant les gorges de deux poulies I, I' placées chacune à l'une des extrémités de l'ensouple. On voit comment la corde r, après avoir fait un ou plusieurs tours autour des poulies suivant le degré de tension nécessaire, vient se fixer à un point détaché placé autour du bâti. La figure 2 montre la direction de la chaîne; tous ses fils sont déroulés parallèlement et viennent passer sur la poitrinière circulaire formée par un rouleau dont on voit l'axe p, placé dans des coussinets de chaque côté du bâti, de façon à ce qu'on puisse au besoin faire monter ou descendre ce support afin de modifier l'inclinaison de la chaîne en raison des articles tissés, si on veut modifier la tension ou l'apparence du grain de l'étoffe. Les axes p, au lieu d'être maintenus fixes et invariables par un chapeau et un serrage, sont libres, et peuvent céder sous l'influence d'une action anormale et former en quelque sorte un support élastique à la chaîne. C'est en se déroulant que les fils f sont *remis* ou *rentrés* dans les lisses l. l, l, l, suspendues à leurs extrémités supérieures, à des cuirs passant sur les rouleaux de suspension K, K'. Les extrémités inférieures 1, 2, 3 et 4 des mêmes lisses sont fixées à des pédales J, J, J, J. La disposition L' est un mouvement de rabat pour égaliser et faire baisser au besoin telle ou telle lisse au moment nécessaire afin d'opérer les rattaches des fils cassés. Ce sont les mouvements de ces lisses contenant chacune le quart des fils et manœuvrées dans un certain ordre spécial, qui déterminent successivement les mêmes ouvertures de la chaîne avec des fils changeant de place, c'est-à-dire qui forment alternativement le côté inférieur et le côté supérieur de l'espèce de parallélogramme affecté par la chaîne pour recevoir la trame (voir fig. 1 et 2), par la navette N. La chaîne continue à se développer, elle passe entre les dents d'un peigne *s* enchâssé dans la partie supérieure du battant B. Une fois l'entrecroisement des deux séries de fils (chaîne et trame) opéré, c'est la surface de l'étoffe ainsi obtenue qui vient s'enrouler autour de l'ensouple S du tissu sous l'action d'une tension constante du rouleau O, verré ou émerisé. Pour enrouler carrément l'étoffe d'une largeur égale et sans rétrécissement entre les lisières, on a recours à l'application d'un *temple* ou *templet* consistant en deux petites roulettes à picots *e*, *e'* (fig. 4), placées une à chaque lisière et actionnées par un cliquet *n*, *n*. Les galets sont reliés entre eux par une tige *p* posée à plat, qui maintient les roulettes à la distance correspondante à la largeur de l'étoffe ; celle-ci venant changer de laize, le même temple servira de nouveau en faisant rapprocher ou éloigner les roulettes entre elles par une vis U.

Commandes du métier. — Elles ont leur point de départ par les poulies motrices fixe et folle *c*, *c*.

Supposons le métier monté prêt à fonctionner, l'ensouple de chaîne L plein de fil, l'ensouple S de l'étoffe vide, les fils passés dans l'ordre voulu dans les lisses, de manière à ce que, si nous les supposons numérotées de 1 à 4, et les fils également numérotés, le fil n° 1 soit passé dans la lisse 1 correspondante, le fil 2 dans la lisse 2, le fil 3 dans celle n° 3, et enfin le fil 4 dans la lisse 4. Puis le cinquième fil repassera dans la lisse 1, le sixième dans la deuxième, et ainsi de suite, quelque soit le nombre des fils ; il s'ensuivra que si une chaîne avait 2 000 fils par exemple, chaque lisse en contiendra un quart ou 500, et que si par la pensée on divisait ces fils par série de 4, tous les mêmes numéros passeraient dans les mêmes lisses. Voyons maintenant comment ces lisses sont mises en jeu.

COMMANDE DES LISSES. — Cette transmission de mouvement a lieu par des excentriques I, appuyant alternativement et dans l'ordre voulu sur les pédales ou marches J (fig. 3), auxquelles les lisses sont attachées. Il y a autant d'excentriques que de lisses. Ils sont combinés de façon à faire baisser et lever ces lisses deux à deux, mais dans un ordre spécial et conformément aux combinaisons déjà indiquées dans les considérations relatives aux armures fondamentales.

Le petit tableau donné alors démontre bien le principe du mouvement des fils pour un entrelacement *croisé*. Pour obtenir un effet complet de chaque course, il faut que chaque fil évolue deux fois de suite dans le même sens. Chaque fil évolue deux fois de la même manière en changeant de voisin à chaque évolution ; de là l'effet croisé. Quant aux transmissions des pédales J et des excentriques I qui les font mouvoir, voici leur filiation : les excentriques I sont calés sur un petit arbre transversal H passant dans le coussinet du support *g* (fig. 3). Cet arbre reçoit son action de la roue cône G, engrenant avec une voisine G' calée sur l'arbre E, mené par la roue F engrenant avec la roue D, placée sur l'arbre moteur des poulies C, C' à manivelle B et aux bielles *b'*.

COMMANDE DU TAQUET N OU CHASSE-NAVETTE.—Elle a lieu alternativement de droite à gauche, et de gauche à droite. A cet effet le levier horizontal F', auquel est fixée la lanière *r* du taquet, est porté à son extrémité dans une pièce H engrenant et dégrenant alternativement avec un demi-manchon semblable porté par l'extrémité supérieure de l'arbre L', dont le mouvement de rotation autour de son axe imprime au bras F' un choc brusque qui se transmet à la lanière *r* du taquet. Ce mouvement de l'arbre L' lui est communiqué par un galet *g* à surface gauche placé à sa partie inférieure, actionné par une came R' calée sur l'arbre principal E. Lorsque la courbe de la came n'est plus en contact du galet, l'arbre vertical, sollicité par un ressort r', débraye son manchon H afin de neutraliser l'effet du bras F', qui vient pour laisser opérer le second excentrique tt', placé sur l'autre extrémité du bras E, sur le second bras F disposé symétriquement pour renvoyer la navette en sens opposé.

COMMANDE DU BATTANT OU ORGANE DE SERRAGE DE LA TRAME. — L'ensemble de cet organe se compose : 1° de la partie supérieure ou masse formant la boîte de la navette b assemblée au peigne s. Celui-ci est en quelque sorte une grille verticale au-dessus de la boîte, sur laquelle la navette vient rouler, et dont on voit la section et le taquet mobile en N (fig. 1). Cet ensemble, boîte et peigne, est fixé au bout d'une tige verticale B', articulée sur des tourillons a, a, un à chaque côté de l'extrémité inférieure du battant, A' la partie supérieure directement au-dessous de la boîte b, la tige B' des saillies 5, percées chacune d'un trou pour recevoir des goupilles, afin d'y fixer les coudées de l'arbre moteur B. L'action est donc imprimée directement de la poulie motrice à l'arbre à manivelle correspondant aux bielles b' assemblées d'une part à la manivelle et de l'autre au battant.

COMMANDE DE L'ENSOUPLE S DU TISSU ET DU DÉROULAGE DE LA CHAINE. — L'épée du battant B' (fig. 2) porte une coulisse M à sa partie inférieure, dans laquelle est fixé un goujon o d'un levier vertical dont l'extrémité supérieure reçoit un cliquet N qui s'engage par sa pointe dans les dents d'une roue à rochet R'. Le battant et la coulisse étant solidaires, chaque mouvement du premier en imprime un à la coulisse, et actionne ainsi la roue R'. Celle-ci reçoit sur son axe un pignon j engrenant avec un engrenage droit s, et un pignon 6 sur son arbre, qui détermine la rotation du cylindre enrouleur O, dirigeant à son tour l'étoffe sur l'ensouple S du tissu fait.

MÉCANISME DÉBRAYEUR SPONTANÉ DU MÉTIER PAR LE CASSE-TRAME. — La trame peut venir à manquer soit parce que la navette fait un écart et saute hors des fils de la chaîne sans compléter sa course, soit parce que son fil s'est rompu pendant la marche. Dans l'un comme dans l'autre cas le métier doit s'arrêter de lui-même. Il y a, à cet effet, une disposition pour chaque cas, correspondant chacune au levier débrayeur a, qui porte la fourche ou guide-courroie (fig. 4) afin de la faire passer de la poulie fixe C sur la poulie folle C'.

Ce dernier résultat est obtenu par la disposition suivante : f' (fig. 1 et 4) est un petit levier articulé sur sa longueur s''; une de ses extrémités, celle du côté du peigne, est recourbée en retour d'équerre et forme une fourchette ; lorsque le fil de trame passe, il se dirige derrière ces dents et vient les maintenir contre un grillage de broches verticales terminant le peigne de chaque côté et entre lesquelles se dirigent les lisières. Le petit levier est alors incliné en avant ; mais si le fil, par suite d'une rupture, ne maintient plus la fourchette f', celle-ci articule autour du point s', et s'incline en arrière. Or le bras opposé au côté de la fourchette se termine en crochet et vient agrafer la partie courbe d'un autre levier vertical oscillant f'', animé à l'extrémité inférieure prolongée m par un galet g mû par une came R_s (fig. 1 et 2). Comme le levier f'' tient à une pièce reliée à la pièce R, celle-ci fait alors un mouvement dans le sens de la flèche figure 4, fait sortir la tringle verticale Q de son encoche et dévie ainsi la fourche dans la direction voulue pour faire passer la courroie de la poulie fixe sur la folle. Dans les métiers les plus complets, il y a une disposition semblable de chaque côté correspondant aux lisières.

MÉCANISME DÉBRAYEUR DANS LE CAS OU LA NAVETTE MANQUE.— L'une des parois verticales de la boîte à navette, celle de derrière p, a un panneau compressible qui tend à rentrer à l'intérieur de la boîte lorsqu'il ne subit aucune action ; mais lorsqu'il est pressé par le passage de la navette, le panneau s'applique contre la branche verticale d'une espèce de levier coudé X_1 ; t, articulé en R_2, si la navette ne passe pas la branche X_1, vient se pencher en avant, et sa tige t prend la position de la figure première. Le mouvement du battant auquel tient ce système amène alors l'extrémité de cette tige contre une encoche t'', d'une pièce qui peut glisser d'un petit espace sur sa base, et opérer en s'avançant sur la règle R, du débrayage, comme on peut le reconnaître par la disposition en plan de ces parties (fig. 4).

Enfin, pour éviter que l'ensouple du tissu ne continue l'enroulage et ne fasse ce qu'on nomme *un faux duitage* ou partie sans trame, si par une cause quelconque on est obligé de faire tourner le métier à la main, on a disposé sur ce récepteur de l'étoffe un contre-cliquet P, sur la roue à rochets qui s'en échappe spontanément lors du débrayage automatique; l'action du rochet et l'enroulage sont donc neutralisés dans tous les cas.

Rapport de vitesses des organes. — On prend ordinairement pour base et point de départ des vitesses des différents organes, celles du nombre de révolutions possibles du battant, et, par conséquent, le nombre de coups de navette dans l'unité de temps. Cette vitesse varie naturellement en raison de la nature, de la qualité des fils et des largeurs des étoffes. Toutes choses égales d'ailleurs, on pourra augmenter le nombre de courses de trame eu raison directe de la ténacité et de l'élasticité des fils et en raison inverse de la largeur de l'étoffe. Pour les métiers à tissus mérinos d'une laize de 1 mètre, par exemple, on peut admettre en moyenne 150 à 160 coups de battant à la minute. Les poulies e, l'arbre B, les manivelles et les bielles feront donc ce nombre de révolutions dans le même temps. Les lisses, au nombre de 4, devant se mouvoir deux à deux, l'arbre E qui transmet leur mouvement par l'excentrique G agira alternativement sur les leviers J, J; la vitesse de cet arbre sera $\frac{150}{2}$ ou $\frac{100}{2}$; c'est là, en effet, le rapport entre les roues D et F, la seconde a un diamètre double de celui de la première placée sur l'arbre B des poulies. A chaque mouvement du battant, ou en d'autres termes à chaque duite tissée, l'ensouple du tissu doit enrouler et dérouler une longueur équivalente de chaîne. On sait que cet enroulage est commandé par la roue à rochet R' actionnée par le battant lui-même. A chacun de ses mouvements, le chemin à parcourir par le tissu étant très-court, on fait les divisions très-rapprochées. Il y a à établir un petit calcul élémentaire basé sur le développement de l'ensouple et la longueur à enrouler.

On peut remarquer que dans des métiers de ce genre il y a toujours des causes d'irrégularités de tension de la chaîne, attendu que les deux rouleaux, celui qui porte les fils et celui qui reçoit l'étoffe, changent constamment de diamètre. A l'origine du tissage d'une pièce, le premier est à son maximum, le second à son minimum de grosseur. Le contraire a lieu à la fin du travail. C'est pour remédier à cet inconvénient et à d'autres causes d'irrégularités et pour rendre l'action de l'enroulage indépendante de ces changements, qu'on a recours au mode de pression de cylindres, dont la surface, rendue rugueuse comme celle du papier de verre, presse et pince toujours l'étoffe qui passe avec une égale intensité. Quelquefois aussi la pression sur la corde r de l'ensouple de chaîne est effectuée par une série de poids, des espèces de rondelles en plomb, pour pouvoir en enlever à mesure que le travail avance et que le nombre des couches diminue.

On a fait bien des recherches pour arriver à des régulateurs plus précis, mais des conditions pratiques très-variables, les fréquents changements de l'état atmosphérique, les ébranlements anormaux des métiers qui lâchent plus ou moins la chaîne à chaque coup et surtout la difficulté de trouver un mécanisme fort simple à bas prix, peu susceptible de se déranger et d'une efficacité constante, y ont fait renoncer, du moins en apparence.

PRODUCTION D'UN MÉTIER. — Connaissant le nombre de coups de battant ou de duites dans l'unité de temps, et le nombre de duites ou la réduction de l'étoffe pour l'unité de longueur, il sera facile d'en déduire le rendement théorique, en le multipliant par un coefficient représentant les temps d'arrêts déterminés pour diverses causes ; on aura ainsi la production réelle du métier.

Supposons le tissage d'un mérinos de 1 mètre de largeur contenant 4 000 duites au mètre, admettons d'un autre côté que le métier fonctionne à 160 coups à la minute, ou sept cent vingt minutes par douze heures, il devrait produire $720 \times 160 = 115\,200$ duites et $\frac{115\,200}{4\,000} = 28^m,80$ de tissu par jour. Mais il est prudent de ne compter que sur 60 pour 100 de ce résultat, soit $115\,200 \times 0,60 = 69.120$ duites et une longueur de $\frac{69\,120}{4\,000} = 17^m,28$. Nous donnons d'ailleurs plus loin les tableaux des rendements pratiques pour les différentes largeurs usitées.

TISSAGE AUTOMATIQUE. MÉTIERS A NAVETTES MULTIPLES. — Il existe, au nombre des tissus façonnés, certains genres dont les effets sont purement le résultat d'une série de fils de trame de couleurs différentes entrelacés dans un ordre déterminé *à priori;* une grande catégorie de petits articles de fantaisie pure laine ou en matières mélangées est obtenue de cette façon. Il faut alors se servir d'autant de navettes que le tissu réclame de couleurs différentes dans la trame. Ces changements de navettes nécessitent une attention spéciale lorsque le travail a lieu à la main. Le prix de la façon augmente alors proportionnellement avec le prix des articles. Aussi a-t-on cherché depuis bien longtemps des mécanismes permettant de tisser à navettes multiples comme on le fait depuis longtemps pour des métiers à une seule navette.

Quoique les premiers essais tentés pour arriver à la solution de cette question de l'emploi des battants à compartiments multiples remontent à plus de trente ans, que les plus anciennes applications aient été faites à Paris au travail des châles, afin d'en faciliter la besogne, le problème n'a été complètement résolu automatiquement que dans ces dernières années. L'industrie a actuellement à sa disposition des métiers mécanique produisant environ 100 duites à la minute, de six couleurs différentes au besoin ; ces machines fonctionnent avec autant de précision, sinon aussi vite, que les métiers ordinaires à faire les unis. Il y a plusieurs systèmes ou plutôt plusieurs modifications en présence, mais peu différentes en principe. Tous ces genres se composent indistinctement d'un métier ordinaire et d'un mécanisme additionnel destiné à commander soit la rotation d'une boîte à navettes circulaires, soit un mouvement de va-et-vient à une boîte rectangulaire, à glissement vertical.

Nous allons décrire successivement l'un des deux types, en commençant par le système dit *revolver* ou à boîte de rotation.

La planche XXXII représente (fig 1) un côté du métier. La figure 3, la vue du bout du côté opposé, et la figure 2 une vue de face. Les autres figures de la planche donnent les détails spéciaux au mécanisme de la boîte à navettes.

Ce métier contenant exactement tous les organes et transmissions de celui que nous venons de décrire, nous ne ferons que mentionner rapidement les parties précédemment indiquées. Une simple légende suffira donc pour l'intelligence des organes ordinaires :

X Z, bâti du métier ;

S', ensouple avec sa corde de tension *r* ;

f, fils de la chaîne ;

p, pièce droite arrondie servant de poitrinière ;

e, e, enverjure ou entre-croisement de la chaîne ;

l, l, l, l, lisses avec des leviers de suspension K, K, K, K ;

j, j, j, j, pédales ou marches de ces lisses, fixées aux leviers K par des tiges 1, 2, 3, 4, tiges reliant les marches aux leviers R des lisses *l, l* ;

B', épée du battant ;

t, petite tige agissant pour débrayer le métier quand la navette saute ;

f, levier à fourchette faisant débrayer quand la trame casse ;

w, levier à mouvement qui complète le mécanisme agissant sur le guide-courroie ;

Q, brindebale ou guide-courroie relié à la fourche ;

o, rouleau ou ensouple de l'étoffe ;

o', rouleau de friction ;

C, poulie motrice ;

I, engrenage droit ;

II, engrenage droit donnant le mouvement à l'arbre des cames des leviers *j, j* ;

M, bielles recevant leur mouvement par deux manivelles placées sur l'arbre moteur ou des poulies C, et le transmettant à l'épée du battant ;

F, levier des chasse-navettes recevant l'impulsion d'un arbre vertical, comme précédemment. Il en est de même de la commande de l'ensouple du tissu. N'ayant pas à insister sur ce sujet, nous abordons la description du mécanisme de la boîte à six navettes.

FORME ET DISPOSITION DE LA BOITE A SIX NAVETTES. — Cette boîte est donnée, détail vu de face, figure 4. Elle porte six rainures dans le sens de ses génératrices, et est limitée et fermée à ses deux extrémités par des plaques métalliques P P', dont les vues de face sont données fig. 5 et 6. On remarque les vides ou découpures *x, x',* au nombre de six, correspondant aux six compartiments ou rainures de la boîte.

La boîte B est fixée sur un axe cylindrique A passant dans un canon A′, reçu par un support S en fonte, boulonné à l'une des extrémités de la chasse B″ ; l'autre extrémité du même canon A dépassant la boîte, reçoit une petite poulie d. A la partie inférieure du bâti est disposé un second petit support S′ dans lequel est boulonné un axe E, parallèle à l'axe de la boîte B. Cet axe reçoit à une de ses extrémités une poulie d′ parallèlement à la poulie d (fig. 2) ; à l'autre bout du boulon S′ est calé un disque avec des dents qui lui donnent la forme d'une étoile. La figure 6 donne une projection de face de cette roue, et la figure 7 est une coupe par un plan vertical de l'axe E avec son étoile F et sa poulie d′. Ces deux organes de commande sont réunis bout à bout par juxtaposition, et maintenus solidaires en contact par l'action d'un ressort à boudin intérieur r. Chacune des poulies d et d′ a des saillies correspondant à des trous de leur courroie commune C. Cette disposition a pour but de faciliter l'entraînement. On voit que l'arbre A de la boîte de rotation reçoit son mouvement de la poulie d menée par celle d′ de l'axe E.

COMMANDE DE L'ARBRE E PAR L'ÉTOILE F. — Les figures 8 et 9 représentent en détail sur deux faces un disque G (fig. 2) avec des chevilles i, i′, i″. Le centre rond et creux de ce disque et par conséquent le disque lui-même sont placés sur l'axe d'une roue R, recevant son mouvement d'une roue semblable R′, commandée par la roue o placée sur l'arbre inférieur M du métier.

Dans le moyeu extérieur du disque G est pratiquée une rainure i, pour recevoir l'extrémité inférieure d'une tige L, dont le bout supérieur, disposé en écharpe, reçoit un galet g. La seconde roue R′ reçoit un disque G identique à celui de la roue R avec une tige L′ et un galet g′. Il n'y a de différence entre les deux disques qu'en ce que l'un n'est muni que de deux et l'autre de trois chevilles, ensemble cinq, qui, avec le compartiment ordinaire de la boîte, en forment six. Ces chevilles ont des longueurs différentes. La figure 10 donne une coupe en profil de la disposition de la partie supérieure des leviers L, L' avec leurs galets g, g', et le chapelet en bois ou en carton n, n, dans lequel on a figuré des cames h, h', h'' de différentes longueurs. La figure 11 est une projection horizontale, vue par-dessus, de la figure 10.

FONCTION DU CHAPELET. — Le chapelet, formé par de petites bandes de carton ou de bois avec des cames placées aux points convenables, a pour fonction de présenter successivement aux galets, des saillies qui, en les repoussant, font basculer le levier correspondant L ou L', suivant que l'action a lieu sur l'un ou l'autre, dans le mouvement du levier autour de son point d'articulation A_1. L'extrémité inférieure dudit levier agit alors sur la rainure i du moyeu du $disque$, pour faire avancer, présente l'une des chevilles i, i', i'' dans les vides de l'étoile F, et engrène en quelque sorte, pour faire tourner cette étoile, l'arbre E, les poulies d et d' et l'axe A de la boîte, pour présenter la navette voulue. On peut, en disposant régulièrement des cames h, h', etc., d'égales saillies et à égales distances, agir sur les compartiments et les navettes dans l'ordre naturel des nombres 1, 2, 3, etc. On peut aussi opérer dans un ordre irrégulier en disposant des cames plus longues les unes que les autres. Alors les leviers L, L' font engrener les chevilles les plus longues de façon à ce que les compartiments se présentent dans un ordre quelconque. Les deux leviers travaillent séparément afin de donner au besoin le mouvement dans les deux sens à la boîte, de droite à gauche et de gauche à droite. A mesure qu'une tige doit rester au repos, elle est ramenée à sa position initiale par des ressorts l (fig. 2) qui y sont fixés.

COMMANDE DU CHAPELET. — Sur l'axe X_1 du corps tournant hexagonal ou cylindrique (fig. 10) est calée une roue dentée VI qui engrène avec un pignon à dents hélicoïdales V fixé sur l'arbre des poulies motrices. Les figures 12 et 13 donnent les deux vues de cet engrenage moteur des cartons. Afin d'assurer l'action précise de ce support tournant du carton qui se meut rapidement, pour fournir 90 à 100 duites à la minute, on a recours à une disposition analogue à celle adoptée dans le même but pour les battants des Jacquart, connue sous le nom de valet. Cette pièce, représentée sur ces deux faces en détail (fig. 14 et 15), et dans sa position en fonction (fig. 3) consiste dans une étoile hexagonale K, montée sur la platine P, dont les côtés en arcs de cercle reçoivent une tige m entourée d'un ressort à boudin, sollicitant cette pièce de bas en haut, et qui empêche la boîte de fouetter dans ses mouvements.

Relations entre les différentes parties du mécanisme de la boîte. — Le point de départ de l'ordre de la marche de la boîte est déterminé par un chapelet, et de petites cames implantées aux points voulus à la place de trous, percés comme dans le mécanisme Jacquart. Ce chapelet a une rotation continue par la roue VI placée sur l'axe X_1, et recevant son impulsion de la roue V placée sur l'arbre moteur du métier. Les cames à leur tour impriment l'action aux galets g ou g' des leviers L, L' dont l'extrémité inférieure de chacun manœuvre les disques G, G' pour présenter dans l'ordre réclamé les chevilles i, i', i'', etc. Celles-ci remplissent alors les fonctions de dents qui engrènent avec celles de l'étoile F, dont l'axe E porte la poulie d' qui entraîne par la courroie e la poulie d, et la boîte revolver B placée sur son axe.

Après chacun de ces mouvements, la boîte est ramenée dans sa position exacte par le ressort à boudin sollicitant la tige m du valet mentionné précédemment.

L'assemblage par embrayage entre la poulie d et l'étoile F représenté en coupe (fig. 7) a sa raison d'être dans la nécessité de l'indépendance entre ces deux transmissions en cas de trouble ou de résistance du côté de la boîte. Si les deux organes de commande ne pouvaient se disjoindre naturellement par une force supérieure à celle du ressort, l'étoile F et les pièces dont elle reçoit l'action pourraient être poussées et brisées dans leur marche, tandis que par la commande à ressort, avant qu'un désordre de cette façon puisse se produire, il y a disjonction entre les deux parties de l'arbre E appartenant à la poulie *d* et l'étoile F.

MÉTIER A PLUSIEURS NAVETTES, A BOITE RECTANGULAIRE, A MOUVEMENT ALTERNATIF DE VA-ET-VIENT. — La planche XXXIII représente le second type de métiers à navettes multiples dont nous avons parlé. Nous ne donnons dans les figures que la boîte et les parties se rapportant à ses transmissions, telles qu'elles sont généralement exécutées.

Figure 1, un profil ; fig. 2, un plan ; fig. 3, un détail du mécanisme spécial vu de côté ; fig. 4, les plaques de commande formant chapelet correspondant aux quatre positions des hutteurs L, L′, L′, L″.

A est la boîte à navettes à plusieurs compartiments ; elle est reliée au levier C par la tige B.

Le levier C porte plusieurs gradins correspondant aux diverses positions de la boîte à navette A ; ce levier est retenu dans ses diverses positions par le levier D et la goupille E, le levier D étant sollicité contre les gradins par le ressort M (fig. 2).

Ces diverses parties restent au repos pendant la marche du métier, jusqu'à ce que le dessin exige une autre couleur, et, par conséquent, le déplacement de la boîte A et du levier C.

Ce déplacement a lieu par le levier F, qui reçoit un mouvement vertical alternatif autour de son tourillon par l'excentrique G, fixé sur l'arbre à excentrique du métier à tisser ; le levier F porte une goupille H correspondant aux crochets J, J′, J″, qui ne peuvent s'accrocher à la goupille H que quand les aiguilles K, K′, K″ (fig. 2) le permettent.

Ces aiguilles K, K′, K″, etc., sont sollicitées par des ressorts contre un chapelet de plaques en bois. Chaque fois qu'un changement de navettes doit avoir lieu, la plaque du chapelet, qui passe devant les tiges K, K', K", etc., portera un trou correspondant à l'aiguille du crochet qui doit s'engager, et permet à cette aiguille d'avancer; le crochet se place alors sur la goupille H, qui l'entraine dans son mouvement ascensionnel, ainsi que l'un des butteurs L, L', L", etc., auquel il est relié.

L'aiguille engagée dans l'un des lacets d'une plaque chapelet (fig. 4) est dégagée par le mouvement de va-et-vient de l'arbre carré N sur lequel passe le chapelet.

Le mouvement de va-et-vient est communiqué à l'arbre N par le butteur O fixé sur le levier F; ce butteur, par le mouvement du levier, vient agir contre la saillie fixée sur la tige P, servant de support à l'arbre N. Cet arbre est ramené par le ressort au boudin Q.

Le chapelet avance, toutes les deux duites, d'une plaque au moyen du pont-levier R, qui accroche à chaque mouvement de va-et-vient de l'arbre N l'une des quatre dents placées sur cet arbre, et le fait ainsi tourner d'un quart de tour. Le ressort S, qui sert sur l'arbre N, l'empêche de tourner plus d'un quart de tour.

Les butteurs L, L', L", etc., qui ont des coulisses plus ou moins longues et des nez l, l', l", etc., plus ou moins saillants, sont en rapport avec le levier C au moyen de la goupille E. Si l'un d'eux s'élève, il élèvera aussi le levier C conformément à la longueur de la coulisse, et le levier C élèvera de son côté la botte à navettes.

Si, par contre, la botte à navettes doit tomber, l'un des nez l, l', l", etc., se heurtera contre la poulie d fixée au levier D, et dégagera la goupille E du levier C pour le laisser descendre d'autant de gradins que la longueur dont le nez aura fait avancer le levier D le permettra. Des exemples expliqueront bien mieux l'opération entière. Admettons que la botte à navettes

doive s'élever de manière que la seconde navette (en commençant à compter par le haut) vienne à fonctionner ; dans ce cas,
la goupille H accrochera le crochet I' qui appartient au butteur L' et l'élèvera, ainsi que le levier G, conformément à la
longueur de la coulisse L".

Comme le butteur L' répond à la seconde position de la boîte
à navettes, celle-ci se trouvera nécessairement à la hauteur
voulue.

Si la boîte devait de nouveau retourner dans sa position la
plus basse, la goupille H accrochera le crochet I qui appartient
au butteur L, L, qui a le plus grand nez l, débrayera la goupille E entièrement au moyen de la poulie 'd des gradins du
levier G, et la boîte tombera par son propre poids jusque dans
sa position inférieure.

La longueur du chapelet, et, par suite, le nombre de plaques
en bois dépendront de la longueur du dessin que l'on veut
tisser.

Les pédales T et U servent à remonter ou descendre la boîte
à navettes à volonté si le métier est arrêté, dans le cas où l'ouvrier voudrait changer ou vérifier les différentes couleurs.

MÉTIER POUR REMPLACER LES DUITES CASSÉES SANS ARRÊTER LE
TRAVAIL, PAR M. JOHN BULLOCH. — Les avantages du travail
automatique résident dans la quantité de production, et par
suite dans la vitesse des organes du métier. Aussi presque
tous les perfectionnements qui se sont succédé depuis que le
tissage mécanique s'est introduit dans l'industrie, ont-ils surtout en vue la rapidité des mouvements du métier. On est
ainsi arrivé à faire marcher jusqu'à 160 coups effectifs de trame
et plus à la minute. Le nombre de duites peut varier dans les
métiers dont nous nous occupons comme dans ceux à faire les
unis avec le degré de ténacité et d'élasticité des fils. Les chaînes
en fils doublés et retors, par exemple, supporteront une accélération impossible avec des fils simples de même nature. Mais

quoi qu'on fasse, et quels que soient les fils mis en œuvre, la vitesse sera limitée par le temps nécessaire à la formation de l'angle destiné à recevoir la trame, c'est-à-dire au mouvement des lisses et par la ténacité de la matière susceptible de se rompre plus ou moins fréquemment. Si l'action subie n'est pas convenablement ménagée, si les mouvements qui changent à chaque instant de direction sont trop brusques, ces causes peuvent déterminer des ruptures dans les fils qui, à leur tour, nécessitent l'arrêt du métier pour opérer les rattaches. Jusqu'à présent les progrès consistent dans l'arrêt spontané et automatique du travail en présence d'un accident de ce genre occasionné par la rupture de la trame, ou son absence par suite d'une déviation de la navette qui la fournit. Les mécanismes connus sous le nom de *casse-trame* (voir p. 586) sont chargés de cette fonction, en faisant passer instantanément la courroie motrice de la poulie fixe sur la folle et en agissant sur la fourche du débrayage disposée à cet effet. Le métier, une fois arrêté, la personne chargée de la surveillance du travail opère le rattachage à la main. Cette perte de temps peut, comme on l'a vu précédemment, être évaluée de 30 à 40 pour 100; en d'autres termes, si un métier est susceptible de donner normalement 150 coups de battant à la minute, il n'en réalisera en général que 105 à 90. M. John Bulloch a imaginé un mécanisme qui permet, sans arrêter le métier, de substituer un fil de trame nouveau à celui qui vient à faire défaut. Il se sert à cet effet de la disposition mécanique du casse-trame. Mais cette combinaison de levier adoptée au battant, au lieu d'agir sur la fourche de la courroie, opère sur un tasseau vertical, supportant la navette inférieure d'une boîte analogue à celle des métiers à navettes multiples. Cette action du mécanisme soustrait le point d'appui de la navette pleine, lui permet de descendre parallèlement à elle-même pour remplacer dans la châsse celle qui a dévié ou dont le fil s'est cassé. La nouvelle

navette se place ainsi instantanément et spontanément dans la
boîte de l'un des côtés du battant, en face le taquet du fouet
ou chasse-navette correspondant, tandis que la navette qu'elle
remplace est expulsée dans une boîte disposée pour cela.

Une série de navettes garnies de fil est ainsi superposée,
l'un des côtés du métier porte une boîte à compartiments
analogue à celles placées de chaque côté des métiers à navettes
multiples. Seulement ici les trois ou quatre navettes étagées
reçoivent chacune le même fil ; s'il y en a plusieurs, c'est pour
rendre l'alimentation continue afin qu'il y en ait toujours une
prête à remplacer celle hors de service. A cet effet, dès qu'une
navette saute ou disparaît accidentellement ou qu'une duite
casse, le mécanisme, qui d'ordinaire agit sur les transmissions
et la fourche du débrayage, vient butter contre un support à
cran ou entaille sur lequel repose la navette qui doit entrer
en fonction. Ce support se déplaçant par suite de cette action,
rien ne retenant plus la navette, elle descend par son propre
poids jusqu'à ce qu'elle ait atteint la cavité ordinaire du battant, d'où elle est chassée aussitôt par le taquet sur lequel
opère l'un des deux fouets du métier.

On voit, en un mot, que c'est la disposition mécanique ordinaire connue sous le nom de *casse-trame*, que M. Bullogh a
utilisée pour mettre en liberté une navette nouvelle et l'amener
à la position voulue afin de remplacer celle dont le fonctionnement a été mis accidentellement hors de service.

Le mécanisme ingénieux dont il vient d'être question, efficace en apparence, ne remplit cependant pas les conditions désirables pour remédier complétement aux défauts résultant de
la malfaçon causée par la rupture ou le manquement d'un
fil de trame, accidents ayant pour conséquence de laisser une
certaine longueur de la duite dans la tissure ; lorsque la répa-
ration est pratiquée à la main, on rattache le fil au point de
rupture, mais lorsqu'elle est effectuée par le moyen automa-

tique, une nouvelle duite entière vient se juxtaposer à la partie qui reste traînante plus ou moins développée à la suite de la rupture ; il en résulte une duite composée sur une partie de sa course d'un fil simple et de deux accolés sur le reste. Cet effet se répétera d'une façon plus ou moins sensible, toutes les fois que l'accident a lieu ; de là une irrégularité fâcheuse dans l'étoffe, de là aussi l'impossibilité d'appliquer le mécanisme en question à des produits qui ne doivent rien laisser à désirer dans la régularité du travail. Le métier de M. Bullogh, ne nous paraît donc propre qu'à des articles très-communs et à bas prix, tels que les calicots les meilleurs marchés pour l'exportation. Le mécanisme en question a plus de chances d'être adopté par certains spécialistes anglais et américains, que par l'industrie française, qui se préoccupe surtout des moyens pour arriver à la perfection relative de ses produits. Aussi ne pensons-nous pas que la fabrication des lainages puisse faire son profit du métier Bullogh qui par son ingéniosité méritait cependant une mention.

RELATIONS ENTRE LES RÉDUCTIONS ET LES CROISURES. — On sait qu'on nomme *réduction* le nombre de fils contenus dans l'unité de mesure longitudinale ou transversale, c'est-à-dire en chaîne ou en trame ; leur produit donne la réduction en surface. On adopte parfois encore comme unité une fraction de l'ancienne mesure, le *quart de pouce* $= 0^m,00675$, mais le plus souvent c'est le *centimètre* carré. La réduction de cette surface est donc le produit du nombre de fils de l'unité dans les deux directions. Si leur nombre est le même dans chaque sens, ce qui a lieu lorsque les fils sont d'égales finesses et serrés également, il suffit de multiplier par lui-même ou d'élever au carré le nombre de ces fils. C'est surtout dans la plupart des articles unis que la réduction sert d'éléments d'appréciation. Il est évident que, toutes choses égales entre deux produits, le plus réduit sera toujours le plus résistant et le plus cher. C'est par ce motif qu'on indique dans les cours commerciaux de certains tissus courants leur largeur, le nombre de portées ou fils de la chaîne et leur duitage ou nombre de trames au centimètre. Ces indications sont surtout usitées pour les cotonnades et la toilerie tissées par l'armure la plus simple, dite *fond toile* ou *taffetas*, n'ayant que deux fils au raccord. Les lainages unis fondamentaux, tels que les mérinos tissés par l'armure batavia, exigeant au contraire quatre fils dans les deux sens, et le cachemire d'Ecosse, exécuté par trois fils en entrelacement sergé, sont appréciés en raison du nombre de diagonales des petits rectangles formés par unité de surface. Ces diagonales, dites *croisures*, étant les hypothénuses de triangles rectangles déterminés par les entre-croisements, il est facile de préciser théoriquement leur nombre, les réductions en chaîne et en trame étant connues.

Soient R le nombre de croisures cherchées ; C, la réduction en chaîne au centimètre ; T, la réduction en trame au centimètre ; M, le module ou nombre de fils au raccord, on aura :

$$R = \sqrt{\frac{\overline{C}^2 + \overline{T}^2}{M}} \quad (1) \quad M = 4 \text{ pour le mérinos, et 3 pour}$$

le cachemire d'Ecosse.

Cette formule donne les différentes solutions :

$$\overline{C}^2 + \overline{T}^2 = \overline{R}^2 \times \overline{M}^2 ; \qquad (2)$$

D'où
$$C = \sqrt{\overline{R}^2 \times \overline{M}^2 - \overline{T}^2} \qquad (3)$$

Et
$$T = \sqrt{\overline{R}^2 \times \overline{M}^2 - \overline{C}^2} . \qquad (4)$$

Ces formules permettent de trouver l'un des trois termes, la réduction en chaîne ou en trame, ou la croisure, les deux autres termes étant connus [1].

---

[1]. On trouvera l'explication de cette règle dans les traités de géométrie, qui démontrent que le carré de l'hypothénuse est égal à la somme des carrés des deux autres côtés du triangle rectangle.

Donnons quelques applications numériques pour chacun de ces cas, afin de familiariser avec ces calculs, fort simples d'ailleurs.

APPLICATIONS DES FORMULES AUX MÉRINOS ET AU CACHEMIRE D'ÉCOSSE. — Soit un mérinos de 80 portées de 40 fils sur une largeur de 1 mètre ou $80 \times 40 = 3200$ fils en chaîne, ou 32 fils au centimètre sur la largeur, et d'un duitage de 3950 coups de trame, ou 39,50 au centimètre, quel sera le nombre des croisures au centimètre carré. En remplaçant par des chiffres les lettres de la formule (1), on aura :

$$R = \sqrt{\frac{32^2 + 39,50^2}{4}};$$

Donc
$$R = \sqrt{\frac{1024 + 1560}{4}} = \sqrt{\frac{2584}{4}} = \frac{47,5}{4} = 12,709.$$

Donc le nombre de croisures R $= 12,709$ croisures.

Le nombre de croisures étant 12,709 celui des duites au centimètre ,50, quel sera, d'après la formule (3), le nombre de fils de chaîne pour la même unité ? On aura, en remplaçant les lettres par les chiffres :

$$C = \sqrt{12,709^2 \times 4^2 - 39,50^2} = \sqrt{2584,25 - 1560,25} = \sqrt{1024} = 32,$$

et connaissant la valeur de C, s'il fallait chercher celle de T on aurait, d'après l'équation (4), en remplaçant les lettres par leurs nombres,

$$T = \sqrt{12,709^2 + 4^2 - 32^2} = \sqrt{2584,25 - 1024} = \sqrt{1560,25} = 39,50.$$

Pour la solution des mêmes questions pour un cachemire d'Écosse, on n'aurait qu'à faire M $= 3$ au lieu de 4 dans les formules ci-dessus; on aurait donc pour l'équation la formule (1).

Ces calculs, comme dans tous les cas de ce genre, ne donnent pas les résultats pratiques avec une précision irréprochable. La quantité d'embuvage, le degré de tension et de serrage des fils influent sur leur nombre par unité de surface.

Les apprêts ont également une action plus ou moins directe sur le nombre de croisures ; ils leur font subir un retrait. Il faudrait donc, pour que les calculs eussent toute la précision voulue, ranger les articles par catégories de types ou de finesses, et chercher les coefficients pratiques à appliquer dans chaque cas. A défaut de ce moyen nous proposons le suivant, comme plus expéditif et plus certain : on choisira parmi les articles les mieux réussis une partie parfaite de la pièce et on déterminera à l'aide du compte-fils le nombre de croisures et celui des réductions dans les deux sens, on établira alors par une règle de proportion les croisures que doit avoir une autre pièce, dont les réductions sont connues. On posera la proportion suivante :

$$R : R' :: \sqrt{\frac{\overline{C^2 + T^2}}{4}} : \sqrt{\frac{\overline{C'^2 + T'^2}}{4}}. \qquad (5)$$

ou

$$R : R' :: \sqrt{\overline{C^2 + T^2}} : \sqrt{\overline{C'^2 + T'^2}};$$

R' est la croisure cherchée pour les réductions de C' et T'.

Supposons un mérinos de 12,709 croisures pour 32 fils en chaîne et 39,50 en trame, on demande le nombre de croisures d'un mérinos de 40 fils en chaîne et 40 en trame, d'après la formule (5) ; la proportion à établir sera :

$$12,709 : R' :: \sqrt{\overline{32^2 + 39,5^2}} : \sqrt{\overline{40^2 + 40^2}};$$

et en effectuant les opérations on aura :

$$12,709 : R' :: 47,5 : 56,56.$$

D'où $\qquad R' = \dfrac{56,56 \times 12,709}{47,5} = 15$ croisures.

Cette formule est applicable aux étoffes d'un module quelconque, en donnant à M sa valeur. M. Constant Grimonpré,
professeur de tissage à Saint-Quentin, a appliqué les formules
précédentes aux mérinos et aux cachemires d'Ecosse. Il a
donné les tableaux suivants dans un intéressant opuscule publié en 1871.

TABLEAU A. — *Mérinos. Conversion des croisures en duites. Dents au centimètre, 3 fils en dent.*

CROISURES au 1/4 de pouce	CROISURES au centimètre	6,50	6,75	7	7,25	7,50	7,75	8	8,25	8,50	8,75	9
		FILS AU CENTIMÈTRE										
		19,50	20,25	21	21,75	22,50	23,25	24	24,75	25,50	26,25	27
		DUITES AU CENTIMÈTRE — Rapport du 1/4 de pouce au centimètre (0,75 à 10).										
6	8,88	26,72	29,19	28,65	28,09	27,42	26,85	26,19	25,47	24,75	23,94	25,10
7	10,37	36,66	36,21	35,76	35,39	34,84	34,36	35,92	33,99	32,71	32,96	34,46
8	11,85	43,20	42,86	42,48	42,10	41,71	41,29	40,87	40,42	39,99	39,46	40,81
9	13,34	49,66	49,37	49,05	48,73	48,38	48,02	47,63	47,27	46,87	46,45	46,93
10	14,81	55,93	55,67	55,38	55,10	54,79	54,47	54,25	53,82	53,46	53,10	54,72
11	16,30	62,32	61,98	61,72	61,46	61,19	60,90	60,62	60,34	60	59,58	59,63
12	17,78	68,39	68,18	67,93	67,71	67,46	67,20	66,91	66,68	66,40	62,10	63,10
13	19,26	74,54	74,36	74,15	73,86	73,71	73,47	73,23	72,96	72,72	72,43	72,18
14	20,74	80,63	80,45	80,25	80,05	79,85	79,65	79,41	79,18	78,96	78,66	77,46
15	22,22	86,71	86,54	86,36	86,12	85,92	85,79	85,51	85,30	85,08	84,75	81,62
16	23,71	92,81	92,65	92,48	92,30	92,13	91,94	91,75	91,55	91,54	91,03	87,2
17	25,19	98,66	98,70	98,54	98,38	98,21	98,03	97,85	97,67	97,48	97,27	97,07
18	26,27	104,88	104,74	104,59	104,43	104,27	104,11	105,94	105,76	105,58	105,39	105,20
19	28,15	110,89	110,76	110,62	110,47	110,33	110,16	110	109,84	109,67	109,49	109,24
20	29,03	116,90	116,78	116,64	116,50	116,36	116,21	116,06	115,90	115,74	115,57	115,40

NOTA. Mérinos et cachemire d'Écosse. Si, lors d'un prix de revient à établir, on comptait les croisures, étant tombé du métier, et les fils selon le compte du peigne, il faudrait diminuer d'une duite celles données au centimètre sur les tableaux et de perte que par le calcul en largeur, on a retenu comme plus de fils; elles tombent plus d'influence et par conséquent moins deduites. — Quand les fils sont pris comme les croisures, tissu tombé du métier, il n'y a pas de déduction à faire.

TABLEAU B. — *Cachemire d'Écosse. Conversion des croiseurs en duites.*
Duits au centimètre.

CROISEURS du 1/4 de pouce	CROISEURS au centimètre	2 FILS EN DENTS			3 FILS EN DENTS					
		6,50	6,75	9,25	7	7,25	7,50	7,75	8	8,25	8,50
		FILS AU CENTIMÈTRE									
		17	17,50	18,50	21	21,75	22,50	23,25	24	24,75	25,50
		DUITES AU CENTIMÈTRE — Rapport du 1/4 de pouce au centimètre (6,75 à 10).									
6	8,82	20,52									
7	10,37	23,94									
8	11,85	31,22	30,95								
9	13,34	36,23	35,98								
10	14,81	41,05	40,84	40,62							
11	16,30				44 16	43,70	43,41	43,09	42,72	42,18	41,72
12	17,78				49,03	48 70	48,36	48	47,65	47,25	46,85
13	19,26				53,82	53,52	53,22	52,88	52,65	52,21	51,84
14	20,74				58,58	58,29	58,01	57,70	57,40	57,08	56,75
15	22,22				63,27	63,01	62,74	62,16	62,18	61,89	61,59
16	23,71				67,25	67,72	67,48	67,22	66,93	66,61	66,40
17	25,19				72,59	72,37	72,13	71,90	71,66	71,41	71,14
18	26,67				77,20	76,99	76,78	76,55	76,32	76,08	75,84
19	28,15				81,80	81,60	81,40	81,19	80 97	80,75	80,51
20	29,63				86,37	86,19	85,99	85,79	85,59	85,38	85,15

Connaissant la composition ou la réduction des diverses qualités ou finesses des tissus des tableaux précédents, on obtiendra le poids d'une pièce ou d'un mètre d'étoffe, si on a les numéros des fils employés en chaîne et en trame, en se servant des formules suivantes :

Soit p le poids de la chaîne par mètre linéaire d'étoffe ; p, poids de la trame du mètre d'étoffe ; N, le numéro des fils ; r, la réduction ou nombre de fils dans chaque direction ;

P, l'unité de poids ou 1 000 grammes, on aura pour le poids de l'unité de fils en chaîne :

$$p : P :: r \times 1 : N \tag{5}$$

Et $$p' : P :: r \times 1 \text{ ou } d \times l : N. \tag{6}$$

l indique la largeur de la chaîne ou de la duite, et d le nombre de duites au mètre ;

D'où
$$p = \frac{P \times r}{N} ;$$

$$p' = \frac{P \times l d}{N}.$$

Et le poids Q au mètre $= p + p'$, non compris le déchet.

Application. — Quel est le poids de 1 mètre de mérinos à 8 croisures d'une largeur de peigne de 1m,04 de 2 600 fils du n° 80 en chaîne, et de 4 200 duites du n° 92 en trame ? En remplaçant les lettres par les chiffres dans les formules 5 et 6, on aura :

$$p = \frac{1,000 \times 2,680}{80 \times 700} = \frac{2,680,000}{56,000} = 0^k,0478$$

Et $$p' = \frac{1,000 \times 4,200 \times 1,04}{92 \times 700} = \frac{1,000 \times 4,368}{64,400} = 0^k,06 = 0^k, 0678$$

Donc $p + p'$, ou le mètre de cette qualité, pèse .... $\overline{0^k,1156.}$

C'est à l'aide de ces formules que nous avons dressé le tableau C pour les croisures les plus courantes.

On transformera au besoin les données du tableau C en échées, au moyen des formules suivantes, appelant n le nombre d'échées e de 700 mètres ou 710 mètres au mètre, suivant l'usage local. On aura, en donnant aux lettres les désignations inscrites au tableau C :

$$e = \frac{l = r}{e} \text{ pour la chaîne,} \tag{7}$$

Et $$n = \frac{1,000 + l}{e} \text{ pour la trame} \tag{8}$$

Soit à déterminer le nombre d'échées en chaîne et trame pour un article où $l = 0,98$, $r = 2\,520$ et $d = 37$, on aura :

$$n = \frac{0,98 \times 2,520}{700} = 3,52 \text{ échées pour la chaîne ;}$$

Et $$n = \frac{37 \times 100 \times 0,98}{700} = 5,18.$$

Le mètre de mérinos de cette réduction correspondant à 7 croisures, contiendra donc 8,70 échées. En appliquant ces formules pour chaque cas du tableau C, avec l'unité de 700 ou 710 mètres, on formerait un nouveau tableau donnant la consommation du nombre d'échées.

TABLEAU C. — *Des poids au mètre des divers types de tissus mérinos, de croisures et qualités courantes.*

Largeur de la chaîne en m (l)	Nombre de fils de la chaîne (S)	Numéro des fils (S)	CROISURES	NOMBRE de coltes en centimètre (4)	Numéro de la trame (N)	POIDS AU MÈTRE		TOTAL du poids du mètre de mérinos (p+p')
						de la chaîne (p)	de la trame (p')	
0,96	2520	80	7	37	92	0,0450	0,0363	101,30
0,98	2544	80	8	42	92	0,0454	0,0619	109,30
1,04	2680	80	8	42	92	0,0478	0,0678	115,60
0,98	2560	80	9	48	92	0,0457	0,0730	118,70
1,01	2712	80	9	48	92	0,0484	0,0775	125,90
1,05	2780	80	10	55	100	0,0486	0,0825	131,10
1,06	2776	80	11	61	100	0,0496	0,0924	142
1,06	2792	80	12	67	110	0,0498	0,0922	142,10
1,07	2806	80	13	73	110	0,0500	0,1014	151,40
1,10	3024	80	14	77	115	0,0540	0,1052	159,20
1,10	3024	80	15	82	122	0,0500	0,1056	155,60
1,10	3024	80	16	87	122	0,0500	0,1130	162
1,10	3024	80	17	93	128	0,0500	0,1142	164,20
1,10	3024	90	18	100	128	0,0480	0,1230	171
1,10	3024	90	19	100	128	0,0480	0,1230	171
1,10	3024	90	20	100	132	0,0480	0,1190	167

La combinaison et la composition des produits roubaisiens variant avec les saisons et la mode, il est difficile de les fixer. Il est cependant un certain nombre de types qui restent comme les points de départ de la carte d'échantillons de cet important marché. Nous avons déjà, en parlant des dérivés des armures fondamentales, désigné les principales évolutions des fils par lesquelles on donne les apparences spécial. s à ces types ; le tableau D donne la composition de leurs éléments constituants.

1. Comme on compte en moyenne un déchet de 4 pour 100 au tissage, on aura le poids pratique en ajoutant ce déchet au chiffre de la dernière colonne donnant la valeur de p + p'.

TABLEAU. D. — *Contexture des étoffes unies pures et mélangées de la fabrication courante de Roubaix.*

NOMS DES TISSUS ET ARMURES.	LAIES OU LARGEURS.	CHAINE.			TRAME.			LONG. BRO.		OBSERVATIONS.
		NATURE du fil.	NUMÉRO du fil en kilog.	PORTÉES de /8 fils.	NATURE du fil.	numéro du fil en kilog.	nombre de duites au cent. m.	de la chaine.	de la pièce.	
Popeline.........	0m,84	Laine.	42,000	45 en 1920 fils.	Laine.	34,000	44	800	de 80 à 90	Se fait en tout compte et toute longueur, de trame en simple, triple, quadruple, etc., plus de 60 sortes.
Épinglise.........	»	»	»	»	»	»	»	»	»	Se fait sur métier compte de chaîne, de trame, sur l'un et l'autre ou sur l'un genre.
Satin chaine grain de 5 et de 7....	»	»	»	60 en 2400 fils.	»	»	»	800	95	Se fait en toutes largeurs, en toutes matières, chaîne plus ou moins caoutchoutée de 30 à 34,000m.
Toile............	0 ,60	Coton.	40,000	36 en 1440	»	34,000	17	800	85 à 95	Variété infinie.
Satin trame.....	1 ,10	»	»	95 en 3920	»	72,000	44	70	95	Variété infinie.
Mohair anglais, dit Sultane.........	60	Coton Géorgie.	Ch. 110 doubles.	1575	Mélange poil de chèvre et soie.		24	42	44	Qualité extra.
Mohair anglais, dit Sultane.........	80	Coton d'Égypte.	Ch. 110 doubles.	1575	Mélange poil de chèvre et laine.		24	42	44	Qualité ordinaire.
Mohair anglais, dit Sultane.........	60	Coton d'Égypte.	Ch. 60 doubles.	1175	Trame laine de Kent		22	72	72	Qualité commune.
Orléans alpaga....	60	Coton Géorgie.	110 doubles.	1075	Laine alpaga.		24	42	44	Qualité extra.
Orléans 1/2 alpaga.	60	Coton Géorgie.	110 doubles.	1575	Mélange alpaga et laine brillante d'Yorkshire.		24	42	44	Billouquelité.
Orléans lustré....	60	Coton d'Égypte.	110 doubles.	1075	Laine Yorkshire.		24	42	44	Qualité ordinaire.
Orléans ordinaire.	60	Coton d'Égypte.	60 doubles.	1175	Laine de Perou.		26	72	72	Qualité commune.
Châle...........	ord.	Soie grège.	9 à 11 deniers.	40 à 42 doutes en épis de 24 à 4 fils en doute.	Laine 1/2 chaîne.		26	»	»	

Ce tableau ne donne que les principaux types des innombrables articles de Roubaix ; on y reproduit aussi toutes les variétés dérivées des armures fondamentales citées précédemment ; c'est par centaines qu'on peut les compter, sans y comprendre la nouveauté proprement dite, changeant avec les maisons, les genres, les qualités, etc. Roubaix fait même depuis quelque temps concurrence à l'article *draperie*, par des étoffes fortes non foulées, chaîne peignée en fils multiples retordus, et trame cardée, pesant jusqu'à 800 grammes sur une largeur de 1ᵐ,40, pour paletots d'hiver ; cet article épais, souple et chaud, créé par la maison Lefèvre-Ducateau, si nous ne nous trompons, est l'un des produits actuellement les plus importants et les plus fructueux de la place. Dans l'impossibilité où nous sommes de donner une nomenclature complète et détaillée de la composition de la carte d'échantillons si riche de cette remarquable place du Nord qui n'a rien à envier à Paris par sa fécondité, nous citerons cependant encore, parmi ses articles de fond, les *velours*, chaîne chape, de toutes qualités, les variétés infinies d'*épinglines* dont nous avons fait connaître le genre de tissus et d'armures dérivées, changeant avec la nature des fils. On en fait en chaîne laine, coton simple ou double, en trame laine ou coton ; ces étoffes servent également pour robes et pour meubles. Citons aussi les *popelines* laines à fils simples ou doubles à chaîne laine ou coton tramées laine, etc.; les *reps* dans leurs variétés, les *cottelines*, les *satins* de Chine, les *diagonales*; on y fait aussi des tissus pour ceintures, pour *doublures* en toutes laizes, généralement en chaîne coton ; cette nature de chaîne sert également de base à de la flanelle tramée en peignée ou en cardée, et aussi à de la draperie tramée laine, fil demi-chaîne; on y fabrique également le châle, la couverture, les tapis de diverses sortes, etc. Les articles classiques principaux y sont modifiés de mille manières ingénieuses : c'est à cette activité et à la fécondité de ses ressources dans l'art du tissage que Roubaix doit une grande partie de sa puissance.

DE LA PRODUCTION DES MÉTIERS AUTOMATIQUES. — L'un des points les plus utiles à connaître est la production moyenne que doit rendre un métier, c'est-à-dire la quantité d'étoffe tissée dans l'unité de temps. Ce résultat changeant comme on sait avec la largeur du tissu, la qualité des fils, la perfection de l'encollage, la réduction en trame, l'habileté de l'ouvrier, etc., il faut pour établir des points de comparaison et fixer les salaires, prendre les éléments constants pour base ; c'est ordinairement le nombre de duites chassées dans l'unité de temps. Là se révèlent cependant des aptitudes et des degrés d'habileté bien différents chez les tisseurs. Tous aujourd'hui mènent facilement deux métiers chacun, mais le rendement de ces métiers présente de tels écarts, qu'on a pu, dans un établissement de cinq cents métiers, distinguer dix-huit catégories formant une échelle graduée de production pratique, comme on le verra par le tableau E qui suit.

Tableau de la production pratique de 510 métiers d'un même établissement de tissage, rangés par catégories et raison du nombre de duites ou quantité de travail exécuté par jour de 720 minutes effectives.

Les tissus sont des mérinos et du cachemire d'Écosse variant en largeur de 5/4 à 9/8 ou de 1^m,25 à 1^m,125.

TABLEAU E.

Catégories	Moyenne de duites par jour	Métiers au 1/7 de la journée	Nombre de métiers d	Journées d	Salaire moyen par jour par l'ouvrier
1re	187,750	260	2	130	7^f,25 à 7^f,00
2^e	187,888	260	2	130	7,00 à 6,75
3^e	168,216	233	2	116	6,75 à 6,50
4^e	172,200	239	2	120	6,50 à 6,25
5^e	163,211	226	2	113	6,25 à 6,00
6^e	148,008	205	2	102	6,00 à 5,75
7^e	148,384	206	2	103	5,75 à 5,50
8^e	146,054	202	2	101	5,50 à 5,25
9^e	149,686	207	2	104	5,25 à 5,00
10^e	135,023	187	2	93	5,00 à 4,75
11^e	136,164	189	2	95	4,75 à 4,50
12^e	127,451	177	2	88	4,50 à 4,25
13^e	133,790	185	2	93	4,25 à 4,00
14^e	133,353	157	2	78	4,00 à 3,75
15^e	117,135	162	2	81	3,75 à 3,50
16^e	109,833	152	2	76	3,50 à 3,25
17^e	101,500	140	2	70	3,25 à 3,00
18^e	71,602	99	1	99	3,00 à 1,75
					92^f,85 86^f,75

Ces deux colonnes donnent des moyennes variant de 5 fr. 158 à 4 fr. 816; la nouvelle moyenne résultant de ces deux chiffres est de 4 fr. 98.

Le tableau ci-dessus comprend des métiers tissant différentes largeurs dont la façon change en raison de ces largeurs d'après les éléments qui suivent. Les pignons indiqués sont en fonction des vitesses variables de métiers suivant la quantité des fils et l'habileté des tisseurs.

MÉTIERS 9/8 = 1ᵐ,125.

Primes applicables aux métiers
faisant de 20 à 15 cordures.

0ᶠ,03ᵉ pour les 9/8 depuis le pignon
    12 jusqu'au pignon 15 inclu-
    sivement................ = 0,05,5 au delà de 140,000 duites.
0ᶠ,03ᵉ pour les 9/8 depuis le pignon
    16 et au-dessus......... = 0,05,5   —   150,000 —

MÉTIERS 5/4 = 1ᵐ,25.

0ᶠ,03ᵉ 1/2 pour les 5/4 depuis le pignon
    12 jusqu'au pignon 15 in-
    clusivement........... = 0,06 au delà de 125,000 duites.
0ᶠ,03ᵉ 1/2 pour les 5/4 depuis le pignon
    16 et au-dessus......... = 0,06   —   135,000 —

MÉTIERS,

150 sont payés à 0,03,8 et priment = 0,06	—	116,000	—
170	—	0,04,5	—	= 0,07	—	104,000	—
180	—	0,05,15	—	= 0,08	—	98,000	—
190	—	0,05,5	—	= 0,09	—	94,000	—
200	—	0,06	—	= 0,10	—	90,000	—
225	—	0,07	—	= 0,12	—	86,000	—

Les cachemires 5/4 faits sur les 120 sont payés comme suit :

Pour 1 métier 0ᶠ,03,25
    — 2 —   0 ,03,5

Primes des cachemires.

Nᵒˢ des métiers.

9/8 et 120, Pignons 23 et au-dessus 0ᶠ,05,5 au delà de 120,000 duites.
  id.   — 21   au-dessous 0 ,05,5   —   100,000 —
  5/4   — 23   au-dessus 0 ,06   —   90,000 —
  id.   — 21   au-dessous 0 ,06   —   90,000 —
  150   — 23   au-dessus 0 ,06   —   85,000 —
  id.   — 21   au-dessous 0 ,06   —   70,000 —
  170   — 23   au-dessus 0 ,07   —   86,000 —
  id.   — 21   au-dessous 0 ,07   —   80,000 —
  180   — 23   au-dessus 0 ,08   —   78,000 —
  id.   — 21   au-dessous 0 ,08   —   75,000 —
  190   — 23   au-dessus 0 ,09   —   73,000 —
  id.   — 21   au-dessous 0 ,09   —   71,000 —
  200   — 23   au-dessus 0 ,10   —   69,000 —
  id.   — 21   au-dessous 0 ,10   —   67,000 —
  225   — 23   au-dessus 0 ,12   —   65,000 —
  id.   — 21   au-dessous 0 ,12   —   63,000 —

Primes des métiers 120 faisant depuis 130.
Pour 2 métiers en cachemire à 0,03,5.

Du pignon 36 au 23 priment à............... 100,000 duites.
—   21 au 14   —   à.................... 80,000 —

Comme il est utile de connaître l'allure des métiers, variable avec la largeur de l'étoffe à produire, nous résumons ici les vitesses théoriques des principales grandes laizes.

TABLEAU F.

		Nombre de courses de trame à la minute.
Pour une largeur de 9/8	1ᵐ,125	160
—	1 ,30	155
Pour une largeur de 5/4	1 ,45	150
—	1 ,50	140
—	1 ,60	130
—	1 ,70	120
—	1 ,80	110
—	1 ,90	100
—	2 ,00	90
—	2 ,20	90

En Alsace, le tissage n'emploie en général que des ouvrières ; elles sont payées aux mille duites, ou au mètre par pièce en raison du tarif suivant :

TABLEAU G.

0ᶠ,04	par mètre pour les étoffes de	5 croisures.
0 ,048	—	—	6	—
0 ,056	—	—	7	—
0 ,064	—	—	8	—
0 ,072	—	—	9	—
0 ,088	—	—	10	—
0 ,096	—	—	11	—
0 ,104	—	—	12	—
0 ,112	—	—	13	—
0 ,117	—	—	14	—
0 ,126	—	—	15	—
0 ,134	—	—	16	—
0 ,143	—	—	17	—
0 ,152	—	—	18	—
0 ,160	—	—	19	—

De plus, quand la pièce tissée n'a pas de défauts graves et qu'elle a été faite dans un délai voulu, l'ouvrière touche une prime dont la valeur est spécifiée dans le tableau ci-dessous.

TABLEAU H.

			Travail.		Primes.
Pour une pièce de 6 croisures ordinaires			3 jours	3 heures	0f,50
—	7	—	3	11	0 ,50
—	8	—	5	»	0 ,50
—	9	—	6	3	0 ,50
—	10	—	7	»	0 ,75
—	11	—	7	10	1 ,00
—	12	—	8	5	1 ,25
—	13	—	9		1 ,50
—	14	—	10	»	1 ,50
—	15	—	»	»	1 ,74
—	16	—	»	»	2 ,00
—	17	—	»	»	2 ,00

Pour les grandes largeurs à partir de 1m,12, la prime est augmentée de 0 fr. 25 par pièce.

Toutes les ouvrières au courant de leur profession se font la prime. Il faut remarquer que dans ces tarifs la croisure usitée n'est pas la croisure marchande, c'est la croisure pleine qui en fait environ une de plus que la croisure marchande. D'une façon générale on peut dire que la fabrication la plus courante est de dix croisures, à 0 fr. 01 et demi les 00/00 duites pour une production moyenne de 90 000 duites: cela fait, par métier, 1 fr. 35; pour deux métiers ou pour la journée d'une ouvrière, 2 fr. 70, dont il faut déduire 0 fr. 20 pour caisse et amendes, restent 2 fr. 50. On fabrique aussi en quantité l'article dit *cachemire d'Ecosse* pour l'impression et également le cachemire fin.

OPÉRATIONS SUBSÉQUENTES AU TISSAGE. — *Réception et mar- que.* —La coupe finie, la pièce est apportée au bureau de récep- tion où elle est numérotée aux deux chefs, puis passée en véri- fication à deux vérificateurs pour cinq cent dix métiers. Tout défaut grave attestant de la négligence, tel que *misentrée*, beaucoup de *fausses duites*, des duites doubles, des taches, un grain imparfait, des diagonales, des croisures manquant de parallélisme, des barres, des vides, un déchet anormal, etc., est puni d'une amende laissée, quant à sa valeur, à l'appréciation des vérificateurs ; l'attention porte particulièrement sur la croisure, qui doit former de véritables hachures en reliefs obliques, signes caractéristiques des bons produits.

Métrage. — La pièce est ensuite mesurée et pesée, puis mise en rouleaux sur une machine *ad hoc*, et épincetée.

Epeutissage ou grattage. — Il est obtenu à l'aide des machines David-Labbez (voir plus loin la description); quatre machines suffisent pour cent trente à cent quarante pièces en moyenne par jour.

Rentrayage. — Il se fait par des ouvrières payées à la journée de dix heures, le salaire varie entre 1 et 2 francs. Les pièces rentrayées sont passées à la machine à déplisser et à glacer pour leur donner l'apparence propre à la vente. Cette machine des plus simples fait passer la pièce sur des éponges imbibées d'eau, elle se déroule et s'enroule sur des cylindres en bois et sur un rouleau élargisseur mécanique à stries hélicoïdales, à directions opposées ; enfin, les pièces sont pliées en deux dans le sens de la longueur et disposées sous la forme de rouleaux. On vend le plus souvent ces pièces à l'état écru ; parfois cependant on les fait blanchir et teindre en vue de la clientèle de certaines contrées.

Notation générale algébrique des tissus. — En présence de la multitude des éléments par lesquels on arrive à modifier les tissus, de la difficulté de les mentionner tous et de l'utilité de se rendre compte de leur valeur relative afin de pouvoir calculer leur prix de revient, nous avons imaginé et présenté à l'Académie des sciences et à la Société d'encouragement pour l'industrie nationale une notation algébrique, il y a des années déjà. Cette classification générale et méthodique, que nous ne pouvons reproduire ici à cause de son étendue, permet par un coup d'œil d'apprécier le nombre d'éléments, et par conséquent la valeur relative de toutes les variétés quelle que soit la nature des étoffes et leur complication. Elle permet même de se rendre compte du prix intrinsèque d'un article quelconque. On trouvera ce travail dans les *Bulletins* publiés par les compagnies scientifiques susmentionnées, et aussi dans nos *Etudes sur les arts textiles à l'Exposition internationale* de 1867 (Baudry, libraire, rue des Saints-Pères, 15).

TABLEAU I. — *Établissement d'un tissage de 100 métiers automatiques.*
Matériel, prix de revient et surface occupée.

NOMS ET NOMBRE DES MACHINES.	PRIX.	ESPACE OCCUPÉ PAR CHACUNE.		TOTAL DE LA SURFACE nécessaire à chaque sorte.
2 bobinoirs de 60 broches à 1 fr. 66 les 120 broches.......	199f,20	2m,15 sur 1m,80		65m,90
1 assortiment de 4 ourdissoirs pour diverses largeurs avec râtelier pour 700 bobines à 700 fr.	2800	3 ,05	5 ,20	65 ,44
3600 bobines à 15 fr. 60 le 100.	450			
1 encolleuse simple, 2m,10......	4200	9	3 ,25	29 ,25
1 — double, 4m,10......	6300	20	3	60
62 métiers à tisser, 1m,16, à 370 fr.	22940	1	2 ,40	148 ,80
16 — — 1m,42, à 375 fr.	6000	1	2 ,65	42 ,40
8 — — 1m,50, à 400 fr.	3200	1	2 ,75	22
8 — — 2m, », à 480 fr.	3840	1 ,25	3 ,20	32
4 — — 2m,50, à 650 fr.	2600	1 ,25	3 ,75	18 ,76
1 machine à plier et à métrer...	650	2	2 ,50	5
24 rouleaux pour l'ourdissoir à 14 francs en moyenne.......	336			
60 rouleaux pour les encolleuses à 14 fr. 60...............	876			
500,000 mailles de lisses ou lames à œillets en cuivre à 3 fr. 15 les 1000 mailles...............	1575			
150 navettes à 2 fr. 10........	315			
Peignes ou rots à dents de cuivre à 5 fr. 85 les 100 ou 150 peignes à 1000 dents en moyenne, donc 150 × 58 fr. 50 = ...	877 ,50			
Taquets, 300 à 0 fr. 30.........	90			
1 pompe à humecter la trame....	750			
2 chaudières à double fond pour cuire la colle, à 450 francs....	900			
Imprévus divers...............	6800			
	65698f,70	Plus pour bureaux, magasins et passages.		663
				1148m,55

Dépenses pour la machine à vapeur, les appareils de chauffage et d'éclairage.

Soient 5 métiers avec leurs accessoires par force de cheval. Donc 25 chevaux :

25 chevaux avec leur générateur d'après le prix de revient établi au chapitre xv.....................	23.500
Transmissions...............................	2.500
Appareils de chauffage et d'éclairage.............	4.600
Outillage pour ateliers de réparation.............	3.700
	34.300

Total des sommes à dépenser pour les machines : 65 698ᶠ,70 + 34,300 = 99 998ᶠ,70. Nous pouvons admettre 100,000 francs en chiffres ronds.

Dépenses pour le bâtiment.

Surface à couvrir, 1 200 mètres à 40 francs......... 48,000ᶠ.

Intérêts et amortissement des sommes pour le capital engagé.

Pour les machines-outils, moteur, générateur, transmissions, appareils de chauffage et d'éclairage, ensemble 100 000 francs à 15 p. 100   15,000
et 48 000 francs à 6 p. 100........................ 2,880

17,880

Et $\frac{17\,880}{300}$ = 59ᶠ,60 par jour pour les 100 métiers.

Combustible et entretien du moteur d'après les éléments du chapitre xv.

Combustible : 700 kilogrammes à 0ᶠ,45 [1]............ 31ᶠ,50

Salaire du personnel.

Contre-maître, concierge et garde de nuit............	18,00
Graisseur, manœuvre, plieur, trameuse	8,00
1 bobineuse, 4 ourdisseuses, à 2ᶠ,50.................	10,50
2 hommes à 4 francs aux encolleuses..............	8,00
50 personnes aux métiers, dont le prix varie de 2ᶠ,75 pour les femmes à 4ᶠ,98 pour les hommes ; donc en moyenne 3ᶠ,74................................	187,00
	231ᶠ,50

1. Le prix de la houille continuant à rester en hausse, nous le comptons à 45 francs la tonne, prix actuel, rendue aux usines de la Champagne.

INGRÉDIENTS [1]. — Gélatine pour encollage en raison de 250 grammes en moyenne pour 1 kilogramme de chaîne, un métier tissant environ 1 kilogramme de chaîne par jour.

Ce qui donne 0ᵏ,250 par métier, par jour, et 25 kilogrammes pour les 100 métiers. Soit la gélatine 1ᶠ,80, on dépensera.................................. 45ᶠ,00

Huile et suif pour toutes les machines de l'établissement................................... 14 ,00

Savon et carbonate........................ 1 ,80
——————
60ᶠ,80

Dépenses d'entretien par jour des 100 métiers.

Lames ou lisses...........................	4ᶠ,20
Peignes ou rots...........................	2, 50
Cordes	0, 30
Taquets...................................	0, 80
Fouets et cuir de chasse...................	2, 50
Navettes..................................	1, 80
Manche de fouets..........................	0, 10
Drap pour encolleuses	0, 70
Molettes pour temple	0, 20
Toile et émeri pour rouleaux	0, 80
Métaux : fer, fonte, acier, etc	4, 00
Bois	0, 75
Courroies.................................	1, 20
Tubes coniques............................	2, 30
Main-d'œuvre des réparations..............	9, 00
Transports divers	1, 00
	——————
	32ᶠ,15

1. La proportion de colle animale consommée est très-variable; nous avons des documents qui accusent depuis 2ᶠ,50 jusqu'à 3 francs par pièce de 85 à 90 mètres, renfermant de 4ᵏ,200 à 4ᵏ,700 de chaîne. Ces variations doivent dépendre de la qualité de la colle, du soin et de l'habileté mis à la confectionner et à l'appliquer. Nous croyons que les chiffres ci-dessus donnent une moyenne assez exacte.

Récapitulation des dépenses journalières pour un tissage automatique de 100 métiers.

Pour intérêt et amortissement du capital immobilisé...	59f,60
Combustible	31 ,30
Éclairage	10 ,00
Salaires	231 ,50
Ingrédients	60 ,80
Entretien	32 ,15
Impôt et assurance contre l'incendie, environ	15 ,00
Imprévus divers.................................	20 ,00
	460f,35

ou 4f,60 par métier.

Cette dépense étant connue et les tableaux précédents donnant le nombre moyen des duites fournies par un métier, leurs quantités étant également indiquées suivant les genres et les qualités, on pourra dans chaque cas déterminer le prix de revient du tissage par unité.

APPLICATION. — Si, par exemple, un métier donne en moyenne 110 coups effectifs à la minute, il en produira $720 \times 110 = 79\,200$, coûtant en moyenne 4 fr. 60, et $\frac{4,60}{79\,200} = 0$ fr. 0059 pour 1000 duites, soit 0 fr. 06. Connaissant le nombre de duites au métier, on n'aura qu'à le multiplier par ce prix de revient pour avoir la façon au mètre; soit un mérinos de 37 duites au centimètre, le mètre en aura 3700, la façon du tissage sera dans ce cas $3700 \times 0,06 = 0$ fr. 222 et 18 fr. 648 pour une coupe de 84 mètres. Si la réduction est de 100 duites ou 10 000 au mètre, cette unité coûtera $10 \times 0,06 = 0$ fr. 60, et la pièce $84 \times 0,60 = 50$ fr. 40. Les applications de ces calculs sont trop simples pour que nous ayons à y insister davantage.

PRIX DE LA FABRICATION COMPRENANT LA DÉPENSE DU PEIGNAGE, DE LA FILATURE ET DU TISSAGE D'UNE QUANTITÉ DÉTERMINÉE D'ÉTOFFE, SOIT UNE PIÈCE DE MÉRINOS DE 84 MÈTRES DE LONGUEUR. — La manière la plus simple d'établir ces comptes consiste à déterminer les dépenses d'après les unités adoptées pour chaque genre de transformations. Le prix du peignage se calculera au kilogramme, celui de la filature à l'échée, celui du tissage aux duites lancées.

Si l'on veut estimer la dépense d'une pièce de 84 mètres d'une qualité spécifiée ; les tableaux précédents nous serviront à faire ces comptes. Soit, par exemple, à rechercher le prix de la fabrication d'un mérinos de 10 croisures, on aura pour poids de la pièce $84 \times 131^{g},1 = 11^{k},012$. Ce poids total est formé par $4^{k},122$ de chaîne du numéro 80, correspondant à 56 000 mètres et $\frac{56000}{700} = 80$ échées, et par $6^{k},914$ de trame n° 100 correspondant à 70 000 mètres ou à 100 échées[1].

Enfin le nombre de duites, d'après le même tableau, étant de 55 au centimètre ou 5500 au mètre, le nombre d'unités de 1000 duites pour la pièce sera $\frac{5500 \times 84}{1000} = 462$.

Donc la fabrication de la pièce coûtera :

Peignage, $11^{k},012 \times 0^{f},88$[2] .... =	$9^{f},69$
Filature, 180 échées à $0^{f},0144$[3] .... =	2 ,59
Tissage, 462 unités de 1000 duites, $462 \times 0,06$[4].... =	27 ,72
Total......	$40^{f},00$

Et $\frac{40,00}{84^{m}} = 0$ fr. 476 au mètre, pour les frais de fabrication du tissu brut tel qu'il descend du métier sans les frais d'épuration et d'apprêts. Pour avoir la valeur y compris la

---

1. Si les poids ne concordent pas absolument, il faut se rappeler qu'il y a toujours un déchet qui ne peut être compris dans ces calculs.

2. D'après les calculs, p. 271.

3. Voir p. 455.

4. Voir p. 622.

matière, il n'y aurait qu'à ajouter le prix des fils, donné ci-dessous, dont on défalquerait le prix de la filature et auquel il faudrait ajouter les déchets mentionnés précédemment dans les différents chapitres ; on défalquerait de cette partie le chiffre réalisable par la revente de ces résidus à leurs divers états, suivant les périodes du travail dont ils proviennent.

Prix moyens des laines filées en mai 1873.

N°s					
20 à	40 ou	28 millimètres.		9f,00
30 à	60	42	—	10,00
40 à	80	56	—	11,00
50 à	100	70	—	12,00
60 à	120	84	—	13,00
70 à	140	98	—	14,00
80 à	160	112	—	15,50
90 à	180	126	—	17,50

Ces prix sont pour des fils destinés à être tissés à la main ; pour tissage mécanique, il faudrait ajouter 0 fr. 50 de plus par kilogramme.

Ces cours sont à peu près de 20 à 25 pour 100 au-dessous de ceux d'il y a seulement six mois.

CHAPITRE XX.

APPRÊTS DES TISSUS.

CONSIDÉRATIONS GÉNÉRALES. — On range dans la catégorie des apprêts les opérations plus ou moins nombreuses (la teinture exceptée) dont les étoffes sont l'objet à partir du tissage. Ils embrassent donc les traitements ayant pour but : 1° l'*épuration*, pour débarrasser le produit des impuretés et corps étrangers qui se trouvent à l'état naturel dans la matière ou qui y ont été accidentellement mélangés et réparer certaines malfaçons et défectuosités ; 2° l'*apprêt spécial*, pour faire ressortir les propriétés particulières de la substance et donner à l'*article* qu'elle compose l'apparence la plus flatteuse à l'œil et la mieux appropriée à sa destination ; 3° le *blanchiment*, lorsque l'étoffe doit être employée blanche.

On range également dans le travail des apprêts les préparations qui ajoutent aux étoffes des propriétés nouvelles résultant des substances particulières auxquelles on les incorpore ou dont on les enduit pour les rendre *imperméables*, *incombustibles*, ou leur donner une résistance exceptionnelle et parfois un aspect minéral ou métallique spécial, etc.

Nous ne nous occuperons pour le moment que des premiers apprêts indispensables à tous les tissus.

Les procédés par lesquels on arrive au résultat cherché sont établis et combinés en raison des éléments suivants :

I. De la nature de la ou des matières constituant le tissu. — La composition chimique et la constitution physique de la matière ont chacune leur influence sur les moyens à faire intervenir. Les traitements doivent être modifiés suivant que l'on est en présence d'une substance animale malléable et plus ou moins influençable par la chaleur, attaquable par les réactifs alcalins, ou d'une substance duveteuse ou corticale du règne végétal, si facilement désagrégée et dissoute par les acides ; pour les textiles d'un même règne il y a encore à distinguer les formes et les propriétés des organes élémentaires déterminant les modifications d'apprêts. Pour les tissus de coton, de lin ou de chanvre, ces modifications sont la conséquence des différences de constitution intime de la matière première ; le peu de longueur, la flexibilité toute particulière, la porosité du petit tube vrillé fermé de toute part qui constitue les fibres du coton demandent un traitement différent de celui appliqué au lin de fibrilles droites plus longues, sensiblement plus rigides et divisibles presque à l'infini. Les caractères élémentaires qui distinguent entre eux les textiles du règne animal sont plus tranchés encore. On ne peut confondre le brin de laine tubulaire plus ou moins conique, de longueur variable et cependant limitée, strié ou rugueux à sa surface, chargé d'une plus ou moins grande quantité de corps gras à l'état brut, avec ce magnifique fil blanc ou jaune, d'une longueur continue, d'un brillant et d'un éclat remarquable qui caractérise la soie, même à l'état naturel, lorsqu'elle est encore chargée d'une quantité à peu près constante, le quart de son poids, de corps étrangers. Ces distinctions succinctes, qui ne sont que le résumé des caractères et propriétés des matières premières traitées ailleurs[1], n'ont pour but que de faire saisir l'influence de ces éléments fondamentaux sur les opérations dont nous nous occupons.

II. DE LA NATURE ET DE L'ÉTAT DES CORPS ÉTRANGERS A FAIRE DISPARAITRE AU PRÉALABLE DU TISSU. — Les irrégularités, les nœuds, la colle, les corps gras de diverses sources incorporés aux produits sont au nombre des substances étrangères dont il faut débarrasser l'étoffe. Ces impuretés, communes à presque toute espèce de tissu, indépendamment de leur nature, sont enlevées par des moyens qui diffèrent peu entre eux.

III. DES APPARENCES ET DES PROPRIÉTÉS SPÉCIALES A DONNER AU PRODUIT.—Les moyens, dans ce cas, doivent évidemment varier et être modifiés suivant qu'on produira avec une même matière une étoffe molle, lisse, flexible et rase, carteuse et à grain, ou à duvet à poil droit ou ondulé. Il suffit d'indiquer ces différences pour en conclure la nécessité de l'application de moyens spéciaux dans chaque cas. Le succès dépendra ensuite de l'appropriation raisonnée de ces moyens suivant le plus ou moins

1. *Filature du coton*, p. 35; *Traité du travail des laines cardées*, t. I, p. 227.

de ténuité et de force du produit et qu'il s'agira d'étoffes en pièces ou de vêtements, tels que châles, écharpes, capuchons, mantelets, etc.

On peut diviser toutes les opérations embrassées par les apprêts en deux catégories distinctes, comprenant : 1° le traitement complémentaire des produits écrus pour en enlever les substances étrangères ou masquant la netteté de la surface de l'étoffe ; 2° ceux qui ont pour objet de développer les caractères et les propriétés susceptibles de donner l'aspect le plus avantageux, eu égard à la nature et à la constitution technique du tissu.

Les moyens qui concourent aux apprêts des deux périodes consistent dans des appareils mécaniques opérant tantôt à sec, sans le concours d'aucun véhicule ou composition chimique auxiliaire, tantôt avec diverses dissolutions liquides à une température plus ou moins élevée.

Le matériel nécessaire à la réalisation des apprêts, quel que soit d'ailleurs l'état auquel on les applique, reste en principe à peu près le même; il est donc, sauf de légères modifications, indépendant de la nature des produits. Nous pouvons le décrire dans son ensemble tel qu'il est composé indistinctement pour les diverses spécialités, sauf à revenir ensuite sur son appropriation particulière à l'industrie des tissus ras, qui nous occupe exclusivement dans ce travail.

Matériel des apprêts. — Ce matériel a pour objet les diverses opérations désignées sous les noms d'*épeutissage*, de *tondage*, de *grillage* ou *flambage*, de *bruissage*, de *pressage*, de *calandrage*, etc.

L'*épeutissage* a pour but principal d'enlever de l'étoffe les nœuds et irrégularités de fragments de fibres et de fils plus ou moins apparents provenant de diverses sources, restés dans les matières premières et dans les produits. L'opération se faisait exclusivement avec de petites pinces, manœuvrées à la main, il y a une quinzaine d'années, et se pratique parfois encore ainsi; elle exige beaucoup de soins et de temps; elle est nécessairement onéreuse, sans présenter toutes les garanties de perfection désirables.

La substitution d'un moyen automatique au travail à la main pour l'épeutissage de la plupart des tissus, au moyen d'un appareil ingénieux, imaginé par M. David Labbez en 1847, est un progrès réel; il s'est bientôt répandu dans l'industrie, à l'exclusion des autres modes d'épeutissage, tels que pierre ponce, papier de verre, etc., tentés antérieurement sans succès; le frottement de ces matières sur le tissu avait l'inconvénient de l'user et de le détériorer.

Epeutisseuse automatique. — Le principe de l'appareil repose sur la combinaison d'un organe spécial, nommé *peigne* par son inventeur; il consiste en une ou deux lames d'acier, à denture très-fine, montées en lame de rabot sur un châssis en bois ou en métal, évidé au milieu pour livrer passage aux nœuds rasés par l'outil. Les figures 1, 2, 3 de la planche XXXIV donnent les différentes vues de la machine.

La figure 1 est une élévation de profil, la figure 2 un plan et les figures 3, 4, 5 donnent les détails du peigne. L'étoffe à épeutir est enroulée autour d'un cylindre A placé sur une traverse B du bâti Q, R, S, T. Elle se déroule et va se tendre d'abord sur une traverse inférieure arrondie de la traverse B; de là elle se déroule en montant pour passer sur une traverse C, placée sur la partie supérieure du bâti; les arêtes de ces traverses sont également arrondies; D et F sont deux traverses reposant sur le tissu pour le maintenir convenablement dans sa marche; pendant l'action du rabot E, d'une largeur égale à celle de la pièce à traiter; ce rabot est animé d'un mouvement d'oscillation de va-et-vient, imprimé à deux points articulés P, l'un de chaque côté d'un cadre vertical à la partie supérieure duquel est fixé l'organe E. Ce système P, E reçoit l'action par deux bielles parallèles horizontales O, fixées à deux manivelles N', N placées aux extrémités d'un arbre coudé transversal, dépassant la largeur du bâti de chaque côté pour recevoir la poulie motrice X à l'un de ses bouts, et la commande des cylindres du tissu à l'autre. Après avoir passé sur le peigne F, l'étoffe est ramenée en avant du bâti pour s'enrouler tendue sur l'ensouple M à bras de levier m, m; elle y est dirigée en passant sur les rouleaux de derrière H, les traverses supérieures I et K, et enfin le cylindre K, enveloppé de pannes pour éviter le glissement. C'est l'axe de ce dernier cylindre qui reçoit la commande du tissu par un pignon p, actionné par des roues droites, r et r'. Leur rapport est calculé de telle façon que le cylindre G fasse un tour seulement pendant cent révolutions environ de la roue r'. En changeant le pignon p, on peut d'ailleurs faire varier ces rapports en raison des besoins des caractères et des épaisseurs des articles, afin que la pièce soit convenablement tendue sur sa largeur comme elle l'est sur sa longueur; pendant sa marche, elle est maintenue à ses bords ou lisières par des temples perpétuels x, analogues à ceux des métiers à tisser. Ce sont des espèces de petites roulettes à pointes disposées obliquement, tournant librement sur des essieux de manière à ce que les aiguilles puissent s'engager et se dégager convenablement dans l'étoffe et sous son action aux moments voulus. Les essieux portant ces temples peuvent être arrêtés par des vis à des distances variables entre elles, afin de les fixer en raison des diverses largeurs des pièces à traiter. Les figures 3, 4 et 5 donnent les détails de l'organe épeutisseur; la première, 3, montre le châssis évidé dans sa longueur afin de laisser échapper les débris enlevés; ce vide prend environ $0^m,015$ dans le milieu du châssis d'une largeur de $0^m,06$.

Les figures 4 et 5 montrent les deux lames d'acier dentées, d'une denture de $0^m,003$ de profondeur et variable de douze à vingt-deux dents par centimètre en raison des étoffes à traiter.

Lors de l'exposition de 1855, cette machine était déjà employée. Nous avons pu nous assurer que, malgré la redevance payée à l'inventeur, l'épeutissage à la main d'une pièce coûtant alors 12 à 15 francs ne revenait qu'à 2 francs par l'emploi de la machine. Depuis lors, le brevet étant dans le domaine public, l'écart en faveur de l'épeutissage automatique s'est encore augmenté.

Épeutissage et épaillage chimique des tissus. — Depuis quelques années on a eu l'idée d'appliquer aux pièces tissées le procédé utilisé à la séparation des substances végétales de la laine brute ou des chiffons de laine, indiqué p. 65 et 124 de ce traité. Ce nouveau mode d'opérer pour supprimer l'épeutissage à la main a été imaginé par M. Frezon, d'Amiens, et est actuellement exploité par lui, quoique le brevet ait été pris, avec l'autorisation de l'inventeur, par MM. Delamotte et Faille, de Reims.

Le système est plus répandu jusqu'ici dans la fabrication des draps que dans celle des tissus ras, mais comme il a également son utilité dans cette dernière spécialité, nous ne pouvons le passer sous silence. Rappelons donc la série des opérations par lesquelles on traite la pièce à épailler :

1° Afin de préserver la laine de l'action des agents chimiques introduits dans l'opération pour détruire la substance végétale, on fait passer la pièce dans un bain d'eau pure à 60 degrés pour l'imbiber, puis dans le bain préservateur, composé avec la dissolution de l'un des corps suivants : alun, acétate de plomb, etc., en proportion variable avec l'épaisseur de l'article traité [1];

2° On fait passer le tissu dans une dissolution chimique, susceptible de détruire les substances végétales ; le chlorure de

---

1. Dans la pratique courante on se dispense généralement du bain préservateur ; on passe directement au bain destructeur acide après le trempage. Il va sans dire que le tissu est soumis à un essorage à la sortie des bains.

chaux, les acides végétaux et minéraux peuvent servir, mais
on préfère en général l'acide sulfurique à un degré de concentration, variable avec l'épaisseur de l'étoffe et suivant la quantité de substance végétale à détruire, etc. Nous avons nous-
même expérimenté avec des bains plus ou moins concentrés
à une température de 20 à 40 degrés, et les résultats ont toujours été parfaits, seulement la durée de l'action est en général en raison inverse du degré d'acidité ; l'immersion dure en
moyenne de vingt à trente minutes. Voici le tableau donnant
les divers degrés essayés :

Nos des bains.	Proportions d'eau et d'acide sulfurique.		Degré aéromètrique.
1	Acide................................	1	1°
	Eau.................................	99	
2	Acide................................	2	1°,5
	Eau.................................	98	
3	Acide................................	5	3°,5
	Eau.................................	95	
4	Acide................................	10	7°,5
	Eau.................................	90	
5	Acide................................	25	19°
	Eau.................................	75	
6	Acide................................	50	35°
	Eau.................................	50	

3° A la sortie du bain acide destructeur, on soumet la pièce
à la température la plus élevée qu'elle puisse supporter sans
que le lainage en soit altéré. Le produit humide, passant rapidement dans un séchoir sous l'action de l'air chaud à 100 degrés,
n'éprouve aucun effet fâcheux, quoique toutes les parcelles
végétales se trouvent visiblement carbonisées. Des points noirs
qui apparaissent alors le prouvent. On lave alors à l'eau alcaline et savonneuse chaude, puis on essore de nouveau.

4° Lorsque la pièce est arrivée à cet état, un battage ou une
action mécanique quelconque, à laquelle les opérations ultérieures la soumettent d'ordinaire, suffit pour la débarrasser des
corps étrangers.

Nous n'insistons pas sur les détails d'applications, parce qu'ils sont d'une simplicité qui nous en dispense. Le traitement par les bains ne présente aucune difficulté, la manœuvre est identique à celle qu'on fait subir aux étoffes destinées à être teintes en pièce. Le seul point qui puisse varier et qui demande des soins particuliers, est l'établissement du séchoir carbonisateur, qui doit être compris de manière à ce que l'opération ait lieu rapidement et efficacement.

Entre autres appareils applicables à l'épaillage pour carboniser les substances végétales, nous avons vu à Reims l'emploi de cylindres chauffés à l'intérieur et autour desquels passe la pièce à carboniser. Nous donnons l'un des séchoirs les plus récents, imaginé par M. Bastaert, basé sur l'emploi de la vapeur surchauffée mélangée à l'air.

Séchoir a vapeur surchauffée. — La planche XXXIV, fig. 6, est une coupe verticale, dans le sens de la longueur de l'appareil, et la figure 7, une coupe transversale. La vapeur arrive en A d'une chaudière quelconque, sous une pression variable de 3 à 6 atmosphères, après avoir été purgée en B ; elle est admise par l'ouverture du robinet C dans les tubes surchauffeurs D, D, et, sans augmentation de pression, s'écoule à l'état de vapeur surchauffée par les orifices libres fixés sur la longueur du tube E ;

R est un robinet purgeur servant au moment de la mise en marche de l'appareil ;

MNOP est le four en maçonnerie disposé pour que les tubes surchauffeurs ne puissent être atteints directement par la flamme du foyer ;

IJKL, cheminée conductrice de l'eau évaporée pendant l'opération du séchage.

En s'échappant par les orifices des becs du tube E, la vapeur surchauffée, en contact avec l'air ambiant, le chauffe et l'entraîne.

La marche du tissu T est indiquée par les flèches dans la figure 7.

Il est presque inutile d'ajouter que, pour faciliter et hâter l'opération, les pièces doivent être passées au préalable à l'hydro-extracteur, afin qu'il y reste le moins d'humidité possible au moment du passage au séchoir.

Il existe actuellement dans les différents grands centres des ateliers spéciaux qui épaillent chimiquement et à façon. L'emploi de ce procédé n'est pas sans une influence sérieuse sur la consommation de certaines laines dont l'épaillage avant la filature était incomplet et présentait des inconvénients déjà cités dans cet ouvrage. L'application du procédé aux tissus mérite donc d'être signalée comme un progrès réel, surtout dans la spécialité des lainages drapés.

Tondage, grillage, appareils a griller ou a flamber.— On se sert de deux procédés pour enlever à la plupart des tissus écrus le duvet plus ou moins apparent qui résulte de l'espèce de peluche existant à la surface de tous les fils formés avec des filaments de longueur limitée. Le poil qui masque la netteté de la tissure lisse ou qui empêche de bien distinguer les parties saillantes et les sillons qui déterminent ce qu'on appelle le *grain* de certaines étoffes, doit absolument disparaître pour tous les tissus ras et être égalisé dans les articles à surface duveteuse. Les moyens en usage ont une grande analogie avec ceux employés pour débarrasser la peau de ses poils ; on a recours tantôt à l'action du tranchant et tantôt à celle de la combustion, souvent à l'application alternative des deux moyens.

Dans le premier cas, l'opération est connue sous le nom de *tondage* ; dans le second, sous celui de *grillage* ou *flambage*.

Le tondage avait lieu autrefois par d'énormes ciseaux, dits *forces*, manœuvrés à la main. Depuis le commencement de ce siècle, ce travail lent, pénible, irrégulier, se fait par des machines légères, élégantes, très-expéditives, bien connues sous le nom de *tondeuses*. Il en existe de plusieurs systèmes, également ingénieuses, usitées suivant les divers résultats cherchés. Ayant déjà décrit tous ces systèmes, les forces, les tondeuses dites *transversales*, *longitudinales*, simples et à plusieurs organes tondeurs avec tous leurs détails, dans notre travail sur la laine cardée, nous n'avons plus qu'à les mentionner[1].

APPAREILS A GRILLER ET A FLAMBER. — Ces appareils, assez simples en général, sont de plusieurs sortes. Autrefois on se servait déjà du moyen dit *à la plaque*, consistant dans le passage rapide des tissus sur une voûte formée d'une plaque métallique rougie par un foyer placé au-dessous; on a ensuite cherché à lui substituer le flambage par l'action d'une lampe à alcool, et enfin celle de la flamme obtenue par des becs de gaz. Ce dernier moyen est le plus général actuellement; on n'a cependant pas entièrement abandonné le grillage à la plaque, appliqué surtout aux articles épais. Les différents systèmes dont nous venons de parler étant décrits ailleurs[2], nous n'avons pas à y revenir.

Nous nous bornerons à donner la description d'un appareil à griller au gaz, d'une grande efficacité, combiné par MM. Tulpin, de Rouen, auxquels la spécialité des apprêts doit de notables perfectionnements.

La planche XXXV représente ce système complet :

A, A', A", bâtis de la machine;

a, a' a, a', entretoises en fonte reliant les deux côtés de bâtis de la machine ;

B, B, rouleaux d'appel, faisant soixante évolutions par minute, développant 2 800 mètres;

C, C, C, C, C, C, C, C, rouleaux-guides des tissus;

D, barre d'embarrage à l'entrée de la machine;

1. Voir le *Traité du travail des laines cardées*, t. II, p. 291; Baudry, 15, rue des Saints-Pères.

2. *Essai sur les industries textiles*, par Michel Alcan.

E, E, E, E, rouleaux de détour en fer ayant pour mission de pincer les flammes ;

F, F', hottes recouvrant les flammes disposées pour recevoir les produits de la combustion ;

G, tuyau d'évacuation des résultes de la combustion réunissant les hottes au grand ventilateur ;

H, grand ventilateur ;

h, petit ventilateur pour envoyer l'air atmosphérique dans le tuyau où arrive le gaz, pour le mélanger avant la combustion ;

I, I, supports des hottes ;

J, J, tuyaux généraux des gaz ;

jj, traverse en fonte supportant ces tuyaux ;

K, K, K, K, tuyaux brûleurs partiels ;

L, L, guides des traverses supportant les tuyaux généraux ;

M, M, leviers à contre-poids servant à équilibrer le poids de l'appareil brûleur ;

mm, arbre sur lequel sont fixés ces leviers ;

N, N, bagues d'arrêt auxquelles s'attachent les chaînes de suspension ;

O, tournelle d'appel des tissus ;

P, P, P, poulies plates, et à une gorge, commandant le rouleau d'appel et la tournelle ;

R, R, supports des rouleaux-guides ;

T, cheminée d'appel.

Le constructeur a songé à disposer son appareil de manière à pouvoir régler le passage du tissu par rapport à la position de la flamme la plus intense et la plus efficace. A cet effet, les galets métalliques mobiles E, E sont établis dans des coussinets munis de vis de rappel, qui permettent de les rapprocher plus ou moins en raison de l'épaisseur du tissu à traiter. Ces écartements sont en général très-petits ; ils varient de $0^m,002$ à $0^m,004$.

Comme les figures 1 et 2 sont à une échelle un peu petite.

nous donnons dans la figure 3 un détail indiquant la marche de la pièce lorsqu'on la grille deux fois d'un même côté. La figure 4 montre la disposition pour quatre flambages sur la même surface.

Quant au mouvement de la machine et à sa vitesse, nous avons indiqué précédemment une moyenne, mais il est évident que le développement dans l'unité de temps doit être expérimenté dans chaque cas particulier.

La machine est aussi disposée pour que l'étoffe, à la sortie, après le grillage, puisse être passée dans l'eau, afin d'éviter les accidents de combustion qui pourraient avoir lieu si la pièce n'avait été rafraîchie de cette façon, ou par tout autre moyen analogue ou équivalant dans ses résultats.

MACHINE A GRILLER ET A TONDRE SIMULTANÉMENT. — Certains articles unis ou à grain saillant ont, dans leur épaisseur, des bouchons difficiles à atteindre par l'effet isolé des appareils à griller, et des tondeuses connues précédemment décrites. Afin d'arriver plus sûrement au but, un habile apprêteur de Paris, M. Charnelet, a imaginé une machine dans laquelle il met alternativement à profit l'action d'un gazage énergique par un mélange de gaz et d'air atmosphérique et celle du tondage proprement dit.

Cette machine, à *double effet*, est représentée par un profil d'ensemble (pl. XXXVI). La machine se compose de son bâti A, servant de point d'appui aux divers organes cylindro-tondeurs, tuyaux de gaz, de vent et à leurs transmissions.

Le tissu E est dirigé de son point de départ quelconque placé à la partie inférieure de la machine. Il passe successivement au-dessus de la flamme des brûleurs plus ou moins nombreux R, R', R'', dans lesquels l'air atmosphérique est chassé pour se mêler au gaz hydrogène carburé dans une certaine proportion. De là l'étoffe, après avoir passé sur une brosse circulaire D à mouvement de rotation continu destiné à relever au besoin le poil pour faciliter le tondage, se rend sur la table T, et sous les lames tondeuses hélicoïdales L du cylindre o, également doué de mouvement circulaire continu. Un cuir fixé à l'extrémité d'une tige H est destiné à lubrifier les lames; R est son support cylindrique. Après avoir reçu l'action du tondage, l'étoffe E passe sous le plieur L qui, par un mouvement de va-et-vient, la dispose en plis réguliers sur une table ou sur le sol. Elle reçoit la tension voulue dans cette pérégrination après avoir passé sur la barre e au moyen des cylindres et rouleaux tendeurs 1, 2, 3, 4, 5, 6, 7 et 8. Chacun des organes est disposé pour pouvoir être réglé convenablement en raison du genre et de la force du produit à traiter. L'intervalle nécessaire entre le cylindre tondeur o et la table T est obtenu par le support vertical mobile S, par les vis K, K agissant sur le support de la table T', des leviers à contre-poids P, P' opérant sur les poulies de tension respectives.

V est le tambour dans lequel se trouve un ventilateur destiné à chasser l'air dans le récipient commun b pour en alimenter les tubes verticaux b, b', b" en communication avec ceux des brûleurs R, R', R". Divers robinets, convenablement disposés, mettent en communication ou interceptent l'introduction et le mélange des fluides dans les réservoirs qui leur sont destinés.

La commande de cette machine n'offrant rien de particulier qui n'ait été décrit déjà en détail en traitant des divers systèmes de tondeuses mentionnés précédemment, nous n'avons pas à y revenir. Elles se résument d'ailleurs dans le mouvement circulaire continu assez rapide du cylindre tondeur sur le tissu amené avec une certaine lenteur sous l'action de l'organe tondeur. Nous renvoyons également, pour l'indication du rapport de ces vitesses ainsi que pour le calcul de la production de la machine et sur la force nécessaire, au travail déjà indiqué sur les tondeuses. La machine que nous venons de décrire, faisant un double travail, a surtout l'avantage de se servir d'une flamme blanche particulièrement intense, susceptible de fouiller les parties les plus creuses du tissu et de griller les effets blancs ou en couleurs délicates, sans leur faire subir aucune altération.

APPAREILS SPÉCIAUX AUX APPRÊTS LIQUIDES. DÉGRAISSAGE ET LAVAGE. — Pendant longtemps et jusque il y a une douzaine d'années, on faisait suivre le grillage et le tondage de l'opération du dégraissage ; on agit encore de même dans certaines localités et pour certains produits. L'appareil en usage connu sous le nom de *dégraisseuse* est fort simple ; nous l'avons décrit dans le *Traité du travail des laines cardées*. Il consiste en général en deux cylindres en bois superposés dans une caisse fermée de toutes parts, pouvant s'ouvrir par une porte afin d'y introduire le tissu à épurer. Celui-ci est engagé entre ces deux cylindres par une extrémité de la pièce ; on la réunit ensuite par une couture légère à l'extrémité opposée, pour en former une toile sans fin. Ainsi disposée entre un cylindre inférieur commandé directement et un rouleau de pression supérieur entraîné par le premier, la pièce tourne sous l'action mécanique dans une eau froide ou tiède pure, alcaline ou savonneuse, jusqu'à ce qu'elle soit débarrassée de la colle, de la graisse ou autres corps étrangers susceptibles d'être enlevés sous l'influence de ces divers agents combinés. On juge surtout de la perfection du résultat par la netteté des lisières qui, au toucher ou appliquées sur un papier sans colle, ne doivent laisser aucune trace de graisse ; on en juge également par l'apparence de l'eau qui, lorsque le travail est terminé, sort pure et limpide de l'orifice pratiqué à la partie inférieure de l'appareil.

APPRÊT LIQUIDE AVANT LE DÉGRAISSAGE. — Pour la plupart des articles ras pure laine, tels que le mérinos, on a constaté qu'il y avait avantage à faire subir un traitement particulier au tissu avant le dégraissage immédiatement après le grillage et le tondage. Ce traitement consiste à soumettre la pièce tendue alternativement à l'action de l'eau bouillante et de l'eau froide, ou à substituer à cette dernière celle de l'air ambiant rapidement renouvelé. Ce mode préalable d'opérer met : 1° la tissure régulière de l'étoffe à l'abri d'une déformation possible, par le frottement et la pression exercés sur la pièce tendue au dégraissage ; 2° lisse en quelque sorte le produit, lui donne de la consistance, du brillant et de la douceur au toucher, l'effet mécanique ayant lieu sur la substance ramollie en contact d'un corps gras ; 3° fixe et affine le grain résultant des entrelacements des fils, par suite du gonflement et de la concrétion du corps laineux déterminés par l'espèce de trempe consistant dans le baignage du tissu successivement dans une eau bouillante et dans l'air frais. C'est du moins ainsi que nous expliquons la supériorité du mode d'apprêt auquel nous faisons allusion sur la méthode antérieurement en usage.

APPAREIL HYDRO-FIXEUR. — MM. Boulogne et Houpin, teinturiers-apprêteurs à Reims, ont combiné depuis une dizaine d'années un appareil auquel ils ont donné le nom d'*hydro-fixeur*, et qui réalise automatiquement l'apprêt dont nous venons de parler.

L'hydro-fixeur est représenté en profil vertical (fig. 1) et vu de face sur une partie de sa largeur (fig. 2, pl. XXXVII). Il se compose d'une cuve à eau métallique à double courbure S, S', S'', pour user moins de liquide. Elle est disposée de manière à recevoir la vapeur pour le chauffage de l'eau. La pièce ou les pièces, cousues bout à bout, sont placées, avant le traitement en T, en avant de la cuve ; de là elles suivent la direction indiquée par les flèches, en se tendant sur les traverses b, b entre celles munies d'une roue à rochet et à cliquet L, pour se rendre sous les rouleaux R et sur les traverses t, t, t. Elles continuent leur pérégrination en se rendant sur les cylindres t', t', guidées par les moulinets tendeurs G, d'où elles se rendent entre les cylindres E, E, à la sortie desquels un mécanisme plieur H à mouvement de va-et-vient, agissant sur la paire de cylindres D, D, dépose le tissu sous la forme de plis réguliers T' sur une table disposée *ad hoc*.

V est un ventilateur dont le mouvement rapide accélère le refroidissement de l'étoffe à son passage. La pièce peut subir l'action à plusieurs reprises, si c'était nécessaire. Il en est de cette opération comme de la plupart de celles de l'apprêteur. L'industriel sait la modifier dans l'application en raison de la variété des articles et de son habileté.

Il suffit de jeter un coup d'œil sur les figures 1 et 2 de la planche XXXVII pour se rendre compte des transmissions de mouvement de la machine. Le point de départ de la commande est placé du côté de la sortie de la pièce ; P est la poulie motrice fixée sur le prolongement de l'axe N du cylindre inférieur E ; le supérieur est entraîné par sa pression. De ce même arbre N part la commande du plieur ; le double mouvement lui est imprimé par une roue double w, qui, d'une part, engrène avec z', placée en dessous, portant un levier H fixé excentriquement sur son plateau, et à son extrémité opposée l'axe d'un pignon i, engrenant simultanément avec ceux j et k, et de l'autre z commande sa voisine y, qui va transmettre le mouvement au pignon i par l'intermédiaire u.

COMMANDE DES ROULEAUX D'APPEL R,R. — A cet effet, un arbre A, placé à la partie supérieure de la machine, reçoit le mouvement par une poulie A″ au moyen d'une courroie O venant de la poulie P' placée sur l'arbre moteur. L'arbre A porte une seconde poulie A' dont la courroie O' descend sur une petite poulie P‴ placée sur l'arbre a, qui, par deux groupes séparés de roues cônes 1, 2 et 3, reçoit sur les arbres transversaux de la dernière les roues droites L, qui commandent chacune une autre roue L'L' placée respectivement sur les axes des rouleaux d'appel tendeurs R, R. Quant au ventilateur V, il est mû par une poulie p, calée sur son axe B, auquel le mouvement est imprimé par l'arbre A. Des vis de réglage *v*, *v*, placées sur les supports à lisière des rouleaux L₁ et *t*, permettent de déplacer plus ou moins ces organes tendeurs, en les faisant avancer ou reculer parallèlement à leur direction.

APPRÊT ANGLAIS DES TISSUS MÉLANGÉS. — Nous avons vu employer à Bradfort et à Leeds, il y a bien des années déjà, le système suivant appliqué aux tissus chaîne coton, trame laine, alpaga ou en fils de poils de chèvre. La pièce à apprêter est enroulée humide sous une forte tension sur un rouleau A en bois ou en zinc, percé de trous, fig. 3 et 4, pl. XXXVII. Ainsi disposée, l'étoffe est enveloppée, pour la maintenir, dans une chemise en toile fermée à ses deux extrémités. Le rouleau préparé est porté dans une cuve I, J, K, L, contenant de l'eau bouillante ; on introduit en outre de la vapeur plus ou moins longtemps, d'une heure à trois, suivant le genre, l'épaisseur de l'article à imprégner. L'effet se produit sous l'action de la pression obtenue par un cylindre presseur B, sur lequel tourne au contact le cylindre *c* dont le tourillon est monté dans des coulisses verticales du bâti, comme dans tous les appareils de ce genre. L'étoffe, en se déroulant dans l'eau entre les deux rouleaux A et B, se développe tendue sur le support cylindrique *c* pour aller s'envider autour de l'ensouple R. Pour pouvoir faire revenir la pièce sur elle-même et réitérer l'opération à plusieurs reprises, on passe alternativement les courroies *r*, *r'* sur leurs poulies fixes respectives D, D', l'une de ces courroies étant directe et l'autre croisée.

GARNISSAGE, TIRAGE A POIL. — La spécialité des lainages légers et lisses, caractérisés par des effets d'armures ou entrecroisements des fils et celle des lainages, foulés, drapés de façon à cacher complétement la tissure par un duvet moelleux, comprennent des articles pure laine et mélangés, légèrement contractés ou tout garnis et recouverts, tantôt sur l'une seulement, tantôt sur leurs deux faces, d'une couche de filaments laineux. Ce résultat est obtenu par l'apprêt connu sous les divers noms de *lainage*, *garnissage* ou *tirage à poil*. Les différentes espèces de flanelles blanches ou teintes, dites *de santé*; les tartans, les écossais et petits façonnés en fils de couleurs variées entre autres, appartiennent à cette spécialité. Les traitements à faire subir à ces produits participent de ceux appliqués à la draperie proprement dite, si ce n'est que le foulage et le lainage en sont moins énergiques. Ayant décrit ces opérations dans tous leurs détails, dans notre *Traité du travail des laines cardées*, nous nous bornerons à indiquer ici par des tracés les dispositions les plus récentes et les plus perfectionnées des machines à garnir, dites *laineuses* ou *laineries*.

Les figures 1, 2 et 3, pl. XXXVIII, donnent ces diverses dispositions. Le principe repose sur l'action des pointes dures et élastiques des chardons naturels sur la surface du tissu de laine. Les fibrilles duveteuses, plus ou moins comprimées sur les fils et dans l'épaisseur du tissu, sont ainsi dégagées et mises en évidence sur l'étoffe par ces peignes naturels. Les chardons sont disposés sur des tringles autour de tambours T, fig. 1, 2 et 3, doués d'un mouvement de rotation rapide autour de leur axe, pendant que la pièce à traiter E chemine tendue contre les chardons; une ou plusieurs pièces cousues bout à bout forment la toile sans fin autour de ces cylindres T. Le tissu ainsi disposé passe tendu sur une traverse carrée *e*, puis entre deux petits cylindres *r*, va s'embarrer entre une série de traverses en se dirigeant entre les rouleaux *r'* et *c'*. L'axe de ces derniers, disposé de manière à pouvoir faire varier leur écartement, permet de modifier le degré de tension en raison de la force et de l'épaisseur du produit traité. Du cylindre *c'* le tissu monte sur le cylindre 1, d'où il est conduit au contact du premier cylindre T. Cette partie de la machine est identique dans les trois figures, mais à partir de ce point on a modifié les dispositions de manière à augmenter les surfaces exposées aux chardons. Les rouleaux guides, indiqués par les chiffres de 1 à 6, sont disposés de telle façon qu'on peut obtenir à volonté deux, quatre et six arcs en contact, afin d'augmenter l'effet dans les mêmes proportions. Un plieur ou faudet d'une combinaison quelconque dispose l'étoffe E, pliée sous la même forme dans un coursier courbe, pour la ramener régulièrement à son point de départ et réitérer l'opération d'une manière continue un plus ou moins grand nombre de fois, en raison des exigences de l'apprêt.

APPAREILS A PRESSER, A LUSTRER ET A DÉCATIR. — Lorsqu'il s'agit d'apprêter l'étoffe pour lui donner du brillant, on la soumet à une pression considérable au contact de cartons ou cartes minces, lisses et chauffées; la presse hydraulique est généralement adoptée pour obtenir l'action nécessaire à cet effet. Des plis, dont la surface égale celle des entre-colonnes de la presse, sont formés avec la pièce; un carton lisse est inséré entre chaque pli, et une planche en bois d'une certaine épaisseur est placée entre deux plaques en fonte très-chaudes; puis on recommence une nouvelle disposition semblable pour une seconde pièce, et ainsi de suite, jusqu'à ce que toute la hauteur entre les jumelles de la presse soit garnie. L'interposition d'ais en bois chauffés par les plaques métalliques à une température élevée propage la chaleur dans toute la masse, et c'est sous l'influence de cette température que la pression s'exerce. Pour chauffer les plaques, on se sert en général d'espèces de fours. Le chauffage a lieu à feu nu. Cependant, depuis longtemps déjà on avait proposé des plaques creuses avec introduction de vapeur. Quoique ces derniers appareils se soient peu propagés, et précisément pour ce motif, ils méritent d'être signalés tels qu'ils ont figuré à l'exposition de 1867. Le chauffage à la vapeur des plaques a été également appliqué aux tables à décatir pour exposer les tissus à la vapeur libre. La figure 4, pl. XXXVIII, montre cette dernière disposition. Les plaques creuses percées de petits trous sont coulissées dans les montants E, G. La vapeur leur arrive par un tuyau vertical garni de robinets d'introduction R, R, R, de même que des robinets d'échappement R, R', R", laissent écouler la vapeur condensée.

Une fois les pièces placées entre ces tables, elles sont recouvertes par le chapeau H suspendu à la chaîne ou à la corde d'un treuil, manœuvré par la manivelle M. L'opération ne présente aucune particularité ; c'est celle bien connue du décatissage, avec une disposition mieux appropriée à la manœuvre.

Quant à la façon d'opérer à la presse hydraulique, la disposition des figures 5 et 6 indique les apparences de la presse avec ses plaques et le tissu avant et après une opération. Celle-ci, manœuvrée par le levier L agissant sur le piston P, envoie l'eau au piston O dans son corps de pompe C ; ces communications ont lieu par le petit tuyau t. La figure 5 suppose la presse après l'action du piston et le retour à sa position initiale. La figure 6 indique le moment où le piston O va commencer à presser.

Quant aux pièces, elles ne diffèrent que dans le mode de chauffage ; les plaques p, p sont des rectangles creux d'une certaine épaisseur, recevant dans leur intérieur des tubes alimentés de vapeur par d'autres qui y communiquent au moyen de robinets r, r, correspondant à chaque plaque par des petits tubes b, b. La vapeur arrive du générateur par un tuyau principal V. Les tuyaux et robinets r' servent à l'échappement. La vapeur qui s'échappe peut se rendre dans une seconde presse par le tuyau E avant de se condenser. Lorsque la vapeur a ainsi cheminé et s'est condensée, son eau de condensation s'échappe par le tuyau placé au bas de la colonne G. Chacune des plaques p est montée et peut glisser en coulissant dans les montants ou colonnes N', N", N"', N"". Il faut nécessairement que l'assemblage des plaques p avec les tuyaux de vapeur se prête à ce déplacement. Les tuyaux d'alimentation ont à cet effet une disposition spéciale indiquée en *d*, qui leur permet de se rallonger et de se raccourcir par leur extrémité *h*; celle-ci peut avancer ou reculer plus ou moins suivant que les plaques descendent ou montent. Les positions que prennent alors ces joints mobiles sont données figures 5 et 6; on voit dans la première l'inclinaison des tiges par suite du rapprochement des plateaux qui viennent d'être pressés; dans la seconde, les choses sont représentées après que la presse a été remplie et au moment où l'action va commencer par le piston O, résultant de l'injection de l'eau de la pompe P par le levier L. A ce moment, on a décroché les chaînes des plateaux; on les voit ramassées au haut de la presse. Lorsqu'il s'agit de les faire revenir de leur position figure 5 à celle figure 6, c'est-à-dire de les abaisser pour commencer l'opération, on y fixe les chaînes et on les manœuvre par le treuil *a*, qui n'offre d'ailleurs rien de particulier; sur l'arbre de ce treuil se trouve la transmission de ces chaînes.

CALANDRAGE. CYLINDRAGE. — L'appareil que nous venons de décrire agit surtout par une pression graduée très-énergique, appliquée sur l'étoffe pliée et fixe. Il en résulte un brillant marqué et spécial du tissu et des traces de pliage souvent difficiles à faire disparaître. On remplace parfois, surtout pour certains articles légers, l'action de la presse hydraulique par celle d'un cylindrage particulier, où l'effet se produit dans des conditions spéciales que nous analyserons après avoir décrit un appareil à fort cylindre exécuté par MM. Tulpin.

La planche XXXIX représente, fig. 1, une vue de face, et fig. 2, l'élévation vue de l'un des côtés de la machine. Elle consiste en trois cylindres, B, C, D, fortement pressés l'un contre l'autre. Le cylindre inférieur est en fonte massive, l'intermédiaire D en rondelles de papier enfilées sur un axe en fer et comprimées à la presse, puis tournées comme du métal; enfin

le cylindre supérieur C est également en fonte et vide à l'intérieur : c'est ce qui l'a fait désigner sous le nom de *canon*. Il est
destiné à être chauffé par l'introduction de la vapeur. La composition particulière du cylindre en papier a pour but d'obtenir un corps qui ait, malgré sa dureté métallique, une homogénéité parfaite et un certain degré d'élasticité. Afin que l'organe
ait plus de durée encore et soit moins susceptible de se détériorer, le papier en chiffons purs des rondelles est remplacé
par un papier dont la pâte est un mélange de chiffons végétaux et
d'effilochage en laine. Ce cylindre lisse et carteux remplit ici
les fonctions des *cartes* employées dans la presse hydraulique ;
certaines étoffes légères en pure laine sont passées à sec sous
l'influence de la chaleur; d'autres variétés, telles que *popelines*,
bombazines, *crêpes*, *gazes*, sont imprégnées ou humectées d'un
liquide de composition variable, dont les éléments principaux
sont la gélatine, la mélasse, le jaune d'œuf, le savon, le fiel de
bœuf, etc.; le nombre de ces éléments et leurs proportions
changent naturellement en raison du genre d'articles et de
l'apparence spéciale plus ou moins souple à obtenir.

Une fois l'étoffe T imprégnée, elle est séchée et lustrée en
passant à la machine disposée en principe conformément à celle
de la planche XXXIX. La légende suivante fera comprendre la
machine dans ses détails :

LÉGENDE EXPLICATIVE.

A, A', bâtis de la machine.
a, entretoise en fer reliant ces bâtis.
B, massif inférieur en fonte.
C, canon supérieur en fonte, chauffé par la vapeur
c, tubulure d'arrivée de vapeur.
c',   d° de sortie   d°.
c", bouchon placé au bout du canon C.
D, rouleau en papier.
E, E', leviers supportant le massif B.
e, *e'*, coussinets du massif B.

F, F', leviers inférieurs de pression du massif B.

f, f', poids de pression.

G, G', écrous réunissant les leviers E et F.

g, g', tiges reliées aux écrous G, G'.

H, H', supports des coussinets du rouleau D.

h, h', coussinets du rouleau D.

I, I', coussinets du canon C.

i, i', grains en bronze ajustés aux coussinets I, I'.

J, J', vis de pression du canon C.

K, K', bâtis de la commande.

k, k', entretoises reliant ces bâtis.

L, L', roues de commande assemblées de façon à obtenir deux vitesses différentes.

M, manchon d'embrayage des roues L, L'.

m, fourchette d'embrayage.

m', support de cette fourchette.

N, poulie de commande.

O, pignon de commande, 15 dents, claveté sur l'arbre de commande.

O', pignon intermédiaire de 31 dents, commandé par le pignon de 15 dents.

O'', roue de 75 dents commandant le canon ; elle est entraînée par le pignon O'.

o, prisonnier d'articulation du pignon O'.

P, pignon claveté au bout du canon et commandant le pignon P'.

P', pignon intermédiaire, commandé par celui P.

p, prisonnier d'articulation du pignon P'.

p', support variable du prisonnier p.

P'', roue de 60 dents fixée sur le massif B.

Q, Q', supports des embarrages fixes.

R, ensouple sur laquelle est enroulé le tissu à cylindrer.

rr', système de frein de cette ensouple.

S, S', supports d'enroulage du tissu à sa sortie de la machine.

T, ensouple sur laquelle s'enroule le tissu.

tt', poulie de commande d'enroulage de l'ensouple T.

Nota. — Le nombre de dents du pignon P varie suivant le degré de friction que l'on veut obtenir.

REMARQUES SUR LES APPRÊTS CYLINDRÉS. — On remarquera que les cylindres ont des commandes organisées de manière à faire varier les rapports de leurs vitesses angulaires. C'est là un point assez important, attendu qu'avec la même machine on peut obtenir des effets de divers caractères en raison de ces modifications de vitesses des organes. Si ces vitesses sont égales entre les cylindres en contact, au lieu d'un tissu d'une apparence brillante et du toucher carteux résultant de l'action de la presse hydraulique, on aurait un *aspect lisse* moins brillant, un grain aplati et un toucher souple. Si, au contraire, on imprime une vitesse angulaire différente aux cylindres et qu'elle soit accélérée dans le sens de la marche de l'étoffe, on exercera un certain degré de tirage et d'aplatissement de la surface, qui présentera alors l'aspect plus ou moins prononcé d'un *tissu ciré*. Pour donner au même produit une *brillante apparence* en lui maintenant le plus de souplesse possible, il faudra le soumettre à un frottement de roulement, réalisé notamment par l'action des anciennes calandres, où l'étoffe enroulée, tendue autour d'un axe, est placée et roulée sur elle-même et sous l'action d'une caisse chargée d'un poids énorme et douée d'un mouvement de va-et-vient ; ce dernier moyen n'est guère usité que pour un certain nombre d'articles en soie. L'*aspect brillant, souple et ciré* s'obtiendra par un mouvement de roulement de va-et-vient alternatif, c'est-à-dire qu'on imprimera au tissu enroulé un mouvement circulaire continu en sens opposé. On peut encore modifier les effets des apprêts suivant le plus ou moins de tension exercée sur le tissu. L'apprêteur a, par conséquent, à sa disposition un certain nombre d'éléments à combiner mécaniquement, de manière à leur faire rendre les résultats les plus avantageux ; lorsqu'il s'agit d'apprêts humides, la composition du liquide vient s'ajouter aux moyens précédents et étend le champ des recherches et le caractère des résultats. Ces remarques ont plutôt pour but d'appeler l'attention des praticiens sur les principes des apprêts formulés rarement, que de donner des formules connues pour des résultats variables.

ORDRE DANS LEQUEL LES OPÉRATIONS SONT APPLIQUÉES AUX TISSUS

RAS EN LAINE. — D'après ce que nous avons indiqué précédemment, il y a encore aujourd'hui au moins deux méthodes en présence dans la manière de donner les apprêts aux produits dont nous nous occupons. Les deux systèmes peuvent surtout se caractériser, comme nous l'avons vu, par la période à laquelle on exécute le dégraissage. D'après les plus anciens errements encore appliqués aux articles lisses en général, cette opération suit immédiatement le tissage et précède le *bruissage*. Pour les articles croisés, ras, souples, tels que les mérinos, il ne vient qu'après le traitement de l'étoffe à l'eau chaude, comme nous l'avons déjà indiqué. Voici d'ailleurs la nomenclature de ces opérations dans l'ordre de leur application.

PREMIÈRE MÉTHODE.

1° Épeutissage ;

2° Grillage à la plaque ou au gaz ;

3° Dégraissage à l'eau alcaline ;

4° Épuration complète par un lavage à l'eau tiède pure ou légèrement savonneuse ;

5° Dépliage et séchage du tissu par un passage au foulard ;

6° Noppage ;

7° Teinture ;

8° Essorage et lavage ;

9° Épluchage et nettoyage ;

10° Tondage, finissage, par un nombre réitéré de coupes ;

11° Humectation de la pièce par un arrosage d'eau divisée ou tamisée en brouillard, en la faisant écouler au travers des mailles d'une toile métallique ou autrement ;

12° Lustrage à la calandre chauffée.

13° Pliage et pressage à froid ;

DEUXIÈME MÉTHODE.

1° Épeutissage ;

2° Dépliage et étendage ;

3° Grillage ;

4° Bruissage ou immersion et passage du tissu gras dans l'eau bouillante ;

5° Dégraissage et épuration ;

6° Noppage pour réparer les accidents ;

7° Teinture ;

8° Étendage et séchage ;

9° Tondage ;

10° Humectation et calandrage ;

11° Empaquetage.

APPRÊTS DES CHALES FAÇONNÉS ET ARTICLES ANALOGUES. — Ce genre de produits a besoin de certains ménagements, tant à cause de la constitution spéciale du tissu épais à grain à l'endroit, formé de nombreuses brides flottantes superposées à l'envers, qu'à cause de ses dimensions, limitées en longueur et ordinairement d'une largeur de plus de 2 mètres. Voici d'ailleurs le mode d'opérer :

1° Épincetage à la main pour enlever à la pincette les corps étrangers ;

2° Lavage à l'eau tiède pour épurer le tissu et en raviver les nuances ;

3° Dressage de la pièce sur une table métallique creuse légèrement bombée et chauffée à la vapeur à l'intérieur ;

4° Découpage à l'envers, à la tondeuse longitudinale, pour enlever les brides et alléger la pièce ;

5° Tondage à l'endroit pour raser le duvet ;

6° Pressage à la presse hydraulique avec interposition de cartes lisses.

BLANCHIMENT DES MÉRINOS ET DES MOUSSELINES LAINES. — Les articles en laine ras sont souvent vendus en blanc. Le blanchiment a presque toujours lieu dans des établissements spéciaux. Le traitement repose : 1° sur l'épuration complète du tissu par des bains alcalins et des lavages ; 2° sur l'action du gaz acide sulfureux alterné avec des bains alcalins. Les errements à suivre dans ce cas sont bien connus ; quoique multipliées, les opérations sont simples, et cependant elles ne laissent pas que d'être délicates. Le procédé le plus généralement suivi se compose des manipulations suivantes indiquées dans l'ordre de leur application.

MANIPULATIONS.

1° Épaillage, décrit précédemment ;

2° Tondage, décrit précédemment ;

3° Fixage ou passage dans l'eau chaude du tissu tendu ;

4° Lavage ou rinçage à l'eau tiède, chauffée à 40 degrés environ ;

5° Essorage à l'hydro-extracteur ;

6° Soufrage[1] par le gaz acide sulfureux au moyen de la combustion du soufre dans une pièce sombre et close ;

7° Deux bains alcalins à 3 degrés au pèse-sel. Un premier bain à 10 litres par pièce environ, le deuxième à 5 litres ; on peut passer douze à quinze pièces par bain ;

8° Trois bains de savon composés de la manière suivante :

Eau	600 litres.
Carbonate à 3 degrés	10 —
Savon...................	10 —

Composé de 10 kilogrammes de savon de Marseille dissous dans 250 litres d'eau ;

1. Au lieu de gaz sulfureux, on emploie parfois l'acide sulfureux liquide obtenu par une dissolution de bisulfite de soude du commerce, dans lequel on mélange une proportion d'acide sulfurique ; on y immerge plus ou moins longtemps le tissu à blanchir (de douze à vingt-quatre heures), puis on lave et laisse sécher ; à défaut de bisulfite liquide, on emploie du sulfite en cristaux, on le dissout dans l'eau et on y ajoute le double d'acide sulfurique ; on opère ensuite comme ci-dessus. On comprend la réaction qui se produit dans les deux cas.

9° Bain de rinçage à l'eau alcaline ; composition :

Eau...................... 100 litres.
Carbonate.............. 40 —
Savon .... 40 —

Consommation, 5 litres environ par pièce ;

10° Essorage ;

11° Rinçage alcalin ;

12° Essorage ;

13° Soufrage ;

14° Mouillage dans un bain légèrement acidulé à 1 litre d'acide sulfurique pour 1 000 litres d'eau ;

15° Bleutage, en passant dans un bain légèrement azuré, par du bleu d'aniline ou autre ;

16° Essorage ;

17° Étendage ;

18° Tondage ;

19° Soufrage ;

20° Bains de carbonate ;

21° Essorage ;

22° Bains de vinaigre à l'eau tiède à 40 degrés ;

23° Essorage ;

24° Soufrage ;

25° Essorage et apprêt pour déplisser, lisser, etc.

On a également proposé des dispositions spéciales pour mieux faire la combustion du soufre ; nous donnons (fig. 8, pl. XXXIV), un croquis d'un appareil proposé par M. Bastaert. Il se compose d'un tube en plomb T dans l'axe duquel arrive un jet de vapeur par un tube garni d'un robinet R, afin d'activer ainsi le tirage et la combustion du soufre placé en B sur un foyer dont on voit les parois A. On peut, à l'aide de cette disposition, mieux appliquer le gaz acide sulfureux au moyen de l'appareil indiqué fig. 9, qui montre la marche du tissu à blanchir. On le voit monter en K, entre les tuyaux ; la vapeur s'échappe par une double rangée d'orifices *o* des tuyaux *t*, dans un plan horizontal à égale distance du sol et du plafond.

Les tissus cheminent d'une manière continue de haut en bas sur des poulies R, entre les tuyaux, et reçoivent ainsi plusieurs fois sur leur parcours la projection d'une série de jets linéaires d'acide sulfureux ayant la largeur de la pièce. Cette disposition paraissant rationnelle, nous la donnons, bien qu'elle ne soit pas encore adoptée dans la pratique.

IMPERMÉABILISATION DES LAINAGES. — Ayant donné dans notre *Traité du travail des laines cardées*, p. 389, t. II, diverses recettes pour rendre les étoffes imperméables à l'eau et perméables à l'air, nous y renvoyons. Nous croyons seulement devoir ajouter que, depuis lors, ce procédé, que nous avions vu appliquer fréquemment en Angleterre, s'est propagé dans une certaine mesure en France, où il n'est cependant pas encore aussi répandu qu'il mériterait de l'être eu égard à son utilité et à la faible dépense qu'il occasionne. Il a l'avantage de rendre les tissus ainsi préparés presque aussi imperméables que ceux en caoutchouc sans avoir l'inconvénient, reproché à ces derniers, d'arrêter l'évaporation et la transpiration. On peut donc obtenir ainsi, sans dépense sensible et sans aucun inconvénient, l'effet recherché par l'emploi d'un vêtement supplémentaire en gomme ou toile enduite, dont l'usage, pour être sain, a besoin d'être entouré de précautions qui ne sont pas toujours faciles à observer. Les vêtements confectionnés aussi bien que les tissus en pièces, pouvant être facilement imperméabilisés par le procédé auquel nous faisons allusion, son application, notamment aux uniformes de la troupe, pourrait rendre les plus grands services.

REMARQUES SUR LE BLANCHIMENT DES LAINAGES. — On voit, par la série des opérations que nous avons données, que le blanchiment des tissus de laine a lieu par la répartition successive d'un petit groupe d'opérations ayant pour bases les lessives alcalines et les lavages pour épurer le produit, et le soufrage pour le blanchir.

La progression des traitements a été démontrée indispensable en pratique. Cette nécessité paraît reposer sur ce fait que le blanchiment par l'acide sulfureux résulte non de la destruction d'une matière colorante, mais d'une combinaison de ce corps rendant la substance colorante incolore par suite de la réaction du gaz sulfureux. Or, celui-ci pouvant être enlevé dans la suite du traitement soit par de l'eau trop chaude ou des bains alcalins ou acides trop énergiques, la coloration reparaît, comme on la voit renaître sur une rose décolorée à l'acide sulfureux si on la plonge dans l'acide sulfurique. De là probablement la raison pour multiplier l'action de l'acide sulfureux et en répéter l'application après chaque période d'épuration.

Il est cependant permis de se demander si on ne pourrait abréger le nombre des traitements, en ne pratiquant le soufrage qu'une seule fois après un dégraissage et une épuration à fond et complète. L'action précitée de l'acide sulfurique sur l'acide sulfureux démontre la nécessité de faire l'opération du blanchiment à l'abri de l'oxygène de l'air, susceptible, en présence du tissu humide, de transformer le gaz ou le liquide acide sulfureux en acide sulfurique. Le temps nécessaire à la réalisation de cette sorte de phénomène peut varier évidemment en raison des conditions atmosphériques ; un temps orageux et l'action de la lumière, par exemple, peuvent hâter la réaction.

Il est à peine nécessaire de dire le rôle important que le grand véhicule du blanchiment, l'eau, peut jouer suivant qu'elle est plus ou moins pure et que sa pureté est troublée par telle ou telle substance que charrient ou que contiennent combinés la plupart des courants, surtout ceux dont les usines se trouvent en aval des grandes villes. On ne saurait alors prendre trop de précautions pour s'assurer de sa composition, et l'épurer au besoin par l'un des moyens indiqués au chapitre VI. Les essais des eaux devraient être renouvelés journellement pour se mettre à l'abri de l'irrégularité de leur degré de pureté, qui peut varier avec les saisons, la sécheresse, les pluies, etc. On connaît l'influence des eaux contenant certaines substances, telles que sels de chaux, magnésie, etc., sur les savons, que ces substances solubles peuvent rendre insolubles; nous n'y revenons que pour rappeler le rôle fâcheux que ces sortes d'eaux peuvent avoir sur le dégraissage et le dégorgeage aux bains de savon et alcalins.

L'encollage des fils de la chaîne peut à son tour avoir de l'influence sur l'épuration et le blanchiment des étoffes, et être plus ou moins facile à faire disparaître aux lavages et au finissage en raison de la nature et de la qualité de la colle employée. La gélatine, presque exclusivement en usage jusqu'à ces dernières années pour les lainages, n'a pas une composition constante et invariable. Il y a, lors même qu'elle est pure, plus ou moins de facilité pour en débarrasser l'étoffe; souvent elle contient encore, en outre des corps étrangers déjà mentionnés, des substances plombifères employées à sa clarification; les joints des tuyaux de vapeur mêmes peuvent donner lieu à des traces de minium, occasionnant dans les apprêts des chances d'accidents, généralement impossibles à éviter.

Emploie-t-on de la colle végétale, de la fécule, de la farine, avec introduction d'un peu de glycérine pour donner une certaine moiteur ou propriété hygrométrique aux fils, ces derniers sont alors enrobés d'une matière durcie gonflant sous l'action des alcalis, qui ne peut bien s'enlever que par un bain à une température de près de 100 degrés. De là une bien plus grande durée dans le refroidissement de la pièce. On sait, en effet, qu'il faut faire sécher la pièce enroulée tendue, sous peine de déterminer des irrégularités dans les dimensions et des apparences fâcheuses dans la surface. Si, de plus, des accidents au tissage, tels que des taches de graisses ou d'autres impuretés, ont lieu, la difficulté de l'épuration augmentera d'autant.

La manière même de disposer les pièces peut avoir de l'influence sur la perfection du traitement. Il faut leur éviter le contact et la superposition des rouleaux, surtout avant qu'elles soient sèches. Les *barrages* déterminés par des causes diverses peuvent se manifester à la suite de ce contact.

Les observations qui précèdent sont loin d'avoir épuisé le sujet; nous n'y sommes entré que parce qu'il concerne l'un des points industriels encore les moins éclairés par la science. Nous n'avons pas la prétention de l'avoir fait; ayant été souvent témoin et consulté sur des accidents de fabrication qui se manifestent lors des apprêts, nous avons cherché à nous expliquer certaines causes de ces troubles apportés dans le travail des plus habiles praticiens.

Lorsqu'on songe aux nombreuses difficultés que rencontre cette spécialité, on est étonné que les accidents ne soient pas plus fréquents encore. Les défauts résultant de ces causes perturbatrices peuvent se résumer comme suit :

Les pièces peuvent être *mal unies*, présenter des *veines marbrées*, accuser un certain degré de *feutrage*, et être rentrées d'une quantité proportionnelle; répandre une mauvaise odeur, être *tachées*, présenter un grain irrégulier, ou un blanc verdâtre, rougeâtre ou grisâtre, une apparence crêpée, etc.

Les observations qui précèdent peuvent évidemment servir à expliquer la plupart des accidents. Que sur certains points, par exemple, par suite d'une cause quelconque, l'acide sulfureux se transforme en acide sulfurique, et cela peut arriver pour les articles qui, à cause de leur contexture, offrent des parties en creux et en relief plus ou moins saillantes, et le blanc sera irrégulier, la pièce mal unie ou veinée. La température des bains est-elle trop élevée et le frottement trop énergique dans le passage du tissu aux appareils, il en résultera un certain degré de feutrage. L'épuration est-elle incomplète par suite de l'impureté de l'eau ou toute autre cause, l'étoffe ne sera pas complétement débarrassée des substances grasses qui s'échaufferont, fermenteront et répandront une mauvaise odeur. Les taches ont les sources les plus diverses. L'irrégularité du grain peut avoir différentes origines, notamment des inégalités d'*action* de torsion et de serrage des fils pendant le tissage. Le crépage provient de causes analogues à celles du feutrage, et souvent aussi de torsions trop fortes dans les fils, etc.

Qu'on nous permette de répéter que nous ne présentons ces explications qu'à titre d'hypothèses et faute de mieux. Nous serons les premiers à nous applaudir si la science, par une étude plus approfondie, s'appuyant sur des faits, venait démontrer combien nos aperçus sont incomplets.

CHAPITRE XXI.

ENSEMBLE D'UNE USINE COMPRENANT LE DÉGRAISSAGE, LE PEIGNAGE, LA FILATURE, LE TISSAGE ET LES APPRÊTS.

Afin de résumer l'ensemble du travail décrit dans les diverses sections de cet ouvrage, nous donnons pl. XL, fig. 1, un plan général, et fig. 2, une section longitudinale de l'ensemble d'un établissement complet, d'une importance secondaire. La planche indique les dispositions relatives de l'outillage, sa distribution méthodique à partir du premier traitement subi par la laine brute jusqu'après l'épuration complète de l'étoffe. L'usine comprend le matériel de dégraissage nécessaire à une quantité de laine suffisante pour alimenter 12 peigneuses du système Heillmann-Schlumberger, 7 000 broches self-acting de filature avec leurs préparations, 200 métiers à tisser, leurs machines préparatoires et les appareils accessoires pour terminer le travail des apprêts en écru. La production de ce matériel varie naturellement avec la finesse des fils; en admettant qu'on y transforme des fils n° 80 à 82 pour chaîne et 114 en trame, l'établissement travaillera en moyenne 350 à 380 kilogrammes de laine dégraissée par jour. L'usine reproduit la disposition de celle de MM. Wagner et Marsan, de Reims, construite il y a quelques années. Elle se compose d'une longueur totale de 129 mètres, dont 119 pour l'établissement et 10 pour les moteurs et générateurs à vapeur. La largeur de l'usine est de 40 mètres, la hauteur moyenne sous combles de 6^m,60. Si on fait le cube des trois dimensions, on a un volume total de 34 056 mètres. Pour ventiler convenablement ce local, on a disposé à sa partie inférieure des prises d'air communiquant à une canalisation pratiquée dans le sol, sur le contour de l'établissement, débouchant dans l'intervalle formé par la cheminée d'un tuyau placé concentriquement à cette cheminée jusqu'à une certaine hauteur. La température élevée existant autour de cette enveloppe détermine un fort courant ou appel d'air. Ayant pratiqué nous-même cette disposition en 1856 dans un établissement que nous avons construit à Strasbourg, nous avons pu en constater l'efficacité. Toutes les machines sont mises en mouvement par les transmissions suivantes :

Deux arbres longitudinaux a, venant de la transmission de la machine à vapeur A', l'un de chaque côté du mur suivant la longueur du bâtiment, transmettent leur mouvement par des roues d'angle à neuf arbres transversaux b perpendiculaires aux premiers. Les poulies destinées à la commande des machines sont calées sur ces derniers arbres transversaux. Il y a donc là une disposition des plus simples. L'échelle de cette planche étant de 3 millimètres au mètre, il est impossible qu'elle donne des détails ; elle suffit cependant pour indiquer les dispositions relatives de l'outillage mécanique, et pour démontrer qu'il est agencé de façon que la matière ne puisse donner lieu ni à de fausses manœuvres ni à des pertes de temps, les opérations s'enchaînant méthodiquement. Enfin, on a figuré sur ce plan une disposition pour former artificiellement et à volonté une atmosphère d'air humide ; on sait combien dans certains cas, tantôt l'humidité seule, tantôt l'humidité et la chaleur réunies sont indispensables à la bonne exécution du travail ; la filature, par exemple, tant pour faciliter les étirages que pour annuler les effets de l'électricité, doit se faire dans une atmosphère marquant au moins 82 degrés à l'hygromètre de Saussure, et à une température variant de 18 à 20 degrés centigrades.

Pour le tissage, une certaine moiteur facilite également le travail, mais le degré de chaleur peut être moindre. Il y a donc là des conditions très-délicates à remplir, qui jusqu'ici ne sont pas complétement satisfaites, malgré de nombreuses recherches.

On a eu l'idée, ces temps derniers, d'utiliser le principe dit *de la pulvérisation des liquides*. MM. Geneste et Herscher étudient en ce moment et sont en train de placer les premiers appareils qu'ils ont imaginés pour résoudre pratiquement le problème ; on en trouvera les explications plus loin.

LÉGENDE DE LA PLANCHE XL.

Épuration et peignage.

A, dégraissoir ;
B, séchoir ;
C, 8 cardes ;
D, 2 détirages après cardage ;

E, 2 lisseuses ;

F, 2 étirages après lissage ;

G, 12 peigneuses ;

H, 4 étirages après peignage ;

I, 2 étirages finisseurs ;

K, 2 défeutreurs ;

Filature.

L, 10 bobinoirs de 50 peignes chacun ;

M, 2 métiers self-acting de 500 broches chacun et 6 de 1000 broches ;

Tissage.

N, 3 ourdissoirs ;

O, 2 machines à encoller ;

P, 3 machines à nouer ;

Q, 200 métiers à tisser ;

R, rentrayage ;

S, machines à plier ;

T, machines à glacer ;

U, machines à épeutir ;

V, marque ;

X, monte-charge ;

Y, réception ;

W, 2 sous-sol pour magasins ;

Z, contrôle ;

A', machine à vapeur ;

B', générateurs ;

H', cheminée ;

I', escalier.

DÉPENSES, CLEF EN MAIN, POUR LA CONSTRUCTION D'UNE USINE, ESTIMÉES PAR BROCHE ET PAR MÉTIER A TISSER. — On peut arriver à l'estimation de ces dépenses, la broche à filer et le métier à tisser pris pour unités, d'après les éléments des devis, chap. VIII, XV et XIX.

Pour la première section, comprenant le dégraissage et le peignage pour une quantité de laine à transformer par 6 400 broches, les dépenses sont, pour les machines, 302 640^f; pour les constructions, 56 503^f,26 :

$$302\,640^f + 56\,503^f,26 = 359\,143^f,26, \text{ et } \frac{359\,143^f,26}{6\,400} = 56^f,11.$$

Les dépenses correspondantes, pour la filature, sont par broche, pour les machines, 219 800'; pour les constructions, 42 480':

$$219\,800' + 42\,480' = 262\,280', \text{ et } \frac{262\,280'}{6\,400} = 40',98.$$

La dépense du matériel et des constructions pour transformer la laine brute en fils est donc par broche 56',11 + 40,98 = 97',09, et par métier à tisser 1 000 francs (p. 620).

Il s'ensuit que l'établissement résumé, pl. XL, coûtera :

1.	97',09 × 7 000	=	679,630'
2.	1,000 × 200	=	200,000
	Ensemble...............		879,630' [1]

APPAREIL A HUMIDIFIER L'AIR. — Le système consiste en principe à faire agir un jet d'air comprimé pour propulser de l'air dans une gaîne, et en même temps pour pulvériser de l'eau amenée par écoulement direct en avant du jet.

Sous l'action du jet d'air comprimé, l'eau se transforme instantanément en poussière très-divisée, et est en d'excellentes conditions pour s'évaporer dans l'air entraîné par le jet.

L'appareil se compose (fig. 3, pl. XL) de deux gaînes opposées B,B placées dans le prolongement l'une de l'autre, et dans lesquelles deux jets d'air comprimé déterminent deux courants d'air en sens inverse indiqués par des flèches. La gaîne BBFF est ouverte en O au milieu entre les deux jets, et communique à l'extérieur par un conduit E se raccordant à la toiture. Un écoulement d'eau est amené par un double tuyau *tt* en avant des deux jets. Les deux gaînes sont retournées verticalement, afin d'éviter toute projection d'eau dans l'atelier. Enfin, le trop-plein de l'eau non vaporisée s'écoule sur la toiture.

L'air comprimé est fourni par une petite pompe placée en un

---

1. Ce chiffre ne comprend pas le prix d'achat du terrain, variable suivant les localités, ni celui des appareils pour les apprêts et le blanchiment.

point quelconque de l'usine et comprimant à la pression de 0ᵐ,08 de mercure (un dixième d'atmosphère). Il est conduit aux différents appareils installés, ainsi que l'indique le plan général xx', par une canalisation de petit diamètre. Chaque injecteur est muni d'un obturateur à cône D qui permet de faire varier la section de l'orifice par une manœuvre de cordons.

L'écoulement de l'eau est lui-même réglé automatiquement par l'air comprimé arrivant dans le tuyau C au moyen d'un appareil spécial et dans lequel l'air comprimé agit par pression sur la surface d'un réservoir d'eau pour proportionner l'écoulement à la puissance du jet. La figure 4 donne le détail de la vue de profil de l'appareil, supposé établi sous le comble. La disposition double figurée sur le croquis fournit 1 000 mètres cubes d'air par heure. Cet air peut être amené, suivant la puissance du jet, aux divers degrés de saturation, depuis 80 degrés jusqu'à la saturation presque absolue. Il est pris à l'intérieur par une trappe placée dans le conduit rectangulaire qui fait communiquer l'appareil à la toiture.

Il faut compter dans l'installation un appareil par 1 000 mètres cubes d'air à humidifier, et une force motrice d'un sixième de cheval.

Les dispositions que nous venons d'indiquer sont rationnelles et ingénieusement combinées, elles dotent les usines qui sont dans les conditions des filatures d'un moyen nouveau pour régulariser l'état de l'atmosphère intérieure des ateliers de la manière la plus favorable. Cependant il est probable qu'on n'arrivera à utiliser cet appareil qu'après des essais multipliés pour chaque cas. Le meilleur mode d'installation n'est pas encore complétement déterminé; il y a des motifs pour et contre l'établissement sur le sol, au plafond, ou même à une certaine hauteur dans l'atelier. L'expérience seule pourra démontrer jusqu'à quel point les idées théoriques conçues *à priori* sur la détermination de ces questions sont fondées. Malgré ces incertitudes, nous n'avons pu cependant passer sous silence, et avons voulu contribuer à propager l'application d'un moyen qui nous paraît devoir concourir pour sa part à la réalisation d'un desideratum poursuivi depuis longtemps.

COUP D'ŒIL SUR L'ÉTAT GÉNÉRAL DE L'INDUSTRIE. — En suivant pas à pas les transformations de l'outillage, de son installation et les améliorations successives des procédés, on est frappé de la différence qui existe entre la situation industrielle d'il y a un demi-siècle et celle d'aujourd'hui. Il serait difficile de faire ressortir, sans trop nous étendre, les nombreux changements réalisés depuis seulement vingt-cinq ans, nous nous contenterons donc de rappeler les grandes étapes du progrès.

Le travail du peignage, par exemple, était autrefois l'un des plus pénibles et des plus malsains. Laissé aux mains d'un personnel ouvrier des moins estimés, le résultat était forcément lent, d'une irrégularité variant avec les individus, et d'une difficulté proverbiale. Les filatures cherchaient encore leur voie dans les préparations, et les métiers à filer mus à la main étaient de quelques centaines de broches à peine; les fileurs et les enfants qui leur servaient d'auxiliaires, chargés d'une besogne où la force musculaire était constamment mise en jeu, se trouvaient exténués à la fin de leur journée, sans pouvoir néanmoins arriver à des résultats même passables, malgré la faible production.

On ne pouvait songer à tisser ces fils automatiquement; leur imperfection déterminait tant de ruptures que les métiers mécaniques n'auraient pas rendu plus que le travail à la main. Les tissus ainsi obtenus, étaient cependant fort chers et rangés dans la catégorie des produits de luxe, accessibles seulement à une partie restreinte de la population. Les procédés d'apprêts, également peu raisonnés alors, étaient exposés à de nombreux accidents dont on était loin de s'expliquer les causes.

Tout est changé actuellement en faveur de l'industrie. Le peignage, l'épuration qui le précède, les préparations qui le suivent, ont été étudiés dans tous leurs détails; la méthode adoptée dans ces transformations et surtout les moyens automatiques les plus ingénieux, les plus efficaces et les plus économiques, font remarquer la spécialité.

Aux essais variés et timides des préparations de la filature sont venus se substituer des procédés rationnels, perfectibles sans doute, mais en suivant et développant la voie dans laquelle on est entré.

Les améliorations apportées aux métiers à filer ont eu, avec juste raison, un grand retentissement. On est non-seulement parvenu à quintupler par métier le nombre de broches, mais aussi à en tripler au moins les vitesses; enfin, on les établit dans tous leurs détails si compliqués avec une précision mathématique; les produits, obtenus sans autre secours de la part de l'ouvrier qu'une surveillance intelligente, ne laissent plus rien à désirer; la forme géométrique sous laquelle ils sont disposés permet de s'en servir sans déchet appréciable. Ces progrès ont eu une part sérieuse dans la propagation du tissage automatique grâce auquel une seule personne peut diriger deux métiers à la fois et en obtenir un rendement proportionnel à ses soins et à son habileté. Nous ne sommes plus au temps où l'introduction des machines dans l'industrie, était considérée par les ouvriers comme un acte menaçant leurs salaires et excitant leurs passions au point de provoquer parfois des désordres sanglants. Les avantages de la substitution du travail automatique au travail de l'homme ne sont plus nulle part méconnus; augmentation des salaires, possibilité de les répartir d'une façon strictement équitable, diminution et parfois suppression de toute fatigue corporelle, atténuation des chômages, tels en sont dans la plupart des cas les conséquences favorables.

D'autre part, les locaux ne laissent plus rien à désirer sous le rapport de l'hygiène et de la salubrité du personnel. Malgré cette revue satisfaisante des progrès réalisés jusqu'ici, il reste encore à faire ; ne craignons pas de dire que l'Instruction et la diffusion des connaissances techniques laissent beaucoup à désirer. On ne saurait trop encourager les efforts tentés non-seulement en faveur de nouveaux progrès techniques et industriels, mais encore en vue des conséquences morales d'une sérieuse culture intellectuelle.

Une fois cette lacune comblée au profit de notre classe ouvrière, l'industrie française verra s'ouvrir une phase nouvelle de prospérité.

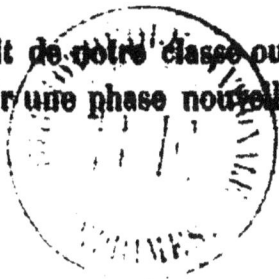

FIN.

TABLE DES MATIÈRES.

	Pages.
Préface..	v
Division de l'ouvrage....................................	ix

CHAPITRE I.

Notions historiques.

De l'ancienneté des lainages ras.........................	1
Des lainages en général.................................	6

CHAPITRE II.

Etoffes rases et sèches fabriquées autrefois.

CHAPITRE III.

Catégories d'articles faisant partie du domaine actuel des lainages ras.

Des laines employées pour les tissus ras.................	21
Principaux centres de fabrication........................	29

CHAPITRE IV.

Progrès réalisés dans les transformations automatiques des tissus ras depuis la fin du dernier siècle.

Peignage à la main......................................	37
Peigneuse d'Edmond Cartriwgt...........................	39
Peigneuse de MM. Henri Wright et Jean Hawksley........	40
Perfectionnements apportés aux machines à peigner patentées par Jean Hawksley.................................	43
Intervention active de l'industrie française dans le travail automatique des produits peignés.........................	44
Point de départ du système nouveau de peignage..........	50
Progrès réalisés dans les machines préparatoires et dans la composition de l'assortiment	53

                                                            Pages.
Division du travail dans la fabrication des tissus ras 61
Groupement général des transformations en cinq sections communes
    au travail de toutes les subtances textiles 63

CHAPITRE V.

Préparations du premier degré. Première période. Considérations préliminaires.

Triage.. 67
Traitement préliminaire pour faciliter le triage................... 67
Des caractères sur lesquels repose l'opération du triage........... 68
Triage des toisons d'alpaca....................................... 75
Triage d'une partie de poil de chèvre 80
Des deux systèmes de triages..................................... 80
Des conséquences de la suppression du triage..................... 81
Epuration de la laine à peigner................................... 82
Battage et ses conséquences...................................... 83
Réserves et conclusions concernant le battage 88
Batteur à coton appliqué à la laine............................... 89
Dégraissage 89
Dégraissage de la laine cardée 90
Dégraissage de la laine peignée................................... 90
Comparaison entre le mode ancien et le mode actuel de dégraissage. 92
Méthodes de dégraissage usitées.................................. 93
Agencement général... 94
Réglage de la machine. Montage des leviers, ressorts. Garnissage des
    rouleaux.. 101
Proportion entre la consommation moyenne du savon et le poids de
    la laine.. 103
Dégraissage par l'emploi des hydrocarbures, du sulfure de carbone,
    de l'essence de térébenthine et du verre soluble:.............. 105
Observation sur la disposition des bacs superposés comparée à celle
    des bassins posés au même niveau............................ 107
Dégraisseuse et laveuse de M. Chaudet........................... 108
Dégraissage et lavage partiellement automatiques................. 110

CHAPITRE VI.

Des eaux, de la nécessité de s'assurer de leur degré de pureté et des moyens de les épurer.

Séchage 115
Disposition d'un séchoir à air forcé avec ventilateur.............. 116

Pages.

Utilisation des résidus du dégraissage.............................. 118

Production du suinter.. 119

Production du carbonate de potasse................................. 120

Traitement des résidus par l'acide sulfureux....................... 120

Echardonnage ou égratronnage et épaillage mécanique et chimique de la laine... 122

Mode d'opérer l'épaillage des pièces............................... 125

Remarques sur les appareils et moyens employés dans l'épaillage chimique en pièces... 127

Carbonisateur.. 127

CHAPITRE VII.

Préparations du premier degré. Deuxième période, avant peignage. — Graissage. Démêlage ou cardage. — Défeutrage. — Peignage. — Dégraissage. Lissage. — Conditionnement.

Préparation avant-peignage... 128

Graissage.. 130

Choix des matières grasses pour la lubrifaction des laines......... 132

De la glycérine et de quelques autres substances graissantes....... 134

Emulsions.. 135

Proportions du graissage... 136

Appareils à graisser... 136

Démêlage et cardage.. 137

De la carde.. 139

Des fonctions des divers organes de la carde....................... 140

Effets apparents de la matière cardée.............................. 144

Remarques sur le principe du travail de la carde................... 150

Production pratique des cardes..................................... 151

Question des déchets... 152

Points qui distinguent le démêlage aux cardes du cardage proprement dit... 154

Numéro du ruban cardé.. 156

Appareil alimentaire de M. Bolette................................. 156

Aiguisage des cardes... 157

Modification de la forme des aiguilles des garnitures de cardes.... 158

Défeutrage, laminage, avant-peignage. Considérations préliminaires. 159

De la disposition pratique et de la combinaison des organes chargés de réaliser la séparation par le glissement des fibres............ 161

Mode d'adhérence entre les cylindres............................... 162

De l'écartement entre les cylindres lamineurs...................... 163

Pages.

Du rapport des vitesses entre les organes étireurs................ 164

De la disposition des filaments dans une masse étirée............ 165

Moyens pratiques pour atteindre l'homogénéité des produits dans les
    étirages.. 167

Principe de l'étirage à peigne................................ 169

Comparaison entre les propriétés des peignes cylindriques et des
    gills à mouvement rectiligne............................ 172

Défeutreur double.. 173

Etirages avec peignes à barrettes, dits *gill's box*............ 175

Importance d'amener les fibres aussi près que possible d'un étireur. 177

Moyens de réglage.. 183

Production du gill's box...................................... 184

Disposition spéciale pour arriver plus sûrement à la régularité des
    laminages et éviter certains accidents des préparations.......... 185

Combinaison des leviers à ressorts de pression................ 187

CHAPITRE VIII.

Peignage. — Dégraissage et lissage des rubans.

Peigneuses automatiques...................................... 189

Brevet en date du 17 décembre 1845, au sieur Heilmann, de Mul-
    house, pour un démêloir et une peigneuse.................. 190

Démêloir.. 193

Peigneuse... 195

Préparations avant le peignage des filaments longs............ 203

Machine à démêler... 204

Considérations sur le réglage................................ 211

Caractères originaux et distinctifs des moyens réalisés par Heil-
    mann... 212

Modifications proposées aux peigneuses Heilmann.............. 214

Peigneuses Lister, Holden et autres.......................... 217

Peigneuse Holden, dite *square motion*, ou à mouvement quadran-
    gulaire... 226

Autre peigneuse circulaire, modifiée par MM. Holden.......... 229

Peigneuse Ramsbotham et Brown.............................. 230

Peigneuse Morel... 233

Peigneuse Noble... 240

Peigneuses Tavernier, Crofts et autres....................... 242

Aperçus généraux sur le rendement d'une peigneuse en quantité et
    qualité... 248

Dégraissage, séchage, lissage et dressage des rubans.......... 250

Pages.

De la période à laquelle se fait le lissage....................... 251
Lisseuse Pradine, construite et perfectionnée par MM. A. Koechlin. 252
Dégraisseuse et lisseuse Pierrard-Parpaite...................... 253
Lisseuse Skène et Devallée................................. 261
Préparations sans lissage................................. 262
Détermination des questions concernant un établissement de peignage.
   Prix de revient du travail........................... 263
Classement des laines en raison des facilités qu'elles présentent au
   peignage.. 265
Classification des laines et prix de façon par kilogramme de peigné.. 266
Composition et devis d'un assortiment de peignage.............. 267

CHAPITRE IX.

**Préparations du deuxième degré,
Première et deuxième période. — Transformation des rubans
en mèches. — Étirage. — Laminage. — Bobinage
avec frottage,
à mèches simples et multiples. — Étirage, laminage,
Bobinage avec torsion pour laine longue. — Système anglais.
Analyse de l'assortiment mixte, dit *système allemand*.**

Préparation du deuxième degré avant filage. Considérations générales. 272
Description du bobinoir finisseur à laine fine................... 274
Observations générales sur les bobinoirs...................... 283
Table des pressions en kilogrammes des machines préparatoires en
   raison de la qualité des laines........................ 286
Bobinoirs à plusieurs mèches distinctes par peigne et par cannelle... 287
Description de l'appareil alimentaire d'un bobinoir à mèches mul-
   tiples.. 288
Disposition spéciale du système à mèches multiples par peigne et à
   cannelles isolées................................. 290
Assortiment spécial, dit *système anglais*, pour laine longue......... 291
Bancs à broches.................................... 295
Vitesses des organes des bancs à broches.................... 297
Combinaison d'un assortiment des machines préparatoires mixtes, dit
   système allemand.................................. 299
Appareil à contrôler la régularité des rubans de préparation........ 299

CHAPITRE X.

Filage. — Métier continu. — Mule-jenny à la main et automate. De l'application spéciale des deux systèmes de métiers.

                                                              Pages.
Filage. Considérations préliminaires............................ 300
Des métiers à filer.. 302
Fonctions générales de tout métier à filer..................... 304
Métier continu... 306
Métier mule-jenny.. 310
Double fonction de la broche dans le mule-jenny............... 312
Importance du mode de renvidage et conditions à remplir pour obtenir
    un résultat convenable................................... 312
Utilité spéciale des bobines coniques.......................... 314
Fonctionnement du métier....................................... 315
Renvidage.. 315
Torsion supplémentaire... 317
Étirage supplémentaire par le chariot.......................... 318
Manière d'opérer du fileur à la main........................... 318
Fonction du métier automatique................................. 322
Métier mule-jenny automatique, dit *renvideur*................. 323
Métier automatique à chariot parabolique et à broches à engrenages.. 351
Tableau synoptique des fonctions du mule-jenny self-acting..... 356
Appareil à placer les tubes sur les broches du métier à filer.. 357
Production des métiers des divers systèmes..................... 358
Des étirages et torsions pratiques des fils.................... 360
Répartition des pressions aux métiers à filer................. 361
De quelques faits à signaler pendant le filage................ 362
Vitesse des broches... 363
De la température des ateliers................................ 363
De la différence des caractères des fils produits sur les métiers con-
    tinus et mule-jenny...................................... 364

CHAPITRE XI.

**Rapport entre les numéros des préparations
et les numéros de leurs fils.
Éléments d'après lesquels l'assortiment peut se déterminer.
De la composition pratique de l'assortiment. — Types
d'assortiments fonctionnant industriellement et recherches
sur de nouvelles combinaisons d'assortiments.**

Pages

Résumé des rôles qui incombent aux préparations et au filage...... 367
Rapport entre les numéros des préparations et les numéros des fils... 370
Éléments d'après lesquels l'assortiment peut se déterminer......... 373
Moyens pour éviter les inconvénients du coulage à fond.......... 375
Rapport entre le nombre des passages et les numéros des fils à produire... 377
Du nombre des organes et du rapport de leurs vitesses dans les machines des divers passages de l'assortiment.................... 377
Types d'assortiments fonctionnant industriellement............... 383
Premier tableau. Assortiment pour filer 300 à 350 kilogrammes de laine par jour, moitié en chaîne n° 82, moitié en trame n° 115... 384
Deuxième tableau.. 385
Troisième tableau.. 386
Quatrième tableau... 387
Remarques sur les tableaux................................... 387
Principales causes des variations entre les étirages calculés et les étirages pratiques.. 388
Cinquième tableau... 391
Sixième tableau... 391
De la réduction du nombre des passages par suite de l'emploi plus général des étirages réitérés dans la même machine............. 392
Tableau des étirages théoriques de chaque machine de la préparation selon le pignon mis à la tête de cheval....................... 398
Tableau d'étirage pour la chaîne.............................. 402
Tableau d'étirage pour la trame............................... 402

CHAPITRE XII.

**Traitements spéciaux intermédiaires.
Repos de la préparation pour l'amener à un certain degré
de moiteur. — Conditionnement et laboratoire d'essais.**

Préparations après peignage.................................. 403
Du repos ou emmagasinage de la laine après son peignage........ 403
Du conditionnement, de ses avantages techniques et commerciaux.. 404

Pages.

Tableau des propriétés hygrométriques des diverses substances textiles.   406

Pratique du conditionnement....................................   407

Taux légal, reprise ou poids de tolérance......................   411

Méthode pratique du conditionnement..........................   411

De la nécessité d'un laboratoire d'essais pour déterminer la pureté de
la laine,...   413

De la différence entre la pureté réelle et apparente des laines dégraissées...   416

Expériences sur les pertes qu'éprouvent différentes laines peignées du
commerce dans leur traitement par l'eau, l'acide chlorhydrique et
le carbonate de soude....................................   417

CHAPITRE XIII.

**Apprêts des fils. — Vrillage et dévrillage des fils.
De certaines irrégularités dans les tissus
résultant de la filature. — Moyens d'y remédier.
Préparations des fils de couleurs mélangées.
Coloration par sections
des matières filamenteuses avant filature. — Procédé
pour réaliser les fils en substance
de nature différente, dits mérinos, mixtures, etc.
Mouillaage et retordage.**

Vrillage et dévrillage des fils................................   422

De certaines irrégularités des tissus résultant de la filature, et des
moyens d'y remédier aux préparations......................   425

Opérations préparatoires ordinaires pour fils de couleurs mélangées.   426

Coloration par sections des matières filamenteuses avant filature....   428

Méthode pour obtenir les fils en substance de nature différente, dits
mérinos, mixtures, etc....................................   429

CHAPITRE XIV.

**Apprêts des fils. — Mouillaage. — Retordage.
Mouchetage. — Guipage. — Frisage. — Dressage des fils
de laine pure et mélangée à d'autres substances.**

Chaîne laine..   435

Fils directement colorés et nuancés par la torsion...............   438

Fils guipés pour passementerie, articles élastiques, modes, etc......   438

Application du guipage aux fils pour crinoline..................   439

Des tissus imitant les fourrures..............................   439

Tresses, ganses, cordonnets, agréments unis et façonnés..........   440

Pages.

Conditions à remplir pour réaliser un retordage convenable........ 440
Métier à retordre à sec ou mouillé avec commande des broches par
   engrenage 442
Retordage du fil mouillé................................... 447
Vitesse des organes....................................... 447
Degré des diverses torsions par les pignons de rechange........... 447
Machines doubles à retordre avec casse-fil à débrayage spontané.... 448

CHAPITRE XV.

Établissement d'une filature. — Prix de revient du travail.

Moteur et générateurs.................................... 451
Dépenses par broche et par an............................. 453
Production en poids...................................... 456
Des salaires payés aux fileurs............................. 456

TISSAGE.

CHAPITRE XVI.

Considérations générales.................................. 457
Considérations générales sur les opérations préparatoires........... 460
Du montage des métiers en général. Corrélation entre les fils de la
   chaîne, de la trame et les organes qui les doivent faire mouvoir
   pour réaliser des effets déterminés *à priori*..................... 464
Métier à tisser élémentaire................................ 465
Enverjure.. 466
Lisses ou lames... 466
Transmissions de mouvement des lisses, travail à pas ouvert ou clos. 468
De l'insertion de la trame dans les fils de la chaîne................ 470
De la cannette et de la navette............................. 470
Navette à dérouler....................................... 472
Boîtes à navette.. 473
Taquet et caribari....................................... 474
Fonctionnement général du métier.......................... 475

Pages.

Tracés graphiques en usage pour indiquer le rapport des entrelace-
ments des fils et les mouvements à leur imprimer. Premier type..   477
Deuxième type, croisé...   479
Troisième type, sergé..   480
Quatrième type, satin..   481
Armures fondamentales..   481
Mise en carte, son principe et sa destination......................   483
Mise en carte de la toile et de ses dérivés........................   485
Du crêpe crêpé en inime peignée....................................   487
Dérivés du deuxième type...   488
Dérivés du troisième type..   490
Crêpes vénitiens ou effets ondés par une armure croisée ou batavia
contre-semplé...   491
Reps ou armures à larges brides flottées par la trame..............   492
Particularités concernant les armures à deux chaînes...............   494
Dérivés du quatrième type, satin...................................   495
Des tissus gazes, baréges, grenadines à bluter, etc................   496
Organe spécial et montage particulier des tissus gazes.............   497
Lisse à culotte ou bec...   497
Variétés de gazes dans l'industrie des lainages....................   499
Encollage de la trame..   500

CHAPITRE XVII.

Des velours et étoffes à surfaces frisées et veloutées, obtenues par le tissage.

Nature des fils..   503
Remettage pour velours d'Utrecht...................................   504
Disposition du métier à velours....................................   505
Divers comptes des velours d'Utrecht...............................   508

CHAPITRE XVIII.

Du tissage des façonnés en général.................................   509
Point de départ de l'exécution d'un dessin sur étoffe et généralisa-
tion de la mise en carte..   510
De l'exécution du façonné à plusieurs couleurs.....................   515
Façonné par effet de chaîne..   515
Des estances, brides ou liscrés, de leurs découpages et liages.....   516
De l'application du métier Jacquart aux tissus façonnés............   517
De l'origine du châle..   518
Principe du tissage façonné au lancé...............................   522

Moyens proposés pour économiser les cartons...................... 528
Système du châle lisse.. 529
Châles doubles... 530
Châles façonnés à effets de chaîne et à bandes rayées sans découpage,
   dits genre indien... 532
Châles à bandes, spoulinés par effets de trames................... 533
Détails sur la composition des châles en général, le montage du mé-
   tier et moyens spéciaux qui y concourent..................... 533
De l'influence du choix des entre-croisements démontrée par le tis-
   sage des châles.. 536
De la mise en carte sur papier briqueté........................... 536
Ensemble du montage d'un métier à châles......................... 537
Relation des lisses avec les crochets de la mécanique armure...... 540
Résumé de la disposition générale du montage du métier à châle... 542
Du nombre de cartons nécessaires à un effet déterminé pour le mon-
   tage ordinaire... 543
Avantages de la mécanique brisée et du déroulage combinés au
   montage à corps et à lisses.................................. 544
De la série régulière des mouvements des fils et de l'ordre de leurs
   entre-croisements pendant une évolution complète des organes du
   métier... 546
De l'efficacité et des avantages de l'emploi du papier briqueté...... 548
Des moyens généraux du montage pour simplifier et réduire les
   éléments... 550
Tracés spéciaux au travail des châles.............................. 552
Tracé de l'armure donnant les mouvements de la mécanique brisée. 552
Prix de revient détaillé d'un châle................................ 554

CHAPITRE XIX.

Matériel et outillage du tissage automatique.

Bobinage.. 563
Du nombre de fils nécessaires à une chaîne........................ 563
Largeur du tissu déterminée par le nombre des fils................ 564
Ourdissoir automatique à casse-fils............................... 564
Encollage des chaînes... 568
Encollage des fils de laine par la fécule ou autre substance végétale.. 572
Filières élastiques.. 572
Machine à encoller les chaînes en fils de laine peignée............ 573
Pignons de rechange pour régler la tension et la vitesse des fils...... 577
Remarque sur la production de l'encolleuse........................ 577
Nature et consommation de la colle............................... 577

	Pages.
Machine à encoller et à parer les chaînes, de M. Henri Gand.......	678
Machine à encoller et à parer les chaînes, de MM. Delattre et fils....	580
Métier mécanique à faire les étoffes unies et armures fondamentales..	582
Mécanisme débrayeur spontané du métier par la casse-trame........	586
Mécanisme débrayeur dans le cas où la navette manque............	587
Rapport de vitesse des organes..............................	588
Production d'un métier....................................	589
Tissage automatique. Métiers à navettes multiples.............	590
Forme et disposition de la boîte à six navettes................	592
Métier à plusieurs navettes, à boîte rectangulaire, à mouvement alternatif de va-et-vient................................	596
Métier pour remplacer les duites cassées sans arrêter le travail, par M. John Bullach....................................	598
Relations entre les réductions et les croisures................	601
Applications des formules aux mérinos et au cachemire d'Ecosse....	603
Tableau A. Mérinos. Conversion des croisures en duites. Dents au centimètre, 3 fils en dent.............................	606
Tableau B. Cachemire d'Ecosse. Conversion des croisures en duites. Dents au centimètre...............................	607
Tableau C. Des poids au mètre des divers types de tissus mérinos de croisures et qualités courantes.........................	609
Tableau D. Contexture des étoffes unies pures et mélangées de la fabrication courante de Roubaix.....................	610
De la production des métiers automatiques....................	612
Tableau E. De la production pratique de 510 métiers............	613
Tableau F..	615
Tableau G..	615
Tableau H..	616
Opérations subséquentes au tissage.........................	616
Notation générale algébrique des tissus.....................	617
Tableau I. Etablissement d'un tissage de 100 métiers automatiques..	619
Application..	622
Prix de la fabrication comprenant la dépense du peignage, de la filature et du tissage d'une quantité déterminée d'étoffe........	623
Prix moyens des laines filées en mai 1873...................	624

CHAPITRE XX.

Apprêts des tissus.

Considérations générales..................................	624
De la nature de la ou des matières constituant le tissu...........	625

Pages.

De la nature et de l'état des corps étrangers à faire disparaître au préalable du tissu... 626

Des apparences et des propriétés spéciales à donner au produit...... 626

Matériel des apprêts... 627

Époutisseuse automatique.. 628

Époutissage et épaillage chimique des tissus 639

Sécheur à vapeur surchauffée... 632

Tondage, grillage, appareils à griller ou à flamber......................... 633

Appareils à griller et à flamber.. 634

Machine à griller et à tondre simultanément................................. 636

Apprêts spéciaux aux apprêts liquides. Dégraissage et lavage........ 638

Apprêt liquide avant le dégraissage.. 638

Appareil hydro-fixeur... 639

Apprêt anglais des tissus mélangés.. 641

Garnissage, tirage à poil.. 641

Appareils à presser, à lustrer, à décatir...................................... 643

Calandrage. Cylindrage.. 645

Ordre dans lequel les opérations sont appliquées aux tissus ras en laine 645

Apprêt des châles façonnés et articles analogues......................... 650

Blanchiment des mérinos et des mousselines laines....................... 650

Manipulations... 651

Imperméabilisation des lainages... 653

Remarque sur le blanchiment des lainages................................... 653

CHAPITRE XXI.

Ensemble d'une usine comprenant le dégraissage, le peignage, la filature, le tissage et les apprêts.

Dépenses, clef en main, pour la construction d'une usine, estimées par broche et par métier à tisser.. 660

Appareil à humidifier l'air... 661

Coup d'œil sur l'état général de l'industrie.................................. 665

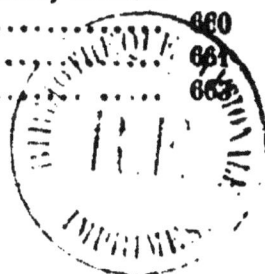

FIN DE LA TABLE DES MATIÈRES.

Paris. — Typographie A. Hennuyer, rue du Boulevard, 7.